In der Reihe „Basiswissen Schule“ sind erschienen:

Basiswissen Schule
Astronomie
272 Seiten
ISBN 3-411-71491-3

Basiswissen Schule
Biologie
376 Seiten
ISBN 3-411-71481-6

Basiswissen Schule
Biologie Abitur
464 Seiten
ISBN 3-411-04550-7

Basiswissen Schule
Chemie
320 Seiten
ISBN 3-411-71471-9

Basiswissen Schule
Chemie Abitur
464 Seiten
ISBN 3-411-04570-1

Basiswissen Schule
Computer
276 Seiten
ISBN 3-411-71512-X

Basiswissen Schule
Deutsch
288 Seiten
ISBN 3-411-71591-X

Basiswissen Schule
Englisch Abitur
360 Seiten
ISBN 3-411-71951-6

Basiswissen Schule
Geographie
416 Seiten
ISBN 3-411-71611-8

Basiswissen Schule
Geschichte
464 Seiten
ISBN 3-411-71581-2

Basiswissen Schule
Informatik Abitur
440 Seiten
ISBN 3-411-71621-5

Basiswissen Schule
Literatur
464 Seiten
ISBN 3-411-71601-0

Basiswissen Schule
Mathematik
390 Seiten
ISBN 3-411-71501-4

Basiswissen Schule
Mathematik Abitur
464 Seiten
ISBN 3-411-71741-6

Basiswissen Schule
Physik
360 Seiten
ISBN 3-411-71461-1

Basiswissen Schule
Physik Abitur
464 Seiten
ISBN 3-411-71751-3

Basiswissen Schule
Politik
464 Seiten
ISBN 3-411-04590-6

Basiswissen Schule
Technik
264 Seiten
ISBN 3-411-71522-7

Basiswissen Schule
Wirtschaft
256 Seiten
ISBN 3-411-71532-4

Internet: www.schuelerlexikon.de

DUDEN

Basiswissen Schule

Chemie
Abitur

PAETEC

Verlag für Bildungsmedien Berlin · Frankfurt a. M.

Dudenverlag Mannheim · Leipzig · Wien · Zürich

Herausgeber
Prof. Dr. Erhard Kemnitz
Dr. Rüdiger Simon

Autoren
Arno Fischedick
Dr. Lutz Grubert
Dr. Annett Hartmann
Dr. Horst Hennig
Dr. Bernd Kaiser
Dr. Günter Kauschka
Prof. Dr. Erhard Kemnitz
Dr. E. Klawitter
Ute Lilienthal
Prof. Dr. Andreas Link
Dr. G. Mederow
Prof. Dr. Sabine Müller
Dr. Cordula Riederer
Dr. Ulrich Riederer
Dr. Sven Scheurell
Dr. Martin Schönherr
Dr. Rüdiger Simon
Dr. Hartmut Vogt

Die Autoren der Inhalte der beigefügten CD-ROM sind im elektronischen Impressum auf der CD-ROM aufgeführt.

Bibliografische Information der Deutschen Bilbliothek
Die Deutsche Bilbliothek verzeichnet diese Publikation in der Deutschen Nationalbibliografie; detaillierte bibliografische Daten sind im Internet über http://dnb.ddb.de abrufbar.

Internet: www.schuelerlexikon.de

Redaktion: Dr. Sven Scheurell (PAETEC GmbH)
Gestaltungskonzept: Britta Scharffenberg (PAETEC GmbH)
Umschlaggestaltung: Hans Helfersdorfer, Heidelberg
Layout: Johanna Dörsing, Jessica Kupke
Grafiken: Johanna Dörsing, Marco Eichler, Karin Mall, Jessica Kupke, Walther-Maria Scheid
Druck und Bindung: Appl, Wemding

ISBN 3-89818-090-5 (PAETEC Verlag für Bildungsmedien)
ISBN 3-411-04570-1 (Dudenverlag)

INHALTSVERZEICHNIS

1 DIE CHEMIE – EINE NATURWISSENSCHAFT

1.1 Die Chemie im Kanon der Naturwissenschaften

Bereits ein flüchtiger Blick auf unsere Umgebung zeigt uns die alltägliche Gegenwart chemischer Prozesse und Strukturen: Fast alle Gegenstände, die uns umgeben, sind in ihrer Entstehung an chemische Vorgänge geknüpft, seien es metallische Objekte, Kunststoffe, Farben oder ganze Bauwerke. Müssen wir nach Medikamenten greifen, so ist deren Herstellung und Wirkungsweise an chemische Strukturen und Reaktionen gebunden (↗ S. 382). Nutzen wir ein Transportmittel, so wird hier in den meisten Fällen chemische Energie in mechanische umgewandelt. Treibstoffe müssen in chemischen Prozessen synthetisiert und in Motoren effektiv verbrannt werden. Die entstandenen Abgase werden zu einer chemischen Belastung unserer Umwelt.

Auch unser Planet Erde ist in seiner heutigen Erscheinungsform das Ergebnis des Zusammenwirkens physikalischer, chemischer und biologischer Prozesse. Eine wesentliche Grundlage für die Entstehung der Erde war die kosmologische Entwicklung der chemischen Elemente durch kernchemische Reaktionen (↗ S. 43). Wir befinden uns hier in einem Grenzgebiet, das von der Kosmologie, der **Physik** und der **Chemie** beschrieben wird.

Die chemischen Elemente mit ihrer Eigenschaft, Verbindungen einzugehen, bilden die Grundlage chemischer Vorgänge. Solche Vorgänge der Stoffumwandlung, bei denen chemische Bindungen (↗ S. 74 ff.) zwischen Teilchen gelöst und neu gebildet werden, bezeichnet man als **chemische Reaktionen**.

Bereits beim Erkalten der Erdoberfläche fanden unzählige chemische Reaktionen statt, die u.a. zu verschiedenen Gesteinen, Oxiden, Salzen, Wasser und zur Ausbildung einer Gashülle führten.

Einige im Urozean gelöste Substanzen wurden mithilfe der Sonnenenergie, von Gewitterentladungen und anderen natürlichen Energieformen zu komplexeren chemischen Strukturen umgewandelt, die schließlich die Fähigkeit zur Selbstreproduktion erlangten. Aus den anfangs primitiven Lebensformen entwickelten sich höhere – bis schließlich zum Menschen. Die Entstehung und Entwicklung des Lebens ist an biochemische Prozesse wie die Bildung von Aminosäuren und Kohlenhydraten (↗ S. 311 ff.), die Speicherung der Erbinformation in der DNA oder die Herausbildung der Fotosynthese (↗ S. 336) gebunden.

Jede Nahrung, die wir aufnehmen, besteht aus unterschiedlichen chemischen Verbindungen oder Stoffgemischen; in unserem Körper laufen **biochemische Reaktionen** ab, ohne die wir nicht lebensfähig wären. Selbst das Lesen dieses Textes ist ohne chemische Veränderungen im Auge und innerhalb des Gehirns nicht möglich.

Das komplexe Zusammenwirken chemischer Reaktionen und biologischer Vorgänge ist die Grundlage des Lebens.

Die modernen Naturwissenschaften erforschen und beschreiben häufig gleiche Objekte aus unterschiedlichem Blickwinkel. Zur Natur zählen alle materiellen Gegenstände, Strukturen und Prozesse in der unendlichen Mannigfaltigkeit ihrer Erscheinungsformen. Aus dieser Tatsache ergeben sich zwei wichtige Hinweise: Erstens ist eine absolute Abgrenzung der Naturwissenschaften voneinander nicht möglich; zweitens bedarf es für die Erforschung eines Objekts häufig des kooperativen Zusammenwirkens verschiedener Wissenschaften. Dennoch hat jede Wissenschaft ihre Spezifik – so auch die Chemie.

Die Naturwissenschaft **Chemie** untersucht den Aufbau, die Eigenschaften und die Umwandlung von Stoffen, insbesondere die stofflichen und energetischen Veränderungen, die mit der Lösung und Neubildung chemischer Bindungen einhergehen.

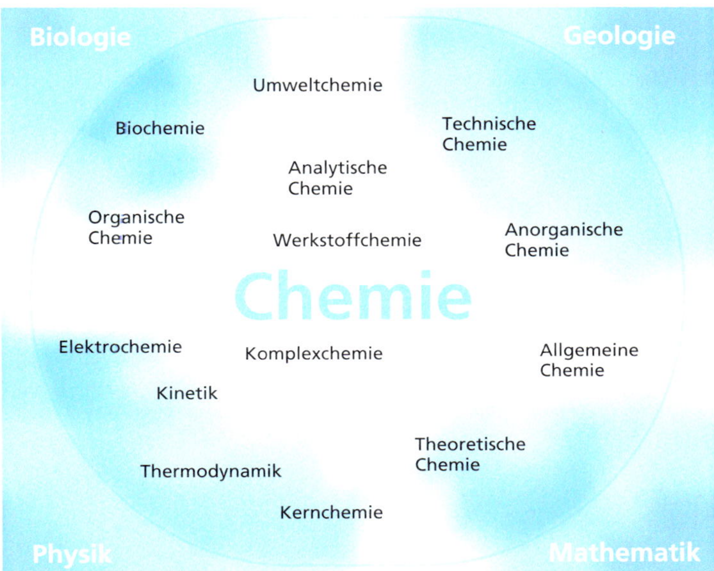

Im Laufe der Zeit kristallisierten sich unterschiedliche Teilgebiete der Chemie heraus. Eine strikte Abgrenzung zwischen den verwandten Disziplinen ist jedoch ebenso wenig möglich wie die strikte Trennung der Chemie von den anderen Naturwissenschaften. Die Disziplinen Thermodynamik, Kinetik, Elektrochemie, theoretische und Kernchemie werden auch unter dem Oberbegriff physikalische Chemie zusammengefasst.

Die historische **Entwicklung der Chemie als Wissenschaft** begann mit den Naturphilosophen in der Antike. Auf sie gehen noch heute genutzte Begriffe wie Atom, **Element** oder Verbindung zurück.

Physikalische, chemische und biologische Vorgänge laufen seit Urzeiten in der Natur ab, lange bevor es Menschen und die von ihnen hervorgebrachten Wissenschaften gab. Mit ihrer Hilfe erkannte der Mensch die Naturzusammenhänge und vermochte in zunehmendem Maße, chemische Prozesse zur Verbesserung seiner Lebensgrundlagen zu nutzen.

Man denke dabei an das Feuer, die Herstellung von Keramiken und Metallen oder die chemischen Veränderungen von Naturstoffen zu Wein, Essig u. a. m. Dabei nutzte man *empirisches* oder *Erfahrungswissen* ohne die theoretischen Ursachen bzw. den Ablauf der chemischen Prozesse wirklich zu kennen.
Erst vor ca. 2 500 Jahren stellten sich einzelne Menschen die Frage nach den Ursachen der natürlichen Zusammenhänge. Hier liegt die eigentliche Wiege der Wissenschaften. Weitere Meilensteine der Herausbildung der Chemie waren die mittelalterliche Alchemie, die im 19. Jahrhundert von der klassischen Chemie revolutioniert wurde. Diese lieferte die Basis für die Entwicklung der modernen, heutigen Chemie.

Auch die Erschließung alternativer Energiequellen ist ohne die Entwicklung geeigneter Materialien durch die Chemie nicht möglich.

Die mit dem Fortschritt der Naturwissenschaften einhergehende Entwicklung der Menschheit hat jedoch ihren Preis. Durch die zunehmende Industrialisierung wurden die Ressourcen der Natur in immer stärkerem Maße ausgebeutet, sodass ein Ende der Vorräte z. B. beim Erdöl (↗ S. 404) bereits absehbar ist. Außerdem wurden durch chemische Industrie, Energieerzeuger und Fahrzeugverkehr riesige Mengen an Schadstoffen freigesetzt, die unsere Umwelt nachhaltig belasten.
Überdüngung der Böden in der Landwirtschaft und die Nutzung von Phosphaten als Komplexbildner in Waschmitteln führten z. B. zur Eutrophierung der Gewässer (↗ S. 419). Verbindungen wie Fluorchlorkohlenwasserstoffe, die als Kühlmittel oder Treibgas verwendet wurden, verursachen das Ozonloch über den Polkappen der Erde (↗ S. 416).
Chemiker sind zweifellos mitverantwortlich für diese und andere Umweltschäden. Das Beispiel der Schwefeldioxidemissionen zeigt aber auch, dass die Folgen industrieller Umweltschäden nur mithilfe der Naturwissenschaften wieder minimiert werden können. So wurde durch die Entwicklung effektiver Abgasreinigungs- und Erdölentschwefelungsanlagen die deutschlandweite Emission von Schwefeldioxid von mehr als 6 Mio. Tonnen im Jahre 1970 auf 650 000 Tonnen im Jahre 2001 zurückgedrängt. Die ökologischen Folgen wie der saure Regen (↗ S. 414) und der Smog in Ballungsgebieten wurden deutlich reduziert.

Die Verantwortung der Chemiker liegt darin, ihren Beitrag zur effektiven Nutzung von Rohstoffen und Energie, zur Entwicklung von Recycling-Verfahren und geschlossenen Stoffkreisläufen und damit zum nachhaltigen Schutz der Umwelt zu leisten.

1.2 Denk- und Arbeitsweisen in der Chemie

1.2.1 Begriffe und Größen

Begriffe in der Chemie

Ein Ziel der Chemie besteht darin, Zusammenhänge in der Natur zu erkennen, Naturerscheinungen zu erklären und ihre Ursachen zu finden. Dazu werden chemische Prozesse beobachtet und Experimente durchgeführt, über deren Ergebnisse sich die Chemiker untereinander verständigen. Zu diesem Zweck hat die Chemie in ihrem Entwicklungsverlauf ein spezifisches Begriffssystem herausgebildet.

Manchmal wird ein und derselbe chemische Begriff durch verschiedene Wörter, so genannte Synonyme, bezeichnet.

Ein **Begriff** ist die gedankliche Widerspiegelung einer Klasse von Objekten (Stoffe, Vorgänge, Erscheinungen, etc.) auf der Grundlage gemeinsamer, festgelegter Merkmale.

Merkmale sind hervorgehobene und damit festgelegte Eigenschaften. Auf der Grundlage gemeinsamer, invarianter Merkmale werden naturwissenschaftliche Begriffe eindeutig *definiert* und so von anderen Begriffen unterschieden. Die einzelnen Fachbegriffe sind in ihrer inhaltlichen Aussage aufeinander abgestimmt und bilden in ihrer Gesamtheit ein wissenschaftliches Begriffssystem, welches die Grundlage für die Fachsprache einer Naturwissenschaft darstellt.
Die **Definition** eines Begriffes erfolgt in den einzelnen Wissenschaften danach, welches gemeinsame Merkmal von Objekten als wesentlich festgelegt wird. Deshalb können Fachbegriffe in den verschiedenen Naturwissenschaften durchaus unterschiedlich definiert werden.

Fachbegriffe knüpfen häufig an Alltagsbegriffe an. Die fachliche Definition ist aber exakter und unterscheidet sich oft von der Bedeutung, die diese Begriffe im Alltag haben.

Moleküle sind Teilchen, die aus mindestens zwei gleichen oder unterschiedlichen Atomen aufgebaut sind. Die Atome sind durch kovalente Bindungen (Atombindungen) miteinander verknüpft.
Oberbegriff: Teilchen
Merkmale: Art der Teilchen und der chemischen Bindung
Die **Summenformel** ist eine chemische Formel, die die Art und die Anzahl der Atome in einem Molekül angibt, jedoch keine Angaben über die Bindung zwischen den Atomen enthält.
Oberbegriff: chemische Formel
Merkmale: Art und Anzahl der Atome pro Molekül

Glucosemolekül

$C_6H_{12}O_6$ Summenformel

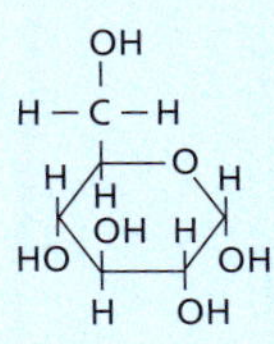

Strukturformel

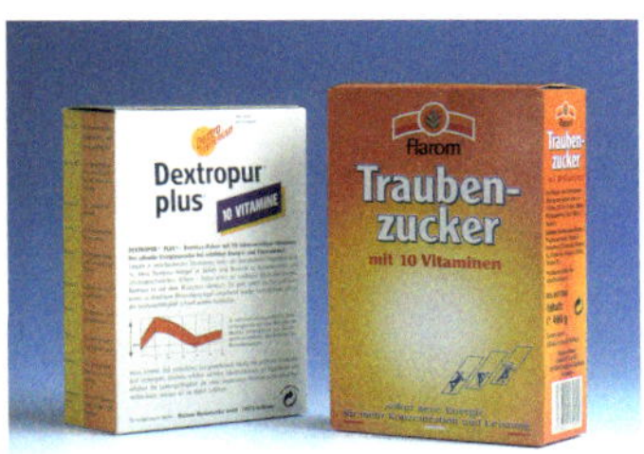

Die Summenformel enthält im Gegensatz zur Strukturformel keine Aussagen zur Struktur eines Moleküls. Glucose kann in unterschiedlichen Strukturen vorkommen.

Größen in der Chemie

Quantitativ (lat. *quantitas* = Größe, Anzahl) bedeutet mengenmäßig bzw. zahlenmäßig.

Einen Teil der naturwissenschaftlichen Begriffe bezeichnet man als Größen. Dabei handelt es sich um Begriffe, deren Merkmale quantitativ erfasst werden können.

Eine **Größe** beschreibt ein quantitativ bestimmbares Merkmal einer Klasse von Objekten, Zuständen oder Vorgängen.

Die Mehrzahl der wichtigen **Größen in der Chemie** beschreiben physikalische Eigenschaften von Stoffen und werden deshalb physikalische Größen genannt.

Wie jeder Begriff ist auch eine Größe durch ihre Bedeutung gekennzeichnet. Die *Bedeutung einer Größe* gibt an, welche Eigenschaft von Objekten beschrieben wird. Der Grad der Ausprägung dieser Eigenschaft wird quantitativ durch den *Wert der Größe* beschrieben. Um den Wert einer Größe anzugeben, muss eine Einheit festgelegt werden. Der Wert einer Einheit ist das Produkt aus Zahlenwert und Einheit.
Für jede Größe ist ein (in einigen Fällen auch mehrere) Formelzeichen festgelegt, mit denen man naturwissenschaftliche Gesetze mathematisch formulieren und handhaben kann.

Größe	Formelzeichen	wichtige Einheiten		Beziehungen zwischen Größen und Einheiten
Masse	m	Kilogramm Gramm	[kg] [g]	1 kg = 1 000 g
Stoffmenge	n	Mol	[mol]	1 mol ≈ $6{,}022 \cdot 10^{23}$ Teilchen
molare Masse	M	Gramm je Mol	[$g \cdot mol^{-1}$]	$M = \frac{m}{n}$
Volumen	V	Liter Kubikmeter	[l] [m^3]	$V = l^3$ l – Länge 1 m^3 = 1 000 l
Dichte	ρ	Kilogramm je Kubikmeter	[$kg \cdot m^{-3}$]	$\rho = \frac{m}{V}$
Druck	p	Pascal Bar	[Pa] [bar]	1 Pa = 1 $N \cdot m^{-2}$ 1 bar = 101 325 Pa
Temperatur	T ϑ	Kelvin Grad Celsius	[K] [°C]	0 °C = 273,15 K
Frequenz	ν, f	Hertz	[Hz]	1 Hz = 1 s^{-1}
Energie	E	Joule Newtonmeter Wattsekunde	[J] [Nm] [Ws]	$E = h \cdot \nu$ (*h* – plancksches Wirkungsquantum) 1 J = 1 $kg \cdot m \cdot s^{-2}$
Arbeit	W	Joule Newtonmeter Wattsekunde	[J] [Nm] [Ws]	$W = F \cdot s$ $W = p \cdot \Delta V$ 1 J = 1 Nm = 1 Ws

In der Chemie werden die Größen nach verschiedenen Gesichtspunkten unterteilt. So ist ein Teil der Größen unabhängig von der Menge der Stoffportion, deren Eigenschaft beschrieben wird. Diese Größen nennt man **intensive Größen.**

Im **Internationalen Einheitensystem** sind sieben Basiseinheiten festgelegt, aus denen sich fast alle anderen Einheiten ableiten lassen.

Temperatur und Dichte sind intensive Größen. Ihr Wert bleibt gleich, unabhängig davon, ob man z. B. den ganzen Bodensee mit 48,5 km^3 Wasser betrachtet oder nur eine Probe von 10 ml, die man daraus entnommen hat.

Die **extensiven Größen** nehmen dagegen mit dem Betrag der betrachteten Stoffportion zu bzw. ab. Bildet man den Quotienten aus zwei extensiven Größen, erhält man wieder eine intensive Größe.

Masse, Stoffmenge und Volumen sind extensive Größen. Der Quotient aus Masse und Volumen ist die Dichte, der Quotient aus Masse und Stoffmenge ist die molare Masse. Sowohl die Dichte als auch die molare Masse (↗ S. 27) sind intensive Größen.

Normalerweise benutzen Naturwissenschaftler **absolute Größen** mit den bekannten Einheiten wie kg, Pa etc. Diese geben den Wert in Bezug auf einen Nullpunkt an. Um die Eigenschaften von Objekten besser vergleichen zu können, werden jedoch in einigen Fällen **relative Größen** eingeführt. Diese sind Quotienten aus einer absoluten Größe und einer willkürlich gewählten, geeigneten Bezugsgröße. Die Einheit einer relativen Größe beträgt immer 1.

Da die betrachteten Teilchen in der Physik und in der Chemie sehr klein sind, müsste man beim Vergleich der absoluten Atommassen m_A mit extrem kleinen Zahlenwerten arbeiten. Aus diesem Grund wurde die relative Atommasse A_r als Größe eingeführt, die sich auf die atomare Masseeinheit *u* (engl. *unit*) bezieht. Wie beim Helium kann man die relative Atommasse jedes Elements berechnen. Die relativen Atommassen der Elemente können im Periodensystem der Elemente (↗ S. 448) verglichen werden.

$$A_r(\mathrm{He}) = \frac{m_A(\mathrm{He})}{u}$$

$$A_r(\mathrm{He}) = \frac{6{,}642 \cdot 10^{-24}\,\mathrm{g}}{1{,}66 \cdot 10^{-24}\,\mathrm{g}}$$

$$\underline{A_r(\mathrm{He}) = 4{,}00}$$

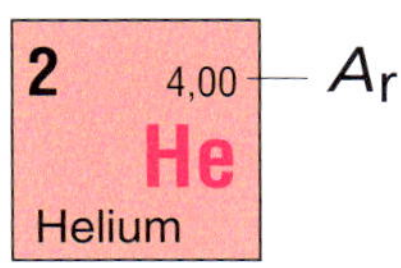

Absolute Atommassen liegen im Bereich von 10^{-24} bis 10^{-21} g. Als Bezugsgröße für die relative Atommasse A_r wurde $\frac{1}{12}$ der absoluten Masse des Kohlenstoffisotops ^{12}C festgelegt.

$$u = \frac{1}{12} \cdot m_A(^{12}_{6}\mathrm{C})$$

$$u = 1{,}66 \cdot 10^{-24}\,\mathrm{g}$$

In der physikalischen Chemie unterteilt man die Größen danach, ob sie den Zustand eines Systems oder einen Vorgang bzw. Prozess beschreiben (↗ S. 107). **Zustandsgrößen** kennzeichnen den Zustand, in dem sich ein System bzw. ein Stoff befindet. **Prozessgrößen** charakterisieren den Vorgang der Änderung zwischen zwei Zuständen.

Temperatur, Dichte und Energie sind Zustandsgrößen. Wärme und Arbeit sind dagegen Prozessgrößen. Durch Zufuhr von Wärme kann sich die Temperatur eines Stoffes erhöhen.

1.2.2 Gesetze, Modelle und Theorien in der Chemie

Gesetze

Wenn sich Zusammenhänge in der Natur unter gleichen Voraussetzungen immer wieder einstellen und damit für eine Gruppe von Objekten gelten, dann spricht man von gesetzmäßigen Zusammenhängen.

Ein naturwissenschaftliches **Gesetz** spiegelt einen wesentlichen Zusammenhang wider, der unter gleichen Bedingungen immer wieder zu gleichen Ergebnissen führt.

Naturgesetze unterscheiden sich von juristischen Gesetzen dadurch, dass sie unabhängig vom Willen des Menschen existieren und wirken. Juristische Gesetze sind vom Menschen willkürlich gesetzte, veränderbare Normen.

Ein stets wirkender Zusammenhang bei chemischen Reaktionen besteht darin, dass die Summe der Massen der Ausgangsstoffe gleich der Summe der Massen der Reaktionsprodukte ist. Dieser Zusammenhang wird als **Gesetz von der Erhaltung der Masse** bezeichnet.

Wissenschaftliche Gesetze bestehen in den meisten Fällen aus Bedingungs- und Gesetzesaussagen. Die Bedingungen, unter denen ein Zusammenhang stets wirkt, nennt man Gültigkeitsbedingungen.

Weitere Gasgesetze wurden von J. L. GAY-LUSSAC (1778–1850) entdeckt. Er wies nach, dass bei idealen Gasen der Druck und das Volumen proportional zur Temperatur sind:

1. $\frac{V}{T}$ = konstant

   bei p = konstant
2. $\frac{p}{T}$ = konstant

   bei V = konstant

R. BOYLE und **E. MARIOTTE** fanden bei Untersuchungen von Gasen heraus, dass das Produkt aus Druck und Volumen konstant ist. Das **Gesetz von BOYLE** und **MARIOTTE** gilt jedoch nur unter den Bedingungen, dass sich das Gas wie ein ideales Gas verhält und dass die Temperatur ebenfalls konstant ist.

$p \cdot V$ = konstant, wenn T = konstant

Da Gesetze für eine Klasse von Objekten gelten, werden zu ihrer Formulierung naturwissenschaftliche Fachbegriffe und Größen benutzt. Wenn die Zusammenhänge zwischen den Größen quantitativ darstellbar sind, dann werden die Gesetze in mathematischer Form erfasst.

1. Aus den Gesetzen von GAY-LUSSAC sowie von BOYLE und MARIOTTE lässt sich die **Zustandsgleichung der idealen Gase** ableiten.

   $p \cdot V = n \cdot R \cdot T$ R – universelle Gaskonstante
2. Mithilfe der **Gesetze der multiplen und konstanten Proportionen** und des Gesetzes von der Erhaltung der Masse lassen sich Reaktionsgleichungen aufstellen und die Stoffumsätze während der Reaktion quantitativ berechnen (↗ S. 31).

Dem Naturgesetz nahe stehend sind **Regeln**, die ebenfalls wesentliche Zusammenhänge wiedergeben, aber nicht die strikte Gültigkeit von Gesetzen haben. So sagt die RGT-Regel (↗ S. 147), dass sich die Reaktionsgeschwindigkeit bei einer Temperaturerhöhung um 10 K verdoppelt bis verdreifacht. Diese Regel trifft jedoch nicht auf alle Reaktionen und nur auf bestimmte Temperaturintervalle zu.

Modelle

Der Chemiker kann mit seinen Sinnesorganen bestimmte Erscheinungen erfassen, nicht jedoch die diesen Erscheinungen zugrunde liegenden Vorgänge, die auf atomar-molekularer Ebene ablaufen. Das Lösen und Knüpfen chemischer Bindungen bleiben der unmittelbaren Beobachtung auch mit modernen technischen Geräten verborgen.
Um dennoch Zusammenhänge erklären zu können, hat man Ersatzobjekte geschaffen, die ausgewählte Eigenschaften des real existierenden Originals widerspiegeln. Diese Hilfsmittel dienen der Veranschaulichung von Vorgängen in der Natur, Gesetzen und Theorien, sind aber nur vereinfachte Darstellungen der Wirklichkeit.

Als Modelle in der Chemie können sowohl materielle (gegenständliche) Objekte als auch ideelle (gedankliche) Vorstellungen dienen.

Ein **Modell** ist ein Ersatzobjekt zur Darstellung eines Originals, das nur ausgewählte Eigenschaften und Zusammenhänge des Originals adäquat widerspiegelt. Von den übrigen Merkmalen des realen Objekts wird abgesehen.

Da ein Modell eine Vereinfachung ist, die nicht alle Eigenschaften des Originals erfassen kann, werden häufig verschiedene Modelle zum gleichen Objekt, z. B. zur Darstellung eines Moleküls, geschaffen.
Je mehr Eigenschaften des Originals richtig dargestellt werden, um so leistungsfähiger, aber auch um so komplizierter sind die Modelle. Man nutzt daher in der Naturwissenschaft immer das Modell, welches sich für die Erklärung eines Zusammenhangs am besten eignet.

Modelle sind nur innerhalb bestimmter Grenzen gültig und zur Erklärung ausgewählter Zusammenhänge geeignet.

Modell	Beispiel Methan	Aussage	Anwendung
Summenformel	CH_4	– atomare Zusammensetzung der Molekülverbindung	– Reaktionsgleichungen und stöchiometrische Berechnungen
LEWIS-Modell	H | H – C – H | H	– Anzahl und Art der Bindungen zwischen den Atomen	– Reaktionsschemata und Darstellung von Reaktionsmechanismen
Kugel-Stab-Modell	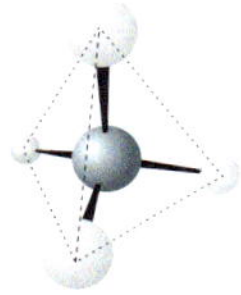	– stark vereinfachte räumliche Struktur des Moleküls (Bindungsabstand, Bindungswinkel)	– Darstellung der räumlichen Anordnung der Atome in Molekülen und Festkörperstrukturen
Kalottenmodell		– raumerfüllende Struktur unter Berücksichtigung der Elektronendichte der chemischen Bindung	– Darstellung des Raumbedarfs des Moleküls und der Größenverhältnisse der Atome

Naturwissenschaftliche Theorien bauen in vielen Fällen aufeinander auf und sind dadurch miteinander verbunden, dass wichtige Gesetze Bestandteil mehrerer Theorien sind.

Theorien

Ein System wissenschaftlich gesicherter Aussagen zu einem ausgewählten Teilbereich der Chemie bezeichnet man als **Theorie.** Ein solches System beinhaltet verbale und mathematische Aussagen ebenso wie Definitionen, Gesetze und Modelle. Die Theorie muss entweder durch experimentelle Beobachtungen bestätigt oder durch andere bekannte Theorien begründet werden.

Die Theorie der chemischen Bindung enthält Aussagen über das Zustandekommen der jeweiligen Bindungsart. Zur Veranschaulichung der Atombindung, Ionenbindung bzw. Metallbindung werden unterschiedliche Modelle benutzt. Zur Erklärung der Atombindung stehen heute drei Modelle (↗ S. 75 ff.) zur Verfügung, die die Wirklichkeit in verschiedener Weise widerspiegeln.
Die Bindungstheorie basiert z. B. auf dem gesetzmäßigen Bestreben der Materie nach einem stabilen energetischen Zustand, dem Energieerhaltungssatz und den quantentheoretischen Gesetzen zum Aufbau der Atomhülle.
Die Theorie ist durch das empirische Wissen über Struktur-Eigenschafts-Beziehungen chemischer Substanzen bestätigt. Aus der Bindungstheorie lassen sich Voraussagen über das Reaktionsverhalten und den praktischen Umgang mit Verbindungen ableiten.

Wissenschaftliche Methoden sind Wege des Erkennens.

Eine **Theorie** ist ein weitgehend gesichertes System von Gesetzen, Modellen und anderen wissenschaftlich begründeten Aussagen zu einem ausgewählten Teilbereich einer Naturwissenschaft.

Theorien stellen zu einem historischen Zeitpunkt zwar ein weitgehend gesichertes Wissen dar, können sich aber aufgrund neuerer wissenschaftlicher Erkenntnisse zumindest teilweise als falsch herausstellen.

Die Wahl der geeigneten Methode ist von entscheidender Bedeutung im Erkenntnisprozess. In der modernen Chemie steht ein umfangreiches Arsenal experimenteller und theoretischer Methoden zur Verfügung.

1.2.3 Erkenntnisgewinn in der Chemie

Das hauptsächliche Ziel des Erkenntnisgewinns besteht darin, Erscheinungen in der Natur theoretisch zu verstehen und die Theorie zum Nutzen des Menschen anzuwenden. Die Entwicklung einer geschlossenen Theorie zu einem Teilgebiet der Chemie ist ein komplexer und oft langwieriger Prozess. Durch Analysieren beobachteter Erscheinungen leitet man eine Fragestellung ab. Diese kann mithilfe der **theoretischen Methode,** z. B. durch Recherchieren, in der wissenschaftlichen Literatur oder in anderen Wissensgebieten beantwortet werden.
In den Naturwissenschaften führt die Erkenntnis jedoch in erster Linie über das **Experiment,** mit dem wissenschaftliche Annahmen – die Hypothesen – überprüft werden. Wird die Hypothese experimentell bestätigt, kann daraus eine neue Erkenntnis abgeleitet werden. Aber auch wenn sich die Annahme als nicht zutreffend herausstellt, wird aus dem Experiment eine Erkenntnis gewonnen.

Eine **Hypothese** ist ein wissenschaftlich begründetes System von Aussagen über Objekte, Prozesse und Zusammenhänge, die noch nicht direkt beobachtet oder experimentell bestätigt werden konnten. Eine Hypothese unterscheidet sich von einer Theorie durch den noch ausstehenden wissenschaftlichen Beweis.

Wissenschaftliches Begründen heißt, sich auf relativ gesichertes Wissen, d. h. empirische Erkenntnisse, bekannte Gesetze, Modelle und Theorien zu beziehen.

Eine falsche chemische Hypothese war die alchemistische „Phlogistontheorie“. Gestützt auf die Beobachtung, dass nicht alle Stoffe brennbar sind, wurde die Annahme aufgestellt, dass nur solche Stoffe verbrennen, die „Phlogiston“ enthalten. Diese Hypothese wurde experimentell durch A. LAVOISIER (↗ S. 197) widerlegt. Dieser wies mithilfe der Waage nach, dass die Masse der Feststoffe bei der Verbrennung durch Aufnahme von Sauerstoff während der Oxidation zunimmt.

Erkenntnisgewinn in der Chemie

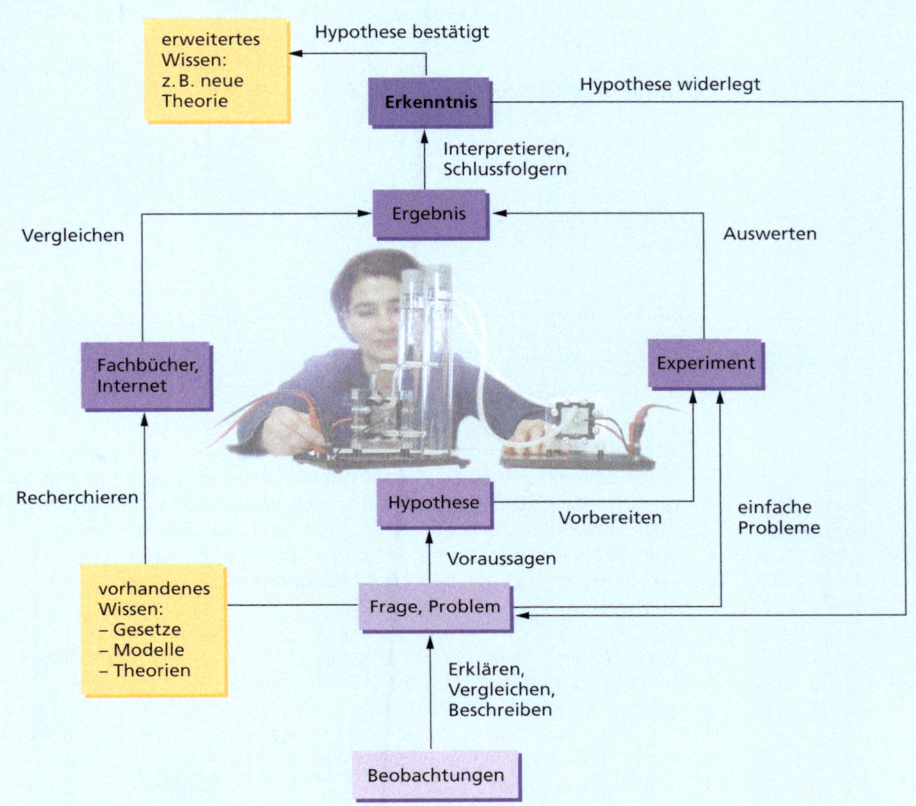

Tätigkeiten in der Chemie

Im Verlauf des naturwissenschaftlichen Erkenntnisprozesses spielen eine Reihe von geistigen und experimentellen **Tätigkeiten** eine Rolle. Eine wichtige Methode in diesem Prozess ist das Beobachten.

Beobachten

Beim **Beobachten** werden mit Sinnesorganen gezielt Erscheinungen in der Natur wahrgenommen, um die Eigenschaften und Beziehungen zwischen Objekten oder die Abläufe von Prozessen zu erkennen. Häufig werden technische Hilfsmittel wie die Lupe oder geeignete Messgeräte zur Beobachtung genutzt.

Beobachten und Messen sind wichtige, mit dem Experiment verbundene **Tätigkeiten in der Chemie.** Die Ergebnisse der Beobachtung bzw. Messung müssen in einem Protokoll (↗ S. 26) festgehalten werden, um sie später leicht auswerten zu können.

Zu einer frisch zubereiteten Eiweißlösung gibt man 5 ml verdünnte Natronlauge und fünf Tropfen einer wässrigen Lösung von Kupfer(II)-sulfat. Dabei beobachtet man, wie sich die farblose, klare Eiweißlösung violett verfärbt. Diese Farbreaktion heißt **Biuret-Reaktion** und wird zum Nachweis von Peptidbindungen, wie sie in Eiweißmolekülen vorliegen, genutzt (↗ S. 325).

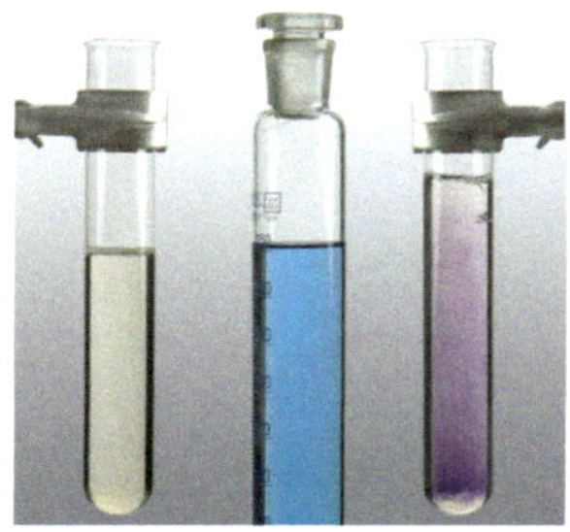

Messen

Das **Messen** ist ein Spezialfall der Beobachtung, bei dem der Wert einer Größe mithilfe eines geeigneten technischen Gerätes (z. B. Thermometer, Bürette, Waage) bestimmt wird.

Man berechnet den Mittelwert, indem man alle Messwerte addiert und durch die Anzahl der Messungen dividiert.

Bei der Destillation von Ethanol soll die Siedetemperatur des Alkohols bestimmt werden. Als Messgerät verwendet man ein Thermometer, das man in die Destillationsapparatur einbaut. Nach Beginn der Destillation werden mindestens drei Messwerte von der Skala des Thermometers abgelesen und protokolliert. Auf diese Weise lässt sich die Genauigkeit der Messung erhöhen.

Messung	Messwert	Mittelwert
1	78,4 °C	
2	78,2 °C	$\bar{x}$ = **78,3 °C**
3	78,3 °C	

Die Auswertung der Beobachtungsergebnisse umfasst viele geistige Tätigkeiten. Am engsten mit dem Beobachten und Messen verbunden sind dabei das **Beschreiben** und **Vergleichen** der Ergebnisse.

Beschreiben

Beim **Beschreiben** wird mit sprachlichen Mitteln zusammenhängend und geordnet dargestellt, welche Beobachtungen gemacht wurden, z. B. welche Merkmale ein Objekt aufweist oder wie ein Prozess abläuft.

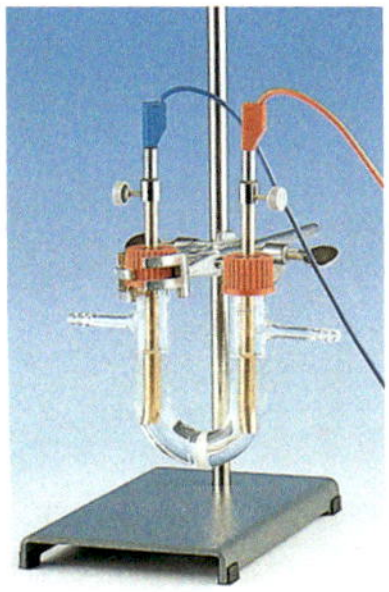

Eine Elektrolysezelle besteht aus einer Anode und einer Katode, die durch einen Elektrolyten leitend verbunden sind. Die Elektroden sind an eine Gleichspannungsquelle angeschlossen, die Katode an den negativen und die Anode an den positiven Pol. Durch Anlegen einer elektrischen Spannung läuft eine chemische Reaktion ab.

Vergleichen

Beim **Vergleichen** werden Gemeinsamkeiten und Unterschiede zwischen zwei oder mehreren Vergleichsobjekten (z. B. Stoffe, Vorgänge, physikalische Größen) ermittelt und dargestellt. In der Regel wählt man ein oder mehrere Kriterien für den Vergleich aus.

Gemeinsamkeiten zwischen Ethan und Ethen		
Bau	– Kohlenwasserstoffe ohne funktionelle Gruppen – Moleküle enthalten 2 Kohlenstoffatome, die durch Atombindung miteinander verbunden sind	
Eigenschaften	– gasförmig, brennbar, unpolar, wasserunlöslich – verbrennen an Luft unter Bildung von CO_2 und H_2O	
Unterschiede zwischen Ethan und Ethen		
	Ethan	**Ethen**
Bau	– Summenformel C_2H_6 – Einfachbindung zwischen den C-Atomen	– Summenformel C_2H_4 – Doppelbindung zwischen den C-Atomen
Eigenschaften	– Hauptreaktionstyp ist die Substitutionsreaktion	– Hauptreaktionstyp ist die Additionsreaktion

Schlussfolgerung:
Aufgrund der unterschiedlichen Bindungsverhältnisse unterscheiden sich die Kohlenwasserstoffe Ethan und Ethen in ihrem chemischen Reaktionsverhalten.

Erklären

Beim **Erklären** wird mit sprachlichen Mitteln zusammenhängend und geordnet dargestellt, warum eine Erscheinung in der Natur in der beobachteten Weise stattfindet. Dabei führt man die Erscheinung auf das Wirken von Naturgesetzen zurück und benutzt oftmals Modelle als Hilfsmittel für die Erklärung.

Die unterschiedliche Härte und die thermischen Eigenschaften von Duro- und Thermoplasten können anhand ihrer chemischen Struktur erklärt werden. Beide Kunststoffarten sind aus Makromolekülen aufgebaut. Thermoplaste bestehen aus linearen oder wenig verzweigten makromolekularen Ketten. Die geringe Verzweigung zwischen den Ketten führt dazu, dass diese leicht gegeneinander verschoben werden können, sodass Thermoplaste weicher als Duroplaste sind und sich beim Erwärmen verformen lassen. Bei den Duroplasten sind die Makromoleküle stark miteinander vernetzt und lassen sich nicht gegeneinander verschieben. Die räumliche Vernetzung ist die Hauptursache für die große Härte der thermisch nicht verformbaren Duroplaste.

Strukturprinzipien

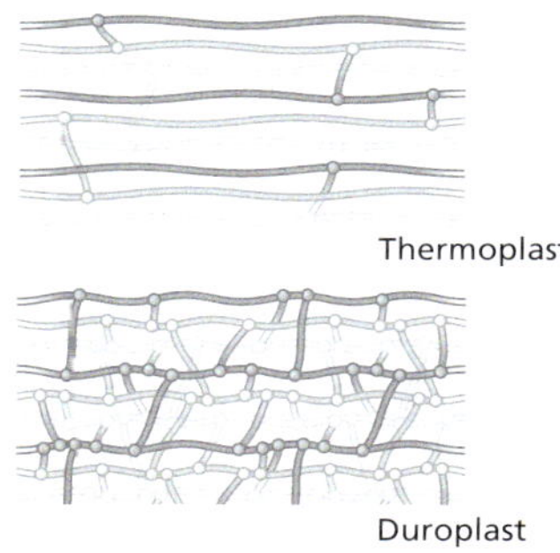

Voraussagen und Hypothesen sind einander sehr ähnlich. Voraussagen können jedoch anders als Hypothesen *vollständig* wissenschaftlich begründet werden.

Voraussagen

Beim **Voraussagen** wird auf der Grundlage von Naturgesetzen und Modellen sowie eigener Beobachtungen eine Aussage zu einer noch folgenden Erscheinung getroffen. Bei der Ableitung der Voraussage müssen die Bedingungen berücksichtigt werden, unter denen die Erscheinung auftritt.

Aus dem Vergleich der Eigenschaften der bereits bekannten Elemente der IV. Hauptgruppe des PSE konnte D. I. MENDELEJEW 1871 die Existenz eines zwischen Silicium und Zinn liegenden Elements voraussagen, das er Eka-Silicium nannte. Mit einer auch für heutige Verhältnisse beeindruckenden Genauigkeit sagte er die Wertigkeit (vierwertig), die Dichte ($\rho \approx 5{,}5\ g \cdot cm^{-3}$), die relative Atommasse ($A_r \approx 72$), und viele andere physikalische und chemische Eigenschaften des Eka-Siliciums und seiner Verbindungen vorher.
Die Voraussage MENDELEJEWS basierte auf der Anwendung des **Gesetzes der Periodizität** (↗ S. 64) der Eigenschaften der Elemente im PSE und war dadurch wissenschaftlich begründet.

Das Eka-Silicium wurde 1886 von CLEMENS WINKLER (1838 bis 1904) entdeckt und Germanium genannt.

Interpretieren

Beim **Interpretieren** wird die Bedeutung einer verkürzt bzw. komprimiert dargestellten Aussage (z. B. Reaktionsgleichungen, Diagramme, Definitionen) mit sprachlichen Mitteln in einem umfassenden, leicht verständlichen Zusammenhang dargestellt.

Beim **Interpretieren von Reaktionsgleichungen** geht man folgendermaßen vor:
- Formulieren des Stoffumsatzes der Edukte und Produkte in ihren Aggregatzuständen
- Analysieren der Reaktionsart
- Betrachten des chemischen Gleichgewichts und der konkreten Reaktionsbedingungen
- Ableiten von Schlussfolgerungen unter Berücksichtigung thermodynamischer und kinetischer Besonderheiten

Interpretieren Sie die Reaktionsgleichung der Ammoniaksynthese!

$$\overset{0}{N_2}(g) + 3\,\overset{0}{H_2}(g) \xrightleftharpoons{400\,°C,\ 30\,MPa,\ Kat} 2\,\overset{-III\ \ I}{NH_3}(g) \qquad \Delta_R H^0 = -92\ kJ$$

$$K_p = \frac{p^2(NH_3)}{p(N_2)\cdot p^3(H_2)} < 1$$

1. Die Gase Stickstoff und Wasserstoff reagieren in einem Stoffmengenverhältnis von $n(N_2):n(H_2) = 1:3$ zu ebenfalls gasförmigem Ammoniak. Aus 4 mol Ausgangsstoffen entstehen 2 mol Reaktionsprodukt, sodass die Reaktion unter Volumenverkleinerung stattfindet.
2. Da sich die Oxidationszahlen des Stickstoffs und des Wasserstoffs ändern, handelt es sich um eine Redoxreaktion. Stickstoff nimmt Elektronen auf und wird dabei reduziert, während Wasserstoff unter Elektronenabgabe oxidiert wird.
3. Aus dem doppelten Reaktionspfeil und der Angabe einer Gleichgewichtskonstante ist ersichtlich, dass es sich um eine Gleichgewichtsreaktion handelt. Die Gleichgewichtskonstante ist kleiner 1, sodass das Gleichgewicht unter den Reaktionsbedingungen auf der Seite der Ausgangsstoffe liegt.
4. Die Reaktion wird bei einer Temperatur von 400 °C und einem Druck von 30 MPa durchgeführt. Aufgrund der Volumenverkleinerung wirkt sich der hohe Druck positiv auf die Bildung des Ammoniaks aus. Die Reaktion ist exotherm, da die Reaktionsenthalpie $\Delta_R H^0$ negativ ist. Bei der Bildung von 2 mol Ammoniak werden 92 kJ Wärme freigesetzt. Infolge der exothermen Reaktion wirken sich hohe Temperaturen ungünstig auf den Anteil von Ammoniak im Gleichgewicht aus.
5. Die Verwendung eines Katalysators weist darauf hin, dass die Reaktion unter Normalbedingungen (T = 298 K, p = 101,3 kPa) nur relativ langsam abläuft. Die notwendige Beschleunigung der Umsetzung ist der Grund für die hohe Reaktionstemperatur.

Beim **Interpretieren von Reaktionsgleichungen** werden qualitative und quantitative Aussagen zum *Stoffumsatz* und zur Art der chemischen Reaktion abgeleitet. Unter Berücksichtigung der thermodynamischen und kinetischen Daten der Gleichung können außerdem Schlussfolgerungen zur Lage und zur Beeinflussung des chemischen Gleichgewichts durch die Reaktionsbedingungen gezogen werden.
Bei der **Interpretation mathematischer Gleichungen** besteht das Ziel ebenfalls darin, die in kompakter Form dargestellten Zusammenhänge zu erfassen und praktische Schlussfolgerungen daraus zu ziehen.

Beim Interpretieren mathematischer Gleichungen geht es vor allem darum, den Zusammenhang zwischen den **Größen** zu erfassen und mit sprachlichen Mitteln verständlich darzustellen.

1.2.4 Vorbereitung, Durchführung und Auswertung chemischer Experimente

Oft dient das **Experiment** zur Beantwortung einfacher Fragen, z. B. der Bestimmung des *pH*-Werts einer Säurelösung.

Das **Experimentieren** ist eine komplexe Tätigkeit mit dem Ziel, eine an die Natur gestellte Frage zu beantworten. Dazu wird eine Erscheinung unter ausgewählten, kontrollierten und veränderbaren Bedingungen beobachtet und ausgewertet. Das gesamte Experiment muss unter den gewählten Bedingungen reproduzierbar sein.

qualitativ: lat. *qualitas* = Beschaffenheit, Eigenschaft
quantitativ: lat. *quantitas* = Größe, Anzahl

Bevor ein Experiment durchgeführt wird, muss zuerst eine *Fragestellung* entwickelt werden. Diese kann sich beispielsweise auf das Vorhandensein eines bestimmten Elements in einer Verbindung oder die Konzentration einer wässrigen Salzlösung beziehen.
Die Antwort erhält der Chemiker durch Anwendung qualitativer oder quantitativer Analyseverfahren. Solchen Experimenten gehen – ebenso wie der einfachen Laborsynthese bekannter Verbindungen wie Essigsäureethylester – keine hypothetischen Überlegungen voraus.
Eine *Hypothese* ist immer dann zu entwickeln, wenn ein Problem vorliegt, dessen Lösungsweg noch unbekannt ist. Das Aufstellen von Hypothesen und daraus abgeleiteten Fragestellungen sowie die Planung von Experimenten zur Beantwortung dieser Fragen setzen ein hohes kreatives Potenzial des Chemikers voraus. Die experimentelle Überprüfung von Hypothesen spielt eine zentrale Rolle im Erkenntnisprozess, sowohl im Chemieunterricht als auch in der chemischen Forschung.

Qualitative Fragestellung	Quantitative Fragestellung	Überprüfen von Hypothesen
1. Nachweis von Sulfat-Ionen in wässrigen Lösungen durch Fällung mit Barium-Ionen	1. Bestimmung des Gehalts an Oxonium-Ionen, H_3O^+, in einer Gewässerprobe durch Säure-Base-Titration oder potenziometrische Messung des *pH*-Wertes	1. Überprüfen des aromatischen Charakters cyclischer Kohlenwasserstoffe wie Cyclohexan, Pyridin und Toluen durch Untersuchung der Reaktionen mit Brom
2. Synthese von 1,3-Dinitrobenzen als Beispiel für den Verlauf der elektrophilen Substitution S_EAr an aromatischen Verbindungen	2. Ermitteln der molaren Masse von Harnstoff durch quantitative organische Elementaranalyse oder Bestimmung der Schmelzpunkterniedrigung	2. Überprüfen der Voraussage, dass die Energiebilanz des Lösungsvorgangs von Ammoniumnitrat und festem Kaliumhydroxid in Wasser unterschiedlich ist
3. Analyse der Struktur chemischer Verbindungen mithilfe der Massenspektroskopie oder der Röntgenkristall-strukturanalyse	3. Bestimmung der Neutralisationsenthalpie der Säure-Base-Reaktion zwischen Schwefelsäure und Natronlauge	3. Überprüfen der angenommenen kinetischen Reaktionsordnung der Reaktion von 2-Brompropan mit Natronlauge durch Bestimmung der Reaktionsgeschwindigkeit

Vorbereiten des Experiments

Um beim Experimentieren das Ziel zu erreichen und eine richtige Antwort auf eine experimentelle Fragestellung zu erhalten, muss das Experiment wohl überlegt vorbereitet werden.
Von besonderer Wichtigkeit ist schon bei der **Vorbereitung chemischer Experimente** der Sicherheitsaspekt, da häufig mit gefährlichen oder gesundheitsschädigenden Stoffen gearbeitet werden muss. Um Unfällen durch unsachgemäßen Umgang mit Chemikalien vorzubeugen, sind die Hinweise der **Gefahrstoffverordnung** strikt zu befolgen.

Die **Sicherheit beim chemischen Experimentieren** hat schon bei der Vorbereitung oberste Priorität.

Vorbereiten eines Experiments	**Beispiel: Säure-Base-Titration**
1. Vorbetrachtungen Zuerst ist die Experimentieranleitung zu lesen und zu überlegen: – Was beinhaltet die Aufgabenstellung? – Auf welchen theoretischen Grundlagen (Gesetze, chemische Reaktionen etc.) basiert das geplante Experiment? – Welche Größen sind bekannt und welche sind zu bestimmen? – Welche Fehler können auftreten und wie sind sie zu vermeiden?	*Bestimmen Sie die Stoffmengenkonzentration einer Natronlauge durch Säure-Base-Titration mit Salzsäure einer Konzentration von 0,1 mol · l⁻¹.* $NaOH + HCl \longrightarrow NaCl + H_2O$ Bei der Reaktion handelt es sich um eine Neutralisation, deren Endpunkt mithilfe eines Indikators, z. B. Phenolphthalein, bestimmt werden kann. Die Stoffmengenkonzentration c_1 der Natronlauge kann aus dem bei der Titration verbrauchten Volumen und der Stoffmengenkonzentration der Salzsäure ($c_2 = 0{,}1$ mol $\cdot$ l^{-1}) ermittelt werden.
2. Experimentieranordnung Als nächstes ist ein Versuchsaufbau zu planen, mit dem die notwendigen Beobachtungen gemacht und die Aufgabe gelöst werden kann. Dazu ist eine Liste der benötigten Geräte und Chemikalien zu erstellen und diese zu beschaffen.	*Geräte:* – Bürette ($V = 50$ ml) – Pipette ($V = 10$ ml) – Pipettierhilfe – 3 Erlenmeyerkolben ($V = 250$ ml) – Stativ und Bürettenhalter *Chemikalien:* – Salzsäure ($c_2 = 0{,}1$ mol $\cdot$ l^{-1}) – Natronlauge – Phenolphthaleinlösung (ethanolisch, $w = 0{,}1$ %) – destilliertes Wasser 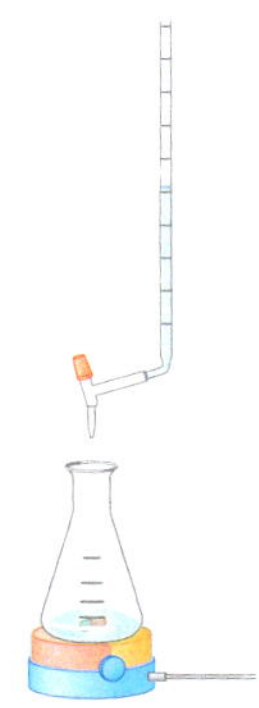
3. Arbeitssicherheit Bei der Planung des Experiments ist auf maximale Sicherheit zu achten und zu prüfen, welche Gefahren von den verwendeten Chemikalien ausgehen. Außerdem ist der Versuchsaufbau vor Beginn des Experiments durch einen Lehrer abnehmen zu lassen.	Natronlauge und Salzsäure sind ätzende Stoffe. Es muss mit Schutzbrille gearbeitet werden. Bei Hautkontakt müssen die Chemikalien gründlich abgewaschen werden. Die ethanolische Indikatorlösung ist entzündlich. Die Konzentration aller Lösungen ist jedoch so gering, dass sie über das Abwasser entsorgt werden können.

Durchführung und Auswertung des Experiments

Bei der Durchführung des Experimentes sind die Experimentieranleitung und die Sicherheitsbestimmungen genau einzuhalten. Das Experiment kann nur dann erfolgreich sein, wenn mit sauberen Chemikalien und Glasgeräten gearbeitet wird.

Alle auftretenden Veränderungen sind zu beobachten und zu protokollieren. Messwerte werden in ein Messprotokoll eingetragen. Nach Beendigung der chemischen Reaktion wird die Apparatur stillgelegt, die Reaktionsprodukte vorschriftsgemäß entsorgt und die Geräte gereinigt.

Durchführen eines Experiments	Beispiel: Säure-Base-Titration
4. Versuchsaufbau – Aufbauen der geplanten Experimentieranordnung – Reinigen aller Glasgeräte – Kontrollieren der verwendeten Chemikalien – Abnahme der Experimentieranordnung durch den Lehrer – Funktionstest der Geräte – Vorbereiten der Proben	*Aufbau:* Die sauberen Glasgeräte werden bereitgestellt und ca. 100 ml destilliertes Wasser in die Erlenmeyerkolben gegeben. Die Bürette wird aufgebaut und mit destilliertem Wasser ihre Dichtheit getestet. Salzsäure, Natronlauge und Indikatorlösung werden auf sichtbare Verunreinigungen überprüft. Danach kann die Bürette mit Salzsäure gespült und bis zur Nullmarke gefüllt werden. Mit der Pipette werden genau 10,0 ml der Natronlauge in den Erlenmeyerkolben gegeben und einige Tropfen Indikatorlösung dazugefügt.
5. Durchführung und Beobachtung – schrittweises Abarbeiten der Experimentieranleitung – Beobachten und Protokollieren von Veränderungen – Erfassung der Messwerte im Messprotokoll – Stilllegen der Apparatur und Reinigen der Glasgeräte – vorschriftsgemäßes Entsorgen der Reaktionsprodukte 	*Titration:* Unter leichtem Schwenken wird aus der Bürette Salzsäure in kleinen Intervallen von maximal 0,3 ml zugegeben. Wenn die Farbe der Lösung von rotviolett nach farblos umschlägt, ist die Titration beendet. Das verbrauchte Volumen wird im Messprotokoll notiert. Das Experiment wird noch zweimal durchgeführt, wobei bei diesen Proben die Zugabe der Salzsäure in der Nähe des Umschlagpunktes nur tropfenweise erfolgt. *Messprotokoll:* Messung: 1 / 2 / 3 V_{HCl}: 23,3 ml / 23,1 ml / 23,2 ml *Beobachtung:* Der Farbumschlag der Titration erfolgte bei allen drei Versuchen innerhalb eines sehr kleinen Volumenintervalls von wenigen Tropfen.

Messprotokoll:

Messung	1	2	3
V_{HCl}	23,3 ml	23,1 ml	23,2 ml

<table>
<tr><th>Auswertung eines Experiments</th><th>Beispiel: Säure-Base-Titration</th></tr>
<tr><td>

6. Auswertung

- Analysieren der Messwerte und Beobachtungen
- Aufstellen der chemischen Reaktionsgleichungen
- Durchführen von Berechnungen und gegebenenfalls Anfertigen von Diagrammen
- Formulieren eines Ergebnisses in Bezug auf die Aufgabenstellung

</td><td>

Durch den plötzlichen Farbumschlag kann der Endpunkt der Titration genau bestimmt werden. Die drei Analysenwerte weichen nur wenig voneinander ab. Der Mittelwert des Volumens kann berechnet werden nach:

$$\bar{V} = \frac{\sum V_{HCl}}{3} = 23{,}2 \text{ ml}$$

Reaktionsgleichung und Berechnung:

$$\overset{n_1}{NaOH} + \overset{n_2}{HCl} \longrightarrow NaCl + H_2O$$

$$n_1 = n_2$$

$$c_1 \cdot V_1 = c_2 \cdot V_2$$

$$V_2 = \bar{V}$$

$$c_1 = \frac{c_2 \cdot \bar{V}}{V_1}$$

$$c_1 = \frac{0{,}1 \text{mol} \cdot l^{-1} \cdot 23{,}2 \text{ mol}}{10{,}0 \text{ ml}}$$

$$\underline{c_1 = 0{,}232 \text{ mol} \cdot l^{-1}}$$

Ergebnis:
Die Stoffmengenkonzentration der analysierten Natronlauge beträgt $0{,}232 \text{ mol} \cdot l^{-1}$.

</td></tr>
<tr><td>

7. Fehlerbetrachtung

Zur Fehlerbetrachtung ist zunächst zu überprüfen, welche Fehler während des Experiments aufgetreten sein können: Danach wird abgeschätzt ob und wie das Messergebnis durch diese Fehler beeinflusst wurde. Anhand dieser Abschätzung lässt sich das experimentelle Ergebnis bewerten.

</td><td>

Fehlerbetrachtung:
Folgende Fehler können das Messergebnis beeinflusst haben:

- eine fehlerhafte Konzentrationsangabe der zur Titration benutzten Salzsäure
- die zu schnelle Zugabe von Natronlauge am Umschlagpunkt, das so genannte „Übertitrieren"
- Fehler beim Ablesen und Dosieren der Volumina an der Bürette bzw. der Pipette
- unsaubere Glasgeräte

Die Messwerte der drei Titrationen liegen sehr dicht beieinander, sodass ein einmaliges „Übertitrieren" ausgeschlossen werden kann. Da die Glasgeräte vor Beginn des Experiments gründlich gereinigt und die Natronlauge-Lösung frisch zubereitet wurde, wird das Ergebnis nur durch geringfügige Ablesefehler beeinflusst. Die Genauigkeit der Analyse ist deshalb als gut zu bewerten.

</td></tr>
</table>

Musterprotokoll eines Experiments

Name: *Josephine Musterschüler*	**Kurs:**	**Datum:**

Aufgabe: Untersuchen Sie die Reaktion zwischen Hex-1-en und Bromwasser!

Vorbetrachtungen und Arbeitssicherheit:
- Bromwasser ist in Wasser gelöstes Brom, Br_2, das stark oxidierend wirkt
- Brom ist giftig beim Einatmen und wirkt Haut reizend T Xn
- Hex-1-en ist eine hoch entzündliche Flüssigkeit F+
- Hex-1-en, C_6H_{12}, ist ein Kohlenwasserstoff mit einer C = C-Doppelbindung, an die Brom addiert werden kann. Das Bromwasser müsste sich bei dieser Nachweisreaktion für ungesättigte Kohlenwasserstoffe entfärben.

Versuchsaufbau und Experimentieranordnung:

Geräte und Chemikalien:
- Reagenzglas mit Gummistopfen
- 1 Tropfpipette
- ca. 3 ml Hex-1en
- ca. 1 ml Bromwasser mit $\omega(Br_2) \approx 3$ %

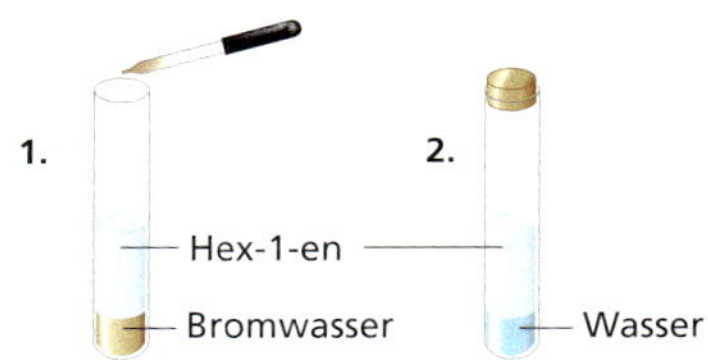

Durchführung:
- 3 ml Hex-1-en werden in ein Reagenzglas gefüllt
- mit der Pipette wird tropfenweise Bromwasser dazugegeben
- das Reagenzglas wird verschlossen und das Gemisch aus Hex-1-en und Bromwasser vorsichtig geschüttelt

Beobachtungen:
- braunes Bromwasser mischt sich nicht mit farblosem Hex-1-en, es bilden sich zwei Flüssigkeitsschichten heraus
- durch vorsichtiges Schütteln des Reagenzglases wird das Gemisch langsam heller, bis es sich vollständig entfärbt
- nach Beendigung der Reaktion bilden sich wieder zwei Flüssigkeitsschichten heraus, die beide farblos sind

Auswertung:
1. Die Bildung eines Zweiphasen-Gemisches beruht darauf, dass Wasser und Hex-1-en aufgrund der unterschiedlichen Polarität der Moleküle nicht mischbar sind.
2. Das Bromwasser wird durch folgende chemische Reaktion entfärbt:

$$CH_3-CH_2-CH_2-CH_2-CH=CH_2 + Br_2 \longrightarrow CH_3-CH_2-CH_2-CH_2-CHBr-CH_2Br$$

Es handelt sich bei der Reaktion um eine elektrophile Addition (↗ S. 266) des Brommoleküls an die C = C-Doppelbindung des Alkens.

Fehlerbetrachtung:
Brom reagiert nicht nur mit ungesättigten organischen Verbindungen, sondern auch mit einigen anderen Reduktionsmitteln z. B. SO_2. Diese würden die Nachweisreaktion zwar stören, beim durchgeführten Experiment kann ihre Anwesenheit in den verwendeten Chemikalien aber ausgeschlossen werden.

1.3 Stöchiometrie

1.3.1 Molare und Zusammensetzungsgrößen

Die **Stöchiometrie** ist die Lehre von der Berechnung der Zusammensetzung chemischer Verbindungen sowie von den Massen-, Volumen- und Ladungsverhältnissen chemischer Reaktionen.

Um in der Stöchiometrie nicht mit extremen Zahlenwerten rechnen zu müssen, wurde die **Stoffmenge** als Größe eingeführt. Die Konstante N_A trägt den Namen des italienischen Chemikers **A. AVOGADRO** (1776–1856).

Die Eigenschaften von Stoffen und der Verlauf von Reaktionen hängen nicht nur von der Art der Stoffe, sondern auch von der Anzahl der Teilchen im System ab. Die absoluten Massen von Atomen und Molekülen liegen zwischen 10^{-24} und 10^{-20} g und können mit der Waage nicht bestimmt werden. Folglich enthalten schon kleine Stoffportionen wie 1 g Kohlenstoff oder 10 ml Wasser eine enorm große Anzahl von Teilchen.

Die **Stoffmenge** ***n*** gibt an, wie viele Teilchen *N* in einer Stoffprobe enthalten sind. Die Einheit der Stoffmenge ist mol. Die Teilchenanzahl, die ein Mol eines jeden Stoffes enthält, entspricht der **AVOGADRO-Konstante** $N_A = 6{,}022 \cdot 10^{23}\ \text{mol}^{-1}$.

Die molare Masse von Verbindungen kann mithilfe des PSE aus den relativen Atommassen der Elemente berechnet werden, aus denen die Verbindung aufgebaut ist:

$$|M| = |\Sigma A_r| = |F_r|$$

A_r – relative Atommasse
F_r – relative Formelmasse

Bei der Angabe der Stoffmenge müssen die Teilchen, auf die sich die Angabe bezieht, immer benannt werden, z. B. 1 mol H_2 bedeutet 1 mol Wasserstoffmoleküle. Die Stoffmenge bzw. die Objektmenge ist die wichtigste Größe für die quantitative Beschreibung chemischer Systeme. Das Verhältnis der Stoffmengen chemischer Reaktionspartner wird durch die Reaktionsgleichung wiedergegeben.
Experimentell kann die Stoffmenge nicht direkt bestimmt werden, sondern nur die Masse oder das Volumen von Stoffportionen. Der Zusammenhang zwischen der Stoffmenge und diesen extensiven Größen wird über die **molare Masse** bzw. das **molare Volumen** hergestellt.
Die molaren Größen sind stoffspezifische Konstanten, die aus Tabellen direkt entnommen oder berechnet werden können. Mit ihrer Hilfe können die einfach messbaren Massen und Volumina von Stoffen ineinander umgerechnet werden.

Größe	Berechnung	Beispiele
Stoffmenge *n*	$n = \frac{N}{N_A}$	$n(B) = 2$ mol bedeutet: 2 mol Boratome. $n(H_2O) = 3$ mol bedeutet: 3 mol Wassermoleküle.
molare Masse *M*	$M = \frac{m}{n}$	$M(NaCl) = 58{,}5\ \text{g} \cdot \text{mol}^{-1}$, die stoffspezifische molare Masse von Natriumchlorid beträgt immer $58{,}5\ \text{g} \cdot \text{mol}^{-1}$, unabhängig von der Größe der Stoffportion.
molares Volumen V_m	$V_m = \frac{V}{n}$	$V_m(N_2) = 22{,}4\ \text{l} \cdot \text{mol}^{-1}$ heißt, das 1 mol Stickstoff ein Volumen von 22,4 l einnimmt (bei einer Temperatur von 273,15 K und einem Druck von 101,325 kPa).

Zusammensetzungsgrößen

Aus den verschiedenen **Zusammensetzungsgrößen** können mithilfe der molaren Größen wieder die Stoffmengen berechnet werden.

Häufig bestehen chemische Systeme aus mehreren Stoffen, z. B. eine wässrige Lösung von Natronlauge oder Gasgemische wie Luft. Die Reaktivität der Natronlauge wird durch ihren Gehalt an Natriumhydroxid bestimmt, während die oxidierende Wirkung von Luft von ihrem Sauerstoff- und Ozongehalt abhängt.
Die Zusammensetzung von Stoffgemischen wird durch **Zusammensetzungsgrößen** angegeben. Dabei benutzt man für Feststoffe und Gasgemische meist Anteilsgrößen, da die Masse von Feststoffen und der Druck oder das Volumen von Gasen sehr einfach gemessen werden können.

Größe	Berechnung	Beispiele
Massenanteil ω(i)	$\omega(i) = \frac{m(i)}{m_{gesamt}}$	Der Massenanteil an Natriumchlorid in einem Gemisch aus 10 g NaCl und 90 g $PbCl_2$ beträgt 0,1 bzw. 10 Gew.-%.
Stoffmengenanteil x(i)	$x(i) = \frac{n(i)}{n_{gesamt}}$	Der Stoffmengenanteil an Natriumchlorid in diesem Gemisch (0,171 mol NaCl und 0,324 mol $PbCl_2$) beträgt 0,35 bzw. 35 mol.-%.
Volumenanteil φ(i)	$\varphi(i) = \frac{V(i)}{V_{gesamt}}$	Der Volumenanteil von Stickstoff in einem Gemisch aus 7,9 l N_2 und 2,1 l O_2 beträgt 0,79 oder 79 Vol.-%.
Partialdruck p(i)	$p(i) = x(i) \cdot p_{gesamt}$	In diesem idealen Gasgemisch ist $\varphi(i) = x(i)$, sodass der Partialdruck des Stickstoffs 79 kPa beträgt, wenn der Gesamtdruck 100 kPa ist.

In einem idealen Gasgemisch von N_2 und O_2 beträgt der Volumenanteil des O_2 bei 101,3 kPa und 298 K $\varphi(O_2) = 21{,}0$ Vol.-%.
Wie groß sind der Stoffmengen- und Massenanteil von O_2?

Analyse:
Bei $\varphi(O_2) = 0{,}21$ enthalten 100 Liter Gas 21 Liter O_2 und 79 Liter N_2. Die Stoffmengen können aus den Volumina mit der idealen Gasgleichung berechnet werden. Aus den Stoffmengen erhält man die Massen mithilfe der molaren Massen von O_2 und N_2.

Gesucht: $x(O_2)$ und $w(O_2)$

Gegeben: $p = 101{,}3$ kPa; $T = 298$ K
$M(O_2) = 32\ g \cdot mol^{-1}$; $M(N_2) = 28\ g \cdot mol^{-1}$
$V(O_2) = 21$ l; $V(N_2) = 79$ l

Lösung: $n(O_2) = \frac{p \cdot V(O_2)}{R \cdot T}$; $n(N_2) = \frac{p \cdot V(N_2)}{R \cdot T}$

$n(O_2) = 0{,}859$ mol; $n(N_2) = 3{,}23$ mol
$m(O_2) = M(O_2) \cdot n(O_2)$; $m(N_2) = M(N_2) \cdot n(N_2)$
$m(O_2) = 27{,}5$ g; $m(N_2) = 90{,}5$ g

Ideale Gasgleichung:
$p \cdot V = n \cdot R \cdot T$

R – universelle Gaskonstante
$R = 8{,}314 \cdot K^{-1} \cdot mol^{-1}$

$$x(O_2) = \frac{0{,}859\ \text{mol}}{(0{,}859 + 3{,}23)\ \text{mol}} = \underline{0{,}21}$$

$$\omega(O_2) = \frac{27{,}5\ \text{g}}{(27{,}5 + 90{,}5)\ \text{g}} = \underline{0{,}233}$$

Ergebnis:
Der Stoffmengenanteil $x(O_2)$ des idealen Gasgemisches beträgt 21,0 Vol.-% und ist gleich dem Volumenanteil. Der Massenanteil des schwereren Sauerstoffs, $w(O_2)$ = 23,3 Gew.-%, ist größer als der Stoffmengenanteil.

Für Lösungen ist die gebräuchlichste Zusammensetzungsgröße die **Stoffmengenkonzentration,** weil aus dieser Größe die Stoffmenge eines gelösten Stoffes direkt aus dem Volumen der Lösung ermittelt werden kann. Der Gehalt des gelösten Stoffes kann aber auch als **Massenanteil** oder **Massenkonzentration** angegeben werden.

Wenn Chemiker von der Konzentration einer Lösung sprechen, ist damit fast immer die Stoffmengenkonzentration gemeint.

Größe	Berechnung	Beispiele
Stoffmengenkonzentration c(i)	$c(\text{i}) = \frac{n(\text{i})}{V_{\text{Lösung}}}$	Eine Natronlauge einer Konzentration von 2 mol · l^{-1} enthält 0,2 mol NaOH in 100 ml Lösung. Dies entspricht einer Massenkonzentration von 80 g NaOH pro Liter Natronlauge. Der Massenanteil von NaOH beträgt 7,4 Gew.-% bei einer Dichte der Lösung von p = 1,079 g · cm^{-3}.
Massenkonzentration β(i)	$\beta(\text{i}) = \frac{m(\text{i})}{V_{\text{Lösung}}}$	
Massenanteil ω(i)	$\omega(\text{i}) = \frac{m(\text{i})}{m_{\text{Lösung}}}$	

Für eine Titration werden 100 ml einer Natronlauge mit einer Konzentration von c(NaOH) = 0,1 mol · l^{-1} benötigt.
Wie groß ist die Einwaage an festem Natriumhydroxid?

Analyse:
Zur Lösung nutzt man die Gleichungen zur Berechnung der Stoffmengenkonzentration und der molaren Masse. Beide Gleichungen werden nach der Stoffmenge umgestellt und gleichgesetzt.

Gesucht: m(NaOH)
Gegeben: c(NaOH) = 0,1 mol · l^{-1}
V(Lösung) = 100 ml
M(NaOH) = 40,0 g · mol · l^{-1}

Lösung:

$$n(\text{NaOH}) = \frac{m(\text{NaOH})}{M(\text{NaOH})} = c(\text{NaOH}) \cdot V(\text{NaOH})$$

$$m(\text{NaOH}) = M(\text{NaOH}) \cdot c(\text{NaOH}) \cdot V(\text{NaOH})$$

$$\underline{m(\text{NaOH}) = 4{,}0\ \text{g}}$$

Ergebnis:
Um 100 ml einer 0,1 M Natronlauge herzustellen, müssen 4,0 g festes Natriumhydroxid eingewogen werden.

Der gelöste Stoff besitzt immer ein eigenes Volumen. Deshalb dürfen nicht einfach 100 ml Wasser zur Herstellung von 100 ml Lösung verwendet werden, sondern es muss vorsichtig mit Wasser auf das Gesamtvolumen der Lösung aufgefüllt werden.

Mischungsrechnen

Das Mischen von Lösungen unterschiedlicher Konzentrationen oder das Verdünnen hoch konzentrierter Lösungen sind alltägliche Aufgaben, z. B. in der chemischen Analytik oder in der chemischen Industrie (Chlor-Alkali-Elektrolyse, ↗ S. 400)

Den Gesamtgehalt ω(i) eines Stoffes in einer Mischung oder das Massenverhältnis $m_1 : m_2$, in dem die Teillösungen gemischt werden müssen, werden mit der Mischungsgleichung berechnet.

Mischungsgleichung für ein Gemisch aus zwei Lösungen:

$$m_1 \cdot \omega_1(\text{i}) + m_2 \cdot \omega_2(\text{i}) = (m_1 + m_2) \cdot \omega(\text{i})$$

m_1, m_2	– Masse der Lösungen 1 und 2
$\omega_1(\text{i})$, $\omega_2(\text{i})$	– Massenanteile der Komponente i in den Teillösungen
$\omega(\text{i})$	– Massenanteil der Komponente i in der Mischung

Handelsübliche konzentrierte Salzsäure enthält 37 Gew.-% Chlorwasserstoff. Mit destilliertem Wasser soll daraus 1 kg Salzsäure mit mit einem Massenanteil von 5 Gew.-% hergestellt werden.
Wie kann man diese 5%ige Salzsäure herstellen?

> Um anstelle des Massenverhältnisses der Lösungen das Volumenverhältnis zu erhalten, muss man die Massen mithilfe der Dichten in die Volumina umrechnen.

Analyse:
Die Summe der Massen Salzsäure m_1 und Wasser m_2 beträgt 1 kg. Die Beziehung $m_2 = 1\text{ kg} - m_1$ setzt man in die Mischungsgleichung ein und stellt nach m_1 um. Da Wasser kein Chlorwasserstoff enthält, beträgt $\omega_2(\text{HCl}) = 0$. Dementsprechend vereinfacht sich die Rechnung mit der Mischungsgleichung.

Gesucht: $m_1 : m_2$

Gegeben: $\omega_1(\text{HCl}) = 0{,}37$ $\omega_2\,(\text{HCl}) = 0$
$\omega(\text{HCl}) = 0{,}05$ $\mu_1 + m_2 = 1\text{ kg}$

> Beim **Mischungsrechnen** kann auch das Mischungskreuz benutzt werden:
>
> $$\frac{m_1}{m_2} = \frac{\omega(\text{i}) - \omega_2(\text{i})}{\omega_1(\text{i}) - \omega(\text{i})}$$
>
> Beide Rechenwege führen zum gleichen Ergebnis.

Lösung:

$$m_2 = 1\text{ kg} - m_1$$

$$m_1 \cdot \omega_1(\text{i}) + (1\text{ kg} - m_1) \cdot \omega_2(\text{i}) = 1\text{ kg} \cdot \omega(\text{i})$$

$$m_1 = \frac{1\text{ kg} \cdot \omega(\text{i}) - 1\text{ kg} \cdot \omega_2(\text{i})}{\omega_1(\text{i}) - \omega_2(\text{i})}$$

$$m_1 = \frac{1\text{ kg} \cdot 0{,}05 - 0}{0{,}37 - 0} = \frac{0{,}05\text{ kg}}{0{,}37}$$

$$m_1 = 135\text{ g}$$

$$\underline{m_2 = 1\text{ kg} - m_1 = 865\text{ g}}$$

Ergebnis:
Um eine 5 Gew.-%ige Salzsäure herzustellen, gibt man 865 g Wasser in ein Becherglas und fügt vorsichtig 135 g konzentrierte 37 Gew.-%ige Salzsäure dazu.

1.3.2 Berechnungen zu chemischen Reaktionen

Bei chemischen Reaktionen reagieren die beteiligten Stoffe in bestimmten, festen Stoffmengenverhältnissen miteinander:

$$n_1 \sim n_2 \quad \text{bzw.} \quad \frac{n_1}{n_2} = \text{konstant}$$

Das Verhältnis der Stoffmengen zueinander ergibt sich aus den Wertigkeiten der Reaktionspartner und wird in Form der **Stöchiometriezahlen** bzw. Stöchiometriefaktoren in der Reaktionsgleichung angegeben.
Auf der Basis dieser **konstanten Proportionen der Stoffmengen** können unter Verwendung der molaren Größen (M und V_m) Verhältnisgleichungen aufgestellt werden, mit deren Hilfe sich die Massen und Volumina aller an einer Reaktion beteiligten Stoffe berechnen.

Das Gesetz der konstanten Proportionen bildet zusammen mit dem Gesetz der Erhaltung der Masse (↗ S. 14) die Grundlage für das korrekte **Aufstellen chemischer Reaktionsgleichungen** und damit für alle stöchiometrischen Berechnungen zu chemischen Reaktionen.

Schrittfolge für stöchiometrische Rechnungen mit Verhältnisgleichungen	**Beispiel:** Berechnung des Volumens Kohlenstoffdioxid, das bei der vollständigen Verbrennung von 1 g Glucose entsteht.
1. Analyse der Aufgabe	– Glucose verbrennt mit Sauerstoff vollständig zu CO_2 und H_2O – molare Massen und Volumina sind aus Tabellen zu ermitteln
2. Aufstellen der Reaktionsgleichung	$C_6H_{12}O_6 + 6\ O_2 \longrightarrow 6\ CO_2 + 6\ H_2O$
3. Zusammenstellen der gegebenen und gesuchten Größen unter Nutzung von Tabellen und Tafelwerken	*Gesucht:* $V(CO_2)$ *Gegeben:* $m(C_6H_{12}O_6) = 1\ g$ $M(C_6H_{12}O_6) = 180\ g \cdot mol^{-1}$ $V_m(CO_2) = 22{,}4\ l \cdot mol^{-1}$
4. Eintragen gegebener und gesuchter Größen über und unter der Reaktionsgleichung.	$\underset{1 \cdot 180\ g \cdot mol^{-1}}{\overset{1\ g}{C_6H_{12}O_6 + 6\ O_2}} \longrightarrow \underset{6 \cdot 22{,}4\ l \cdot mol^{-1}}{\overset{V(CO_2)}{6\ CO_2 + 6\ H_2O}}$
5. Aufstellen der Verhältnisgleichungen	$\frac{1\ g}{1 \cdot 180\ g \cdot mol^{-1}} = \frac{V(CO_2)}{6 \cdot 22{,}4\ l \cdot mol^{-1}}$
6. Umstellen der Gleichung und Berechnung der gesuchten Größe	$V(CO_2) = \frac{1\ g \cdot 6 \cdot 22{,}4\ l \cdot mol^{-1}}{1 \cdot 180\ g \cdot mol^{-1}}$
7. Formulieren des Ergebnisses	Bei der vollständigen Verbrennung von 1 g Glucose entstehen 0,747 l Kohlenstoffdioxid.

Bei komplexeren stöchiometrischen Aufgaben ist das Aufstellen von Verhältnisgleichungen für jede einzelne Reaktion sehr zeitaufwändig. Solche Aufgaben löst man mit dem leistungsfähigeren Molkonzept.

Im Nenner der Verhältnisgleichung steht das Produkt aus Stöchiometriezahl und molarer Größe des Stoffes.

Ausbeute chemischer Reaktionen

Bei stöchiometrischen Berechnungen geht man davon aus, dass die Ausgangsstoffe vollständig zu den Reaktionsprodukten umgesetzt werden. In der Praxis erhält man jedoch häufig eine geringere Produktmenge als nach der Reaktionsgleichung theoretisch möglich wäre.

$$\eta = \frac{\text{reale Produktmenge}}{\text{theoretische Produktmenge}} \cdot 100\ \%$$

Die Ausbeute chemischer Reaktionen darf nicht mit dem Umsatz verwechselt werden. Die *Ausbeute* bezieht sich immer auf die *Reaktionsprodukte*. Der *Umsatz* gibt dagegen an, welche Menge *Ausgangsstoffe* tatsächlich zu Reaktionsprodukten umgesetzt worden ist.

Die **Ausbeute,** η, eines Reaktionsproduktes wird in Prozent angegeben und kann sowohl aus den Stoffmengen als auch aus den Massen der Produkte berechnet werden.

Aus 100 g reinem Silicium soll durch Überleiten von Chlor Silicium(IV)-chlorid hergestellt werden.
Wie viel Silicium(IV)-chlorid erhält man, wenn die Ausbeute der Reaktion 90 % beträgt?

Analyse:
Die stöchiometrische Berechnung der Masse $SiCl_4$ mit der Verhältnisgleichung liefert die theoretische Produktmenge. Aufgrund der 90%igen Ausbeute der Chlorierung ist die tatsächlich erhaltene Masse an $SiCl_4$ kleiner.

Gesucht: reale Masse Silicium(IV)-chlorid ⇒ $m(SiCl_4)$

Gegeben: $m(Si) = 100\ g$ $\quad \eta = 0{,}90$
$M(Si) = 28{,}1\ g \cdot mol^{-1}$ $\quad M(SiCl_4) = 169{,}9\ g \cdot mol^{-1}$

Lösung:

$$\underset{1 \cdot 28{,}1\ g \cdot mol^{-1}}{\overset{100\ g}{Si}} + 2\ Cl_2 \longrightarrow \underset{1 \cdot 169{,}9\ g \cdot mol^{-1}}{\overset{m_{theor.}}{SiCl_4}}$$

$$\frac{100\ g}{28{,}1\ g \cdot mol^{-1}} = \frac{m_{theor.}}{169{,}9\ g \cdot mol^{-1}}$$

$$m_{theor.} = \frac{100\ g \cdot 169{,}9\ g \cdot mol^{-1}}{28{,}1\ g \cdot mol^{-1}} = 604{,}6\ g$$

$$m_{real} = \eta \cdot m_{theor.} = 0{,}90 \cdot 604{,}6\ g$$

$$\underline{m_{real} = 544{,}2\ g}$$

Ergebnis:
Bei einer 90%igen Ausbeute der Reaktion mit Chlor erhält man aus 100 g Silicium 544,2 g Silicium(IV)-chlorid.

Berechnungen zu Ausbeute und Umsatz chemischer Reaktionen stellt man insbesondere bei industriellen Syntheseverfahren an (↗ S. 393 ff.).

In der Stöchiometrie werden ausschließlich Berechnungen zur Zusammensetzung von Stoffen oder zur Stoffumwandlung während der chemischen Reaktion angestellt. Die energetischen Veränderungen werden in der Thermodynamik (↗ S. 102 ff.) und die Geschwindigkeit der Reaktion in der Kinetik (↗ S. 140 ff.) betrachtet.

KERNCHEMIE UND ENTSTEHUNG DER ELEMENTE

2

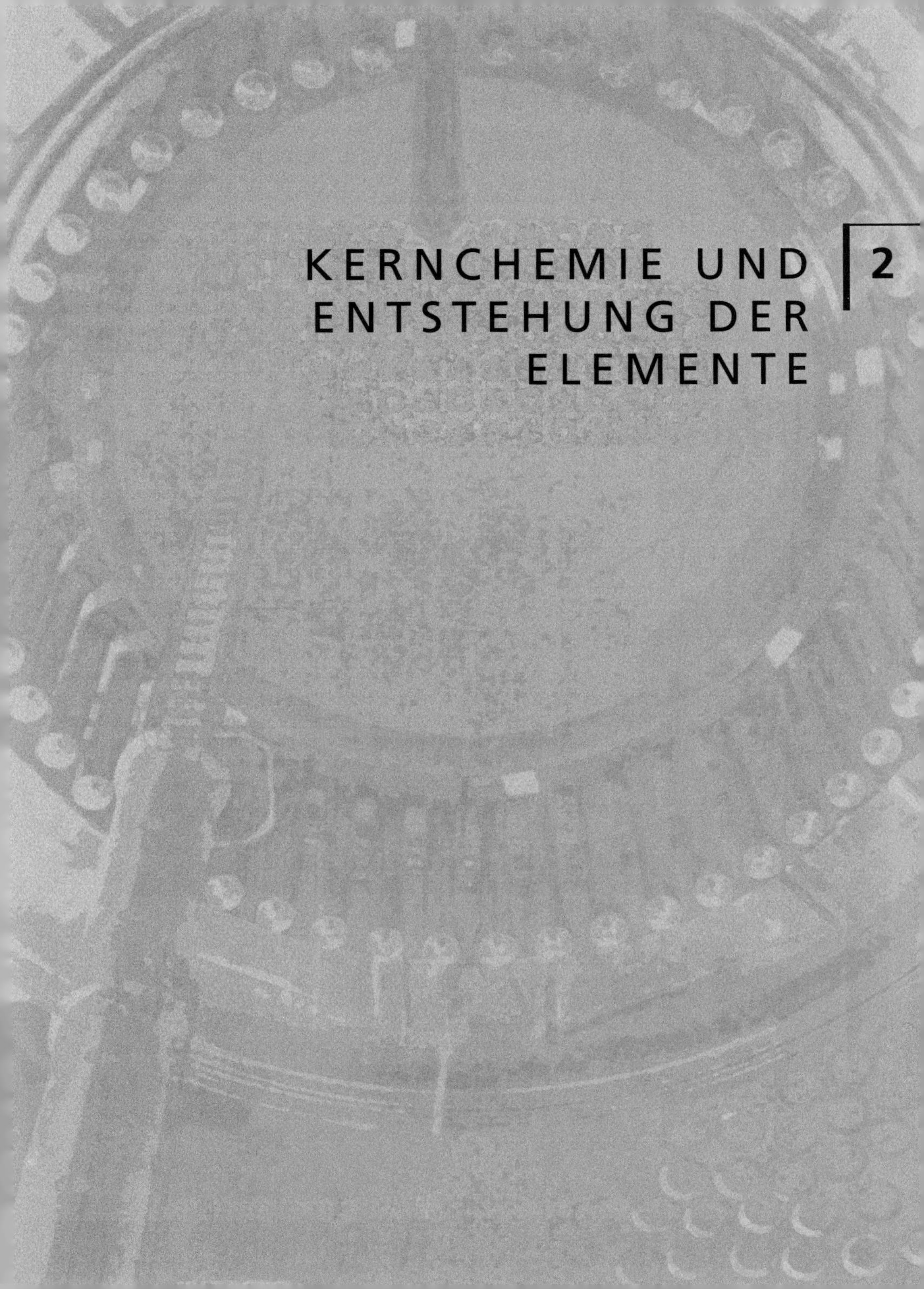

2.1 Kernchemie

2.1.1 Kernbausteine – Nukleonen

Elementarteilchen wie Protonen, Neutronen und Elektronen sind kleinste Bausteine der Materie.

Nach dem **rutherfordschen Atommodell** (↗ S. 49) bestehen Atome aus dem Masse enthaltenden Kern und einer nahezu masselosen Elektronenhülle. Die experimentell ermittelten Radien von Atomkernen liegen im Bereich von 10^{-14} bis 10^{-15} m. Im Vergleich dazu liegen die Atomdurchmesser bei 10^{-10} m.
Atomkerne sind aus positiv geladenen **Protonen** und neutralen **Neutronen** aufgebaut. Diese Kernbestandteile werden als **Nukleonen** bezeichnet. Sie gehören gleichzeitig zu den Elementarteilchen.

Die Anzahl der Protonen im Atomkern bestimmt die **Kernladungszahl** des Atoms. Die Kernladungszahl ist identisch mit der **Ordnungszahl** eines Elements im Periodensystem der Elemente. Die **Massenzahl** eines Atoms ergibt sich aus der Summe der Protonen- und Neutronenzahl im Atomkern.

Anzahl der Protonen	=	Ladung des Kerns	=	Ordnungszahl
$x\,p^+$		$+x$		x
Anzahl der Protonen	+	Anzahl der Neutronen	=	Massenzahl des Atoms
Z		N		A

Die **Atome** eines Elements enthalten zwar immer die gleiche **Protonenanzahl,** aber nicht die gleiche Anzahl von Neutronen im Kern. Dadurch können die Massenzahlen der Atome eines Elements variieren.

Die chemischen Eigenschaften der **Elemente** sind jedoch kaum von der Anzahl der Nukleonen im Kern, sondern hauptsächlich von der Verteilung der Elektronen in der Atomhülle abhängig.

Eine Atomsorte mit definierter Protonenzahl und Neutronenzahl wird als **Nuklid** bezeichnet. Nuklide gleicher Protonenzahl aber unterschiedlicher Neutronenzahl nennt man **Isotope.**

Viele chemische Elemente sind Gemische aus mehreren Isotopen. Man kennzeichnet die Isotope, indem die Massenzahl als Exponent und die Kernladungszahl als Index vor dem chemischen Symbol des betreffenden Elementes angegeben werden. Die Verteilung der Isotope ist sehr unterschiedlich und der Grund für gebrochene Atommassenzahlen bei den Elementen im PSE (↗ S. 448), die aus mehreren Isotopen bestehen.

^1_1H: Kernladungszahl des Wasserstoffs 1, Massenzahl des Isotops 1, d. h., ein Proton, kein Neutron im Kern
^2_1H: Kernladungszahl des Wasserstoffs 1, Massenzahl des Isotops 2, d. h., ein Proton, ein Neutron im Kern
^3_1H: Kernladungszahl des Wasserstoffs 1, Massenzahl des Isotops 3, d. h., ein Proton, zwei Neutronen im Kern

2.1.2 Stabilität von Atomkernen und Kernreaktionen

Kernkräfte

Die Kraft, die die Kernbausteine, die Nukleonen zusammenhält, wird als **starke Kernkraft** bezeichnet.

Die Kernkraft hat eine stärkere Wirkung als die elektrostatische Abstoßung zwischen den gleich geladenen Protonen, wirkt jedoch über eine deutlich kleinere Entfernung als diese Abstoßungskräfte. Daraus folgt, dass mit größer werdendem Kern und zunehmender Zahl von Nukleonen Energie durch die starke Kernkraft gewonnen wird.
Da die starke Kernkraft aber nur zwischen dicht beieinander liegenden Nukleonen wirkt, wird der Effekt der Abstoßung zwischen den Protonen mit steigender Protonenzahl immer größer. Deshalb kann ein Atomkern nicht beliebig groß werden, sondern erreicht ein Optimum der Stabilität, in dem diese beiden gegenläufigen Kräfte „ausbalanciert" sind. Die Konsequenz dessen ist, dass alle Atomkerne, die mehr als 84 Protonen besitzen, instabil sind.
Generell sind Kerne mit geraden Protonen- und Neutronenzahlen stabiler als solche mit ungeraden Protonen- und Neutronenzahlen. Die Neutronen bewirken vermutlich den Zusammenhalt der Protonen im Kern. Trägt man die Neutronen- und Protonenzahlen stabiler Nuklide gegeneinander auf, wird deutlich, dass mit zunehmender Kernladungszahl Z die notwendige Zahl der Neutronen zur Kernstabilisierung schnell ansteigt. Der punktiert dargestellte Bereich wird als **Zone der Stabilität** bezeichnet. Innerhalb dieser Zone befinden sich alle bekannten stabilen Atomkerne. Das Verhältnis zwischen Neutronen- und Protonenzahl bestimmt wesentlich die Art des radioaktiven Zerfalls eines Nuklids (↗ S. 37).

Die Energieumsätze bei Kernreaktionen sind bedeutend höher als bei chemischen Reaktionen. Sie sind z. B. mehr als 100 000 mal größer als die Energie von 285 kJ · mol^{-1}, die bei der Bildung von Wasser aus Wasserstoff und Sauerstoff freigesetzt wird.

Häufigkeit stabiler Nuklide

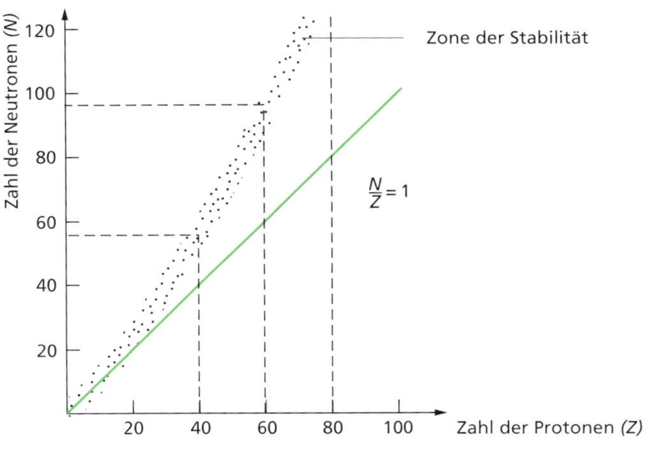

Experimentell hat man nachgewiesen, dass Nuklide der Massenzahlen 2, 8, 20, 50, 82 und 126 beonders stabil sind. Deshalb werden sie magische Zahlen genannt.

Radioaktiver Zerfall und künstliche Kernumwandlung

Kernreaktionen laufen unter Beteiligung von Elementarteilchen ab. So werden z. B. Protonen und Neutronen ineinander umgewandelt oder andere Elementarteilchen wie Elektronen als energiereiche Strahlung an die Umgebung abgegeben.

An Kernreaktionen beteiligte Teilchen

Teilchen	Neutron	Proton	Elektron	α-Teilchen	β-Teilchen	Positron
Symbol	${}^{1}_{0}n$	${}^{1}_{1}p$ oder ${}^{1}_{1}H$	${}^{0}_{-1}e$	${}^{4}_{2}He$ oder ${}^{4}_{2}\alpha$	${}^{0}_{-1}e$ oder ${}^{0}_{-1}\beta^-$	${}^{0}_{1}e$ oder ${}^{0}_{1}\beta^+$
Ladung	0	+1	−1	+2	−1	+1
relative Masse	1	1	$5{,}4 \cdot 10^{-4}$	4	$5{,}4 \cdot 10^{-4}$	$5{,}4 \cdot 10^{-4}$

Radioaktiver Zerfall

Beim **radioaktiven Zerfall** wandeln sich Kerne, die außerhalb der Zone stabiler Nuklide (↗ S. 35) liegen, freiwillig bzw. spontan durch Aussenden einer **radioaktiven Strahlung** in einen stabileren Kern mit niedrigerem Energieinhalt um.

Die Abgabe von Elementarteilchen bzw. das Aussenden radioaktiver Strahlung bezeichnet man auch als **Emission.**

Je nach Art der beim **spontanen Zerfall** von Atomkernen ausgesendeten Strahlung unterscheidet man zwischen drei grundlegenden Zerfallsarten. Beim **α-Zerfall** entstehen α-Teilchen, ${}^{4}_{2}He$. Beim **β-Zerfall** werden β-Teilchen, entweder Elektronen, ${}^{0}_{-1}e$, oder Positronen, ${}^{0}_{1}e$, an die Umgebung abgegeben.
Bei den **Elektroneneinfangreaktionen** werden keine Teilchen, sondern radioaktive **γ-Strahlen** ausgesendet. γ-Strahlen sind energiereiche elektromagnetische Wellen hoher Frequenz, die auch als energiereiche Photonen bezeichnet werden. Sie werden als ${}^{0}_{0}\gamma$ symbolisiert und sind Träger der überschüssigen Energie, die bei der Stabilisierung von Kernen abgegeben wird.

In biologischen Systemen führt Radikalbildung zur Störung der normalen Zellfunktionen und somit zu eklatanten **biologischen Auswirkungen der radioaktiven Strahlung.**

Die Energie radioaktiver Strahlung reicht aus, um chemische Bindungen spalten oder Substanzen ionisieren zu können, wodurch instabile, außerordentlich reaktive Teilchen entstehen. Dabei werden Radikale gebildet, die so reaktiv sind, dass sie eine Vielzahl anderer Substanzen angreifen und ebenfalls in Radikale umwandeln.

Das bei einem radioaktiven Zerfall gebildete Element ist meist ebenfalls radioaktiv und zerfällt selbst weiter. Eine solche Serie aufeinander folgender, auch verschiedenartiger Kernreaktionen, in deren Ergebnis ein radioaktives Nuklid in ein stabiles Isotop überführt wird, bezeichnet man als radioaktive Zerfallsreihe.

Zerfallsart	**Merkmale**	**Beispiele**
α-Zerfall 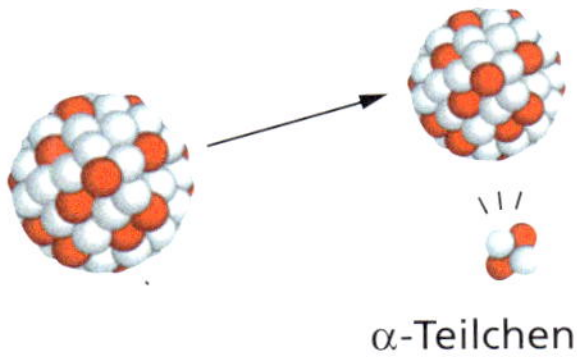 	– Kernumwandlung unter Aussendung von α-Teilchen, ${}^{4}_{2}He$ – Abnahme der Massenzahl *A* um 4 und der Kernladungszahl *Z* um 2 Einheiten – typisch für radioaktive Elemente mit $A > 209$ und $Z > 83$	${}^{238}_{92}U \longrightarrow {}^{234}_{90}Th + {}^{4}_{2}He$ ${}^{232}_{90}Th \longrightarrow {}^{228}_{88}Ra + {}^{4}_{2}He$ ${}^{226}_{88}Ra \longrightarrow {}^{222}_{86}Rn + {}^{4}_{2}He$ ${}^{212}_{84}Po \longrightarrow {}^{208}_{82}Pb + {}^{4}_{2}He$
β^--Zerfall 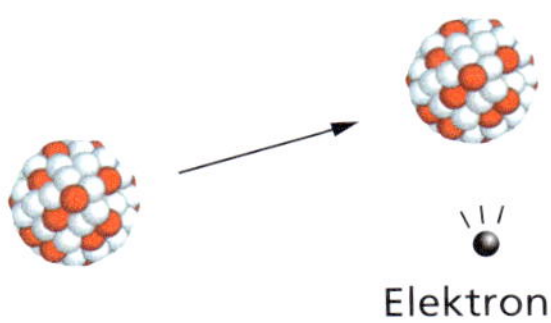 	– Kernumwandlung unter Abstrahlung von Elektronen, ${}^{0}_{-1}e$ – Umwandlung eines Neutrons in ein Proton und ein Elektron ${}^{1}_{0}n \longrightarrow {}^{1}_{1}p + {}^{0}_{-1}e$ – Zunahme der Kernladungszahl *Z* um 1 Einheit bei konstanter Massenzahl *A* – typisch für radioaktive Elemente mit *N/Z* oberhalb der Zone der Stabilität (↗ S. 35)	${}^{131}_{53}I \longrightarrow {}^{131}_{54}Xe + {}^{0}_{-1}e$ ${}^{186}_{73}Ta \longrightarrow {}^{186}_{74}W + {}^{0}_{-1}e$ ${}^{82}_{35}Br \longrightarrow {}^{82}_{36}Kr + {}^{0}_{-1}e$ ${}^{27}_{12}Mg \longrightarrow {}^{27}_{13}Al + {}^{0}_{-1}e$
β^+-Zerfall 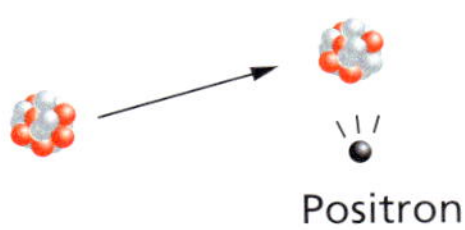 	– Kernumwandlung unter Emission von Positronen ${}^{0}_{1}e$ – Umwandlung eines Protons in ein Neutron und ein Positron ${}^{1}_{1}p \longrightarrow {}^{1}_{0}n + {}^{0}_{1}e$ – Abnahme der Kernladungszahl *Z* um 1 Einheit bei konstanter Massenzahl *A* – typisch für radioaktive Elemente mit *N/Z* unterhalb der Zone der Stabilität (↗ S. 35)	${}^{11}_{6}C \longrightarrow {}^{11}_{5}B + {}^{0}_{1}e$ ${}^{38}_{19}K \longrightarrow {}^{38}_{18}Ar + {}^{0}_{1}e$ ${}^{23}_{12}Mg \longrightarrow {}^{23}_{11}Na + {}^{0}_{1}e$ ${}^{15}_{8}O \longrightarrow {}^{15}_{7}N + {}^{0}_{1}e$
γ-Zerfall 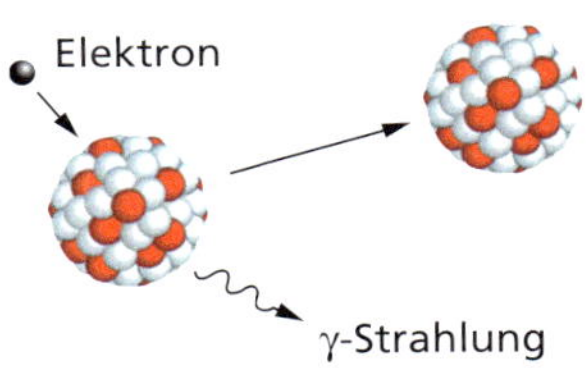 	– Umwandlung eines Protons durch ein Elektron einer inneren Elektronenschale in ein Neutron ${}^{1}_{1}p + {}^{0}_{-1}e \longrightarrow {}^{1}_{0}n$ – Kernumwandlung unter Abstrahlung energiereicher Photonen, der γ-Strahlung – typisch für fast alle radioaktiven Elemente	${}^{0}_{-1}e + {}^{81}_{37}Rb \longrightarrow {}^{81}_{36}Kr + {}^{0}_{0}\gamma$ ${}^{0}_{-1}e + {}^{37}_{18}Ar \longrightarrow {}^{37}_{17}Cl + {}^{0}_{0}\gamma$ ${}^{0}_{-1}e + {}^{7}_{4}Be \longrightarrow {}^{7}_{3}Li + {}^{0}_{0}\gamma$ Bei allen Elektroneneinfangreaktionen wird γ-Strahlung frei.

Künstliche Kernumwandlung

Im Unterschied zum spontanen radioaktiven Zerfall können **Kernumwandlungen** auch durch Beschuss von Atomkernen mit Elementarteilchen künstlich erzwungen werden.

ERNEST RUTHERFORD (1871–1937) war ein britischer Physiker. Für die Erklärung der Radioaktivität (Zerfallstheorie) erhielt er 1908 den Nobelpreis für Chemie.

ERNEST RUTHERFORD war der erste, der 1919 über die Umwandlung von Stickstoff zu Sauerstoff berichtete. Durch Beschuss des Stickstoff-14 ($^{14}_{7}N$) mit α-Teilchen, die RUTHERFORD aus dem Zerfall von $^{214}_{84}Po$ erhielt, wurde die erste **künstliche Kernumwandlung** möglich:

$$^{14}_{7}N + ^{4}_{2}He \longrightarrow ^{17}_{8}O + ^{1}_{1}H$$

In der Folgezeit wurden Tausende weitere Kernumwandlungen untersucht. Bei diesen Reaktionen wird das Projektil, z. B. ein α-Teilchen, von dem beschossenen Kern aufgenommen und kurz danach ein $^{1}_{1}H$-Kern emittiert. Anstelle von α-Teilchen können derartige Kernumwandlungen auch durch andere Teilchen wie Neutronen, Deuteronen ($^{2}_{1}H$-Kerne), Protonen oder Ionen ausgelöst werden.

Masse und Energie – die Kernbindungsenergie

Bei jeder freiwillig ablaufenden Kernreaktion ist die Gesamtmasse der neu gebildeten Kerne kleiner als die Gesamtmasse der Ausgangskomponenten. Diese Massendifferenz Δm wird als **Massendefekt** bezeichnet. Mithilfe der **EINSTEIN-Gleichung** kann der Energiegewinn berechnet werden, der sich aus dem Massendefekt bei Kernreaktionen ergibt.

$$\Delta E = \Delta m \cdot c^2$$

Die Massenänderung Δm bei chemischen Reaktionen ist so klein, dass man sie nicht messen kann. Deshalb ist auch das „Gesetz von der Erhaltung der Masse" im Prinzip richtig. Da bei Kernreaktionen jedoch wesentlich höhere Energiebeträge umgesetzt werden, sind Masseänderungen hierbei nicht mehr vernachlässigbar.

Demnach ist die Massenänderung eines Körpers seiner Energieänderung direkt proportional. Da die Lichtgeschwindigkeit c sehr groß ist, bewirkt eine kleine Massenänderung bereits eine verhältnismäßig große Änderung der Energie eines Körpers. Dieser Zusammenhang ist die Grundlage der Energiegewinnung bei der Kernfusion (↗ S. 42).

Die molare Masse eines $^{4}_{2}He$-Kerns beträgt 4,00150 g · mol^{-1}. Die Summe der Einzelmassen von je zwei Protonen (je Proton = 1,00728 g · mol^{-1}) und Neutronen (je Neutron = 1,00867 g · mol^{-1}) ergibt 4,03190 g · mol^{-1}. Die Differenz zwischen der Summe der Einzelmassen zweier Neutronen und Protonen sowie der Masse des $^{4}_{2}He$-Kerns beträgt also 0,03040 g · mol^{-1}. Rechnet man diese vermeintlich geringe Massendifferenz nach der **EINSTEIN-Gleichung** in Energie um, so stellt man fest, dass dieser Massendifferenz ein enormes Energieäquivalent entspricht.

$$\begin{aligned}\Delta E = \Delta m \cdot c^2 &= 0{,}0304 \cdot 10^{-3}\ \text{kg} \cdot \text{mol}^{-1} \cdot (3{,}00 \cdot 10^{8}\ \text{m} \cdot \text{s}^{-1})^2 \\ &= 2{,}74 \cdot 10^{12}\ \text{kg} \cdot \text{m}^2 \cdot \text{s}^{-2} \cdot \text{mol} \\ &= \underline{2{,}74 \cdot 10^{9}\ \text{kJ} \cdot \text{mol}^{-1}}\end{aligned}$$

Die **Kernbindungsenergie** ist die Energie, die bei der Zerlegung eines Kerns in seine einzelnen Nukleonen, d. h., Protonen und Neutronen, aufgebracht werden muss.

Eine hohe Stabilität eines Isotops ist immer mit einem niedrigen Energieniveau desselben verbunden. Zur Spaltung stabiler Kerne ist sehr viel Energie erforderlich.

Es gibt zwei prinzipielle Möglichkeiten, die Kernbindungsenergie und damit die Stabilität von Atomkernen auszudrücken: entweder durch die molare Kernbindungsenergie *bezogen auf den Atomkern* oder die molare Kernbindungsenergie *bezogen auf ein Nukleon*.

Die Kernbindungsenergie von Atomkernen wächst mit steigender Atommasse, d. h., mit steigender Anzahl an Nukleonen. Einen besseren Eindruck von den energetischen Verhältnissen vermittelt jedoch die molare Kernbindungsenergie eines Nukleons. Man errechnet diese mittels Division der molaren Kernbindungsenergie eines Isotops durch die Zahl seiner Nukleonen.

Kernbindungsenergien für verschiedene Atome

Nuklid	${}^{4}_{2}He$	${}^{56}_{26}Fe$	${}^{238}_{92}U$
molare Kernbindungsenergie in $J \cdot mol^{-1}$	$0,272 \cdot 10^{13}$	$4,75 \cdot 10^{13}$	$17,4 \cdot 10^{13}$
molare Kernbindungsenergie pro Nukleon in $J \cdot mol^{-1}$	$6,80 \cdot 10^{11}$	$8,49 \cdot 10^{11}$	$7,34 \cdot 10^{11}$

Aus den Daten der Tabelle wird deutlich, dass der Eisen-56-Kern und Kerne mit ähnlichen Massenzahlen – bezogen auf ein einzelnes Nukleon – am stabilsten sind.

Sowohl die Spaltung großer Atomkerne wie auch die Fusion kleiner Atomkerne ist exotherm. Das bedeutet, dass Isotope, die schwerer sind als Eisen-56 sich durch Spaltung ihrer Atomkerne unter Bildung leichterer Kerne stabilisieren können, weil sie dabei Energie abgeben. Andererseits nimmt der Energiegewinn bei der Bildung von Kernen aus Protonen und Neutronen bis zur Bildung des Eisen-56-Kerns ständig zu und erreicht hier sein Maximum. Diese beiden Tendenzen sind die Grundlage für die Vorgänge der Kernspaltung oder Kernfusion.

Kernbindungsenergie eines Nukleons in Abhängigkeit von der Massenzahl

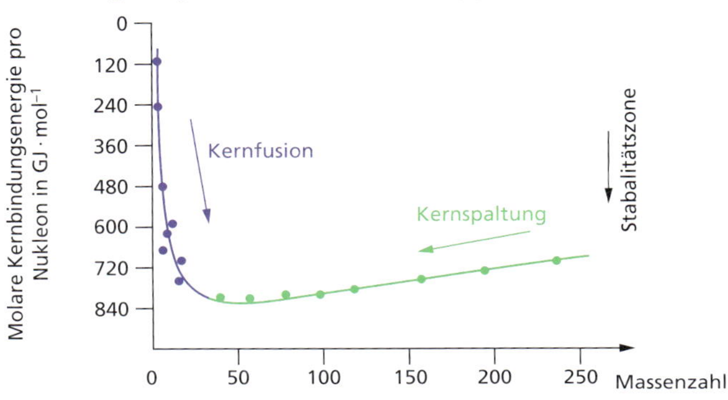

Otto Hahn (1879–1968) und **Fritz Straßmann** (1902–1980) wiesen Barium und Lanthan in den Bestrahlungsprodukten des Urans nach. 1939 veröffentlichten sie ihre gemeinsame Abhandlung „Über das Zerplatzen des Urankernes durch langsame Neutronen".

Kernspaltung und Kernfusion

Eine neue Kernreaktion wurde 1938 durch Otto Hahn und Fritz Straßmann beim Beschuss von Uran mit langsamen Neutronen entdeckt.Sie fanden heraus, dass ein Atomkern durch Zufuhr einer geeigneten Energie von außen in kleinere Teilchen gespalten werden kann, ähnlich dem Zerbrechen einer Glasscheibe.

> Als **Kernspaltung** wird die Zerlegung schwerer Atomkerne in leichtere bezeichnet. Dabei wird Energie freigesetzt.

Der allgemeine Verlauf der Kernspaltung soll am Beispiel der Spaltungsreaktionen des Uran-235-Kerns illustriert werden.

Kernspaltung von Uran

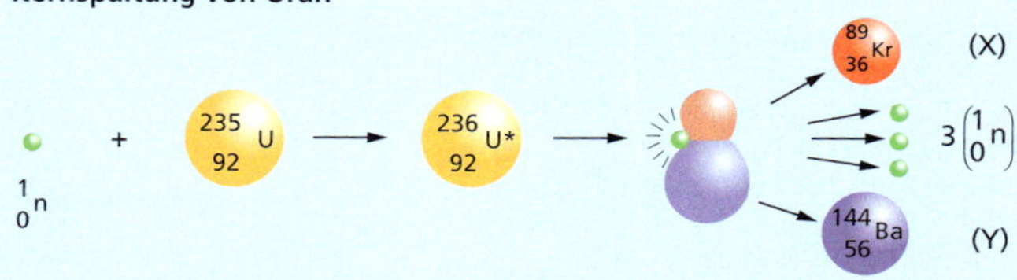

$$^{1}_{0}n + {}^{235}_{92}U \longrightarrow {}^{236}_{92}U^{*} \longrightarrow X + Y + 1 \text{ bis } 3n + 173 \text{ MeV}$$

Durch Einfangen eines Neutrons entsteht aus dem Uran-235 ein instabiler Zwischenkern ($^{236}_{92}U^*$), der unter Abgabe einer sehr großen Energiemenge in zwei kleinere Kerne X, Y und ein bis drei Neutronen zerfällt. Als Spaltprodukte des Uran-235 werden nicht nur $^{89}_{36}Kr$ und $^{144}_{56}Ba$, sondern über 200 verschiedene Isotope von 35 Elementen isoliert. Dabei werden durchschnittlich 2,4 Neutronen freigesetzt.
Geht man beispielsweise davon aus, dass bei einer Kernspaltung zwei Neutronen freigesetzt werden, so kann jedes dieser zwei Neutronen einen weiteren Atomkern spalten, wobei vier neue Neutronen entstehen. Diese vier Neutronen können nunmehr wiederum vier weitere Kerne spalten usw., sodass die Reaktion sich sehr schnell fortpflanzen kann. Die Zahl der Kernspaltungen steigt schnell an, wobei entsprechend viel Energie freigesetzt wird. Dies kann bei unkontrolliertem Ablauf zu einer gewaltigen Explosion führen.

Das Neutron als Elementarteilchen wurde vom britischen Physiker **J. Chadwick** (1891–1974) entdeckt, der damit den Weg für die **Kernspaltung** und den Bau von Atomreaktoren ebnete. Interessante Informationen dazu findet man unter *www.kernenergie.de*

> Eine Reaktionsfolge, bei der sich ein Reaktionspartner immer wieder neu bildet, sodass die einmal in Gang gesetzte Reaktion von selbst weiterläuft, nennt man **Kettenreaktion.**

Nur wenn eine Mindestmenge an spaltbarer Substanz vorhanden ist, kann eine Kettenreaktion ablaufen. Anderenfalls verlassen die Neutronen das System ohne Zusammenstoß und die Kettenreaktion bricht ab.

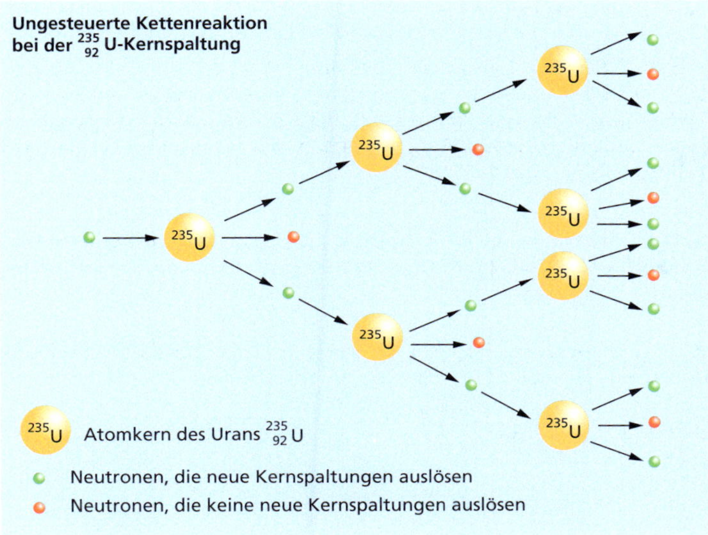

Bei der ungesteuerten Kettenreaktion führt im Durchschnitt mehr als eines der bei der Kernspaltung gebildeten Neutronen zu einer neuen Kernspaltung. Dadurch wächst die Zahl der Kernspaltungen wie eine Lawine schnell an. Der Faktor k (Multiplikationsfaktor) gibt die durchschnittlich pro Spaltung gebildeten Neutronen an. Durch diese werden neue Kernspaltungen ausgelöst. Bei ungesteuerten Kernreaktionen ist $k > 1$.

Die erforderliche Mindestmenge an spaltbarem Material, mit der eine Kettenreaktion in Gang gesetzt und aufrecht erhalten werden kann, wird **kritische Masse** genannt.

In **Atomreaktoren** wird das Prinzip der gesteuerten Kettenraktion zur Energiegewinnung angewendet. Der Brennstoff im Kernreaktorprozess ist dabei eine spaltbare Substanz wie Uran-235, das in langen zylindrischen **Brennstäben** enthalten ist. Jeder einzelne Brennstab enthält nur eine unterkritische Masse an spaltbarem Material.

Die kritische Masse von ^{235}U beträgt 15 kg und von ^{239}Pu 4 kg.

Der Reaktor wird mit Brennstäben so beladen, dass diese zusammen eine überkritische Masse bilden. Die Brennstäbe sind von einem Moderator umgeben, der die bei der Kernspaltung entstehenden Neutronen abbremst, damit sie von den ^{235}U-Atomen eingefangen werden können. Als Moderatoren dienen Wasser oder Grafit.
Um die Kettenreaktion zu steuern, benutzt man Regelstäbe aus Bor oder Cadmium, die die Neutronen absorbieren. Durch Hinein- und Herausfahren der Regelstäbe wird die Neutronenzahl annähernd konstant gehalten und die Kettenreaktion so kontrolliert. Die frei werdende Energie wird als Wärmeenergie durch Kühlmittel nach außen transportiert. Außerhalb des Reaktors treibt das überhitzte Kühlmittel Turbinen an, mit denen über Generatoren Elektroenergie gewonnen wird.

Bei gesteuerten Kettenreaktionen muss $k = 1$ sein. Dadurch läuft die Kernspaltung mit konstanter Geschwindigkeit und somit kontrolliert ab. Ist $k < 1$, so kommt die Kettenreaktion zum Stillstand.

Kernenergie kann nicht nur durch die Spaltung schwerer Kerne, sondern auch durch die Verschmelzung sehr leichter Kerne, die Kernfusion erzeugt werden.

Kernfusion ist die Verschmelzung leichterer Atomkerne zu schwereren. Dabei wird Energie freigesetzt.

Als Deuterium bezeichnet man Wasserstoff mit einem Neutron und als Tritium Wasserstoff mit zwei Neutronen im Kern.

Bei der Verschmelzung eines Deuteriumkerns (^2_1H) mit einem Tritiumkern (^3_1H) entsteht Helium. Diese Vorgänge finden (vereinfacht) im Innern der Sonne statt.

Kernfusion von Deuterium mit Tritium

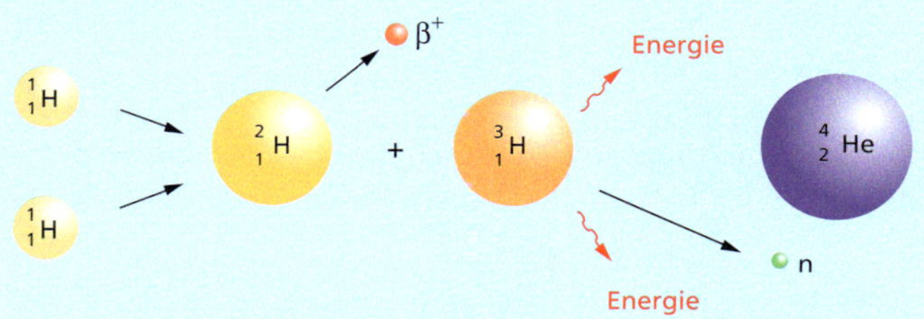

vereinfacht: $^2_1H + ^3_1H \longrightarrow ^4_2He + n$

Betrachtet man die Abhängigkeit der Kernbindungsenergie eines Nukleons von der Massenzahl des Atomkerns (↗ S. 39), so erkennt man, dass sich bei dieser Fusion die Kernbindungsenergie erhöht und somit Energie abgegeben wird. Diese Fusionsprozesse sind aber nur möglich, wenn sehr hohe Temperaturen zwischen 10 bis 100 Mio. Grad erzeugt werden können. Deshalb bezeichnet man diese Reaktionen auch als thermonukleare Reaktionen.

Prinzipiell sind Kernfusionsreaktionen zur Energiegewinnung aus verschiedenen Gründen interessant. Der mögliche Energiegewinn pro mol eingesetzten Stoffes ist größer als bei Kernspaltungsreaktionen. Im Gegensatz zu spaltbarem Material sind die Rohstoffe für Fusionsprozesse in beliebiger Menge vorhanden, z. B. Wasserstoff, Helium. Ein weiterer Vorteil ist, dass die entstehenden Produkte nicht radioaktiv sind, das heißt, das Problem der Beseitigung radioaktiver Abfälle existiert nicht.

Jedoch sind Fusionsprozesse wegen der notwendigen hohen Temperaturen bisher technisch nicht beherrschbar.

Praktisch ist die Kernfusion erstmals 1952 in der **Wasserstoffbombe** erprobt worden. Dabei wird eine Mischung aus Deuterium und Tritium mit einer Atombombe, die nach dem Prinzip der Kernspaltung funktioniert, umkleidet. Diese äußere Atombombe wird zuerst gezündet und liefert dadurch die für die Kernfusion notwendigen, hohen Temperaturen, wodurch im zweiten Schritt die eigentliche Wasserstoffbombe gezündet wird.

Kernwaffentests stellen nicht nur eine militärische sondern auch eine ökologische Gefahr dar, da sie die Umwelt langfristig radioaktiv verseuchen.

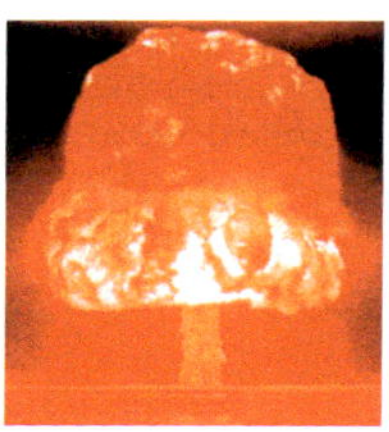

2.2 Entstehung der Elemente

2.2.1 Kernsynthese der Elemente

Entstehung des Universums

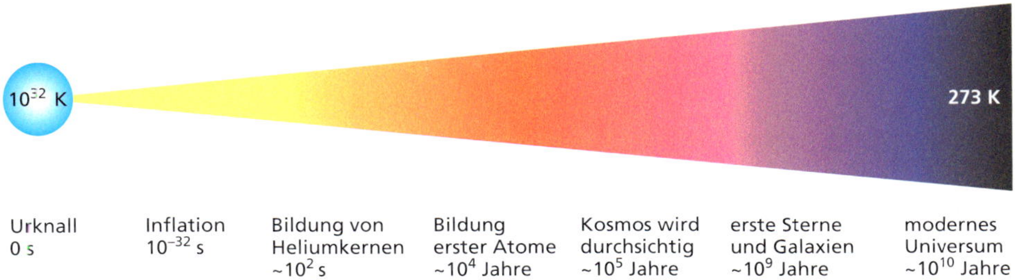

Man nimmt heute an, dass die gesamte Masse des Universums ursprünglich in einem Kern enormer Dichte (10^{96} g · cm^{-3}) und Temperatur (10^{32} K) zusammengeballt vorgelegen hat. Bei einer als **Urknall** bezeichneten Explosion, die vor maximal 15 Mrd. Jahren stattfand, bildeten sich während der kosmischen Verteilung der Materie in wenigen Minuten zu ca. 90 % Wasserstoff und und zu ca. 10 % Helium.

Bildung der Elemente

Sterne entstehen durch Kondensation von Wasserstoff- und Heliumatomen. Im Ergebnis dieser Verdichtung steigt die Gravitationskraft des Sterns bei gleichzeitigem Anstieg seiner Dichte und der Temperatur im Innern. Bei genügend hohen Temperaturen (10 bis 20 Mio. Grad) setzt als erster Prozess das so genannte Wasserstoffbrennen ein.

$$4\,{}^{1}H \longrightarrow {}^{4}He + \text{Energie}$$

Wasserstoffbrennen ist die Vereinigung von vier Wasserstoffkernen zu einem Heliumkern unter Freisetzung von Energie.

Wenn das Universum ursprünglich überwiegend aus Wasserstoff und etwas Helium bestand, wo kommen dann die schwereren Elemente her? Schwerere Elemente als Wasserstoff und Helium werden nur bei extrem hohen Temperaturen im Inneren von Sternen, z. B. unserer Sonne, durch verschiedene Kernfusionsprozesse (↗ S. 44) gebildet.
Sie entstehen erst in nennenswertem Umfang, wenn das Wasserstoffbrennen beendet ist, denn Heliumkerne vereinigen sich nicht mit Wasserstoffkernen zu Lithium oder Beryllium. Die Fusionsprozesse beginnen bei allen Sternen im Zentrum und breiten sich langsam zum äußeren Bereich aus. Erst wenn dieser Prozess abgeschlossen ist und genügend Energie im Innern gespeichert wurde, kann der nächste Fusionsprozess bei noch höheren Temperaturen gestartet werden.

Von den beiden Theorien zur **Entstehung des Universums** wird die Urknalltheorie gegenüber der Steady-State-Theorie als die zutreffende angesehen.

Ein **Stern** ist eine selbstleuchtende Gaskugel hoher Temperatur. Die in Sternen freigesetze Energie stammt aus Kernfusionsreaktionen.

Die minimale Größe eines Sterns für das Heliumbrennen liegt im Bereich von 0,7 Sonnenmassen (0,7 M_a), weil nur Sterne von dieser Größe die für den Start dieser Fusion nötige Energie in ihrem Innern speichern können.

Bei Temperaturen um 100 bis 200 Mio. Grad kann dann ein neuer Fusionsprozess einsetzen, das Heliumbrennen.

$$3\,{}^{4}\text{He} \longrightarrow {}^{12}\text{C} + \text{Energie}$$

Heliumbrennen ist die Vereinigung von drei Heliumkernen zu einem Kohlenstoffkern unter Freisetzung von Energie.

Wenn sich drei Heliumkerne zu einem Kohlenstoffkern vereinigen, wird mehr Energie freigesetzt als beim Wasserstoffbrennen. Bei etwa 200 Mio. Grad kann dann bereits eine Fusion eines Heliumkerns mit einem Kohlenstoffkern erfolgen, wobei wiederum große Energiemengen freigesetzt werden.

$${}^{12}\text{C} + {}^{4}\text{He} \longrightarrow {}^{16}\text{O} + \text{Energie}$$

Allgemein gilt: Je größer ein Stern ist, desto mehr Energie kann er speichern und um so höhere Temperaturen werden erreicht.

In Sternen, die etwa fünf Sonnenmassen entsprechen, können Temperaturen im Bereich von 500 bis 1 000 Mio. Grad erreicht werden. Hier werden die nächstfolgenden Kernfusionen, das Kohlenstoffbrennen und das Sauerstoffbrennen ausgelöst:

$$2\,{}^{12}\text{C} \longrightarrow {}^{20}\text{Ne} + {}^{4}\text{He} + \text{Energie}$$
$$2\,{}^{12}\text{C} \longrightarrow {}^{24}\text{Mg} + \text{Energie}$$
$$2\,{}^{16}\text{O} \longrightarrow {}^{28}\text{Si} + {}^{4}\text{He} + \text{Energie}$$
$$2\,{}^{16}\text{O} \longrightarrow {}^{32}\text{S} + \text{Energie}$$

In diesem Temperaturbereich können untergeordnet weitere, komplizierte Fusionsreaktionen – vor allem katalysiert durch Kohlenstoff – ablaufen. Unter den zuvor gebildeten Produkten ist ^{28}Si ein besonders stabiler Kern, der deshalb angereichert wird. Auf Grund seiner Stabilität reagiert ^{28}Si erst beim Erreichen von etwa 2 000 Mio. Grad mit Heliumkernen in einer komplizierten Reihe von Fusionsprozessen nach der allgemeinen Reaktionsgleichung:

$${}^{28}\text{Si} + x\,{}^{4}\text{He} \longrightarrow {}^{(28+4x)}\text{Element} + \text{Energie}$$

Im Zentrum des Sterns ist die Temperatur jeweils am höchsten. Deshalb startet jeder neue Fusionsprozess zunächst dort und breitet sich dann vom Zentrum nach außen aus. Als Ergebnis steigt die Temperatur im Innern weiter, sodass der nächste Fusionsprozess starten kann.

Brennen von Elementen in Sternen

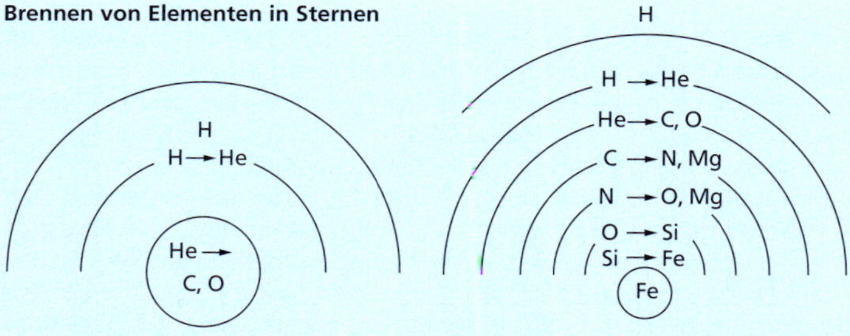

Schalenbrennen in einem massearmen Stern (ca. 1 M_a)

Schalenbrennen in einem massereichen Stern (ca. 12 M_a)

Dabei werden bis zum stabilsten aller Kerne, dem ^{56}Fe, verschiedene geradzahlige Kerne gebildet. Nur wenn ein Stern groß genug ist, um die dafür notwendigen Temperaturen zu speichern (etwa 30 Sonnenmassen), kann die gesamte Elementskala entstehen.

Die große Häufigkeit des Eisens im Universum und auf der Erde ist dadurch begründet, dass es den stabilsten aller Atomkerne aufweist.

Die **Entwicklung von Sternen** lässt sich über mehrere Sterngenerationen anhand der beschriebenen Fusionsprozesse nachvollziehen.

2.2.2 Häufigkeit der Elemente

Die Zusammensetzung, d.h., die **Elementverteilung des Universums** spiegelt eindrucksvoll die Lebensgeschichte eines Sterns als „Elementfabrik" wider. Wasserstoff (ca. 90 %) und Helium (ca. 10 %) als Produkte der „Urknallsynthese" kommen im Universum am häufigsten vor. Die aus diesen in nachfolgenden Kernreaktionen gebildeten Elemente machen zusammen gerade 0,10 % der Elemente aus.

Betrachtet man die natürliche Häufigkeit dieser Elemente, fällt eine Lücke zwischen Helium und Kohlenstoff auf, die sich anhand der Elementsynthese in den Sternen erklären lässt.

Kosmische Häufigkeitsverteilung der Elemente

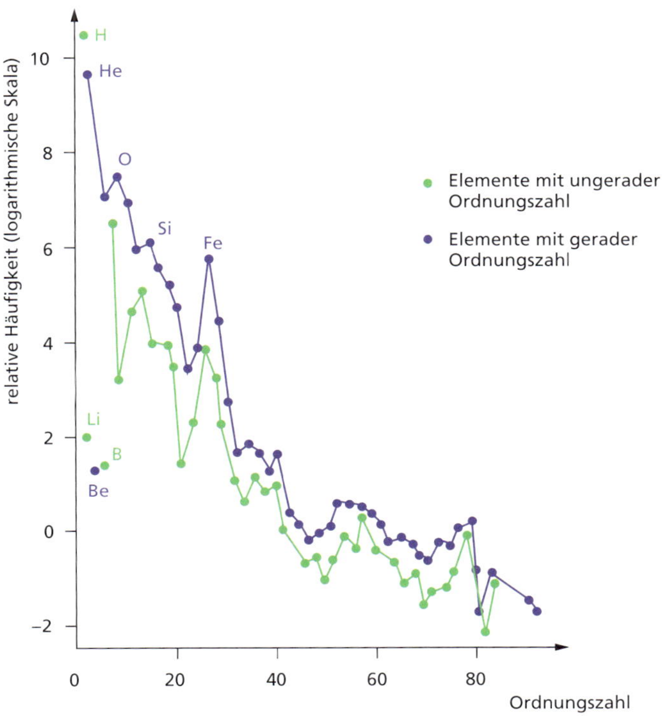

Beim Heliumbrennen vereinigen sich drei Heliumkerne zu einem Kohlenstoffkern. Das heißt, die dazwischen liegenden Atome Lithium, Beryllium und Bor werden erst später durch Folgereaktionen gebildet und sind deshalb im Vergleich zu Elementen der direkten Kernsynthese eher selten.

Alternierende Häufigkeit von Elementen mit gerader bzw. ungerader Ordnungszahl

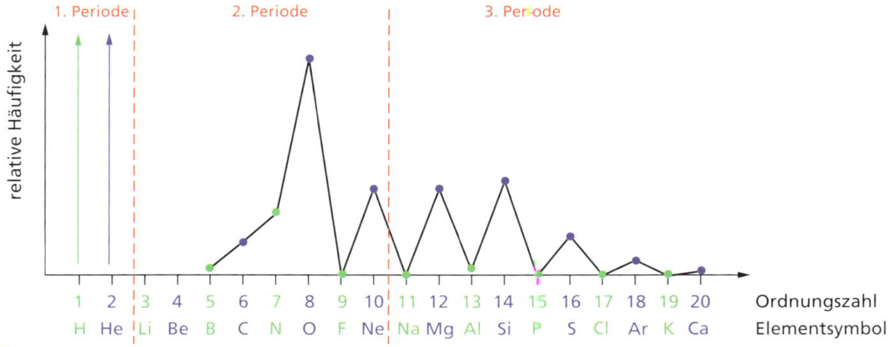

Eine Supernova ist die gebündelte Energiefreisetzung eines Sterns der ersten Generation als Ergebnis des gleichzeitigen Auslösens mehrerer Kernfusionsarten, die soviel Energie freisetzt, wie von unserer Sonne in 10–100 Mio. Jahren abgegeben wird!

Bei einem genaueren Blick auf die Gleichungen zur Bildung der Elemente (↗ S. 44) erkennt man, dass ausschließlich Kerne mit gerader Ordnungszahl miteinander fusionieren. Aus diesem Grund führt die direkte Kernsynthese immer wieder zur Bildung neuer Kerne mit gerader Ordnungszahl. Die dargestellte Häufigkeitsverteilung der Elemente der ersten drei Perioden des PSE (↗ S. 448) ist in erster Linie das Ergebnis der Synthese der Elemente mit gerader Ordnungszahl durch wiederholte Anlagerung von α-Teilchen, ${}^{4}_{2}He$, an leichtere Kerne mit ebenfalls gerader Kernladungszahl. Nuklide mit ungerader Ordnungszahl werden dagegen immer nur durch nachgelagerte Kernzerfallsreaktionen gebildet, bei denen aus einem großen Kern unterschiedlich kleine Kerne entstehen. Deshalb kommen ungeradzahlige Nuklide seltener vor als Nuklide mit gerader Ordnungszahl.

Unsere **Erde** entstand aus den Trümmern einer Supernova-Explosion und widerspiegelt somit die dort herausgebildete Elementverteilung. Die Energie der zusammenstoßenden Sternentrümmer und radioaktiven Zerfallsreaktionen ließ das im Erdinnern angesammelte Eisen erschmelzen. Die Gravitationskraft der Erde reichte jedoch nicht aus, um seine ursprüngliche Gasatmosphäre festzuhalten. Deshalb ist die Erdatmosphäre arm an Edelgasen wie Helium, Neon, Argon und Xenon, die im Universum nicht selten anzutreffen sind. Nur solche Gase, die reaktiv genug waren, um mit anderen Elementen reagieren und stabile Verbindungen zu bilden, sind in vielen Stoffen chemisch gebunden worden. Die Erde hat insgesamt eine Zusammensetzung, die grob als Eisenkern plus $FeMg(SiO_4)$ beschrieben werden kann. Die unterschiedliche Anreicherung der Elemente in verschiedenen Bereichen der Erde lässt sich wiederum auf Grundlage der Entwicklungsgeschichte der Erde erklären.

Die geologische Entstehung der Erde kann durch **Altersbestimmung mit Radionukliden,** deren radioaktive Zerfallsreihen man kennt, analysiert werden.

3 ATOMBAU UND PERIODENSYSTEM

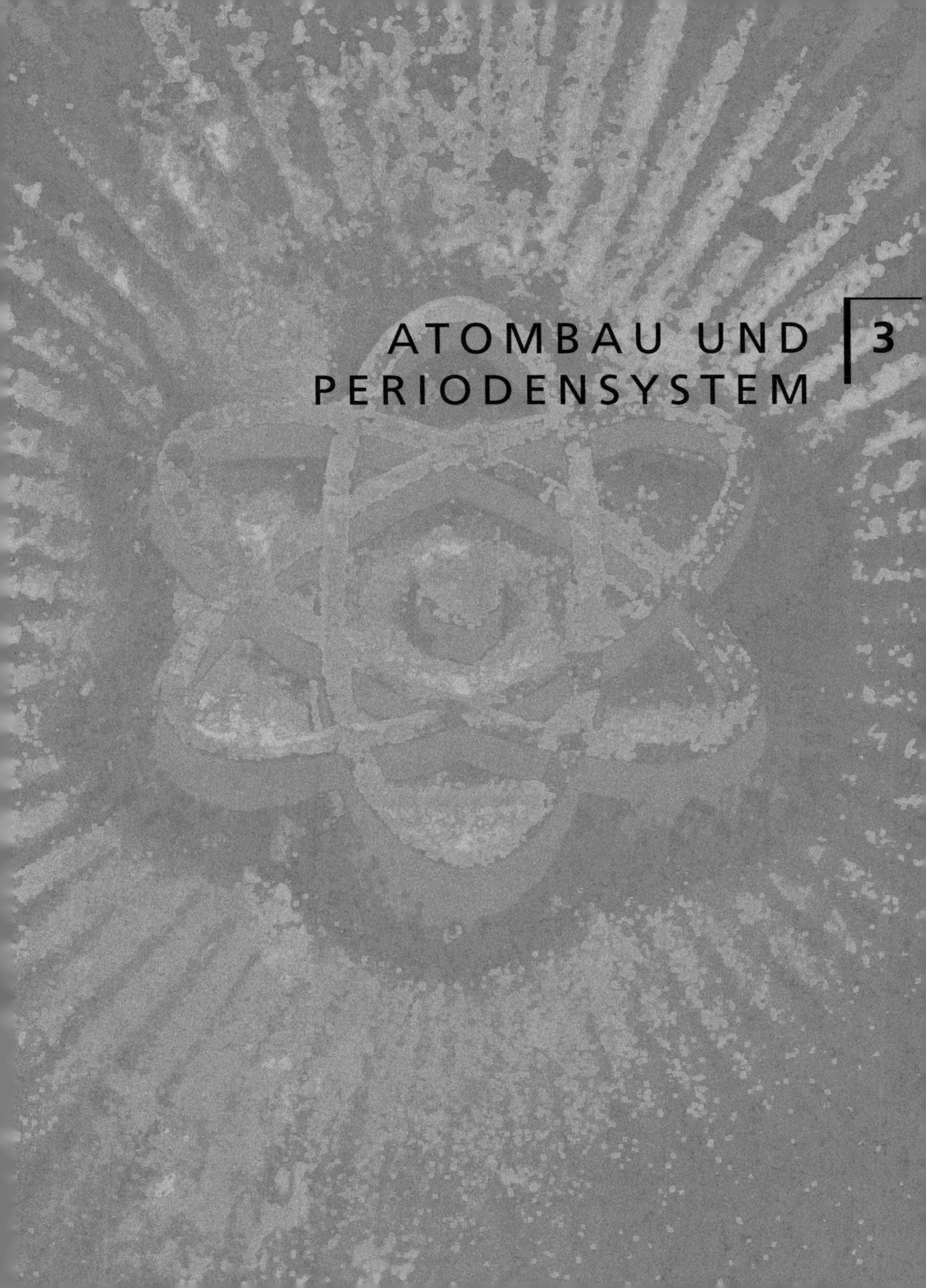

3.1 Atombau

Die Entwicklung der Aussagen über die atomare Struktur der Materie lässt sich in zwei bedeutende Phasen gliedern – in die der antiken Philosophen wie DEMOKRIT und in die naturwissenschaftlich begründete Entwicklung des Atommodells.

3.1.1 Historische Entwicklung des Atommodells

Vor etwa 2500 Jahren stellten antike Philosophen allgemeine Überlegungen zum Aufbau der Materie an. Kernpunkt dieser Überlegungen war die Annahme kleinster, unteilbarer Körper, die sie **Atome** (griech. *atomos* = das Unteilbare) nannten. Dieser in den Ursprüngen philosophische Begriff wurde von den sich wesentlich später entwickelnden Naturwissenschaften beibehalten und mit neuem Inhalt erfüllt.

Die wesentlichsten Aussagen der antiken Atomisten	
LEUKIPP VON MILET (ca. 500–440 v. u. Z.)	Die Wirklichkeit besteht aus Materie und dem Leeren.
DEMOKRIT (450–370 v. u. Z.)	Die Materie setzt sich aus unteilbaren Teilchen – *atomos* – zusammen. Die Atome unterscheiden sich nach Form und Größe und sie erklären die Unterschiede in den Materieformen.
EPIKUR (341–271 v. u. Z.)	Die Umwandlung von Stoffen erklärt sich durch das Verbinden und Trennen von Atomen.

Die ersten naturwissenschaftlich begründeten Atommodelle

J. DALTON bestimmte als erster die Masse von Atomen und erkannte, dass diese mit chemischen Mitteln nicht weiter zerlegt werden können. Außerdem entdeckte er, dass Elemente aus gleichartigen Atomen bestehen und im Verhältnis kleiner ganzer Zahlen zu Verbindungen reagieren. Auf Basis dieser empirischen Erkenntnisse entwickelte J. DALTON 1808 das erste wissenschaftlich begründete Atommodell, das folgende Grundaussagen beinhaltet:
- Chemische Elemente bestehen aus festen unteilbaren Atomen, die weder geschaffen noch vernichtet werden können.
- Atome eines Elements sind identisch und besitzen die gleiche Masse.
- Es gibt so viele Atomsorten wie Elemente.
- Eine Verbindung entsteht aus Atomen mehrerer Elemente, die im Verhältnis kleiner ganzer Zahlen miteinander reagieren.

Die Modelle von J. DALTON (1766–1844) und J. J. THOMSON (1856–1940) wurden in der Folgezeit Schritt für Schritt weiterentwickelt und präzisiert.

Den ersten Beweis, dass die Atome doch aus noch kleineren Teilchen aufgebaut sind, lieferte **J. J. THOMSON** Ende des 19. Jh. Bei Experimenten mit Katodenstrahlen fand er heraus, dass diese aus negativen Teilchen bestehen, die aus dem Inneren der Atome stammen müssen. Aus dieser Erkenntnis leitete er ein Atommodell ab, bei dem negative Elektronen in eine gleichmäßig positive Grundmaterie eingebettet sind.

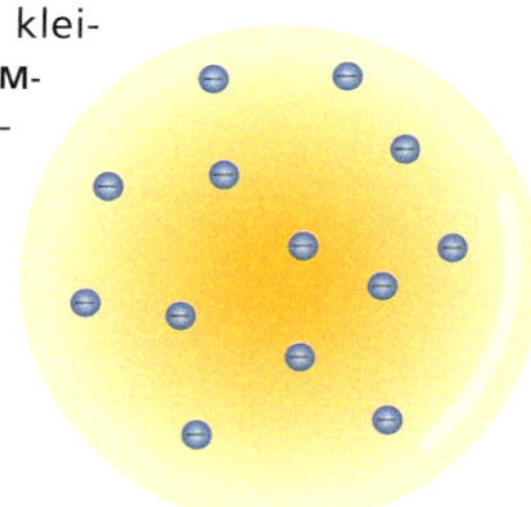

Das rutherfordsche Atommodell

Die Entdeckung der Radioaktivität durch H. BEQUEREL 1896 gab den Anstoß, die bisherigen Vorstellungen über die Struktur der Atome durch neue Modelle zu ersetzen. Wesentliche neue Erkenntnisse brachten die Streuversuche, die durch **E. RUTHERFORD** und seine Mitarbeiter im Jahre 1909 ausgeführt wurden.

Für die Erklärung der Radioaktivität (↗ S. 38 ff.) erhielt der englische Physiker E. RUTHERFORD (1871–1937) im Jahre 1908 den Nobelpreis für Chemie.

Beim rutherfordschen Streuversuch wurde eine Goldfolie in einer evakuierten Apparatur mit α-Strahlen, also $^{4}_{2}He^{2+}$-Ionen, beschossen. Hinter der Folie befand sich ein Szintillationsschirm als Detektor, auf dem bei jedem Auftreffen eines α-Teilchens ein kleiner Lichtblitz zu beobachten war. 99 % der Heliumkerne durchdrangen die 500 nm dicke Goldfolie ohne Ablenkung, nur einige α-Teilchen wurden gebeugt und wenige reflektiert.

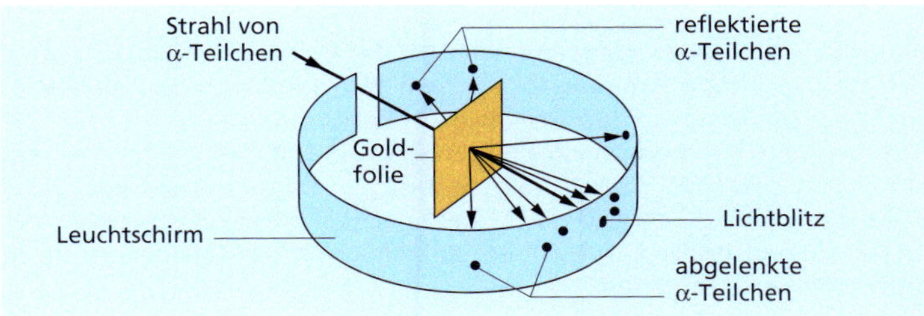

Der große Anteil der ungehindert durchgehenden α-Teilchen lässt sich dadurch erklären, dass die Masse der Atome auf einen sehr kleinen Raum begrenzt sein muss. Die Streuung der $^{4}_{2}He^{2+}$-Teilchen erklärte RUTHERFORD anhand einer Gleichung, aus der hervorgeht, dass das massereiche Objekt, an dem die wenigen α-Teilchen abgelenkt werden, positiv geladen ist. Auf Basis dieses Experiments entwickelte er ein neues Atommodell.

Die Träger der positiven Kernladung sind die Protonen. Die Existenz der Neutronen im Kern wurde erst 1932 durch J. CHADWICK (1891 bis 1974) nachgewiesen.

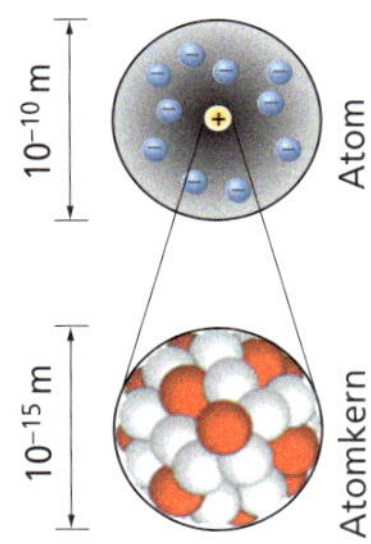

Denkt man sich ein Senfkorn von 2 mm Durchmesser als Atomkern, dann hätte die Elektronenhülle im Verhältnis dazu einen Durchmesser von 200 m.

Nach dem **rutherfordschen Atommodell** besteht das Atom aus einem punktförmigen, massereichen, positiv geladenen Kern und einer viel größeren kugelförmigen, gleichförmig negativ geladenen Hülle, die die positive Kernladung kompensiert.

Für den massereichen Atomkern wurde ein Radius von ca. $1 \cdot 10^{-15}$ m ermittelt. Er wird von einer sehr viel größeren Hülle ($r \approx 1 \cdot 10^{-10}$ m) umgeben, in der negativ geladene Elektronen gleichmäßig verteilt sind. Der Radius der Elektronenhülle entspricht dem Radius des Atoms.

Das erste Kern-Elektronen-Modell stand im Widerspruch zur klassischen Elektrodynamik. Danach sollten die in einem Feld kreisenden Elektronen Energie abstrahlen. Das Atom könnte demnach nicht existieren, da es permanent Energie abgeben würde. RUTHERFORD blieb jedoch aufgrund seiner experimentellen Befunde bei seinem Modell und vermutete, dass die elektromagnetischen Gesetze zu revidieren wären.

3.1.2 Das Atommodell nach BOHR und SOMMERFELD

Die Abgabe von Strahlung oder von Materie nennt man **Emission.** Der umgekehrte Prozess wird als Absorption (↗ S. 443) bezeichnet.

Seit 1860 gab es die Möglichkeit, Elemente mithilfe der von KIRCHHOFF und BUNSEN entwickelten **Spektralanalyse** zu untersuchen. Dabei stellte man fest, dass Atome nach Aufnahme von thermischer Energie diese in Form von elektromagnetischer Strahlung wieder abgeben. Sie emittieren diese Strahlung als Linienspektrum, d.h. als Licht einer oder mehrerer wohl definierter Wellenlängen. So beobachtete im Jahr 1884 **J. J. BALMER** für Wasserstoff ein Linienspektrum im sichtbaren Bereich.

Linienspektrum des Wasserstoffatoms

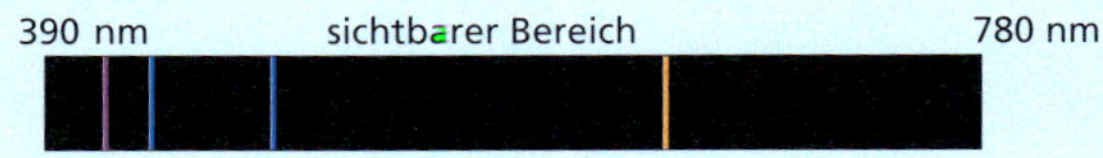

Die Energiegleichung geht auf Untersuchungen des Physikers M. PLANCK (1858–1947) zurück.

$E = h \cdot \nu$
ν – Frequenz,
h – plancksches Wirkungsquantum
$h = 6{,}63 \cdot 10^{-34}\ \text{J} \cdot \text{s}$

Dieses Linienspektrum stand jedoch im Widerspruch zur Elektronenhülle im rutherfordschen Atommodell, in dem sich die Elektronen gleichmäßig im kugelförmigen Raum bewegen sollten.
Auf der Basis der experimentellen Ergebnisse der Spektralanalyse und unter Nutzung der planckschen Energiegleichung entwickelte **NIELS BOHR,** ein Schüler RUTHERFORDS, 1913 ein neues, leistungsfähigeres Atommodell. BOHR trennte sich von den Vorstellungen der klassischen Physik und formulierte folgende Postulate:

1. Elektronen umkreisen den Kern auf bestimmten Bahnen, wobei keine Energieabgabe erfolgt.
2. Jede Elektronenbahn (Elektronenschale) entspricht einem bestimmten Energieniveau E der Elektronen. Beim Übergang des Elektrons von einem höheren in ein niederes Niveau wird die definierte Energie $\Delta E = h \cdot \nu$ abgegeben.
3. Das Elektronensystem ist nur in bestimmten, so genannten stationären Zuständen stabil, wobei gilt:

$$2\pi \cdot r \cdot m \cdot v = n \cdot h$$

r – Radius der Elektronenbahn
m – Masse des Elektrons
v – Geschwindigkeit des Elektrons
h – plancksches Wirkungsquantum
n – Nummer der Bahn

Die Elektronenbahnen bezeichnete N. BOHR (1885–1962) als Elektronenschalen, die er mit den Buchstaben K, L, M, N usw. benannte.

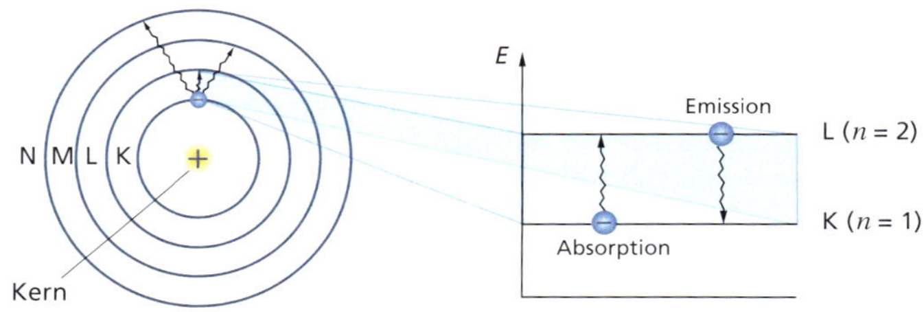

Mit dem anschaulichen Schalenmodell ließen sich die Spektren von Wasserstoff widerspruchsfrei interpretieren. Im **Grundzustand** des Wasserstoffatoms befindet sich das Elektron auf einer Kreisbahn ($n = 1$), die auch als K-Niveau bezeichnet wird. Durch Aufnahme einer ganz bestimmten Energie wird das Elektron angeregt, d.h. es springt auf eine Bahn mit einer höheren Energie ($n > 1$). Das Wasserstoffatom befindet sich dann im **angeregten Zustand.** Wird die Anregungsenergie ganz oder teilweise wieder abgegeben, so geht das Elektron in einen niedrigeren Energiezustand (Bahn) oder in den Grundzustand über, wobei Strahlung einer bestimmten Frequenz emittiert wird ($E_a - E_1 = h \cdot \nu$).

Dem Übergang eines Elektrons in einem Atom von einem stationären Zustand höherer (E_a) zu einem Zustand niederer Energie (E_1) entspricht einer Linie im Emissionsspektrum.

Eine Elektronenschale entspricht einem ganz bestimmten Energiezustand, den man als **diskretes Energieniveau** bezeichnet.

Der Beweis der Existenz diskreter Energiezustände der Elektronen im Atom und damit die Bestätigung der bohrschen Vorstellungen gelang J. FRANCK und G. HERTZ im Jahr 1914. Sie regten Quecksilberatome durch Beschuss mit beschleunigten Elektronen an. Nur bei einer ganz bestimmten Beschleunigungsspannung von $U = 4{,}9\ V$ konnten Elektronen des Quecksilberatoms zum Übergang in ein höheres Energieniveau angeregt werden. Die aufgenommene Energie wurde als Strahlung mit der klar definierten Frequenz $\nu = 1{,}18 \cdot 10^{-15}\ s^{-1}$ wieder abgegeben.

Anregung:

$$E_a - E_1 = U \cdot e$$
$$E_a - E_1 = 4{,}9\ \text{V} \cdot 1{,}602 \cdot 10^{-19}\ A \cdot s$$
$$\underline{E_a - E_1 = 7{,}8 \cdot 10^{-19}\ \text{J}}$$

Emission:

$$E_a - E_1 = h \cdot \nu$$
$$\nu = \frac{7{,}8 \cdot 10^{-19}\ \text{J}}{6{,}63 \cdot 10^{-34}\ \text{J} \cdot \text{s}}$$
$$\underline{\nu = 1{,}18 \cdot 10^{15}\ s^{-1}}$$

Die Energie der emittierten Strahlung ($\Delta E = E_a - E_1$) entspricht exakt der Anregungsenergie ($\Delta E = U \cdot e$).

U – Beschleunigungsspannung der Elektronen
e – Elementarladung
$e = 1{,}602 \cdot 10^{-19}\ A \cdot s$

Wenn man die Elektronenschalen mit kleinen ganzen Zahlen $n = 1, 2, 3$ usw. benennt, kann man auch den Zusammenhang zwischen dem Aufbau des Periodensystems der Elemente (PSE, ↗ S. 62 ff.) und der Struktur der Elektronenhülle herstellen

Die Anzahl der Elektronen pro Schale beträgt maximal $2n^2$ und entspricht der Anzahl der Elemente in einer Periode des PSE.

Aufgrund der Arbeiten von Bohr war die Spektroskopie die wichtigste Informationsquelle über die Atomhülle geworden, denn es stellte sich schnell heraus, dass jedes thermisch angeregte Atom ein charakteristisches Linienspektrum emittierte. Schon bei Atomen mit 2 Elektronen wie dem Heliumatom wurden jedoch Grenzen des bohrschen Modells sichtbar, da diese Atome kompliziertere Spektren emittieren, die nicht ohne Korrekturen interpretierbar waren.

N. BOHR (1885–1962) konnte aus dem Radius der Elektronenbahn ($n = 1$) den Atomradius des Wasserstoffatoms ($r = 52{,}9$ pm) ableiten. Dieser Wert wurde experimentell bestätigt und ist heute als bohrscher Atomradius bekannt.

Die Besetzung der einzelnen Energieniveaus nach A. SOMMERFELD (1868–1951) bildet die Grundlage für die Elektronenkonfiguration von Atomen und Ionen.

Das Schalenmodell wurde daraufhin von **A. SOMMERFELD** verfeinert, der im Modell auch elliptische Bahnen zuließ. Aus physikalischen Berechnungen ergaben sich für elliptische Elektronenbahnen nicht nur ein, sondern mehrere diskrete Energiezustände, die SOMMERFELD Unterniveaus nannte und mit kleinen Buchstaben (s-, p-, d-, f-Niveau usw.) bzw. ebenfalls kleinen natürlichen Zahlen (s = 0, p = 1, d = 2, f = 3 usw.) kennzeichnete.

Die definierten „Energiepakete" bzw. Energiemengen, die beim Übergang eines Elektrons zwischen den diskreten Energieniveaus aufgenommen bzw. abgegeben werden, nennt man einem Vorschlag M. PLANCKS folgend Energiequanten. SOMMERFELD übernahm diese Bezeichnung für die Zahlen, die die Energieniveaus charakterisierten und führte dafür den Begriff **Quantenzahlen** ein.

Die **Hauptquantenzahl** n kennzeichnet das Hauptenergieniveau eines Elektrons. Die von Sommerfeld eingeführten Unterniveaus werden durch die **Nebenquantenzahl** l charakterisiert. Dabei muss l mindestens um den Wert eins niedriger sein als die entsprechende Hauptquantenzahl n, d. h. $l \leq (n-1)$.

Auch zur Bildung einer Atombindung durch zwei jeweils negativ geladene Elektronen sind mit diesem Modell keine Aussagen möglich.

Mithilfe des relativ einfachen Schalenmodells nach BOHR und SOMMERFELD kann man viele Eigenschaften von Elementen anhand ihres Atombaus bzw. ihrer Elektronenkonfiguration (↗ S. 58) erklären. Allerdings steht auch dieses Modell im Widerspruch zu den Gesetzen der klassischen Physik, da beispielsweise negativ geladene Teilchen im positiven Feld des Kerns nicht stabil sein sollten. Trotz seiner Grenzen wird das Atommodell nach BOHR und SOMMERFELD jedoch heute noch vielfach zur Erklärung atomarer Sachverhalte herangezogen.

Leistungen und Grenzen des Atommodells von BOHR-SOMMERFELD

Aussagen, Leistungen	Grenzen
Elektronen können sich nur auf bestimmten Bahnen aufhalten. Jeder dieser Bahnen entspricht ein diskretes Energieniveau.	Die Bewegung der negativen Elektronen auf Bahnen um den positiven Kern widerspricht den Gesetzen der klassischen Physik.
Aufstellen von Elektronenkonfigurationen von Atomen und Ionen	Die chemische Bindung kann mit diesem Atommodell nicht erklärt werden.
Herstellen eines Zusammenhangs zwischen Elektronenkonfiguration und Eigenschaften der Elemente im Periodensystem (PSE, ↗ S. 64 ff.)	Ab der 3. Periode des PSE entspricht die Anzahl der Elemente in der Periode nicht mehr der maximalen Anzahl der Elektronen nach der Formel $2n^2$.
Erklärung des Linienspektrums von Wasserstoff und Bestätigung der Spektralanalyse als experimentelle Methode zur Untersuchung des Aufbaus der Atomhülle	Die Intensität der emittierten Strahlung und die viel größere Anzahl von Linien in Spektren von Atomen mit mehr als zwei Elektronen sind nicht zu deuten.

3.1.3 Das moderne quantenmechanische Atommodell

Der Welle-Teilchen-Dualismus

Es schien so, als würden die Gesetze der klassischen Physik im mikroskopischen Maßstab der Atome nicht oder nur eingeschränkt gültig sein. Durch theoretische Überlegungen und Experimente wurde jedoch zu Beginn des 20. Jh. bewiesen, dass Elementarteilchen wie Elektronen besondere Eigenschaften aufweisen. 1924 legte **L. DE BROGLIE** Überlegungen vor, dass kleine schnell bewegte Teilchen Wellencharakter haben. Er kombinierte die Grundgleichungen von M. PLANCK und A. EINSTEIN und berechnete daraus die Wellenlänge einer Strahlung, die Elementarteilchen aussenden, wenn sie sich mit hoher Geschwindigkeit bewegen.

Der französische Physiker L. DE BROGLIE (1892–1987) begründete den Welle-Teilchen-Dualismus von Elementarteilchen theoretisch.

M. PLANCK:	$E = h \cdot \nu$	h – plancksches Wirkungsquantum ν – Frequenz der Strahlung
A. EINSTEIN:	$E = m \cdot c^2$	m – Masse des bewegten Teilchens c – Lichtgeschwindigkeit
	$c = \nu \cdot \lambda$	λ – Wellenlänge der Strahlung

Elektronen, die sich mit $v = 2 \cdot 10^6\ m \cdot s^{-1}$ bewegen, haben eine Materiewellenlänge von $\lambda = 333$ pm.

Durch Gleichsetzung der beiden Energien und Umstellen erhielt DE BROGLIE die **Materiewellenlänge λ** für Teilchen, die sich mit einer hohen Geschwindigkeit v nahe der Lichtgeschwindigkeit c bewegen.

$$\lambda = \frac{h}{m \cdot c} \quad \text{bzw.} \quad \lambda = \frac{h}{m \cdot v} \quad \text{für } v \approx c$$

Bestätigt wurden diese Überlegungen durch Experimente, bei denen Elektronen beim Durchgang durch ein Metallgitter Interferenzen aufweisen, also Welleneigenschaften zeigen.

Auch der von A. EINSTEIN (1879–1955) gefundene äußere lichtelektrische Effekt beweist den Welle-Teilchen-Charakter. Licht als elektromagnetische Strahlung besteht aus Photonen, also kleinsten Teilchen.

Elementarteilchen können – je nach Untersuchungsbedingungen – als Korpuskel (Teilchen) oder als Welle wirken. Diese Eigenschaft nennt man **Welle-Teilchen-Dualismus.**

Eine weitere Besonderheit entdeckte W. HEISENBERG mit seiner Unbestimmtheitsbeziehung. Bei Untersuchungen von Elementarteilchen fand er, dass sich Ort und Impuls p $(p = m \cdot v)$ eines Elektrons nicht gleichzeitig genau bestimmen lassen. Um jedoch eine klassische Bahnkurve berechnen zu können, benötigt man sowohl die Ortskoordinaten (x, y, z) als auch die Geschwindigkeit der Elektronen. Die wichtigste Schlussfolgerung aus der **heisenbergschen Unschärferelation** lautet:

W. HEISENBERG (1901 bis 1976) erhielt für die Begründung der Quantenmechanik 1932 den Nobelpreis für Physik.

Elektronen können nicht durch klassische physikalische Bahnkurven beschrieben werden. Sie bewegen sich nur mit einer bestimmten Wahrscheinlichkeit im Raum. Diese Wahrscheinlichkeit muss mit aufwändigen mathematischen Verfahren berechnet werden.

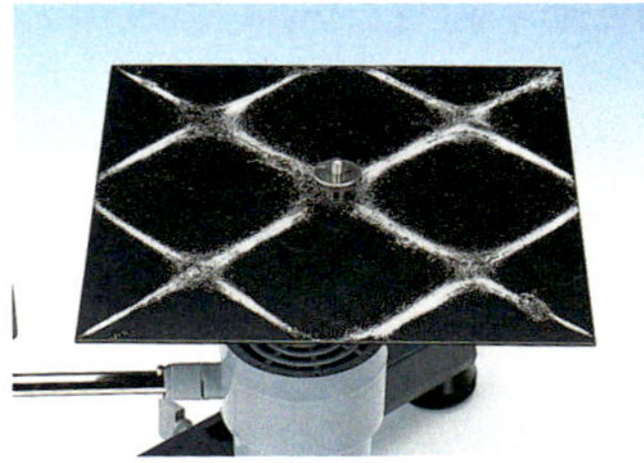

Die mathematische Lösung der von E. SCHRÖDINGER (1892 bis 1987) entwickelten Gleichung $E(\Psi) = H(\Psi)$ ist sehr kompliziert und für das schulische Verständnis des Aufbaus der Elektronenhülle nicht von Bedeutung.

Ein grundlegend neues Modell wurde von **E. SCHRÖDINGER** entwickelt, der den Wellencharakter der Elektronen ebenfalls erkannt hatte. Wir kennen eindimensionale Wellen, z. B. eine schwingende Gitarrensaite und zweidimensionale Wellen, die durch Werfen eines Steins ins Wasser oder durch Klangfiguren auf einer schwingenden Metallplatte sichtbar gemacht werden können. Die Elektronen im Atom werden als dreidimensionale stehende Wellen betrachtet.

SCHRÖDINGER entwickelte eine Differentialgleichung, die den Zusammenhang zwischen den Schwingungen des Elektrons im atomaren Raum–, der Wellenfunktion Ψ – und seiner Energie E deutlich machte. Die wichtigste Schlussfolgerung aus der SCHRÖDINGER-Gleichung lautet:

Elektronen können durch eine **Wellenfunktion** Ψ bzw. Eigenfunktion beschrieben werden. Zu jeder Wellenfunktion gehört ein Energiewert, der dem **Energieniveau** des Elektrons entspricht.

Auch die Wahrscheinlichkeit, mit der sich die Elektronen in einem bestimmten Bereich der Elektronenhülle aufhalten, kann mittels dieser Wellenfunktion berechnet werden.

Das Quadrat der Wellenfunktion (Ψ^2) lässt eine Aussage darüber zu, mit welcher Wahrscheinlichkeit das zu untersuchende Elektron in einem kleinen Raumelement der Elektronenhülle zu finden ist. Ψ^2 ist ein Maß für die **Aufenthaltswahrscheinlichkeit** des Elektrons bzw. für die eng damit zusammenhängende **Elektronendichte**.

Der Begriff der Aufenthaltswahrscheinlichkeit bzw. Elektronendichte für Ψ^2 wurde von M. BORN (1882–1970) eingeführt.

Im Gegensatz zum bohrschen Modell mit exakten Ortsangaben (Bahnen), werden beim **modernen quantenmechanischen Atommodell** Aussagen zur Wahrscheinlichkeit gemacht. Dem Elektron oder der Welle, die dem Elektron entspricht, steht ein bestimmter Raum zur Verfügung, in dem es sich mit einer bestimmten Wahrscheinlichkeit aufhält.

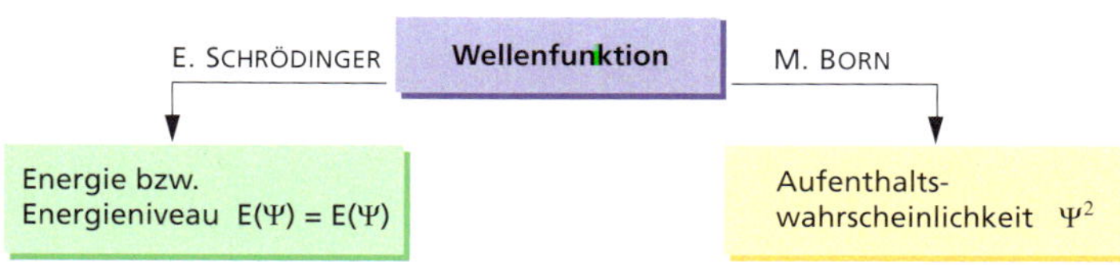

Orbitale und Quantenzahlen

Die Wellenfunktionen eines Elektrons in Abhängigkeit von den Raumkoordinaten (x, y, z) nennt man auch **Orbitale.** Die Orbitale beschreiben den Raum, in dem sich ein Elektron mit einer 90%igen Wahrscheinlichkeit aufhält.

Orbitale (lat. *orbis* = Umkreis) sind das quantenmechanische Äquivalent zu den Elektronenschalen des bohrschen Atommodells. Sie entsprechen nach der SCHRÖDINGER-Gleichung diskreten Energieniveaus und werden durch Quantenzahlen charakterisiert. Im dreidimensionalen Raum werden jedoch drei Quantenzahlen zur Lösung der SCHRÖDINGER-Gleichung benötigt. Außerdem fand man heraus, das jedes Orbital durch zwei Elektronen besetzt werden kann, die anhand einer vierten Quantenzahl unterschieden werden müssen.
Deshalb werden beim modernen quantenmechanischen Atommodell zusätzlich die **Magnetquantenzahl** m und die **Spinquantenzahl** s eingeführt, um den Zustand des Elektrons eindeutig beschreiben zu können.

In einem Magnetfeld werden auch die Orbitale mit gleicher Nebenquantenzahl aufgespalten. Dieser Effekt wurde durch P. ZEEMAN (1865 bis 1943) spektralanalytisch nachgewiesen und führte zur Benennung der Magnetquantenzahl m.

Quantenzahl	Werte	Bedeutung
Hauptquantenzahl	$n = 1, 2, 3, 4 \ldots$	Sie bestimmt die Größe des Orbitals und ist entscheidend für die Orbitalenergie. Je größer n ist, desto größer ist der Raum, dem ein Elektron zur Verfügung steht und desto geringer ist die Elektronendichte Ψ^2.
Nebenquantenzahl	$l = 0, 1, 2, 3 \ldots$ $l \leq (n-1)$	Diese Quantenzahl sagt etwas über die Gestalt des Orbitales aus. Orbitale können beispielsweise kugelförmig (s-Orbitale) oder hantelförmig (p-Orbitale) sein.
Magnetquantenzahl	$m = -l \ldots -1, 0, 1 \ldots l$ $-l \leq m \leq l$	Sie bestimmt die Orientierung des Orbitals im Raum. So liegen die drei 2p-Orbitale, die mit p_x, p_y und p_z bezeichnet werden, genau auf den entsprechenden Achsen des kartesischen Raumkoordinatensystems.
Spinquantenzahl	$s = +1/2$ oder $s = -1/2$	Elektronen verfügen über die Eigenschaft des Spins, der nur die Werte $-1/2$ oder $+1/2$ annehmen kann.

Die Orbitale lassen sich als Aufenthaltsräume jedoch bei weitem nicht so einfach veranschaulichen, wie die klassischen Elektronenbahnen. Das Hauptproblem besteht darin, dass man eine Wellenfunktion, die von drei Variablen (x, y, z) abhängt in einem vierdimensionalen Raum grafisch darstellen müsste, der nur in der Theorie existiert. Anstelle der kartesischen Koordinaten x, y und z können aber auch Polarkoordinaten für eine exakte Ortsangabe verwendet werden. Diese geben einen Abstand *(r)* und 2 Winkel (υ, φ) zum Koordinatenursprung an.

Die Variablen x, y, z im kartesischen werden im Polarkoordinatensystem durch den Abstand *r*, und die beiden Raumwinkel υ und φ ersetzt.

Der Vorteil besteht darin, dass im Polarkoordinatensystem die Wellenfunktion in zwei Teile zerlegt werden kann, einen radialabhängigen Teil $R_{n,l}(r)$ und einen winkelabhängigen Teil $\Psi_{l,m}(\upsilon, \varphi)$. Durch diese Vereinfachung ist die Gesamtfunktion bzw. das Quadrat der Gesamtfunktion in zwei Diagrammen grafisch auf dem Papier darstellbar.

Grundsätzlich handelt es sich bei Orbitaldarstellungen um Einelektronendarstellungen. Die Abbildungen zeigen das Wasserstoffelektron in den Zuständen 1s und 2s.

Aus der Darstellung $\Psi^2 = R^2(r)$ ist die Wahrscheinlichkeit zu entnehmen, das Elektron in einer Kugelschale mit dem Radius *r* anzutreffen. Sie beschreibt die Änderung der Elektronendichte mit steigendem Abstand zum Kern und hängt von den Quantenzahlen *n* und *l* ab.

Darstellung des radialabhängigen Teils von Ψ^2

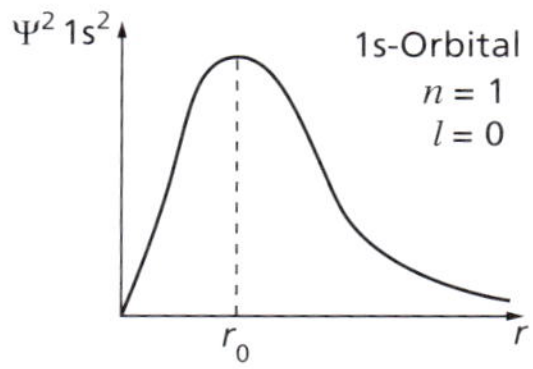

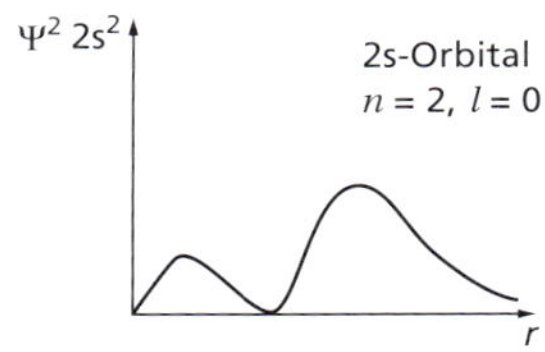

Wenn von der Gestalt oder der Geometrie der Orbitale die Rede ist, spricht man immer vom winkelabhängigen Teil der Wellenfunktion.

Im 1s-Orbital hat das Wasserstoffelektron einen Bereich hoher Aufenthaltwahrscheinlichkeit, dessen Maximum dem von BOHR ermittelten Atomradius des Wasserstoffatoms entspricht (↗ S. 51). Im angeregten 2s-Zustand gibt es zwei Bereiche hoher Elektronendichte.
Da bei der Ausbildung der chemischen Bindung zwischen zwei Atomen (↗ S. 80) die Richtungsabhängkeit der Elektronendichte, insbesondere ihre Lage im Raum, sehr wichtig ist, wird in den meisten Fällen der winkelabhängige Teil der Wellenfunktion betrachtet.

Aus der winkelabhängigen Darstellung $\Psi^2 = Y^2(\upsilon, \varphi)$ ist die Gestalt des Raumes zu entnehmen, in dem sich das Elektron aufhält. Sie beschreibt die Geometrie der Orbitale und ihre Ausrichtung im Raum in Abhängigkeit von den Quantenzahlen *l* und *m*.

Die farbigen Ebenen nennt man Knotenflächen des Orbitals. In diesen Bereichen des Orbitals ist die Aufenthaltswahrscheinlichkeit des Elektrons Null.

Darstellung des winkelabhängigen Teils von Ψ^2

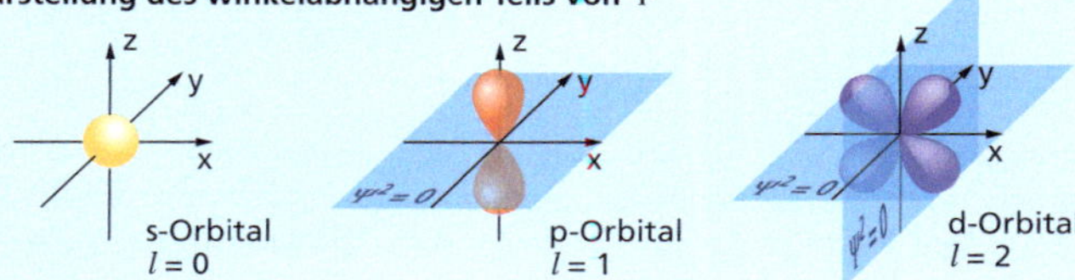

Die Gestalt der Orbitale wird hauptsächlich durch die Nebenquantenzahl *l* bestimmt: s-Orbitale (*l* = 0) sind kugelförmig, p-Orbitale (*l* = 1) sind hantelförmig und d-Orbitale (*l* = 2) bestehen meist aus zwei Hanteln, sie haben die Form einer Rosette.

Ausrichtung der p-Orbitale ($\psi = Y_{l,m}$)

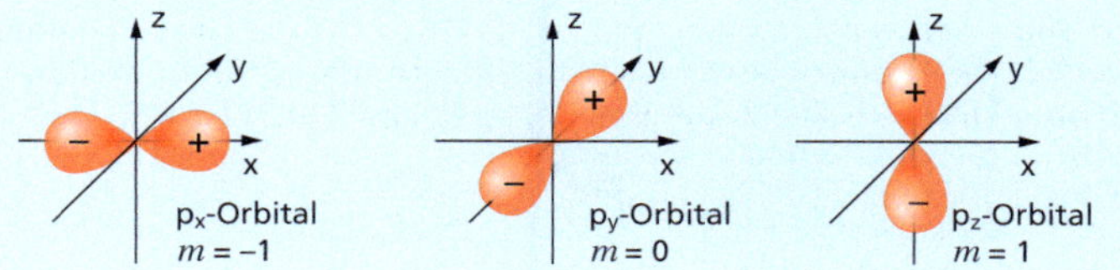

Die Ausrichtung der Orbitale im Raum hängt von der Magnetquantenzahl m ab und ist besonders bei p- und d-Orbitalen sehr wichtig. Bei s-Orbitalen sind l und m immer Null, sodass es nur eine Möglichkeit der Ausrichtung im Raum gibt, die einer Kugelgeometrie entspricht.

Die SCHRÖDINGER-Gleichung hat immer zwei Lösungen. Dies wird durch das Vorzeichen der Orbitale angegeben und muss bei der Bildung von Atombindungen berücksichtigt werden (↗ S. 80).

Die Quantenzahlen bestimmen auch die Energie der Orbitale. In erster Linie hängt die Energie von der Hauptquantenzahl n ab, d.h. dem Abstand der negativen Elektronen vom positiv geladenen Atomkern.

In **Einelektronensystemen** (H-Atom, He^{+}-Ion) gibt es mehrere Lösungen der SCHRÖDINGER-Gleichung mit gleicher Hauptquantenzahl, die den gleichen Energieei-genwert besitzen. Die entsprechenden Orbitale werden als entartet be-zeichnet, man spricht von **entarteten Systemen.**
Alle Atome mit der Ordnungszahl > 1 verfügen jedoch über mehrere Elektronen. Diese beeinflussen sich gegenseitig (↗ S. 59), sodass in solchen **Mehrelektronensystemen** die Orbitale gleicher Hauptquantenzahl geringfügig unterschiedliche Energiewerte haben. Die Energieniveaus werden aufgespalten in die Niveaus mit gleicher Nebenquantenzahl. In Mehrelektronensystemen ist die Entartung aufgehoben.
Die gegenseitige Beeinflussung der Elektronen in Mehrelektronensystemen führt dazu, dass die Darstellungen für diese Elektronen nur näherungsweise mit denen des Wasserstoffelektrons in angeregten Zuständen übereinstimmen. Trotzdem kann der winkelabhängige Teil der Elektronendichte auch zur qualitativen Beschreibung von Mehrelektronensystemen herangezogen werden.

Aufspaltung der Energieniveaus im Mehrelektronensystem

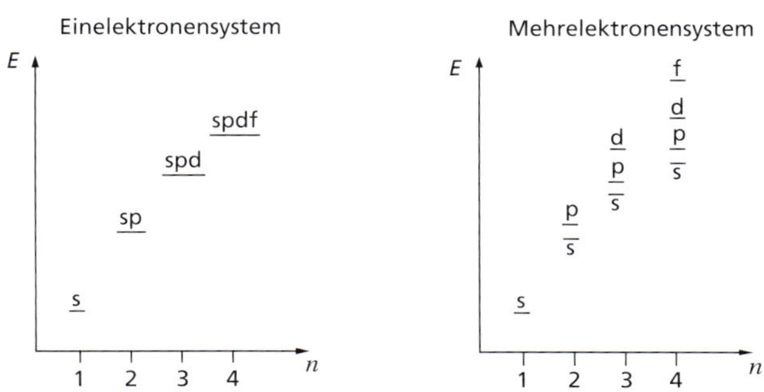

Mit dem modernen quantenmechanischen Atommodell, das die Energie und die räumliche Lage der Orbitale berücksichtigt, kann im Gegensatz zu anderen Atommodellen die Bildung von Bindungen zwischen Atomen erklärt werden.

Die Elektronenkonfiguration von Mehrelektronensystemen

Fast alle Atome bzw. Ionen besitzen mehr als ein Elektron und sind Mehrelektronensysteme. Die Verteilung der Elektronen in den Orbitalen ist die **Elektronenkonfiguration.**

Die Hauptquantenzahl n ist aus der bohrschen Schalenbezeichnung hervorgegangen. Die maximale Anzahl von Elektronen gleicher Hauptquantenzahl beträgt $2n^2$.

Schale	n	$2n^2$
K	1	2
L	2	8
M	3	18
N	4	32

Die Anzahl der Elektronen in den Energieniveaus ist durch die Quantenzahlen eindeutig festgelegt. Schon BOHR hatte erkannt, dass ein Energieniveau einer **Hauptquantenzahl** n maximal $2n^2$ Elektronen aufnehmen kann. Die maximale Anzahl der Atomorbitale N_l ergibt sich aus der **Nebenquantenzahl** l. Zu jedem Hauptniveau gibt es $2l+1$ Orbitale mit unterschiedlicher **Magnetquantenzahl** m. Demnach gibt es mit der Hauptquantenzahl 3 ein s-, drei p- und fünf d-Orbitale. Jedes Orbital kann von zwei Elektronen mit unterschiedlichem Spin besetzt werden, sodass dieses Niveau insgesamt von 18 Elektronen besetzt werden kann.

Elektronenverteilung für Energieniveaus mit n = 1 bis 3

n	l	$2l+1$	m	Orbitale	s	Elektronen
1	0	1	0	1s	± ½	2
2	0	1	0	2s	± ½	2
	1	3	1	2p	± ½	
			0		± ½	6
			–1		± ½	
3	0	1	0	3s	± ½	2
	1	3	1	3p	± ½	
			0		± ½	6
			–1		± ½	
	2	5	2	3d	± ½	
			1		± ½	
			0		± ½	10
			–1		± ½	
			–2		± ½	

Die Hauptquantenzahl kann auch größere Werte als $n = 3$ annehmen. So verfügen die schwersten Elemente des PSE (↗ S. 448) über besetzte 7s-Orbitale.

Die Verteilung der Elektronen auf die **Atomorbitale** (AOs) erfolgt immer in dem Bestreben, einen energetisch stabilen Zustand zu erreichen. Am stabilsten ist der Zustand minimaler Energie.

Die Ladung des Atomkerns wird durch die Zahl der Protonen bestimmt (↗ S. 34).

Die Energie der Atomorbitale nimmt mit steigender Hauptquantenzahl, d. h. mit ihrer Entfernung zum positiv geladenen Atomkern zu. Je weiter die Energieniveaus vom Atomkern entfernt sind, um so geringer wird der Energieunterschied zwischen den Orbitalen. Das liegt daran, dass die Wirkung der Kernladung auf die äußeren Niveaus durch die inneren Niveaus abgeschirmt wird. Die effektiv auf die Orbitale wirkende Kernladung nimmt mit der Entfernung zum Kern ab.

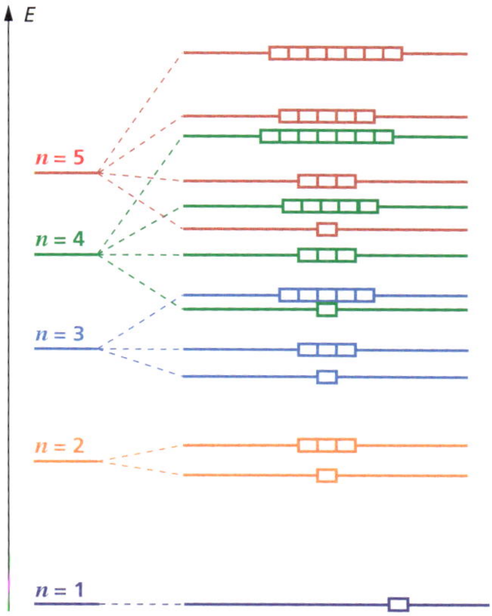

Orbitale	Anzahl	Elektronen
5 f	7	14
5 d	5	10
4 f	7	14
5 p	3	6
4 d	5	10
5 s	1	2
4 p	3	6
3 d	5	10
4 s	1	2
3 p	3	6
3 s	1	2
2 p	3	6
2 s	1	2
1 s	1	2

Nach dem **Aufbauprinzip** werden die Elektronen so in die Atome eingefügt, dass zunächst die kernnächsten, energetisch stabilsten Niveaus mit Elektronen besetzt werden. Erst danach werden entsprechend der energetischen Reihenfolge der **Energieniveaus** schrittweise die weiteren Orbitale besetzt.

Die Energieunterschiede zwischen den Orbitalen nehmen mit der Entfernung zum Kern ab und sind bei den höheren Energieniveaus oft sehr gering.

Die bei gleicher Hauptquantenzahl n in der Nähe des Atomkerns anzutreffenden s-Elektronen sind energetisch am stabilsten. Um sie anzuregen, ist eine hohe Energie erforderlich. Die d-Elektronen sind dagegen leichter anzuregen, da sie ebenfalls von den inneren s- und p-Elektronen abgeschirmt werden.
Die daraus resultierende Aufspaltung der Atomorbitale in Mehrelektronensystemen kann dazu führen, dass Elektronen schon das energetisch niedrigere 4s-Orbital besetzen, obwohl die 3d-Orbitale noch unbesetzt sind, z. B. bei den Nebengruppenelementen (↗ S. 70).
Bei der Besetzung der Energieniveaus gelten neben dem Aufbauprinzip zwei weitere grundlegende Prinzipien, aus denen folgt, dass sich die in einem Atom vorhandenen Elektronen mindestens in einer der vier Quantenzahlen n, l, m oder s unterscheiden müssen (↗ Tabelle S. 55).

1. Die **hundsche Regel** verlangt, dass energiegleiche Orbitale zunächst jeweils mit einem Elektron und erst danach unter Spinpaarung schrittweise mit zwei Elektronen besetzt werden.
2. Das **Pauli-Prinzip** besagt, dass ein durch die drei Quantenzahlen n, l und m charakterisiertes Orbital maximal mit zwei Elektronen mit entgegengesetztem Spin ($s = +1/2$, $s = -1/2$) besetzt werden kann.

Der Physiker F. Hund (1896–1997) war einer der Mitbegründer des modernen quantenmechanischen Atommodells.
W. Pauli (1900–1958) erhielt für die Formulierung des Pauli-Prinzips 1945 den Nobelpreis für Physik.

Die Besetzung der Orbitale mit Elektronen nach dem Aufbauprinzip, der hundschen Regel und dem PAULI-Prinzip führt zur Elektronenkonfiguration von Atomen und Ionen.

Elektronenkonfigurationen können auf unterschiedliche Weise formuliert werden. Nach dem älteren quantenmechanischen Modell genügt es, die Anzahl der Elektronen pro Orbital durch hochgestellte Ziffern anzugeben, wobei diese einfache Schreibweise als „eins s zwei" ($1s^2$) oder „zwei p drei" ($2p^3$) ausgesprochen wird und nicht als „eins s Quadrat" oder „zwei p hoch drei" ausgedrückt wird.

Elektronenkonfiguration von Atomen
Siliciumatom (14 Elektronen): $1s^2\ 2s^2\ 2p^6\ 3s^2\ 3p^2$
Bromatom (35 Elektronen): $1s^2\ 2s^2\ 2p^6\ 3s^2\ 3p^6\ 4s^2\ 3d^{10}\ 4p^5$

Der Kästchenschreibweise kann man nicht nur den Spin entnehmen, sondern man kann auch die unterschiedliche Energie der Orbitale andeuten.

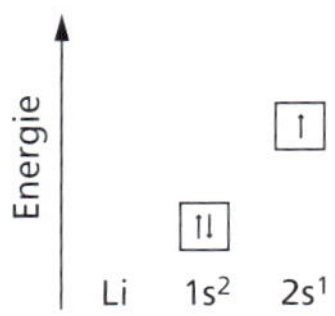

Zusätzliche Informationen liefert die Symbolik nach L. PAULING, die so genannte **Kästchenschreibweise.** Ein durch die Quantenzahlen n, l und m charakterisiertes Orbital wird als ein kleines Kästchen dargestellt, das mit zwei durch Pfeile (↑ und ↓) symbolisierte Elektronen besetzt werden kann. Die Richtung des Pfeils kennzeichnet den unterschiedlichen Elektronenspin.

Elektronenkonfiguration des Phosphoratoms

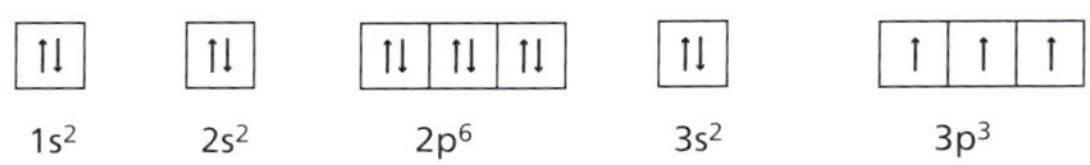

Die detaillierte Angabe aller Elektronen in einem Atom ist bei den schwereren Elementen sehr aufwändig. Die vollständige Besetzung der inneren, kernnahen Niveaus bleibt dabei immer gleich. Diese inneren Elektronen, die so genannten **Rumpfelektronen** beeinflussen die Eigenschaften der Atome nur gering.
Dagegen bestimmen die Elektronen der unvollständig besetzten äußeren Energieniveaus maßgeblich das chemische Verhalten der Atome, insbesondere bei der Bindungsbildung (↗ S. 68 ff.). Sie werden als **Valenzelektronen** bezeichnet und stellen den wichtigsten Teil der Elektronenkonfiguration dar.

Der Begriff Valenz (lat. *valens* = wirksam, wert sein) wird auch als Synonym für die Wertigkeit (↗ S. 68) benutzt.

In der Regel gibt man nur die Besetzung der Orbitale mit der höchsten Hauptquantenzahl, d.h. die Valenzelektronenkonfiguration ausführlich an. Die Rumpfelektronen werden durch das in eckigen Klammern stehende Elementsymbol des vorhergehenden Edelgases symbolisiert.

Elektronenkonfiguration des Iodatoms: [Kr] $5s^2\ 4d^{10}\ 5p^5$
Elektronenkonfiguration des Uranatoms: [Rn] $7s^2\ 6d^1\ 5f^4$

3.2 Das Periodensystem der Elemente

3.2.1 Historie

In der Mitte des 19. Jh. waren etwa 50 Elemente und ihre wichtigsten Eigenschaften bekannt. Die relativen Atommassen A_r (↗ S. 13) waren mit der damals möglichen Genauigkeit bestimmt und es gab zunehmend Bestrebungen, aus den damals noch als Atomgewichten bezeichneten Zahlen Zusammenhänge zwischen den einzelnen Elementen abzuleiten.

Beispiele für die von J. W. DÖBEREINER (1780–1849) gefundenen Triaden sind:
- Ca-Sr-Ba oder
- Cl-Br-I

1816: **J. W. DÖBEREINER** formulierte Triaden von Elementen mit chemisch ähnlichen Eigenschaften und stellte fest, dass das Atomgewicht des mittleren Elements dem Mittel der beiden äußeren Elemente entspricht.

1850: **M. VON PETTENKOFER** prägte für die Elemente Stickstoff, Phosphor, Arsen und Antimon den Begriff einer natürlichen Gruppe und verglich diese mit den homologen Reihen organischer Verbindungen.

1863–1866: **J. A. NEWLANDS** stellte fest, dass sich bei der Aufreihung der Elemente nach ihrer relativen Atommasse die Eigenschaften nach jedem 7. Element in abgewandelter Form wiederholen. Die Edelgase konnte NEWLANDS nicht in seine Betrachtungen einbeziehen, da diese erst Ende des 19. Jh. entdeckt wurden.

1869: **D. I. MENDELEJEW** erkannte, dass sich viele Eigenschaften der Elemente periodisch mit der Atommasse ändern und ordnete die Elemente konsequent in Gruppen mit ähnlichen Eigenschaften. Dabei blieben Lücken in MENDELEJEWS Periodensystem, denn zu dieser Zeit waren viele Elemente noch nicht entdeckt. Die fehlenden Elemente Gallium (Eka-Aluminium), Scandium (Eka-Bor) und Germanium (Eka-Silicium, ↗ S. 20) konnte MENDELEJEW dadurch voraussagen, dass er die Eigenschaften der anderen Elemente innerhalb der Perioden und innerhalb der Gruppen verglich. Unabhängig von MENDELEJEW formulierte **L. MEYER** im Dezember 1869 ein sehr ähnliches Periodensystem, das er aus Zusammenhängen zwischen den Atommassen und physikalischen Eigenschaften, z. B. dem Atomvolumen und der Dichte, ableitete.

Trotz der Größe ihrer Leistungen blieb sowohl D. I. MENDELEJEW (1834–1907) als auch L. MEYER (1830–1895) der Zusammenhang zwischen dem inneren Aufbau der Atome und den von ihnen aufgestellten Periodensystemen verborgen.

Rei	Gruppe I	Gruppe II	Gruppe III	Gruppe IV	Gruppe V	Gruppe VI	Gruppe VII	Gruppe VIII
1	H = 1							
2	Li = 7	Be = 9,4	B = 11	C = 12	N = 14	O = 16	F = 19	
3	Na = 23	Mg = 24	Al = 27,3	Si = 28	P = 31	S = 32	Cl = 35,5	
4	K = 39	Ca = 40	— = 44	Ti = 48	V = 51	Cr = 52	Mn = 55	Fe = 56, Co = 59
5	(Cu = 63)	Zn = 65	Eka-Al = 68	Eka-Si = 72	As = 75	Se = 78	Br = 80	Ni = 59, Cu = 63
6	Rb = 85	Sr = 87	?Yt = 88	Zr = 90	Nb = 94	Mo = 96	— = 100	Ru = 104, Rh = 104
7	(Ag = 108)	Cd = 112	In = 113	Sn = 118	Sb = 122	Te = 125	J = 127	Pd = 106, Ag = 108
8	Cs = 133	Ba = 137	?Di = 138	?Ce = 140	—	—	—	— — — —
9	(—)	—	—	—	—	—	—	
10	—	—	?Er = 178	?La = 180	Ta = 182	W = 184	—	Os = 195, Ir = 197
11	(Au = 199)	Hg = 200	Tl = 204	Pb = 207	Bi = 208	—	—	Pt = 198, Au = 199
12	—	—	—	Th = 231	—	U = 240	—	— — — —

3.2.2 Ordnungsprinzip im Periodensystem

Das Element Iod besteht aus leichteren **Isotopen,** die weniger Neutronen im Kern enthalten, als die Isotope des **Tellurs.** Deshalb ist **Iod** trotz höherer Ordnungszahl leichter.

Die Reihenfolge der Atomgewichte musste jedoch an einigen Stellen durchbrochen werden. So ist z. B. Tellur (A_r = 127,6) schwerer als Iod (A_r = 126,9), obwohl es im Periodensystem davor steht. Dieses Problem wurde 1913 durch G. J. MOSELEY gelöst. Dieser wies nach, dass die Elemente bei Anregung kernnaher Elektronen Röntgenstrahlen emittieren, deren Frequenz direkt mit der Kernladungszahl zusammenhängt.

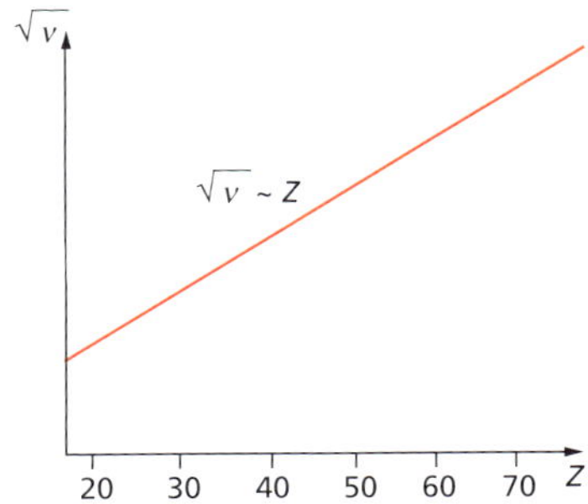

Er schlussfolgerte daraus, dass das Ordnungsprinzip der Elemente im Periodensystem nicht auf den relativen Atommassen, sondern der Anzahl der Protonen im Atomkern beruht, die der Ordnungszahl entspricht.

Ein chemisches **Element** ist ein Stoff, dessen Atome die gleiche Anzahl von Protonen im Kern enthalten.

Das **Periodensystem der Elemente** (PSE) ist eine Anordnung der chemischen Elemente nach steigender Kernladungszahl. Diese ist bei neutralen Atomen gleich der Zahl der Elektronen in der Atomhülle. Die Anordnung der Elemente in waagerechten Perioden und senkrechten Gruppen widerspiegelt die Elektronenbesetzung der Atomorbitale nach dem Aufbauprinzip.

s-Block-Elemente | d-Block-Elemente | p-Block-Elemente

Gruppe	1.	2.	3.	4.	5.	6.	7.	8.	9.	10.	11.	12.	13.	14.	15.	16.	17.	18.
	Hauptgruppe I	Hauptgruppe II	Nebengruppe III	IV	V	VI	VII	VIII	VIII	VIII	I	II	Hauptgruppe III	IV	V	VI	VII	VIII
	1 H																	2 He
	3 Li	4 Be											5 B	6 C	7 N	8 O	9 F	10 Ne
	11 Na	12 Mg											13 Al	14 Si	15 P	16 S	17 Cl	18 Ar
	19 K	20 Ca	21 Sc	22 Ti	23 V	24 Cr	25 Mn	26 Fe	27 Co	28 Ni	29 Cu	30 Zn	31 Ga	32 Ge	33 As	34 Se	35 Br	36 Kr
	37 Rb	38 Sr	39 Y	40 Zr	41 Nb	42 Mo	43 Tc*	44 Ru	45 Rh	46 Pd	47 Ag	48 Cd	49 In	50 Sn	51 Sb	52 Te	53 I	54 Xe
	55 Cs	56 Ba	57–71	72 Hf	73 Ta	74 W	75 Re	76 Os	77 Ir	78 Pt	79 Au	80 Hg	81 Tl	82 Pb	83 Bi	84 Po*	85 At*	86 Rn*
	87 Fr*	88 Ra*	89–103	104 Rf*	105 Db*	106 Sg*	107 Bh*	108 Hs*	109 Mt*	110 Ds*								

f-Block-Elemente

Lanthanoide	57 La	58 Ce	59 Pr	60 Nd	61 Pm*	62 Sm	63 Eu	64 Gd	65 Tb	66 Dy	67 Ho	68 Er	69 Tm	70 Yb	71 Lu
Actinoide	89 Ac*	90 Th*	91 Pa*	92 U*	93 Np*	94 Pu*	95 Am*	96 Cm*	97 Bk*	98 Cf*	99 Es*	100 Fm*	101 Md*	102 No*	103 Lr*

In einer Gruppe sind die Elemente mit gleicher Anzahl an Valenzelektronen zusammengefasst. Elemente einer Gruppe zeigen untereinander eine nahe chemische Verwandtschaft. Man unterscheidet zwischen **Hauptgruppen** und **Nebengruppen.**

Die Hauptgruppenelemente bzw. s- und p-Block-Elemente (↗ S. 208) verfügen ausschließlich über s- und p-Elektronen als Valenzelektronen. Die chemischen Eigenschaften der Nebengruppenelemente (d-Block-Elemente, ↗ S. 220) werden hauptsächlich durch die Elektronenbesetzung der d-Orbitale geprägt und unterscheiden sich weniger stark voneinander als die Hauptgruppenelemente.

Aufbauend auf dem PSE von MENDELEJEW versuchte man lange Zeit, Haupt- und Nebengruppen in jeweils acht Gruppen aufzuteilen, die mit römischen Zahlen bezeichnet werden. Dieses inzwischen veraltete **Kurzperiodensystem** hat aber den Nachteil, dass die Ähnlichkeiten zwischen gleichzahligen Haupt- und Nebengruppen teilweise sehr gering sind. Außerdem können die d-Niveaus ($l = 2$) 10 Elektronen aufnehmen, sodass in der VIII. Nebengruppe drei Gruppen zusammengefasst werden müssen. Deshalb hat sich im Lauf der Zeit das **Langperiodensystem** durchgesetzt, das die d-Block-Elemente konsequent entsprechend der Besetzung der Atomorbitale zwischen die s-Block und die p-Block-Elemente einordnet. Die Gruppenbezeichnung mit römischen Ziffern kann auch im Langperiodensystem beibehalten werden. Logischer und in der modernen Chemie gebräuchlicher ist jedoch die Nummerierung der Gruppen mit arabischen Zahlen von 1 bis 18.

Wasserstoff nimmt eine Sonderstellung im PSE ein, da es nur über ein einziges Atomorbital verfügt, das mit einem Elektron besetzt ist. Es könnte auch in die VII. Hauptgruppe eingeordnet werden, da es auch durch Aufnahme eines Elektrons eine Edelgaskonfiguration erreichen kann.

Die **Elemente der VII. Hauptgruppe** sind typische Nichtmetalle, während die VII. Nebengruppe ausschließlich **Metalle** beherbergt.

In einer **Periode** des PSE sind die Elemente nach steigender Anzahl an Valenzelektronen angeordnet, beginnend mit der Valenzelektronenkonfiguration s^1 und endend mit der Edelgaskonfiguration.

Eine besondere Stellung haben die Elemente der 2. Periode innerhalb ihrer Gruppen. Sie verfügen über maximal vier Orbitale (ein 2s- und drei 2p-Orbitale, jedoch keine d-Orbitale) für die Ausbildung chemischer Bindungen. Sie sind wesentlich kleiner als die anderen Elemente in ihren Gruppen und bilden viele stabile Verbindungen (↗ S. 211).

Das PSE gibt den Zusammenhang zwischen dem Aufbau der Atome und den Eigenschaften der Elemente wieder. Neben dem Symbol des Elements und der Ordnungszahl sind in den Feldern oft noch weitere Informationen angegeben, die sich direkt aus dem Atombau des Elements ergeben, z. B. die relative Atommasse oder die Elektronegativität (↗ S. 66).

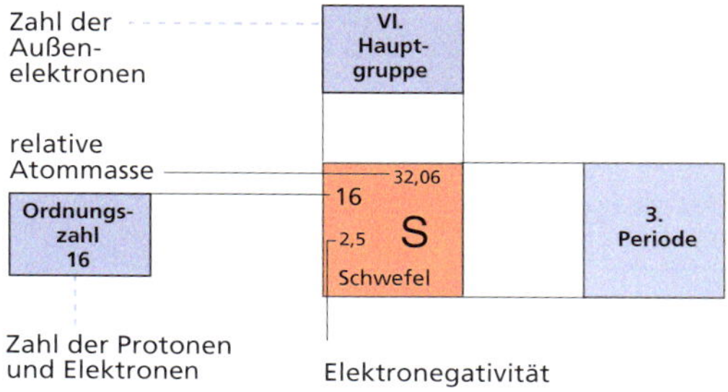

3.2.3 Periodizität der Eigenschaften

Nicht alle Eigenschaften der Elemente ändern sich periodisch (griech. *periodos* = Rundreise, wiederkehrend). Die Atommasse nimmt z. B. kontinuierlich zu.

Aus der regelmäßigen Wiederholung ähnlicher Eigenschaften der Elemente leitete MENDELEJEW 1869 das Gesetz der Periodizität ab. Heute weiß man, dass diese **Periodizität** in der inneren Struktur der Atome, insbesondere dem Aufbau der Atomhülle begründet liegt.

Periodische Eigenschaften der s- und p-Block – Elemente

Atomradien

Die Festlegung eines diskreten Radius für Atome und Ionen ist nicht so einfach, da die realen Teilchen keine starren Kugeln sind. Ihre Größe wird durch den Aufenthaltsraum der äußeren Elektronen bestimmt, den diese mit einer bestimmten Wahrscheinlichkeit einnehmen. Dieser hängt von den Wechselwirkungen der Atome und Ionen mit den sie umgebenden Teilchen ab, also letztlich von der chemischen Bindung.

Als **Atomradius** eines Elementes wird der halbe Abstand zwischen den Kernen zweier benachbarter Atome bezeichnet. Die Atomradien der Hauptgruppenelemente nehmen innerhalb einer Periode ab und innerhalb einer Gruppe von den leichteren zu den schwereren Elementen zu.

Ionenradien hängen neben der Besetzung der Energieniveaus noch von weiteren Faktoren, z. B. dem Betrag der Ionenladung, ab. So sind Cu^{2+}-Ionen kleiner als Cu^{+}-Ionen.

Die Hauptursache für den Anstieg der Atomradien innerhalb einer Gruppe ist die zunehmende Zahl besetzter Energieniveaus (Schalen), deren Abstand zum Kern mit der Hauptquantenzahl wächst. Die zunehmende Kernladung wird durch die Elektronen der voll besetzten inneren Niveaus abgeschirmt, sodass auf die Außenelektronen nur eine verringerte **effektive Kernladung** wirkt.
Werden die Elektronen aber auf gleichen Energieniveaus (Schalen) eingebaut, dann bleibt die Abschirmung durch die inneren Niveaus konstant. Deshalb steigt mit zunehmender Protonenzahl innerhalb einer Periode die effektiv auf die Außenelektronen wirkende Kernladung. Daraus ergibt sich eine stärkere Anziehung und ein innerhalb einer Periode mit der Ordnungszahl abnehmender Atomradius.
Bei der Überführung von Atomen in Ionen ändert sich der Radius ebenfalls. Kationen sind kleiner, Anionen sind größer als die Ausgangsatome.

Es können immer nur Teilchenradien miteinander verglichen werden, die sich vom gleichen Modell der chemischen Bindung ableiten.

Der Radius der Atome in Molekülverbindungen (kovalenter Atomradius) hängt in hohem Maß von der Oxidationszahl (OZ) des Atoms ab.

Ionisierungsenergie

Die 1. Ionisierungsenergie ist die Energie, die erforderlich ist, um aus einem Atom im Gaszustand ein Elektron zu entfernen. Die **Ionisierungsenergie** steigt innerhalb einer Periode und sinkt innerhalb einer Gruppe.

$$A(g) \longrightarrow A^+(g) + e^- \qquad \Delta E = \Delta I_E$$

Bei der ersten Ionisierung entsteht ein einfach geladenes Kation, z. B.

$Na(g) \rightarrow Na^+(g) + e^-$
$Ca(g) \rightarrow Ca^+(g) + e^-$

Die Ionisierungsenergie ist eine typische periodische Eigenschaft und weist bei den s- und p-Block-Elementen ihre Minima bei den Alkalimetallen und ihre Maxima bei den Edelgasen auf. Der Grund besteht darin, dass die Elektronenkonfiguration der Edelgase einen energetisch sehr stabilen Zustand beschreibt. Da alle Orbitale vollständig besetzt sind, ist das Bestreben der Edelgasatome, ein Elektron abzugeben sehr gering.

Umgekehrt verhält es sich bei den Elementen der I. Hauptgruppe. Diese erreichen durch Abgabe eines Elektrons eine stabile **Edelgaskonfiguration,** sodass für die Ionisierung nur ein geringer Energiebetrag aufgewendet werden muss.
Innerhalb einer Periode steigt die 1. Ionisierungsenergie nicht gleichmäßig an, weil z. B. durch die vollständige Besetzung des s-Niveaus (s^2) eine verhältnismäßig stabile Konfigurationen entsteht und deshalb die Atome der III. Hauptgruppe das erste Elektron relativ leicht abgeben.
Ein weiterer energetisch stabiler Zustand ist die **Halbbesetzung** der Orbitale. Wenn nach der hundschen Regel (↗ S. 59) die drei energiegleichen p-Oribitale mit je einem Elektron besetzt sind (s^2 p^3), muss das nächste Elektron in ein Orbital eingebaut werden, das bereits ein Elektron enthält. Da die beiden Elektronen sich abstoßen, muss dazu die **Spinpaarungsenergie** aufgebracht werden. Diese wird bei der Ionisierung, z. B. der Abgabe des 4. p-Elektrons, wieder frei.

Beim Einfügen eines Elektrons in ein einfach besetztes Orbital muss die Spinpaarungsenergie aufgebracht werden.

1. Ionisierungsenergie und Valenzelektronenkonfiguration der Atome

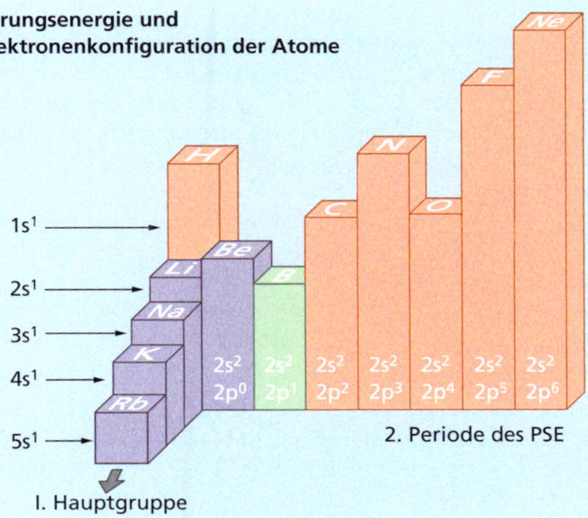

Die Abschirmung der Kernladung nimmt mit der Zahl der Schalen (Niveaus) zu, sodass innerhalb einer Gruppe die Elektronen mit steigender Ordnungszahl leichter abgegeben werden.

Elektronenaffinität und Elektronegativität

Der Energiebetrag, der bei der Aufnahme eines Elektrons durch ein gasförmiges Atom oder Ion abgegeben oder verbraucht wird, ist die **Elektronenaffinität** (ΔE_A).

$$A(g) + e^- \longrightarrow A^-(g) \qquad \Delta E = \Delta E_A$$

Die vom Betrag höchste Elektronenaffinität (lat. *affinitas* = Verwandtschaft) hat das Chloratom.

Die Elektronenaffinität ist ein Maß dafür, wie stark ein zusätzliches Elektron von einem Atom gebunden werden kann. Wird mit der Aufnahme des Elektrons eine stabile Edelgaskonfiguration erreicht, so wird ein hoher Energiebetrag freigesetzt, z. B. bei den Elementen der VII. Hauptgruppe. Atome mit halb gefüllten (z. B. Stickstoffatome: $s^2\ p^3$) oder vollständig besetzten Niveaus (Edelgasatome: $s^2\ p^6$) sind dagegen nicht bestrebt, Elektronen aufzunehmen, sodass zur Bildung des Anions Energie zugeführt werden muss.

In der allgemeinen Tendenz nimmt der Betrag der Elektronenaffinität im PSE innerhalb einer Periode bis zur VII. Hauptgruppe zu, während er innerhalb der Gruppe mit der Atomgröße abnimmt. Anders als die Ionisierungsenergie kann die Elektronenaffinität positiv oder negativ sein.

Die Elektronenaffinität wird wie die Ionisierungsenergie in eV oder in $kJ \cdot mol^{-1}$ angegeben. Die Angabe in eV erfolgt für einzelne Atome. Sie kann durch Multiplikation mit der AVOGADRO-Konstanten N_A in die molare Elektronenaffinität umgerechnet werden

$1\ eV = 1{,}602 \cdot 10^{-19}\ J$
$1\ eV \cdot N_A = 96{,}47\ kJ \cdot mol^{-1}$

Elektronenaffinitäten einiger Elemente

Element	ΔE_A in eV	Element	ΔE_A in eV
H	−0,76	O	−1,46
Li	−0,62	F	−3,40
Be	+0,50	Ne	+0,35
B	−0,23	Cl	−3,60
C	−1,26	Br	−3,35
N	+0,07	I	−3,10

Um mehrfach geladene Anionen zu erzeugen, muss immer Energie aufgewendet werden, da die 2. und 3. Elektronenaffinität sehr stark positiv ist. Alle mehrfach geladenen Anionen sind daher instabil und müssen wie Oxid-Ionen (O^{2-}) durch zusätzliche Energien, z. B. die Gitterenergie in einem ionischen Kristallgitter, stabilisiert werden.

$$O(g) + e^- \longrightarrow O^-(g) \qquad \Delta E_A = -1{,}46\ eV$$
$$O^-(g) + e^- \longrightarrow O^{2-}(g) \qquad \Delta E_A = +8{,}1\ eV$$

Die Elektronenaffinität darf nicht verwechselt werden mit einer anderen wichtigen periodischen Eigenschaft der Elemente, der Elektronegativität.

Die **Elektronegativität** (EN oder χ) ist ein Maß für das Bestreben eines Atoms, das bindende Elektronenpaar in einer Atombindung (kovalente Bindung ↗ S. 75 ff.) anzuziehen.

Das Bindungselektronenpaar einer Bindung zwischen zwei gleichen Atomen liegt symmetrisch zwischen den beiden Partnern.

Wird die Bindung aber zwischen zwei verschiedenen Atomen geknüpft, so sind die Atome aufgrund ihrer effektiven Kernladung unterschiedlich bestrebt, das Elektronenpaar zu sich heranzuziehen. Die Elektronendichte wird zu dem Atom mit der größeren effektiven Kernladung verschoben, das dadurch eine negative **Partialladung** erhält. Es liegt eine polare Atombindung vor.

Partialladungen sind spezielle Ladungen von Teilchen, die durch die Verschiebung der Elektronendichte in Molekülen entstehen. Partialladungen sind keine Ionenladungen!

unpolare Atombindung — polare Atombindung

Innerhalb einer Periode wächst die Elektronegativität aufgrund der mit der Protonenzahl zunehmenden effektiven Kernladung. Innerhalb der Gruppen nimmt die effektive Kernladung infolge der Abschirmung durch die inneren Orbitale ab, sodass auch die Elektronegativität sinkt. Die höchste Elektronegativität besitzt demnach das Fluoratom (EN = 4,0), die niedrigste das Cäsiumatom (EN = 0,7).

Elektronegativitäten können auf unterschiedliche Weise ermittelt werden. L. PAULING (1901 bis 1994) berechnete EN-Werte aus Bindungsdissoziationsenergien. Er ordnete dem Element Fluor die höchste EN von 4,0 zu und bezog alle anderen Elemente auf diesen Fixpunkt.

Die Elektronegativitätsdifferenz zweier Bindungspartner gilt als Maß für die Bindungspolarität und ermöglicht abzuschätzen, wie hoch der Ionenanteil einer Bindung ist.

Einem Vorschlag von L. PAULING folgend wurde eine Elektronegativitätsdifferenz von 1,7 als Grenzwert für die Unterscheidung zwischen ionischer und Atombindung (↗ S. 94) angenommen. Die unten stehende Tabelle zeigt jedoch, dass die Grenzen zwischen den Bindungsarten fließend sind und nicht so strikt festgelegt werden sollten.

Elektronegativitätsdifferenz und Bindungsart				
Differenz der EN-Werte	< 0,2	0,2–1,5	1,5–2,0	>2,0
ionischer Bindungsanteil	<1 %	1–43 %	43–63 %	> 63 %
Bezeichnung der Bindung	unpolare Atombindung	polare Atombindung	stark polare Atombindung	Ionenbindung
Beispiele	N_2, O_3, S_8	CO_2, NH_3	$AlCl_3$, SiO_2	NaF, CaO

Unterschiedliche Elektronegativitäten von Atomen in ähnlichen Verbindungen führen zu unterschiedlichen Reaktionsabläufen, z. B. bei der Hydrolyse von Stickstoff-Halogen-Verbindungen:

$$\overset{\delta^+\,\delta^-}{NF_3} + 2H_2O \longrightarrow HNO_2 + 3HF$$

$$\overset{\delta^+\,\delta^-}{NCl_3} + 3H_2O \longrightarrow 3HOCl + NH_3$$

Wertigkeit

Fluor und Wasserstoff sind in Verbindungen immer einwertig.

Die Wertigkeit gibt an, wie viele Fluor- bzw. Wasserstoffatome ein Atom oder Ion eines Elements theoretisch binden oder ersetzen kann. Die Wertigkeit wird hauptsächlich von der Valenzelektronenkonfiguration der Elemente bestimmt und auch als Valenz bezeichnet.

Mit jedem Valenzelektron kann ein Atom theoretisch eine Elektronenpaarbindung zu einem anderen Atom ausbilden (↗ S. 75 ff.). Alternativ können die Außenelektronen abgegeben oder Elektronen anderer Atome aufgenommen werden, wobei Ionen entstehen. Um die Ionenladung zu neutralisieren, muss eine entsprechende Anzahl entgegengesetzt geladener Ionen gebunden werden (↗ S. 89 ff.). Die Anzahl der Bindungspartner wird somit von der Anzahl der Außenelektronen eines Atoms bestimmt.
Von der I. bis zur VIII. Hauptgruppe steigt die Zahl der Außenelektronen in den s- und p-Niveaus kontinuierlich von 1 auf 8 an. Dieser Prozess wiederholt sich innerhalb jeder Periode, sodass die maximale Wertigkeit der Nummer der Hauptgruppe des Elements entspricht.

Eine der Wertigkeit verwandte Größe ist die Oxidationszahl (↗ S. 199). Sie unterscheidet sich jedoch insbesondere bei organischen Verbindungen von der Wertigkeit, sodass die Größen nicht identisch sind.

Diese Regel gilt für die maximale Wertigkeit gegenüber Sauerstoff und Fluor mit einer Einschränkung. Die Elemente der 2. Periode verfügen nur über vier Atomorbitale und können deshalb maximal vier Bindungen ausbilden.

Maximale Wertigkeit der s- und p-Block-Elemente der 5. Periode

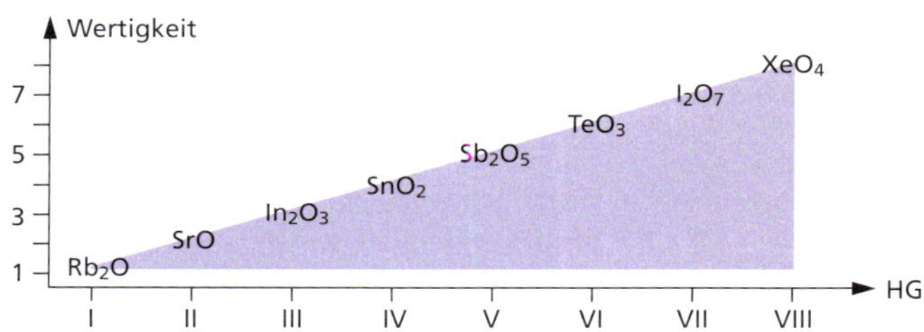

Es existieren viele Beschreibungen zur Wertigkeit der Elemente. Die Ionenwertigkeit entspricht der Ladung eines Ions. Die Bindigkeit gibt dagegen die Zahl der Atombindungen an.

Die Wertigkeit der Hauptgruppenelemente gegenüber Wasserstoff steigt bis zur IV. Hauptgruppe an und nimmt dann wieder ab, d.h. man beobachtet einen so genannten „Dacheffekt".

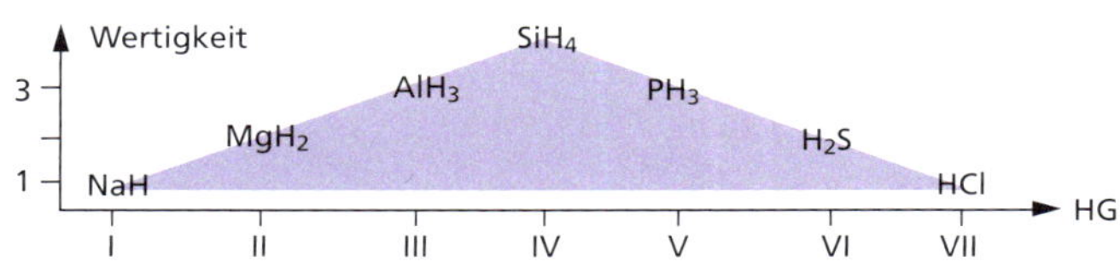

Metall- und Nichtmetallcharakter

Metalle sind Elemente mit niedriger Ionisierungsenergie, die eine hohe Tendenz zur Bildung von Kationen aufweisen und deren Oxide mit Wasser basische Lösungen bilden.

In der Regel besitzen Metalle eine hohe elektrische und Wärmeleitfähigkeit. Diese ergibt sich aus der hohen Zahl benachbarter Atome in den dicht gepackten Metallgittern. Durch die Kombination vieler Atomorbitale werden so genannte Bänder gebildet, die teilweise mit Elektronen besetzt sind und die hohe Leitfähigkeit mit den Elektronen als Ladungsträgern erklären (↗ S. 96 f.).
Innerhalb einer Periode nimmt der Metallcharakter von rechts nach links und innerhalb einer Gruppe von oben nach unten zu. Rechts einer durch die Elemente Bor, Silicium, Arsen, Tellur und Astat gebildeten Linie stehen bei den s- und p-Elementen im PSE die **Nichtmetalle,** links davon findet man die Metalle (↗ S. 448).

Nichtmetalle sind schlechte elektrische und Wärmeleiter.

Nichtmetalle sind Hauptgruppenelemente mit relativ hoher Elektronegativität, die bevorzugt Anionen oder Molekülverbindungen bilden. Die Oxide der Nichtmetalle reagieren in Wasser sauer.

Den Übergang bilden Elemente, die sowohl metallische als auch nichtmetallische Modifikationen aufweisen, die ineinander umgewandelt werden können. Diese **Halbmetalle** wie Bor oder Silicium bilden selbst mit den elektronegativen Halogenen eher Atombindungen, z. B. in BCl_3 oder $SiCl_4$, als ionische Bindungen aus. Die Oxide der Halbmetalle sind amphoter (↗ S. 187).

Modifikationen sind Formen von Elementen oder Verbindungen gleicher chemischer Zusammensetzung aber unterschiedlicher Struktur und Eigenschaften.

Bei Raumtemperatur reagieren die unedlen Metalle der I. und II. Hauptgruppe teilweise heftig mit Wasser. Dabei entsteht neben den Metallhydroxiden auch Wasserstoff (↗ Abb.). Die Reaktivität mit Wasser nimmt mit dem Metallcharakter der Elemente ab. Die meisten Halbmetalle und Nichtmetalle sind gegen Wasser beständig. Eine Ausnahme sind die Halogene Fluor und Chlor, die im Ergebnis einer Redoxreaktion mit Wasser saure Lösungen bilden.

Zahlreiche Halbmetalle haben Halbleitereigenschaften, d. h., sie weisen eine mittlere elektrische Leitfähigkeit auf, die mit steigender Temperatur wächst.

Beispiele für Redoxreaktionen von s- und p-Elementen mit Wasser

$$2\,\overset{0}{Na} + 2\,\overset{I}{H}_2O \longrightarrow 2\,Na\overset{I}{O}H + \overset{0}{H}_2$$

$$\overset{0}{Cl}_2 + H_2O \longrightarrow H\overset{-I}{Cl} + H\overset{I}{Cl}O$$

Nebengruppen- bzw. d-Blockelemente findet man nur in der 4. bis 7. Periode des PSE.

Atombau und Eigenschaften von d-Block-Elementen

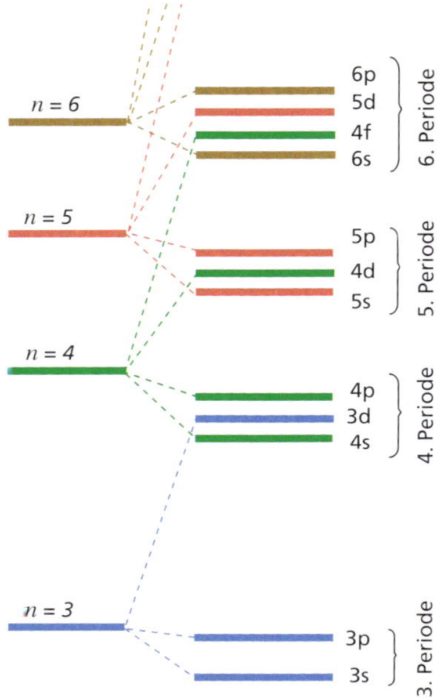

Energieniveaus *gleicher* Hauptquantenzahl n werden immer in der Reihenfolge s, p, d, f mit Elektronen besetzt. Infolge der Abschirmung der Kernladung durch die besetzten inneren Orbitale werden die Energieunterschiede zwischen den höheren Energieniveaus jedoch mit wachsendem Kernabstand immer geringer. Die Aufspaltung dieser Niveaus kann dazu führen, dass ein s-Orbital höherer Hauptquantenzahl energetisch niedriger liegt als d- oder f-Orbitale mit kleinerer Hauptquantenzahl. Die Besetzung der Energieniveaus erfolgt nach dem Aufbauprinzip (↗ S. 59), d. h. nach der energetischen Reihenfolge. Deshalb wird nach Argon ([Ne] $3s^2$ $3p^6$) das folgende Elektron nicht in die dritte Schale eingebaut, obwohl diese insgesamt $2n^2 = 18$ Elektronen aufnehmen kann. Stattdessen erfolgt der Einbau beim Kalium in das energetisch günstigere 4s-Niveau. Erst nachdem dieses mit zwei Elektronen besetzt ist (Calcium), werden Elektronen von den energetisch höher liegenden entarteten 3d-Niveaus aufgenommen. Den gleichen Effekt beobachtet man bei allen Energieniveaus der Hauptquantenzahl $n > 3$, sodass man in der 4. bis 7. Periode des PSE die **d-Block-** bzw. **Nebengruppenelemente** findet, die sich nur in der Besetzung der d-Orbitale unterscheiden.

Der Einbau der Elektronen erfolgt entsprechend der hundschen Regel (↗ S. 59) zunächst bis zur Halbbesetzung mit parallelem Spin und erst danach unter Spinpaarung, wobei die Spinpaarungsenergie aufgebracht werden muss. Entsprechend ihrer Nebenquantenzahl $l = 2$ können die fünf d-Orbitale maximal $2(2l + 1) = 10$ Elektronen aufnehmen, sodass in jeder Periode 10 Nebengruppenelemente vertreten sind.

Die d-Block-Elemente werden in die Nebengruppen des PSE eingeordnet. Diese bezeichnet man in modernen Lehrbüchern fortlaufend mit arabischen Zahlen, die genau die Anzahl ihrer Außenelektronen wiedergeben:

3. Gruppe: s^2 d^1
...
6. Gruppe: s^1 d^5
...
10. Gruppe: s^2 d^8
...
12. Gruppe: s^2 d^{10}

Besonders stabil sind die Vollbesetzung nd^{10} (Edelgaskonfiguration) der d-Orbitale und die Halbbesetzung nd^5 aufgrund der für das sechste Elektron aufzuwendenden Spinpaarungsenergie.

Das führt bei Elementen der 6. und der 11. Gruppe zu Abweichungen bei der Valenzelektronenkonfiguration der Atome.

Chrom: [Ar] $4s^1$ $3d^5$ Kupfer: [Ar] $4s^1$ $3d^{10}$

Die Besetzung der d-Orbitale, die den Charakter innerer Niveaus besitzen, führt dazu, dass die Eigenschaftsunterschiede innerhalb der d-Block-Elemente deutlich geringer sind als bei den s- und p-Block-Elementen und dass die Periodizität der Eigenschaften weniger ausgeprägt ist.

Bei Haupt- und Nebengruppenelementen mit gleicher Zahl an Valenzelektronen sind auch chemische Ähnlichkeiten (↗ S. 220) zu erkennen

Al: $3s^2\ 3p^1$
Sc: $4s^2\ 3d^1$

So weisen die Atomradien und die Ionisierungsenergien mit steigender Ordnungszahl keine ausgeprägte Periodizität auf. Die Ionisierungsenergien sind vergleichsweise niedrig. Da die Valenzelektronen relativ leicht abgegeben werden können, sind alle d-Block-Elemente Metalle. Durch den Einbau der 3d-Elektronen werden die 4s-Elektronen stärker gegen den Atomkern abgeschirmt, sodass letztere bei der Ionisierung zuerst abgegeben werden. Das erklärt auch die häufig bei den Nebengruppenelementen zu beobachtende Zweiwertigkeit.

Mn^{2+}: $[Ar]\ 3d^5\ 4s^0$ Co^{2+}: $[Ar]\ 3d^7\ 4s^0$

Zn^{2+}: $[Ar]\ 3d^{10}\ 4s^0$ Pt^{2+}: $[Xe]\ 5d^8\ 6s^0$

Infolge der geringen Energieunterschiede zwischen den 4s- und den 3d-Nivaus werden die Elektronen beider Niveaus als Valenzelektronen genutzt, was dazu führt, dass zahlreiche d-Block-Elemente eine hohe Variabilität von Oxidationsstufen in ihren Verbindungen aufweisen.

Die Elemente Chrom und Mangan treten in ihren Verbindungen in 9 bzw. 11 unterschiedlichen Oxidationsstufen auf.

Die maximale Oxidationsstufe steigt innerhalb einer Periode von 3 (Yttrium) auf 8 (Ruthenium), um dann wieder auf 2 (Cadmium) zu sinken und entspricht vielfach der Nummer der Nebengruppe. Die hohen Oxidationsstufen sind jedoch nicht so stabil, sodass z. B. Mangan(VII)- und Chrom(VI) Verbindungen starke Oxidationsmittel sind (↗ S. 203). Ab der 8. Gruppe werden statt der hohen Oxidationsstufen bevorzugt maximal dreifach geladene Kationen, z. B. Fe^{3+} oder Cu^{2+}, gebildet.
Der Energieunterschied zwischen den höchsten besetzten und den niedrigsten unbesetzten Niveaus entspricht bei vielen d-Block-Elementen der Energie des sichtbaren Lichtes. Bei Raumtemperatur werden durch Sonnenlicht Elektronenübergänge angeregt, in deren Ergebnis die meisten Verbindungen der Nebengruppenelemente eine große Farbenvielfalt aufweisen.

Die Energieunterschiede zwischen den *n*s, (*n*-1)d- und *n*p-Niveaus sind nur gering. Die leeren Orbitale können durch Elektronenpaare geeigneter Partner (Liganden) besetzt werden, was zu der für die Nebengruppenelemente typischen Komplexchemie (↗ S. 232 ff.) führt.

Nur beim Säure-Base-Verhalten der Oxide der d-Block-Elemente ist eine Periodizität ersichtlich. Basische Oxide finden wir bei den Elementen der 11. und 12. Gruppe mit großem Radius (Ag_2O, HgO), saure Oxide bei denen mit kleinem Radius in der 6. und 7. Gruppe (CrO_3, Mn_2O_7).

$$Ag_2O + H_2O \longrightarrow 2\,Ag^+ + 2\,OH^-$$

$$CrO_3 + 3\,H_2O \longrightarrow 2\,H_3O^+ + CrO_4^{2-}$$

Periodische Eigenschaften der f-Block-Elemente

Die **f-Block-Elemente** haben die allgemeine Valenzelektronenkonfiguration ns^2, $(n-1)d^1$, $(n-2)\ f^1$ bis f^{14}. Sie folgen den Elementen Lanthan bzw. Actinium in der 6. bzw. 7. Periode des PSE und werden **Lanthanoide** oder **Actinoide** genannt.

Die große Ähnlichkeit der 4d- und 5d-Elemente der gleichen Nebengruppe (z. B. Zr/Hf, Nb/Ta) ist auf die Lanthanoidenkontraktion zurückzuführen.

Da die äußeren Energieniveaus höherer Hauptquantenzahl bereits mit Elektronen besetzt sind, werden f-Block-Elemente auch als innere Nebengruppenelemente bezeichnet. Ihre Eigenschaften ähneln sich noch weitaus stärker als die der d-Block-Elemente. Die Lanthanoide sind Metalle und bilden Ln^{3+}-Ionen mit der Valenzelektronenkonfiguration [Xe] $4f^x\ 5d^0\ 6s^0$ (x = 1–14). Die Actinoide verhalten sich ähnlich.
Der Einbau von Elektronen in innere Niveaus gleicher Haupt- und Nebenquantenzahl bedeutet bei schrittweiser Erhöhung der Kernladungszahl, dass die effektive Kernladung zunimmt. Dadurch werden die äußeren Elektronen stärker angezogen und die Atom- und Ionenradien der f-Block-Elemente sinken. Im Ergebnis dieser **Lanthanoidenkontraktion,** besitzen die auf die 4f-Elemente folgenden 5d-Elemente nahezu die gleichen Atom- und Ionenradien wie die homologen 4d-Elemente.

Ionenradien der Lanthanoiden

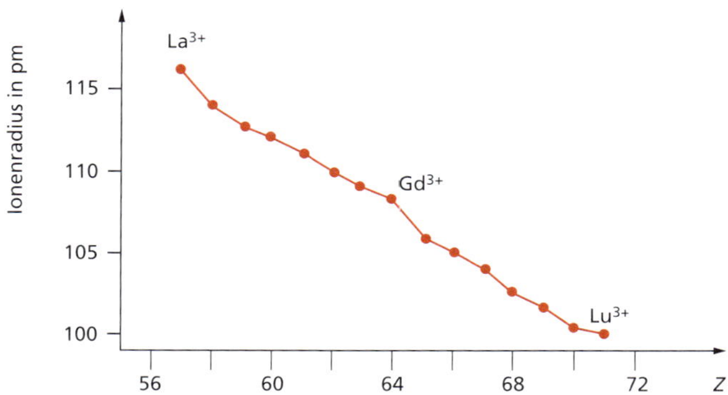

Homologe der d-Block-Elemente sind die in den letzten Jahrzehnten entdeckten künstlichen Nuklide mit den Ordnungszahlen 104 bis 114, die 6d-Elemente wie Darmstadtium.

Periodische Eigenschaftsänderungen werden beim Vergleich der 4f- mit den 5f-Elementen deutlich. Innerhalb dieser Reihen sinkt z. B. mit dem Ionenradius die Basizität der Oxide.

Eine Periodizität ist auch bei den Wertigkeiten zu beobachten. Alle die Lanthanoide, die vier oder fünf Elektronen über der Xenon-Konfiguration oder ein bzw. zwei Elektronen über der Halbbesetzung des 4f-Niveaus ($4f^7$) aufweisen, bilden auch höher geladene Ionen (Ce^{4+}, Tb^{4+}). Fehlen diese Elektronen zur Halbbesetzung oder zum abgeschlossenen Niveau, so werden auch zweifach positive Ionen (Sm^{2+}, Yb^{2+}) gebildet um diese stabilen Anordnungen zu erreichen.

CHEMISCHE BINDUNG 4

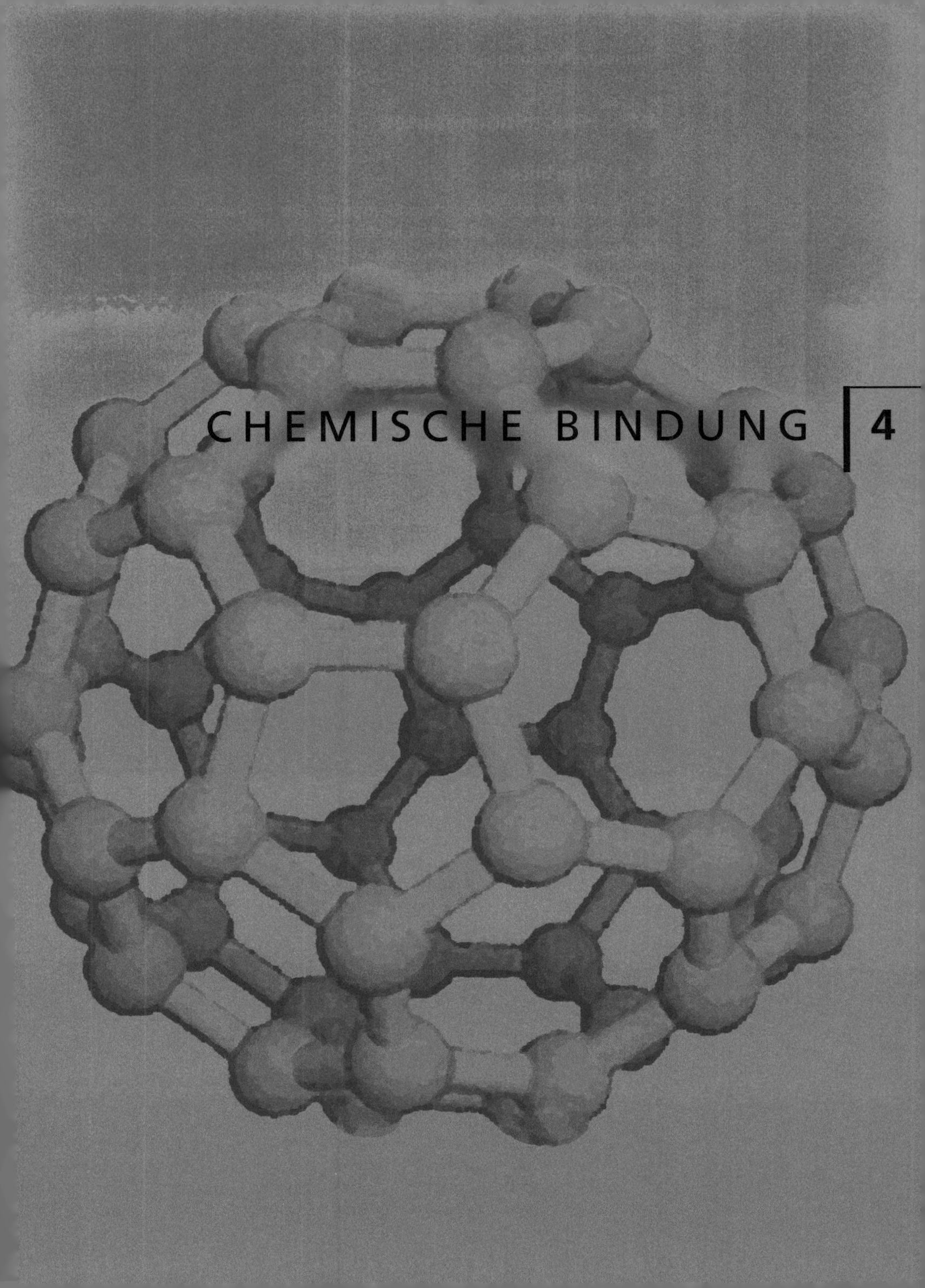

4.1 Hauptbindungsarten

4.1.1 Überblick

Von den mehr als einhundert Elementen des Periodensystems kommen nur sehr wenige ungebunden in der Natur vor, z. B. Edelgase und Gold; die meisten liegen in chemischen Verbindungen vor. Ein wichtiger Untersuchungsgegenstand der chemischen Wissenschaft ist die Klärung der Frage, wie die Bindungen, d. h. der Zusammenhalt zwischen den Atomen, Molekülen oder Ionen, zustande kommt. Je genauer das Wissen darüber ist, um so besser lassen sich eine Reihe physikalischer und chemischer Eigenschaften der jeweils betrachteten Stoffe verstehen und voraussagen.

Chemische Bindung
Art und Stärke der Wechselwirkungen zwischen Teilchen

→

Chemische Struktur
Art (Atome, Ionen, Moleküle) und räumliche Anordnung der Teilchen

→

Eigenschaften
chemisches Reaktionsverhalten und physikalische Eigenschaften

Erste Schritte auf dem Weg zur Aufklärung der Natur der chemischen Bindung waren die im 17. und 18. Jh. experimentell ermittelten Feststellungen über unterschiedliche Affinitäten zwischen den reagierenden Stoffen. Man führte das spekulativ auf Liebe und Hass zwischen ihnen zurück.

Als Affinität (lat. *affinitas* = Verwandtschaft) bezeichnet man die chemische Triebkraft, mit der sich Elemente oder Verbindungen zu neuen Stoffen verbinden.

Diese noch einer wissenschaftlichen Grundlage entbehrende Auffassung wurde erstmals 1808 von **JOHN DALTON** mit seiner wissenschaftlichen Hypothese über den atomaren Aufbau der Stoffe durchbrochen (↗ S. 48). Seine Beschreibung, wonach Elemente aus gleichartigen Atomen bestehen und Verbindungen gleicher oder unterschiedlicher Elemente zu Molekülen führen, gab noch keine Antwort zu den Ursachen der Bindungen zwischen den Atomen.

Eine wissenschaftliche **Hypothese** ist eine nicht bewiesene Aussage, die sich aber auf weitgehend gesichertes Wissen stützt.

FRIEDRICH AUGUST KEKULÉ VON STRADONITZ folgerte bereits 1858 aus den Gesetzen der konstanten und multiplen Proportionen (↗ S. 31), dass jedes Atom zur Bindung einer bestimmten Anzahl anderer Atome befähigt ist. Als Symbol wurde der Bindestrich eingeführt, der jedoch noch nicht die Bedeutung zur Widerspiegelung eines Elektronenpaares hatte.
Die vier Bindestriche, z. B. in der Formel des Methanmoleküls, sagten zu jener Zeit nur aus, dass ein Kohlenstoffatom mit vier Wasserstoffatomen verbunden ist. Wie aber der Zusammenhalt zwischen den Elementen Kohlenstoff und Wasserstoff und die räumliche Struktur des Moleküls zustande kommen, blieb noch absolut im Dunkeln.

Ein wichtiger Fortschritt war die Entdeckung der Ionen. Auf dieser Basis entwickelte **SVANTE ARRHENIUS** die Hypothese zu den Bindungsverhältnissen in salzartigen Stoffen.

So konnte beispielsweise das Kochsalzgitter, bestehend aus positiv geladenen Natrium- und negativ geladenen Chlorid-Ionen, die sich elektrostatisch anziehen, plausibel erklärt werden.

Die Struktur und das Reaktionsverhalten von Molekülverbindungen wie Methan oder Wasserstoff konnten mithilfe der Vorstellungen von ARRHENIUS nicht beschrieben werden. Auch um die besonderen Eigenschaften der Metalle, z. B. die hohe Leitfähigkeit zu verstehen, müssen weiterführende Modelle der chemischen Bindung herangezogen werden.

Wie alle Modelle beschreiben Bindungsmodelle die Realität in vereinfachter Form und gelten daher nur innerhalb bestimmter Grenzen (↗ S. 15), z. B. für bestimmte Stoff- oder Verbindungsklassen.

SVANTE ARRHENIUS (1859–1927) entwickelte die Theorie der elektrolytischen Dissoziation.

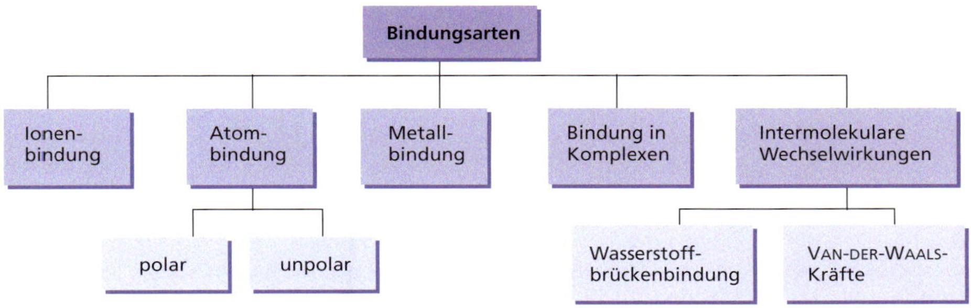

4.1.2 Atombindung

Das LEWIS-Modell der kovalenten Bindung

Bereits zu Beginn des 20. Jh. war bekannt, dass die Elektronenkonfiguration der reaktionsträgen Edelgase einen sehr stabilen, energiearmen Zustand darstellt. **GILBERT NEWTON LEWIS** erkannte, dass dieser Zustand erreicht werden kann, indem Elektronen der äußeren, nicht vollständig besetzten Schalen von zwei Atomen gemeinsam genutzt werden. Aus diesem Grund wird die Atombindung auch als **Elektronenpaarbindung** oder **kovalente Bindung** bezeichnet. Durch die Bildung der erforderlichen Anzahl der gemeinsamen, bindenden Elektronenpaare erhalten die Atome im Molekül eine stabile Konfiguration von 8 Außenelektronen (Oktettregel). Eine Ausnahme bildet Wasserstoff, das als Element der 1. Periode maximal zwei Elektronen aufnehmen kann und damit die Edelgaskonfiguration des Heliums erreicht.

GILBERT NEWTON LEWIS (1875–1946) war ein amerikanischer Physikochemiker.

Die Entstehung von Molekülen aus Atomen beruht auf der Bildung von gemeinsamen, bindenden Elektronenpaaren in dem Bestreben der Atome, eine energetisch stabile Anordnung der Elektronen (Edelgaskonfiguration) zu erreichen.

Kovalenz (lat.), bedeutet zusammenwertig; gemeint sind hier gemeinsame, an der Bindung beteiligte Elektronenpaare.

Der Bindestrich zwischen den Atomen erhielt damit die Bedeutung eines bindenden Elektronenpaares. Das 1916 entwickelte LEWIS-Modell wird auch heute noch dazu genutzt, um die Valenzstrichformeln bzw. **LEWIS-Formeln** von Molekülen und Molekül-Ionen zu ermitteln. Dazu bestimmt man die Gesamtzahl der Außenelektronen aller Atome in einer Molekülverbindung und verteilt diese nach der **Oktettregel** (bei Wasserstoff nur ein Elektronenpaar).

Die gewinkelte Form des Wassermoleküls war zu Beginn des 20. Jh. noch nicht bekannt.

LEWIS-Formeln von Molekülen

Wassermolekül
insgesamt 8 Außenelektronen

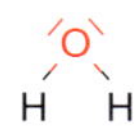

Tetrachlormethanmolekül
insgesamt 32 Außenelektronen

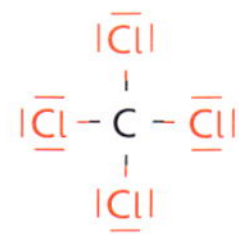

Sauerstoffmolekül

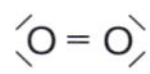

Ethenmolekül

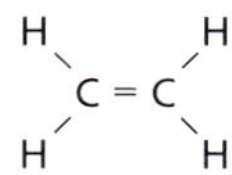

Stickstoffmolekül

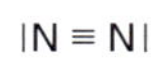

Formalladungen und Ionenladungen sind unterschiedliche Ladungen von Teilchen. Für neutrale Moleküle (N_2O) beträgt die Summe der Formalladungen Null, bei Molekül-Ionen (CO_3^{2-}) entspricht sie der Ionenladung.

Um ein Elektronenoktett zu erreichen, müssen in vielen Fällen zwei oder sogar drei bindende Elektronenpaare zwischen den Atomen ausgebildet werden. Elektronen, die nicht an der kovalenten Bindung beteiligt sind, werden den Atomen als freie Elektronenpaare zugeordnet.
Einige Moleküle und Ionen lassen sich durch eine einzige LEWIS-Formel nicht ausreichend darstellen. So ergeben sich z. B. für das Distickstoffmonooxid oder das Carbonat-Ion mehrere Möglichkeiten. Die tatsächliche Elektronenverteilung in den Molekülverbindungen wird von keiner dieser LEWIS-Formeln korrekt wiedergegeben, sondern liegt dazwischen. Man spricht hier von **mesomeren Grenzformeln** (↗ S. 251), die nur einen möglichen Grenzzustand der Moleküle bzw. Molekül-Ionen beschreiben und durch einen Mesomeriepfeil (↔) voneinander getrennt sind.
Die an den Atomen angegebenen Ladungen sind **Formalladungen.** Diese ergeben sich aus der Differenz zwischen der Anzahl der Valenzelektronen des Atoms entsprechend der Stellung des Elements im PSE (↗ S. 448) und der Anzahl der dem Atom zugeordneten Außenelektronen in der LEWIS-Formel.

Mesomere Grenzstrukturen nach LEWIS

Distickstoffmonooxid

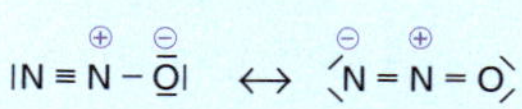

Carbonat-Ion

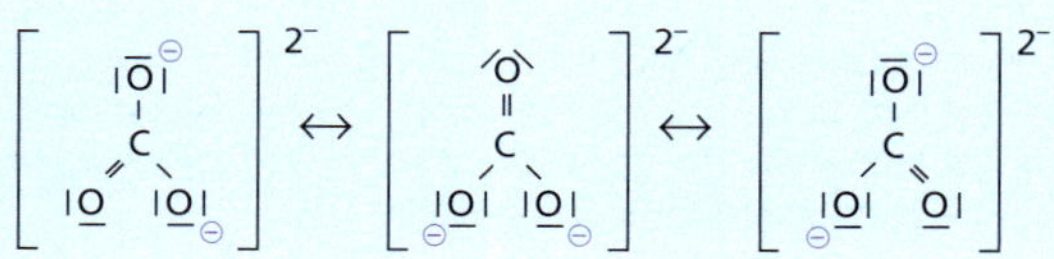

Quantenmechanische Modelle der Atombindung

Die LEWIS-Theorie der Elektronenpaarbindung lässt die Frage offen, wie zwei negativ geladene Elektronen den Zusammenhalt zwischen den Atomkernen bewirken. Schwierigkeiten entstehen auch bei der Anwendung der Oktettregel auf Atome jenseits der zweiten Periode des PSE, z. B. Nebengruppenelemente (↗ S. 238), die mehr als 8 Valenzelektronen aufnehmen können. Außerdem liefert das LEWIS-Modell keine Hinweise auf die **räumliche Struktur** von Molekülen, also zum Abstand der Atome und ihrer relativen Lage im Raum.
Diese Fragen lassen sich nur auf der Grundlage quantenchemischer Betrachtungen der kovalenten Bindung beantworten. Dabei wird das Verhalten der Elektronen in Molekülen – ähnlich wie in Atomen – mithilfe der SCHRÖDINGER-Gleichung (↗ S. 54) als Wellenfunktion Ψ beschrieben. Diese mathematische Gleichung lässt sich jedoch auch mit der modernen Computertechnik nur für sehr einfache Moleküle mit wenigen Valenzelektronen (z. B. H_2) exakt lösen. Man benutzt zwei verschiedene Näherungsverfahren zur Erklärung der Atombindung: die **Molekülorbital-Theorie** (MO-Theorie) und die **Valence-Bond-Theorie** (Valenzbindungs- oder VB-Theorie).

Die räumliche Struktur von Molekülen und damit deren Eigenschaften ergeben sich daraus, dass die Atombindung anders als die Ionenbindung (↗ S. 90) eine *gerichtete Wechselwirkung* zwischen Teilchen ist.

Bei beiden Modellen werden unterschiedliche Vereinfachungen getroffen, um die kovalente Bindung leicht verständlich darzustellen. Deshalb liefern beide Modelle auch Aussagen zu verschiedenen Eigenschaften von Molekülverbindungen.
So erklärt die VB-Theorie besonders anschaulich die räumliche Struktur von Molekülen, während man mit der MO-Theorie die Bindungsstärke leichter beurteilen kann. Welches der beiden Modelle man zur Beschreibung der Bindung in Molekülen benutzt, hängt davon ab, welche Informationen man benötigt.

Modelle zur kovalenten Bindung

Lewis-Modell	MO-Theorie	VB-Theorie
– Ausbildung bindender und nicht bindender Elektronenpaare – Anzahl der Bindungspartner eines Atoms – Einfach- und Mehrfachbindungen (Oktettregel) – Formalladungen von Atomen und mesomere Grenzstrukturen von Molekülen – keine Aussagen zur räumlichen Struktur – Oktettregel gilt streng nur für die 2. Periode des PSE	– Ausbildung bindender und antibindender Molekülorbitale – Anzahl und Stärke der Bindungen, Bindungsenergien – Erklärung vieler Stoffeigenschaften (Farbigkeit, Magnetismus, Mesomeriestabilisierung etc.) – keine räumliche Darstellung der Moleküle – für große Elektronensysteme zunehmend komplizierter	– Bindungsbildung durch Überlappung geeigneter Atomorbitale – Anzahl der Bindungen, Überlappung als Maß der Bindungsstärke – verdeutlicht am besten die kovalente Bindung als gerichtete Wechselwirkung zwischen Atomen – räumliche Struktur von Molekülverbindungen (Bindungslängen und Bindungswinkel)

Die Molekülorbital-Theorie

Die MO-Theorie geht von einem einheitlichen Elektronensystem für das Molekül aus. Die Elektronen der Atome befinden sich in Molekülorbitalen (MOs), die sich über das gesamte Molekül erstrecken, und stehen mit mehreren Atomkernen in Wechselwirkung.

Die Anzahl der gebildeten MOs ist immer gleich der Anzahl der miteinander kombinierten AOs.

Das am einfachsten aufgebaute Molekül besteht aus zwei Wasserstoffatomen. Man formuliert die MOs näherungsweise, indem man die Wellenfunktionen Ψ der Elektronen aus den beiden 1s-Orbitalen der Atome addiert bzw. subtrahiert. Dieses Verfahren nennt man lineare Kombination der Atomorbitale (LCAO-Methode).

Bildung von Ψ1s-MO

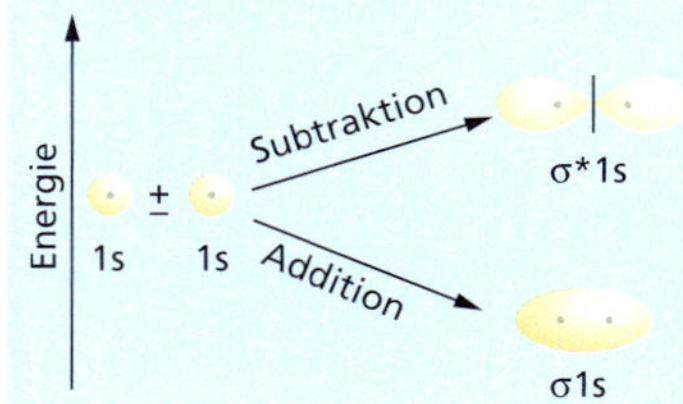

Bei der Addition der beiden 1s-Orbitale der Wasserstoffatome erhält man ein MO, in dem sich die Elektronen bevorzugt zwischen den beiden Atomkernen aufhalten. Dieses MO bezeichnet man als **bindendes Molekülorbital** oder σ1s-MO.
Durch die Subtraktion der Atomorbitale (AO) entsteht ein MO mit sehr geringer Elektronendichte zwischen den Atomkernen. Daraus resultiert eine verstärkte elektrostatische Abstoßung zwischen den positiven Kernen, sodass dieses **antibindende Molekülorbital** (σ*1s-MO) energetisch höher liegt als die beiden Atomorbitale.

Die Molekülorbitale besetzt man unter Beachtung des Aufbauprinzips und der hundschen Regel (↗ S. 59) mit jeweils zwei Elektronen mit entgegengesetztem Spin. Für das Wasserstoffmolekül erhält man so ein Elektronenpaar im bindenden MO, während das antibindende MO unbesetzt bleibt. Daraus ergibt sich ein Energiegewinn gegenüber dem Zustand der freien Wasserstoffatome, der der theoretischen Bindungsenergie des Wasserstoffmoleküls entspricht. Das Elektronenpaar im bindenden MO symbolisiert die beiden Elektronen, die sich mit hoher Wahrscheinlichkeit zwischen den beiden Atomkernen aufhalten und so die Ausbildung der kovalenten Bindung bewirken.

Jedes MO ist durch Quantenzahlen charakterisiert, die seine Form und Energie bestimmen.

MO-Schema von Wasserstoff und Helium

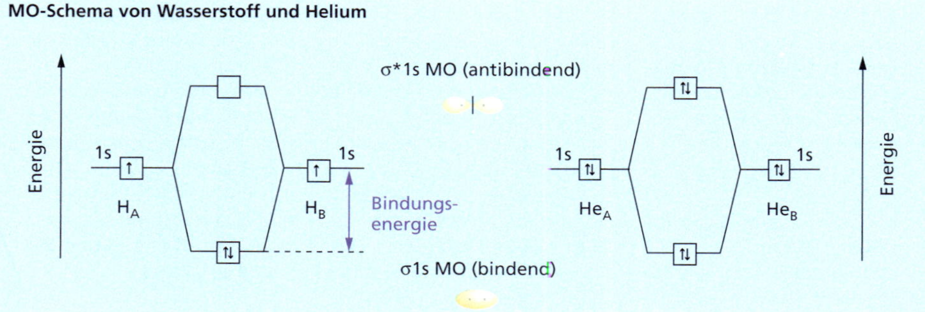

Der Versuch, die zwei Atomorbitale von Heliumatomen mit jeweils vollbesetzter Elektronenschale zu kombinieren, führt zur vollen Besetzung der beiden Molekülorbitale σ1s und σ*1s. Aus dieser Kombination resultiert keine Bindung, weil der Energiegewinn durch die Besetzung des bindenden MOs durch die ebenfalls volle Besetzung des antibindenden MOs kompensiert wird. Heliumatome bilden daher kein Molekül.

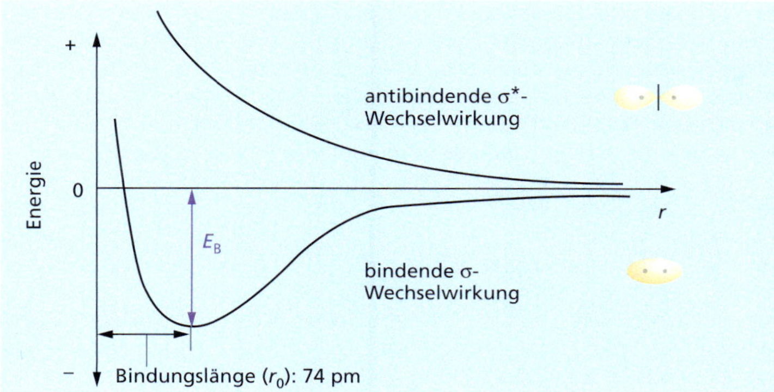

Bei der Bildung von 1 mol H_2-Molekülen wird die Bindungsenergie von 436 kJ · mol^{-1} frei. Diese Energie müsste für die Spaltung der Moleküle in Atome wieder aufgewendet werden.

Welcher Effekt führt nun zur Energiefreisetzung bei der Besetzung des bindenden σ1s-MOs? Bei der Annäherung zweier weit voneinander entfernter Wasserstoffatome kommt es zur Durchdringung der Elektronenwolken, aus der eine höhere Elektronendichte zwischen den Kernen resultiert. Dadurch verringert sich die elektrostatische Abstoßung zwischen den positiven Atomkernen, es kommt zu einer Energieabsenkung und deshalb zu einer bindenden Wechselwirkung.
Bei zu großer Annäherung der Atome werden die Abstoßungskräfte zwischen den Kernen jedoch wieder stärker, sodass bei einem Atomabstand von 74 pm ein Energieminimum erreicht wird. Dieser Abstand entspricht der Bindungslänge im Wasserstoffmolekül.
Im Fall der antibindenden σ*-Wechselwirkung stoßen sich die Elektronenwolken gegenseitig ab und die Elektronendichte zwischen den Kernen geht gegen Null. Bei der Annäherung der Atome steigt die Energie wegen der zunehmenden Kernabstoßung exponentiell an.
Die Durchdringung oder Überlappung der zwei 1s-Orbitale des Wasserstoffs führt zu einer **s-s-σ-Bindung.**

Ob sich bei der Überlappung der Elektronenwolken eine Bindung ausbildet, hängt von der Geometrie und Energie der beteiligten Atomorbitale ab. Dieser Aspekt der kovalenten Bindung wird aber wesentlich besser durch die VB-Theorie beschrieben.

s-s-σ-Bindung zwischen zwei Wasserstoffatomen

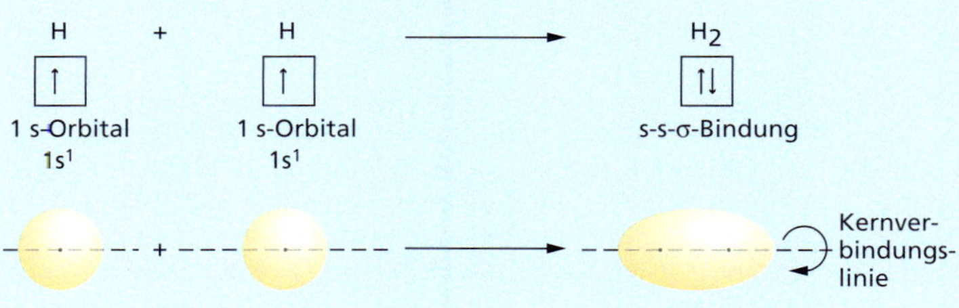

Das Valence Bond-Modell der kovalenten Bindung

So sind s-Orbitale kugelförmig, p-Orbitale hantelförmig und d-Orbitale ähneln einer Rosette (↗ S. 56).

Bei der **Valence-Bond-Theorie** geht man von den einzelnen Atomen mit ihren Orbitalen aus und betrachtet deren Wechselwirkungen bei der Annäherung der Atome. Die VB-Theorie berücksichtigt die Geometrie bzw. Symmetrie der Atomorbitale und führt dadurch – anders als das MO-Schema – zur **räumlichen Struktur** der Molekülverbindungen.
Die Form der Atomorbitale wird entscheidend durch die Nebenquantenzahl l bestimmt. Neben der Form müssen auch die Ausrichtung der Orbitale im Raum und die Vorzeichen der Orbitallappen (↗ S. 57) bei der Annäherung der Atome beachtet werden. Bei positiver **Überlappung** entsteht ein zu beiden Atomen gehörendes, gemeinsames Orbital, das von zwei ungepaarten Elektronen der beteiligten Atome besetzt wird.

Möglichkeiten der Überlappung von Atomorbitalen

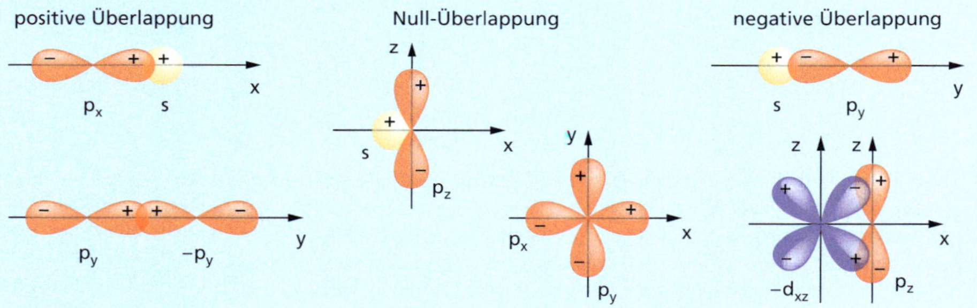

Nur die **positive Überlappung** der Orbitale führt zu einer höheren Elektronendichte zwischen den Atomkernen. Die Bindung kommt durch die Anziehung zwischen den positiv geladenen Kernen und der negativ geladenen Elektronenwolke zustande. Je mehr die Atomorbitale überlappen, umso stärker ist die kovalente Bindung.

Die Besetzung der Orbitale eines Atoms kann mittels Kästchenschreibweise (↗ S. 60) dargestellt werden.

Elektronenbesetzung im Fluoratom

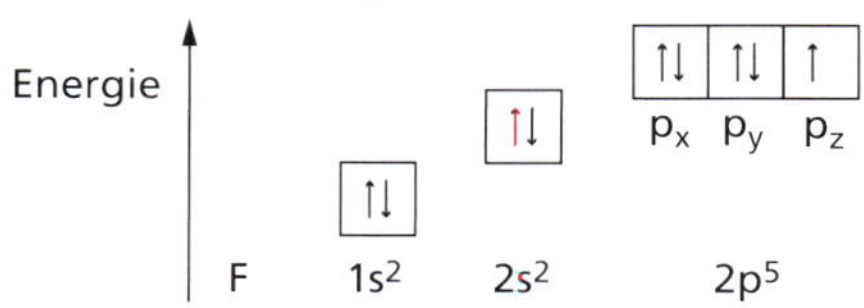

Bei der Bildung des Fluormoleküls (F_2) erfolgt die Überlappung zwischen den $2p_z$-Orbitalen, die im Grundzustand der Atome mit ungepaarten Elektronen besetzt sind. Die Elektronenwolken überlappen entlang der gestrichelt gezeichneten Verbindungslinie zwischen den Atomkernen. Dabei lassen sich die p-Orbitale ungehindert um die Kernverbindungslinie drehen, ohne dass die Überlappung verändert wird.

Eine solche frei drehbare oder **rotationssymmetrische Bindung** aus p-Orbitalen nennt man **p-p-σ-Bindung.**

Orbitaldarstellung der Reaktion von zwei Fluoratomen

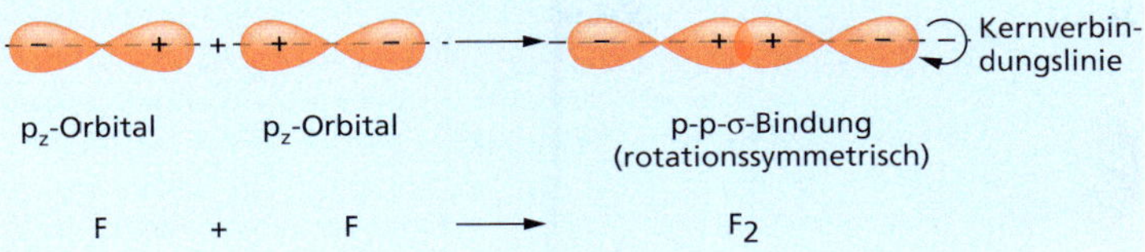

Das Valence Bond-Modell des Methanmoleküls

Das Kohlenstoffatom hat die Elektronenkonfiguration $1s^2\ 2s^2\ 2p^2$. Würden die einfach besetzten p-Orbitale des Kohlenstoffs mit den s-Orbitalen des Wasserstoffs überlappen, könnte nur ein energiereiches, instabiles CH_2-Molekül mit 6 Valenzelektronen am Kohlenstoffatom entstehen. Weder die Summenformel noch die räumliche Struktur des Methan würden richtig wiedergegeben.

Elektronenbesetzung im Kohlenstoffatom (Grundzustand)

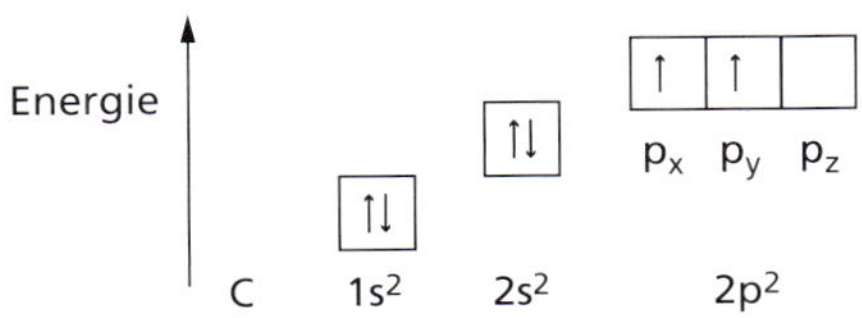

Voraussetzung für die Ausbildung von vier Bindungen zwischen Kohlenstoffatom und Wasserstoffatomen ist im ersten Schritt die energetische Anregung des Kohlenstoffatoms. Dabei wird formal ein Elektron aus dem 2s-Orbital auf das leere 2p-Niveau angehoben. Diesen Vorgang bezeichnet man als **Promotion** des Elektrons.

Elektronenbesetzung im Kohlenstoffatom (angeregter Zustand)

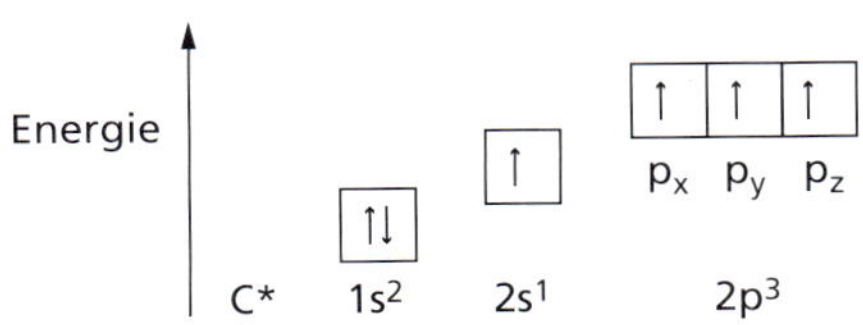

Auf diesem Wege sind vier ungepaarte Elektronen des Kohlenstoffs entstanden. Würden das eine 2s- und die drei 2p-Orbitale nun mit je einem s-Orbital des Wasserstoffs überlappen, so müsste ein Wasserstoffatom fester als die übrigen drei gebunden sein, denn s-s-σ-Bindungen sind fester als s-p-σ-Bindungen. Die Winkel zwischen den Bindungen müssten 90° betragen, da p-Orbitale senkrecht aufeinander stehen (↗ S. 57).

Bei der Bildung des Fluorwasserstoffmoleküls ergibt sich eine ebenfalls rotationssymmetrische s-p-σ-Bindung.

Der amerikanische Chemiker LINUS PAULING (1901–1994) trug maßgeblich zur Entwicklung der VB-Theorie bei.

Die für die Promotion notwendige Energie wird durch den Energiegewinn aufgebracht, der bei der Ausbildung der Bindungen anfällt.

In räumlicher Darstellung lassen sich modellhaft der Grundzustand (A), der angeregte Zustand (B) und der sp^3-Hybridzustand (C) abbilden.

Bildung von sp^3-Hybridorbitalen

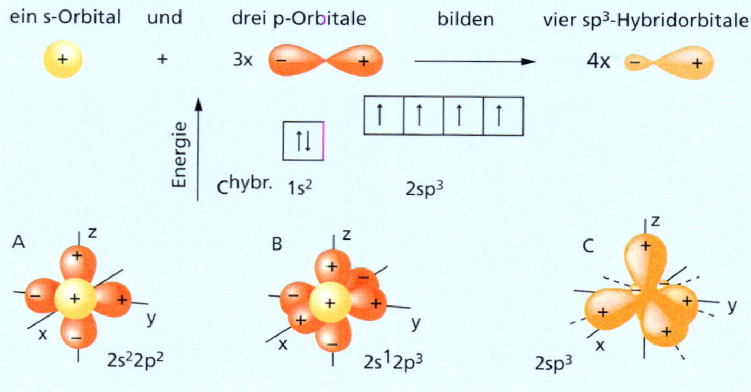

Die Voraussetzung für vier gleiche Bindungen sind vier gleichwertige Orbitale des Kohlenstoffatoms. Nach dem Konzept von L. PAULING entstehen diese durch die Kombination des 2s-Orbitals mit den drei 2p-Orbitalen. Infolge der mathematischen „Durchmischung" erhält man vier verzerrt hantelförmige **Hybridorbitale** mit ¼ s- und ¾ p-Charakter. Diesen Vorgang nennt man **Hybridisierung.** Aufgrund der wechselseitigen Abstoßung der Elektronen haben alle Orbitale das Bestreben einen maximalen Abstand zueinander einzunehmen. Bei vier sp^3-Hybridorbitalen ergibt sich daraus die Struktur eines Tetraeders, die Orbitale bilden untereinander einen Winkel von ca. 109° **(Tetraederwinkel).**

Überlappt nun ein 1s-Orbital des Wasserstoffatoms mit einem sp^3-Hybridorbital des Kohlenstoffatoms, entsteht eine **s-sp^3-σ-Bindung.**

Für das Methanmolekül ergibt sich daraus eine räumliche Struktur, die sehr gut mit den experimentellen Daten zum Aufbau dieses Moleküls übereinstimmt.

Hybridisierung heißt wörtlich Kreuzung. Je nach Anzahl der Bindungspartner kann der Kohlenstoff auch eine sp^2- oder sp-Hybridisierung eingehen.

Bindungsbildung und räumliche Struktur des Methanmoleküls

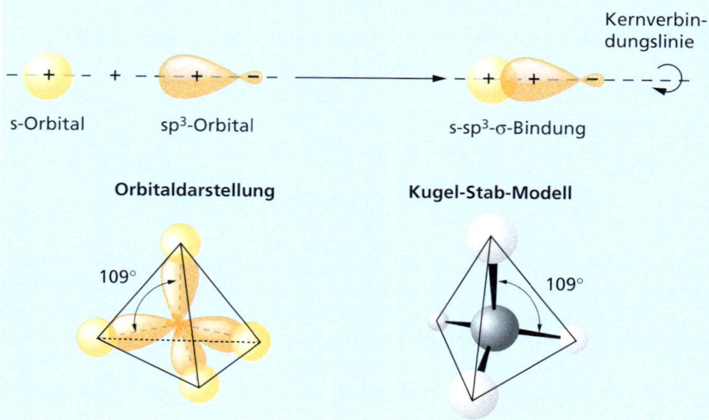

Neben der Orbitaldarstellung und dem Kugel-Stab-Modell gibt es noch weitere Modelle zur räumlichen Darstellung von Molekülverbindungen (↗ S. 15).

Bindungen in Molekülen mit mehreren Kohlenstoffatomen

Entfernt man gedanklich von zwei Methanmolekülen je ein Wasserstoffatom, so entstehen zwei Methylradikale ($CH_3\cdot$). Diese können eine **sp^3-sp^3-σ-Bindung** bilden; es entsteht ein Ethanmolekül.

Bei der Substitution eines Wasserstoff- durch ein Chloratom bildet sich eine sp^3-p-σ-Bindung aus. (↗ S. 87)

Orbitaldarstellung des Ethanmoleküls

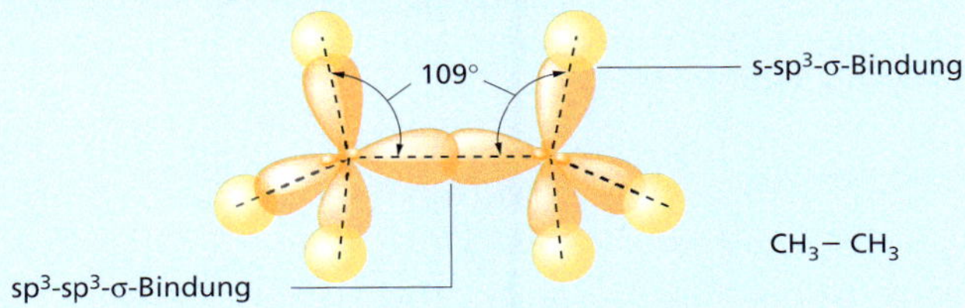

Die σ-Bindung zwischen den Kohlenstoffatomen ist ebenfalls frei drehbar. Bei den Alkanen (↗ S. 275 ff.) liegen alle Kohlenstoffatome sp^3-hybridisiert vor. Deshalb bilden auch die C–C-Bindungen einen Tetraederwinkel von 109°, sodass sich für höhere Alkane wie n-Butan die Struktur einer gewinkelten Kette ergibt.

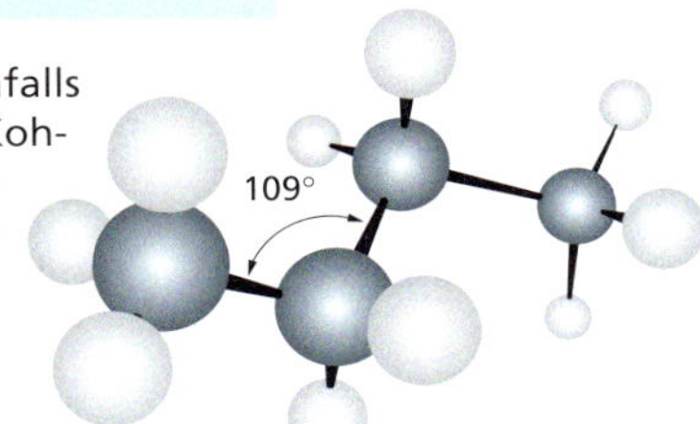

Kugel-Stab-Modell von n-Butan

Ausbildung von Mehrfachbindungen

Wenn dem Kohlenstoffatom für die Absättigung der vier Bindungen nicht ausreichend Bindungspartner zur Verfügung stehen, können ungesättigte Verbindungen entstehen, da beim Kohlenstoffatom verschiedene Hybridisierungsmöglichkeiten bestehen. So führt die Hybridisierung zwischen einem 2s-Orbital und zwei 2p-Orbitalen zu drei **sp^2-Hybridorbitalen.** Die Form der sp^2-Hybridorbitale ist der Form der sp^3-Hybridorbitale ähnlich. Aufgrund des höheren s-Anteils ist die „verschobene" Hantelform der sp^2-Hybridorbitale nicht ganz so stark gestreckt.

Bildung von sp^2-Hybridorbitalen

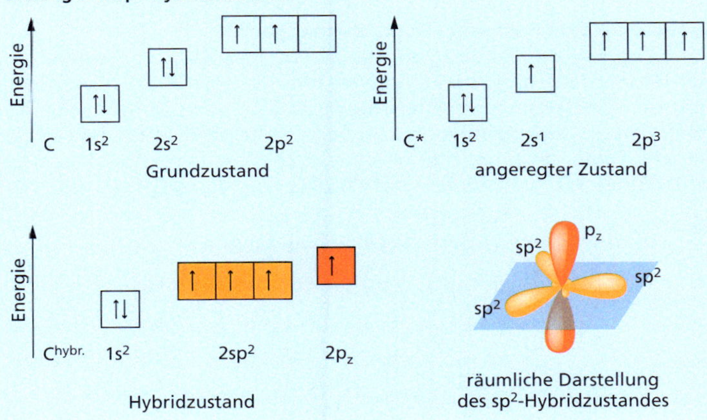

Die drei sp^2-Hybridorbitale bilden einen Winkel von 120 ° in der Ebene. Man bezeichnet das auch als trigonal-planaren Zustand des Kohlenstoffatoms.

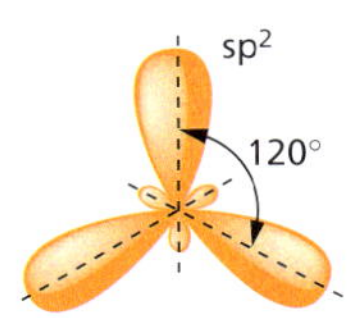

C=C-Doppelbindungen sind wesentlich stärker und kürzer als C–C-Einfachbindungen.

Im Gegensatz zu sp^3-Hybridorbitalen liegen sp^2-Hybridorbitale in einer Ebene mit je einem Bindungswinkel von 120°. Senkrecht zur Ebene der drei sp^2-Hybridorbitale befindet sich das in der Gestalt und Energie unveränderte $2p_z$-Orbital.

Die Kohlenstoff-Kohlenstoff-Doppelbindung im Ethenmolekül resultiert zum einen aus der Überlappung von zwei sp^2-Hybridorbitalen und zum anderen daraus, dass sich die beiden p_z-Orbitale der Kohlenstoffatome durchdringen. Das für die Doppelbindung notwendige p_z-Orbital wird nicht hybridisiert.

Bildung einer Doppelbindung im Ethenmolekül

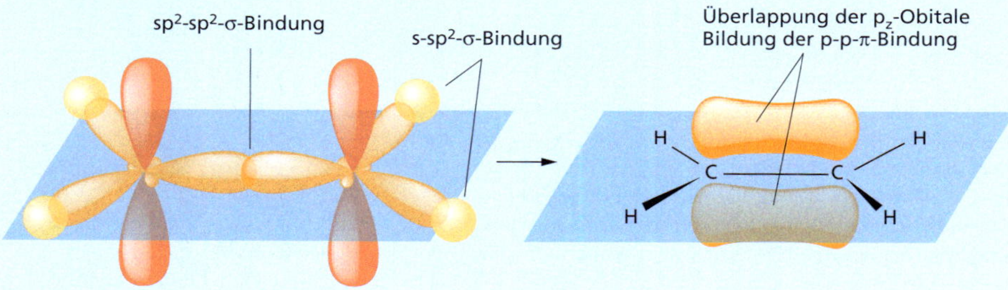

Doppelbindungen zwischen zwei Kohlenstoffatomen entstehen aus einer **sp^2-sp^2-σ-Bindung** und einer **p-p-π-Bindung.**

Aus dem Modell wird ersichtlich, dass beim Versuch der Drehung um die C–C-Achse die Doppelbindung aufgebrochen werden müsste. Damit ist die freie Drehbarkeit nicht mehr gegeben, woraus folgt, dass die **π-Bindungen,** anders als σ-Bindungen nicht rotationssymmetrisch, sondern nur noch **flächensymmetrisch** sind.

Kumulierte Doppelbindungen treten gehäuft auf, isolierte vereinzelt. Konjugierte Doppelbindungen wechseln mit Einfachbindungen.

Kumulierte und konjugierte Doppelbindungen

In Kohlenwasserstoffmolekülen mit mehreren Doppelbindungen können diese direkt benachbart oder im Wechsel mit Einfachbindungen auftreten. Im letzteren Fall, z. B. beim Buta-1,3-dien, spricht man von **konjugierten Doppelbindungen.** Anders als beim Buta-1,2-dien liegen hier alle Kohlenstoffatome im gleichen Hybridisierungszustand, nämlich sp^2-hybridisiert mit einem senkrecht dazu stehenden p_z-Orbital vor.

Kumulierte und konjugierte Doppelbindungen

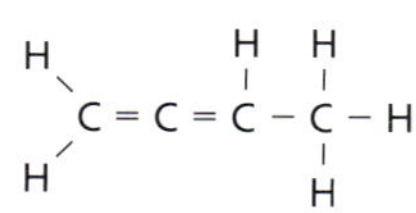

Buta-1,2-dien

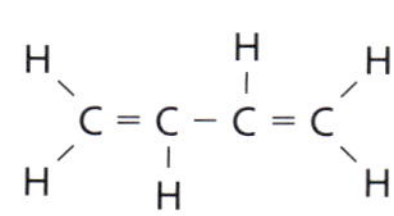

Buta-1,3-dien

$2p_z$-Atomorbitale und delokalisiertes π-Elektronensystem im Buta-1,3-dienmolekül

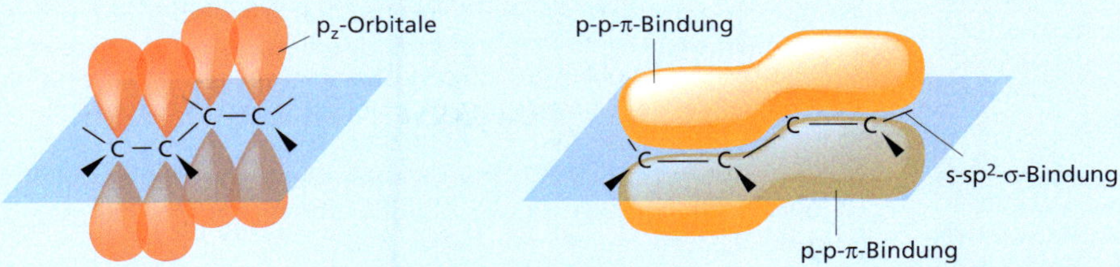

$2p_z$-Atomorbitale (Bindungswinkel der Kohlenstoffkette = 120°)

delokalisiertes π-Elektronensystem

Experimentell wurde gefunden, dass die Bindungslängen zwischen allen Kohlenstoffatomen beim Buta-1,3-dien gleich sind. Daraus folgt, dass die p_z-Orbitale nicht nur zwischen dem ersten und zweiten und zwischen dem dritten und vierten Kohlenstoffatom überlappen, sondern auch zwischen dem zweiten und dritten.

Die vier p_z-Elektronen bilden somit zwei durchgängige Ladungswolken oberhalb und unterhalb der Kohlenstoffkette, in denen sie frei beweglich sind. Man bezeichnet diesen Zustand als **konjugiertes** oder **delokalisiertes π-Elektronensystem.**

Bindungsverhältnisse im Ethinmolekül

Im Ethinmolekül sind die beiden Kohlenstoffatome sp-hybridisiert. Der Winkel zwischen beiden sp-Hybridorbitalen beträgt 180°.

Die beiden nicht hybridisierten p-Orbitale der Kohlenstoffatome bilden bei ihrer Überlappung zwei p-p-π-Bindungen, die flächensymmetrisch in einem Winkel von 90° zueinander stehen.

Es gibt auch Verbindungen mit mehr als einer Dreifachbindung im Molekül. Moleküle mit zwei Dreifachbindungen heißen z. B. Diine.

Dreifachbindungen zwischen zwei Kohlenstoffatomen entstehen aus einer **sp-sp-σ-Bindung** und zwei **p-p-π-Bindungen.**
Auch im Ethinmolekül ist die freie Drehbarkeit der C ≡ C -Bindung nicht gegeben.

Bildung von sp-Hybridorbitalen des Kohlenstoffs

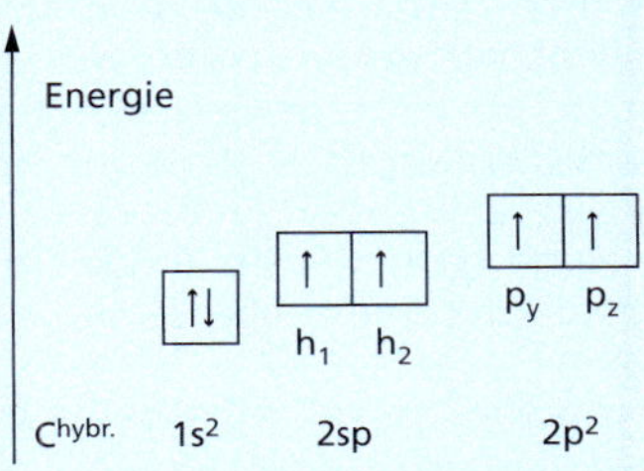

Lage der π- und σ-Bindungen im Ethinmolekül

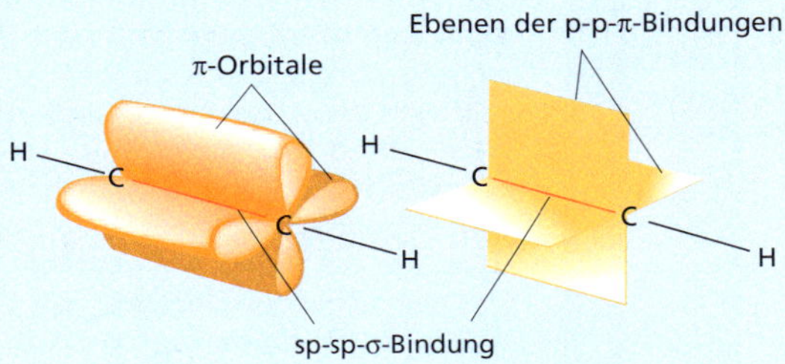

Chemische Bindung im elementaren Kohlenstoff

Auch elementarer Kohlenstoff liegt kovalent gebunden vor. Die Verknüpfung der Atome kann jedoch auf verschiedene Weise erfolgen, sodass das gleiche Element in mehreren **Modifikationen** auftreten kann. **Diamant** und **Grafit** setzen sich aus großen Atomverbänden zusammen und bilden jeweils ein **Atomgitter.**

Eine weitere Modifikation des Kohlenstoffs sind die Fullerene, für deren Entdeckung Richard Smalley 1996 den Nobelpreis erhielt.

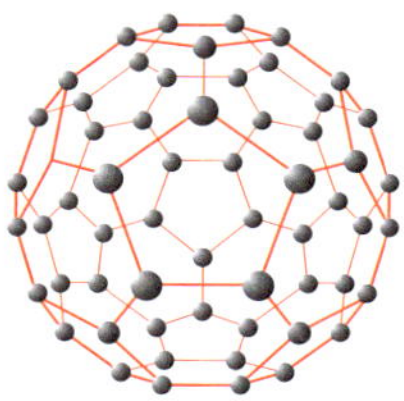

Aufgrund der unterschiedlichen Hybridisierung der Kohlenstoffatome im Gitter ergeben sich für die Modifikationen des gleichen Elements durchaus verschiedene Eigenschaften.

Im Diamantgitter ist jedes Kohlenstoffatom sp^3-hybridisiert. Daraus ergibt sich, dass jedes Atom tetraedrisch von vier weiteren Atomen umgeben ist.
Die von einem Kohlenstoffatom ausgehenden vier sp^3-sp^3-σ-Bindungen zeigen in die Ecken eines Tetraeders, ihre Bindungslängen und ihre Bindungsenergien sind gleich groß. Daraus resultiert ein sehr regelmäßiges, dreidimensionales stabiles Atomgitter mit einer außerordentlichen Härte.

Diamantstruktur

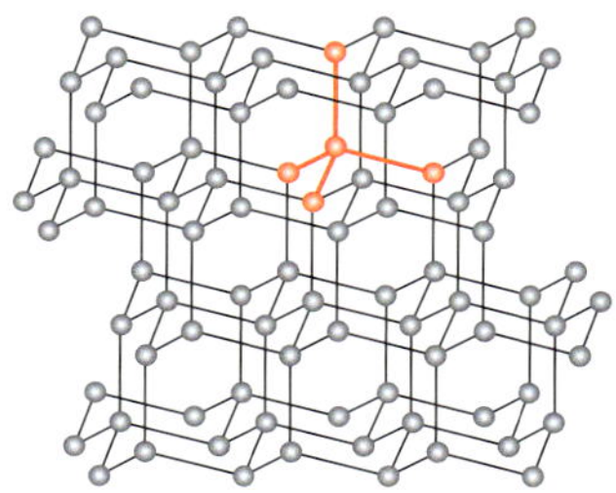

Die heute gebräuchlichen so genannten „Bleistifte" enthalten kein Blei, sondern eine Mine, die im Wesentlichen aus Grafit und Kaolin, einem Mineral, besteht.

Grafitstruktur

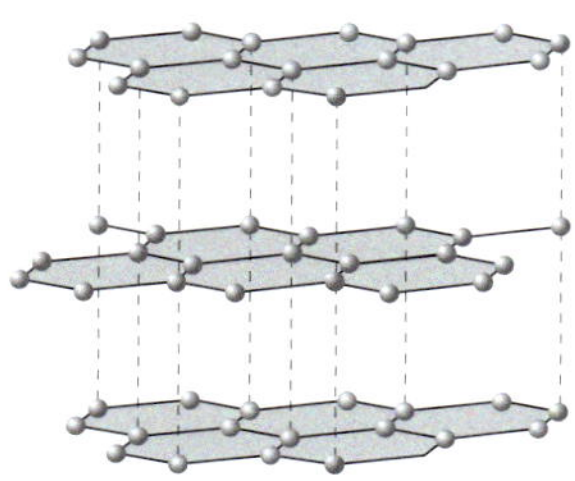

Das Grafitgitter setzt sich aus sp^2-hybridisierten Kohlenstoffatomen zusammen.
Das Gitter besteht aus ebenen Schichten, in denen ein Kohlenstoffatom mit drei weiteren über sp^2-sp^2-σ-Bindungen zu regelmäßigen Sechsecken verknüpft ist. Das neben der sp^2-Hybridisierung ebenfalls vorhandene p-Orbital steht senkrecht zur Ebene der drei sp^2-sp^2-σ-Bindungen.

Aus der leichten Verschiebbarkeit der Kohlenstoffschichten des Grafits resultiert die Anwendung als festes Schmiermittel.

Die experimentelle Bestimmung der Bindungslängen zwischen den Kohlenstoffatomen zweier Kohlenstoffschichten zeigt, dass die p-Orbitale sich kaum überlappen. Wäre das der Fall, müsste die Bindungslänge geringer sein. Die Elektronen der p-Orbitale können nicht einzelnen Bindungen bzw. Atomen zugeordnet werden. Man spricht deshalb von delokalisierten Elektronen, die sich in einem elektrischen Feld zwischen den Schichten der Kohlenstoffgitter bewegen können. Diese Modellvorstellung erklärt die elektrische Leitfähigkeit des Grafits ebenso wie die schwarze Farbe und den metallischen Glanz.
Im Diamant liegen dagegen alle Elektronen des Kohlenstoffs lokalisiert in starken Bindungen vor. Deshalb ist diese Kohlenstoffmodifikation viel härter als Grafit und ein guter Isolator.

Polare Atombindungen

Polare Atombindungen entstehen durch die unterschiedliche Fähigkeit der Atome, bindende Elektronenpaare anzuziehen. Quantitativ wird diese Fähigkeit durch die **Elektronegativität** beschrieben.

Die Polarität von Atombindungen kann auf verschiedene Weise gekennzeichnet werden:

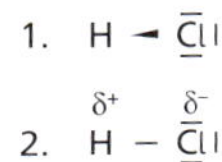

Modellhaft kann die Verschiebung der Elektronendichte zum elektronegativeren Atom hin mit der asymmetrischen Lage der gemeinsamen Elektronenpaare zwischen den Atomkernen der Bindungspartner veranschaulicht werden.
Dadurch entstehen Ladungsschwerpunkte in den Molekülen, die durch so genannte **Partialladungen** δ^- am elektronegativeren bzw. δ^+ am elektropositiveren Atom einer Bindung gekennzeichnet werden.

Polarität der Moleküle (polare Atombindungen)

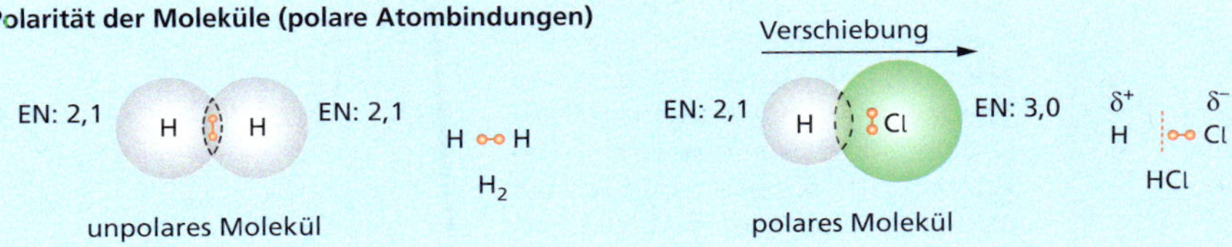

Im **Chlorwasserstoffmolekül** sind über eine s-p-σ-Bindung zwei Atomarten mit einer relativ großen Differenz der Elektronegativitätswerte linear miteinander verbunden, das Wasserstoffatom mit 2,1 und das Chloratom mit 3,0. Durch die Verschiebung der Elektronendichte zum Chloratom ist dieses etwas negativer geladen als das Wasserstoffatom. Das Ergebnis ist ein **permanenter Dipol** (↗ S. 98), d. h. ein Molekül, das dauerhaft und nicht nur kurzzeitig polar ist.
Auch bei der Halogenierung der Kohlenwasserstoffe (↗ S. 290) können Dipole infolge der Ausbildung der polaren sp^3-p-σ-Bindung zwischen Kohlenstoff und Chlor z. B. beim Monochlormethan entstehen.

sp^3-p-σ-Bindung beim Monochlormethan

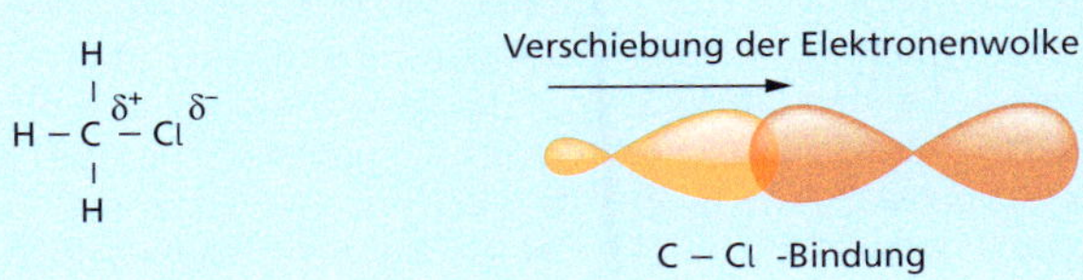

Dennoch kann nicht in jedem Fall bei einem Halogenderivat von einem polaren Molekül ausgegangen werden. Trotz der Polarität der vier Bindungen zwischen Chlor- und Kohlenstoffatomen ist das Tetrachlormethanmolekül unpolar. Da die Chloratome völlig symmetrisch um das zentrale Kohlenstoffatom angeordnet sind, fallen der positive und der negative Ladungsschwerpunkt im Zentrum des Moleküls zusammen. In solchen Fällen kompensieren sich die positiven und negativen Partialladungen und das Molekül ist kein permanenter Dipol.

Tetrachlormethan

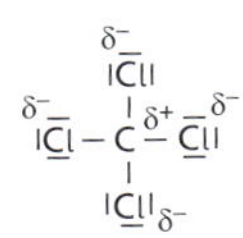

Das Valence-Bond-Modell lässt sich ebenfalls für die Erklärung der Strukturen und Eigenschaften von Aromaten (↗ S. 281) und Komplexverbindungen (↗ S. 82) erfolgreich nutzen.

Bindungsverhältnisse im Wassermolekül

Das Sauerstoffatom hat im Grundzustand die folgende Elektronenkonfiguration: $1s^2\ 2s^2\ 2p^4$. Bei der Hybridisierung entstehen aus den 2s und 2p-Orbitalen vier sp^3-Hybridorbitale.

Elektronenkonfiguration des Sauerstoffs

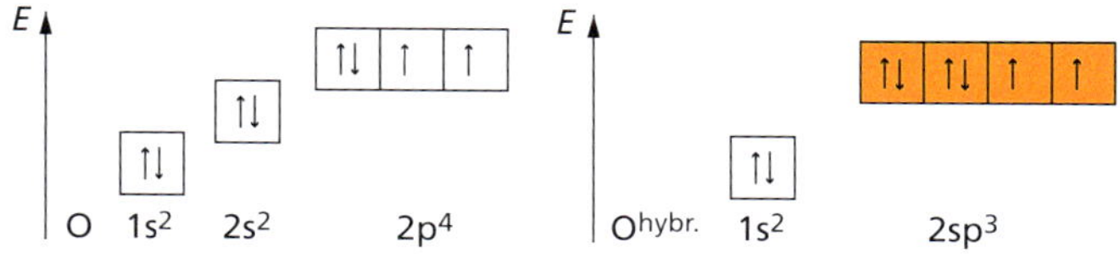

Sauerstoff im Grundzustand — Sauerstoff im Hybridzustand

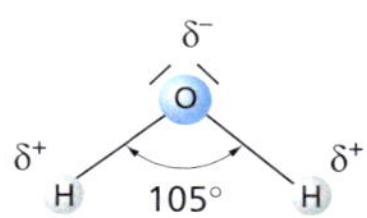

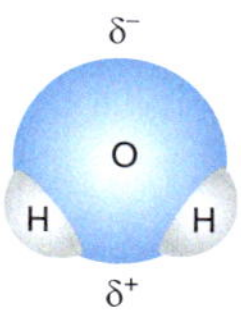

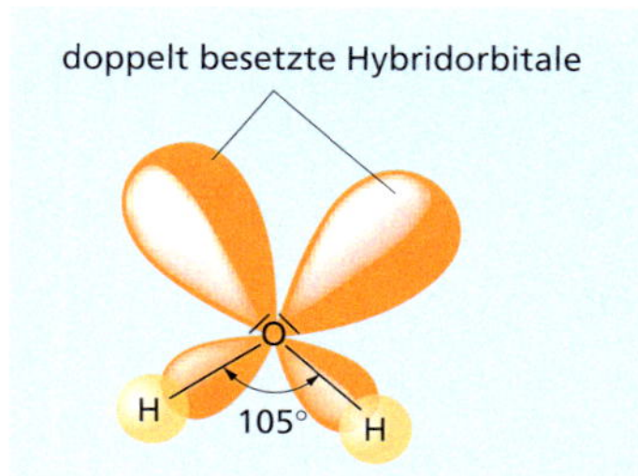

Das hybridisierte Sauerstoffatom weist zwei doppelt besetzte und zwei einfach besetzte Hybridorbitale auf, die in die Ecken eines Tetraeders weisen. Die nichtbindenden, doppelt besetzten Hybridorbitale haben einen etwas größeren Raumbedarf als die bindenden Orbitale und liegen dichter am Kern. Dadurch kommt es zu einer verzerrten Tetraederanordnung der Hybridorbitale. Überlappen nun beide Wasserstoffatome mit je einem einfach besetzten Hybridorbital des Sauerstoffs zur sp^3-s-σ-Bindung, so bilden sie einen Winkel von annähernd 105°.

Die gewinkelte Form ist die Ursache für den Dipolcharakter des **Wassermoleküls.** Wäre das Molekül linear aufgebaut (H – O – H), so würden sich die positiven und negativen Ladungsschwerpunkte in einem Punkt treffen. Wasser wäre kein Dipol-Molekül und es wäre bei Zimmertemperatur gasförmig.

Die räumliche Struktur von Molekülen kann ohne direkte Zuhilfenahme quantenmechanischer Vorstellungen auch mit dem Elektronenpaarabstoßungsmodell bzw. VSEPR-Modell (engl. = Valence-Shell-Electron-Pair-Repulsion) ermittelt werden.

Bindungsverhältnisse im Ammoniakmolekül

Stickstoff hat folgende Elektronenkonfiguration: $1s^2\ 2s^2\ 2p^3$. Experimentell gesichert ist die ungefähre Orientierung der Valenzorbitale in die Ecken eines Tetraeders, was die sp^3-Hybridisierung der s- und p-Elektronen beweist.

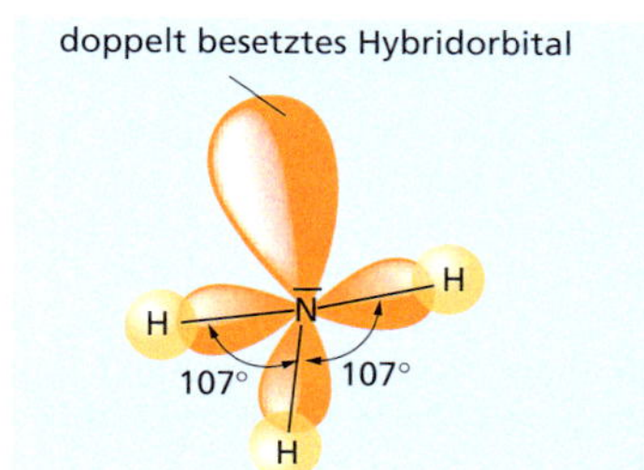

Das eine doppelt besetzte Orbital beansprucht mehr Raum als die übrigen und ist die Ursache für die leichte Tetraederdeformation, die zu einem Bindungswinkel von annähernd 107° führt.

Da nur ein doppelt besetztes Orbital beim Ammoniak vorliegt, ist die Deformierung geringer als beim Wasser.

4.1.3 Ionenbindung

Ionen sind elektrisch geladene Teilchen, die durch Aufnahme (negative Anionen) bzw. Abgabe (positive Kationen) von Elektronen aus den Atomen entstehen.

$$Na(g) \longrightarrow Na^+(g) + e^- \qquad \Delta E = \text{Ionisierungsenergie}$$
$$Cl(g) + e^- \longrightarrow Cl^-(g) \qquad \Delta E = \text{Elektronenaffinität}$$

Ionos stammt aus dem Griechischen und heißt Wanderer. Hier sind damit Teilchen gemeint, die im elektrischen Feld wandern.

Kationen werden besonders einfach von den Elementen der I. und II. Hauptgruppe des Periodensystems gebildet, die nur eine sehr geringe Ionisierungsenergie aufbringen müssen, um eine stabile Edelgaskonfiguration zu erreichen. Die Nichtmetalle der VI. und VII. Hauptgruppe bilden dagegen sehr leicht **Anionen.**

Elektronenkonfigurationen

des Atoms		**des Ions**		**des Edelgases**	
Na	$1s^2\ 2s^2\ 2p^6\ 3s^1$	Na^+	$1s^2\ 2s^2\ 2p^6$	Ne	$1s^2\ 2s^2\ 2p^6$
Mg	$1s^2\ 2s^2\ 2p^6\ 3s^2$	Mg^{2+}	$1s^2\ 2s^2\ 2p^6$		
P	$1s^2\ 2s^2\ 2p^6\ 3s^2\ 3p^3$	P^{3-}	$1s^2\ 2s^2\ 2p^6\ 3s^2\ 3p^6$	Ar	$1s^2\ 2s^2\ 2p^6\ 3s^2\ 3p^6$
Cl	$1s^2\ 2s^2\ 2p^6\ 3s^2\ 3p^5$	Cl^-	$1s^2\ 2s^2\ 2p^6\ 3s^2\ 3p^6$		

Die Anzahl der Ionenladungen hängt vom Aufbau der Elektronenhülle der Atome ab. Der Übergang vom atomaren Zustand zum Ionenzustand ist mit einer Volumenänderung – oder was gleich bedeutend ist – mit einer Veränderung des Teilchenradius verbunden.

Vergleich von Atom- und Ionenradien einiger Elemente

Atom	***r* (in pm)**	**Ion**	***r* (in pm)**
F	64	F^-	136
Cl	99	Cl^-	181
Br	114	Br^-	195
Na	186	Na^+	95
K	231	K^+	133
Cs	262	Cs^+	169

Um durch Ionenbildung eine Edelgaskonfiguration zu erreichen, müsste Kohlenstoff vier Elektronen aufnehmen bzw. abgeben. Der Energieaufwand dafür ist so hoch, dass Kohlenstoff keine ionischen Bindungen ausbildet.

Negative Ionen sind stets größer als das neutrale Atom, während positive Ionen aufgrund des Fehlens der letzten Schale stets kleiner als das dazugehörige Atom sind.

Im Ionengitter wirken gleichzeitig Anziehungskräfte zwischen den unterschiedlich geladen Ionen und Abstoßungskräfte zwischen den gleichartig geladenen Ionen.

Bei der Ionenbindung findet ein vollständiger Elektronenübergang von den Metallen mit niedriger Ionisierungsenergie zu den Nichtmetallen mit hoher Elektronenaffinität statt. Die elektrostatischen Kräfte der Anionen und Kationen sind ungerichtet und wirken in alle Raumrichtungen. Deshalb werden nicht einzelne Moleküle gebildet, sondern dreidimensionale Anordnungen von Ionen, die festen **Ionenkristalle.**

Die **Ionenbindung** resultiert aus der ungerichteten anziehenden Wechselwirkung zwischen positiv und negativ geladenen Ionen. In ihren Verbindungen bilden die Ionen regelmäßige, dreidimensionale Anordnungen – die **Ionengitter.**

Es existieren auch Ionenverbindungen, die keine Metall-Kationen enthalten, z. B. NH_4Cl.

Aufgrund der sehr starken Bindungskräfte zwischen den Ionen sind Ionenkristalle Festkörper mit hohen Schmelzpunkten.
Beim Kochsalzionengitter ist jedes Natrium-Ion von sechs Chlorid-Ionen umgeben und jedes Chlorid-Ionen von sechs Natrium-Ionen. Diese Anzahl wird als **Koordinationszahl** bezeichnet. Beim Natriumchlorid beträgt sie sechs. Vernachlässigt man die relativen Ionengrößen und die realen Bindungsabstände, so kann man Kochsalz mit dem Gittermodell darstellen. Bezieht man die Größenverhältnisse der Ionen und die Abstände zwischen ihnen mit ein, so ergibt sich ein Packungsmodell.

Modelle der Ionenanordnung beim Natriumchloridkristall

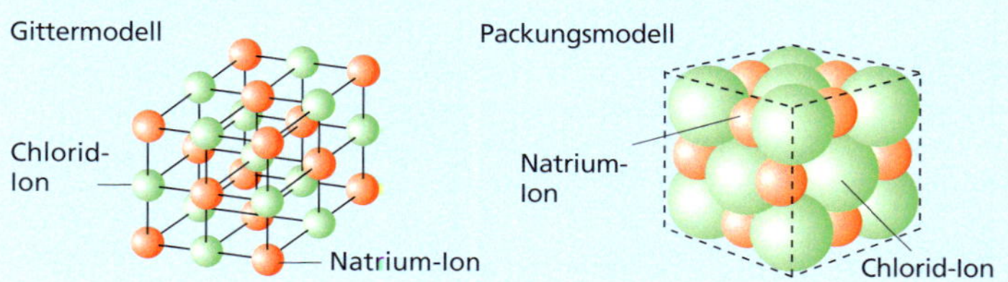

Die Anordnung der Ionen in Ionengittern, die Gitterstruktur, ist von der Ladung und der Größe der beteiligten Ionen abhhängig.

Salze mit komplexen Anionen (CO_3^{2-}, NO_3^-, SO_4^{2-}) kristallisieren in nicht ganz so einfachen Gitterstrukturen.

Das Verhältnis der Ionenladungen bestimmt das Stoffmengenverhältnis der Anionen und Kationen im Gitter. Da Ionenverbindungen nach außen neutral sind, kommen auf ein zweifach geladenes Kation zwei einfach geladene Anionen. Solche Salze wie $MgCl_2$ oder $CuCl_2$ bezeichnet man als AB_2-Verbindungen, während NaCl oder AgBr zu den AB-Verbindungen gehören. Die genannten Zusammenhänge zeigen, dass z. B. mit der für das Natriumchlorid gebräuchlichen Formel NaCl, oder genauer Na^+Cl^-, nur das Zahlenverhältnis der Natrium- und Chlorid-Ionen angeben wird. Über die Koordinationszahl und die Gitterstruktur erfolgt mit der jeweiligen Formel keine Aussage. Für die räumliche Anordnung der Ionen in verschiedenen Gittertypen (↗ S. 92) ist das Größenverhältnis der Anionen und Kationen von entscheidender Bedeutung.

Energieumsätze bei der Bildung von Ionengittern aus den Elementen

Die Bildung eines Ionengitters aus den Elementen, beispielsweise vom Kochsalz, kann gedanklich in mehrere Teilschritte zerlegt werden, wobei sowohl die Abläufe auf atomarer Teilchenebene als auch die dabei auftretenden energetischen Veränderungen zu berücksichtigen sind.

1. Überführung der Elemente in freie Atome:
   Zu diesem Zweck muss das feste Natrium verdampft werden, um in der Gasphase Natriumatome zu erhalten. Dieser Vorgang heißt Sublimation und erfordert das Aufbringen der *Sublimationsenthalpie* ΔH_S. Die gasförmigen Chlormoleküle müssen in Chloratome zerlegt werden, wobei die *Bindungsenthalpie* ΔH_B des Chlors aufgebracht werden muss.
2. Zur Ionisierung der freien Atome muss für die Elektronenabgabe (Bildung des Natriumkations) die *Ionisierungsenthalpie* ΔH_I bereitgestellt werden. Das Chloratom nimmt das frei werdende Elektron auf und wird zum Chloridanion. Die Energieänderung bei diesem Prozess nennt man *Elektronenaffinität* ΔE_A (↗ S. 66).
3. Aufgrund der Anziehungskräfte zwischen den unterschiedlich geladenen Ionen wird das feste Natriumchlorid als Ionengitter gebildet. Der bei diesem Prozess frei werdende, sehr große Energiebetrag wird als *Gitterenergie* ΔE_G bzw. *Gitterenthalpie* ΔH_G bezeichnet.

Der BORN-HABER-Kreisprozess ist eine spezielle Anwendung des Satz von HESS (↗ S. 110) zur Bestimmung der Energie von Teilschritten einer Reaktion. Dieses Verfahren wurde von MAX BORN (1882–1970) und FRITZ HABER (1868 bis 1934) angewendet, um die Gitterenergie von Ionenkristallen zu bestimmen.

BORN-HABER-Kreisprozess zur Bestimmung der Gitterenergie von NaCl

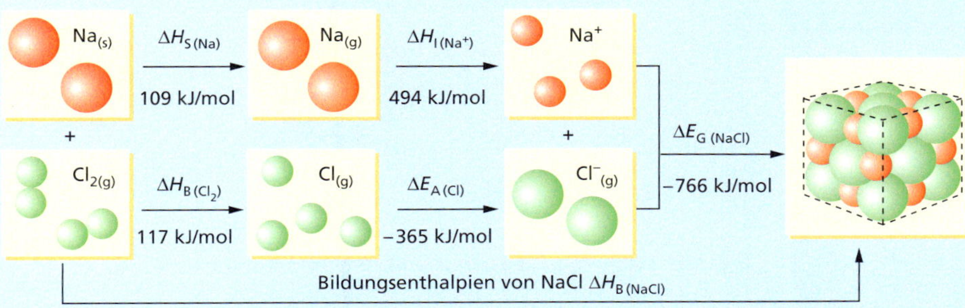

$$\Delta H_{B\,(NaCl)} = \Delta H_{S\,(Na)} + \Delta H_{B\,(Cl_2)} + \Delta H_{I\,(Na^+)} + \Delta E_{A\,(Cl)} + \Delta E_{G\,(NaCl)}$$
$$\Delta H_{B\,(NaCl)} = (109 + 117 + 494 - 365 - 766)\ kJ \cdot mol^{-1} = -411\ kJ \cdot mol^{-1}$$

Die Bildung von Ionenkristallen aus den Elementen ist insgesamt ein exothermer Prozess. Die Ursache dafür ist hauptsächlich die Gitterenergie, die auch die Energie für die endothermen Teilschritte der Reaktion aufbringt. Die Gitterenergie kann experimentell nur indirekt, z. B. über den **BORN-HABER-Kreisprozess,** bestimmt werden.

Die **Gitterenergie** ist ein Maß für die Stärke der Bindung zwischen den Ionen in einem Kristallgitter. Sie wird bestimmt durch die Ladung und die Größe der Ionen im Gitter.

Wie für die AB-Gitter sind auch für AB_2-Verbindungen verschiedene **Gittertypen,** z. B. der CaF_2 oder der TiO_2-Typ, bekannt.

Die Strukturen, die im Ionengitter gebildet werden, sind durch das stöchiometrische Verhältnis der Anionen und Kationen und die Größe der Ionen bestimmt. Bei Ionenverbindungen mit der Verhältnisformel AB werden – in Abhängigkeit vom Radienverhältnis $r_{Kation} : r_{Anion}$ – drei charakteristische **Gittertypen** ausgebildet. Die großen Anionen bilden bis zu einem Radienverhältnis von 0,73 eine **dichteste Kugelpackung.** Die kleinen Kationen liegen dann in den Lücken dieser Packung. Bis zu einem Radienverhältnis von 0,41 liegen die Kationen in den Tetraederlücken der dichtesten Packung der Anionen und haben demzufolge die Koordinationszahl 4. Kationen mittlerer Größe besetzen die größeren Oktaederlücken und sind von sechs Anionen umgeben.

Sehr große Kationen passen nicht mehr in die Lücken der dichtesten Packung, sodass ab einem Radienverhältnis von 0,73 ein anderes Gitter vom CsCl-Typ aufgebaut werden muss.

Gittertyp	**ZnS-Gitter**	**NaCl-Gitter**	**CsCl-Gitter**
$r_{Kation} : r_{Anion}$	< 0,41	0,41 – 0,73	> 0,73
Koordinationszahl	4	6	8
Kugel-Stab-Modell	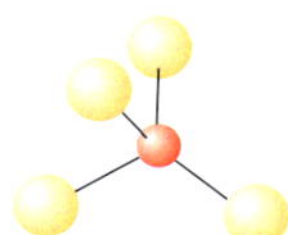	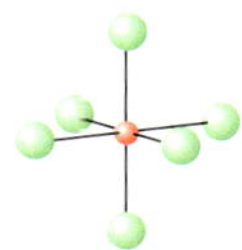	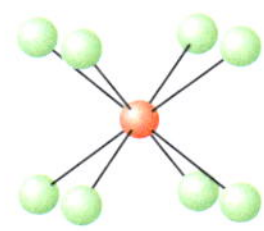
Packungsmodell		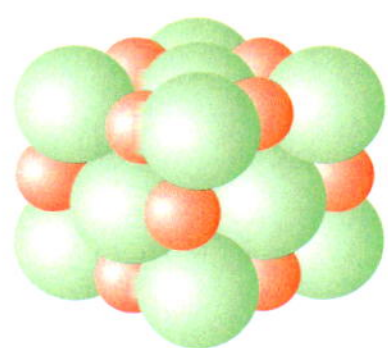	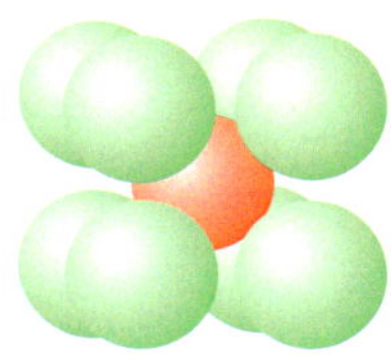

Eigenschaften von Substanzen mit Ionenbindungen

Zu den Substanzen, die Ionengitter bilden, gehören sowohl Salze wie Natriumchlorid, Kupfersulfat und Calciumcarbonat, als auch Metalloxide wie Magnesiumoxid und Calciumoxid, aber auch Metallhydroxide, wie beispielsweise festes Natriumhydroxid. Diese Substanzen sind alle aus Ionen aufgebaut und man bezeichnet sie deshalb auch als **salzartige Stoffe.** Substanzen mit Ionengittern leiten den elektrischen Strom nicht, da die Ionen an ihre Gitterplätze gebunden sind. Werden solche Substanzen jedoch geschmolzen oder in Wasser gelöst, so entstehen frei bewegliche Ionen, sodass die Schmelze oder die Lösung elektrische Ladungen transportieren können.

Bei Normaltemperatur schwingen die Ionen um ihre Gitterplätze. Es muss viel Energie aufgebracht werden, damit die Eigenschwingung der Ionen groß genug wird, die Bindungskräfte zu überwinden und sie in einer Schmelze gegeneinander beweglich sind.

Das **coulombsche Gesetz** beschreibt die Kräfte zwischen den Teilchen in einem Ionengitter.

$$F \sim \frac{Q_1 \cdot Q_2}{r^2} \qquad F = \frac{1}{4\pi \cdot \varepsilon} \cdot \frac{Q_1 \cdot Q_2}{r^2}$$

ε = Dielektrizitätskonstante. Mit ihr wird der Einfluss des Mediums, z. B. Luft oder Wasser, zwischen den Ionen berücksichtigt.

Aus dem Gesetz lässt sich schlussfolgern: Je größer die Ladungen der Ionen und je kleiner der Abstand der Ladungsschwerpunkte ist, um so stabiler ist das Gitter. Des Weiteren wird ersichtlich, dass Ionen mit kleinem Radius und hoher Ladungszahl sich stärker anziehen als Ionen mit großem Radius und niedriger Ladungszahl.

	NaF	NaCl	NaBr
Radius des Halogenid-Ions in pm	136	181	195
Abstand der Ladungsschwerpunkte in pm	231	276	290
Gitterenergie in kJ · mol^{-1}	908	766	733
Schmelztemperatur in °C	992	800	740

Die Abhängigkeit der Gitterenergie und der Schmelztemperaturen von den Ionenladungen verdeutlicht die folgende Tabelle.

Gitterenergie und Schmelztemperaturen		
	NaF	**MgF_2**
Zahl der Ionenladungen	1	2
Gitterenergie in kJ · mol^{-1}	908	2 883
Schmelztemperatur in °C	992	2 239

Die starken Anziehungskräfte in den Ionengittern sind auch eine Erklärung für die relativ große Härte und die Sprödigkeit dieser Stoffe. Mechanisch sind sie kaum verformbar. Wird die mechanische Beanspruchung zu groß, wird das Ionengitter entlang bestimmter Gitterebenen gespalten.

Viele Substanzen mit Ionenbindung sind in polaren Lösungsmitteln löslich. Hier soll nur die Lösung in Wasser betrachtet werden. Gelangt z. B. ein Kochsalzkristall ins Wasser, so treten zunächst die randständigen Ionen mit den Dipolmolekülen des Wassers in Wechselwirkung. Dabei werden die Gitterkräfte geschwächt und die Ionen bilden eine aus Wassermolekülen bestehende **Hydrathülle** aus. Die hydratisierten Ionen werden frei beweglich und gehen in Lösung. Alle in wässriger Lösung existierenden Ionen besitzen in Abhängigkeit vom Ionenradius und von der Ionenladung unterschiedlich starke Hydrathüllen.

Merke: Das „Nacktbaden" ist für Ionen verboten!

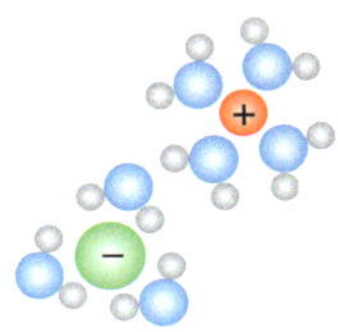

Ionen mit Hydrathülle

Die Bildung der Hydrathülle wird als **Hydratation** (oder Solvatation) bezeichnet. Der Vorgang ist exotherm und die frei werdende Energie heißt **Hydratationsenthalpie,** ΔH_H. Diese wird maßgeblich von der Ladung und dem Radius der hydratisierten Ionen bestimmt.

Hydratationsenthalpie ΔH_H einiger Ionen in $kJ \cdot mol^{-1}$							
Kationen				**Anionen**			
Li^+	−510	Mg^{2+}	−1 910	F^-	−510	I^-	−300
Na^+	−400	Ca^{2+}	−1580	Cl^-	−380	OH^-	−365
K^+	−325	Al^{3+}	−4 610	Br^-	−340	NO_3^-	−256

Beim endothermen Lösungsvorgang kühlt sich die Lösung ab. Man nennt diesen Effekt Lösungskälte.

Die Energiebilanz des Lösungsvorgangs ergibt sich aus der Differenz zwischen der Summe der Hydratationsenthalpien und der Gitterenergie.

Lösungsenthalpie = $\sum$ Hydratationsenthalpien − Gitterenergie

$$\Delta H_L = \sum \Delta H_H - \Delta E_G$$

Ist die Summe der Hydratationsenthalpien größer als die Gitterenergie, ist der Lösungsvorgang exotherm. Die Salze lösen sich unter Freisetzung der so genannten Lösungswärme. Im umgekehrten Fall, muss die zur Lösung notwendige Energie dem Lösungsmittel entzogen oder von außen zugeführt werden, um die Gitterenergie zu überwinden. Wenn die Gitterenergie zu groß ist, wie z. B. beim Aluminiumoxid, dann können die Ionenverbindungen auch durch Erwärmen nicht in Wasser gelöst werden.

Je kleiner der Ionenradius und je höher die Ionenladung, um so größer die Gitterenergie und um so niedriger ist die Löslichkeit von Ionenverbindungen.

Die **Löslichkeit** von Ionenverbindungen wird im Wesentlichen – jedoch nicht allein – von der Größe der Gitterenergie bestimmt. Ionenverbände mit hoher Gitterenergie sind meist schwerer löslich als solche mit niedriger Gitterenergie.

Zusammenhänge zwischen Atombindung – polarer Atombindung – Ionenbindung

Die bisher behandelten chemischen Bindungsarten unterscheiden sich darin, wie die an der Bindung beteiligten Elektronen zwischen den Bindungspartnern verteilt sind. Die Verschiebung der Elektronendichte zum elektronegativeren Atom kann stark vereinfachend durch die Position des bindenden Elektronenpaares veranschaulicht werden.

Elektronegativitätsdifferenz	**Verschiebung des bindenden Elektronenpaares**	**Art der Bindung**
$\Delta EN = 0$	H : H 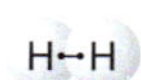	unpolare Atombindung
$\Delta EN \leq 1{,}7$	$\overset{\delta+}{H}$: $\overset{\delta-}{Br}$ 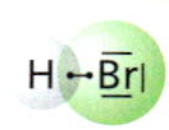	polare Atombindung
$\Delta EN > 1{,}7$	K^+ :$\overline{Br}$|$^-$ 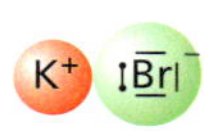	Ionenbindung

1. Bei einer unpolaren Atombindung ($\Delta EN = 0$) wird das Bindungselektronenpaar von keinem der beiden Atomkerne stärker angezogen. Es entsteht ein unpolares Molekül.
2. Bei einer polaren Atombindung ist das Bindungselektronenpaar auf die Seite des Atoms mit der größeren Elektronegativität verschoben. Die Polarität der kovalenten Bindung wird durch Partialladungen gekennzeichnet.
3. Bei Ionenbindungen ist ein vollständiger Übergang von einem oder mehreren Elektronen zwischen den Bindungspartnern erfolgt, sodass positiv und negativ geladene Ionen in der Verbindung vorliegen.

In der Literatur wird für eine Ionenbindung, einem Vorschlag von L. PAULING (1901–1994) folgend, meist ein Differenzwert von mindestens 1,7 angegeben.

„Reine" Ionenbindungen bilden sich aus, wenn die Elektronegativitätsdifferenz zwischen den potenziellen Bindungspartnern hinreichend groß ist. Daraus ergibt sich, dass zwischen Atombindungen und Ionenbindungen Übergänge existieren müssen, die wir als polare Atombindungen bezeichnen. Die behandelten Bindungsarten stellen also modellartige Grenzfälle dar.

4.1.4 Metallbindung

Metalle zeigen einen metallischen Glanz, besitzen im Allgemeinen eine gute elektrische und Wärmeleitfähigkeit und sind häufig leicht verformbar. Diese Eigenschaften veranschaulicht das **Elektronengasmodell** der chemischen Bindung in Metallen. Quantenchemische Erkenntnisse werden in dieses Modell nicht einbezogen. Modellhaft wird angenommen, dass die Valenzelektronen sich von den Atomen gelöst haben und die so genannten Atomrümpfe gasartig umgeben. Die positiv geladenen Atomrümpfe bilden die Gitterstruktur der Metalle und werden durch das delokalisierte Elektronengas zusammengehalten.

Aufgrund ihrer niedrigen Ionisierungsenergien (↗ S. 65) geben Metalle ihre Außenelektronen sehr leicht ab.

Als **Metallbindung** werden die Wechselwirkungen zwischen positiv geladenen Metall-Ionen (Atomrümpfen) und delokalisierten Elektronen bezeichnet, die den Zusammenhalt im Gitter gewährleisten.

Die Existenz der beweglichen Elektronen erklärt auch die Leitfähigkeit der Metalle. Das Modell ist dynamisch aufzufassen. Im **Metallgitter** liegen zu einem Zeitpunkt sowohl Metallatome als auch Ionen vor, die kurzzeitig wieder zu Ionen oder Atomen werden können.

Die Abnahme der Leitfähigkeit der Metalle mit steigender Temperatur wird durch stärker werdende Gitterschwingungen erklärt. Die zunehmenden Kollisionen der Elektronen mit den Atomen behindern den Elektronenfluss.

Metallgitter

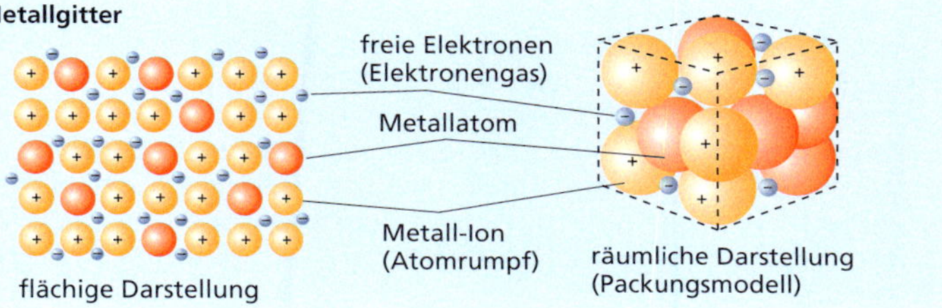

Das Bändermodell

Grundlagen des **Bändermodells** sind die Molekülorbital-Theorie (↗ S. 78) und das PAULI-Prinzip (↗ S. 59).
Im Metall liegen die Atome in einer dichten, dreidimensionalen Anordnung vor. Geht man zunächst gedanklich von zwei Atomen aus, die ein Molekül bilden, so kombinieren die zwei Atomorbitale zu zwei Molekülorbitalen (MOs) – bindend und antibindend. Aus sehr vielen (n) Atomorbitalen werden genau so viele (n) MOs gebildet. Alle MOs müssen sich nach dem PAULI-Prinzip mindestens in einer quantenchemischen Bedingung – und damit energetisch – unterscheiden. Bei n kombinierten Atomorbitalen wird die Energiedifferenz zwischen den MOs einer Hauptquantenzahl (↗ S. 55) so gering, dass zwischen den Energieniveaus der einzelnen MOs nicht mehr differenziert werden kann. Sie werden praktisch ununterscheidbar und bilden ein Energieband.

Die inneren, kernnahen Elektronen (bei Lithium und Beryllium nur die 1s-Elektronen) liegen lokalisiert an den Metallatomen vor.

Das höchste mit Elektronen besetzte Band bezeichnet man als **Valenzband,** während das niedrigste unbesetzte Band **Leitungsband** heißt, weil es eine zentrale Rolle bei der Leitung des elektrischen Stroms spielt.
Bei Metallen ist die Energiedifferenz zwischen s- und p-Orbitalen so klein, dass Leitungs- und Valenzband miteinander überlappen.
Lithium ($1s^2\,2s^1$) besitzt nur ein Valenzelektron, sodass das 2s-Band als Valenzband nur halb besetzt ist. Die Elektronen liegen delokalisiert im Valenzband vor und sind frei beweglich. Sie können freie MOs im Valenz- und im Leitungsband besetzen und so den elektrischen Strom leiten, ohne das PAULI-Prinzip zu verletzen.

Energiebändermodelle für Lithium und Beryllium

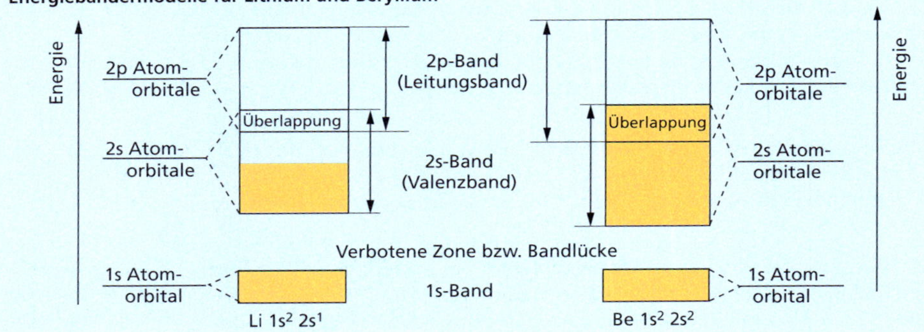

Beim Beryllium dagegen ($1s^2\,2s^2$) ist das Valenzband voll besetzt, sodass innerhalb dieses Energiebandes keine elektrische Leitung möglich wäre. Aufgrund der Überlappung mit dem leeren 2p-Band können die Elektronen jedoch freie MOs im Leitungsband besetzen, in denen sie wieder frei beweglich sind und so den elektrischen Stromfluss ermöglichen.
Es könnte angenommen werden, dass bei Temperaturerhöhung die elektrische **Leitfähigkeit der Metalle** steigt, da Elektronen vermehrt angeregt werden, in energetisch höhere Leitungsbänder zu wechseln. Das ist jedoch nicht der Fall; vielmehr verringert sich die Leitfähigkeit bei Temperaturerhöhung.

Das hängt mit der vermehrten Kollision der Elektronen aufgrund ihrer höheren kinetischen Energie zusammen.

Anders verhält es sich bei den Halbleitern, z. B. Silicium, die bei Temperaturerhöhung eine erhöhte Leitfähigkeit zeigen. Bei Halbleitern befindet sich zwischen Valenz- und Leitungsband eine relativ geringe „Bandlücke“, die erst bei energetischer Anregung durch die Elektronen übersprungen werden kann. Eine strenge Abgrenzung zwischen Halbleitern und Isolatoren gibt es nicht. Bei Isolatoren ist die „Bandlücke“ relativ breit; sie würden bei thermischer Anregung eher zerfallen, als dass die Bandlücke von den Elektronen übersprungen wird.

Mit dem **Bändermodell** können die elektrischen und Wärmeleiteigenschaften von allen Stoffen anschaulich und ohne Widersprüche erklärt werden.

Energiebändermodelle für metallische Leiter, Halbleiter und Isolatoren

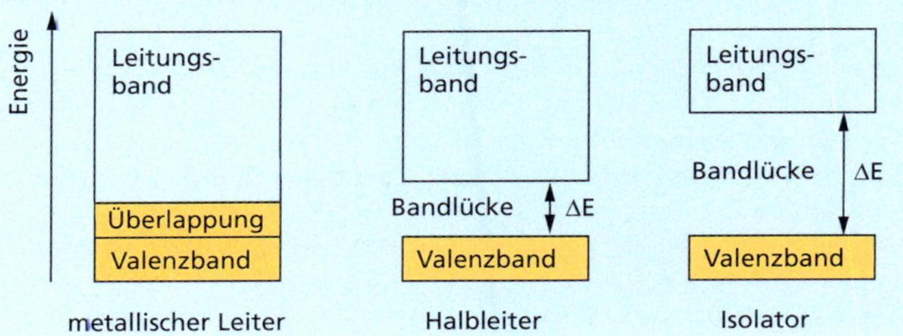

Aus der Metallbindung resultieren weitere wichtige Eigenschaften der Metalle. Da in Metallen im Gegensatz zu Ionengittern keine abstoßenden Kräfte gleichartiger Ionen wirksam sind, sondern Bindungen als „Makro-Molekülorbitale“, d. h. Bänder, vorliegen, können sich sehr viel dichtere Gitterstrukturen bilden. Man findet in Abhängigkeit von dem Atomdurchmesser nur drei bedeutende **Gittertypen:** Hexagonal dichteste Kugelpackung, kubisch dichteste Kugelpackung und kubisch innenzentriertes Gitter.
Metallgitter sind häufig duktil, d. h., sie lassen sich verformen, wobei Atomschichten verschoben werden. Besonders gut verformbar sind Gold, Silber, Blei und Kupfer, die zum Typ der kubisch dichtesten Kugelpackung gehören.

Dichteste **Kugelpackungen** sind schichtweise Anordnungen von gleich großen, kugelförmigen Atomen oder Ionen auf kleinstmöglichem Raum.

Gittertypen von Metallen

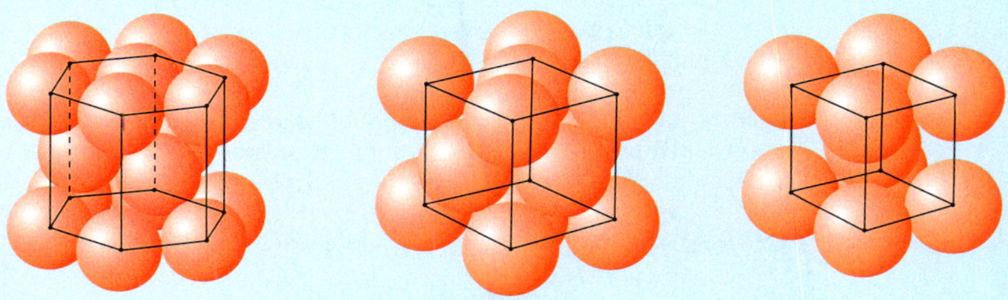

hexagonal dichteste Kugelpackung | kubisch dichteste Kugelpackung | kubisch innenzentrierte Kugelpackung

4.2 Besondere Wechselwirkungen zwischen Molekülen

4.2.1 VAN-DER-WAALS-Kräfte

JOHANNES DIDERIK VAN DER WAALS (1837 bis 1927) war ein niederländischer Physiker.

Obwohl Moleküle wie die des Wassers, des Methans, des Monochlormethans, des Chlors oder auch Atome der Edelgase nach außen neutral sind, können sie miteinander in Wechselwirkungen treten, die im Allgemeinen wesentlich schwächer sind als andere chemische Bindungen.

Die Anziehungskräfte zwischen Molekülen oder Edelgasatomen werden als **VAN-DER-WAALS-Kräfte** bezeichnet.

Auch unpolare Moleküle können polare Eigenschaften aufweisen, indem durch die Verschiebung der Elektronenwolken Dipole induziert werden. Wäre das nicht der Fall, könnte z. B. Methan nicht verflüssigt werden.

Hier gibt es nach abnehmender Stärke der Wechselwirkungen Abstufungen:

1. Dipol-Dipol-Wechselwirkungen,
2. Wechselwirkungen zwischen einem Dipolmolekül und einem unpolaren Molekül,
3. Wechselwirkungen zwischen unpolaren Molekülen oder Atomen.

1. Dipol-Dipol-Wechselwirkungen
Chlorwasserstoff, Wasser und andere kovalente Verbindungen bestehen aus Molekülen, die aufgrund ihrer Struktur polar sind. Solche **permanenten Dipole** richten sich ohne äußeren Einfluss entsprechend der elektrostatischen Anziehung ihrer Partialladungen nacheinander aus.

Wechselwirkungen zwischen permanenten Dipolmolekülen

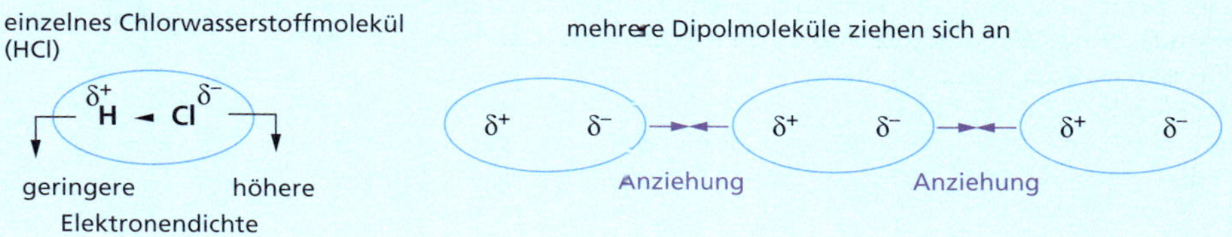

Diese Ausrichtung ist verbunden mit einer Energieminimierung. Bei Übergängen zwischen den Aggregatzuständen muss die VAN-DER-WAALS-Energie entweder aufgebracht werden oder sie wird beim Abkühlen frei.

2. Wechselwirkungen zwischen Dipolmolekül und unpolarem Molekül
Der permanente Dipol verschiebt kurzzeitig das Elektronensystem des unpolaren Moleküls, so dass ein Dipol induziert wird.

Wechselwirkungen zwischen Dipolmolekülen und unpolaren Molekülen

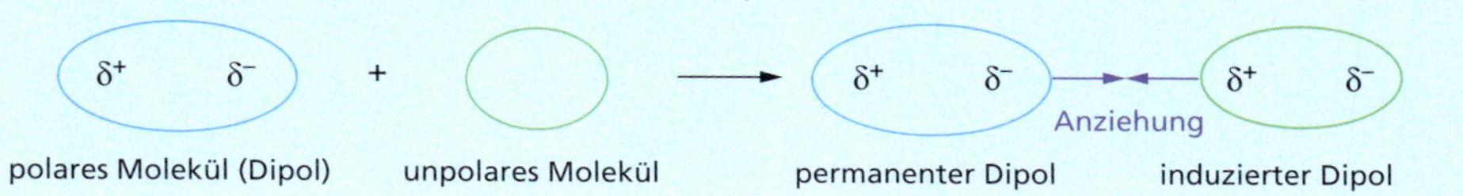

3. Wechselwirkungen zwischen unpolaren Molekülen oder Atomen

Aufgrund der VAN-DER-WAALS-Kräfte zwischen unpolaren Teilchen können selbst Wasserstoff und Helium bei tiefen Temperaturen verflüssigt werden. Ursache der Anziehung ist eine kurzzeitige unsymmetrische Verteilung der Ladungswolken, was zu einem **induzierten temporären Dipol** führt. Ein solcher temporärer Dipol kann wiederum Dipolmomente benachbarter Moleküle oder Atome induzieren. Dies ist ein ständig wechselnder, dynamischer Prozess. Umfangreiche Elektronensysteme unpolarer Moleküle, z. B. das der mittleren Alkane (↗ S. 275), sind leichter deformierbar als die kleineren Moleküle. Das trifft auch auf die atomar vorkommenden Edelgase zu. So hat Xenon gegenüber dem Helium nicht nur aufgrund seiner größeren Masse einen höheren Siedepunkt, sondern auch, weil die größere Elektronenhülle des Xenons wesentlich leichter deformierbar ist.

H_2S besitzt nur ein sehr geringes Dipolmoment, weil Schwefel elektropositiver als Sauerstoff ist. Außerdem ist das Schwefelatom wesentlich größer als das Sauerstoffatom, weshalb die Wasserstoffbrückenbindung wenig effektiv ist. H_2S ist deshalb anders als H_2O bei Zimmertemperatur gasförmig.

4.2.2 Wasserstoffbrückenbindungen

Wasser (H_2O) hat mit der molaren Masse von 18 g · mol^{-1} unter Normaldruck einen Siedepunkt von 100 °C. Schwefelwasserstoff (H_2S) siedet bei −53 °C, ist also bei Zimmertemperatur gasförmig – und das bei fast doppelt so großer Molekülmasse.

Dieses Phänomen beruht auf der Ausbildung von **Wasserstoffbrückenbindungen** zwischen den Wasserstoff- und Sauerstoffatomen benachbarter Moleküle. Die stark elektronegativen Sauerstoffatome ziehen die Elektronen der kovalenten O–H-Bindung sehr weit zu sich heran. Dadurch entsteht am Sauerstoff eine negative und am Wasserstoff eine starke positive Partialladung. Die positivierten Wasserstoffatome lagern sich an die freien Elektronenpaare benachbarter Wassermoleküle, die auf diese Weise große Molkülverbände bilden können. Die Bindungsenergie ist mit 21 kJ · mol^{-1} relativ gering, beeinflusst jedoch den Siedepunkt bedeutend.

Chlorwasserstoff und Ammoniak sind bei Zimmertemperatur gasförmig und nicht flüssig, weil sich jeweils nur eine Wasserstoffbrückenbindung ausbilden kann.

Die Grundlage der Wasserstoffbrückenbindung ist die starke Polarisierung kovalenter Element-Wasserstoffbindungen. Deshalb werden effektive Wasserstoffbrücken nur zu den elektronegativsten Elementen des PSE (N, O, F) gebildet.

Wasserstoffbrückenbindungen

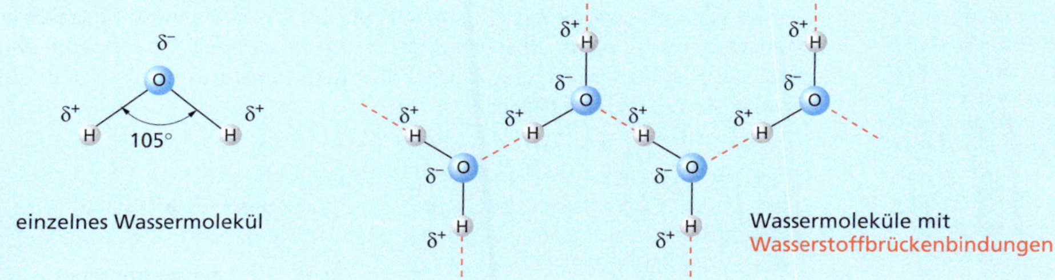

Siedetemperaturen von Wasserstoffverbindungen

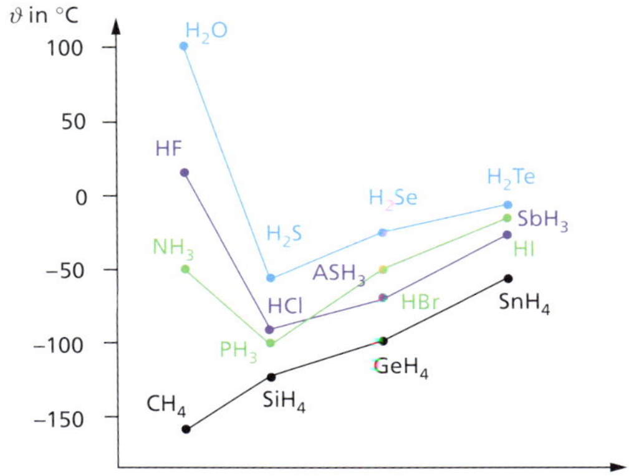

Die besonderen Eigenschaften des Wassermoleküls, (Dipolcharakter, Ausbildung der Wasserstoffbrückenbindungen) sind eine wichtige Grundlage für die Existenz des Lebens. Der größte Prozentsatz der Körpermasse von Lebewesen besteht aus flüssigem Wasser.

Bei Temperaturabsenkung unter 0 °C geht Wasser in Eis über, es gefriert. Die Molekülschwingungen sind bei dieser Temperatur so gering, dass jedes Sauerstoffatom tetraedrisch von vier Wasserstoffatomen umgeben ist.

Die Ausbildung von Wasserstoffbrückenbindungen führt zur Bildung des Oxonium-Ions bei der Autoprotolyse des Wassers (↗ S. 176).

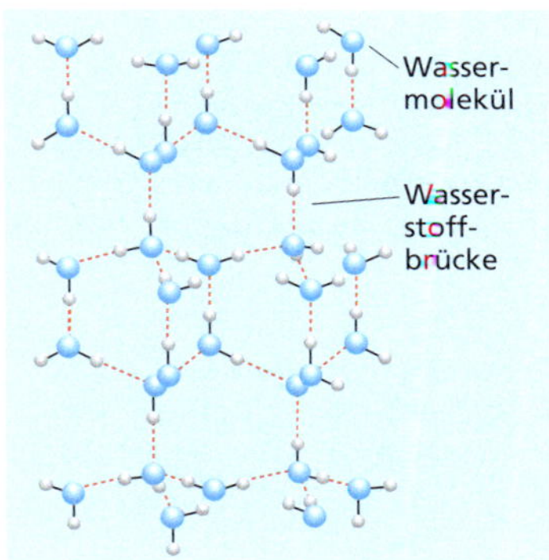

Im **Eis** existieren zwei „normale" Atombindungen zwischen Wasserstoff und Sauerstoff und zwei Wasserstoffbrücken zu benachbarten Wassermolekülen mit etwas größerer Bindungslänge und geringerer Bindungsenergie.
Diese Anordnung führt zu einer weitmaschigen Gitterstruktur, sodass die Dichte des Eises geringer ist als die des flüssigen Wassers. Die meisten anderen Stoffe haben im festen Zustand die größte Dichte.

Eine wichtige Funktion haben Wasserstoffbrückenbindungen beim Aufbau lebender Strukturen. So wird die räumliche Struktur von Eiweißen durch Wasserstoffbrückenbindungen bestimmt (↗ S. 326 ff.).

Wenn das Eis schmilzt, werden die Wasserstoffbrücken teilweise gelöst und es entstehen kleinere Cluster. Bei 4 °C wird die größte Dichte des Wassers erreicht. Wird die Temperatur erhöht, dehnt sich Wasser wie jede andere Flüssigkeit aus. Dieser Dichte-Temperatur-Zusammenhang wird als **Anomalie des Wassers** bezeichnet.

Die Wechselwirkungen zwischen Molekülen beeinflussen maßgeblich den Aggregatzustand und die chemische Reaktivität von Molekülverbindungen. Daraus ergibt sich ihre große Bedeutung für die Entwicklung des Lebens auf der Erde.

5 GRUNDZÜGE DER PHYSIKALISCHEN CHEMIE

5.1 Chemische Thermodynamik

5.1.1 Energie und Energieerhaltung

Pflanzen bauen mithilfe der Lichtenergie der Sonne energiereiche chemische Substanzen wie Zucker aus energiearmen einfachen Verbindungen wie CO_2 und H_2O durch **Fotosynthese** auf (↗ S. 336).

Energie ist nicht direkt messbar. Sie macht sich nur in ihren Auswirkungen in der Umgebung bemerkbar. Diese Auswirkungen werden als Formen der Energie bezeichnet. Formen der Energie sind die **Wärme** und die **Arbeit.**

Das Leben auf der Erde ist von einer kontinuierlichen Energiezufuhr abhängig. So liefert zum Beispiel die Sonneneinstrahlung die notwendige Wärme, die für viele Prozesse Voraussetzung ist.
Durch chemische Reaktionen kann die in der pflanzlichen Biomasse gespeicherte Sonnenenergie in energiereiche Stoffe umgewandelt werden. So entstanden über einen Zeitraum von Millionen von Jahren große Lagerstätten an Kohle, Erdöl und Erdgas. Die Verbrennung dieser energiereichen Stoffe setzt Wärme frei, die wiederum zur Arbeit in Maschinen oder zur Stromerzeugung genutzt werden kann, um den Menschen das Leben angenehmer zu machen, beispielsweise durch Licht, Kühlanlagen oder Kraftfahrzeuge.

Eine Maschine, die dauernd Arbeit verrichtet, ohne dass ihr dafür Energie zugeführt wird, wird als Perpetuum Mobile 1. Art bezeichnet.

Der **Energieerhaltungssatz** besagt, dass Energie weder geschaffen noch zerstört werden kann. Sie kann nur von der einen in die andere Form umgewandelt werden.

Bei allen chemischen Reaktionen wird Energie aufgenommen oder abgegeben. In Übereinstimmung mit der Energieerhaltung kann dabei weder Energie erzeugt noch zerstört werden, sondern es erfolgt nur eine Umwandlung von der einen Energieform in die andere.

Energieumwandlungen bei chemischen Reaktionen

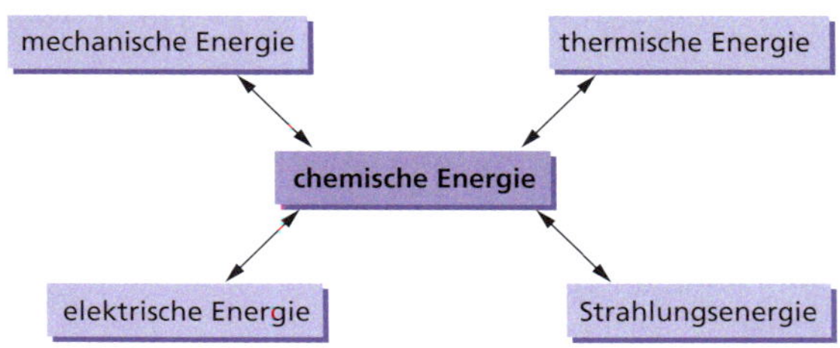

Mithilfe der Thermodynamik kann vorausgesagt werden, ob und unter welchen Bedingungen eine chemische Reaktion freiwillig stattfindet (↗ S. 117), allerdings nicht, wie schnell sie ablaufen wird.

Die chemische **Thermodynamik** ist die Lehre von der Energieübertragung und -umwandlung bei chemischen Reaktionen. Sie liefert die Grundlage für das Verständnis der Energieumwandlungen sowohl in chemischen als auch in biologischen Systemen.

Arten thermodynamischer Systeme

Ein **thermodynamisches System** ist ein aufgrund seiner Systemgrenze definierter Raumbereich und wird durch diese von seiner **Umgebung** getrennt. Das System kann mit den Größen Teilchenanzahl, Druck, Volumen und Temperatur eindeutig charakterisiert werden.

Für die Betrachtung chemischer Energieumwandlungen ist es notwendig, drei Arten thermodynamischer Systeme zu unterscheiden:

Thermodynamische Systeme	
1. Ein **offenes System** kann sowohl Materie als auch Energie mit seiner Umgebung austauschen.	z. B. Lagerfeuer oder Blätter grüner Pflanzen
2. Ein **geschlossenes System** kann keine Materie, aber Energie mit seiner Umgebung austauschen.	z. B. Sonnenkollektor oder verschlossenes Reagenzglas
3. Ein **abgeschlossenes System** kann weder Materie noch Energie mit seiner Umgebung austauschen.	z. B. verschlossene Thermoskanne oder Kalorimeter (↗ S. 109)

Im Folgenden werden in erster Linie geschlossene und abgeschlossene Systeme behandelt, da sie sich im Rahmen der Thermodynamik einfacher beschreiben lassen.

Wärme und Arbeit

Es existieren nur zwei Möglichkeiten, die Energie eines geschlossenen Systems zu ändern: entweder durch Zufuhr bzw. Abgabe von Wärme oder durch das Verrichten von Arbeit.

Vereinbarungsgemäß gilt: Die einem thermodynamischen System zugeführte Wärme bzw. am System verrichtete Arbeit ist positiv. Die vom System abgegebene Wäme bzw. vom betrachteten System verrichtete Arbeit ist negativ.

Wärme ist ein Energietransfer, der aufgrund einer Temperaturdifferenz zwischen dem System und seiner Umgebung entsteht. **Arbeit** ist ein Energietransfer, der benutzt werden kann, um z. B. ein Gewicht in der Umgebung des Systems zu bewegen.

Bei der Wärmeübertragung unterscheidet man grundsätzlich zwischen der Abgabe und Aufnahme von Wärme durch das System: Prozesse, bei denen Wärme vom System an die Umgebung abgegeben wird, werden **exotherme Prozesse** genannt. Bei **endothermen Prozessen** wird der Umgebung dagegen Wärme entzogen.

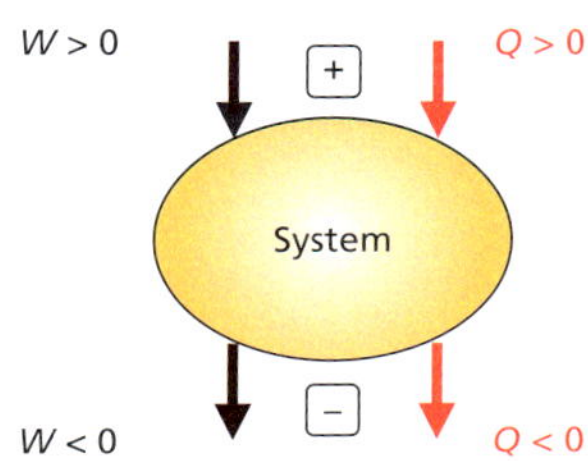

Bestimmung von Wärme

Die Einheit der Wärme ist das Joule, benannt nach dem englischen Physiker J. P. JOULE (1818 bis 1889).

> Die **Wärme Q** ist eine physikalische Größe, die angibt, wieviel thermische Energie von einem thermodynamischen System an die Umgebung übertragen wird.

Bei der Neutralisation (↗ S. 183) von Salzsäure mit Natronlauge in einem geschlossenen Gefäß, welches sich in einem Wasserbad bei einer Temperatur von 25 °C befindet, wird während der Reaktion die Temperatur in der Umgebung des Systems, dem Wasserbad, gemessen. Dabei wird eine Zunahme der Temperatur beobachtet, die nach Abschluss der Reaktion zum Stillstand kommt.

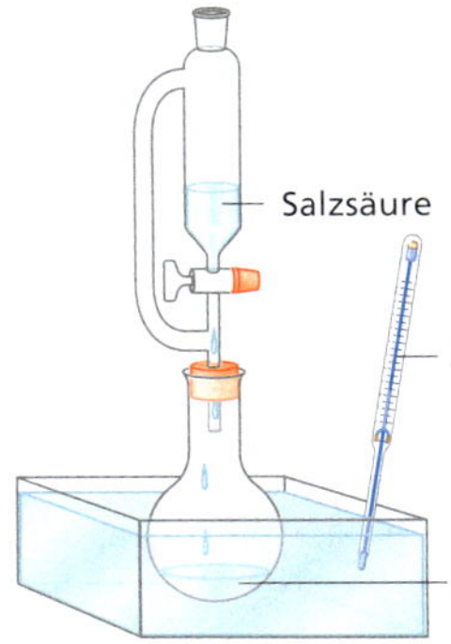

$$NaOH(aq) + HCl(aq) \rightleftharpoons NaCl(aq) + H_2O$$

Bei thermodynamischen Rechnungen wird die absolute Temperaturskala mit der Einheit Kelvin (K) benutzt.

0 °C = 273,15 K.

Dieser Wert wird meist auf 0 °C = 273 K abgerundet.

Das System hat somit Energie in Form von Wärme an seine Umgebung abgegeben. Die Reaktion besitzt eine exotherme Wärmetönung. Ein Transfer von Wärmeenergie von einem System in seine Umgebung kann somit durch die damit verbundene Temperaturänderung verfolgt werden. Die übertragene Wärmemenge ist proportional zur gemessenen Temperaturänderung ΔT:

$$Q \sim \Delta T$$

Die Proportionalitätskonstante wird **Wärmekapazität** genannt und mit dem Symbol C bezeichnet.

$$Q = C \cdot \Delta T$$

Die Wärmekapazität ist von der jeweiligen Substanz, d. h. deren Stoffeigenschaften und der vorhandenen Stoffmenge n, abhängig. Deshalb wird für jede Substanz eine spezifische Wärmekapazität c angegeben, bezogen auf ein Gramm oder ein Mol der Substanz.

$$Q = n \cdot c \cdot \Delta T$$

Die Einheit der spezifischen Wärmekapazität ist $J \cdot K^{-1} \cdot g^{-1}$ oder $J \cdot K^{-1} \cdot mol^{-1}$. Wärmekapazitäten können mittels Kalorimetrie bestimmt werden (↗ S. 109).

Dieser Zusammenhang zwischen der Temperaturänderung eines Systems und der zugeführten bzw. abgegebenen Wärmemenge ist die **Grundgleichung der Wärmelehre.**

> Die **spezifische Wärmekapazität c** gibt an, wieviel Wärme von einem Gramm oder einem Mol eines Stoffes aufgenommen oder abgegeben werden muss, damit sich die Temperatur um ein Kelvin ändert. Es handelt sich um eine stoffspezifische Größe.

Bestimmung von Volumenarbeit

Die **Volumenarbeit** ist die Arbeit, die ein System leistet, wenn es gegen einen geringeren äußeren Druck expandiert bzw. die das System aufnimmt, wenn es durch eine äußere Kraft komprimiert wird.

Der Aggregatzustand der an einer Reaktion beteiligten Stoffe wird nach den englischen Begriffen *gaseous, liquid* und *solid* mit den jeweiligen Anfangsbuchstaben g, l und s in Klammern hinter dem Stoff gekennzeichnet. (aq) bedeutet, dass der Stoff in Wasser gelöst vorliegt.

Große Volumenänderungen können bei chemischen Reaktionen insbesondere dann auftreten, wenn gasförmige Stoffe an der Reaktion beteiligt sind. So verdrängt z. B. das Kohlenstoffdioxid, das bei der Reaktion von Salzsäure mit Calciumcarbonat gebildet wird, die Flüssigkeit in einem über ein U-Rohr mit dem System verbundenen Reagenzglas und verrichtet dabei Volumenarbeit.

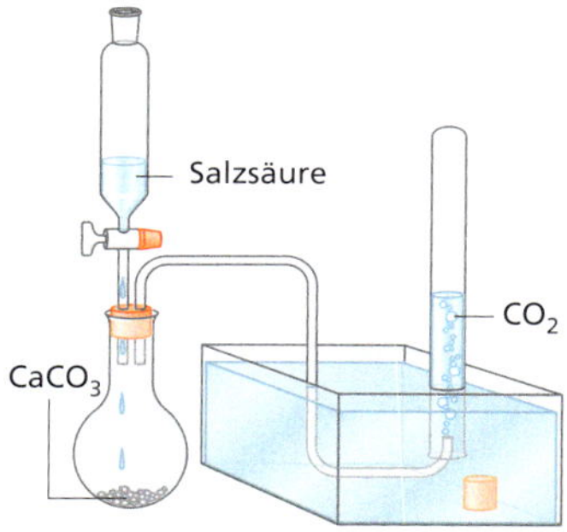

$$CaCO_3(s) + 2\,HCl(aq) \longrightarrow CaCl_2(aq) + H_2O(l) + CO_2(g)$$

Die Volumenarbeit bei konstantem Umgebungsdruck p_{Um} kann nach untenstehender Gleichung berechnet werden. Das Minuszeichen ergibt sich aus der Tatsache, dass Arbeit gegen eine konstante äußere Kraft verrichtet wurde. Dabei verringert sich die Energie des Systems, da es Arbeit an der Umgebung geleistet hat.

$$W = -p_{Um} \cdot \Delta V$$

Arbeit und Wärme haben die gleiche Einheit: Joule (J). Bei chemischen Systemen tritt Arbeit in Form von elektrischer Arbeit (↗ S. 136) bzw. Volumenarbeit auf.

Welche Volumenarbeit leistet das System beim Umsatz von 2 mol Salzsäure mit 1 mol $CaCO_3$ unter Normbedingungen?

Analyse:
Entsprechend der oben stehenden Gleichung entsteht bei dieser Reaktion 1 mol Kohlenstoffdioxid, das als ideales Gas betrachtet werden kann. Unter Normbedingungen nimmt 1 mol des idealen Gases ein Volumen von 22,4 l ein. Die Volumenänderungen der beteiligten Flüssigkeiten und Festkörper werden vernachlässigt.

Gesucht: W

Gegeben: $p = 101{,}3$ kPa; $n(CO_2) = 1$ mol; $V_0 = 0$ l; $V(CO_2) = 22{,}4$ l

Lösung:
$W = -p \cdot \Delta V = -p \cdot (V(CO_2) - V_0)$
$W = -101{,}3\ \text{kPa} \cdot 0{,}0224\ \text{m}^3$
$W = -2\,270\ \text{J}$

Ergebnis:
Das System leistet eine Volumenarbeit von 2 270 Joule.

Wenn die äußeren Bedingungen von den Normbedingungen ($p = 101{,}3$ kPa, $T = 273$ K) abweichen, wird das Volumen CO_2 nach der **Zustandsgleichung für ideale Gase** ermittelt:

$$p \cdot V = n \cdot R \cdot T$$

Die universelle Gaskonstante R beträgt $8{,}314\ J \cdot K^{-1} \cdot mol^{-1}$.

5.1.2 Der erste Hauptsatz der Thermodynamik:

Die innere Energie und die Enthalpie

Die Einheit der inneren Energie ist ebenfalls das Joule (J).

Alle Materie besitzt einen definierten Betrag an **innerer Energie *U*.** Dieser ergibt sich aus der potenziellen und kinetischen Energie aller Teilchen des Systems, zuzüglich der Energie der chemischen Bindungen bzw. intermolekularen Wechselwirkungen.

Wärme und Arbeit sind gleichwertige Energieformen, durch deren Abgabe oder Aufnahme die innere Energie des Systems geändert werden kann. Eine Energieaufnahme aus der Umgebung führt zu einer Erhöhung, eine Energieabgabe in die Umgebung zu einer Verringerung der inneren Energie.

$$\Delta U = Q + W$$

Der **erste Hauptsatz der Thermodynamik** ist eine spezielle Form des allgemeinen Energieerhaltungssatzes und lautet: Die innere Energie eines abgeschlossenen Systems ist konstant.

Wird eine Messgröße, z. B. Druck oder Volumen, konstant gehalten, kennzeichnet man diesen Sachverhalt durch einen tiefgestellten Index. Q_V ist die bei konstantem Volumen ausgetauschte Wärme.

Für chemische Reaktionen, bei denen nur Volumenarbeit verrichtet wird ist, erhält man folgende mathematische Form des ersten Hauptsatzes:

$$\Delta U = Q - p \cdot \Delta V$$

Ein wichtiger Spezialfall dieser Formel ergibt sich, wenn die Reaktion bei konstantem Volumen durchgeführt wird. Da dann keine Volumenarbeit stattfinden kann ($\Delta V = 0$), entspricht die Änderung der inneren Energie der ausgetauschten Wärme.

$$\Delta U = Q_V = C_V \cdot \Delta T$$

Die meisten chemische Prozesse in Natur und Technik finden jedoch nicht bei einem konstanten Volumen, sondern bei konstantem Druck (p = 101,3 kPa auf Meereshöhe) statt. Die Wärmebilanz bei konstantem Druck ergibt sich aus der Definition der inneren Energie.

$$Q_p = \Delta U + p \cdot \Delta V$$

Die Enthalpie ist die praktisch am einfachsten handhabbare Größe zur Beschreibung der Energieumwandlung bei chemischen Reaktionen. Die Einheit der Enthalpie ist Joule (J).

Bei den meisten chemischen Reaktionen wird somit die Wärme Q_p ausgetauscht, für die man eine neue Größe, die **Enthalpie *H*,** einführt.

Die bei einem konstanten Druck übertragene Wärmemenge ist gleich der **Enthalpieänderung ΔH** des Systems.

$$\Delta H = Q_p = \Delta U + p \cdot \Delta V = C_p \cdot \Delta T$$

Zustandsgrößen und Prozessgrößen

Die innere Energie und die Enthalpie sind **Zustandsgrößen.** Zustandsgrößen beschreiben den aktuellen Zustand eines thermodynamischen Systems. Ihr Wert ist unabhängig davon, auf welche Weise dieser Zustand erreicht wurde.

Der Wert von Zustandsgrößen hängt nur vom Anfangs- und vom Endzustand des Systems ab. Ihr Wert ist somit unabhängig von der Prozessführung, d. h. vom jeweiligen Weg auf dem die Zustandsänderung erfolgt.

Weitere wichtige **Zustandsgrößen** sind das Volumen *V*, der Druck *p* oder die Temperatur *T*.

Wärme und Arbeit sind dagegen wegabhängige Größen. Ihr Wert wird stark von den äußeren Bedingungen beeinflusst, bei denen der Prozess durchgeführt wird. Wegabhängige Größen werden in der Thermodynamik als **Prozessgrößen** bezeichnet.

Enthalpieänderungen bei chemischen Reaktionen

Ein Nachteil der Enthalpie und der inneren Energie besteht darin, dass beide Größen nicht als absolute Energiewerte bestimmt werden können. Deshalb betrachtet man die Änderung der Enthalpie bzw. der inneren Energie eines Systems.

Die Enthalpieänderung bei einer chemischen Reaktion ist gleich der Wärme, die im Reaktionsverlauf bei konstantem äußerem Druck aufgenommen oder abgegeben wird. Diese **Reaktionsenthalpie** $\Delta_R H$ ist die Differenz zwischen den Enthalpien der Produkte und der Edukte bezogen auf den Formelumsatz einer bestimmten Reaktion unter bestimmten Bedingungen (Druck, Temperatur).

In den meisten Fällen bezieht man die Enthalpieänderung auf die Stoffmenge eines Reaktionspartners und erhält so molare Enthalpien.

$$\nu(\mathrm{A})\,\mathrm{A} \;+\; \nu(\mathrm{B})\,\mathrm{B} \longrightarrow \nu(\mathrm{C})\,\mathrm{C} \;+\; \nu(\mathrm{D})\,\mathrm{D}$$

$$\Delta_R H = \Sigma\,\nu \cdot \Delta H(\text{Produkte}) - \Sigma\,\nu \cdot \Delta H(\text{Edukte})$$

$$\Delta_R H = [\nu(\mathrm{C}) \cdot \Delta H(\mathrm{C}) + \nu(\mathrm{D}) \cdot \Delta H(\mathrm{D})] - [\nu(\mathrm{A}) \cdot \Delta H(\mathrm{A}) - \nu(\mathrm{B}) \cdot \Delta H(\mathrm{B})]$$

Reaktionsenthalpien sind abhängig von der Temperatur und dem Druck, bei dem die Reaktion stattfindet, und sie hängen außerdem vom Aggregatzustand der beteiligten Komponenten ab. Um die Enthalpieänderung verschiedener chemischer Reaktionen vergleichen zu können, ist es notwendig, einen Satz von **Standardbedingungen** zu definieren, der als Referenz oder Bezugspunkt dient.

1. Standarddruck: $p = 1{,}01325$ bar $= 1{,}01325 \cdot 10^5$ Pa $\approx 101{,}3$ kPa
2. Der **Standardzustand** ist der energieärmste und damit thermodynamisch stabilste Zustand, in dem eine Substanz bei Standarddruck und der betrachteten Temperatur vorliegt.

Eine definierte Temperatur ist nicht Bestandteil des Begriffes Standardbedingungen. Sie ist beliebig wählbar und muss zusätzlich angegeben werden. Tabellierte Werte sind im Allgemeinen auf die Raumtemperatur von 298 K bezogen.

Der Index R steht für Reaktion. Das Superscript ^{0} kennzeichnet alle Standardgrößen, d. h. Größen, die unter Standardbedingungen bestimmt wurden.

Die **Standardreaktionsenthalpie** $\Delta_R H^0$ ist die Änderung der Enthalpie des Systems für den Übergang der Edukte in ihren Standardzuständen zu den Produkten in ihren Standardzuständen, gewichtet mit dem stöchiometrischen Koeffizienten $\nu(i)$.

Da man die absoluten Enthalpien weder bestimmen noch berechnen kann, verwendet man in der Thermodynamik verschiedene, experimentell leicht bestimmbare Standardreaktionsenthalpien, die man auf ein Mol eines Stoffes bezieht, als Mess- und Rechengrößen:

Beispiele für molare Standardreaktionsenthalpien:
- molare Bildungsenthalpien
- molare Verbrennungsenthalpien
- molare Schmelz- und Verdampfungsenthalpien
- molare Bindungsenthalpien

Die Standardbildungsenthalpie [Einheit: $J \cdot mol^{-1}$] ist eine molare Größe. Der Index f kommt aus dem Englischen (engl. *formation* = Bildung).

Die molare **Standardbildungsenthalpie** $\Delta_f H^0$ ist die Enthalpieänderung für die Bildung von einem Mol einer Verbindung unter Standardbedingungen aus den entsprechenden Elementen in ihren jeweiligen Standardzuständen.

Die Enthalpieänderung einer chemischen Reaktion kann auch aus der Differenz der Bildungsenthalpien der an der Reaktion beteiligten Produkte und Edukte berechnet werden (↗ S. 110). Dabei ist zu beachten, dass die Bildungsenthalpie der Elemente im Standardzustand Null ist.

$$H_2(g) + \tfrac{1}{8}\, S_8(s) \longrightarrow H_2S(g)$$

$$\Delta_R H^0 = \Sigma\, \nu(i) \cdot \Delta_f H^0(\text{Produkte}) - \Sigma\, \nu(i) \cdot \Delta_f H^0(\text{Edukte})$$

$$\Delta_R H^0 = \Delta_f H^0(H_2S) - (\Delta_f H^0(H_2) + \tfrac{1}{8}\, \Delta_f H^0(S_8))$$

$$\Delta_R H^0 = \Delta_f H^0(H_2S) = \underline{-20{,}7\ \text{kJ} \cdot \text{mol}^{-1}}$$

Thermodynamisch stabilste Zustände bei 298 K und 101,3 kPa: H_2 und H_2S liegen gasförmig vor. Schwefel ist fest, die stabilste Modifikation ist der Cyclooctaschwefel S_8.

Die Standardzustände der Elemente definieren eine Art „thermodynamischer Meereshöhe“ für die Bildung von chemischen Verbindungen.
Substanzen mit positiver Standardbildungsenthalpie sind endotherm. Exotherme Verbindungen weisen eine negative Standardbildungsenthalpie auf. Sie sind thermodynamisch relativ stabil, da zu ihrer Zersetzung Energie zugeführt werden muss.

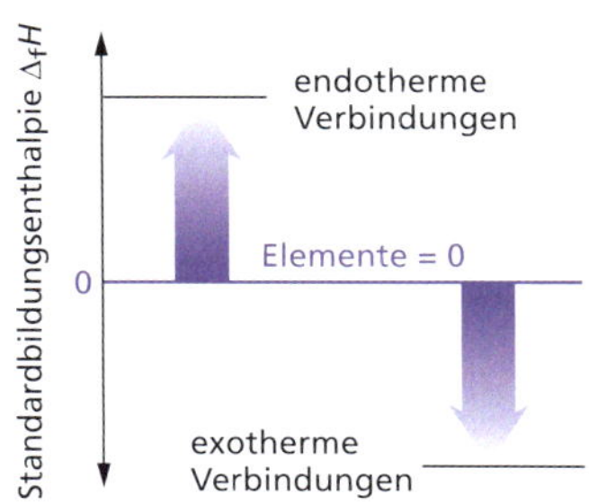

Verbrennungsenthalpien

Die molare **Verbrennungsenthalpie** $\Delta_c H^0$ ist die Änderung der Enthalpie bei der Verbrennung von einem Mol einer Substanz mit Sauerstoff.

Der Index c kommt ebenfalls von einem englischen Begriff (engl. *combustion* = Verbrennung).

Die vollständige Verbrennung von Methan unter konstantem äußeren Druck liefert eine Energie von 890 kJ pro mol Methan.

$$CH_4(g) + 2\,O_2(g) \longrightarrow CO_2(g) + 2\,H_2O(l) \qquad \Delta_c H^0 = -890\ \text{kJ}\cdot\text{mol}^{-1}$$

Bildungsenthalpie und Verbrennungsenthalpie sind stoffspezifische molare Größen. Die Bildungsenthalpie bezieht sich auf ein Mol des aus den Elementen gebildeten Produkts. Dagegen bezieht sich die Verbrennungsenthalpie immer auf ein Mol des verbrannten Ausgangsstoffes. Energiereiche Verbindungen wie Methan oder Glucose verbrennen exotherm unter Abgabe eines hohen Enthalpiebetrags. Verbrennungsenthalpien lassen sich für viele Stoffe kalorimetrisch bestimmen und sind auf diese Weise experimentell leicht zugänglich.

Die stoffspezifischen Standardbildungsenthalpien und Verbrennungsenthalpien findet man tabelliert. Sie sind wichtige Größen für viele thermodynamische Berechnungen (↗ S. 110 ff.).

Kalorimetrie

Die **Kalorimetrie** ist eine physikalische Methode zur quantitativen Bestimmung von Wärme (lat. *calor* = Wärme).

Es gibt mehrere Arten von Kalorimetern, die sich im Messprinzip oder in der Konstruktion unterscheiden. Verbrennungswärmen bestimmt man häufig in einfachen **Bombenkalorimetern** (V = konstant, ↗ Abb.). Diese bestehen aus einem stabilen Metallzylinder, der von einem Wasserbad umgebenen „Bombe". Das Kalorimeter ist so aufgebaut, dass weder Energie noch Arbeit mit der Umgebung ausgetauscht werden können, und stellt ein isoliertes System dar.

Über einen Zünddraht leitet man die Verbrennung der zu untersuchenden Substanz ein. Die dabei frei werdende Wärme wird von der Bombe an das Wasserbad abgegeben und führt zu einer Erhöhung der Temperatur. Aus der gemessenen Temperaturänderung und der bekannten Wärmekapazität des Kalorimeters C_K kann man die Reaktionswärme Q_V berechnen:

$$Q_V = \frac{C_K \cdot \Delta T}{n}$$

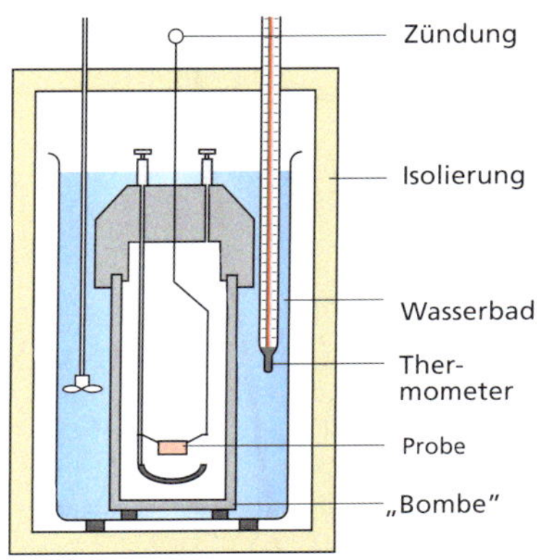

Mittels **Kalorimetrie** können nicht alle Reaktionswärmen bestimmt werden. Die untersuchten Prozesse müssen hinreichend schnell und möglichst vollständig verlaufen. Außerdem muss die Reaktionswärme so groß sein, dass ein deutlicher Temperaturunterschied im Wasserbad messbar ist, da ansonsten der Messfehler zu groß wird.

Gesetz der konstanten Wärmesummen: Satz von HESS

Die molare Reaktionsenthalpie ist eine Zustandsgröße und hängt nur vom Anfangs- und vom Endzustand ab. Sie ist somit vom Reaktionsweg unabhängig. Daraus leitete der Chemiker H. HESS eine wichtige nach ihm benannte Schlussfolgerung ab.

Satz von HESS: Die Reaktionsenthalpie einer Reaktion ist die Summe aller Reaktionsenthalpien der Teilschritte, in welche die Reaktion zerlegt werden kann.

Der BORN-HABER-Kreisprozess ist ebenfalls eine Form der Anwendung des Satzes von H. HESS (1802 bis 1850).

Unter Anwendung dieses Gesetzes können alle Enthalpien chemischer Reaktionen aus den tabellierten Bildungs- oder Verbrennungsenthalpien der beteiligten Stoffe ermittelt werden. So ist z. B. die Bildungsenthalpie von CO nicht direkt messbar, da bei der Verbrennung von Kohlenstoff immer ein Anteil CO_2 gebildet wird. Betrachtet man die Reaktion als Teil der vollständigen Verbrennung von Kohlenstoff zu CO_2, dann kann man die Enthalpieänderung jedoch leicht berechnen.

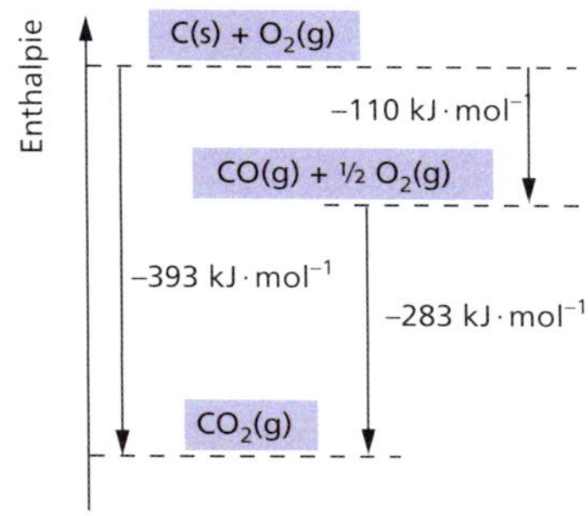

Die Verbrennungsenthalpien von Kohlenstoff und Kohlenstoffmonooxid kann man messen oder aus Tabellen ermitteln.

Wie groß ist die Standardreaktionsenthalpie der Verbrennung von Kohlenstoff zu Kohlenstoffmonooxid $\Delta_f H^0(CO)$?

Analyse: Nach dem Satz von HESS kann $\Delta_f H^0(CO)$ aus der Differenz der Enthalpien der Reaktionen a) und b) berechnet werden.

a) $C(s) + O_2(g) \longrightarrow CO_2(g) \qquad \Delta_f H^0 = -393\ kJ \cdot mol^{-1}$

b) $CO(g) + \frac{1}{2}\, O_2(g) \longrightarrow CO_2(g) \qquad \Delta_c H^0 = -282{,}5\ kJ \cdot mol^{-1}$

a) – b) $C(s) + \frac{1}{2}\, O_2(g) \longrightarrow CO \qquad \Delta_f H^0 = \text{unbekannt}$

Gesucht: $\Delta_f H^0(CO)$

Gegeben: $\Delta_f H^0(CO_2) = -393\ kJ \cdot mol^{-1} \qquad \Delta_c H^0(CO) = 283\ kJ \cdot mol^{-1}$

Lösung:
$\Delta_f H^0(CO) = \Delta_f H^0(CO_2) - \Delta_c H^0(CO)$
$\Delta_f H^0(CO) = -(393 - 283)\ kJ \cdot mol^{-1}$
$\Delta_f H^0(CO) = -110\ kJ \cdot mol^{-1}$

Mit dem Satz von HESS können auch Reaktionsenthalpien von gedanklich konstruierten Reaktionen berechnet werden, die so in der Praxis gar nicht ablaufen.

Ergebnis
Die Standardreaktionsenthalpie für die Verbrennung von 1 mol Kohlenstoff zu Kohlenstoffmonooxid beträgt $-110\ kJ \cdot mol^{-1}$.

5.1.3 Der zweite Hauptsatz der Thermodynamik

Die Richtung freiwilliger Prozesse

Mithilfe des ersten Hauptsatzes der Thermodynamik kann die Umwandlung chemischer Energie in Wärme oder Arbeit quantitativ berechnet werden. Er macht jedoch keine Aussagen zur Richtung, in die ein Prozess verläuft. Dies ist besonders für die Betrachtung chemischer Reaktionen von Bedeutung, um erkennen zu können, ob eine Reaktion auch zu den gewünschten Produkten führt. Auch endotherme Prozesse, wie das Auflösen von Ammoniumnitrat in Wasser, können freiwillig ablaufen. Die alltägliche Erfahrung zeigt, dass viele Prozesse in der Natur spontan bzw. freiwillig stattfinden, andere dagegen erzwungen werden müssen. So verteilen sich Moleküle von miteinander mischbaren Flüssigkeiten wie Tinte und Wasser freiwillig unter Bildung einer homogenen Lösung.
Zwischen einem heißen und einem kalten Körper findet ein freiwilliger Wärmeübertrag statt. Der Wärmeübertrag endet dann, wenn beide Körper die gleiche Temperatur besitzen. Diese Beispiele weisen darauf hin, dass **freiwillige Prozesse** in einem geschlossenen System stets von einem **Zustand höherer Ordnung** zu einem **Zustand mit niedrigerer Ordnung** verlaufen. Die jeweils umgekehrten Prozesse sind niemals beobachtet worden, ohne dass dem System eine äußere Arbeit zugeführt wurde.

Anders als Gase sind Flüssigkeiten nicht in jedem Fall unbegrenzt miteinander mischbar.

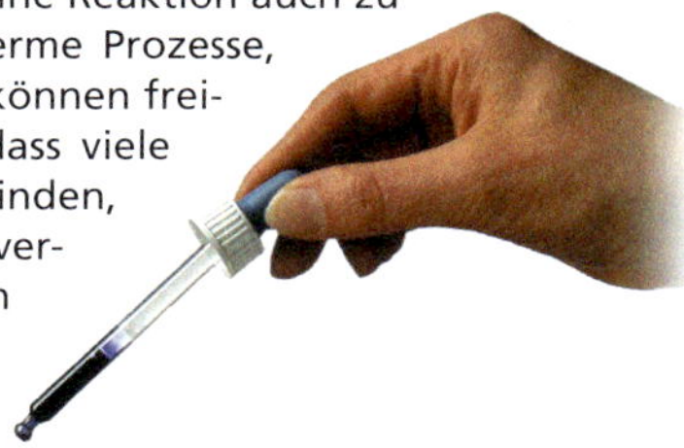

1. Nach dem ersten Hauptsatz der Thermodynamik sind Wärme und Arbeit gleichwertige Formen der Energie. Allerdings ist es nicht möglich, Wärme vollständig in Arbeit umzuwandeln, während Arbeit vollständig in Wärme umgewandelt werden kann.
2. Bei allen praktischen Prozessen tritt eine Verringerung der in Form von Arbeit nutzbaren Energie auf, die durch Reibung in Form von Wärme an die Umgebung abgegeben wird.

Diese Beobachtungen wurden von verschiedenen Forschern in unterschiedlichen Formulierungen zusammengefasst. Die daraus entstandenen Erfahrungssätze stellen alle gleichwertige Formulierungen des **zweiten Hauptsatzes der Thermodynamik** dar. Stellvertretend seien hier nur zwei der am häufigsten benutzten Varianten aufgeführt:

1. Freiwillige Prozesse verlaufen in einem abgeschlossenen System stets in die Richtung, in der die Ordnung des Systems abnimmt.
2. Es ist unmöglich, eine periodisch arbeitende Maschine zu konstruieren, die nichts weiter bewirkt, als die Hebung einer Last und die Abkühlung eines Wärmereservoirs.

Wichtige Formulierungen des zweiten Hauptsatzes der Thermodynamik gehen auf R. CLAUSIUS (1822–1888), W. THOMSON (Lord KELVIN 1824-1907), M. PLANCK (1858 bis 1947), L. BOLTZMANN (1844–1906) und W. NERNST (1864-1941) zurück.

Die Einheit der Entropie ist $J \cdot K^{-1}$ oder als molare Größe bezogen auf die Stoffmenge $J \cdot K^{-1} \cdot mol^{-1}$.

Die Entropie

Um die experimentellen Beobachtungen, die zur Formulierung des zweiten Hauptsatzes der Thermodynamik führten, quantitativ zu beschreiben, führten CLAUSIUS und THOMSON Mitte des 19. Jh. eine neue thermodynamische Zustandsgröße, die **Entropie *S***, ein. Die Bedeutung der Entropie für die Beschreibung vieler natürlicher Prozesse und insbesondere für den Energieumsatz chemischer Reaktionen, die man als umkehrbare, d. h. **reversible Prozesse** betrachten kann, wurde erst viele Jahre später erkannt.

Die **Entropieänderung** bei einem Prozess in einem geschlossenen System ist der Quotient aus der reversibel übertragenen Wärmemenge und der Temperatur, bei der dieser Übertrag stattfindet.

$$\Delta S = \frac{Q_{rev}}{T}$$

Reale Vorgänge sind immer irreversible Prozesse. Sie können durch Zufuhr von Wärme und Arbeit rückgängig gemacht werden. Dazu muss aber mehr Energie aufgewendet werden als beim freiwilligen Ablauf gewonnen wurde.

Reversible und irreversible Prozesse

Bei der Expansion eines Gaszylinders gegen einen äußeren Druck sind zwei Varianten der Prozessführung denkbar:

1. Die Expansion in einem Schritt durch das Entfernen eines 1 kg schweren Gewichts verläuft sehr schnell. Dabei kommt es zu hohen Wärmeverlusten infolge von Reibungsprozessen. Daher kann diese Expansion nicht vollständig zum Verrichten von Arbeit genutzt werden. Aufgrund der Reibungsverluste ist die für die Umkehrung des Prozesses (Kompression) aufzubringende Arbeit größer als die bei der Expansion geleistete Arbeit. Dieser Prozess ist **irreversibel**.

$$W_{Kompression} > -W_{Expansion} \qquad (Q_{irrev} > 0)$$

2. Führt man die Expansion in vielen kleinen Schritten durch das sukzessive Entfernen von unendlich vielen kleinen Gewichten durch, dann verläuft der Prozess sehr langsam. Es treten praktisch keine Wärme-verluste auf. Jeder einzelne Teilschritt kann rückgängig gemacht werden. Der reversible Prozess ist ohne Energieverlust umkehrbar.

$$W_{Kompression} = -W_{Expansion} \qquad (Q_{rev} = 0)$$

Reversible Prozesse sind idealisierte Grenzfälle realer Vorgänge. In der Thermodynamik betrachtet man chemische Reaktionen näherungsweise als reversible Prozesse.

Für die Änderung der Entropie in reversiblen bzw. irreversiblen Prozessen ergibt sich daraus:

reversibel: $\Delta S = 0$ irreversibel: $\Delta S > 0$

Die Entropieänderung für einen beliebigen Prozess in einem geschlossenen System ist größer oder gleich dem Quotienten aus der übertragenen Wärmemenge und der Temperatur, bei der der Wärmeübertrag stattfindet.

$$\Delta S \geq \frac{Q}{T}$$

Entropieänderungen bei chemischen Reaktionen

Die Standardreaktionsentropie ist ähnlich wie die Standardreaktionsenthalpie für eine beliebige chemische Reaktion definiert:

$$\nu(A)A + \nu(B)B \longrightarrow \nu(C)C + \nu(D)D$$

$$\Delta_R S^0 = \Sigma \nu(i) \cdot S(\text{Produkte}) - \Sigma \nu(i) \cdot S(\text{Edukte})$$

$$\Delta_R S^0 = [\nu(C) \cdot S^0(C) + \nu(D) \cdot S^0(D)] - [\nu(A) \cdot S^0(A) - \nu(B) \cdot S^0(B)]$$

Im Gegensatz zur Enthalpie können für die Entropie absolute Werte angegeben und damit gerechnet werden, da die Entropie aller Stoffe am absoluten Nullpunkt (0 K) gleich Null ist.

Die **Standardreaktionsentropie** $\Delta_R S^0$ ist die Änderung der Entropie des Systems für den Übergang der Edukte in ihren Standardzuständen zu den Produkten in ihren Standardzuständen, gewichtet mit dem stöchiometrischen Koeffizienten $\nu(i)$.

Wie groß ist die Standardbildungsentropie von Wasser bei 298 K?

Analyse:
Bei 298 K liegen Wasserstoff und Sauerstoff als Gase, Wasser dagegen flüssig vor. Die Standardbildungsentropie kann aus den tabellierten absoluten Standardentropien berechnet werden.

$$H_2(g) + \tfrac{1}{2} O_2(g) \longrightarrow H_2O(l)$$

Gesucht: $\Delta_f S^0$

Gegeben: $S^0(H_2) = 131\ J \cdot K^{-1} \cdot mol^{-1}$
$S^0(O_2) = 205\ J \cdot K^{-1} \cdot mol^{-1}$
$S^0(H_2O(l)) = 70\ J \cdot K^{-1} \cdot mol^{-1}$

Lösung:

$$\Delta_f S^0 = S^0(H_2O(l)) - (S^0(H_2) - 0{,}5 \cdot S^0(O_2))$$

$$\Delta_f S^0 = (70 - 131 - 102{,}5)\ J \cdot K^{-1} \cdot mol^{-1}$$

$$\underline{\Delta_f S^0 = -163{,}5\ J \cdot K^{-1} \cdot mol^{-1}}$$

Ergebnis:
Die Bildungsentropie für Wasser bei Raumtemperatur (298 K) beträgt $-163{,}5\ J \cdot K^{-1} \cdot mol^{-1}$. Dieser Wert ist negativ, da 1,5 mol Gas in 1 mol Flüssigkeit übergehen, also von einem weniger in einen höher geordneten Zustand.

Der dritte Hauptsatz der Thermodynamik beschreibt den Zusammenhang zwischen der absoluten Entropie und dem absoluten Nullpunkt der Temperaturskala nach Kelvin.

Die Standardentropien der Elemente sind bei 298 K ungleich Null und ebenfalls tabelliert.

Die Tatsache, dass die Reaktionsentropie negativ ist, steht scheinbar im Widerspruch zum zweiten Hauptsatz der Thermodynamik. Chemische Reaktionssysteme sind jedoch offene oder geschlossene Systeme, sodass die durch die Reaktion freigesetzte Wärme immer auch zu einer Entropieänderung der Umgebung führt.

Entropie und Freiwilligkeit chemischer Reaktionen

Zur Beantwortung der Frage, ob eine chemische Reaktion freiwillig abläuft, muss man sowohl die Entropieänderung des Systems als auch die Entropieänderung der Umgebung ermitteln. Man betrachtet System und Umgebung zusammen als ein *abgeschlossenes System*, dessen *Gesamtentropie* in Übereinstimmung mit dem zweiten Hauptsatz der Thermodynamik bei einer freiwilligen Reaktion zunehmen muss:

$$\Delta_R S_{Ges} = \Delta_R S^0{}_{System} + \Delta_R S^0{}_{Um} > 0$$

Die höhere Entropie von Gasen ergibt sich aus der größeren Unordnung der Teilchen im Gaszustand.

Die Bildung von Wasser aus den Elementen, die **Knallgasreaktion,** ist als freiwilliger Prozess bekannt, bei dem Wärme freigesetzt wird.

$$H_2(g) \;+\; \tfrac{1}{2}\, O_2(g) \longrightarrow H_2O(l) \qquad \Delta_c H^0 = -285 \text{ kJ} \cdot \text{mol}^{-1}$$

Bei dieser Reaktion werden aus 1,5 mol Gas 1 mol Wasser im flüssigen Aggregatzustand gebildet. Da ein Gas immer eine höhere Entropie als eine Flüssigkeit besitzt, nimmt die Entropie ($\Delta_R S = -163{,}5 \text{ J} \cdot \text{K}^{-1} \cdot \text{mol}^{-1}$) bei dieser Reaktion ab.
Allerdings wird bei der heftigen Reaktion eine große Wärmemenge an die Umgebung abgegeben. Diese Wärmemenge entspricht der Reaktionsenthalpie und führt zu einer Erhöhung der Entropie der Umgebung.

Wärmeübergang bei der Knallgasreaktion

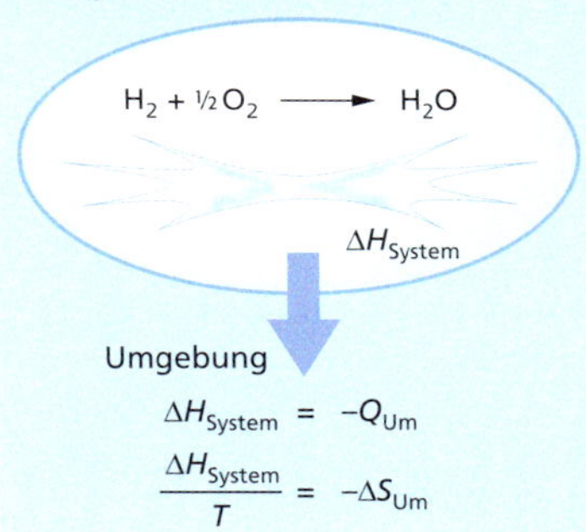

$$\Delta_R S^0{}_{Um} = -\frac{\Delta_f H^0(H_2O(l))}{T} = -\frac{(-285 \text{ kJ} \cdot \text{mol}^{-1})}{298 \text{ K}}$$

$$\Delta_R S^0{}_{Um} = 956{,}4 \text{ J} \cdot \text{K}^{-1} \cdot \text{mol}^{-1}$$

Die gesamte Entropieänderung des abgeschlossenen Systems ergibt sich aus der Reaktionsentropie und der an die Umgebung abgegebenen Reaktionsenthalpie, bezogen auf die Reaktionstemperatur. Damit erhält man auch für die stark exotherme Knallgasreaktion eine Zunahme der Gesamtentropie.

Da die Entropie eine Zustandsfunktion ist, kann auch für irreversible Prozesse ihre Änderung berechnet werden, indem der irreversible Prozess in reversible Teilschritte zerlegt wird.

$$\Delta_R S^0{}_{Ges} = \Delta_F S^0{}_{System} \;+\; \Delta_R S^0{}_{Um}$$

$$\Delta_R S^0{}_{Ges} = (-163{,}5 + 956{,}4) \text{ J} \cdot \text{K}^{-1} \cdot \text{mol}^{-1} = 792{,}9 \text{ J} \cdot \text{K}^{-1} \cdot \text{mol}^{-1}$$

Chemische Reaktionen laufen freiwillig ab, wenn die Gesamtentropie von System und Umgebung zunimmt:

$$\Delta_R S_{Ges} > 0$$

5.1.4 Die freie Enthalpie

Ob eine chemische Reaktion freiwillig abläuft, hängt also von der Enthalpie- und der Entropieänderung des betrachteten *Reaktionssystems* ab. Um dieser Tatsache Rechnung zu tragen, wurde eine neue Zustandsgröße, die freie Enthalpie ΔG eingeführt, die nach der **GIBBS-HELMHOLTZ-Gleichung** berechnet werden kann:

$$\Delta G = \Delta H - T \cdot \Delta S$$

Die Einheit der freien Enthalpie ist J oder als molare, auf die Stoffmenge bezogene Größe, $J \cdot mol^{-1}$.

> Die **freie Enthalpie ΔG** ist eine Zustandsgröße, die den Energieanteil eines Reaktionssystems quantitativ beschreibt, der maximal in Arbeit (ohne Volumenarbeit) umgewandelt werden kann.

In einigen Lehrbüchern wird die freie Enthalpie nach J. W. GIBBS (1839–1903) auch als gibbsche freie Enthalpie bezeichnet.

Vergleicht man die Gesamtänderung der Entropie von System und Umgebung mit der Änderung der freien Enthalpie des geschlossenen Systems, findet man, dass die beiden Größen sehr eng miteinander zusammenhängen.

$$\Delta S_{Ges} = \Delta S_{Um} + \Delta S_{System}$$

$$\Delta S_{Ges} = -\frac{\Delta H_{System}}{T} + \Delta S_{System}$$

$$-T \cdot \Delta S_{Ges} = \Delta H_{System} - T\Delta S_{System}$$

$$-T \cdot \Delta S_{Ges} = \Delta G_{System}$$

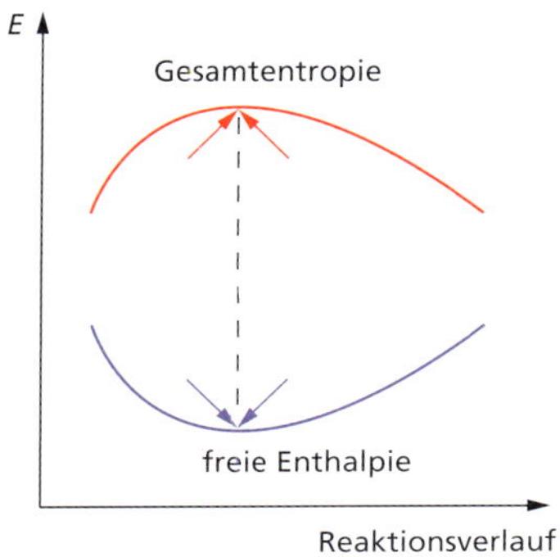

Die freie Enthalpie ist daher umgekehrt proportional zur Gesamtentropie. Nach dem zweiten Hauptsatz der Thermodynamik laufen also alle Prozesse freiwillig ab, bei denen die Änderung der freien Enthalpie negativ ist. Solche freiwilligen Prozesse nennt man **exergonisch**. Wenn $\Delta G > 0$ ist, spricht man von **endergonischen Prozessen**. Endergonische Prozesse müssen durch Zufuhr von Arbeit, z. B. elektrischer Arbeit wie bei der Elektrolyse von Wasser (↗ S. 136), erzwungen werden.

Für die freie Enthalpie kann, wie schon für die Enthalpie, kein absoluter Bezugswert angegeben werden, sondern immer nur die Änderung der freien Enthalpie ΔG. Da auch die freie Enthalpie eine Zustandsgröße ist, ist ihr Wert vom Weg unabhängig.

> Die Änderung der freien Enthalpie eines Stoffsystems berücksichtigt die Enthalpie- und die Entropieänderung des geschlossenen Systems und ist umgekehrt proportional zur Gesamtentropieänderung von System und Umgebung. Bei freiwilligen, d. h. exergonischen Prozessen, nimmt die freie Enthalpie des Stoffsystems ab.

Änderung der freien Standardenthalpie bei chemischen Reaktionen

Die **freie Standardreaktionsenthalpie** $\Delta_R G^0$ ist die zentrale Größe zur Diskussion der Lage chemischer Gleichgewichte und für die Berechnung von Gleichgewichtskonstanten (↗ S. 162).
Bei konstanter Temperatur und konstantem Druck kann aus dem Vorzeichen der freien Enthalpieänderung bei chemischen Reaktionen vorausgesagt werden, ob die Reaktion freiwillig abläuft oder nicht.

Aus der **thermodynamischen Ableitung der Gleichgewichtskonstanten** ergibt sich die Gleichung:

$\Delta_R G^0 = -R \cdot T \ln K$

> Die freie Standardreaktionsenthalpie $\Delta_R G^0$ ist die Änderung der molaren freien Enthalpie des Reaktionssystems für den Übergang der Edukte in ihren Standardzuständen zu den Produkten in ihren Standardzuständen:
>
> $$\Delta_R G^0 = \sum \nu(i) \Delta G^0(\text{Produkte}) - \sum \nu(i) \Delta G^0(\text{Edukte})$$

Da die absoluten freien Enthalpien nicht zugänglich sind, wird die freie Standardreaktionsenthalpie ebenfalls nach der GIBBS-HELMHOLTZ-Gleichung berechnet. Die Standardreaktionsenthalpie $\Delta_R H^0$ und die Standardreaktionsentropie $\Delta_R S^0$ können aus den tabellierten Werten der Bildungsenthalpien bzw. Standardentropien ermittelt werden (↗ S. 113).

$$\Delta_R G^0 = \Delta_R H^0 - T\,\Delta_R S^0$$

Für die Bildung von Wasser aus den Elementen unter Standardbedingungen bei 298 K ergibt sich folgende freie Standardbildungsenthalpie:

$$H_2(g) + \tfrac{1}{2}\,O_2(g) \longrightarrow H_2O(l)$$

$$\Delta_f G^0 = \Delta_f H^0 - T\,\Delta_f S^0$$

$$\Delta_f G^0 = -285\ \text{kJ} \cdot \text{mol}^{-1} - 298\ \text{K} \cdot (-163{,}5\ \text{J} \cdot \text{K}^{-1} \cdot \text{mol}^{-1})$$

$$\underline{\Delta_f G^0 = -236{,}3\ \text{kJ} \cdot \text{mol}^{-1}}$$

Viele exergonische Reaktionen laufen trotz negativer freier Standardreaktionsenthalpie nur sehr langsam ab. Die Ursache dafür ist jedoch nicht die Thermodynamik, sondern die Kinetik der Reaktion (↗ S. 119 ff.).

Die freie Standardbildungsenthalpie für die Bildung von Wasser ist negativ, d. h., die Reaktion erfolgt freiwillig und läuft bei Raumtemperatur ohne Aufwand von Arbeit ab.
Die freie Bildungsenthalpie ist ein noch besseres Maß für die thermodynamische Stabilität von Stoffen. Endergonische Verbindungen mit positiver freier Bildungsenthalpie zerfallen freiwillig unter Energiefreisetzung in die Elemente. Dagegen sind exergonische Verbindungen ($\Delta_f G^0 < 0$) thermodynamisch stabil.

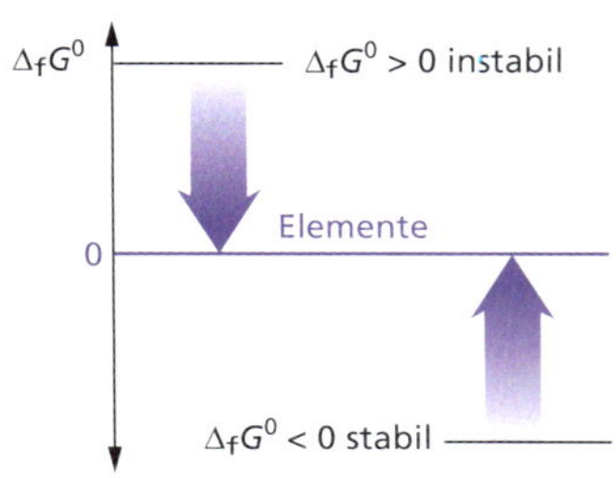

Beeinflussung des freiwilligen Ablaufs chemischer Reaktionen

Die freie Reaktionsenthalpie hängt ab von der Reaktionsenthalpie, der Reaktionsentropie und der Temperatur, bei der die Reaktion durchgeführt wird. Somit ist es möglich, den Ablauf von chemischen Reaktionen in gewissen Grenzen zu beeinflussen. Wenn $\Delta_R H^0$ negativ und $\Delta_R S^0$ positiv ist, dann verläuft die Reaktion unabhängig von der Temperatur immer freiwillig ($\Delta_R G^0 < 0$). Im umgekehrten Fall ($\Delta_R H^0 > 0$, $\Delta_R S^0 < 0$) kann eine Reaktion aus thermodynamischen Gründen auch durch Temperaturerhöhung nicht erzwungen werden, da $\Delta_R G^0$ immer positiv bleibt.
Temperaturabhängig ist dagegen der freiwillige Verlauf solcher Reaktionen wie der Bildung von Wasser, bei der $\Delta_R S^0$ und $\Delta_R H^0$ die gleichen Vorzeichen aufweisen.

Die Temperaturabhängigkeit der freien Reaktionsenthalpie wird zur Beeinflussung der Lage vieler chemischer Gleichgewichtsreaktionen (↗ S. 162) genutzt.

Enthalpie	Entropie	Freie Enthalpie	Diagramm
$\Delta_R H^0 < 0$ exotherm	$\Delta_R S^0 > 0$	$\Delta_R G^0 < 0$ bei allen Temperaturen exergonisch	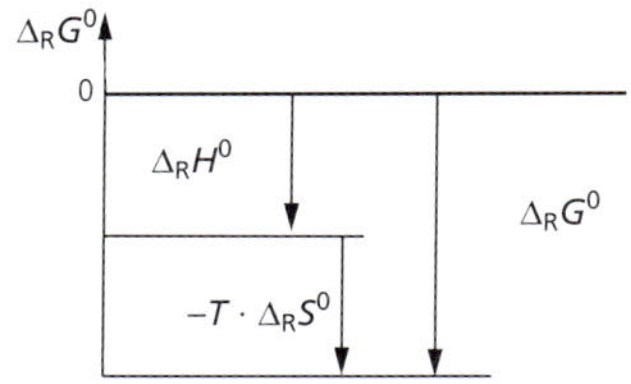
$\Delta_R H^0 < 0$ exotherm	$\Delta_R S^0 < 0$	$\Delta_R G_1{}^0 < 0$ bei niedrigen Temperaturen T_1 exergonisch $\Delta_R G_2{}^0 > 0$ bei hohen Temperaturen T_2 endergonisch	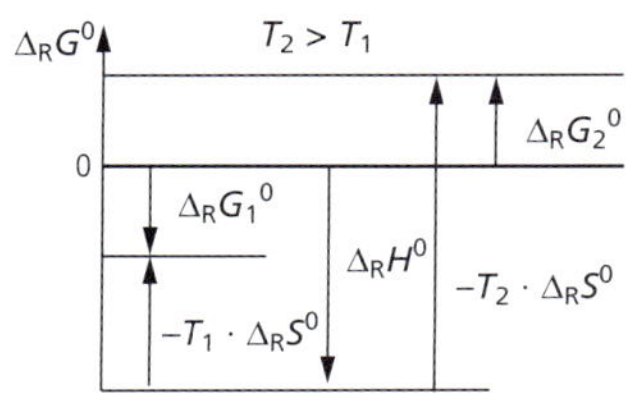
$\Delta_R H^0 > 0$ endotherm	$\Delta_R S^0 > 0$	$\Delta_R G_1{}^0 > 0$ bei niedrigen Temperaturen T_1 endergonisch $\Delta_R G_2{}^0 < 0$ bei hohen Temperaturen T_2 exergonisch	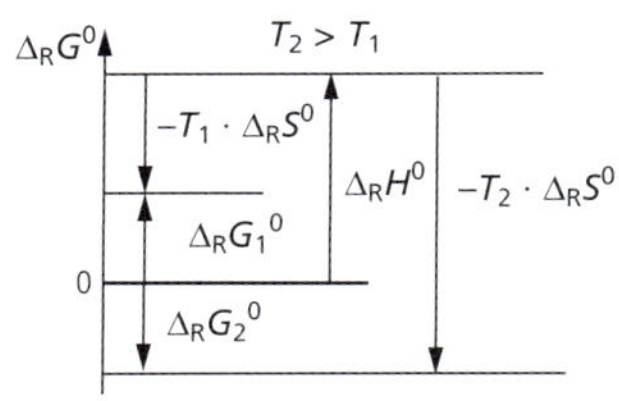
$\Delta_R H^0 > 0$ endotherm	$\Delta_R S^0 < 0$	$\Delta_R G^0 > 0$ bei allen Temperaturen endergonisch	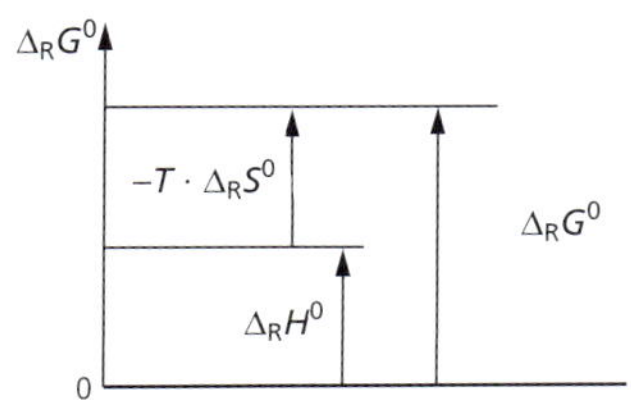

Auch im Labor ist es wichtig zu wissen, ob man eine Reaktion bei Raumtemperatur durchführen kann oder ob zur Erwärmung ein Wasserbad (bis 100 °C) bzw. eine elektrische Heizschlange (bis 250 °C) notwendig ist.

Mithilfe der **GIBBS-HELMHOLTZ-Gleichung** kann man nicht nur voraussagen, ob eine Reaktion freiwillig abläuft oder durch Zufuhr von Arbeit erzwungen werden muss. Man kann auch die Temperaturen berechnen, bei denen chemische Reaktionen exergonisch werden. Solche Berechnungen sind wichtig beispielsweise für technische Prozesse, bei denen man wissen muss, für welche Temperaturen die Anlagen ausgelegt sein müssen und wie hoch die Energiekosten sein werden.

Bei welcher Temperatur zersetzt sich festes Ammoniumchlorid freiwillig zu gasförmigem Ammoniak und Chlorwasserstoff?

Analyse:
Zuerst stellt man die Reaktionsgleichung für die thermische Zersetzung auf. Die Zersetzungstemperatur entspricht der Temperatur bei der $\Delta_R G^0 = 0$ wird. Oberhalb dieser Temperatur wird die Zersetzung exergonisch und findet freiwillig statt. Sie kann durch Umstellen der GIBBS-HELMHOLTZ-Gleichung nach T berechnet werden.

$$NH_4Cl(s) \longrightarrow NH_3(g) + HCl(g)$$

Gesucht: T für $\Delta_R G^0 = 0$

Gegeben: tabellierte Werte für $\Delta_f H^0$ und S^0 von $NH_4Cl(s)$, $NH_3(g)$ und $HCl(g)$

Die Standardreaktionsenthalpie und die Standardreaktionsentropie kann man aus tabellierten Werten für die Standardbildungsenthalpien bzw. Standardentropien der an der Reaktion beteiligten Stoffe ermitteln.

Lösung:

$$\Delta_R H^0 = \Delta_f H^0(NH_3(g)) + \Delta_f H^0(HCl(g)) - \Delta_f H^0(NH_4Cl(s))$$

$$\Delta_R H^0 = (-46{,}1 - 92{,}0 + 314{,}6)\ \text{kJ} \cdot \text{mol}^{-1}$$

$$\underline{\Delta_R H^0 = 176{,}5\ \text{kJ} \cdot \text{mol}^{-1}}$$

$$\Delta_R S^0 = S^0(NH_3(g) + S^0(HCl(g)) - S^0(NH_4Cl(s))$$

$$\Delta_R S^0 = (192{,}2 + 187{,}0 - 94{,}6)\ \text{J} \cdot \text{mol}^{-1} \cdot \text{K}^{-1}$$

$$\underline{\Delta_R S^0 = 284{,}6\ \text{J} \cdot \text{mol}^{-1} \cdot \text{K}^{-1}}$$

$$\Delta_R G^0 = \Delta_R H^0 - T\Delta_R S^0 = 0$$

$$T = \frac{\Delta_R H^0}{\Delta_R S^0}$$

$$T = \frac{176{,}5\ \text{kJ} \cdot \text{mol}^{-1}}{284{,}6\ \text{J} \cdot \text{mol}^{-1} \cdot \text{K}^{-1}}$$

$$\underline{T = 620{,}2\ \text{K}}$$

Ergebnis:
Die Zersetzung von Ammoniumchlorid zu Ammoniak und Chlorwasserstoff beginnt bei einer Temperatur von 620,2 K bzw. 347 °C.

5.2 Elektrochemische Prozesse

5.2.1 Elektrische Leitung und Elektrolyte

Art der elektrischen Leitung	Ladungsträger für den Stromtransport	Beispiele
metallische Leitung	Elektronen e^- im Leitungsband	Metalle, Metalloxide, Legierungen, Graphit
Leitung in Halbleitern	Elektronen e^- oder Löcher h^+ im Valenzband	Silicium, Germanium, Cadmiumsulfid, Galliumarsenid, Zinkoxid
Ionen- oder elektrolytische Leitung	Kationen oder Anionen	Salze im festen, flüssigen oder gelösten Zustand, Säuren oder Basen

Die Leitung des elektrischen Stromes kann durch verschiedene Ladungsträger und nach verschiedenen Mechanismen erfolgen. Die **metallische Leitung** ist sehr viel schneller bzw. größer im Vergleich zur Leitung in **Halbleitern** und zur **ionischen Leitung**, was letztendlich mit den unterschiedlichen Wanderungsgeschwindigkeiten der Elektronen in Metallen und Halbleitern bzw. der Ionen im elektrischen Feld zusammenhängt, die sich um den Faktor von ca. 10^6 unterscheiden.
Während die metallische Leitfähigkeit mit steigender Temperatur abnimmt, steigt die elektrolytische Leitfähigkeit und die Leitfähigkeit in Halbleitern mit Temperaturerhöhung an.

Die elektrische Leitfähigkeit von festen Stoffen reicht von $10^6\ \Omega^{-1} \cdot cm^{-1}$ (Metalle) bis zu $10^{-18}\ \Omega^{-1} \cdot cm^{-1}$ (Quarz).

> Stoffe, in denen der Stromtransport durch wandernde Ionen erfolgt, bezeichnet man als **Elektrolyte.**

Echte Elektrolyte enthalten bereits im festen Zustand Ionen in ihrem Kristallgitter. Hierzu gehören fast alle Salze.

$$KCl(s) + x\,H_2O(l) \rightleftharpoons K^+(aq) + Cl^-(aq)$$

Potenzielle Elektrolyte liegen in ihrer reinen Phase nicht in der ionischen Form vor. Die Ionen werden erst durch die Reaktion mit einem Lösungsmittel (im einfachsten Fall mit Wasser) gebildet. Hierzu gehören viele starke Säuren und Basen.

In wässriger Lösung liegen die Ionen immer hydratisiert vor und werden mit dem Zusatz (aq) gekennzeichnet (↗ S. 93).

$$HCl(g) + x\,H_2O(l) \rightleftharpoons H_3O^+(aq) + Cl^-(aq)$$

Elektrolyte dissoziieren in polaren Lösungsmitteln in frei bewegliche Ionen, die als Träger von elektrischen Ladungen zum Stromtransport befähigt sind. Erfolgt diese elektrolytische Dissoziation in die Ionen vollständig, spricht man von **starken Elektrolyten.** Hierzu gehören alle echten Elektrolyte und viele potenzielle Elektrolyte, wie HCl.

Der Dissoziationsgrad α ist der Quotient der Konzentrationen aller dissoziierten Salzteilchen und der Konzentration der ursprünglich in der Lösung vorhandenen Salzteilchen.

Die Dissoziation eines Salzes KA (K: Kation, A: Anion) kann quantitativ durch den **Dissoziationsgrad** α beschrieben werden.

$$KA \rightleftharpoons K^+ + A^-$$

$$\alpha = \frac{c_{GG}(K^+)}{c_0(KA)} = \frac{c_{GG}(A^-)}{c_0(KA)} = \frac{c_0(KA) - c_{GG}(KA)}{c_0(KA)}$$

$c_0(KA)$ – Ausgangskonzentration von KA

c_{GG} – Konzentrationen im Dissoziationsgleichgewicht

Die Dissoziation und damit die „Stärke" von Elektrolyten hängt nicht nur vom Elektrolyten selbst, sondern auch von der Art des Lösungsmittels ab. Die Klassifizierung in starke und schwache Elektrolyten gilt nur für polare Lösungsmittel, z. B. für das bei elektrochemischen Prozessen wichtigste Lösungsmittel Wasser.

Dissoziiert das Salz vollständig ist $\alpha = 1$. Ist das Salz unlöslich und dissoziiert in dem betrachteten Lösungsmittel gar nicht, ist $\alpha = 0$. Der Dissoziationsgrad liegt also immer zwischen Null und 1. Bei starken Elektrolyten ist der Dissoziationsgrad α nahe 1 und unabhängig von der gewählten Konzentration des Elektrolyten.
Als **schwache Elektrolyte** bezeichnet man Stoffe, deren Dissoziationsgrad α sich mit zunehmender Konzentration stark ändert und bei sehr hohen Konzentrationen sich dem Grenzwert Null nähert. Hierzu gehören viele organische Basen und Säuren sowie einige Schwermetallsalze.

starke Elektrolyte	**schwache Elektrolyte**
Schwefelsäure	Essigsäure
Natronlauge	Anilin
Kaliumchlorid	Kupfer(II)-hydroxid
Natriumnitrat	Calciumsulfat

5.2.2 Elektroden und Elektrodenpotenziale

Elektroden und elektrochemische Doppelschicht

Eine **Elektrode** ist ein elektrischer Leiter, der im direkten Kontakt mit einem Elektrolyten steht. An der Elektrode erfolgt der Übergang von Ladungsträgern (Elektronen oder Ionen) zwischen der festen Phase und dem Elektrolyten.

Als Symbol für eine Kupferelektrode wird Cu/Cu^{2+} geschrieben, wobei der Schrägstrich die Phasengrenze kennzeichnet, durch die die Ladungen durchtreten.

Die einfachsten Elektroden sind **Metallelektroden,** bei denen sich das Metall im Kontakt mit seinem in Wasser leicht löslichen Salz befindet. Leicht lösliche Salze dissoziieren vollständig in Metall-Kationen und Anionen ($\alpha = 1$) und es finden Übergänge von Ladungsträgern – bei Metallelektroden von Metall-Ionen – zwischen dem festen Metall und der Elektrolytlösung statt. Man nennt diese Elektroden auch **Elektroden 1. Art** oder **Ionenelektroden.**

Beispiele für Metallelektroden
Silber mit Silbernitratlösung, Kupfer mit Kupfer(II)-sulfatlösung, Eisen mit Eisen(III)-chloridlösung.

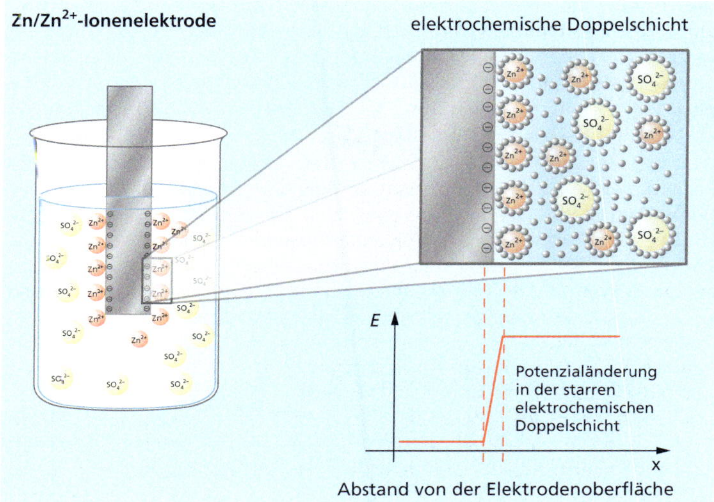

Die Teilchen ● symbolisieren Wassermoleküle, die die Hydrathülle der Ionen bilden. ⊖ sind Elektronen in der metallischen Phase. Zwischen Elektrolytlösung und metallischer Phase stellt sich ein elektrochemisches Gleichgewicht ein.

Taucht man ein Zinkblech in eine verdünnte $ZnSO_4$-Lösung, dann werden an der Metalloberfläche durch Oxidation Zn^{2+}-Ionen gebildet. Diese gehen durch die Phasengrenze in die wässrige Phase über, während die Elektronen im Metall verbleiben.

$$Zn(s) \underset{\text{Reduktion}}{\overset{\text{Oxidation}}{\rightleftharpoons}} Zn^{2+}(aq) + 2\,e^-$$

Aufgrund der elektrostatischen Anziehung zwischen Elektronen und in der Lösung hydratisierten Kationen bildet sich eine **elektrochemische Doppelschicht** aus. Die unterschiedliche Ladung führt zu einer Potenzialdifferenz *E*, die man Elektrodenpotenzial nennt. Dieses kann man nicht direkt messen, da nur ein Pol vorhanden ist, aber nach WALTHER NERNST (1864–1941) theoretisch berechnen.

W. H. NERNST (1864 bis 1941) war ein deutscher Physikochemiker, dem es als erstem gelang, Elektrodenreaktionen durch die nach ihm benannte nernstsche Gleichung quantitativ zu beschreiben.

Die Potenzialdifferenz an der elektrochemischen Doppelschicht entspricht dem **Elektrodenpotenzial** und wird quantitativ durch die **nernstsche Gleichung** beschrieben:

$$E(M/M^{z+}) = E^0(M/M^{z+}) + \frac{R \cdot T}{z \cdot F} \cdot \ln \frac{c(M^{z+})}{c(M)}$$

E – Elektrodenpotenzial eines Metalls M in einer Metallsalzlösung
E^0 – Standardelektrodenpotenzial von M/M^{z+}
T – Temperatur, bei der das Elektrodenpotenzial bestimmt wird
R – Gaskonstante = $8{,}314\ J \cdot mol^{-1} \cdot K^{-1}$
z – Anzahl der ausgetauschten Elektronen pro Formelumsatz
$c(M^{z+})$ – Konzentration der M^{z+}-Ionen in der Lösung
$c(M)$ – Konzentration des Metalls in der festen Phase

In der nernstschen Gleichung werden Konzentrationen *c*(i) immer auf die Standardkonzentration $c^0(i)$ normiert:

$$c(i) = \frac{c(i)}{c^0(i)}$$

Für reine feste und reine flüssige Phasen ist diese normierte Konzentration 1.

Die Potenzialdifferenz E einer Metallelektrode zwischen der festen Phase und der elektrolytischen Phase wird hauptsächlich durch die Art des Metalls und der Metall-Ionen bestimmt. Das Bestreben der Metallatome, Elektronen abzugeben und in die wässrige Lösung überzugehen, hängt in der Regel von ihrer Ioniserungsenergie im PSE und der Hydratationsenthalpie der gebildeten Ionen ab.

Als Standardbedingungen für elektrochemische Prozesse wurde die Temperatur von 298,15 K (25 °C) und der Druck von 101325 Pa (ca. 101,3 kPa) festgelegt.

Dieser Zusammenhang wird durch den ersten Summanden in der nernstschen Gleichung, das Standardelektrodenpotenzial E^0, beschrieben. Das Standardelektrodenpotenzial ist eine thermodynamische Größe, die nicht nur vom Elektrodenmaterial abhängt, sondern sich auch mit der Temperatur und dem Druck ändert. Deshalb hat man **Standardbedingungen** definiert, bei denen man das Standardelektrodenpotenzial bequem bestimmen und vergleichen kann.

Das **Standardelektrodenpotenzial** E^0 ist eine stoffspezifische thermodynamische Größe. Sie beschreibt das Bestreben von Metallen und anderen Stoffen, unter Standardbedingungen *(p, T)* Elektronen abzugeben und in wässrige Lösungen überzugehen.

Der zweite Summand in der nernstschen Gleichung beschreibt den Einfluss der Konzentration der Reaktionspartner auf das Elektrodenpotenzial. Je höher die Konzentration an Metall-Ionen in wässriger Lösung ist, um so positiver wird das Elektrodenpotenzial E. Damit steigt die Tendenz zur Abscheidung der Metall-Ionen. Der Zusammenhang zwischen Elektrodenpotenzial und Konzentration ist logarithmisch und ebenfalls temperaturabhängig.
Die Temperatur geht direkt in den konzentrationsabhängigen Summanden mit ein. Gleiches gilt für die Anzahl der bei der Elektrodenreaktion ausgetauschten Elektronen.

Für eine konstante Temperatur von 298 K vereinfacht sich die nernstsche Gleichung für eine Kupferelektrode, da R und F ebenfalls konstante Größen sind. Außerdem ist die normierte Konzentration des reinen metallischen Kupfers 1 (↗ S. 121):

$$E(\mathrm{Cu/Cu^{2+}}) = E^0(\mathrm{Cu/Cu^{2+}}) + \frac{R \cdot T}{2 \cdot F} \cdot \ln \frac{c(\mathrm{Cu^{2+}})}{c(\mathrm{Cu})}$$

$$E(\mathrm{Cu/Cu^{2+}}) = E^0(\mathrm{Cu/Cu^{2+}}) + \frac{8{,}314\ \mathrm{J} \cdot 298\ \mathrm{K} \cdot \mathrm{mol}}{2\ \mathrm{mol}\ \ \mathrm{K} \cdot 96485\ \mathrm{A \cdot s}} \cdot \ln c(\mathrm{Cu^{2+}})$$

Die Bezeichnung ln kennzeichnet den natürlichen Logarithmus zur Basis e. Der dekadische Logarithmus (log) zur Basis 10 unterscheidet sich um den Faktor 2,303:

$\ln c(X) = 2{,}303 \cdot \lg c(X)$

Durch Umwandlung des natürlichen in den dekadischen Logarithmus erhält man einen konstanten Faktor von 0,0592 V. Der zweite Summand hängt bei konstanter Temperatur nur noch von der Konzentration des Elektrolyten und der Anzahl der ausgetauschten Elektronen ($z = 2$) ab. Erhöht man die Cu^{2+}-Konzentration um das Zehnfache, dann steigt E um 0,0296 V.

$$E(\mathrm{Cu/Cu^{2+}}) = E^0(\mathrm{Cu/Cu^{2+}}) + \frac{0{,}0257\ \mathrm{V}}{2} \cdot 2{,}303\ \lg c(\mathrm{Cu^{2+}})$$

$$E(\mathrm{Cu/Cu^{2+}}) = E^0(\mathrm{Cu/Cu^{2+}}) + \frac{0{,}0592\ \mathrm{V}}{2} \cdot \lg c(\mathrm{Cu^{2+}})$$

Den größten Einfluss auf das Elektrodenpotenzial hat das Standardelektrodenpotenzial. Aber auch die Konzentration der an der Elektrodenreaktion beteiligten Stoffe in der Elektrolytlösung sowie die Temperatur des Systems beeinflussen das Elektrodenpotenzial.

Bilden die Metall-Ionen in der Elektrolytlösung schwer lösliche Salze wie Silberchlorid, dann bezeichnet man die Elektrode als **Elektrode 2. Art**. Das Potenzial der Ag/AgCl-Elektrode wird bei konstanter Temperatur nur von der Konzentration der Chlorid-Ionen in Lösung bestimmt.

$$E(\mathrm{Ag/AgCl}) = E^0(\mathrm{Ag/AgCl}) - \frac{R \cdot T}{z \cdot F} \cdot \ln c(\mathrm{Cl^-})$$

Elektroden 2. Art werden als Bezugselektroden eingesetzt, da sie sich durch ein sehr konstantes Elektrodenpotenzial auszeichnen.

Die Redoxreaktion, die zur Ausbildung der Potenzialdifferenz an der elektrochemischen Doppelschicht führt, ist der **Potenzial bestimmende Schritt**. Elektrodenarten können auch anhand des Potenzial bestimmenden Schritts klassifiziert werden.

Klassifizierung und Bezeichnung von Elektroden

Bezeichnung der Elektrode **Elektrodensymbol**	**Phasengrenze Doppelschicht**	**Ladungsträger**	**Potenzial bestimmender Schritt**
Metall/Metall-Ionenelektrode 1. Art **Cu/Cu^{2+}**	Metall und leichtlösliches Salz des Metalls	Metall-Ionen	$Cu \rightleftharpoons Cu^{2+} + 2\,e^-$
Metall/Metall-Ionenelektrode 2. Art **$Ag/AgCl(s), Cl^-$**	Metall und schwerlösliches Salz des Metalls	Metall-Ionen	$Ag \rightleftharpoons Ag^+ + e^-$ Folgereaktion $Ag^+ + Cl^- \rightleftharpoons AgCl\downarrow$ Gesamtreaktion $Ag + Cl^- \rightleftharpoons AgCl\downarrow + e^-$
Redoxelektrode **$Pt/Fe^{2+}, Fe^{3+}$**	inertes Metall und ein Redoxpaar	Redoxpaare	$Fe^{2+} \rightleftharpoons Fe^{3+} + e^-$
Gaselektrode **$Pt/H_2, 2H^+$** **oder** **$Pt/2\,Cl^-, Cl_2$**	inertes Metall und ein Redoxpaar(mindestens eine Komponente ist ein Gas)	Ionen	$H_2 \rightleftharpoons 2\,H^+ + 2\,e^-$ oder $2\,Cl^- \rightleftharpoons Cl_2 + 2\,e^-$
Ionenselektive Elektroden **Glaselektrode (*pH*-Elektrode)** oder **Chloridelektrode**	spezifischer Ionenaustausch in bzw. an der festen Phase der Elektrode (meist in einer Membranschicht)	H^+ oder OH^- Cl^-	Die Ionen, die durch diese Elektroden detektiert werden, müssen im Potenzial bestimmenden Schritt enthalten sein.

Standardwasserstoffelektrode und elektrochemische Spannungsreihe

Die **Standardwasserstoffelektrode** besteht aus einem platinierten Platinblech, das in eine wässrige Lösung von Oxonium-Ionen mit einer Konzentration von 1 mol · l^{-1} taucht und von Wasserstoff mit einem Partialdruck von 101 325 Pa umspült wird.

Die Standardwasserstoffelektrode kann als Vergleichselektrode zur Bestimmung anderer Elektrodenpotenziale in elektrochemischen Zellen (↗ S. 127) verwendet werden.

An dem platinierten Platinblech stellt sich ein elektrochemisches Gleichgewicht zwischen dem Wasserstoff und den Oxonium-Ionen, vereinfacht dargestellt durch Protonen, ein. Die Bedingungen $p(H_2)$ = 101325 Pa und $c(H^+)$ = 1 mol · l^{-1} werden als **Standardbedingungen** für die Bestimmung von Elektrodenpotenzialen definiert.

Standardwasserstoffelektrode

Pt/H_2 (p = 101325 Pa),
2 H^+ (c = 1 mol · l^{-1})

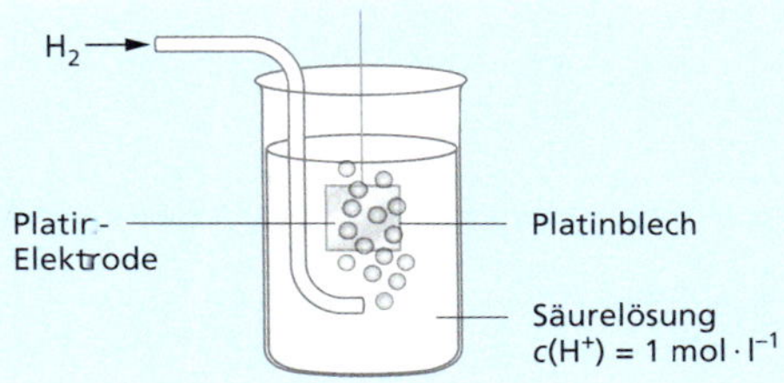

Durch die Normierung der Konzentration $c(H^+)$ und des Partialdrucks $p(H_2)$ auf die Standardbedingungen wird der Quotient der beiden Größen 1.

$$H_2(g) \rightleftharpoons 2\,H^+ + 2\,e^-$$

$$E(H_2/2\,H^+) = E^0(H_2/2\,H^+) + \frac{R \cdot T}{2 \cdot F}\ \ln \frac{c^2(H^+)}{p(H_2)}$$

$$E(H_2/2\,H^+) = E^0(H_2/2\,H^+) + \frac{R \cdot T}{2 \cdot F}\ \ln 1$$

$$\mathbf{E(H_2/2\,H^+) = E^0(H_2/2\,H^+) = 0}$$

Das Standardelektrodenpotenzial der Wasserstoffelektrode wird laut Konvention Null gesetzt. Es dient als Bezugspunkt zum Vergleich und zur Klassifizierung von Standardelektrodenpotenzialen.

Da elektrochemische Reaktionen immer Redoxreaktionen (↗ S. 129) sind, nennt man die Elektrodenpotenziale auch Redoxpotenziale.

Neigen die Metalle stärker dazu, in Lösung zu gehen, besitzen sie ein negatives Standardpotenzial. Wird ein solches unedles Metall in eine saure Lösung getaucht, so geht das Metall freiwillig in Lösung und die feste Phase lädt sich negativ gegenüber der Lösung auf. Das Metall wird dabei oxidiert.
Scheiden sich die Metalle dagegen leicht aus der Lösung an der metallischen Phase ab, besitzen sie positive Standardpotenziale. Wird ein solches Metall in die Lösung seines Metallsalzes getaucht, so scheiden sich die Metall-Ionen aus der Elektrolytphase an der festen Phase des Metalls freiwillig ab und die Elektrode lädt sich gegenüber der Lösung positiv auf. Die Metall-Ionen werden reduziert.

Entsprechend ihrer Standardpotenziale sind Metalle, Elemente und andere Redoxpaare in **Spannungsreihen** zusammengefasst. Da die Standardpotenziale stoffspezifische Größen sind, kann man aus diesen **Redoxreihen** Aussagen zur Oxidierbarkeit von Verbindungen und Teilchen in wässrigen Lösungen ableiten.

Die elektrochemische Spannungsreihe der Metalle wird auch Redoxreihe der Metalle genannt. Auch andere Redoxpaare kann man in diese Reihe einfügen. Spannungsreihen findet man in vielen Tabellen, z. B. unter *www.tafelwerk.de*

Taucht man z. B. ein Kupferblech in eine Lösung, die Ag^{+}-Ionen enthält, dann geht das unedlere Metall (Kupfer) in Lösung, die sich mit steigender Cu^{2+}-Konzentration langsam blau färbt. Das edlere Metall (Silber) scheidet sich elementar am Kupferblech ab.

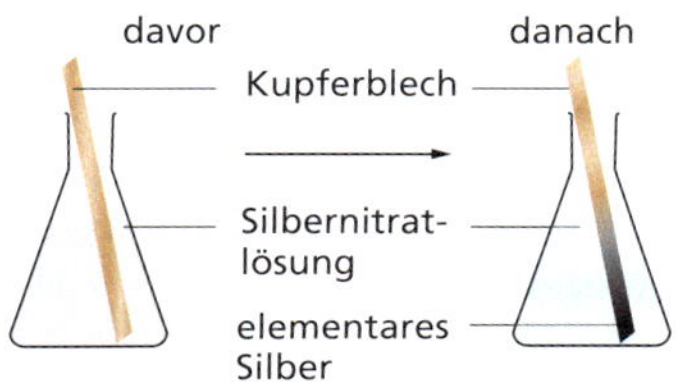

Metalle mit einem negativen Standardpotenzial lassen sich leicht oxidieren und werden als **unedle Metalle** bezeichnet. **Edle Metalle** weisen dagegen ein positives Standardpotenzial auf und lassen sich schwerer elektrochemisch abscheiden bzw. oxidieren. Unedlere Metalle werden von Metall-Ionen edlerer Metalle oxidiert.

Am oberen Ende stehen die ganz unedlen Elemente, deren Tendenz, Elektronen abzugeben, sehr groß ist (z. B. Na, Mg). In positive Richtung vom Wasserstoff gesehen, stehen die edleren Metalle wie Cu, Ag und Au.

Standardpotenziale (p = 101325 Pa; T = 298,15 K)

Redoxpaar	Standardpotenzial in V	Redoxpaar	Standardpotenzial in V
Li/Li^{+}	−3,04	$H_2/2\,H^{+}$	0,00
Ca/Ca^{2+}	−2,87	Sn^{2+}/Sn^{4+}	0,15
Na/Na^{+}	−2,71	Cu^{+}/Cu^{2+}	0,15
Mg/Mg^{2+}	−2,36	Cu/Cu^{2+}	0,35
Al/Al^{3+}	−1,66	Cu/Cu^{+}	0,52
Zn/Zn^{2+}	−0,76	Fe^{2+}/Fe^{3+}	0,77
Cr/Cr^{3+}	−0,74	$2\,Hg/Hg_2^{2+}$	0,80
Cr/Cr^{2+}	−0,56	Ag/Ag^{+}	0,80
Fe/Fe^{2+}	−0,41	Pt/Pt^{2+}	1,20
Ni/Ni^{2+}	−0,23	$2\,Cl^{-}/Cl_2$	1,36
Sn/Sn^{2+}	−0,14	Au/Au^{3+}	1,50
Pb/Pb^{2+}	−0,13	$2\,F^{-}/F_2$	2,87

In der Nähe der Standardwasserstoffelektrode stehen viele Gebrauchsmetalle, wie Zn, Fe, Ni und Pb. Diese sind aufgrund des negativen Standardpotenzials leicht oxidierbar und kommen daher in der Natur in Form ihrer Oxide oder Sulfide vor (↗ S. 221).

5.2.3 Elektrochemische Zellen und Zellspannung

Galvanische Zellen

Eine **elektrochemische Zelle** besteht aus der Kombination von zwei Elektroden bzw. von zwei elektrochemischen **Halbzellen.** Sie kann in Kurzschrift mit einem Zellsymbol charakterisiert werden.

Der Stromschlüssel enthält die Lösung eines Elektrolyten (z. B. KCl oder KNO_3 in wässriger Lösung). Auch eine halbdurchlässige Membran als Stromschlüssel ermöglicht den Durchtritt der Ionen als Ladungsträger und schließt so den Stromkreis.

Verbindet man beispielsweise die Standardwasserstoffelektrode (Halbzelle 2) durch einen leitenden Draht mit einer anderen Elektrode (z. B. mit einer Cu/Cu^{2+}-Elektrode – Halbzelle 1) und verbindet man die beiden elektrochemischen Halbzellen über einen Stromschlüssel, so kann man mit einem Spannungsmessgerät (Voltmeter) eine Spannungsdifferenz nachweisen und messen.

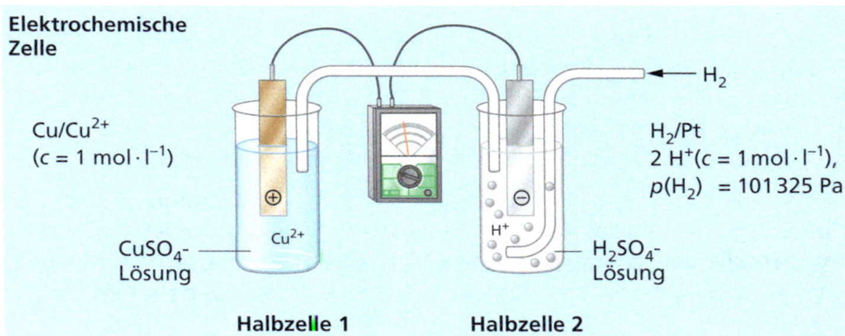

Jede elektrochemische Zelle wird in Kurzschreibweise mit einem Zellsymbol charakterisiert. Das Zellsymbol für diese elektrochemische Zelle wäre: Cu/Cu^{2+} (1 mol · l^{-1})// 2 H^+ (1 mol · l^{-1}), H_2 (101 325 Pa)/Pt

Dies hängt damit zusammen, dass die beiden Elektroden unterschiedliche Elektrodenpotenziale besitzen, deren Ursprung letztendlich in den unterschiedlichen Standardpotenzialen liegt. Durch den Stromschlüssel bleiben die beiden elektrochemischen Halbzellen räumlich voneinander getrennt, sodass folgende elektrochemische Reaktionen an den Elektroden separat ablaufen.

Katode:	$Cu^{2+}(aq) + 2\,e^- \longrightarrow Cu(s)$	Reduktion
Anode:	$H_2(g) \longrightarrow 2\,H^+(aq) + 2\,e^-$	Oxidation

In der linken Halbzelle läuft eine Reduktion und in der rechten Halbzelle eine Oxidation ab. Die Kombination beider Elektrodenreaktionen ergibt die Gesamtreaktion bzw. die **Zellreaktion.**

$$Cu^{2+}(aq) + H_2(g) \longrightarrow Cu(s) + 2\,H^+(aq)$$

Bei elektrochemischen Prozessen sind immer Reduktions- und Oxidationsvorgänge kombiniert, die jedoch getrennt in den Halbzellen ablaufen. Als **Anode** wird die Elektrode bezeichnet, an der die Oxidation stattfindet, als **Katode** immer die Elektrode, an der die Reduktion erfolgt.

Besteht zwischen zwei Elektroden mit unterschiedlichen Elektrodenpotenzialen ein elektrischer Kontakt, dann wird die Potenzialdifferenz durch eine elektrochemische Reaktion ausgeglichen. Aus den unterschiedlichen Elektrodenpotenzialen ergibt sich die **Zellspannung U_Z.**

$$U_Z = E_1 - E_2$$

$$E_1 = E^0(Cu/Cu^{2+}) + \frac{R \cdot T}{2 \cdot F} \ln c(Cu^{2+})$$

$$E_2 = E^0(H_2/2\,H^+) + \frac{R \cdot T}{2 \cdot F} \ln \frac{c^2(H^+)}{p(H_2)}$$

$$U_Z = E^0(Cu/Cu^{2+}) - E^0(H_2/2H^+) + \frac{R \cdot T}{2 \cdot F} \ln \frac{c(Cu^{2+}) \cdot p(H_2)}{c^2(H^+)}$$

Bei Standardbedingungen mit $p(H_2)$ = 101 325 Pa und bei gleichen Ionenkonzentrationen $c(Cu^{2+}) = c(H^+) = 1\ mol \cdot l^{-1}$ folgt daraus:

$$U_Z = E^0(Cu/Cu^{2+}) - E^0(H_2/2H^+)$$

$$\mathbf{U_Z = E^0(Cu/Cu^{2+}) = 0{,}35\ V,} \qquad \text{d. h.} \qquad U_Z > 0$$

Die Zellspannung ist positiv, da das Standardelektrodenpotenzial von Cu/Cu^{2+} größer als das der Standardwasserstoffelektrode ist. Das bedeutet, dass die Zellreaktion zwischen Cu^{2+}-Ionen und Wasserstoff freiwillig abläuft und chemische in elektrische Energie umgewandelt wird.

Elektrochemische Zellen, in denen die Zellreaktion freiwillig unter Umwandlung von chemischer in elektrische Energie abläuft, nennt man **galvanische Zellen.** Die Zellspannung galvanischer Zellen ist positiv. Galvanische Zellen liefern elektrische Energie.

So lange sich die beiden Elektrodenpotenziale voneinander unterscheiden, fließt ein Strom durch die elektrochemische Zelle. Durch die dabei ablaufenden Reaktionen ändern sich die Konzentrationen der Stoffe in den beiden Halbzellen so lange, bis die beiden Halbzellenpotenziale gleich sind.
In diesem Moment ist das **elektrochemische Gleichgewicht** erreicht und die Zellspannung wird Null. Das Verhältnis der Konzentrationen entspricht der elektrochemischen Gleichgewichtskonstanten.

$$U_Z = 0 \qquad E_1 = E_2$$

$$E^0(Cu/Cu^{2+}) + \frac{R \cdot T}{2 \cdot F} \ln c(Cu^{2+}) = E^0(H_2/2\,H^+) + \frac{R \cdot T}{2 \cdot F} \ln \frac{c^2(H^+)}{p(H_2)}$$

$$E^0(Cu/Cu^{2+}) - E^0(H_2/2\,H^+) = \frac{R \cdot T}{2 \cdot F} \ln \frac{c^2(H^+)}{c(Cu^{2+}) \cdot p(H_2)}$$

$$E^0(Cu/Cu^{2+}) - E^0(H_2/2\,H^+) = \frac{R \cdot T}{2 \cdot F} \ln K$$

Die Messung von Zellspannungen erfolgt mit einer speziellen experimentellen Anordnung, der Poggendorffschen Kompensationsmethode.

Freiwillige elektrochemische Reaktionen besitzen negative freie Reaktionsenthalpien (↗ S. 115):

$$\Delta_R G = -z \cdot F \cdot U_Z$$

Sie werden nach dem italienischen Physiker L. GALVANI (1737 bis 1798) galvanische Prozesse genannt.

Die Bedingung

$$U_Z = E_1 - E_2 = 0$$

charakterisiert das elektrochemische Gleichgewicht. Aus der Differenz der Standardpotenziale lässt sich die Lage von elektrochemischen und Redoxgleichgewichten in wässriger Lösung voraussagen (↗ S. 202).

Konzentrationsketten

Das Zellsymbol für diese Zelle lautet:

$Cu/Cu^{2+}(10^{-3}\ mol \cdot l^{-1})//$
$Cu^{2+}(10^{-6}\ mol \cdot l^{-1})/Cu$

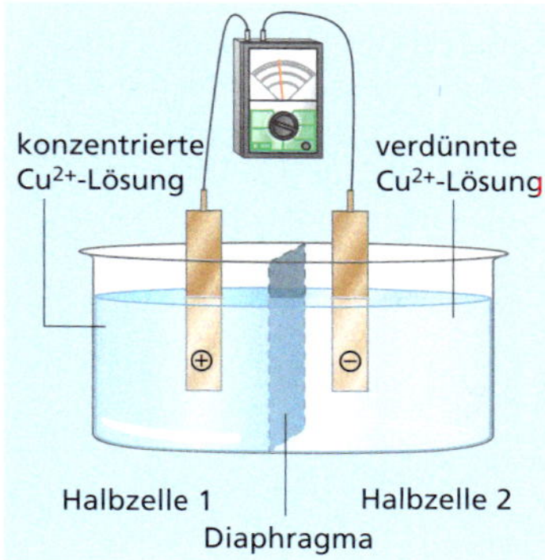

Kontaktiert man zwei gleiche Metallelektroden, die jeweils in unterschiedliche Konzentrationen ihres leicht löslichen Salzes tauchen, dann erhält man eine Konzentrationszelle bzw. **Konzentrationskette**. Auch hier kann mit einem Voltmeter eine Zellspannung gemessen werden. Das hängt damit zusammen, dass sich die beiden Elektrodenpotenziale aufgrund der unterschiedlichen Cu^{2+}-Ionenkonzentrationen in den jeweiligen Halbzellen unterscheiden.

Über das Diaphragma erfolgt kein Austausch von Cu^{2+}-Ionen, sodass die beiden Halbzellen räumlich voneinander getrennt bleiben und die folgenden elektrochemischen Reaktionen separat ablaufen.
Aus der konzentrierten Cu^{2+}-Lösung werden Cu^{2+}-Ionen reduziert und metallisches Kupfer an der Elektrode (Katode) abgeschieden.

Katode: $Cu^{2+}(aq) + 2\,e^- \longrightarrow Cu(s)$

In der rechten Halbzelle (Anode) mit der verdünnten Cu^{2+}-Lösung werden Kupferatome oxidiert und gehen in Lösung:

Anode: $Cu(s) \longrightarrow Cu^{2+}(aq) + 2\,e^-$

Gesamt: $Cu_{Anode} + Cu^{2+}{}_{Katode} \longrightarrow Cu^{2+}{}_{Anode} + Cu_{Katode}$

Die Zellspannung ergibt sich aus der Differenz der Elektrodenpotenziale der Katode und der Anode. Da die Standardpotenziale in beiden Fällen $E^0(Cu/Cu^{2+})$ sind, wird die Zellspannung allein durch die Konzentration der beiden Cu^{2+}-Salzlösungen in den beiden Halbzellen bestimmt.

$$U_Z = E_{Katode} - E_{Anode}$$

$$U_Z = \frac{R \cdot T}{2 \cdot F} \cdot \ln \frac{c_K(Cu^{2+})}{c_A(Cu^{2+})}$$

Die Gesamtelektrodenreaktion läuft so lange freiwillig und in die angegebene Richtung ab, bis die Konzentrationen an Cu^{2+}-Ionen in den beiden Halbzellen gleich groß sind. Dann sind die Elektrodenpotenziale in den beiden elektrochemischen Halbzellen ebenfalls gleich groß und die resultierende Zellspannung ist Null.

Konzentrationsketten liefern nur geringe Zellspannungen, da der Potenzialunterschied nur aus dem Konzentrationsunterschied des entsprechenden Metall-Ions in den beiden Halbzellen resultiert.

Konzentrationsketten sind galvanische Zellen, die aus gleichartigen Elektroden bestehen. Die Zellspannung ergibt sich ausschließlich aus der unterschiedlichen Ionenkonzentration der Elektrolyten.

Umkehrbarkeit elektrochemischer Reaktionen

Elektrochemische Reaktionen sind immer Reaktionen mit Elektronenübergang und damit Spezialfälle von **Redoxreaktionen.** Das Elektrodenpotenzial *E* wird auch Redoxpotenzial genannt und ist ein Maß für das Oxidationsvermögen eines korrespondierenden Redoxpaares (↗ S. 202) *in wässriger Lösung*.

Die Begriffe Standardelektrodenpotenzial, Standardredoxpotenzial oder Normalpotenzial werden als Synonyme für den Begriff Standardpotenzial benutzt (↗ S. 125).

Bei den freiwillig ablaufenden galvanischen Prozessen wird chemische Energie in elektrische Energie umgewandelt. Es ist jedoch auch möglich, die Redoxreaktion umzukehren, d. h. durch Anlegen einer äußeren Gleichspannung eine chemische Reaktion zu erzwingen.
Diese zweite Variante elektrochemischer Reaktionen heißt Elektrolyse (↗ S. 136) und wird zur Synthese von Stoffen wie Chlor oder Aluminium genutzt, die durch chemische Redoxprozesse nicht oder nur schwer hergestellt werden können.

elektrochemische Prozesse

galvanische Prozesse	elektrolytische Prozesse
– freiwillige Reaktion $\Delta_R G < 0$, $U_Z > 0$ – Umwandlung chemischer in elektrische Energie – z. B. Batterien, Brennstoffzellen, Konzentrationsketten	– erzwungene Reaktion $\Delta_R G > 0$, $U_Z < 0$ – Umwandlung elektrischer in chemische Energie – z. B. Chloralkali-Elektrolyse, Raffination von Metallen

Das Vorzeichen der Katode ist bei einer galvanischen Zelle positiv, weil bei der Reduktion Elektronen aus der metallischen Phase abgezogen werden. Dagegen lädt sich die Anode während der freiwillig ablaufenden Oxidation negativ auf, weil Elektronen auf die metallische Phase übertragen werden.
Da die Reduktion an der **Katode** und die Oxidation an der Anode bei einer Elektrolyse nicht freiwillig ablaufen, müssen die Elektronen von außen angeboten bzw. abgezogen werden. Somit müssen zum Ablauf der elektrolytischen Redoxreaktion für den katodischen Teilprozess Elektronen zur Katode geliefert werden und für den anodischen Teilprozess Elektronen von der **Anode** abgezogen werden. Die Vorzeichen der Elektroden bei einem elektrolytischen Prozess sind daher genau entgegengesetzt zu den Vorzeichen von Katode und Anode beim entsprechenden galvanischen Prozess.

Nur in Elektrolysezellen wandern die Kationen zur Katode und die Anionen zur Anode und nur bei der Elektrolyse sind die Vorzeichen für die Katode (–) und für die Anode (+) so, wie in der Physik definiert.

Durch **Elektrolyse** können chemisch nicht freiwillig ablaufende Prozesse erzwungen werden oder galvanische Prozesse durch Verrichtung elektrischer Arbeit umgekehrt werden. Damit die Zellreaktion abläuft, muss eine äußere Gleichspannung angelegt werden.

Anwendungen galvanischer Zellen

Das Hauptanwendungsgebiet galvanischer Zellen bzw. Elemente besteht in der Umwandlung von chemischer in elektrische Energie durch die elektrochemische Zellreaktion.

J. F. DANIELL (1790 bis 1845), ein englischer Physiker und Chemiker, entwickelte 1836 als Erster ein galvanisches Element. Dieses lieferte eine Zellspannung von rund 1,05 V und hatte in den Anfängen der Elektro- und Batterietechnik eine sehr große Bedeutung.

Das klassische Beispiel eines galvanischen Elements zur Energiegewinnung ist das **DANIELL-Element**. Es wird aus einem Kupferblech, das in die wässrige Lösung eines Kupfer(II)-salzes taucht (linke Halbzelle Cu/Cu^{2+}), und einem Zinkblech, das in die wässrige Lösung eines Zinksalzes taucht (rechte Halbzelle Zn/Zn^{2+}), gebildet.

DANIELL-Element

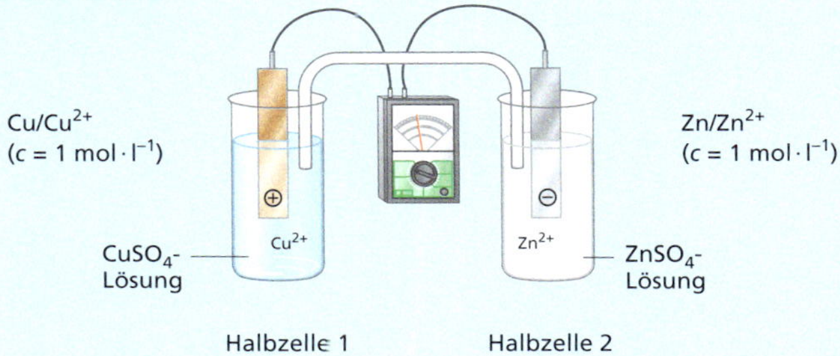

Kupfer-Ionen aus der Cu^{2+}-Salzlösung scheiden sich am Kupferblech ab, während das unedlere Zink mit dem negativeren Standardpotenzial in der anderen Halbzelle in Lösung geht.

Katode:	$Cu^{2+}(aq) + 2\,e^-$	$\longrightarrow$	$Cu(s)$	Reduktion
Anode:	$Zn(s)$	$\longrightarrow$	$Zn^{2+}(aq) + 2\,e^-$	Oxidation

Gesamtzellreaktion:

$$Zn(s) + Cu^{2+}(aq) \longrightarrow Zn^{2+}(aq) + Cu(s)$$

Galvanische Zellen kann man entsprechend der Umkehrbarkeit der Zellreaktion unterscheiden und klassifizieren.

Verwendet man jeweils 1 molare $CuSO_4$ und $ZnSO_4$ Lösungen, so beträgt die resultierende Zellspannung 1,11 V. Während der Stromentnahme ändern sich die Konzentrationen und die Zellspannung sinkt.

$$U_Z = E^0(Cu/Cu^{2+}) - E^0(Zn/Zn^{2+}) + \frac{R \cdot T}{z \cdot F} \cdot \ln \frac{c(Cu^{2+})}{c(Zn^{2+})}$$

$$U_Z = E^0(Cu/Cu^{2+}) - E^0(Zn/Zn^{2+}) = 1{,}11\ V$$

Als **Primärzellen** bezeichnet man elektrochemische Energiequellen, in denen die Zellreaktion nur in eine Richtung läuft. In Primärzellen erfolgt ausschließlich die Umwandlung von chemischer in elektrische Energie. Eine Umkehrung der Zellreaktion und damit ein Wiederaufladen der Zelle ist nicht möglich.

LECLANCHÉ-Element

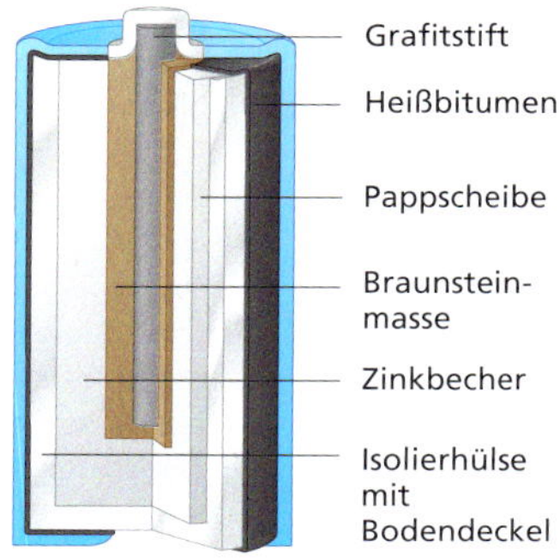

Eine handelsübliche Monozelle bzw. Zink-Kohle-Batterie ist nach dem Prinzip des **LECLANCHÉ-Elements** aufgebaut. Die negative Anode wird durch einen äußeren Zinkbecher gebildet. Die Katode besteht aus einem Grafitstab, der von Braunstein (MnO_2) umgeben ist. MnO_2 bindet den im ersten Schritt entstandenen Wasserstoff und trägt durch diese Redoxreaktion zur Erhöhung der Zellspannung bei. Als Elektrolyt dient mit Stärke angedickte Ammoniumchloridlösung. Deshalb bezeichnet man das LECHLANCHÉ-Element auch als Trockenbatterie. Diese Primärzellen liefern eine Spannung von 1,5 V.

Katode (Grafitstift):

$$2\ NH_4^+(aq) + 2\ e^- + 2\ Cl^-(aq) \longrightarrow 2\ NH_3(aq) + H_2(g) + 2\ Cl^-(aq)$$

$$H_2(g) + 2\ MnO_2(s) \longrightarrow Mn_2O_3(s) + H_2O(l)$$

Anode (Zinkmantel):

$$Zn(s) \longrightarrow Zn^{2+}(aq) + 2e^-$$

$$Zn^{2+}(aq) + 2\ NH_3(aq) + 2\ Cl^-(aq) \longrightarrow [Zn(NH_3)_2]^{2+}(aq) + 2\ Cl^-(aq)$$

Gesamtzellreaktion:

$$Zn(s) + 2\ NH_4^+(aq) + 2\ MnO_2(s) \longrightarrow Mn_2O_3(s) + [Zn(NH_3)_2]^{2+}(aq) + H_2O(l)$$

Zink-Silberoxid-Batterien

Dieser Batterietyp findet als Knopfzelle in Taschenrechnern oder Armbanduhren Verwendung. Als Oxidationsmittel diente früher giftiges Quecksilberoxid, das aber inzwischen durch Silberoxid ersetzt wurde. An der Anode wird ähnlich wie beim LECLANCHÉ-Element Zink oxidiert. Als Elektrolyt verwendet man Kalilauge. Die Gesamtzellreaktion liefert ein Spannung von ca. 1,55 V.

Batterien enthalten oft Schwermetallverbindungen. Sie gehören nicht in den Hausmüll, sondern müssen separat entsorgt werden.

Gesamtzellreaktion:

$$Zn(s) + Ag_2O(s) \longrightarrow ZnO(s) + 2\ Ag(s)$$

Lithium-Zellen

Lithium-Zellen zeichnen sich durch eine lange Lebensdauer von bis zu 10 Jahren und eine hohe Zellspannung (E^0 [Li/Li$^+$] = −3,04 V) aus. Als Anodenmaterial verwendet man Lithium-Mischoxide ($LiNi_xCo_yAl_{1-x-y}O_2$ bzw. $LiCoO_2$) und als Katodenmaterialien Graphit/Mangandioxidelektroden oder polymermodifizierte Graphitelektroden. Da Lithium sehr heftig mit Wasser reagiert, werden organische Lösungsmittel oder Festelektrolyte eingesetzt. Lithiumzellen finden im Haushalt, der Computer- und der Medizintechnik breite Anwendung. In Herzschrittmachern (↗ Abb.) dient Lithiumiodid als Festelektrolyt, der die Katode (Iod eingebettet in ein leitfähiges Polymer) von der Anode trennt.

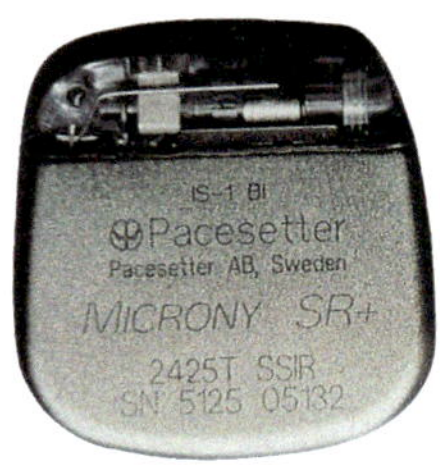

Gesamtzellreaktion: $2\ Li(s) + I_2(s) \longrightarrow 2\ LiI(s)$

Der Ladevorgang ist die durch Zufuhr von elektrischer Energie erzwungene Umkehrung der Zellreaktion und damit ein elektrolytischer Prozess (↗ S. 129).

Sekundärzellen sind Energiequellen, die nach der freiwilligen galvanischen Entladung durch Umkehrung der Zellreaktion mehrfach wieder regeneriert, d. h. aufgeladen werden können.

Es gibt aber nur sehr wenige elektrochemische Ketten, die wie der klassische **Bleiakkumulator** durch *wiederholte Ladung und Entladung* immer wieder zu ihren *gleichen Ausgangs- und Endzuständen kommen*. Voraussetzungen für solche elektrochemischen Prozesse sind, dass sich die Reaktionspartner nicht miteinander vermischen und die Elektroden sich bei den Entlade-Lade-Zyklen nicht verändern.

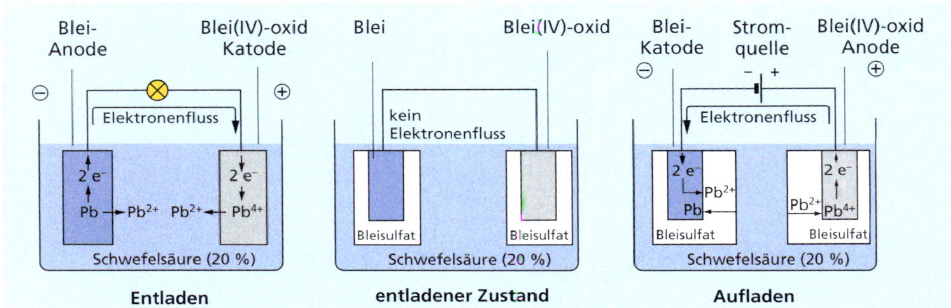

Gesamtzellreaktion:

$$Pb(s) + PbO_2(s) + 4\ H_3O^+(aq) + 2\ SO_4^{2-}(aq) \underset{\text{Laden}}{\overset{\text{Entladen}}{\rightleftharpoons}} 2\ PbSO_4(s) + 6\ H_2O(l)$$

Akkumulatoren stellen sowohl galvanische Zellen (Entladevorgang) als auch Elektrolysezellen (Ladevorgang) dar. Zwischen den beiden Polen I und II kann man eine Spannung von 2,04 V messen, die bei der freiwilligen Entladung negativ ist. Beim Ladevorgang muss zur Umkehrung der Zellreaktion Energie zugeführt werden und deshalb eine positive Spannung angelegt werden.
Schaltet man mehrere Zellen in Reihe, so kann die resultierende Spannung dementsprechend vergrößert werden. Durch Hintereinanderschalten von 6 Zellen erhält man übliche 12 V-Akkumulatoren, die als Batterien für Startvorgänge in Autos eingesetzt werden. Bleiakkumulatoren können eine Lebensdauer von mehr als 20 Jahren erreichen.

$PbO_2(s)/PbSO_4(s)//H_2SO_4(l)/Pb(s)$

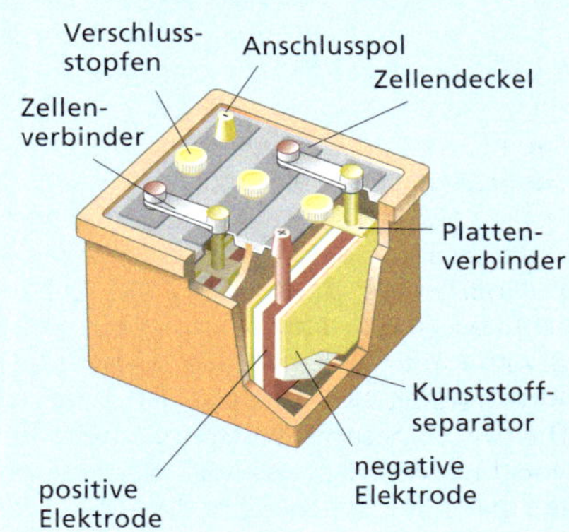

Bleiakkumulatoren sind aufgrund ihres hohen Gewichts nur begrenzt einsetzbar. Kleinere und leichtere Akkumulatoren sind Nickel-Cadmium- oder Nickel-Metallhydrid-Akkumulatoren.

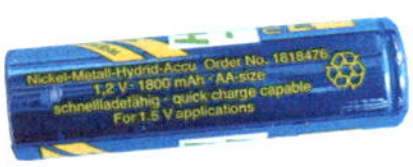

Brennstoffzelle

Verstärkt wird in den letzten Jahren an neuen Energiequellen für eine kontinuierliche Stromerzeugung und -versorgung geforscht. Diese sollen perspektivisch auch als Antrieb und Energiequelle für Kraftfahrzeuge genutzt werden. Die besten Erfolge hat man mit der Wasserstoff-Sauerstoff-Zelle, der so genannten **Brennstoffzelle** erreicht, mit der schon einige Prototypen von Autos betrieben werden. Die Gesamtzellreaktion entspricht der Verbrennung von Wasserstoff mit Sauerstoff (Knallgasreaktion). In der Brennstoffzelle wird die Reaktion jedoch kontrolliert durchgeführt, sodass die chemische Energie in einem kontinuierlichen Prozess hauptsächlich in elektrische Energie umgewandelt werden kann.

Seit März 2004 hat ein japanischer Autobauer einen Brennstoffzellenantrieb in Betrieb, der bis –20 °C betriebssicher ist und eine nachgewiesene Reichweite von ca. 400 km hat.

Katode: $O_2(g) + 4\,H_3O^+(aq) + 4\,e^- \longrightarrow 6\,H_2O(l)$
Anode: $2\,H_2(g) + 4\,H_2O(l) \longrightarrow 4\,H_3O^+(aq) + 4\,e^-$

Gesamtzellreaktion: $O_2(g) + 2\,H_2(g) \longrightarrow 2\,H_2O(l)$

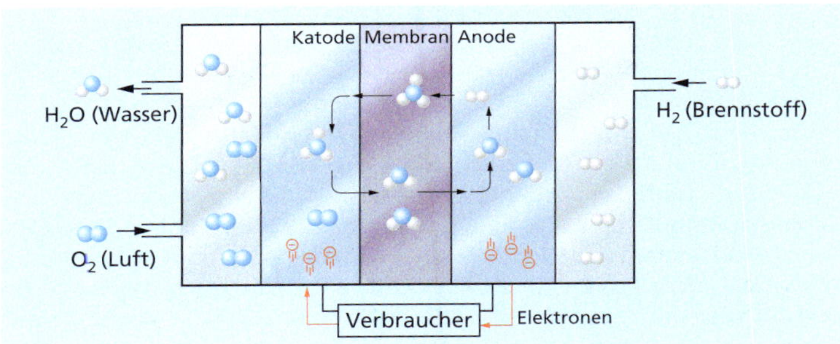

Sauerstoff und Wasserstoff werden in getrennten Elektrodenräumen zugeführt, die durch eine ionendurchlässige Membran getrennt sind. Diese Membran ist ca. 0,1 mm dick und muss gasdicht sein, damit Sauerstoff und Wasserstoff nicht direkt miteinander reagieren. Sie muss durchlässig für Oxonium-Ionen, jedoch undurchlässig für Elektronen sein. Die an der Anode entstehenden Oxonium-Ionen wandern durch die Membran, während die Elektronen über einen Verbraucher zur Katode geführt werden.
Die Elektroden müssen gegen den Elektrolyten beständig sein und einen hohen elektrochemischen Stoffumsatz gewährleisten. Sie werden mit Palladium- oder einer Platinlegierung beschichtet, die bei < 100 °C für eine ausreichende Reaktionsgeschwindigkeit sorgt.
Die Vorteile der Brennstoffzelle bestehen hauptsächlich darin, dass die Rohstoffe Sauerstoff und Wasserstoff nahezu unbegrenzt zur Verfügung stehen und dass das Verfahren extrem schadstoffarm ist. Nachteile ergeben sich aus der kostenaufwendigen Herstellung und den Sicherheitsproblemen beim Umgang mit Wasserstoff.

Zunehmend werden auch wasserstoffhaltige Verbindungen wie Erdgas oder Methanol in **Brennstoffzellen** eingesetzt, die aber aufwändig entschwefelt werden müssen.

Elektrochemische Korrosion

Elektrochemische Korrosion ist die Auflösung oder Zerstörung einer metallischen Oberfläche durch elektrochemische Reaktionen.

Aus der Stellung der Metalle in der Redoxreihe (↗ S. 125) kann das elektrochemische Verhalten abgeschätzt und beurteilt werden. Unedle Metalle werden leichter oxidiert. Sie korrodieren dadurch stärker als edle Metalle.

Elektrochemische Korrosion kann immer dort auftreten, wo zwei unterschiedliche Metalle im direkten elektrischen Kontakt stehen. Sind diese unterschiedlichen Metalle direkt miteinander verbunden oder durch einen Elektrolyten miteinander kontaktiert, so bildet sich ein **Lokalelement** aus. Lokalelemente sind spezielle galvanische Elemente, die auf einen sehr kleinen Bereich begrenzt sind.

Lokalelement

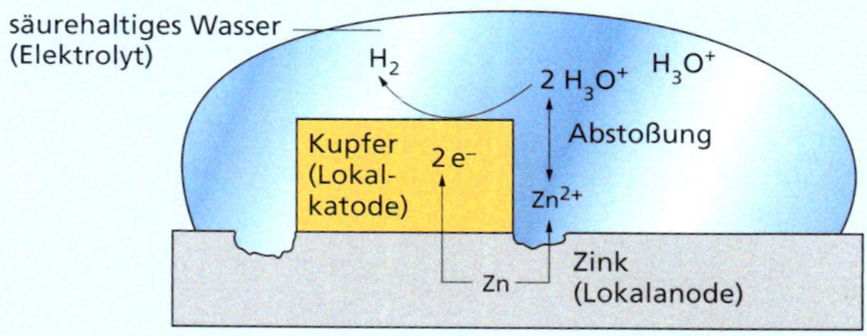

Der Begriff Korrosion (*corrodere*: lat. = zernagen) wird heute auch auf nicht metallische Werkstoffe angewendet. Häufig werden darunter auch Schädigungen durch physikalische, biologische und chemische Prozesse zusammengefasst.

Ein solches Lokalelement kann sich beispielsweise ausbilden, wenn Zinkrohre mit Kupfer verlötet werden. Das unedlere Zink bildet die Lokalanode. Der anodische Oxidationsprozess führt dazu, dass Zink sich langsam aufzulösen beginnt. Die Elektronen fließen zum Kupfer, das als Lokalkatode fungiert. Da Kupfer ein edles Metall ist ($E^0(Cu/Cu^{2+}$ = 0,35 V), erfolgt an der Lokalkatode als Reduktionsprozess die Abscheidung von Wasserstoff.

Lokalanode: $Zn(s) \longrightarrow Zn^{2+}(aq) + 2\,e^-$

Lokalkatode: $2\,H_3O^+(aq) + 2\,e^- \longrightarrow H_2(g) + 2\,H_2O(l)$

Besonders stark unterliegen Eisenwerkstoffe der Korrosion. Durch Rosten von Eisen enstehen jährlich Schäden in Milliardenhöhe. Ca. 30% der Stahlproduktion wird dafür benötigt, Korrosionsschäden zu ersetzen. Ursachen der Rostbildung sind Redoxreaktionen mit Sauerstoff, Wasser, Säuren oder die Bildung von Lokalelementen mit Verunreinigungen des Eisens. Die elektrochemischen Vorgänge beim **Rosten** sind sehr komplex. Stark vereinfacht laufen folgende Prozesse ab:

Anode: $Fe(s) \longrightarrow Fe^{2+}(aq) + 2\,e^-$

Katode: $\frac{1}{2}\,O_2(g) + H_2O(l) + 2\,e^- \longrightarrow 2\,OH^-(aq)$

In einer chemischen Folgereaktion wird schwer lösliches Eisen(II)-hydroxid gebildet, das mit weiterem Sauerstoff zu dem umgangssprachlich als Rost bezeichneten Eisen(III)-oxid-hydroxid oxidiert wird.

$$Fe^{2+}(aq) + 2\ OH^-(aq) \longrightarrow Fe(OH)_2(s)$$
$$Fe(OH)_2(s) + \tfrac{1}{2}\ O_2(g) \longrightarrow FeO(OH)(s) + H_2O(l)$$

Die Geschwindigkeit des Rostens hängt von den äußeren Bedingungen ab. An trockener Luft oxidert reines Eisen nur sehr langsam. Roheisen, das Verunreinigungen edlerer Metalle enthält, rostet viel schneller, weil sich Lokalelemente herausbilden, an denen das unedle Eisen oxidiert wird. Die Luftfeuchte und der Säuregehalt, z. B. saurer Regen (↗ S. 414), beschleunigen die Rostbildung ebenfalls. Die in Wasser gut löslichen Oxonium-Ionen können so leicht mit dem Eisen in direkten Kontakt treten und das unedle Eisen unter Wasserstoffbildung oxidieren.

Anode: $Fe(s) \longrightarrow Fe^{2+}(aq) + 2\ e^-$

Katode: $2\ H_3O^+(aq) + 2\ e^- \longrightarrow H_2(g) + 2\ H_2O$

Die Auflösung eines Metalls in Säuren wird als **Säurekorrosion** bezeichnet. Sie findet überwiegend bei niedrigen *pH*-Werten und Sauerstoffmangel statt. Die **Sauerstoffkorrosion** eines Metalls, z. B. durch Luftsauerstoff, überwiegt in neutraler Umgebung und bei ungehindertem Sauerstoffzutritt.

Im Gegensatz zu anderen Oxidschichten haftet Rost nicht fest an der Oberfläche, sodass die Korrosion immer weiter fortschreiten kann.

Korrosionsschutz

Angesichts der immensen Schäden durch Korrosion von Metallen, insbesondere von Eisenteilen, hat der **Korrosionsschutz** eine enorme volkswirtschaftliche Bedeutung. Beim passiven Korrosionsschutz versucht man, durch zusätzlich aufgebrachte Lack- oder Kunststoffüberzüge bzw. andere Beschichtungen das Metall vor dem Angriff von Oxidationsmitteln zu schützen. Beim aktiven Korrosionsschutz wird mittels eines anderen elektrochemischen, anodischen Prozesses die anodische Oxidation des zu schützenden Metalls verhindert.

Die Vermeidung der Korrosion beginnt bei der Auswahl korrosionsbeständiger Werkstoffe, z. B. Messing (↗ S. 369) oder Edelstahl, die durch ihre Zusammensetzung sehr korrosionsbeständig sind.

passiver Korrosionschutz	aktiver Korrosionsschutz
Passivierung durch fest haftende Metalloxidschichten, z. B. bei Zn, Al, Ni	katodischer Schutz durch Verbindung mit unedleren Opferanoden, z. B. Mg bei Schiffskörpern
Emaillieren oder Feuerverzinken	elektrolytische Abscheidung von unedleren Metallen, z. B. Verzinken von Eisen
Erzeugen fest haftender Polymer- oder Phosphatschichten, z. B. Eisenphosphat	Schalten des zu schützenden Metalls als Katode mit einer inerten Anode, z. B. Kohle, durch Anlegen einer Gleichspannung
Aufbringen organischer Lacke, z. B. Öl- Nitro- oder Alkydharzfarben	Legierungen, die die Bildung einer dichten, korrosionsstabilen Oxidschicht fördern, z. B. Edelstahl

Eine der wichtigsten Methoden ist das **Galvanisieren,** bei dem elektrolytisch unedle Metalle wie Zn oder Cr, z. B. auf Stahl abgeschieden werden.

5.2.4 Elektrolytische Prozesse

Die Zellspannung für die ablaufenden elektrochemischen Prozesse in den beiden Halbzellen ist negativ. Die freie Reaktionsenthalpie für die Zellreaktion ist somit positiv – die Reaktion läuft energetisch nicht freiwillig ab.

Elektrolytische Prozesse sind elektrochemische Reaktionen, bei denen nicht freiwillig ablaufende Stoffumwandlungsprozesse durch Anlegen einer äußeren Spannung erzwungen werden. Elektrische Energie (Strom) wird in chemische Energie (Stoffe) umgewandelt.

Die **Elektrolyse** ist die Umkehrung galvanischer Prozesse durch Verrichten elektrischer Arbeit. So kann Wasser elektrolysiert werden, indem man zwei Platinelektroden in verdünnte Schwefelsäure oder Kalilauge taucht und eine Spannung von mindestens 1,23 V anlegt.

Anode:	$4\,OH^-(aq) \longrightarrow 2\,H_2O(l) + O_2(g) + 4\,e^-$
Katode:	$4\,H_2O(l) + 4\,e^- \longrightarrow 4\,OH^-(aq) + 2\,H_2(g)$
Gesamt:	$2\,H_2O(l) \longrightarrow 2\,H_2(g) + O_2(g)$

Die Mindestspannung von 1,23 V, die theoretisch erforderlich ist, um die elektrolytische Reaktion in Gang zu bringen, nennt man **Zersetzungsspannung.** Sie ergibt sich aus der Summe der Elektrodenpotenziale des anodischen und katodischen Prozesses.
In der Praxis stellt man jedoch fest, dass die elektrolytische Zersetzung erst bei einer höheren Spannung als 1,23 V erfolgt. Das hat u. a. damit zu tun, dass die Elektroden und der Elektrolyt einen ohmschen Widerstand aufweisen, der zum Spannungsabfall durch die so genannte Badspannung führt. Noch gravierender wirkt sich die Tatsache aus, dass die Elektrodenpotenziale im stromdurchflossenen Zustand bei der Elektrolyse nicht identisch sind mit den nach der nernstschen Gleichung bestimmbaren Potenzialen im stromlosen Zustand.

Die Differenz zwischen dem Elektrodenpotenzial bei Stromfluss und dem Gleichgewichtselektrodenpotenzial der nernstschen Gleichung bezeichnet man als **Überspannung** η.

$$\eta = E_{\text{Stromfluss}} - E_{(I=0)}$$

Die Überspannung bei elektrolytischen Prozessen hat in erster Linie kinetische Ursachen und hängt von vielen Faktoren, z. B. dem Elektrodenmaterial, ab.

Die praktisch notwendige Zersetzungsspannung U_{Zers} setzt sich also aus drei Komponenten zusammen:

$$U_{\text{Zers}} = E_{\text{Katode}} - E_{\text{Anode}} + U_{\text{Bad}} + \eta$$

Speziell Elektrolysen, bei denen Gase als Reaktionsprodukte entstehen, weisen oftmals sehr hohe Überspannungen auf. Bei der Wasserelektrolyse kann die Überspannung je nach Stromfluss und Elektrodenmaterial bis zu 2 V betragen. Somit müssen viel größere Zersetzungsspannungen angelegt werden, als man über die entsprechenden nernstschen Gleichungen aus den jeweiligen Elektrodenpotenzialen berechnet.

Faradaysche Gesetze

Der bei der Elektrolyse durch die Elektroden fließende Strom ist direkt mit dem chemischen Stoffumsatz verbunden. Während einer Elektrolyse verringern sich in der Regel die Konzentrationen der beteiligten, elektrochemisch umgesetzten Stoffe in den beiden Halbzellen. Der Stromfluss sinkt während der Elektrolysedauer, wenn man eine konstante Spannung anlegt.
Die quantitativen Beziehungen zwischen der geflossenen Ladungsmenge und den umgesetzten Produkten leitete MICHAEL FARADAY (1791 bis 1867) in den Jahren 1833–1834 ab.

1. Faradaysches Gesetz:
Die Stoffmenge eines Reaktionsproduktes n(B) ist proportional zur geflossenen Ladungsmenge Q:

$$n(\mathrm{B}) \sim Q \qquad n(\mathrm{B}) = \frac{m(\mathrm{B})}{M(\mathrm{B})}$$

$$Q = I \cdot t$$

$$Q = I \cdot t = z \cdot F \cdot n(\mathrm{B})$$

$$I \cdot t = \frac{z \cdot F \cdot m(\mathrm{B})}{M(\mathrm{B})}$$

I – Stromstärke
t – Zeit
z – Elektronenanzahl
F – FARADAY-Konstante

Die FARADAY-Konstante F verbindet die Elementarladung mit der Stoffmenge:

$$F = e^- \cdot N_A$$

e^- – Elementarladung
N_A – AVOGADRO-Konstante

Verdoppelt man die Stromstärke I oder die Zeit t, so scheidet sich auch die doppelte Menge des Stoffes B ab. Auf Grundlage des 1. Faradayschen Gesetzes kann man die geflossene Ladungsmenge über die Masse eines elektrolytisch abgeschiedenen Stoffes bestimmen. Diese Messeinrichtungen bezeichnet man als Coulometer; sie sind sehr genaue Messeinrichtungen zur Bestimmung der tatsächlich geflossenen Ladungsmenge. In der Praxis werden überwiegend Kupfer- bzw. Silbercoulometer eingesetzt.

2. Faradaysches Gesetz
Die Massen von durch gleiche Ladungsmengen abgeschiedenen Stoffen verhalten sich zueinander wie die Quotienten aus Molmassen und ausgetauschten Elektronen.

$$\frac{M(\mathrm{A}) \cdot |z(\mathrm{B})|}{|z(\mathrm{A})| \cdot M(\mathrm{B})} = \frac{m(\mathrm{A})}{m(\mathrm{B})}$$

Die von M. FARADAY (1791–1867) entdeckten Gesetze bilden die Grundlage für verschiedene elektrochemische Analysemethoden.

Demzufolge hängt die an einer Elektrode umgesetzte **Stoffmenge** bei konstanter zur Verfügung stehender Ladung ausschließlich von der Anzahl der ausgetauschten Elektronen ab. So werden bei einer geflossenen Ladung von 96 485 C genau 1 mol Silber (z = 1) bzw. 0,5 mol Zink (z = 2) bzw. 0,25 mol Disauerstoff (z = 4) elektrolytisch abgeschieden.

Die **Faradayschen Gesetze** stellen den quantitativen Zusammenhang zwischen der elektrischen Ladung und dem elektrochemischen Stoffumsatz her. Sie wirken unabhängig von der chemischen Natur des elektrolytisch abgeschiedenen Stoffes.

Anwendungen von Elektrolyseprozessen

Bei der Anwendung elektrolytischer Prozesse in Wissenschaft und Technik haben sich drei Haupteinsatzgebiete herauskristallisiert:
1. industrielle Syntheseverfahren von Elementen und Verbindungen
2. elektrochemische Analyseverfahren
3. Korrosionsschutz durch Elektrolyse

Für das stärkste chemische Oxidationsmittel Fluor ist die Schmelzflusselektrolyse die einzige Möglichkeit zur Synthese des Elements.

Großtechnische Synthesen mittels Elektrolyse
Mittels elektrolytischer Verfahren werden Stoffe hergestellt, die durch chemische Redoxreaktionen nicht oder nur sehr aufwändig gewonnen werden könnten. Dabei unterscheidet man grundsätzlich zwischen der **Elektrolyse in wässrigen Lösungen** und der **Schmelzflusselektrolyse**.
Die Elektrolyse aus wässrigen Lösungen ist zwar energetisch weniger aufwändig, kann aber nur durchgeführt werden, wenn das tatsächliche Abscheidepotenzial des gewünschten Elektrolyseproduktes kleiner ist, als das Abscheidepotenzial von Wasserstoff bzw. Sauerstoff aus der jeweiligen Elektrolytlösung ist.

Verfahren	Produkte	Bedeutung
Chloralkali-Elektrolyse (↗ S. 400)	Chlor und Natronlauge	wichtige Grundstoffe der chemischen Industrie
Schmelzflusselektrolyse von Aluminium (↗ S. 402)	Aluminium als Gebrauchsmetall	zweitwichtigstes Metall nach Eisen, z. B. im Fahrzeug- und Flugzeugbau
Elektroraffination von Kupfer (↗ S. 223)	Kupfer als Hauptprodukt und Silber, Gold, Platin als Nebenprodukte	Herstellung von hochreinem Kupfer, z. B. für die Elektroindustrie
Herstellung organischer Verbindungen	z. B. Anilin aus Nitrobenzen	Synthese chemisch schwer zugänglicher Verbindungen

Weitere wichtige elektrochemische Analysemethoden sind die Konduktometrie, die Potenziometrie und die Elektrophorese, die u. a. zur DNA-Analyse angewendet wird.

Elektrochemische Analysemethoden
Elektrochemische Prozesse bilden die Grundlage für viele qualitative und quantitative Analysemethoden (↗ S. 432 ff.).

Durch Elektrogravimetrie kann z. B. der Kupfergehalt wässriger Lösungen sehr genau bestimmt werden. Cu^{2+}-Ionen werden dabei so lange an der Katode abgeschieden, bis ein Anstieg der notwendigen Gleichspannung anzeigt, dass keine Cu^{2+}-Ionen mehr im Elektrolyten vorliegen. Durch Wägung der Katode kann die Masse an Kupfer in der Probelösung direkt ermittelt werden.

Korrosionsschutz durch Elektrolyse

Galvanisieren ist die elektrolytische Herstellung metallischer Überzüge auf anderen Werkstoffen, meistens auf Metallen.

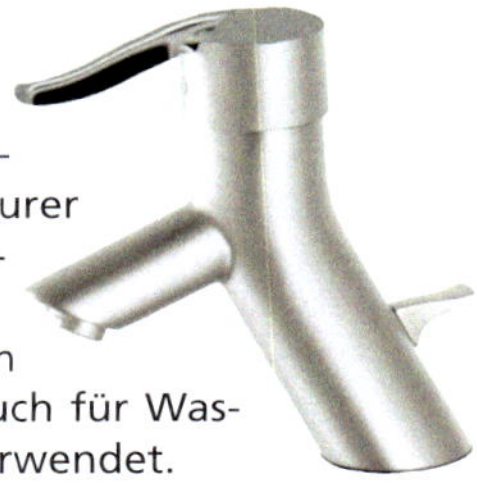

Das Galvanisieren ist trotz seines Namens ein *elektrolytischer Prozess*. Ein Beispiel ist die Verchromung eisenhaltiger Metalle aus saurer Dichromatlösung. Aufgrund seiner guten Luft- und Feuchtigkeitsbeständigkeit wird Chrom für rostschützende Überzüge von Eisenteilen von Kraftfahrzeugen und Fahrrädern, aber auch für Wasserhähne und Armaturen im Sanitärbereich verwendet.
Als Elektrolyt bei **Verchromungen** dient eine Chromsäurelösung, der Chrom(III)-sulfat und Schwefelsäure zugesetzt werden. Das zu verchromende Metallteil wird dann als Katode geschaltet, an der Cr^{3+}-Ionen zu metallischem Chrom reduziert werden und eine bis zu 500 µm dicke optisch attraktive Korrosionsschutzschicht bilden.

Die **Elektrotauchlackierung** ist ein Verfahren, bei dem unedles Zink elektrolytisch als Oberflächenschutzschicht auf edleren Metallen abgeschieden wird.

Das Vergolden, Versilbern oder Verzinnen sind Galvanisierungsprozesse, bei denen edle, korrosionsbeständige Metalle elektrolytisch auf der Oberfläche unedlerer Metalle abgeschieden werden.

Bei der Elektrotauchlackierung wird ebenfalls das zu überziehende Metallteil als Katode genutzt. Das Tauchbad enthält eine Zinkchlorid-Lösung als Elektrolyt. Als Anode wird eine Zinkplatte im Tauchbad geschaltet. Die anliegende Spannung beträgt dabei ungefähr 20 Volt.

Katode: $Zn^{2+}(aq) + 2\,e^- \longrightarrow Zn(s)$
Anode: $2\,Cl^-(aq) \longrightarrow Cl_2(g) + 2\,e^-$

Bei sorgfältiger Vorbehandlung der Metallteile ist es möglich, eine ca. 5 µm dünne Zinkschicht auf ganze Autokarosserien oder andere große Metallteile zu bringen.
Der Korrosionsschutz durch unedlere Metalle wie Zink ist sehr dauerhaft, weil diese zum einen dichte, korrosionsbeständige Metalloxidschichten bilden. Zum anderen entsteht bei kleinen Beschädigungen ein Lokalelement, an dem das unedlere Metall ($E^0[Zn/Zn^{2+}] = -0{,}76$ V) oxidiert wird und nicht das edlere Eisen ($E^0[Fe/Fe^{2+}] = -0{,}41$ V). Bei einer Beschichtung mit edleren Metallen wie Zinn ($E^0[Sn/Sn^{2+}] = -0{,}14$ V), fungiert Eisen dagegen als Lokalanode, und die Korrosion schreitet deutlich schneller voran als bei verzinkten Eisenteilen.

Ein Beispiel für die anodische Oxidation von Metallen ist das Eloxal-Verfahren (↗ S. 368), mit dem eine korrosionsbeständige, fest haftende Oxidschicht auf der Oberfläche unedler Metalle wie Aluminium erzeugt wird

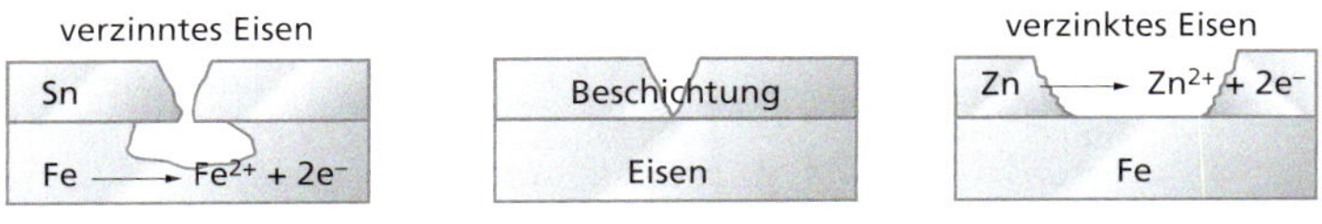

5.3 Chemische Kinetik

5.3.1 Zeitlicher Ablauf chemischer Reaktionen

Reaktionen, die thermodynamisch möglich sind, aber nur mit einer extrem langsamen Geschwindigkeit ablaufen, nennt man kinetisch gehemmt (↗ S. 148).

Die chemische Thermodynamik (↗ S. 115) erlaubt Voraussagen darüber, ob eine Reaktion zwischen Stoffen aus energetischer Sicht freiwillig abläuft, oder ob sie durch Zufuhr von Arbeit bzw. Energie erzwungen werden muss. Aus thermodynamischen Gesetzen können jedoch keine Aussagen darüber abgeleitet werden, wie schnell und auf welchem Weg die Umwandlung der Edukte (Ausgangszustand) in die Produkte (Endzustand) erfolgt.

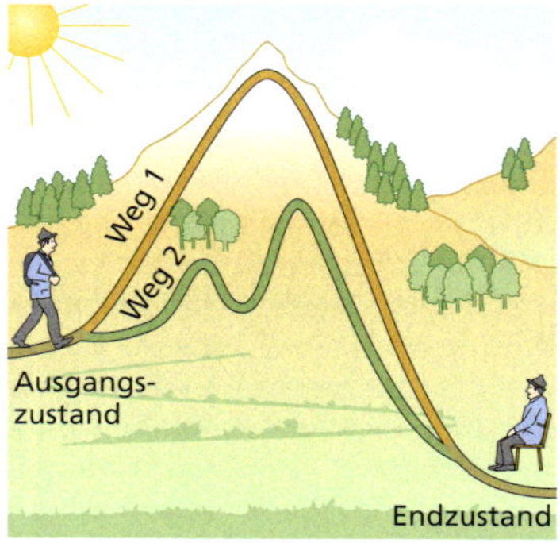

So sind eine Vielzahl chemischer Reaktionen zwar exergonisch, finden aber bei Raumtemperatur nur sehr langsam statt. Ein typisches Beispiel ist die Bildung von Ammoniak (↗ S. 169) aus den Elementen Stickstoff und Wasserstoff, die erst bei Temperaturen von mehr als 400 °C mit einer messbaren Geschwindigkeit abläuft.

Die Geschwindigkeit chemischer Reaktionen kann nur untersucht werden, wenn sich das System nicht im thermodynamischen Gleichgewicht befindet (↗ S. 157).

Der zeitliche Ablauf thermodynamisch möglicher Reaktionen wird in der chemischen **Kinetik** betrachtet. Im Mittelpunkt steht dabei die Messung und Berechnung der Reaktionsgeschwindigkeit, die von verschiedenen Faktoren, z.B. der Temperatur, beeinflusst wird. Damit eng verknüpft ist die Analyse des Reaktionsmechanismus, d.h. der einzelnen Teilschritte oder Teilwege, die bei einer chemischen Reaktion durchlaufen werden. Unterschiedliche Reaktionswege führen zu unterschiedlichen Reaktionsgeschwindigkeiten.

Die chemische Reaktionskinetik ist die Lehre vom zeitlichen Ablauf thermodynamisch möglicher Reaktionen. Dazu gehören die Bestimmung der Geschwindigkeit und die Aufklärung des Mechanismus chemischer Reaktionen.

Geschwindigkeit chemischer Reaktionen

Aus $n(\mathrm{A}) = c(\mathrm{A}) \cdot V$ folgt, dass bei konstantem Volumen des Systems gilt:

$c(\mathrm{A}) \sim n(\mathrm{A})$ und $\Delta c(\mathrm{A}) \sim \Delta n(\mathrm{A})$

Die Geschwindigkeit einer chemischen Reaktion entspricht der in einer bestimmten Zeit Δt gebildeten Stoffmenge an Produkten bzw. dem Verbrauch an Ausgangsstoffen (Edukten). Da bei kinetischen Untersuchungen meist die Konzentrationen der Stoffe im Reaktionssystem analytisch bestimmt werden, betrachtet man in der Regel die Konzentrationsänderungen Δc, die den Stoffmengenänderungen Δn proportional sind, als Maß für die Reaktionsgeschwindigkeit v_R:

$$v_R = -\frac{\Delta c\ (\text{Ausgangsstoff})}{\Delta t} = \frac{\Delta c\ (\text{Endstoff})}{\Delta t}$$

Die **Reaktionsgeschwindigkeit** v_R beschreibt die Änderung der Konzentrationen der an einer chemischen Reaktion beteiligten Stoffe pro Zeiteinheit. Sie ist immer positiv und hat die Einheit $mol \cdot l^{-1} \cdot s^{-1}$.

Bei chemischen Reaktionen erfolgen die Konzentrationsänderungen der Stoffe immer entsprechend der Reaktionsgleichung. Um eine vergleichbare Reaktionsgeschwindigkeit durch die Konzentrationsänderung jedes einzelnen Stoffes zu erhalten, müssen die stöchiometrischen Faktoren ν(i) berücksichtigt werden. Dadurch, dass den Stöchiometriezahlen der Edukte negative Vorzeichen zugeordnet werden, bleibt die Reaktionsgeschwindigkeit immer positiv.

Für die Zersetzung von Distickstoffpentoxid ergibt sich:

$$2\,N_2O_5 \longrightarrow 4\,NO_2 + O_2$$

$$v_R = -\frac{1}{2} \cdot \frac{\Delta c(N_2O_5)}{\Delta t} = \frac{1}{4} \cdot \frac{\Delta c(NO_2)}{\Delta t} = \frac{1}{1} \cdot \frac{\Delta c(O_2)}{\Delta t} = \frac{1}{\nu(i)} \cdot \frac{\Delta c(i)}{\Delta t}$$

Um die Konzentration eines Stoffes zeitlich zu verfolgen, benötigt man analytische Methoden, die kontinuierlich und sehr schnell die Konzentration des entsprechenden Stoffes bestimmen. Dazu zählen z. B. die Photometrie oder die Potenziometrie (↗ S. 432).

Zur experimentellen Bestimmung der Reaktionsgeschwindigkeit genügt es, den zeitlichen Verlauf der Konzentration *einer* in der Reaktionsgleichung enthaltenen Komponente zu verfolgen. Diese Werte trägt man in einem **Konzentrations-Zeit-Diagramm** gegeneinander auf.

Daraus kann man die momentane und die durchschnittliche Geschwindigkeit einer chemischen Reaktion bestimmen. Die **Momentangeschwindigkeit** ist die Steigung dc/dt an einem Punkt im Konzentrations-Zeit-Diagramm. Sie nimmt im Verlauf der Reaktion kontinuierlich ab, weil die Konzentration der beteiligten Edukte immer kleiner wird.
Die Momentangeschwindigkeit ist deshalb zu Beginn der Reaktion (Anfangsgeschwindigkeit) am größten. Die **Durchschnittsgeschwindigkeit** über ein längeres Zeitintervall erhält man aus dem Anstieg einer Geraden, die man zwischen zwei Zeitpunkte im Konzentrations-Zeit-Diagramm legt.

Da sich die Reaktionsgeschwindigkeit ständig ändert, muss man für die Momentangeschwindigkeit ein sehr kleines Intervall $\frac{\Delta c}{\Delta t}$ wählen.

Der Grenzwert

$$\lim_{t \to 0} \frac{\Delta c}{\Delta t} = \frac{dc}{dt}$$

ist der Anstieg der Tangente an einem Punkt.

Konzentrations-Zeit-Diagramm

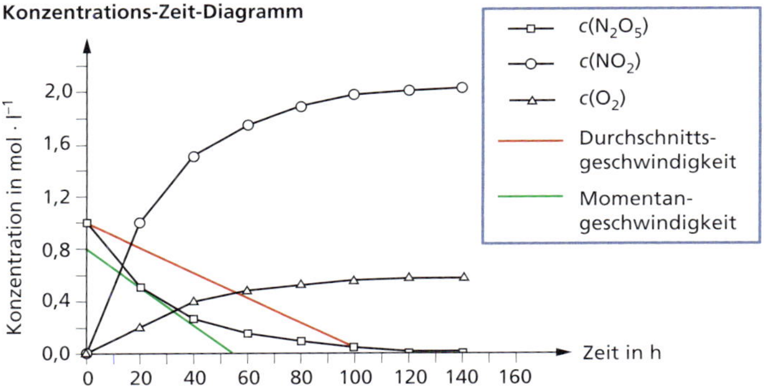

Geschwindigkeitsgesetze und Reaktionsordnung

Der unterschiedliche Verlauf nucleophiler Substitutionen (↗ S. 260) zeigt deutlich die Abhängigkeit der Kinetik von den spezifischen chemischen Eigenschaften der Reaktanten.

Die Reaktionsgeschwindigkeit hängt von vielen Faktoren ab:

1. den spezifischen chemischen Eigenschaften der miteinander reagierenden Stoffe,
2. der Konzentration der Reaktionspartner, die in der Reaktionsgleichung aufgeführt sind,
3. der Temperatur und dem Druck des Systems sowie von der Zufuhr von Energie aus der Umgebung,
4. dem System, in dem die chemische Reaktion abläuft (z. B. dem Lösungsmittel oder der Größe von Phasengrenzflächen, an denen die Reaktion in heterogenen Systemen erfolgt),
5. der Gegenwart weiterer an der Reaktion beteiligter Stoffe, die nicht in der Reaktionsgleichung aufgeführt sind, z. B. Katalysatoren (↗ S. 152).

Die Geschwindigkeitsgesetze chemischer Reaktionen und der Wert der Geschwindigkeitskonstante *k* müssen immer experimentell ermittelt werden. Der Betrag von *k* hängt auch von der Temperatur (↗ S. 146) ab, bei der die Reaktion stattfindet.

Die Abhängigkeit von der Spezifik der jeweiligen Reaktion und von der Konzentration der Reaktionspartner wird durch Geschwindigkeitsgleichungen der Form $v_R = f(c[1], c[2], \ldots c[m])$ mathematisch beschrieben. Für eine allgemeine chemische Reaktionsgleichung lässt sich folgendes Geschwindigkeitsgesetz formulieren:

$$A \longrightarrow B \qquad v_R = -\frac{\Delta c(A)}{\Delta t} = k \cdot c^m(A)$$

Der Proportionalitätsfaktor *k* zwischen der Reaktionsgeschwindigkeit v_R und dem konzentrationsabhängigen Term $c^m(A)$ ist die **Geschwindigkeitskonstante** der chemischen Reaktion. Sie ist charakteristisch für diese Reaktion bei einer konstanten Temperatur.

Die Geschwindigkeitskonstante ergibt sich aus den chemischen Eigenschaften der Reaktanten, in erster Linie aus ihren Bindungseigenschaften, eventuell vorhandenen Ladungen und aus ihrer räumlichen Struktur.

Manche Reaktionen wie die Bildung der Patinaschicht auf Kupfer (↗ S. 229) sind so langsam, dass sie mehrere Jahre dauern können.

Besonders schnell laufen Reaktionen zwischen entgegengesetzt geladenen Ionen ab, z. B. Neutralisations- oder Fällungsreaktionen. Auch Reaktionen zwischen Radikalen weisen hohe Geschwindigkeitskonstanten auf und finden in Sekundenbruchteilen statt:

$$CH_3\bullet + Cl\bullet \longrightarrow CH_3Cl$$

Reaktionen zwischen stabilen Molekülen oder zwischen Molekülen und Ionen laufen dagegen wesentlich langsamer ab. So muss ein Gemisch aus Alkohol und Carbonsäure erst eine gewisse Zeit am Rückfluss gekocht werden, damit sich ein Ester bildet. Die Geschwindigkeitskonstante hängt dabei auch von der räumlichen Struktur der organischen Reste R_1 und R_2 ab und ist für jede Veresterung unterschiedlich.

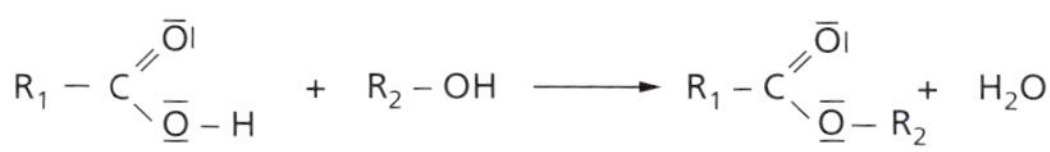

Der konzentrationsabhängige Teil im Geschwindigkeitsgesetz wird im Allgemeinen als Potenzansatz $c^m(A)$ formuliert. Der Exponent m entspricht der **Reaktionsordnung.** Für viele Reaktionen ist m = 1 und man spricht von einer **Reaktion 1. Ordnung.**

Bei Reaktionen 1. Ordnung verdoppelt sich die Reaktionsgeschwindigkeit, wenn die Konzentration des Ausgangsstoffes verdoppelt wird. Die Einheit der Geschwindigkeitskonstante für Reaktionen 1. Ordnung ist s^{-1}.

Typische Reaktionen 1. Ordnung sind:

$2\ N_2O_5$	$\longrightarrow$	$4\ NO_2 + O_2$	$v_R = k \cdot c(N_2O_5)$
$2\ H_2O_2$	$\longrightarrow$	$H_2O + O_2$	$v_R = k \cdot c(H_2O_2)$
α-Glucose	$\longrightarrow$	β-Glucose	$v_R = k \cdot c(\alpha\text{-Glucose})$
$^{226}_{88}Ra$	$\longrightarrow$	$^{222}_{86}Rn + {}^{4}_{2}He$	$v_R = k \cdot c(^{226}_{88}Ra)$

Die Reaktionsordnung beschreibt, in welchem Maße sich die Änderung der Konzentration auf die Reaktionsgeschwindigkeit auswirkt. Sie kann jedoch nicht aus der jeweiligen Reaktionsgleichung abgeleitet werden, da die chemischen Reaktionen oftmals in mehreren Schritten ablaufen.

Die Geschwindigkeits- bzw. Zeitgesetze chemischer Reaktionen, d. h., der Wert der Geschwindigkeitskonstante *k* und die Reaktionsordnung m müssen immer experimentell ermittelt werden.

Die Geschwindigkeitsgesetze chemischer Reaktionen hängen maßgeblich vom Mechanismus der chemischen Reaktionen ab (↗ S. 149).

Dazu betrachtet man das experimentell bestimmte Konzentrations-Zeit-Diagramm (↗ S. 141) und versucht mathematisch, die exponentielle Abhängigkeit in einen linearen Zusammenhang umzuformen.

Wird für eine Reaktion 1. Ordnung der Quotient $-\ln\frac{c(A)}{c_0(A)}$ gegen die Zeit *t* aufgetragen, so erhält man eine Gerade, aus deren Anstieg direkt die Geschwindigkeitskonstante *k* bestimmt werden kann.

Linearisierung eines Geschwindigkeitsgesetzes 1. Ordnung

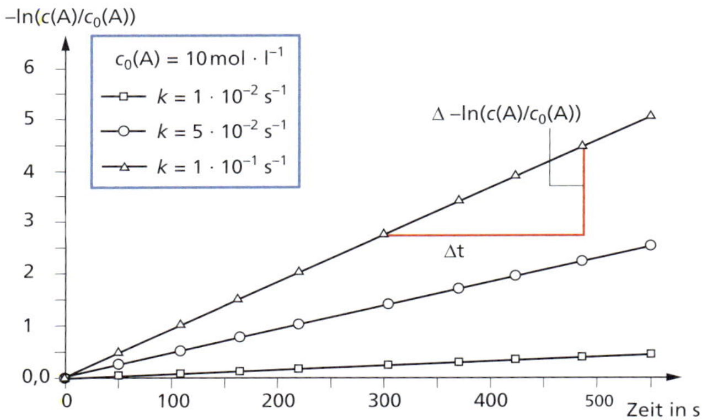

Die Linearisierung von Geschwindigkeitsgesetzen erfolgt mathematisch durch Umformen der Geschwindigkeitsgleichung mit anschließender Integration.

Auch über die **Halbwertszeit** $t_{1/2}$ oder τ kann man chemische Reaktionen klassifizieren. Die Halbwertszeit gibt an, nach welcher Zeitdauer sich die Anfangskonzentration $c_0(A)$ genau um bzw. auf die Hälfte

$$c(A) = \frac{c_0(A)}{2}$$

verringert hat. Kleine Halbwertszeiten werden also für schnelle Reaktionen erhalten.

Bruttoreaktionsgleichungen und Reaktionsordnung

Reaktionsgleichungen beschreiben in der Regel nur den gesamten Stoffumsatz von den Edukten zu den Produkten, ohne Informationen darüber zu liefern, ob die Umsetzung in einem einzigen Schritt oder in einem aus mehreren Schritten bestehenden Reaktionsmechanismus (↗ S. 151) abläuft.

Aus solchen makroskopischen **Bruttoreaktionsgleichungen** kann nicht auf den konzentrationsabhängigen Teil im Geschwindigkeitsgesetz, d. h. auf die kinetische Reaktionsordnung geschlossen werden.

Bruttoreaktionen mit gleichen stöchiometrischen Faktoren der Ausgangsstoffe in der Reaktionsgleichung können nach völlig verschiedenen Geschwindigkeitsgesetzen ablaufen. Die Ursachen dafür liegen in den detaillierten mikroskopischen Abläufen der chemischen Reaktionen.

Die experimentell ermittelte durchschnittliche Reaktionsgeschwindigkeit kann auch von mehreren Ausgangsstoffen abhängen bzw. die Konzentration eines Ausgangsstoffes kann im **Geschwindigkeitsgesetz** mit einem anderen Exponenten als 1 eingehen. Die allgemeine Form des Zeitgesetzes lautet dann:

$$A + B + C \longrightarrow \text{Produkte}$$

$$v_R = -\frac{\Delta c(A)}{\Delta t} = k \cdot c^m(A) \cdot c^x(B) \cdot c^y(C) \ldots$$

Die einzelnen Exponenten m, x, y usw. nennt man Teilreaktionsordnung bezüglich der jeweiligen Stoffe A, B, C usw.

Aus dieser Form des Geschwindigkeitsgesetzes ergibt sich eine Gesamtreaktionsordnung von $n = m + x + y \ldots$

Die **Reaktionsordnung** n ist die Summe der Exponenten der Konzentrationen der Ausgangsstoffe, die in das Geschwindigkeitsgesetz eingehen und Einfluss auf die Reaktionsgeschwindigkeit haben. Reaktionsordnungen können Null sein, können gebrochene Zahlen sein, sind aber in den meisten Fällen 1, 2 oder 3.

Reaktionen mit unterschiedlicher Reaktionsordnung

Reaktion	Zeitgesetz	Reaktionsordnung
$2\,N_2O_5 \longrightarrow 4\,NO_2 + O_2$	$v_R = k \cdot c^1(N_2O_5)$	1. Ordnung
$2\,NO_2 \longrightarrow N_2O_4$	$v_R = k \cdot c^2(NO_2)$	2. Ordnung
$H_2 + Br_2 \longrightarrow 2\,HBr$	$v_R = k \cdot c^1(H_2) \cdot c^{1/2}(Br_2)$	1,5. Ordnung
$H_2 + I_2 \longrightarrow 2\,HI$	$v_R = k \cdot c^1(H_2) \cdot c^1(I_2)$	2. Ordnung
$2\,NO_2 + 2\,H_2 \longrightarrow N_2 + H_2O$	$v_R = k \cdot c^2(NO_2) \cdot c^1(H_2)$	3. Ordnung

Die unterschiedliche Reaktionsordnung der scheinbar gleichen Reaktionen zwischen Wasserstoff und Iod (n = 2) bzw. Wasserstoff und Brom (n = 1,5) ergibt sich aus verschiedenen mikroskopischen Abläufen. Die Bromwasserstoffbildung erfolgt in mehreren Teilreaktionen in einem komplexen Reaktionsmechanismus. Dagegen wird die Bildung von Iodwasserstoff in einem einzigen Reaktionsschritt (↗ S. 146), der der Bruttoreaktionsgleichung entspricht, vollzogen.

Das Durchlaufen verschiedener Elementarreaktionen führt zu teilweise komplexen Reaktionsmechanismen (↗ S. 149).

Solche einstufigen Reaktionen, die ohne Zwischenschritte verlaufen, nennt man **Elementarreaktionen.** Nur bei Elementarreaktionen entspricht die Reaktionsordnung der Anzahl der Teilchen, die laut Reaktionsgleichung für die Umsetzung erforderlich sind.

Bei den meisten chemischen Reaktionen sind dagegen mehrere Elementarreaktionen notwendig, um zu den Endprodukten zu gelangen. Bei der **nucleophilen Substitution** von *tert.*-Butylchlorid mit Natronlauge dissoziiert das organische Molekül im ersten Schritt in Ionen. Diese Elementarreaktion erfolgt sehr langsam. Im zweiten Schritt findet die wesentlich schnellere Reaktion zwischen unterschiedlich geladenen Ionen zum *tert.*-Butanol statt. Die Summe der beiden Elementarreaktionen ergibt die Bruttoreaktion:

$$(CH_3)_3CCl \xrightarrow{\text{langsam}} (CH_3)_3C^+ + Cl^- \qquad v_1 = k_1 \cdot c((CH_3)_3CCl)$$

$$(CH_3)_3C^+ + OH^- \xrightarrow{\text{schnell}} (CH_3)_3COH \qquad v_2 = k_2 \cdot c((CH_3)_3C^+)$$

$$(CH_3)_3CCl + OH^- \longrightarrow (CH_3)_3COH + Cl^- \qquad v = v_1 = k_1 \cdot c((CH_3)_3CCl)$$

Aus dem nebenstehenden Reaktionsverlauf resultiert ein Geschwindigkeitsgesetz 1. Ordnung. Nucleophile Substitutiosreaktionen können jedoch auch auf anderen Reaktionswegen erfolgen (↗ S. 260).

Die langsamste Elementarreaktion ist der **geschwindigkeitsbestimmende Schritt** der Gesamtreaktion.

Aus der Bruttogleichung der nucleophilen Substitution ist nicht ersichtlich, ob die Reaktion in einem oder in mehreren Schritten abläuft. Nur in wenigen Fällen erkennt man aus der Bruttoreaktionsgleichung, dass mehrere Schritte notwendig sind, damit die Produkte entstehen.

In stark sauren Lösungen müssten bei der Oxidation von Zink durch Kaliumpermanganat 23 Teilchen zur gleichen Zeit wechselwirken, um den Reaktionsprozess zu bilden:

$$5\,Zn + 2\,MnO_4^- + 16\,H_3O^+ \longrightarrow 5\,Zn^{2+} + 2\,Mn^{2+} + 24\,H_2O$$

Die Wahrscheinlichkeit dafür ist gleich Null, dass so viele Teilchen zum gleichen Zeitpunkt, am gleichen Ort und mit der notwendigen Energie zusammentreffen können, um entsprechend der Bruttoreaktionsgleichung zu reagieren. Dieser Zusammenhang wird klarer, wenn man den Reaktionsverlauf mit der Stoßtheorie analysiert.

5.3.2 Temperaturabhängigkeit der Reaktionsgeschwindigkeit

Stoßtheorie

Eine Elementarreaktion erfolgt immer durch das Zusammenstoßen von Teilchen, z. B. bei der Bildung von Iodwasserstoff durch den Zusammenstoß von H_2- und I_2-Molekülen. Bei einem **wirksamen Zusammenstoß** werden die H–H-Bindung und die I–I-Bindung aufgebrochen und dafür zwei H–I-Bindungen geknüpft.

Ein wirksamer Zusammenstoß von mehr als drei Teilchen ist unwahrscheinlich. Deshalb ist die Ordnung von Elementarreaktionen m = 1, 2 oder 3. Sie entspricht der Zahl der Stosspartner bzw. Teilchen in der Elementarreaktion.

Wirksamer Zusammenstoß

Unwirksamer Zusammenstoß

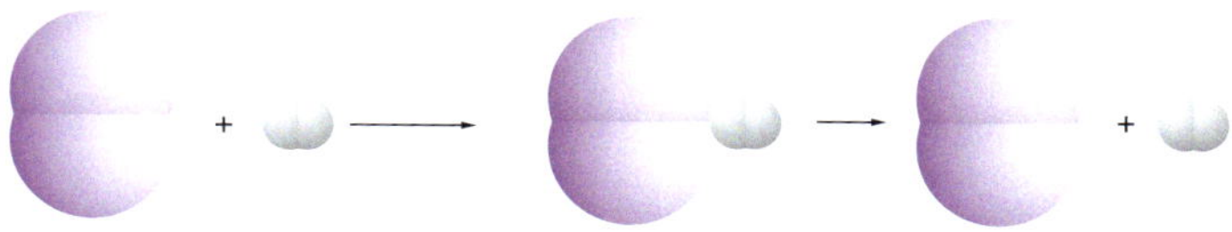

Ein Zusammenstoß führt jedoch nur dann zur Reaktion, wenn die Moleküle in einer günstigen *räumlichen Lage* aufeinander treffen. Außerdem müssen die Teilchen eine bestimmte *Mindestenergie* aufweisen, damit die bestehenden Bindungen aufgebrochen und neue geknüpft werden können.

Die **Stoßtheorie** wird durch die Temperaturabhängigkeit der Reaktionsgeschwindigkeit bestätigt. Sowohl für endotherme als auch für exotherme Reaktionen steigt die Reaktionsgeschwindigkeit mit der Temperatur.

Die Hauptursache liegt darin, dass sich die Geschwindigkeit der Teilchen und damit ihre kinetische Energie erhöht. Bei höherer Temperatur bringen daher viel mehr Teilchen die für einen wirksamen Zusammenstoß notwendige Mindestenergie auf. Außerdem führt die schnellere Teilchenbewegung auch zu einer insgesamt höheren Zahl von Kollisionen.

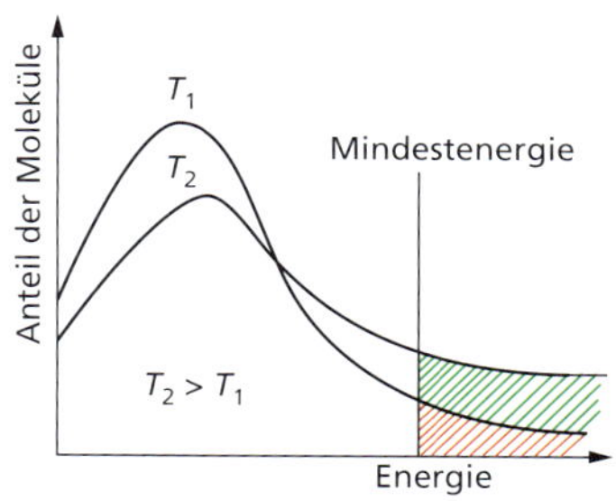

Die kinetische Energie der Teilchen wurde erstmals von L. BOLTZMANN (1844 bis 1906) berechnet. Er fand heraus, dass nicht alle Teilchen eines Stoffes die gleiche Energie besitzen, sondern sich eine bestimmte temperaturabhängige Energieverteilung ergibt.

Je höher die Temperatur, um so größer ist die Wahrscheinlichkeit wirksamer Zusammenstöße und damit die Geschwindigkeit chemischer Reaktionen.

ARRHENIUS-Gleichung

J. H. VAN'T HOFF fand experimentell heraus, das bei einer Temperaturerhöhung von 10 K die Reaktionsgeschwindigkeit vieler Reaktionen um das zwei- bis dreifache zunimmt. Diese Zunahme nach der **RGT-Regel** (**R**eaktions**g**eschwindigkeits-**T**emperatur-Regel) ist zwar mit der Stoßtheorie qualitativ erklärbar, kann aber nur mit der Zahl der erhöhten Kollisionen bei steigender Temperatur nicht quantitativ begründet werden. Auch den Geschwindigkeitsgesetzen ist nicht ohne weiteres zu entnehmen, weshalb eine Temperaturerhöhung generell zu einer Reaktionsgeschwindigkeitszunahme führt.

S. ARRHENIUS (1859 bis 1927) war ein schwedischer Chemiker, der neben kinetischen Untersuchungen auch die Theorie der elektrolytischen Dissoziation begründete.

S. ARRHENIUS erkannte ebenfalls, dass für jede chemische Reaktion ein Reaktionswiderstand bzw. eine energetische Barriere überwunden werden muss. Diese Barriere entspricht der Mindestenergie, die Teilchen bei Zusammenstößen benötigen, damit die chemische Reaktion zustande kommt und wurde von ARRHENIUS **Aktivierungsenergie (E_A)** genannt. Aus der kinetischen Gastheorie leitete er einen quantitativen Zusammenhang zwischen der Geschwindigkeitskonstante und der Aktivierungsenergie ab, die nach ihm benannten ARRHENIUS-Gleichung:

$$k = A \cdot e^{-\frac{E_A}{R \cdot T}} \quad \text{bzw.} \quad \ln k = \ln A - \frac{E_A}{R \cdot T}$$

A = Stoßfaktor bzw. Häufigkeitsfaktor
R = Gaskonstante
E_A = Aktivierungsenergie
T = Temperatur

Die **ARRHENIUS-Gleichung** formuliert den Zusammenhang zwischen der Aktivierungsenergie, der Temperatur und der Geschwindigkeitskonstanten einer chemischen Reaktion. Die Temperaturabhängigkeit der Reaktionsgeschwindigkeit ist demnach in der Temperaturabhängigkeit der Geschwindigkeitskonstanten enthalten.

Der Stoß- oder Häufigkeitsfaktor A gibt den Anteil der Zusammenstöße an, die aufgrund der günstigen räumlichen Lage der Teilchen zur Reaktion führen können. Der Stoßfaktor hat die gleiche Einheit wie die Geschwindigkeitskonstante und entspricht der größtmöglichen Geschwindigkeitskonstanten bei unendlich hoher Temperatur.

Die ARRHENIUS-Gleichung bestätigt die empirische RGT-Regel von J. H. VAN'T HOFF (1852–1911). Die Berechnung zeigt allerdings auch, dass die RGT-Regel nur für Reaktionen mit einer Aktivierungsenergie von 50 –100 kJ · mol^{-1} und in einem bestimmten Temperaturintervall gilt.

Die Aktivierungsenergie ist die mindestens erforderliche kinetische Energie, die die Teilchen für einen wirksamen Zusammenstoß aufbringen müssen. Ihr Betrag ist immer positiv und bestimmt maßgeblich die Temperaturabhängigkeit der Reaktionsgeschwindigkeit.

Aktivierungsenergien werden in der Regel als molare Größen angegeben. Sie liegen bei chemischen Reaktionen zwischen 25–250 kJ · mol^{-1}. Ausgehend von einer Raumtemperatur (298,15 K = 25 °C) und einer Aktivierungsenergie von 58 kJ · mol^{-1} verdoppelt sich der Wert für die Geschwindigkeitskonstante bei einer Temperaturerhöhung um 10 K.

Wenn die kinetische Energie der Moleküle zu niedrig ist, stoßen sich die Elektronenwolken gegenseitig ab, sodass es nicht zu einem genügend engen Kontakt zwischen Molekülen kommt.

Theorie des Übergangszustandes

Der Einfluss der Aktivierungsenergie auf den Reaktionsverlauf wird besser verständlich, wenn man speziell die Energieänderung der Teilchen bei einem wirksamen Zusammenstoß betrachtet. Bei der Annäherung von H_2- und I_2-Molekülen genügend hoher kinetischer Energie bildet sich ein **Übergangszustand** (ÜZ) heraus, in dem die H–H- und die I–I-Bindungen bereits geschwächt sind und die H–I-Bindung schon partiell gebildet ist. Dieser Übergangszustand wird auch **aktivierter Komplex** genannt und besitzt eine hohe chemische Energie, da sowohl die Eduktmoleküle als auch die Produktmoleküle energetisch stabiler sind.

Energiediagramm der Bildung von Iodwasserstoff

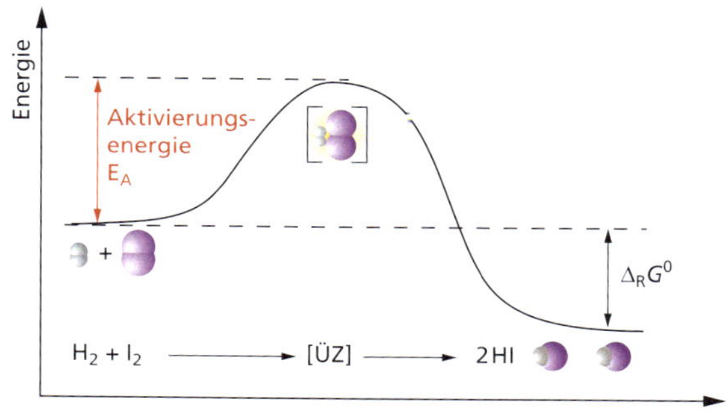

Der energiereiche Übergangszustand ist instabil und sehr kurzlebig (Lebensdauer < 10^{-12} s). Er wird mit einem Stern oder mit eckigen Klammern gekennzeichnet. Wenn sich der aktivierte Komplex unter Rückbildung der H_2- und I_2-Moleküle spaltet, dann findet keine Reaktion statt und die Aktivierungsenergie wird wieder frei. Die Spaltung in zwei HI-Moleküle führt dagegen zur Bildung der Reaktionsprodukte und liefert ebenfalls Energie.

Stoßenergie, Aktivierungsenergie und Energie des aktivierten Komplexes beschreiben den Umstand, dass im Verlauf einer chemischen Reaktion immer eine kinetische Energiebarriere überwunden werden muss.

Schnelle Reaktionen zwischen entgegengesetzt geladenen Ionen oder Radikalen (↗ S. 142) weisen nur eine geringe Aktivierungsenergie auf. Die kinetische Energie, die die Teilchen bei Raumtemperatur besitzen, genügt bereits, um den niedrigen „Aktivierungsberg" zu überwinden.
Oft ist der Übergangszustand jedoch viel energiereicher als die Edukte. In diesem Fall muss selbst bei exergonischen Prozessen wie der Knallgasreaktion oder der Ammoniakbildung (↗ S. 169) dem System Energie in Form von Wärme oder Licht zugeführt werden, um die Reaktion in Gang zu bringen. Man bezeichnet solche Reaktionen, die thermodynamisch möglich sind, aber mit einer unendlich langsamen Geschwindigkeit ablaufen, als kinetisch gehemmt.

> Die Aktivierungsenergie muss sowohl bei endothermen als auch bei exothermen Reaktionen aufgebracht werden und stellt einen Reaktionswiderstand bzw. eine Energiebarriere dar, die bei jeder chemischen Reaktion überwunden werden muss.

5.3.3 Mechanismus chemischer Reaktionen

Der **Reaktionsmechanismus** beschreibt den detaillierten Verlauf einer chemischen Reaktion in allen Teilschritten. Die Aufklärung des Reaktionsmechanismus umfasst die Analyse aller Elementarreaktionen, der Übergangszustände und der gebildeten Zwischenprodukte.

Die Aufklärung von Reaktionsmechanismen beginnt mit der experimentellen Bestimmung des Geschwindigkeitsgesetzes. Dazu überlegt man sich einen Reaktionsverlauf, der diesem empirischen Zeitgesetz gerecht wird. Wenn die Möglichkeit besteht, überprüft man diese Hypothese (↗ S. 17) mit geeigneten analytischen Methoden.
Da die Zwischenprodukte und noch mehr die aktivierten Komplexe instabil und damit sehr kurzlebig sind, ist der analytische Nachweis jedoch oft schwierig. Er muss mit sehr schnellen, meist spektroskopischen Analysenmethoden geführt werden und erfordert einen hohen Aufwand.
Erst wenn man sämtliche Teilschritte, Zwischenprodukte und Übergangszustände aufgeklärt hat, kann Einfluss auf den geschwindigkeitsbestimmenden Schritt genommen werden, um so zielgerichtet die Geschwindigkeit der Gesamtreaktion zu verändern.

Der wesentliche Unterschied zwischen einem Zwischenprodukt und einem Übergangszustand besteht darin, dass das Zwischenprodukt energetisch stabiler ist als der aktivierte Komplex.

Die experimentelle Bestimmung der Geschwindigkeitsgesetze und die damit eng verbundene Aufklärung des Mechanismus chemischer Reaktionen sind die wichtigsten Aufgaben der chemischen Kinetik.

Relativ einfach ist diese Aufgabe bei den wenigen Reaktionen, bei denen die Elementarreaktion identisch mit der Bruttoreaktion ist, z. B. bei der nucleophilen Substitution 2. Ordnung (S_N2-Reaktionen ↗ S. 260) oder bei einigen einfachen Gasreaktionen.

S_N2-Reaktionen erfolgen anders als S_N1-Reaktionen in einem einzigen Reaktionsschritt.

$$CH_3Br + OH^- \longrightarrow CH_3OH + Br^-$$

$$N_2O + NO \longrightarrow N_2 + NO_2$$

In den meisten Fällen durchlaufen die Reaktanten jedoch mehrere Schritte, die durch ein System von teilweise miteinander gekoppelten Geschwindigkeitsgleichungen beschrieben werden müssen. Grundsätzlich werden drei verschiedene Kombinationen von Elementarreaktionen bzw. kinetische Reaktionstypen beobachtet.

Kinetische Reaktionstypen

Folgereaktion: $A \xrightarrow{k_1} Z \xrightarrow{k_2} B$

Parallelreaktion: $A \xrightarrow{k_1} B$, $A \xrightarrow{k_2} C$

Gleichgewichtsreaktion: $A \underset{k_{Rück}}{\overset{k_{Hin}}{\rightleftharpoons}} B$

Folgereaktionen

Die Symbole A, Z und B können auch für mehrere Stoffe stehen.

Folgereaktionen beschreiben die stufenweise Reaktion von Ausgangsstoffen über ein oder mehrere Zwischenprodukte zu den Endstoffen.

$$A \longrightarrow Z \longrightarrow B$$

Beispiele für Folgereaktionen sind:

1. Kettenreaktionen, z. B. bei Polymerisationsreaktionen (↗ S. 351) oder bei der Bildung von HBr aus den Elementen,
2. S_N1 – Reaktionen, Hydrolyse von Dicarbonsäureestern, Hydrolyse von tertiären Halogenalkanen oder
3. radioaktive Zerfallsreaktionen.

Ein typischer Fall einer Folgereaktion ist die Fluorierung von Stickstoffmonoooxid, die nach folgendem Mechanismus abläuft:

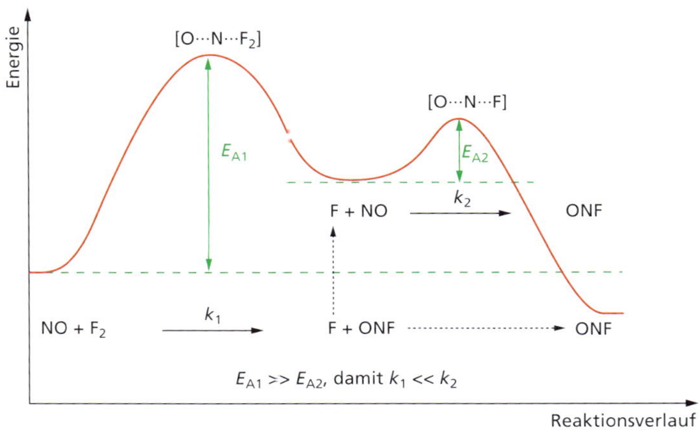

Einen ähnlichen Verlauf nimmt die nucleophile Substitution 1. Ordnung (S_N1-Reaktionen ↗ S. 261). Hier ist der erste Teilschritt eine Gleichgewichtsreaktion (↗ S. 157). Solche reversiblen Teilreaktionen führen oft zu noch komplexeren Geschwindigkeitsgesetzen.

Der erste Reaktionsschritt erfolgt relativ langsam, da der aktivierte Komplex $[O\cdots N\cdots F_2]$ sehr energiereich und die Aktivierungsenergie E_{A1} deshalb sehr hoch ist. Die im ersten Schritt gebildeten Fluoratome sind sehr reaktiv und werden sofort mit einem zweiten NO-Molekül zu ONF umgesetzt. Die Aktivierungsenergie der zweiten Elementarreaktion E_{A2} ist sehr klein. Das Geschwindigkeitsgesetz der Gesamtreaktion ergibt sich aus dem Geschwindigkeitsgesetz der ersten Reaktion, die in diesem Mechanismus der geschwindigkeitsbestimmende Schritt ist.

$$NO + F_2 \xrightarrow{\text{langsam}} ONF + F \qquad v_1 = k_1 \cdot c(NO) \cdot c(F_2)$$

$$NO + F \xrightarrow{\text{schnell}} ONF \qquad v_2 = k_2 \cdot c(NO) \cdot c(F)$$

$$2\,NO + F_2 \longrightarrow 2\,ONF \qquad v_{ges} \approx k_1 \cdot c(NO) \cdot c(F_2)$$

Unterschiedliche Fälle von Folgereaktion		
$k_1 << k_2$	$k_1 \approx k_2$	$k_1 >> k_2$
– die 1. Teilreaktion bestimmt die Geschwindigkeit und das Zeitgesetz – das Zwischenprodukt wird sofort nach der Bildung verbraucht, sodass $c(Z) \approx 0$ ist	– beide Teilreaktionen bestimmen die Geschwindigkeit der Gesamtreaktion über ein komplexes Zeitgesetz – typisch für radikalische Kettenreaktionen	– der 2. Teilschritt ist der geschwindigkeitsbestimmende Schritt – in kurzer Zeit wird viel Zwischenprodukt gebildet ($c(Z) > 0$), das analytisch relativ leicht nachweisbar ist

Parallelreaktionen

Parallelreaktionen sind mehrere gleichzeitig nebeneinander verlaufende Reaktionen, die von gleichen Ausgangsstoffen zu verschiedenen Produkten führen. Der Anteil der Komponenten im erhaltenen Produktgemisch ergibt sich aus dem Verhältnis der Geschwindigkeitskonstanten der einzelnen Teilreaktionen.

Ein Beispiel für den Ablauf mehrerer Parallelreaktionen nebeneinander sind elektrophile Substitutionen am Aromaten. So kann die Nitrierung von Phenol theoretisch an der *ortho-*, *meta-* oder *para-*Position der OH-Gruppe stattfinden. Deshalb erhält man bei der Umsetzung von Phenol mit Salpetersäure ein Produktgemisch aus 75 % *ortho-*, 25 % *para-* und weniger als 0,1 % *meta-*Nitrophenol. Diese Produktverteilung ergibt sich aus der unterschiedlichen Geschwindigkeit der drei Parallelreaktionen.
Die Bildung des meta-Produkts findet kaum statt, da die OH-Gruppe als Substituent 1. Ordnung den Angriff des NO_2^+-Kations in der *ortho-* und *para-*Position begünstigt (↗ S. 268).

Nitrierung von Phenol als Parallelreaktion

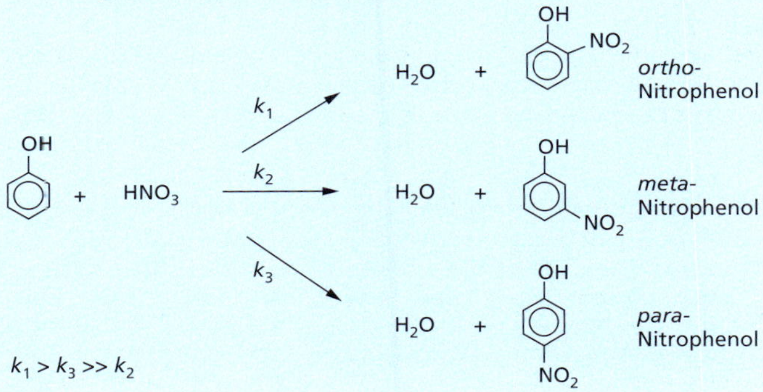

Der Anteil an *ortho-*Nitrophenol ist deshalb so hoch, weil der elektrophile Angriff an zwei *ortho-*Positionen aber nur an einer *para-*Position erfolgen kann.

5.3.3 Katalysatoren und Katalyse

Der Begriff Katalyse (griech. *katalysis* = Auflösung, Umsturz) wurde von J. BERZELIUS (1779–1848) im Sinne von „aufbauend" in die chemische Literatur eingeführt.

Katalyse ist die Veränderung der Geschwindigkeit und Lenkung einer Reaktion auf bestimmte, gewünschte Reaktionsprodukte durch eine geringe Menge einer Substanz, deren Menge und Natur durch die Reaktion scheinbar nicht verändert werden.

Ein **Katalysator** ist ein Stoff, der durch seine Anwesenheit chemische Reaktionen hinsichtlich ihrer Geschwindigkeit oder ihres Verlaufs beeinflusst, nach der Reaktion aber wieder im ursprünglichen Zustand vorliegt.

Die heutige Definition des Katalysators geht auf den deutschen Chemiker W. OSTWALD (1853 bis 1932) zurück.

Damit ein Katalysator wirken kann, muss er in den Reaktionsablauf eingreifen. D. h., eine katalysierte Reaktion verläuft auf einem anderen Weg und damit nach einem anderen Mechanismus als eine unkatalysierte Reaktion. Wenn beispielsweise eine unkatalysierte Reaktion durch Kollision der Reaktanten A und B direkt unter Bildung von AB erfolgt, kann die entsprechende katalysierte Reaktion davon vollkommen abweichen, indem sie nach einem zweistufigen Mechanismus abläuft. Dabei kann A zunächst mit dem Katalysator (K) eine Verbindung, AK, eingehen, die mit B zum Produkt AB weiter reagiert und dabei den Katalysator zurückbildet. Dieser kann nunmehr erneut mit weiteren Molekülen A denselben Reaktionszyklus beliebig oft wiederholen.

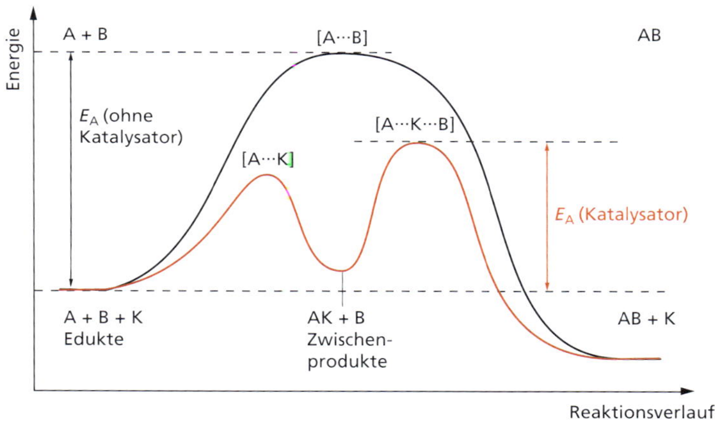

Es gibt auch Fälle einer „negativen Katalyse", in deren Ergebnis Reaktionen verlangsamt werden. Diese Katalysatoren wirken als Inhibitoren und sind z. B. bei der Hemmung biochemischer Prozesse (↗ S. 333) oder als Antiklopfmittel in Verbrennungsmotoren von Bedeutung.

Der Katalysator eröffnet somit einen neuen Reaktionsweg, bei dem die Aktivierungsenergie niedriger ist. Diese niedrigere Aktivierungsenergie bedingt den schnelleren Ablauf der Reaktion. Ein Katalysator kann jedoch keine Reaktion auslösen, die thermodynamisch nicht möglich ist. Er kann auch die Lage eines chemischen Gleichgewichts nicht beeinflussen (↗ S. 167).

Neben der Erhöhung der Reaktionsgeschwindigkeit, die ein Maß für die **Aktivität eines Katalysators** darstellt, hat ein Katalysator die Aufgabe, den Reaktionsweg so zu beeinflussen, dass im Idealfall nur das gewünschte Produkt entsteht und die Bildung anderer, meist unerwünschter Produkte von Konkurrenzreaktionen unterdrückt wird. Diese **Selektivität** ist z. B. in der Biokatalyse von besonderer Bedeutung, um die Belastung des Organismus durch Nebenprodukte biochemischer Reaktionen zu vermeiden. Auch in der technischen Chemie ist die Selektivität oft wichtiger als die Aktivität, weil unerwünschte Nebenprodukte teuer entsorgt werden müssen.

Auch deshalb werden etwa 90 % aller industriell genutzten chemischen Reaktionen katalysiert durchgeführt. Selbst eine so einfache Reaktion wie die zwischen Kohlenstoffmonooxid und Wasserstoff liefert je nach Katalysatorwahl und Reaktionsbedingungen unterschiedliche Produkte.

Produktvielfalt durch selektive Katalysatoren

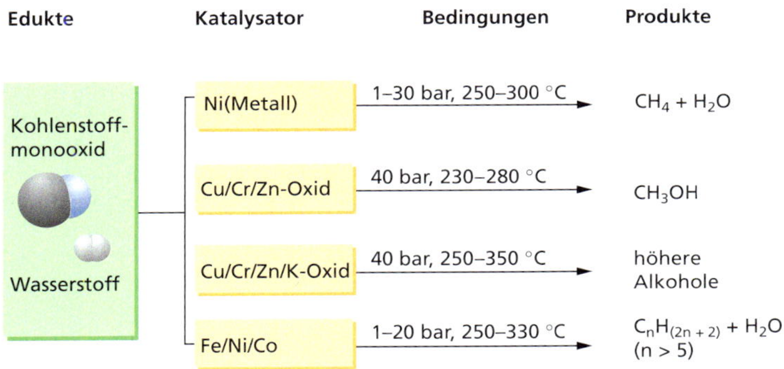

Biokatalysatoren sind Enzyme (↗ S. 333), Hormone und Vitamine. Sie katalysieren chemische Vorgänge im Organismus, wie bei der Verdauung, Atmung und bei der Synthese von Eiweißen.

Grundsätzlich unterscheidet man zwischen homogener und heterogener Katalyse, je nachdem, ob der Katalysator in der gleichen Phase wie die Reaktanten oder in einer anderen Phase vorliegt. **Homogene Katalysatoren** sind chemische Verbindungen oder Komplexe mit definierter molekularer Struktur, die mit den Reaktanten in gleicher Phase vorliegen. Veresterungs- und Verseifungsreaktionen mit Säuren bzw. Basen (↗ S. 308) oder die Dehydrierung von Alkoholen sind bekannte Beispiele homogen katalysierter Reaktionen. Wegen der begrenzten thermischen Stabilität sind homogene Katalysatoren auf Reaktionen, die bei niedrigeren Temperaturen (< 150 °C) ablaufen, begrenzt. Dafür sind aber ihre Aktivität und Selektivität häufig sehr hoch.

Heterogene Katalysatoren sind feste Verbindungen, an deren Oberfläche die Reaktanten, meistens Gase, aber auch Flüssigkeiten, miteinander reagieren. Der Vorteil dieser Katalysatoren besteht in der höheren Temperaturbeständigkeit und darin, dass das zumeist gasförmige Reaktionsgemisch am Feststoff vorbeigeführt wird, wodurch eine kontinuierliche Prozessführung möglich wird. Ein weiterer Vorteil ist, dass der Katalysator nicht vom Reaktionsgemisch abgetrennt zu werden braucht. Daher sind inzwischen ca. 80 % aller katalytischen Verfahren heterogen katalysiert.

Eine spezielle Form der Katalyse ist die Autokatalyse, bei der die gebildeten Produkte katalytisch aktiv sind und damit die Reaktion immer stärker beschleunigt wird, je mehr Produkte gebildet werden.

Wirkungsweise technischer Katalysatoren

Heute führt man die Oxidation unter Verwendung von festem V_2O_5 als heterogenem Katalysator durch. Dieses wirkt auf die gleiche Weise als Sauerstoffüberträger wie NO_2.

Ein wichtiger technischer Prozess ist die **Herstellung von Schwefelsäure** (↗ S. 398). Dabei wird das aus der Schwefelverbrennung gewonnene Schwefeldioxid katalytisch zu Schwefeltrioxid weiter oxidiert und danach zu Schwefelsäure umgesetzt.
Die Oxidation von Schwefeldioxid erfolgte lange Zeit in einem homogen katalysierten Prozess mit Stickstoffdioxid als Sauerstoffüberträger. Der Katalysator (NO_2) wird im zweiten Schritt wieder zurückgebildet und kann den Prozess immer wieder durchlaufen. Dieses bereits 1806 von CLEMENT und DÉSORMES entwickelte Verfahren wurde aber aus wirtschaftlichen Gründen und wegen der Emission Umwelt schädigender Stickstoffoxide inzwischen eingestellt.

$$SO_2 + NO_2 \longrightarrow SO_3 + NO$$
$$NO + \tfrac{1}{2}\,O_2 \longrightarrow NO_2$$

$$\text{Bruttoreaktion:} \quad SO_2 + \tfrac{1}{2}\,O_2 \longrightarrow SO_3$$

Die **Ammoniaksynthese** (↗ S. 394) ist ein Beispiel für einen heterogen katalysierten Prozess. Die Gase Stickstoff und Wasserstoff werden zuerst an der Oberfläche eines festen Eisenoxidkatalysators adsorbiert. Die Wechselwirkung zwischen Metall-Ionen und adsorbierten Molekülen führt zur Aufspaltung der Bindungen in beiden Elementmolekülen.
Die nunmehr an der Katalysatoroberfläche gebundenen Wasserstoff- und Stickstoffatome kombinieren schrittweise bis zur Bildung von Ammoniakmolekülen. Unmittelbar nach ihrer Entstehung verlassen die Produktmoleküle die Katalysatoroberfläche.

In der Technik laufen diese Teilreaktionen in Bruchteilen von Sekunden bei 400–520 °C ab. Ohne Katalysator müsste die Ammoniaksynthese aufgrund der hohen Aktivierungsenergie bei wesentlich höheren Temperaturen durchgeführt werden. Das würde nicht nur einen extrem hohen Energieaufwand erfordern, sondern auch eine sehr niedrige Ausbeute der exothermen Reaktion mit sich bringen.

Ammoniakbildung an der Katalysatoroberfläche

1.) Adsorption von N_2- und H_2-Molekülen am Katalysator

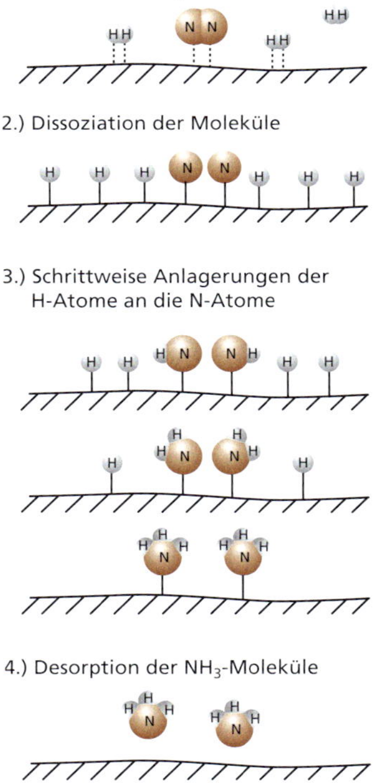

Besondere Bedeutung haben Katalysatoren im Umweltschutz erlangt. Die Abreicherung von Schadstoffen aus Abgasen von Produktionsanlagen wird überwiegend nach katalysierten Prozessen ausgeführt. In Kraftfahrzeugen gehört der **Abgaskatalysator** (↗ S. 228) seit den 90er Jahren zur Standardausrüstung.

6 CHEMISCHES GLEICHGEWICHT UND MASSENWIRKUNGSGESETZ

6.1 Das chemische Gleichgewicht

6.1.1 Umkehrbarkeit chemischer Reaktionen

Die Anwesenheit von Iod im Reaktionsgemisch zeigt sich an seiner typischen violetten Farbe.

Setzt man in einem verschlossenen Kolben 1 mol Wasserstoff und 1 mol Iod bei 100 °C um, dann bildet sich Iodwasserstoff. Erhitzt man dagegen in einem anderen Kolben 2 mol Iodwasserstoff auf 100 °C, dann entstehen Iod und Wasserstoff. Die Analyse der Zusammensetzung der Gasgemische in beiden Kolben zeigt, dass sich absolut gleiche Konzentrationen an HI, I_2 und H_2 eingestellt haben. In beiden Fällen wird der gleiche Zustand erreicht, unabhängig davon, ob die Reaktion von links nach rechts oder von rechts nach links geführt wird.
Wird dieser Zustand von außen nicht weiter beeinflusst, z. B. durch Veränderung der Temperatur, bleiben die Konzentrationen der Reaktanten beliebig lange unverändert.

Üblicherweise stehen die Ausgangsstoffe vor und die Reaktionsprodukte nach dem Reaktionspfeil. Ausgangsstoffe werden auch als Edukte bezeichnet. Reaktionsprodukte nennt man auch Endstoffe oder Produkte.

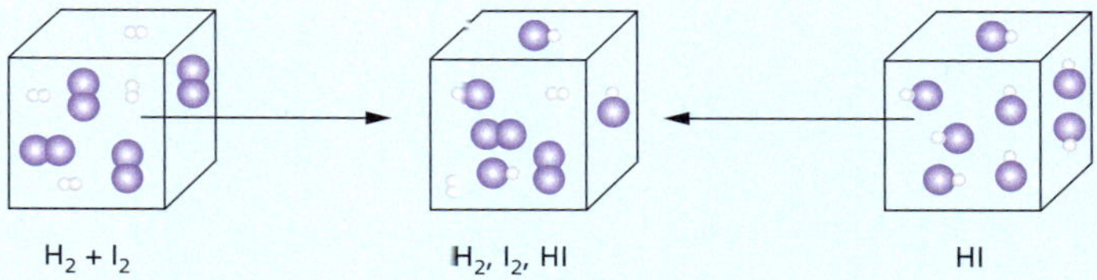

$$H_2(g) + I_2(g) \rightleftharpoons 2\,HI(g)$$

Es erfolgt nur ein *unvollständiger Stoffumsatz*, da die Hinreaktion und Rückreaktion gleichzeitig ablaufen. Gekennzeichnet wird diese Tatsache durch den Doppelpfeil in der Reaktionsgleichung. Die bereits gebildeten Reaktionsprodukte reagieren unter Rückbildung der Ausgangsstoffe, während gleichzeitig aus den Ausgangsstoffen neue Endprodukte entstehen.

Reaktionen, bei denen Hin- und Rückreaktion gleichzeitig und ungehemmt erfolgen, nennt man **reversible Reaktionen**.

Bei tiefen Temperaturen lässt sich Wasser auch durch Zufuhr elektrischer Energie zersetzen (↗ S. 136). Dazu muss allerdings mehr Energie aufgewendet werden, als bei der Knallgasreaktion gewonnen wird.

Reaktionen können nur dann reversibel ablaufen, wenn während der Umsetzung kein Reaktionspartner das System verlässt, also in einem **geschlossenen System** (↗ S. 103), das zwar Energieaustausch mit der Umgebung zulässt, jedoch keinen Stoffaustausch.
Auch Reaktionen, wie die **Knallgasreaktion** zwischen Wasserstoff und Sauerstoff (↗ S. 114), bei denen normalerweise ein *vollständiger Stoffumsatz* erfolgt, sind unter bestimmten Bedingungen umkehrbar.

$$2\,H_2 + O_2 \rightleftharpoons 2\,H_2O \qquad T \geq 2000\ K$$

Die chemische Zersetzung von Wasser wird jedoch nur im geschlossenen System bei extrem hohen Temperaturen beobachtet. Bei ca. 2000 K liegen 94 Vol.-% Wasser, 4 Vol.-% Wasserstoff und 2 Vol.-% Sauerstoff im Gasgemisch vor.

6.1.2 Einstellung des chemischen Gleichgewichts

Auch die Reaktion von Essigsäure und Ethanol zu Essigsäureethylester und Wasser in einem geschlossenen Kolben mit Rückflusskühler verläuft unvollständig und ist umkehrbar. Zu Beginn ist die **Reaktionsgeschwindigkeit** der Ester- und Wasserbildung (Hinreaktion) groß, weil die Konzentration der beiden Ausgangsstoffe ebenfalls groß ist.
Im weiteren Verlauf nimmt die Geschwindigkeit der Hinreaktion immer mehr ab, während die der Rückreaktion, die Bildung von Säure und Alkohol, aufgrund der steigenden Ester- und Wasserkonzentration im System schneller abläuft. Nach einer bestimmten Zeit wird ein Zustand erreicht, bei dem in der gleichen Zeit so viel Ester und Wasser gebildet werden, wie aus Ester und Wasser wieder Alkohol und Säure entstehen. Die Geschwindigkeiten der Hin- und Rückreaktion sind jetzt gleich groß.

$$v_{\text{Hin}} = v_{\text{Rück}} \quad \text{daraus folgt:} \quad v_{\text{Hin}} - v_{\text{Rück}} = 0$$

In diesem Zustand ist makroskopisch keine Reaktion mehr wahrnehmbar, da die Konzentrationen aller beteiligten Stoffe, $c_{GG}(i)$, konstant bleiben. Die Reaktion befindet sich im **chemischen Gleichgewicht.** Dennoch findet auf der Teilchenebene weiterhin eine ständige Umwandlung von Alkohol- und Säuremolekülen zu Ester- und Wassermolekülen statt, während gleichzeitig genauso viele Produktmoleküle die Rückreaktion eingehen.

Chemisches Gleichgewicht bedeutet nicht, dass gleiche Mengen an Edukten und Produkten vorliegen, sondern, dass die Geschwindigkeiten der Hin- und Rückreaktionen gleich sind und folglich keine Konzentrationsänderungen auftreten.

Im chemischen Gleichgewicht laufen Hin- und Rückreaktion in einem geschlossenen System gleichzeitig mit derselben Geschwindigkeit ab. Obwohl die Konzentrationen der Edukte und der Produkte konstant sind, findet auf Teilchenebene ein Stoffumsatz statt, sodass man von einem **dynamischen Gleichgewicht** spricht.

Die Zeit bis zur Einstellung der konstanten Konzentrationen $c_{GG}(i)$ nennt man **Einstellzeit** des chemischen Gleichgewichts. Die Einstellzeiten sind abhängig von der Aktivierungsenergie (↗ S. 147) der Reaktion und reichen von wenigen Sekundenbruchteilen bis zu nahezu unendlichen Zeitspannen von vielen Jahren.

Die Einstellzeit ist für eine gegebene Reaktion spezifisch und kann durch Katalysatoren (↗ S. 167) verändert werden.

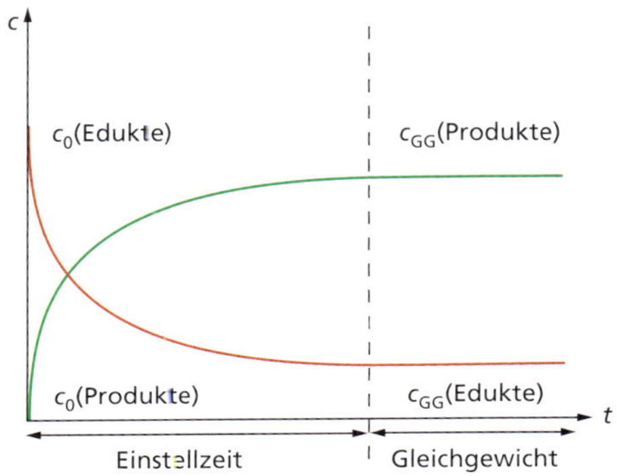

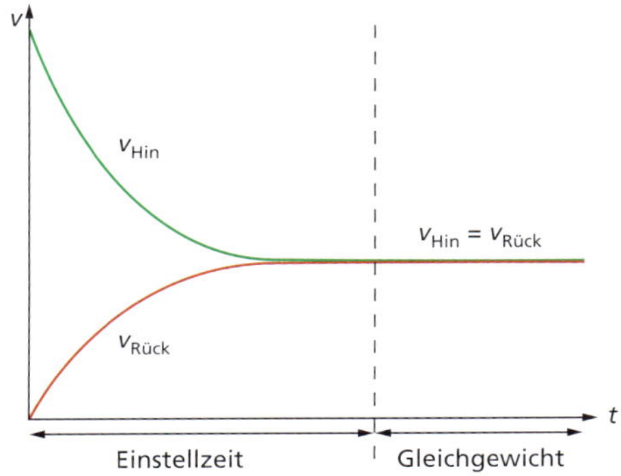

6.1.3 Massenwirkungsgesetz und Gleichgewichtskonstante

Die Lage eines chemischen Gleichgewichts wird durch das Konzentrationsverhältnis der Reaktionsteilnehmer charakterisiert. Werden mehr als 50 % der Ausgangsstoffe zu Produkten umgesetzt, so spricht man von einem rechts liegenden Gleichgewicht. Die Lage eines Gleichgewichts wird quantitativ durch das **Massenwirkungsgesetz** (MWG) beschrieben, das am Beispiel des Estergleichgewichts abgeleitet werden soll.

$$\underset{\text{Säure}}{CH_3COOH} + \underset{\text{Alkohol}}{C_2H_5OH} \rightleftharpoons \underset{\text{Ester}}{CH_3COOC_2H_5} + \underset{\text{Wasser}}{H_2O}$$

Die hier behandelte Ableitung der Gleichgewichtskonstanten basiert auf kinetischen Zusammenhängen. Die Gleichgewichtskonstante kann auch thermodynamisch abgeleitet werden (↗ S. 162).

Im chemischen Gleichgewicht ist $v_{Hin} = v_{Rück}$. Nach Einsetzen der Geschwindigkeitsgleichungen (↗ S. 142) für die beiden Reaktionsgeschwindigkeiten ergibt sich:

$$k_{Hin} \cdot c(\text{Alkohol}) \cdot c(\text{Säure}) = k_{Rück} \cdot c(\text{Ester}) \cdot c(\text{Wasser})$$

Durch Umstellung erhält man:

$$\frac{k_{Hin}}{k_{Rück}} = \frac{c(\text{Ester}) \cdot c(\text{Wasser})}{c(\text{Alkohol}) \cdot c(\text{Säure})}$$

Die beiden Geschwindigkeitskonstanten können zu einer neuen Konstanten – der **Gleichgewichtskonstanten** K_c – zusammengefaßt werden.

$$K_c = \frac{c(\text{Ester}) \cdot c(\text{Wasser})}{c(\text{Alkohol}) \cdot c(\text{Säure})}$$

Das Massenwirkungsgesetz (MWG) wurde erstmals 1867 von C. M. Guldberg (1836–1902) und P. Waage (1833–1900) formuliert. Vereinbarungsgemäß stehen die Produkte immer im Zähler und die Edukte im Nenner.

Unter Berücksichtigung möglicher unterschiedlicher Stöchiometriezahlen $\nu(A)$, $\nu(B)$, $\nu(C)$, $\nu(D)$ bei chemischen Reaktionen kann folgende allgemeine Reaktion formuliert werden:

$$\nu(A)\,A + \nu(B)\,B \rightleftharpoons \nu(C)\,C + \nu(D)\,D$$

Auf dem gleichen Weg wie für das Estergleichgewicht kann eine allgemeine Formulierung des Massenwirkungsgesetzes abgeleitet werden. Die Konzentrationen $c(i)$ sind die Gleichgewichtskonzentrationen, die sich erst im Verlauf der Reaktion einstellen und nach Erreichen des Gleichgewichtzustands konstant bleiben. Der Quotient dieser Gleichgewichtskonzentrationen ergibt die Gleichgewichtskonstante K_c.

$$K_c = \frac{c(C)^{\nu(C)} \cdot c(D)^{\nu(D)}}{c(A)^{\nu(A)} \cdot c(B)^{\nu(B)}}$$

Im chemischen Gleichgewicht ist der Quotient aus dem Produkt der Konzentrationen der Reaktionsprodukte und dem Produkt der Konzentrationen der Ausgangsstoffe bei einer bestimmten Temperatur eine konstante Größe. Die Stöchiometriezahlen treten als Exponenten der jeweiligen Konzentrationen auf.

Aus dem Betrag der Gleichgewichtskonstanten K_c kann berechnet werden, wie groß der Umsatz an Ausgangsstoffen bzw. die Ausbeute an Reaktionsprodukten einer chemischen Reaktion ist, die in Lösung stattfindet. Dazu bestimmt man mit geeigneten Analysemethoden die Konzentrationen der Reaktionsteilnehmer im Gleichgewicht und berechnet daraus K_c.

Die Lage eines Gleichgewichts ist von der Temperatur und bei Reaktionen von Gasen, die unter Volumenänderung verlaufen, auch vom Druck abhängig (↗ S. 165).

Bei der Reaktion von 3 mol Ethansäure mit 3 mol Ethanol bilden sich bei 25 °C 2 mol Ethansäureethylester und 2 mol Wasser.

a) Wie groß ist die Gleichgewichtskonstante K_c?
b) Wie groß ist die Ausbeute an Essigsäureethylester?

Analyse:
Bei Reaktionen, bei denen das Volumen des Systems konstant bleibt, können zur Berechnung der Gleichgewichtskonstanten K_c anstelle der Konzentrationen die Stoffmengen verwendet werden. Die Stoffmengen der Edukte und Produkte im Gleichgewicht (n_{GG}) setzt man mit den Stöchiometriezahlen als Exponenten in das MWG ein. Die Stoffmengen der Ausgangsstoffe im Gleichgewicht ermittelt man dadurch, dass man die gebildete Stoffmenge Reaktionsprodukt von den im Ausgangszustand vorhandenen Stoffmengen (n_0) der Edukte subtrahiert.
Um die Ausbeute η zu bestimmen, setzt man die erhaltene Stoffmenge des Esters ins Verhältnis zur Stoffmenge, die bei vollständigem Ablauf der Reaktion gebildet werden könnte. Diese ergibt sich aus der Ausgangsstoffmenge an Säure bzw. Alkohol.

Aus der Gleichung $n = c \cdot V$ ergibt sich , dass für konstante Volumina das Verhältnis der Konzentrationen gleich dem Verhältnis der Stoffmengen ist:

$$\frac{n(A)}{n(B)} = \frac{c(A) \cdot V}{c(B) \cdot V} = \frac{c(A)}{c(B)}$$

für V = konstant.

Gesucht: K_c und η

Gegeben: $CH_3COOH + C_2H_5OH \rightleftharpoons CH_3COOC_2H_5 + H_2O$

	CH_3COOH	C_2H_5OH	$CH_3COOC_2H_5$	H_2O
$\boldsymbol{n_0}$:	3 mol	3 mol	0 mol	0 mol
$\boldsymbol{n_{GG}}$:	(3–2) mol	(3–2) mol	2 mol	2 mol

Lösung:

a) $$K_c = K_n = \frac{n_{GG}(CH_3COO_2H_5) \cdot n_{GG}(H_2O)}{n_{GG}(CH_3COOH) \cdot n_{GG}(C_2H_5OH)}$$

$$K_c = \frac{2 mol \cdot 2 mol}{1 mol \cdot 1 mol} \qquad \underline{K_c = 4}$$

b) $$\eta = \frac{n_{GG}(CH_3COOC_2H_5)}{n_0(CH_3COOH)} \cdot 100\ \%$$

$$\eta = \frac{2\ mol}{3\ mol} \cdot 100\,\%$$

$$\underline{\eta = 66{,}7\ \%}$$

Ergebnis:
Bei 25 °C beträgt die Gleichgewichtskonstante der Veresterung von Essigsäure mit Ethanol K_c = 4. Daraus ergibt sich im geschlossenen Reaktionssystem eine Esterausbeute von 66,7 %.

Wird das MWG auf das Estergleichgewicht angewendet, so hat K_c die Einheit 1, da alle Exponenten 1 sind. Bei der Reaktion

$$A \rightleftharpoons B + C$$

hat K_c dagegen die Einheit $mol \cdot l^{-1}$.

Der Partialdruck $p(\mathrm{i})$ ergibt sich aus dem Stoffmengenanteil (↗ S. 28) des Gases $x(\mathrm{i})$ im Gesamtsystem:

$p(\mathrm{i}) = x(\mathrm{i})\, p_{\mathrm{Gesamt}}$

x(i) ist der Stoffmengenanteil des Gases i im Reaktionssystem.

Werden die Konzentrationen der Reaktionsteilnehmer im Gleichgewicht in $\mathrm{mol \cdot l^{-1}}$, also in der Stoffmengenkonzentration angegeben, erhält man die Gleichgewichtskonstante K_c. Bei Reaktionen, bei denen alle Reaktionsteilnehmer im gasförmigen Zustand vorliegen, werden statt der Stoffmengenkonzentrationen zweckmäßigerweise die analytisch leichter zugänglichen Partialdrücke eingesetzt. Als Gleichgewichtskonstante resultiert K_p. Der allgemeine mathematische Ausdruck des MWG hat dann folgende Form:

$$K_p = \frac{p(\mathrm{C})^{\nu(\mathrm{C})} \cdot p(\mathrm{D})^{\nu(\mathrm{D})}}{p(\mathrm{A})^{\nu(\mathrm{A})} \cdot p(\mathrm{B})^{\nu(\mathrm{B})}}$$

Über die Zustandsgleichung idealer Gase und über die Definition der Stoffmengenkonzentration lässt sich der Zusammenhang zwischen K_c und K_p herstellen.

$$p(\mathrm{i}) \cdot V = n(\mathrm{i}) \cdot R \cdot T \qquad \text{und} \qquad n(\mathrm{i}) = c(\mathrm{i}) \cdot V$$

Durch Einsetzen der Stoffmenge n(i) in die ideale Gasgleichung und Kürzen ergibt sich:

$$p(\mathrm{i}) = c(\mathrm{i}) \cdot R \cdot T \qquad \text{bzw.} \qquad c = \frac{p}{R \cdot T}$$

Daraus folgt der Zusammenhang zwischen K_c und K_p:

$$K_p = K_c \cdot (R \cdot T)^{-\Delta\nu(\mathrm{i})}$$

Bei Berechnungen zum chemischen Gleichgewicht ist es zweckmäßig, in folgenden Schritten vorzugehen:

- Aufstellen der Reaktionsgleichung
- Angabe der Konzentrationen im Ausgangszutand
- Berechnen der Konzentrationen im Gleichgewicht
- Aufstellen des MWG
- Einsetzen der Gleichgewichtskonzentrationen
- Umstellen nach der gesuchten Größe
- Berechnen der gesuchten Größe
- Formulieren des Ergebnisses

Wenn bei der Reaktion die Summe der Stöchiometriezahlen der gasförmigen Edukte der Summe der Stöchiometriezahlen der gasförmigen Produkte entspricht, ist $\Delta\nu(\mathrm{i}) = 0$. Nur in diesem Fall sind die beiden Gleichgewichtskonstanten K_c und K_p identisch, ansonsten unterscheidet sich der Wert.

Bei 800 °C beträgt die Gleichgewichtskonstante der Konvertierung von Kohlenstoffmonooxid mit Wasser zu Kohlenstoffdioxid und Wasserstoff $K_p = 4{,}05$.

Welche Stoffmenge Wasserstoff wird gebildet, wenn 20 mol Kohlenstoffmonooxid und 30 mol Wasser eingesetzt werden und das Ausgangsgasgemisch bereits 3 mol Kohlenstoffdioxid enthält?

Analyse:
Zuerst stellt man die Reaktionsgleichung für das betrachtete Gleichgewicht auf und ermittelt daraus die Partialdrücke aller Komponenten. Wenn bei der Reaktion der Gesamtdruck des Systems konstant bleibt, können auch zur Berechnung von K_p anstelle der Partialdrücke die Stoffmengen eingesetzt werden. Die Stoffmenge Wasserstoff $n_{GG}(H_2)$ = x mol ergibt sich aus der Reaktionsgleichung. Wenn 1 mol Kohlenstoffmonooxid und 1 mol Wasser umgesetzt werden, bilden sich daraus auch 1 mol Kohlenstoffdioxid und Wasserstoff. Um x mol Wasserstoff zu erhalten, müssen demnach jeweils x mol der Edukte verbraucht werden.

	CO	+	H_2O	$\rightleftharpoons$	CO_2	+	H_2
n_0:	20 mol		30 mol		3 mol		0 mol
n_{GG}:	(20 – x) mol		(30 – x) mol		(3 + x) mol		x mol

Man stellt das MWG für die Gleichgewichtsreaktion auf und setzt die Partialdrücke bzw. Stoffmengen der Komponenten im Gleichgewicht (n_{GG}) ein. Die so erhaltene Gleichung wird nach der gesuchten Größe, hier der Stoffmenge Wasserstoff, umgestellt. Das Ergebnis wird berechnet und auf seine praktische Sinnfälligkeit geprüft. Aus quadratischen Gleichungen resultieren immer zwei Lösungen, von denen jedoch eine aufgrund chemischer Betrachtungen ausgeschlossen werden kann.

Gesucht: $n_{GG}(H_2) = x \text{ mol}$

Gegeben: $$K_p = \frac{p(CO_2) \cdot p(H_2)}{p(CO) \cdot p(H_2O)}$$

Lösung: $$K_p = K_n = \frac{n(CO_2) \cdot n(H_2)}{n(CO) \cdot n(H_2O)}$$

$$K_p = \frac{(3 + x) \cdot x}{(20 - x) \cdot (30 - x)} = 4{,}05$$

Bei 800 °C liegt auch Wasser gasförmig vor und muss anders als bei Säure-Base- (↗ S. 176) oder Redoxgleichgewichten (↗ S. 204) bei der Berechnung mit berücksichtigt werden.

Durch Ausmultiplizieren der Klammerausdrücke und Umstellen nach x erhält man eine quadratische Gleichung. Daraus berechnet man x mit der allgemeinen Lösungsformel quadratischer Gleichungen.

$$\frac{3x + x^2}{600 - 50x + x^2} = 4{,}05$$

$$x^2 - 67{,}38x + 796{,}72 = 0$$

$$x_{1/2} = \frac{67{,}38}{2} \pm \sqrt{1134{,}92 - 796{,}72}$$

$$x_1 = 52{,}08$$

$$x_2 = 15{,}3$$

Eine quadratische Gleichung hat immer zwei Lösungen:

$$x^2 + px + q = 0$$

$$x_{1/2} = -\frac{p}{2} \pm \sqrt{\frac{p^2}{4} - q}$$

Lösung x_1 ist praktisch ohne Bedeutung, da 52,08 > 30 ist. Es kann aber nicht mehr Wasserstoff gebildet werden als ursprünglich Wasser vorhanden war, da nach der Reaktionsgleichung aus 1 mol Wasser nur 1 mol Wasserstoff entstehen kann. Die Lösung x_2 ist dagegen aus chemischer Sicht sinnvoll und liefert die gebildete Stoffmenge Wasserstoff.

$$\underline{n_{GG}(H_2) = 15{,}3 \text{ mol}}$$

Ergebnis:
Im Konvertierungsgleichgewicht werden unter den beschriebenen Bedingungen 15,3 mol Wasserstoff erhalten.

6.1.4 Zusammenhang zwischen Gleichgewichtskonstante und freier Standardreaktionsenthalpie

Eine chemische Reaktion läuft nur dann freiwillig ab, wenn $\Delta_R G < 0$ ist (↗ S. 117).

Die Tatsache, dass man das Massenwirkungsgesetz aus kinetischen Betrachtungen ableiten kann, soll keinesfalls darüber hinwegtäuschen, dass die Gleichgewichtskonstante eine thermodynamische Größe ist. In welchem Verhältnis Edukte und Produkte im Gleichgewicht vorliegen, hängt davon ab, wie groß der Energiegewinn durch die Änderung der **freien Standardreaktionsenthalpie** ($\Delta_R G^0$ ↗ S. 116) ist. Je stärker negativ $\Delta_R G^0$ ist, um so vollständiger ist der Stoffumsatz von Edukten zu Produkten.

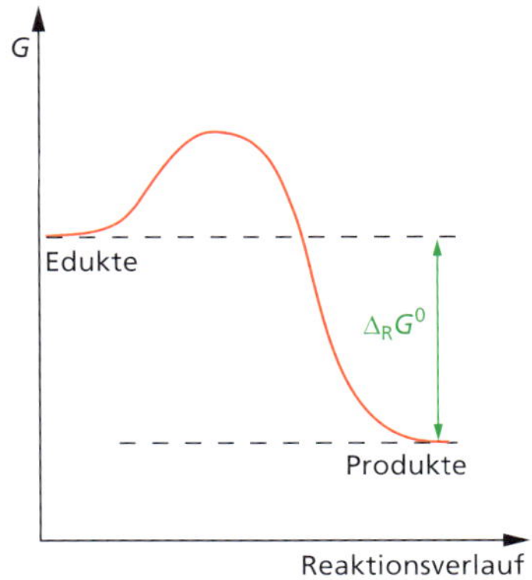

Die nebenstehende Gleichung wird bei der **thermodynamischen Ableitung des Massenwirkungsgesetzes** erhalten.

Zwischen der freien Standardreaktionsenthalpie und der Gleichgewichtskonstante besteht folgender quantitative Zusammenhang:

$$\Delta_R G^0 = -R \cdot T \cdot \ln K \qquad K = e^{-\frac{\Delta_R G^0}{R \cdot T}}$$

Anhand des Betrages von $\Delta_R G^0$ kann man relativ einfach voraussagen, auf welcher Seite das chemische Gleichgewicht liegt:

1. $\Delta_R G^0 < 0$ bedeutet $K > 1$, d. h., der Anteil der Produkte im Gleichgewicht ist höher als der Anteil der Edukte

2. $\Delta_R G^0 > 0$ bedeutet $K < 1$, d. h., der Anteil der Produkte im Gleichgewicht ist kleiner als der Anteil der Edukte

Die freie Standardreaktionsenthalpie der Bildung von Fluorwasserstoff und Iodwasserstoff aus den Elementen ist unterschiedlich groß. Das liegt in erster Linie daran, dass die Bindung zwischen den kleinen Fluor- und Wasserstoffatomen wesentlich stabiler ist als die H–I-Bindung. Aufgrund dieses hohen Energiegewinns erfolgt die Umsetzung zwischen Fluor und Wasserstoff praktisch vollständig, während Iod und Wasserstoff bei 100 °C im Gleichgewicht mit Iodwasserstoff vorliegen.

Auch für die Bildung von HF kann aus $\Delta_R G^0 = -551\ \text{kJ} \cdot \text{mol}^{-1}$ eine Gleichgewichtskonstante berechnet werden. K beträgt bei $T = 298$ K ungefähr $4 \cdot 10^{96}$, was einem vollständigen Stoffumsatz entspricht.

Mithilfe der freien Standardreaktionsenthalpie kann die Gleichgewichtskonstante und damit die maximal mögliche Ausbeute einer chemischen Reaktion in einem geschlossenen System bei einer bestimmten Temperatur quantitativ berechnet werden. Dieses Verfahren ist viel einfacher als die experimentelle Bestimmung von Gleichgewichtskonstanten. Bei technischen Prozessen wie der Synthese von Ammoniak oder Schwefelsäure kann man auf diese Weise voraussagen, welche Ausbeuten unter gegebenen Reaktionsbedingungen zu erwarten sind.

Bei der **Ammoniaksynthese** (↗ S. 394) liegen die Gase Ammoniak, Wasserstoff und Stickstoff nebeneinander im Gleichgewicht vor.

Wie groß ist die Gleichgewichtskonstante K_p bei Temperaturen von 25 °C und 600 °C bei einem konstanten Druck von 101,325 kPa (Standarddruck)? Welche Schlussfolgerung ergibt sich daraus für die Arbeitstemperatur bei der Ammoniaksynthese?

Analyse:
Um die Gleichgewichtskonstante K_p zu ermitteln, kann man bei Standarddruck die freie Standardreaktionsenthalpie verwenden. Diese berechnet man nach der GIBBS-HELMHOLTZ-Gleichung (↗ S. 116), wobei man die dazu erforderlichen Größen, d. h. die Standardbildungsenthalpie von Ammoniak und die Standardentropien der Reaktanten aus entsprechenden Tabellen oder Formelsammlungen zusammenträgt.

Bei der Rechnung ist unbedingt darauf zu achten, die Celsius-Temperaturen in absolute Temperaturen umzurechnen.

$$N_2(g) \quad + \quad 3\,H_2(g) \rightleftharpoons 2\,NH_3(g)$$

$$K_p = \frac{p^2(NH_3)}{p(N_2) \cdot p^3(H_2)}$$

Gesucht: K_p bei 25 °C und bei 600 °C

Gegeben: Tabellenwerte für $\Delta_f H^0$ und S^0

Lösung:

$$\Delta_R H^0 = 2 \cdot \Delta_f H^0(NH_3) - 3 \cdot \Delta_f H^0(H_2) - \Delta_f H^0(N_2)$$

$$\Delta_R H^0 = 2 \cdot (-46{,}1\ kJ \cdot mol^{-1}) = -92{,}2\ kJ \cdot mol^{-1}$$

$$\Delta_R S^0 = 2 \cdot S^0(NH_3) - 3 \cdot S^0(H_2) - S^0(N_2)$$

$$\Delta_R S^0 = (2 \cdot 192{,}2 - 3 \cdot 131 - 192)\ J \cdot mol^{-1} \cdot K^{-1} = -200{,}6\ J \cdot mol^{-1} \cdot K^{-1}$$

Die Standardbildungsenthalpien der Elemente sind Null, ihre Standardentropien dagegen nicht (↗ S. 113).

	ϑ = 25 °C	ϑ = 600 °C
$T = 273{,}15\ K + \vartheta$	298,15 K	873,15 K
$\Delta_R G^0 = \Delta_R H^0 - T \cdot \Delta_R S^0$	$-32{,}4\ kJ \cdot mol^{-1}$	$82{,}9\ kJ \cdot mol^{-1}$
$K_p = e^{-\frac{\Delta_R G^0}{R \cdot T}}$	$4{,}78 \cdot 10^5$	$1{,}09 \cdot 10^{-5}$

Lösung:
Die Gleichgewichtskonstante des Ammoniakgleichgewichts bei 25 °C und 101,325 kPa beträgt $K_p = 4{,}78 \cdot 10^5 >> 1$. Bei dieser tiefen Temperatur liegt das Gleichgewicht weit auf der Seite des Ammoniaks. Bei 600 °C und Standarddruck ist $K_p = 1{,}09 \cdot 10^{-5} << 1$. Das Gleichgewicht liegt fast vollständig auf der Seite der Edukte. Um eine hohe Ausbeute bei der Ammoniaksynthese zu erzielen, muss man bei möglichst tiefen Temperaturen arbeiten.

Bei dieser Rechnung wird die Temperaturabhängigkeit der Reaktionsenthalpie und der Reaktionsentropie vernachlässigt.

6.2 Beeinflussung des chemischen Gleichgewichts

6.2.1 Einfluss der Temperatur und des Drucks

Setzt man drei Glaskolben, die jeweils mit dem gleichen Gasgemisch aus Distickstofftetraoxid (N_2O_4) und Stickstoffdioxid (NO_2) gefüllt sind, drei unterschiedlichen Temperaturen von 0 °C, 25 °C und 100 °C aus, so zeigt sich folgendes Ergebnis: Das Gasgemisch im auf 0 °C abgekühlten Kolben zeigt nur eine schwach hellbraune Färbung, während die Erwärmung auf 100 °C zu einer tief dunkelbraunen Färbung des betrachteten Reaktionsgemisches führt.

Der Energieverbrauch ist auf die Spaltung der N-N-Bindung im N_2O_4 zurückzuführen. Die Rückreaktion der endothermen Dissoziation muss also exotherm sein.

Offenbar beeinflusst die Reaktionstemperatur das Konzentrationsverhältnis von farblosem N_2O_4 und dunkelbraunem NO_2. Die beiden Gase liegen in folgendem chemischen Gleichgewicht vor.

$$N_2O_4 \rightleftharpoons 2\,NO_2 \qquad \Delta_R H^0 = 59\ \text{kJ} \cdot \text{mol}^{-1}$$

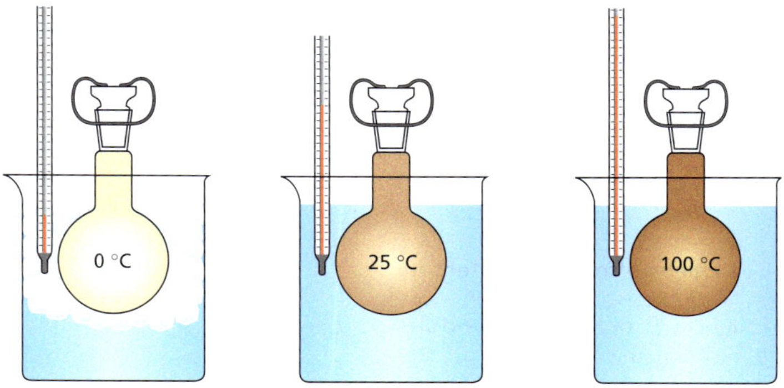

Das **Prinzip des kleinsten Zwangs** wurde 1887 durch H. LE CHATELIER (1850 bis 1936) und K. BRAUN (1850–1918) unabhängig voneinander formuliert. Es erlaubt qualitative, jedoch keine quantitativen Aussagen zur Änderung der Lage des chemischen Gleichgewichts.

Der positive Betrag der Reaktionsenthalpie zeigt, dass bei der Bildung von NO_2 Energie verbraucht wird. Wird dieses chemische Gleichgewicht einer erhöhten Temperatur ausgesetzt, so kann sich mehr NO_2 bilden, wobei Wärmeenergie in chemische Energie umgewandelt wird. Umgekehrt verändert sich die Lage des Gleichgewichts bei Temperaturerniedrigung; es ensteht vermehrt N_2O_4. Diese Rückreaktion ist ein exothermer Vorgang, bei dem Wärme an die Umgebung abgegeben und so der Temperaturerniedrigung entgegegengewirkt wird.

Unterwirft man das gleiche chemische Gleichgewicht einem erhöhten Druck, dann steigt der N_2O_4-Anteil. Da aus 2 mol NO_2 nur 1 mol N_2O_4 entsteht, verringert sich das Volumen des Systems bei dieser Dimerisierung. Durch die Volumenverringerung wird die Druckerhöhung teilweise kompensiert, als ob das System versuchen würde, dem äußeren Zwang des hohen Umgebungsdrucks auszuweichen.

Wird auf ein im Gleichgewicht befindliches chemisches Reaktionssystem ein äußerer Zwang durch Temperatur- oder Druckänderung ausgeübt, so verlagert es sich so, dass es dem Zwang ausweicht.

Der Einfluss von Temperatur und Druck auf die Gleichgewichtslage lässt sich nach dem **Prinzip des kleinsten Zwangs** wie folgt formulieren:

1. Mit steigender Temperatur verschiebt sich bei exothermen Reaktionen die Lage des chemischen Gleichgewichts nach links. Bei endothermen Reaktionen wird die Gleichgewichtskonstante mit zunehmender Temperatur dagegen größer.
2. Bei Reaktionen, die unter Volumenabnahme verlaufen, bewirkt eine Druckerhöhung eine Verschiebung des Gleichgewichtes zu den Produkten. Nimmt dagegen bei einer Reaktion das Volumen zu, bewirkt eine Druckerhöhung eine Verschiebung des Gleichgewichtes zugunsten der Ausgangsstoffe.

Während alle Gleichgewichtsreaktionen temperaturabhängig sind, beschränkt sich die **Druckabhängigkeit** nur auf wenige Reaktionen. Bei Reaktionen, an denen ausschließlich flüssige oder feste Phasen beteiligt sind, ist die Volumenänderung so klein, dass die Druckabhängigkeit der Gleichgewichtslage vernachlässigbar ist.

Nur bei Gasreaktionen, bei denen die Summe der Stoffmengen der Produkte größer oder kleiner als die Stoffmenge der Edukte ist, hängt die Lage des Gleichgewichts vom Druck des Systems ab.

Das BOUDOUARD-Gleichgewicht ist von großer Bedeutung für die Reduktion von Metalloxiden durch Koks, z. B. im **Hochofenprozess** zur Darstellung von Roheisen.

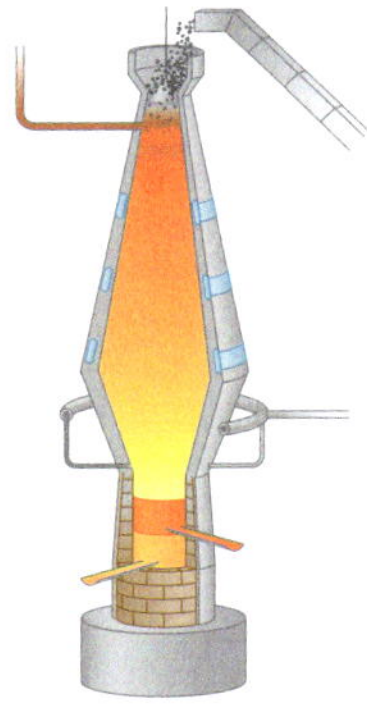

In der technischen Chemie ist das **BOUDOUARD-Gleichgewicht** von großer Bedeutung, insbesondere in der Metallurgie.

$$C(s) + CO_2(g) \rightleftharpoons 2\,CO(g) \qquad \Delta_R H^0 = +172\ \text{kJ} \cdot \text{mol}^{-1}$$

Kohlenstoffmonooxid steht im Gleichgewicht mit festem Kohlenstoff und Kohlenstoffdioxid. Für diese endotherme Reaktion wird die Gleichgewichtskonstante K_p mit zunehmender Temperatur immer größer. Das hat zur Folge, dass mit steigender Temperatur der Partialdruck an Kohlenstoffmonooxid wächst, während der Anteil an Kohlenstoffdioxid fällt.

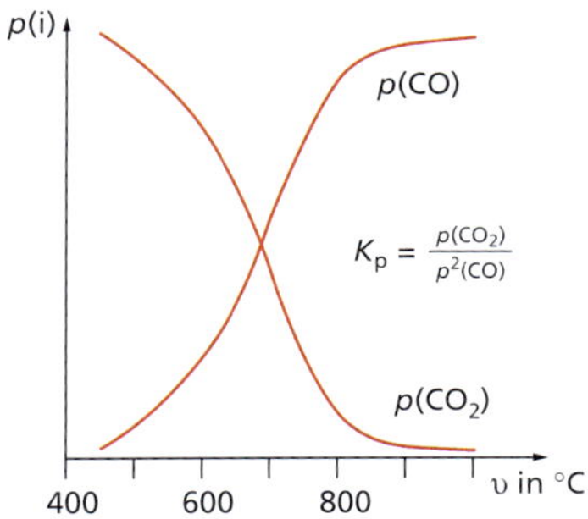

Der Partialdruck des festen Kohlenstoffs kann bei der Aufstellung des MWG unberücksichtigt bleiben.

Werden Metalloxide bei tiefen Temperaturen mit Koks umgesetzt, dann entsteht neben dem Metall Kohlenstoffdioxid. Bei hohen Temperaturen überwiegt dagegen Kohlenstoffmonooxid.

$$2\,MO + C \xrightleftharpoons{400\,°C} 2\,M + CO_2 \qquad MO + C \xrightleftharpoons{1000\,°C} M + CO$$

Das BOUDOUARD-Gleichgewicht ist auch druckabhängig, da aus 1 mol eines Gases nur 2 mol Gas entstehen und sich das Volumen somit verringert. Deshalb steigt mit zunehmendem Druck der CO_2-Anteil, während bei niedrigen Arbeitsdrücken der CO-Anteil höher ist. Der Volumenbeitrag des festen Kohlenstoffs ist vernachlässigbar klein.

6.2.2 Einfluss weiterer Reaktionsbedingungen

Veränderung der Konzentrationen der Reaktanten

Wenn die Edukte *nicht* im stöchiometrischen Verhältnis entsprechend der Reaktionsgleichung vorliegen, ergibt sich die theoretisch mögliche Produktmenge aus dem vollständigen Umsatz des im *Unterschuss* vorliegenden Ausgangsstoffes.

Die Gleichgewichtskonstante K_c ist konzentrationsunabhängig. Erhöht man die Konzentration eines Edukts, muss sich im Gleichgewicht auch die Konzentration der Produkte erhöhen, weil K_c bei gegebener Temperatur und Druck konstant bleibt.

Obwohl die Lage des chemischen Gleichgewichts konzentrationsunabhängig ist, kann man die **Ausbeute der Reaktion** durch Veränderungen der Konzentrationen eines oder mehrerer Reaktanten beeinflussen. Die Ausbeute einer Gleichgewichtsreaktion wird in ähnlicher Weise berechnet wie beim stöchiometrischen Rechnen (↗ S. 32). Man ermittelt die Stoffmenge des Reaktionsprodukts im Gleichgewicht und setzt diese ins Verhältnis zur theoretisch möglichen Produktmenge, die bei vollständigem Umsatz der Ausgangsstoffe zu erhalten wäre.

$$\eta = \frac{n_{GG}(\text{Produkt})}{n_{theor}(\text{Produkt})}$$

Als Beispiel soll wieder das Estergleichgewicht betrachtet werden:

$$CH_3COOH + C_2H_5OH \rightleftharpoons CH_3COOC_2H_5 + H_2O$$

Bei einem Stoffmengenverhältnis von $n_{(\text{Säure})} : n_{(\text{Alkohol})} = 1:1$ erhält man eine Ausbeute an Ester von 66,7 % (↗ S. 159). Werden jedoch 1 mol Säure und 10 mol Alkohol eingesetzt, erhöht sich die Ausbeute an Ester auf 97,3 % bezogen auf die eingesetzte Säure. Dabei verändert sich die Gleichgewichtskonstante ($K_c = K_n = 4$) nicht. Erhöht man die Konzentration der Edukte im Nenner, muss folglich auch die Konzentration der Produkte im Zähler steigen.

Bei einem Verhältnis der Ausgangsstoffe von 1 : 1 werden von den 2 mol Edukten immerhin 1,332 mol umgesetzt. Dagegen ist der Umsatz deutlich schlechter, wenn ein Ausgangsstoff im Überschuss eingesetzt wird. Ein solcher Ansatz ist ökonomisch nur sinnvoll, wenn das andere Edukt sehr teuer ist und vollständig umgesetzt werden muss.

Stoffmengen der Edukte und Ausbeute beim Estergleichgewicht

Stoffmengenverhältnis $n_{(\text{Säure})} : n_{(\text{Alkohol})}$	1 : 1	1 : 10	10 : 1
Gleichgewichtskonstante K_C	4	4	4
n_{GG}(Säure) in mol	0,333	0,026	9,026
n_{GG}(Alkohol) in mol	0,333	9,026	0,026
n_{GG}(Ester) in mol	0,667	9,074	0,974
n_{GG}(Wasser) in mol	0,667	0,974	0,974
Esterausbeute bezogen auf die Säure	66,7 %	97,4 %	9,74 %
Esterausbeute bezogen auf Alkohol	66,7 %	9,74 %	97,4 %
n_{GG}(Edukte) in mol	0,666	9,052	9,052
n_{GG}(Produkte) in mol	1,334	1,948	1,948
n_{GG}(Gesamt) in mol	2,000	11,00	11,00

Auf ähnliche Weise kann man die Ausbeute einer umkehrbaren Reaktion erhöhen, wenn ein Reaktionsprodukt aus dem Gleichgewicht entfernt wird. Infolge des Entzuges eines Produkts ist das System bestrebt, diesen Stoff nachzuliefern, da K_c konstant ist.

Auch aus diesem Grund setzt man dem Reaktionsgemisch bei der Veresterung konzentrierte Schwefelsäure zu (↗ S. 308). Die Schwefelsäure bildet mit Wasser stabile Hydrate ($H_2SO_4 \cdot xH_2O$). Dadurch wird dem Estergleichgewicht das Reaktionsprodukt Wasser entzogen und die Ausbeute an Ester steigt.

$$CH_3COOH + C_2H_5OH \rightleftharpoons CH_3COOC_2H_5 + H_2O$$

$$H_2SO_4 + xH_2O \rightleftharpoons H_2SO_4 \cdot xH_2O \quad (x = 1-4)$$

So wie im Beispiel gezeigt, sind bei vielen chemischen Prozessen mehrere chemische Gleichgewichtsreaktionen beteiligt (↗ S. 172). Man spricht in solchen Fällen von gekoppelten Gleichgewichten.

Durch Änderungen der Konzentrationen der an einer umkehrbaren Reaktion beteiligten Stoffe wird das chemische Gleichgewicht gestört. Die Ausbeute an Produkten kann dadurch erhöht werden, dass die Konzentration eines Edukts erhöht oder ein Produkt aus dem Reaktionssystem entfernt wird.

Chemisches Gleichgewicht und Katalyse

Katalysatoren (↗ S. 152) sind Stoffe, die die Geschwindigkeit einer chemischen Reaktion beschleunigen, indem sie die Aktivierungsenergie herabsetzen. Dadurch, dass die Aktivierungsbarriere kleiner wird, erhöht sich sowohl die Geschwindigkeit der Hinreaktion als auch die Geschwindigkeit der Rückreaktion, bei der diese Energiebarriere von rechts nach links überwunden werden muss. Das Verhältnis der beiden Geschwindigkeitskonstanten zueinander bleibt demzufolge konstant. Damit wird auch die Gleichgewichtskonstante als Quotient der beiden Geschwindigkeitskonstanten (↗ S. 142) nicht verändert. Auch auf die Ausbeute der Reaktion hat der Katalysator keinen Einfluss. Die Beschleunigung der Hin- und Rückreaktion führt lediglich dazu, dass sich das chemische Gleichgewicht schneller einstellt.

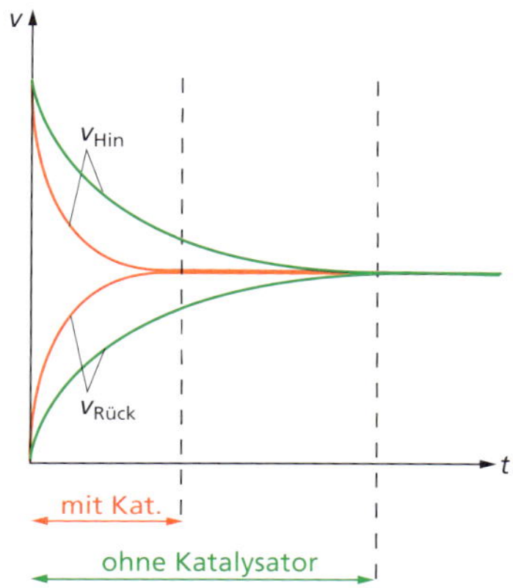

Katalysatoren haben keinen Einfluss auf die Gleichgewichtskonstante und damit auf die Lage des chemischen Gleichgewichtes. Sie verringern jedoch die Zeit, die zur Einstellung des chemischen Gleichgewichtes erforderlich ist.

Merkmale und Einflussfaktoren auf das chemische Gleichgewicht

Voraussetzungen

Ein chemisches Gleichgewicht kann sich nur bei einer umkehrbaren Reaktion in einem geschlossenen oder einem abgeschlossenen thermodynamischen System einstellen.

Merkmale

1. Eine Gleichgewichtsreaktion ist durch einen unvollständigen Stoffumsatz gekennzeichnet, d. h. Ausgangsstoffe und Reaktionsprodukte liegen nebeneinander vor.
2. Hin- und Rückreaktion verlaufen mit gleicher Geschwindigkeit.
3. Das Gleichgewicht ist ein dynamischer Zustand. Obwohl makroskopisch die Konzentrationen der Reaktanten konstant sind, erfolgt im mikroskopischen Bereich ein ständiger Stoffumsatz.

Katalysatoren (↗ S. 167) haben keinen Einfluss auf die Lage eines chemischen Gleichgewichts und auf die Ausbeute einer Reaktion. Sie beschleunigen nur die Einstellung des Gleichgewichts.

Einfluss der Reaktionsbedingungen

Reaktionsbedingungen		Auswirkung
Temperatur	Erhöhung	begünstigt **endotherme Reaktionen**
	Verringerung	begünstigt **exotherme Reaktionen**
Druck	Erhöhung	begünstigt Gasreaktionen, die unter **Volumenabnahme** verlaufen
	Verringerung	begünstigt Gasreaktionen, die unter **Volumenzunahme** verlaufen
Konzentration	Änderung der Konzentration eines oder mehrerer Reaktanten	– keine Beeinflussung der Gleichgewichtslage (K = konstant) – Veränderung der **Ausbeute** durch Störung des Gleichgewichts – Erhöhung der Ausbeute durch Einsatz eines Edukts im Überschuss oder durch Entfernen eines Produkts aus dem Gleichgewicht

Bei elektrochemischen Reaktionen kann man die Gleichgewichtskonstante auch aus der Zellspannung im Gleichgewichtszustand berechnen.

$$U_Z = \frac{R \cdot T}{z \cdot F} \ln K$$

Die Gleichgewichtskonstante ist eine thermodynamische Größe, die sich aus den energetischen Unterschieden zwischen Ausgangsstoffen und Reaktionsprodukten ergibt. Sie kann quantitativ aus der freien Standardreaktionsenthalpie berechnet werden.

$$\Delta_R G^0 = \Delta_R H^0 - T\Delta_R S^0 = -R \cdot T \ln K$$

Daraus ergibt sich die Temperaturabhängigkeit der Gleichgewichtskonstanten, die durch die **van't Hoffsche Gleichung** quantitativ beschrieben wird.

$$\ln \frac{K_2}{K_1} = -\frac{\Delta_R H^0}{R} \cdot \left(\frac{1}{T_2} - \frac{1}{T_1}\right)$$

6.3 Anwendungen des Massenwirkungsgesetzes

6.3.1 Das Ammoniakgleichgewicht

Die Bildung von Ammoniak aus den Elementen Stickstoff und Wasserstoff ist eine exotherme Reaktion, die unter Volumenabnahme verläuft. Aus 4 mol Ausgangsstoffen entstehen nur 2 mol Reaktionsprodukt. Die Lage des Gleichgewichts ist demzufolge sowohl temperatur- als auch druckabhängig.

$$N_2(g) + 3\,H_2(g) \rightleftharpoons 2\,NH_3(g)$$

$$K_p = \frac{p^2(NH_3)}{p(N_2) \cdot p^3(H_2)}$$

Volumenanteil Ammoniak im Gleichgewicht in Abhängigkeit von der Temperatur und Druck

Temperatur	p = 0,1 MPa	p = 10 MPa	p = 20 MPa	p = 100 MPa
200 °C	15,3 %	80,6 %	85,7 %	98,3 %
400 °C	0,44 %	25,1 %	36,3 %	79,8 %
500 °C	0,13 %	10,5 %	17,5 %	57,6 %
600 °C	0,052 %	4,58 %	8,27 %	31,4 %
700 °C	0,022 %	2,47 %	4,43 %	12,9 %

Die Tabellenwerte sind thermodynamische, aus $\Delta_R G^0$ berechnete Werte. Sie werden praktisch nur bei Temperaturen oberhalb 400 °C unter Verwendung eines Katalysators erreicht, der die Einstellzeit des Gleichgewichts verkürzt.

Nach dem Prinzip des kleinsten Zwangs müsste man bei einer niedrigen Temperatur und hohem Druck arbeiten, um einen möglichst hohen Ammoniakanteil im Gleichgewicht zu erzielen. Das ist aber bei der Ammoniaksynthese nicht möglich, da nur bei extrem hohen Temperaturen die notwendige Aktivierungsenergie zur Spaltung der Dreifachbindung des Stickstoffmoleküls aufgebracht wird.
Das Gleichgewicht würde sich nur unendlich langsam einstellen, sodass ein Katalysator zur Beschleunigung der Reaktion eingesetzt werden muss. Trotzdem muss die Reaktionstemperatur mindestens 400 °C betragen, damit die Bildung von Ammoniak an der Oberfläche des festen Katalysators (↗ S. 154) stattfinden kann.

Da einer Druckerhöhung auf mehr als 100 MPa technische und ökonomische Grenzen gesetzt sind, führt man die Ammoniaksynthese bei Temperaturen von 400–520 °C und Drücken von 25–30 MPa durch. Unter diesen Bedingungen erhält man zwar nur 15–20 % Ammoniak im Gasgemisch. Deshalb wird das Reaktionsgemisch kontinuierlich im Kreislauf gefahren (↗ S. 394).
Dabei wird Ammoniak aus dem Gasgemisch entfernt und die nicht umgesetzten Ausgangsstoffe dem Synthesereaktor wieder zugeführt. Auf diese Weise kann trotz ungünstiger Lage des chemischen Gleichgewichts ein vollständiger Umsatz der Ausgangsstoffe erzielt werden.

Die **technische Herstellung von Ammoniak** stellt die chemische Fixierung von Luftstickstoff dar. Diese Synthese ist die Grundlage für die Produktion vieler **Düngemittel**, Kunststoffe, Farbstoffe und Arzneimittel.

6.3.2 Löslichkeitsgleichgewichte und Löslichkeitsprodukt

Der Transport von Sauerstoff und Kohlenstoffdioxid im Blut sowie der Austausch dieser Gase beruht auf dem Zusammenwirken chemischer Gleichgewichte.

Gleichgewichtsreaktionen sind nicht nur bei technischen Synthesen von herausragender Bedeutung. Sie spielen, z. B. in Form von Säure-Base-Gleichgewichten (↗ S. 176 ff.) oder Redoxgleichgewichten (↗ S. 202), auch in der Natur eine wichtige Rolle.
Neben dem *pH*-Wert von Lösungen und den Redoxeigenschaften von Stoffen ist sowohl in der technischen als auch in der analytischen Chemie die Löslichkeit chemischer Verbindungen von Interesse.

Gibt man zu einer Kochsalzlösung Silbernitratlösung, so fällt ein weißer Niederschlag von festem Silberchlorid aus. Man erhält eine gesättigte Silberchloridlösung mit Bodensatz. Obwohl nach Abschluss der Fällung keine Veränderungen zu beobachen sind, gehen dennoch ständig Silber- und Chlorid-Ionen in gleichem Maße in Lösung, wie sich erneut festes Silberchlorid bildet. Die Ionen der gelösten Phase stehen mit dem Niederschlag in einem dynamischen **Löslichkeitsgleichgewicht**.

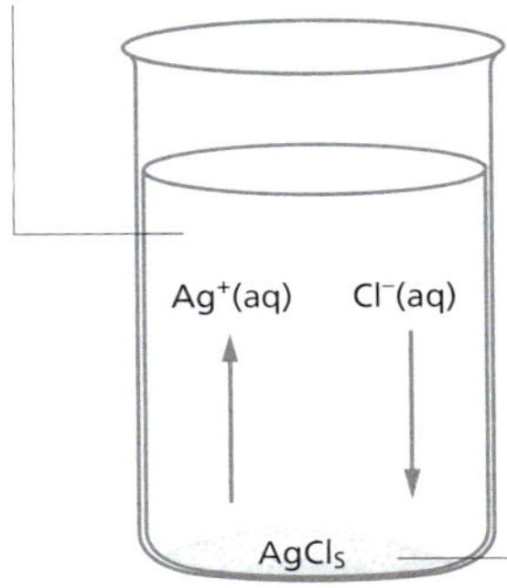

Der umgekehrte Vorgang zum Fällen ist das Lösen.

$$AgCl(s) \underset{\text{Fällen}}{\overset{\text{Lösen}}{\rightleftharpoons}} Ag^+(aq) + Cl^-(aq)$$

$$K_c = \frac{c(Ag^+) \cdot c(Cl^-)}{c(AgCl)}$$

Wird Silberchlorid (AgCl) in Wasser gelöst, so müssen die Konzentrationen der Ag^+- und der Cl^--Ionen gleich sein. Die Konzentration des Niederschlages hat keinen Einfluss auf die Gleichgewichtskonstante, da es sich um eine reine kondensierte Phase handelt (↗ S. 165). Damit vereinfacht sich die Aussage des MWG zum Löslichkeitsgleichgewicht zu:

Löslichkeitsprodukt: $K_L(AgCl) = c(Ag^+) \cdot c(Cl^-)$

Löslichkeit: $L(AgCl) = c(Ag^+) = c(Cl^-)$

Die Kennzeichnung (aq) für hydratisierte Ionen wird der Übersichtlichkeit halber in den Gleichungen des MWG weggelassen. In Wasser gelöste Ionen sind immer hydratisiert (↗ S. 93).

Die Konstante K_L ist das **Löslichkeitsprodukt** von Silberchlorid. Die jeweils gleichen Ionenkonzentrationen an Ag^+ und Cl^- geben die maximale **Löslichkeit** L(AgCl) des Salzes in Wasser an. Bei weiterer Zugabe des festen Salzes würde sich kein weiteres Silberchlorid lösen, da K_L konstant ist. Man nennt die über einem festen Niederschlag stehende Lösung daher eine **gesättigte Lösung**.

Das Löslichkeitsprodukt K_L eines Elektrolyten ist gleich dem Produkt der Konzentrationen seiner Ionen in einer gesättigten Lösung.

Für ein Salz der allgemeinen Zusammensetzung A_xB_y gilt:

$$A_xB_y(s) \rightleftharpoons x\,A^{y+}(aq) + y\,B^{x-}(aq)$$

$$K_L(A_xB_y) = c^x(A^{y+}) \cdot c^y(B^{x-})$$

Das Löslichkeitsprodukt darf nicht mit der Löslichkeit eines Stoffes verwechselt werden. Die Löslichkeit eines Salzes entspricht seiner *Konzentration* in einer gesättigten Lösung. Die Sättigung ist erreicht, wenn ein Bodenkörper des Feststoffs mit der darüber befindlichen Lösung im thermodynamischen Gleichgewicht steht. Zwischen den beiden Größen besteht folgender Zusammenhang:

$$L(A_xB_y) = \sqrt[x+y]{\frac{K_L(A_xB_y)}{x^x \cdot y^y}}$$

Im einfachsten Fall, z. B. beim Silberchlorid, besteht das Salz aus gleichwertigen Ionen (x = y). Die Löslichkeit ist dann gleich der Wurzel des Löslichkeitsprodukts.

$$L(AgCl) = c(Ag^+) = c(Cl^-) = \sqrt{K_L(AgCl)}$$

Löslichkeitsprodukt und Löslichkeit sind temperaturabhängig. Aus diesem Grund sind die tabellierten Werte von Löslichkeitsprodukten für bestimmte Temperaturen angegeben, in der Regel für 25 °C.

Die meisten Salze, z. B. Kaliumchlorid, lösen sich endotherm in Wasser, sodass ihre Löslichkeit mit steigender Temperatur zunimmt. Weit weniger Löslichkeitsgleichgewichte sind exotherm. Die Löslichkeit solcher Salze wie Calciumchromat ($CaCrO_4$) sinkt mit steigender Temperatur.

Die Löslichkeit und das Löslichkeitsprodukt sind jedoch praktisch nicht druckabhängig, da die Volumenänderung infolge der Fällung vernachlässigbar ist. Im Gegensatz dazu kann die Löslichkeit von Stoffen durch Veränderungen der Konzentrationen beeinflusst werden.

Erhöht man die Konzentration der Chlorid-Ionen in einer gesättigten AgCl-Lösung durch Zusatz einer KCl-Lösung, so weicht das Gleichgewicht diesem Zwang aus. Unter Verbrauch der Chlorid-Ionen wird Silberchlorid ausgefällt und die Ag^+-Ionenkonzentration – und damit die Löslichkeit des Salzes – sinkt. Der gleiche Effekt wird beobachtet, wenn man die Konzentration des anderen „Reaktionsprodukts“, der Ag^+-Ionen erhöht. In diesem Fall entspricht die Löslichkeit des Silberchlorids der Cl^--Ionenkonzentration.

Die Erhöhung der Konzentration einer Ionensorte durch **gleichionige Zusätze** führt zu einer Verringerung der Löslichkeit eines Salzes, weil das Löslichkeitsprodukt konstant bleibt.

Die Einheit des Löslichkeitsprodukts ergibt sich aus der stöchiometrischen Zusammensetzung des Salzes:

$[K_L] = mol^{x+y} \cdot l^{-x-y}$

$K_L(AgBr) = 5 \cdot 10^{-13} mol^2 \cdot l^{-2}$

$K_L(Fe(OH)_3) = 4 \cdot 10^{-40}\, mol^4 \cdot l^{-4}$

Die Lösungsenthalpie ist die Differenz zwischen der Gitterenergie und der Hydratationsenthalpie, die bei der Bildung von hydratisisierten Ionen frei wird (↗ S. 94).

Kochsalz hat eine sehr geringe Lösungsenthalpie, sodass die Löslichkeit von NaCl nahezu temperaturunabhängig ist.

Gekoppelte Gleichgewichte

Die Löslichkeit von Stoffen kann durch Zugabe von Säuren oder Komplexbildnern beeinflusst werden. In beiden Fällen liegt neben dem Löslichkeitsgleichgewicht ein weiteres chemisches Gleichgewicht vor und man spricht von **gekoppelten Gleichgewichten**.

Viele schwer lösliche Salze können durch Zugabe von Säuren oder Basen in Lösung gebracht werden. Die Ursache liegt darin, dass eine Ionensorte aus dem Löslichkeitsgleichgewicht gleichzeitig an einem Säure-Base-Gleichgewicht beteiligt ist.

Die Gleichgewichtskonstante der Protolyse der S^{2-}-Ionen ergibt sich aus den beiden Säurekonstanten der zweiwertigen Säure H_2S:

$$K(H_2S) = \frac{1}{K_{S1} \cdot K_{S2}}$$

Die schwer löslichen Sulfide sind die Salze der schwachen Säure Schwefelwasserstoff. Wenn man Eisensulfid durch Zugabe einer Säure auflösen will, liegen folgende Gleichgewichte vor.

$$FeS(s) \rightleftharpoons Fe^{2+}(aq) + S^{2-}(aq) \qquad K_L = c(Fe^{2+}) \cdot c(S^{2-})$$

$$S^{2-}(aq) + 2\,H_3O^+(aq) \rightleftharpoons H_2S(aq) + 2H_2O(l)$$

$$K(H_2S) = \frac{c(H_2S)}{c(S^{2-}) \cdot c^2(H_3O^+)}$$

Durch Zugabe der Säure wird die H_3O^+-Konzentration im Säure-Base-Gleichgewicht erhöht und dadurch mehr Schwefelwasserstoff gebildet. Dazu werden dem Löslichkeitsgleichgewicht Sulfid-Ionen entzogen. Diese müssen durch Auflösen des Eisensulfids nachgebildet werden.
Da Schwefelwasserstoff eine schwache Säure ist, liegt das Säure-Base-Gleichgewicht weit auf der Seite des Schwefelwasserstoffs und Eisensulfid wird bei hohen H_3O^+-Konzentrationen vollständig aufgelöst.

In der gleichen Weise kann die Löslichkeit eines schwer löslichen Salzes auch durch Zugabe von Komplexbildnern deutlich vergrößert werden. In diesem Fall wird ein Löslichkeitsgleichgewicht mit einem Komplexbildungsgleichgewicht (↗ S. 236) gekoppelt.

Silberhalogenide sind in Ammoniak unterschiedlich löslich, da sich die Löslichkkeitsprodukte um mehrere Größenordnungen voneinander unterscheiden. Diese Tatsache macht man sich beim qualitativen Nachweis der Halogenid-Ionen zunutze (↗ S. 426).

So löst sich ein Niederschlag von Silberchlorid in Ammoniakwasser, wobei sich der lösliche Silberdiammin-Komplex bildet:

$$AgCl(s) \rightleftharpoons Ag^+(aq) + Cl^-(aq)$$

$$Ag^+(aq) + 2\,NH_3(aq) \rightleftharpoons [Ag(NH_3)_2]^+(aq)$$

Dem Löslichkeitsgleichgewicht des Silberchlorids werden die Ag^+-Ionen durch die Komplexbildung entzogen. Diese werden durch Auflösung des festen Niederschlages so lange nachgebildet, bis dieser vollständig verbraucht ist oder das Löslichkeitsprodukt wieder erreicht wird.

7 PROTONEN- UND ELEKTRONEN-ÜBERTRAGUNGS-REAKTIONEN

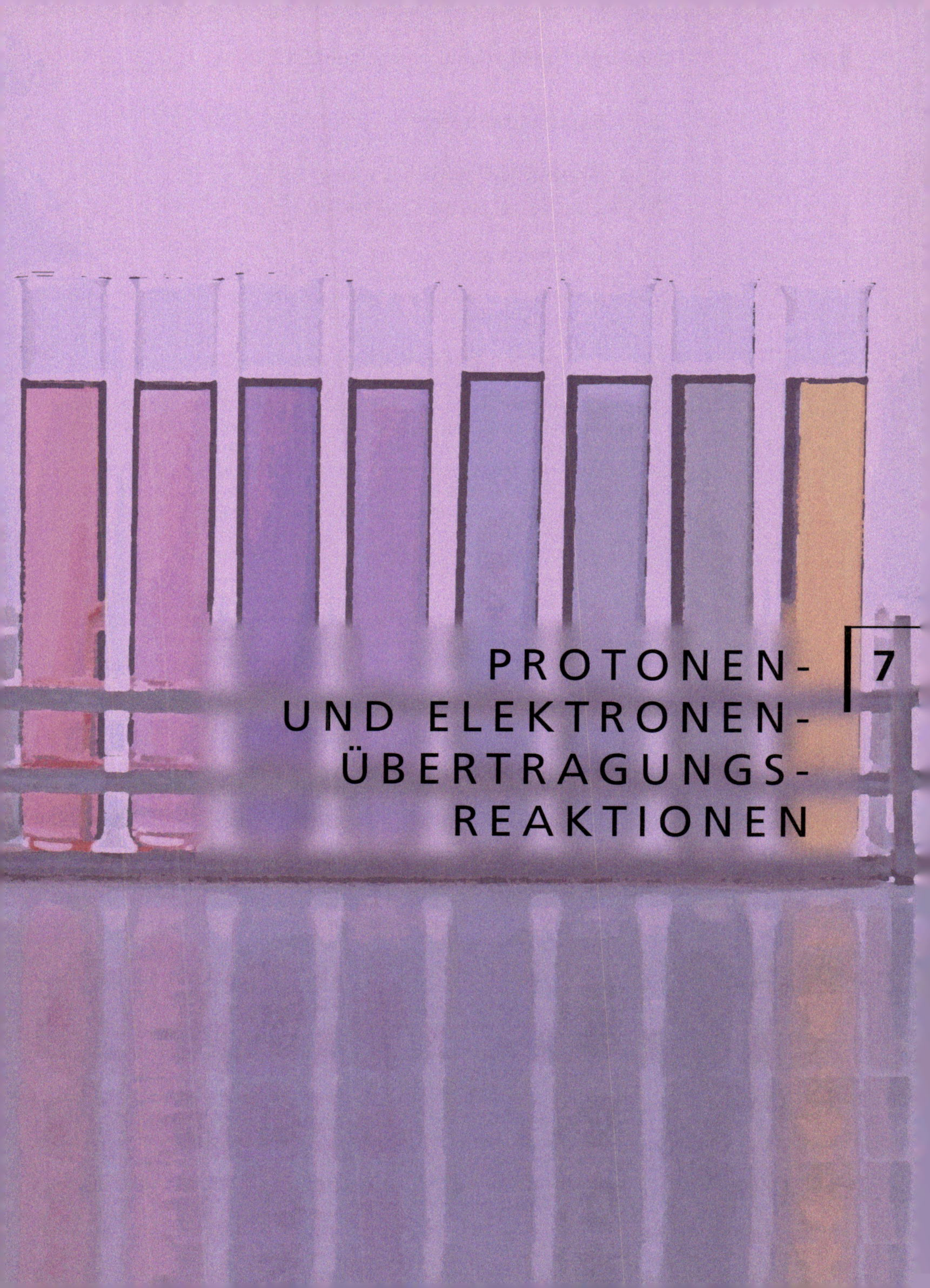

7.1 Säuren und Basen

7.1.1 Säure-Base-Theorie nach BRÖNSTED

Historische Entwicklung des Säure-Base-Begriffes

Der englische Forscher ROBERT BOYLE (1627–1691) unterschied als erster Säuren, Basen und neutrale Stoffe mithilfe von Pflanzenfarbstoffen wie Lackmus.

Der Begriff der **Säuren** und **Basen** wurde durch **R. BOYLE** bereits im 17. Jh. eingeführt: Säuren färben gewisse blaue Pflanzenfarbstoffe rot, lösen Marmor und scheiden aus Lösungen bestimmter Schwefelverbindungen Schwefel aus.

$$Na_2S_2 + 2\,HCl \longrightarrow 2\,NaCl + H_2S + \tfrac{1}{8}\,S_8$$

Als Basen wurden Substanzen bezeichnet, die in alkalischen Lösungen enthalten waren und beim Zusammengeben mit sauren Lösungen Salze bilden können.
A. LAVOISIER fand, dass beim Lösen gewisser Oxide von Nichtmetallen in Wasser „saure" Lösungen entstehen und schlussfolgerte: „Sauerstoff ist allen Säuren gemeinsam, dieser bedingt die sauren Eigenschaften".

$$SO_3 + H_2O \longrightarrow H_2SO_4$$

1838 erkannte **J. VON LIEBIG**, dass es auch Säuren gibt, die keinen Sauerstoff enthalten und definierte: „Eine Säure ist eine Substanz, die Wasserstoff enthält, der durch Metalle ersetzbar ist".

$$H_2SO_4 + Mg \longrightarrow H_2 + MgSO_4$$

Die Ionentheorie von SVANTE ARRHENIUS (1859–1927) besagt, dass in Lösungen von Elektrolyten (↗ S. 119) frei bewegliche Ionen vorhanden sind, die zu einer höheren elektrischen Leitfähigkeit führen.

Die erste in sich geschlossene Säure-Base-Theorie wurde von **S. ARRHENIUS** entwickelt und beruht auf der von ihm eingeführten Ionentheorie.

Säuren sind nach ARRHENIUS alle Wasserstoffverbindungen, die in wässriger Lösung unter Bildung von H^+-Ionen dissoziieren. **Basen** sind dagegen Substanzen, die Hydroxid-Ionen enthalten oder beim Lösen in Wasser Hydroxid-Ionen bilden.

$$\begin{aligned} HCl &\longrightarrow H^+ + Cl^- \\ HNO_3 &\longrightarrow H^+ + NO_3^- \\ NaOH &\longrightarrow Na^+ + OH^- \\ Na_2O + H_2O &\longrightarrow 2\,Na^+ + 2\,OH^- \end{aligned}$$

Die ARRHENIUS-Theorie war recht leistungsfähig bezüglich der Definition von Säuren, blieb jedoch eingeengt auf wässrige Lösungen von Elektrolyten (↗ S. 119). So war der Begriff Basen nur auf hydroxidhaltige Substanzen anwendbar, sodass die basischen Eigenschaften von Substanzen wie Ammoniak, NH_3, in nicht wässrigen Systemen mit der ARRHENIUS-Theorie nicht oder nur ungenügend erklärt werden können.
Diese Nachteile wurden mit der Einführung der BRÖNSTED-LOWRY-Theorie im Jahr 1923 überwunden.

Die BRÖNSTED-LOWRY-Theorie

Eine Säure ist eine Substanz, die Protonen abgeben kann, ein **Protonendonator.** Eine Base ist eine Substanz, die Protonen aufnehmen kann, ein **Protonenakzeptor.**

Mit dieser Definition haben **J. BRÖNSTED** (1879–1947) und **T. LOWRY** (1874–1936) unabhängig voneinander eine heute noch gültige Säure-Base-Theorie entwickelt.
Durch die Anwendung des **Donator-Akzeptor-Prinzips** ist jede Reaktion, bei der die als Protonen bezeichneten H^+-Ionen zwischen Reaktionspartnern übertragen werden, eine **Säure-Base-Reaktion.** Diese Protonenübertragungsreaktionen nennt man auch **Protolysereaktionen**.

$$\text{Säure} \underset{\text{Protonenaufnahme}}{\overset{\text{Protonenabgabe}}{\rightleftharpoons}} \text{Base} + \text{Proton}$$

Nach BRÖNSTED können aber auch neutrale Moleküle oder Ionen, die selbst keine Protonen enthalten, zu Säuren werden. Solche protonenfreie Verbindungen wie Nichtmetalloxide oder Metall-Kationen werden erst durch die Reaktion mit Wasser in BRÖNSTED-Säuren verwandelt, die dann Protonen abgeben können.

$$SO_3 + H_2O \rightleftharpoons H_2SO_4$$

$$Fe^{3+} + 6\ H_2O \rightleftharpoons [Fe(H_2O)_6]^{3+}$$

Aus diesem Grund gibt es nicht nur neutrale sondern auch Anionen- und Kationensäuren und -basen.

Donatoren (lat. *donator* = Geber) sind z. B. Teilchen, die Energie oder andere Elementarteilchen abgeben können. Akzeptoren (lat. *acceptor* = Empfänger) sind das entsprechende Gegenstück. Das Donator-Akzeptor-Prinzip hat sich zur Klassifizierung chemischer Reaktionen bewährt.

Neben dem bekannten Ammonium-Ion, NH_4^+, bilden viele Kationen in wässriger Lösung Kationensäuren durch Bindung von Wasser. Diese Reaktion mit Wasser ist keine Protolyse, sondern eine Hydratisierung.

Klassifizierung von BRÖNSTED-Säuren und Basen	
Neutralsäuren (Molekülsäuren)	$HCl + H_2O \rightleftharpoons H_3O^+ + Cl^-$ $HNO_3 + H_2O \rightleftharpoons H_3O^+ + NO_3^-$
Anionensäuren	$HSO_4^- + H_2O \rightleftharpoons H_3O^+ + SO_4^{2-}$ $H_2PO_4^- + H_2O \rightleftharpoons H_3O^+ + HPO_4^{2-}$
Kationensäuren	$NH_4^+ + H_2O \rightleftharpoons H_3O^+ + NH_3$ $Fe(H_2O)_6]^{3+} + H_2O \rightleftharpoons H_3O^+ + [Fe(OH)(H_2O)_5]^{2+}$
Neutralbasen	$NH_3 + H_2O \rightleftharpoons OH^- + NH_4^+$ $CaO + H_2O \rightleftharpoons 2\ OH^- + Ca^{2+}$
Anionenbasen	$SO_4^{2-} + H_2O \rightleftharpoons OH^- + HSO_4^-$ $PO_4^{3-} + H_2O \rightleftharpoons OH^- + HPO_4^{2-}$
Kationenbasen	$[Zn(OH)(H_2O)_5]^+ + H_2O \rightleftharpoons OH^- + [Zn(H_2O)_6]^{2+}$

7.1.2 Säure-Base-Gleichgewichte

Das Proton in Wasser und Oxonium-Ionen

Für das Oxonium-Ion wird häufig auch noch der veraltete Begriff Hydronium-Ion verwendet.

Das wichtigste Lösungsmittel für Säure-Base-Reaktionen ist Wasser. Bei der Abgabe eines Protons von einer Säure an Wasser entsteht spontan das **Oxonium-Ion,** H_3O^+. Die Ursache liegt darin, dass die Anlagerung der Protonen an die neutralen Moleküle exotherm verläuft. Deshalb treten in den üblichen Lösungsmitteln keine freien Protonen auf, sondern diese werden immer von Lösungsmittelmolekülen gebunden.
Obwohl die Existenz derartiger Oxonium-Ionen in Feststoffen eindeutig nachgewiesen wurde, spiegelt es die wahren Verhältnisse in wässriger Lösung nicht richtig wider. Vielmehr bindet ein H_3O^+-Ion über seine drei Wasserstoffatome drei weitere H_2O-Moleküle über Wasserstoffbrückenbindungen (↗ S. 99), wobei Oxonium-Ionen der Zusammensetzung $H_9O_4^+$ entstehen. Der Einfachheit halber werden Oxonium-Ionen in wässriger Lösung dennoch als H_3O^+ formuliert.

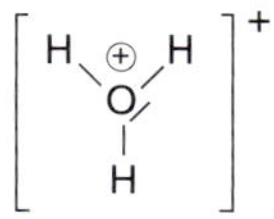

H_3O^+-Ion

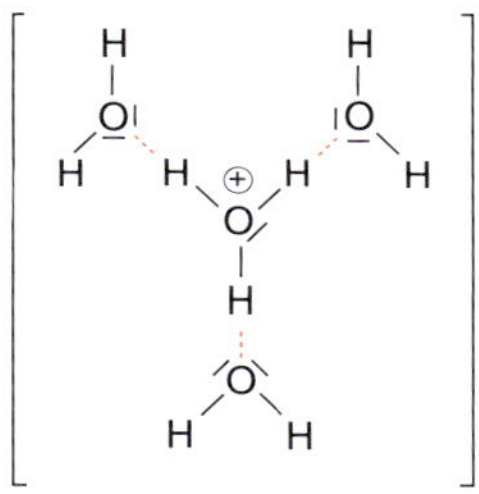

$H_9O_4^+$-Ion

Das Ionenprodukt des Wassers und der *pH*-Wert

Bei einer Autoprotolyse reagiert ein und dieselbe Verbindung gleichzeitig als Säure und als Base:

$$2\,HF \rightleftharpoons H_2F^+ + F^-$$

Wasser leitet den elektrischen Strom, wenn auch nur geringfügig. Die Ursache für diese elektrische Leitfähigkeit liegt in einer sehr geringen Eigendissoziation, die auch als **Autoprotolyse** bezeichnet wird.

$$H_2O + H_2O \rightleftharpoons H_3O^+ + OH^-$$

$$K = \frac{c(H_3O^+) \cdot c(OH^-)}{c(H_2O) \cdot c(H_2O)} = \frac{c(H_3O^+) \cdot c(OH^-)}{c^2(H_2O)}$$

Die Anwendung des Massenwirkungsgesetzes (↗ S. 158) auf das Autoprotolysegleichgewicht liefert die temperaturabhängige Gleichgewichtskonstante *K*.
Da die Wasserkonzentration sehr groß im Verhältnis zur Konzentration an H_3O^+ und OH^- ist, kann sie als konstant angesehen und in die Gleichgewichtskonstante (Protolysekonstante) mit einbezogen werden.

$$K \cdot c^2(H_2O) = K_W = c(H_3O^+) \cdot c(OH^-)$$

Da nur Zahlenwerte ohne Einheiten logarithmiert werden können, dividiert man die H_3O^+-Ionenkonzentration durch die Einheit $mol \cdot l^{-1}$.

Die Konstante K_W wird als Ionenprodukt des Wassers bezeichnet und beträgt bei 22 °C exakt $10^{-14}\ mol^2 \cdot l^{-2}$.
Um für die Angabe der Konzentration an H_3O^+-Ionen in wässriger Lösung nicht mit sehr kleinen Zahlen arbeiten zu müssen, wird der *pH*-Wert wie folgt definiert:

$$pH = -\lg c(H_3O^+)$$

Der ***pH*-Wert** ist der negative, dekadische Logarithmus der Oxonium-Ionenkonzentration. Entsprechend ist der *pOH*-Wert der negative, dekadische Logarithmus der Hydroxid-Ionenkonzentration.

Der Suffix *p* leitet sich vom lateinischen *potentia* ab und gibt den negativen logarithmischen Anteil der jeweiligen Größe, die nach dem Suffix steht, an, hier also den Gehalt an H_3O^+-Ionen.

Für reines Wasser, in dem $c(H_3O^+) = c(OH^-)$ ist, ergibt sich aus dem Ionenprodukt des Wassers ein *pH*-Wert bzw. ein *pOH*-Wert von 7.

$$c(H_3O^+) \cdot c(OH^-) = K_W = 10^{-14}\ \text{mol}^2 \cdot \text{l}^{-2}$$

$$pH + pOH = pK_W = 14$$

Mit dieser Gleichung kann man über die OH^--Ionenkonzentration auch den *pH*-Wert einer alkalischen Lösung berechnen.
Das heißt, mit steigendem *pH*-Wert fällt der *pOH*-Wert und umgekehrt. Durch Zusatz einer Säure oder Base wird die Konzentration an H_3O^+- bzw. OH^- -Ionen erhöht, wodurch der *pH*-Wert fällt bzw. steigt.

pH-Wert	0	1	2	3	4	5	6	7	8	9	10	11	12	13	14
Eigenschaften der Lösung	stark sauer				schwach sauer			neu-tral	schwach basisch				stark basisch		

Gehalt an Oxonium-Ionen nimmt ab → ← Gehalt an Hydroxid-Ionen nimmt ab

***pH*-Wert und Konzentrationen von Säuren und Basen**

pH =	–lg $c(H_3O^+)$	Konzentrationen in mol · l⁻¹	–lg $c(OH^-)$	= *pOH*
0	1 molare HCl	$c(H_3O^+) = 10^0$	$c(OH^-) = 10^{-14}$	14
1	0,1 molare HCl	$c(H_3O^+) = 10^{-1}$	$c(OH^-) = 10^{-13}$	13
2	0,01 molare HCl	$c(H_3O^+) = 10^{-2}$	$c(OH^-) = 10^{-12}$	12
3	0,001 molare HCl	$cH_3O^+) = 10^{-3}$	$c(OH^-) = 10^{-11}$	11
⋮				⋮
7	Neutralpunkt, reines Wasser	$c(H_3O^+) = c(OH^-) = 10^{-7}$		7
⋮				⋮
12	0,01 molare NaOH	$c(H_3O^+) = 10^{-12}$	$c(OH^-) = 10^{-2}$	2
13	0,1 molare NaOH	$c(H_3O^+) = 10^{-13}$	$c(OH^-) = 10^{-1}$	1
14	1 molare NaOH	$c(H_3O^+) = 10^{-14}$	$c(OH^-) = 10^0$	0

Korrespondierende Säuren und Basen

Synonym wird für den Begriff *korrespondierendes* auch häufig der Bergriff *konjugiertes* Paar genutzt.

Die Übertragung der H^+-Ionen von der BRÖNSTED-Säure zur Base erfolgt in einer reversiblen Reaktion (↗ S. 156). Protonendonator und -akzeptor bilden ein korrespondierendes Säure-Base-Paar.

$$\text{Säure} \underset{\text{Protonenaufnahme}}{\overset{\text{Protonenabgabe}}{\rightleftharpoons}} \text{Base} + \text{Proton}$$

> Ein **korrespondierendes Säure-Base-Paar** besteht immer aus einer protonenreicheren und protonenärmeren Form derselben Grundverbindung.

Verbindungen oder Teilchen, die wie H_2O entweder als Säure oder als Base reagieren können, bezeichnet man als Ampholyte (↗ S. 186).

In wässrigen Lösungen kann Wasser Protonen aufnehmen oder abgeben und steht damit als Reaktionspartner sowohl für Säuren als auch für Basen zur Verfügung.

$$CH_3COOH + H_2O \rightleftharpoons H_3O^+ + CH_3COO^-$$
$$H_2O + NH_3 \rightleftharpoons OH^- + NH_4^+$$

In der Reaktion mit Essigsäure nimmt Wasser bei der Hinreaktion ein Proton unter Bildung von Oxonium-Ionen, H_3O^+, auf, wirkt also im brönstedschen Sinn als Base. In der Rückreaktion ist H_3O^+ eine BRÖNSTED-Säure, da es ein Proton an das Acetat-Anion, CH_3COO^-, überträgt und dabei die Base H_2O zurückgebildet wird.
Es bilden also nicht nur H_2O und H_3O^+, sondern auch CH_3COOH und CH_3COO^- ein korrespondierendes Säure-Base-Paar, die miteinander im **Säure-Base-Gleichgewicht** stehen.

korrespondierend (HA → A^-)

$$HA + H_2O \rightleftharpoons A^- + H_3O^+$$

korrespondierend (H_2O → H_3O^+)

Ob Wasser als Säure oder Base reagiert, hängt allein vom konkreten Reaktionspartner und dessen sauren bzw. basischen Eigenschaften ab.

Dieses Gleichgewicht zwischen Hin- und Rückreaktion beruht auf der Übertragung eines Protons von einer Säure auf eine andere Base. Es stellt sich auch bei Säure-Base-Reaktionen in nicht wässrigen Systemen ein und kann durch folgende allgemeine Reaktion ausgedrückt werden:

H^+ (Säure₁ → Base₂)

$$\text{Säure}_1 + \text{Base}_2 \rightleftharpoons \text{Base}_1 + \text{Säure}_2$$

H^+ (Säure₂ → Base₁)

> Die Base_1 ist die korrespondierende Base der Säure_1, Säure_2 ist die korrespondierende Säure der Base_2. Zwischen den beiden miteinander im Gleichgewicht stehenden korrespondierenden Säure-Base-Paaren erfolgt die Übertragung eines Protons.

Die Stärke von BRÖNSTED-Säuren und -Basen

Die Protolyse einer Säure, HA, in Wasser lässt sich nach dem Massenwirkungsgesetz folgendermaßen beschreiben:

$$HA + H_2O \rightleftharpoons H_3O^+ + A^-$$

$$K = \frac{c(H_3O^+) \cdot c(A^-)}{c(HA) \cdot c(H_2O)}$$

Wie beim Autoprotolysegleichgewicht des Wassers wird auch hier die H_2O-Konzentration als konstante Größe in den K-Wert einbezogen.

$$K \cdot c(H_2O) = \frac{c(H_3O^+) \cdot c(A^-)}{c(HA)} = K_S$$

Das Produkt $K \cdot c(H_2O)$ wird als **Säurekonstante** K_S bezeichnet. Auf die gleiche Weise ist die **Basenkonstante** einer Base B definiert:

$$B + H_2O \rightleftharpoons BH^+ + OH^-$$

$$K \cdot c(H_2O) = \frac{c(BH^+) \cdot c(OH^-)}{c(B)} = K_B$$

Je vollständiger die Protonenübertragung erfolgt, desto stärker liegt das Protolysegleichgewicht auf der rechten Seite und umso stärker ist die jeweilige Säure bzw. Base.
Das heißt, je größer der K_S-Wert einer Säure ist, desto stärker ist die Säure. Analog ist eine Base umso stärker je größer ihr K_B-Wert ist.

Anstelle des K_S- oder K_B-Wertes wird häufig der pK_S bzw. pK_B-Wert angegeben, der wiederum dem negativen dekadischen Logarithmus des jeweiligen K-Wertes entspricht. Definitionsgemäß zeigen hier kleine Werte für pK_S bzw. pK_B **starke Säuren** bzw. **Basen** an, während umgekehrt große Werte für pK_S bzw. pK_B **schwache Säuren** bzw. **Basen** kennzeichnen.

Essigsäure ist eine schwache Säure, Ammoniak eine schwache Base, sodass beide in wässriger Lösung nur teilweise protolysieren und die protonierten und deprotonierten korrespondierenden Partner in einem realen Gleichgewicht vorliegen.

Sehr starke Säuren protolysieren in Wasser dagegen *vollständig*, das heißt die Konzentration der H_3O^+-Ionen entspricht exakt der Konzentration der Säure. Da in solchen Fällen *alle Protonen* von der Säure auf Wasser übertragen werden, lässt sich die Stärke der Säuren nicht mehr unterscheiden, sie scheinen alle gleich stark zu sein. In wässriger Lösung ist demnach das Oxonium-Ion die stärkste mögliche Säure.

Umgekehrt gilt für Basen, dass keine Base in Wasser stärker sein kann als das Hydroxid-Ion, da sie vollständig Protonen vom Wasser unter Bildung von OH^--Ionen aufnehmen.

Diese Wirkung des Lösungsmittels Wasser auf sehr starke Säuren und Basen nennt man den **nivellierenden Effekt des Wassers**.

i

Für die Säurestärke wird auch häufig der synonyme Begriff Acidität verwendet.

i

Die **Stärke von Säuren und Basen** ist nicht gleichzusetzen mit ihrer aggressiven Wirkung. So ist Flusssäure, HF, zwar nur eine schwache, aber dennoch eine der reaktivsten Säuren. Sie zersetzt die meisten Metalle, Mineralien und Kunststoffe und löst sogar Glas auf.

i

Der *pH*-Wert von Säurelösungen gleicher Konzentration kann unterschiedlich sein, wenn sich die Säurestärke unterscheidet. Wässrige Lösungen *sehr starker* Säuren gleicher Konzentration weisen jedoch aufgrund des nivellierenden Effekts des Wassers den gleichen *pH*-Wert auf.

Die Reaktionen einer Säure und ihrer korrespondierenden Base mit Wasser können auch getrennt als Gleichgewichtsreaktionen betrachtet werden:

$$HA + H_2O \rightleftharpoons A^- + H_3O^- \qquad A^- + H_2O \rightleftharpoons HA + OH^-$$

$$K_S = \frac{c(H_3O^+) \cdot c(A^-)}{c(HA)} \qquad K_B = \frac{c(HA) \cdot c(OH^-)}{c(A^-)}$$

Wegen der Tendenz einer starken Säure, Protonen abzugeben, ist ihre korrespondierende Base notwendiger Weise eine schwache Base, weil diese nur wenig dazu neigt, Protonen aufzunehmen.

Aus der Multiplikation der beiden Gleichgewichtskonstanten ergibt sich durch Kürzen das Ionenprodukt des Wassers. Daraus folgt, dass in korrespondierenden Säure-Base-Paaren die jeweiligen pK_S- und pK_B-Werte miteinander gekoppelt sind, sodass bei Kenntnis eines dieser Werte sich der andere leicht errechnen lässt.

$$K_S \cdot K_B = \frac{c(H_3O^+) \cdot c(A^-)}{c(HA)} \cdot \frac{c(HA) \cdot c(OH^-)}{c(A^-)} = c(H_3O^+) \cdot c(OH^-) = K_W$$

daraus folgt:

$$\mathbf{pK_S + pK_B = pK_W = 14}$$

Zu jedem korrespondieren Säure-Base-Paar existieren ein pK_S- und ein pK_B-Wert. Je stärker eine Säure, desto schwächer ist ihre konjugierte Base. Umgekehrt gilt das Gleiche für eine Base.

Säurekonstanten ausgewählter Säuren in wässriger Lösung bei 25 °C

Säure	**HA**	pK_S	A^-	pK_B
Salzsäure	HCl	≈–7	Cl^-	≈21
Schwefelsäure	H_2SO_4	≈–3	HSO_4^-	≈17
Hydrogensulfat	HSO_4^-	1,92	SO_4^{2-}	12,08
Phosphorsäure	H_3PO_4	2,13	$H_2PO_4^-$	11,87
Schwefelwasserstoff	H_2S	6,92	HS^-	7,08
Essigsäure	CH_3COOH	4,75	CH_3COO^-	9,25
Kohlensäure	H_2CO_3	6,52	HCO_3^-	7,48
Ammonium-Ion	NH_4^+	9,25	NH_3	4,75
Phenol	–OH	9,98	–O^-	4,02
Hydrogencarbonat	HCO_3^-	10,40	CO_3^{2-}	3,60
Hydrogenphosphat	HPO_4^{2-}	12,32	PO_4^{3-}	1,68
	abnehmende Säurestärke		zunehmende Basenstärke	

Mehrwertige Säuren enthalten mehrere Protonen, die sie in mehrstufigen Protolysereaktionen übertragen können.

Mehrwertige Säuren können ihre Protonen stufenweise abgeben. Jede Protolysestufe hat ihre eigene Säurekonstante K_S, die mit K_{S1}, K_{S2} usw. bezeichnet werden.

Mehrwertige Säuren werden auch häufig als mehrbasig bzw. mehrprotonig bezeichnet. Beispiele für solche mehrwertigen Säuren sind Phosphorsäure, H_3PO_4, Schwefelsäure, H_2SO_4 und Kohlensäure, H_2CO_3.

Phosphorsäure, H_3PO_4, protolysiert in drei Stufen:

1. $$H_3PO_4 + H_2O \rightleftharpoons H_3O^+ + H_2PO_4^-$$

$$K_S = \frac{c(H_3O^+) \cdot c(H_2PO_4^-)}{c(H_3PO_4)} = 7{,}4 \cdot 10^{-3} \qquad pK_{S1} = 2{,}13$$

2. $$H_2PO_4^- + H_2O \rightleftharpoons H_3O^+ + HPO_4^{2-}$$

$$K_S = \frac{c(H_3O^+) \cdot c(HPO_4^{2-})}{c(H_2PO_4^-)} = 7{,}6 \cdot 10^{-8} \qquad pK_{S2} = 7{,}12$$

3. $$HPO_4^{2-} + H_2O \rightleftharpoons H_3O^+ + PO_4^{3-}$$

$$K_S = \frac{c(H_3O^+) \cdot c(PO_4^{3-})}{c(HPO_4^{2-})} = 4{,}8 \cdot 10^{-13} \qquad pK_{S3} = 12{,}32$$

Die Abfolge der Zahlenwerte der Säurekonstanten für die Protolysestufen der Phosphorsäure ist typisch für mehrwertige Säuren: $K_{S1} > K_{S2} > K_{S3}$. Das erste Proton wird am leichtesten abgegeben. Die Abspaltung des nächsten Protons erfolgt weniger leicht, da das $H_2PO_4^-$-Ion als Protonendonator negativ geladen ist. Noch schwerer erfolgt die Abspaltung des dritten Protons vom doppelt negativ geladenen HPO_4^{2-}-Ion. Der Anteil der jeweiligen Protolysestufe als Funktion des *pH*-Wertes wird in so genannten Verteilungsdiagrammen dargestellt.

Das Verteilungsdiagramm der Phosphorsäure zeigt, dass bei *pH*-Werten, die kleiner als der pK_{S1}-Wert sind, hauptsächlich H_3PO_4 vorliegt. Bei pH-Werten größer als pK_{S3} enthält die Lösung hauptsächlich die vollständig deprotonierte Form PO_4^{3-}. Die beiden anderen Ionen $H_2PO_4^-$ und HPO_4^{2-} dominieren im dazwischen liegenden *pH*-Bereich.

Verteilungsdiagramm der Phosphorsäure

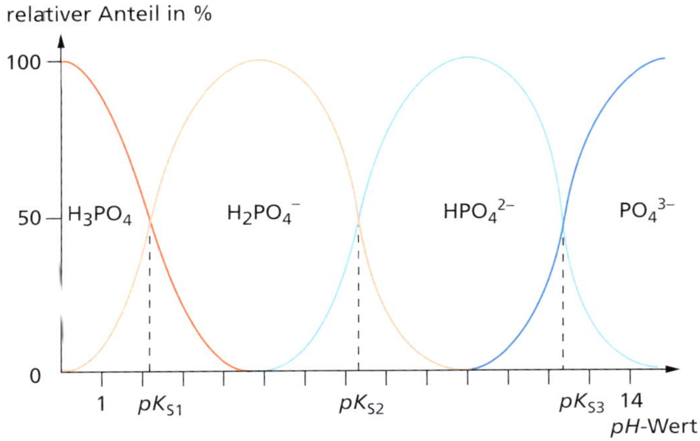

Berechnungen von *pH*-Werten

In Abhängigkeit von ihren pK_S- bzw. pK_B-Werten unterteilt man Säuren bzw. Basen folgendermaßen:

pK-Wert	Einteilung
$pK < 0$:	sehr stark
0–4,5:	stark
4,5–9,5:	schwach
$pK > 9{,}5$:	sehr schwach

pH-Wert starker Säuren und Basen

Starke Säuren haben pK_S-Werte kleiner 1 ($pK_B > 14$) und starke Basen pK_B-Werte kleiner 1 ($pK_S > 14$). Für starke Säuren und Basen beträgt der **Protolysegrad** $\alpha \approx 1$, d. h., sie liegen praktisch vollständig protolysiert vor. Damit ist die Konzentration an H_3O^+- bzw. OH^--Ionen der Konzentration an eingesetzter Säure bzw. Base gleichzusetzen.

Für eine wässrige Lösung einer starken Säure, z. B. Salzsäure der Konzentration von 0,01 mol · l⁻¹, gilt somit:

$$c(H_3O^+) = c_0(HA) = 0{,}01 \text{ mol} \cdot l^{-1} = 10^{-2} \text{ mol} \cdot l^{-1}$$

$$pH = -\lg c(H_3O^+) = 2$$

Mithilfe des Ionenprodukts des Wassers kann der *pH*-Wert einer wässrigen Natronlauge ($c_0 = 0{,}01 \text{ mol} \cdot l^{-1}$) berechnet werden.

$$c(OH^-) = c_0(\text{Base}) = 0{,}01 \text{ mol} \cdot l^{-1} = 10^{-2} \text{ mol} \cdot l^{-1}$$

$$pOH = -\lg c(OH^-) = 2$$

$$pH + pOH = pK_W = 14$$
$$pH = pK_W - pOH = 14 - 2 = 12$$

Beispiele für die Berechnung des *pH*-Werts mehrwertiger Säuren findet man im Internet unter *www. educeth.ch/chemie/schwerpunkte/ph_aufg*

pH-Wert schwacher Säuren und Basen

Schwache Säuren und Basen protolysieren nicht vollständig, es stellt sich ein Protolysegleichgewicht ein. Es kann also nicht mehr davon ausgegangen werden, dass die ursprüngliche Säurekonzentration $c_0(HA)$ gleich der H_3O^+-Konzentration in Lösung ist, sondern es muss das Protolysegleichgewicht betrachtet werden.

$$HA + H_2O \rightleftharpoons H_3O^+ + A^-$$

$$K_S{}' = \frac{c(H_3O^+) \cdot c(A^-)}{c(HA) \cdot c(H_2O)}$$

Da aus einem Teilchen Säure (HA) jeweils ein Oxonium-Ion und ein Säurerest-Anion entstehen, ist $c(H_3O^+) = c(A^-)$ und es folgt:

$$K_S{}' [c(H_2O)] = \frac{c^2(H_3O^+)}{c(HA)} = K_S$$

$$K_S [c(HA)] = c^2(H_3O^+)$$

Die anfangs zugesetzte Säure ($c_0(HA)$) protolysiert teilweise. Der protolysierte Anteil entspricht $c(A^-)$, der nicht protolysierte Anteil wird durch $c(HA)$ angegeben. Damit gilt:

$$c_0(HA) = c(HA) + c(A^-)$$

Logarithmieren und Umstellen nach dem *pH*-Wert ergibt:

$$pK_S - \lg c(HA) = 2\, pH \qquad pH = \frac{pK_S - \lg c(AH)}{2}$$

Die einzige unbekannte Größe in dieser Gleichung ist die Konzentration der Säure, $c(HA)$. Diese ergibt sich aus der Differenz der Konzentration an anfangs zugesetzter Säure, $c_0(HA)$ und $c(A^-)$.

$$c_0(HA) = c(HA) + c(A^-)$$

$$c(A^-) << c(HA), \text{ daraus folgt: } c_0(HA) \approx c(HA)$$

Verdünnte schwache Säuren protolysieren nur so geringfügig, dass der Anteil undissoziierter Säure $c(HA)$ viel größer als die dissoziierte Menge $c(A^-)$ ist. Deshalb kann näherungsweise $c(HA) = c_0(HA)$ gesetzt und der *pH*-Wert somit nach folgender Gleichung ermittelt werden:

$$pH = 1/2\ (pK_S - \lg c_0(HA))$$

Die nebenstehende Formel gilt nur für schwache Säuren ausreichender Verdünnung. Eine exakte Berechnung des *pH*-Werts schwacher Säuren ist unter Verwendung des Protolysegrades, α, möglich.

Der *pH*-Wert schwacher Basen kann auf ähnliche Weise unter Berücksichtigung der Protolyse berechnet werden.

$$B + H_2O \rightleftharpoons BH^+ + OH^-$$

$$K_B = \frac{c(BH^+) \cdot c(OH^-)}{c(B)} \qquad \text{mit } c(BH^+) = c(OH^-) \text{ gilt}$$

$$K_B = \frac{c^2(OH^-)}{c(B)} \text{ und somit } pOH = \frac{pK_B - \lg c(B)}{2}$$

Da $pH + pOH = 14$ und außerdem für korrespondierende Säure-Base-Paare $pK_S + pK_B = 14$ ist, kann die Gleichung weiter umgeformt werden. Auch für verdünnte schwache Basen gilt die Näherung $c(B) \approx c_0(B)$.

Da auch schwache Basen nur schwach dissoziiert vorliegen, ist $c(B)$ näherungsweise $c_0(B)$ und die Berechnung des *pH*-Werts kann vielfach mit nebenstehender Formel erfolgen.

$$(14 - pH) = \frac{(14 - pK_S) - \lg c(B)}{2}$$

$$pH = 7 + 1/2\ (pK_S + \lg c(B)), \qquad c(B) \approx c_0(B)$$

$$pH = 7 + 1/2\ (pK_S + \lg c_0(B))$$

Wie groß ist der pH-Wert einer wässrigen Lösung von Schwefelwasserstoff der Konzentration $c_0(H_2S) = 0{,}1\ mol \cdot l^{-1}$?

Analyse:
Schwefelwasserstoff protolysiert in Wasser nicht vollständig, sondern liegt im Protolysegleichgewicht vor ($pK_{S1} = 6{,}92$). Eine 0,1 molare Lösung ist ausreichend verdünnt, sodass der *pH*-Wert nach der allgemeinen Formel für schwache Säuren berechnet werden kann.

Das Hydrogensulfid-Ion gibt das zweite Proton erst im stark basischen Bereich ab. Die pK_S- und pK_B-Werte von Säuren und Basen findet man in Tabellen z. B. unter *www.tafelwerk.de*

$$H_2S + H_2O \rightleftharpoons HS^- + H_3O^+$$

Gesucht: $pH = -\lg c(H_3O^+)$
Gegeben: $c_0(H_2S) = 0{,}1\ mol \cdot l^{-1}$ $\qquad pK_{S1} = 6{,}92$

Lösung:

$$pH = \frac{pK_{S1} - \lg c_0(H_2S)}{2} = \frac{6{,}92 - \lg 0{,}1}{2} = \frac{6{,}92 - (-1)}{2}$$

$$\underline{pH = 3{,}96}$$

Ergebnis:
Der *pH*-Wert der 0,1 molaren wässrigen H_2S-Lösung beträgt 3,96.

Säurestärke und Molekülstruktur

In Oxosäuren, wie der Schwefelsäure, sind die Wasserstoffatome an Sauerstoffatome gebunden.

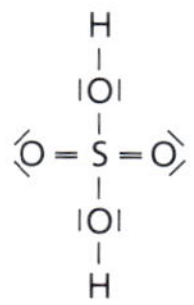

Die Stärke von BRÖNSTED-Säuren ändert sich entsprechend atomarer Eigenschaften, die aus der Stellung der Elemente im PSE abgeleitet werden können. Dabei unterscheidet man zwischen Säuren, in denen Wasserstoffatome nicht an Sauerstoffatome gebunden sind und Oxosäuren.

Element-Wasserstoff-Verbindungen

Die Säurestärke von Säuren, in denen die Protonen nicht an Sauerstoffatome gebunden sind, z. B. H_2S oder HCl, wird von zwei Faktoren beeinflusst: der **Elektronegativität** (EN) und dem **Atomradius** des Elements, das die Protonen bindet. Diese beiden Einflussgrößen zeigen sich sehr deutlich beim Vergleich der Säurestärke von Element-Wasserstoff-Säuren innerhalb einer Periode (starke Änderung der EN) sowie innerhalb einer Hauptgruppe (starke Änderung der Atomgröße).

Die Änderung der Atomgröße innerhalb einer Periode ist unbedeutend im Vergleich zum Einfluss der EN.

Die Säurestärke von Element-Wasserstoff-Verbindungen einer Periode im PSE (↗ S. 448) nimmt von links nach rechts mit steigender Elektronegativität der Elemente zu.

Wasserstoffsäure	NH_3	H_2O	HF
pK_S**-Wert**	~ 23	15,74	3,17

Die Ursache für die Zunahme der Säurestärke vom Ammoniak zur Flusssäure ist, dass mit steigender Elektronegativität des Elements E die gemeinsamen Bindungselektronen der E–H-Bindung stärker zu E gezogen werden. Die daraus resultierende Polarisierung der Atombindung ermöglicht eine leichtere Spaltung der E–H-Bindung durch das polare Lösungsmittel Wasser.

Die Abnahme der EN ist innerhalb einer Gruppe gegenüber der Änderung der Atomgröße vernachlässigbar.

Innerhalb einer Gruppe des PSE (↗ S. 448) nimmt die Säurestärke der Wasserstoff-Element-Verbindungen mit steigender Atomgröße und somit steigender Ordnungszahl zu.

Säurestärke von Element-Wasserstoffverbindungen

VI. HG: $H_2O < H_2S < H_2Se < H_2Te$

VII. HG: $HF < HCl < HBr < HI$

Durch die Zunahme der Atomgröße des Elements, an das die Wasserstoffatome gebunden sind, wird die Überlappung der Atomorbitale geringer. Dadurch wird die E–H-Bindung schwächer und kann einfacher heterolytisch gespalten werden. Folglich kann das Proton leichter abgegeben werden, sodass die Säurestärke der Verbindungen zunimmt.

Oxosäuren

In Oxosäuren sind die Wasserstoffatome direkt an Sauerstoffatome gebunden, deren Größe nahezu konstant ist. Deshalb wird die Säurestärke von Oxosäuren im Wesentlichen von der Elektronegativität des Elements E bestimmt, an das die Sauerstoffatome gebunden sind. Wenn E beispielsweise ein Metall mit geringer Elektronegativität ist, wird das zwischen E und O befindliche Elektronenpaar zum Sauerstoff gehören. Die E–O-Bindung ist stark polar, und somit wird das polare Lösungsmittel Wasser diese Bindung und nicht die wenig polare O–H-Bindung spalten. Die Verbindung reagiert als typische Brönsted-Base, wie NaOH oder $Ca(OH)_2$.

Allen Oxosäuren gemeinsam ist die allgemeine Baugruppe:

E – O – H

Wenn aber E ein stark elektronegatives Nichtmetallatom ist, dann wird die Elektronendichte der E–O-Bindung zwischen E und O verteilt sein, selbst wenn Sauerstoff elektronegativer ist. Das hat aber zur Folge, dass nunmehr die O–H-Bindung wesentlich polarer und damit leichter durch Wasser spaltbar wird. Die Nichtmetallverbindung zeigt somit das typische Verhalten einer Brönsted-Säure.

Die Bindung zwischen Na und O ist polarer als die zwischen O und H:

Na – O – H ⇅ $Na^+ + OH^-$

Je elektronegativer das Elementatom E ist, desto stärker werden der O–H-Bindung Elektronen entzogen und desto leichter lässt sich das Proton abspalten. Mit steigender Elektronegativität des zentralen Atoms E nimmt somit die Säurestärke zu.

Die Bindung zwischen O und H ist polarer als die zwischen Cl und O:

Cl – O – H ⇅ $ClO^- + H^+$

In der Reihe der Oxohalogensäuren steigt z. B. die Säurestärke der hypohalogenigen Säuren HOX mit zunehmender Elektronegativität des Halogenatoms X in folgender Reihenfolge:

HOI < HOBr < HOCl

In vielen Oxosäuren sind weitere Sauerstoffatome am zentralen Atom E gebunden. Die zusätzlichen Sauerstoffatome entziehen dem Element weitere Elektronendichte und machen es so stärker elektronegativ. Als Konsequenz daraus wird weitere Elektronendichte vom Sauerstoff der OH-Gruppe entzogen, was wiederum zur Elektronendichteverringerung der O–H-Bindung führt. Die damit einhergehende Schwächung der O–H-Bindung und daraus resultierende leichtere Spaltbarkeit hat eine Erhöhung der Acidität zur Folge.

Die Säurestärke der Oxochlorsäuren nimmt in folgender Reihe zu:

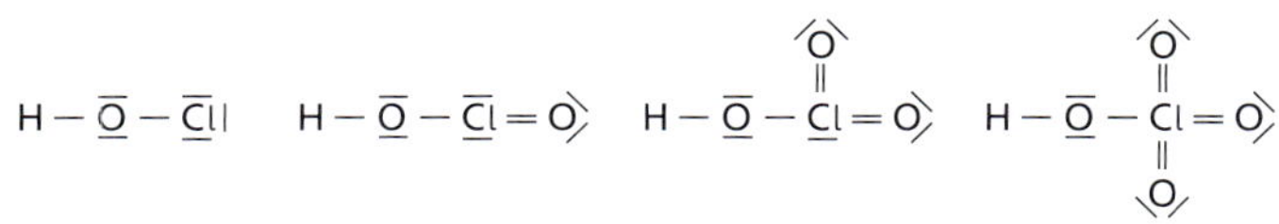

Hypochlorige Säure	Chlorige Säure	Chlorsäure	Perchlorsäure
$pK_S = 7{,}54$	$pK_S = 2{,}0$	$pK_S = -2{,}7$	$pK_S \approx -9$

So steigt in der Reihe der Oxochlorsäuren die OZ des Chlors von I (HOCl) bis VII für Perchlorsäure ($HClO_4$).

Da die Einführung zusätzlicher Sauerstoffatome einer Erhöhung der Oxidationszahl (OZ) des zentralen Atoms E entspricht, folgt daraus, dass mit steigender Oxidationszahl des Atoms E einer Oxosäure deren Säurestärke zunimmt.

Aus der Formel $(HO)_xEO_y$ lassen sich die pK_S-Werte auf ca. ±1 Einheit genau voraussagen: Neutrale Oxosäuren mit y = 0 haben pK_S-Werte um 8, solche mit einem zusätzlichen Sauerstoffatom (y = 1) haben pK_S-Werte um 3, während Oxosäuren mit y = 2 pK_S-Werte um –2 aufweisen.

Die Säurestärke von Oxosäuren lassen sich relativ einfach aus ihrer allgemeinen Zusammensetzung nach folgenden Regeln abschätzen:

1. Für Oxosäuren $(HO)_xEO_y$ beträgt der pK_{S1}-Wert für die erste Protolysestufe etwa 8 – 5 · y, unabhängig von der Anzahl der OH-Gruppen (x).
2. Bei mehrbasigen Säuren (x > 1) steigen die pK_S-Werte um jeweils fünf Einheiten mit jeder Deprotonierungsstufe.

Für Schwefelsäure, $H_2SO_4 = (HO)_2SO_2$, ist x = 2 und y = 2. Entsprechend der Abschätzung $pK_{S1} = 8 - 5 \cdot y$ beträgt der pK_{S1}-Wert ungefähr –2. Der pK_{S2}-Wert liegt bei +1,9 und damit nur eine Einheit unter dem nach der 2. Regel abgeleiteten Schätzwert von +3.

Säurestärke von Oxosäuren $(HO)_xEO_y$

y	Säurestärke	Beispiel
0	schwache Säure	$(HO)_4Si$, $(HO)_3B$, HOCl
1	mittelstarke Säure	HONO, $(HO)_3PO$, $(HO)_2SO$, HOClO
2	starke Säure	$HONO_2$, $(HO)_2SO_2$, $HOClO_2$
3	sehr starke Säure	$HOClO_3$, $HOIO_3$

Auch bei organischen Verbindungen tritt der Effekt der Elektronen ziehenden Gruppen auf. Ethanol spaltet in wässriger Lösung kein Proton ab. In der Essigsäure ist formal ein weiteres O-Atom eingeführt worden, wodurch die OH-Gruppe nunmehr sauer regiert.

Wird in Schwefelsäure, $H_2SO_4 = SO_2(OH)_2$, eine OH-Gruppe durch das Fluoratom ersetzt, entsteht Fluorsulfonsäure, $HSO_3F = SO_2(OH)F$. Da Fluor elektronegativer als Sauerstoff ist, wird die O–H-Bindung noch stärker geschwächt und die Protonen können noch leichter abgegeben werden als von der Schwefelsäure.

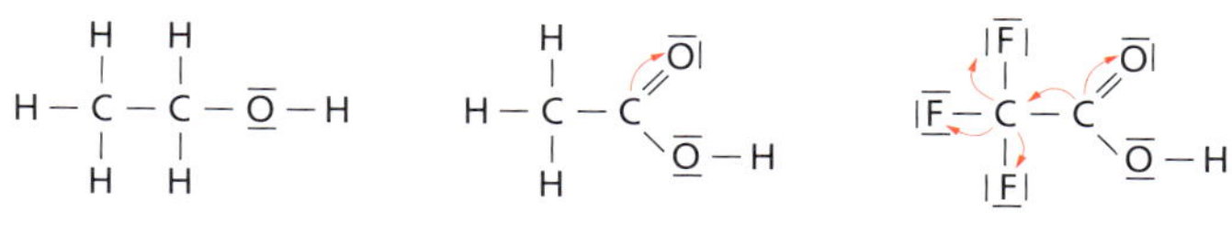

$pK_S \approx 18$ Ethanol — $pK_S = 4{,}75$ Essigsäure — $pK_S \approx -3$ Trifluoressigsäure

In der Stoffklasse der Carbonsäuren (↗ S. 305) liegt die funktionelle Gruppe –COOH vor. Sie gehören damit zur Klasse der Säuren mit y = 1 und sind mittelstarke Säuren. Wird nunmehr in der Carbonsäure, R–COOH, der Rest R durch eine stark Elektronen ziehende Gruppe wie –CF_3 ersetzt, nimmt die Säurestärke beträchtlich zu, die Trifluoressigsäure ist daher eine wesentlich stärkere Säure als die Essigsäure.

7.1.3 Amphoterie

Ampholyte sind Verbindungen, die sowohl als Säuren (Protonendonator) aber auch als Basen (Protonenakzeptor) reagieren können. Sie werden auch als **amphotere Verbindungen** bezeichnet.

Das Wort amphoter stammt aus dem Griechischen (griech. *amphoteros* = beiderlei, zwitterhaft).

Ampholyte verhalten sich gegenüber starken Säuren als Basen aber gegenüber starken Basen als Säuren. Deshalb ist es verständlich, dass sie zwischen den starken Säuren und Basen liegen und darüber hinaus in der Lage sind, sowohl Protonen abzugeben als auch aufzunehmen. Typische amphotere Verbindungen oder Ionen sind daher unter den schwachen Basen und Säuren zu finden.

korrespond. Base	Ampholyt	korrespond. Säure
OH^-	H_2O	H_3O^+
NH_2^-	NH_3	NH_4^+
CO_3^{2-}	HCO_3^-	H_2CO_3
PO_4^{3-}	HPO_4^{2-}	$H_2PO_4^-$

Darüber hinaus sind auch die Oxide der leichteren Elemente der II. und III. Hauptgruppe sowie der schwereren Elementen der IV. und V. Hauptgruppe Amphotere. So reagiert z. B. nicht zu hoch erhitztes Al_2O_3 sowohl mit starken Säuren als auch mit starken Basen:

Auch die meisten Übergangsmetalloxide sind in Abhängigkeit von der Oxidationszahl des Metalls Amphotere.

$$Al_2O_3 + 6\,H_3O^+ + 3\,H_2O \rightleftharpoons 2\,[Al(H_2O)_6]^{3+}$$

$$Al_2O_3 + 2\,OH^- + 3\,H_2O \rightleftharpoons 2\,[Al(OH)_4]^-$$

Im ersten Fall reagiert Aluminiumoxid als Base unter Aufnahme von Protonen und bildet dabei die korrespondierende Säure $[Al(H_2O)_6]^{3+}$. Im zweiten Fall reagiert Aluminiumoxid als Säure unter Bildung der korrespondierenden Base $[Al(OH)_4]^-$.

Im Neutralbereich, $pH \approx 7$, sind diese Oxide meistens sehr schwer löslich, lösen sich aber im sauren wie im basischen Milieu unter Bildung ihrer hydratisierten Kationenkomplexe bzw. Bildung ihrer anionischen Hydroxometallate (↗ S. 236).

In gleicher Form reagieren die anderen amphoteren Elementoxide. Diese trennen die stark basischen Oxide, welche von den elektropositiven Elementen auf der linken Seite des PSE gebildet werden, und die ausgesprochen sauren Oxide, die von den elektronegativeren Elementen auf der rechten Seite des PSE gebildet werden.

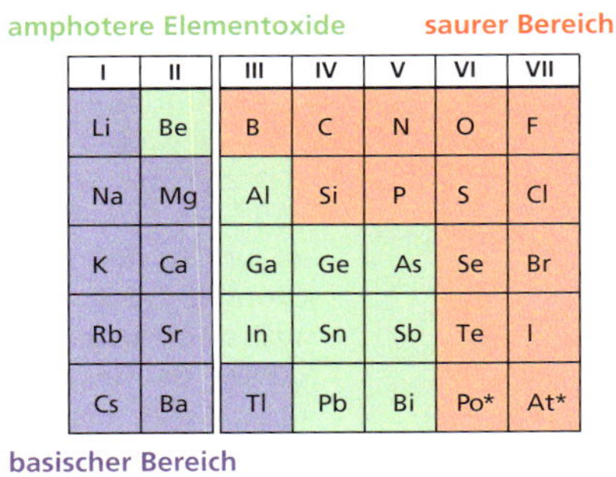

7.1.4 Neutralisationsreaktionen

Neutralisationsreaktionen sind Protolysen, d. h., es erfolgt eine Übertragung eines Protons von der Säure zur Base.

> Die Umsetzung einer Säure mit einer Base nennt man **Neutralisation.** Dabei hebt die Base die Wirkung der Säure bzw. die Säure die Wirkung der Base auf. Bei der Neutralisation entsteht Wasser.

Setzt man beispielsweise äquivalente Stoffmengen an Salzsäure und Natronlauge um, so entsteht eine Lösung, deren *pH*-Wert exakt 7 ist; die Lösung ist neutral.

$$Na^+ + OH^- + H_3O^+ + Cl^- \rightleftharpoons Na^+ + Cl^- + 2\,H_2O$$

Die deprotonierte Säure ist das Säurerest-Anion, die protonierte Base ist das Metall-Kation.

Aus der Gleichung erkennt man, dass an der Neutralisation einer Säure und einer Base nur die H_3O^+- und OH^--Ionen beteiligt sind, die Säurerest-Anionen und Base-Kationen bleiben – meist gelöst – zurück.

$$\text{Base} + \text{Säure} \rightleftharpoons \text{protonierte Base} + \text{deprotonierte Säure} + H_2O$$

Die Bildung von Wassermolekülen durch Protonenübertragung von H_3O^+-Ionen auf OH^--Ionen ist die eigentliche Reaktion bei der Neutralisation einer verdünnten starken Säure mit einer Lösung einer Base. Da diese Reaktion stets unter starkem Energiegewinn abläuft, sind alle Neutralisationsreaktionen exotherm.

> Die bei der Protonenübertragung von H_3O^+-Ionen auf OH^--Ionen freigesetzte Wärme ist die Neutralisationsenthalpie.

Da an der eigentlichen Neutralisation – unabhängig vom Säure-Base-Paar – immer nur OH^-- und H_3O^+-Ionen teilhaben, ist die molare Neutralisationsenthalpie für alle Neutralisationsreaktionen gleich.

$$H_3O^+ + OH^- \rightleftharpoons 2\,H_2O \qquad \Delta H^0 = -57\ \text{kJ} \cdot \text{mol}^{-1}$$

Säure-Base-Titration

Die quantitative Säure-Base-Titration ist eine wichtige Aufgabe im chemischen Labor, im Bereich der Umweltüberwachung und der chemischen Industrie.

Neutralisationsreaktionen lassen sich quantitativ genau verfolgen, indem ***pH*-Diagramme,** so genannte Neutralisationskurven, bei Säure-Base-Titrationen aufgenommen werden.
Außerdem ist die **Säure-Base-Titration** eine einfache und sehr genaue Methode zur Bestimmung der Konzentration einer Säure bzw. Base. Sie beruht auf der *pH*-Änderung der zu untersuchenden Lösung bei schrittweiser Zugabe einer Säure bzw. Base genau bekannter Konzentration, die **Maßlösung** genannt wird. Trägt man die *pH*-Werte gegen das Volumen an zugesetzter Maßlösung auf, erhält man die Titrationskurve. Der Verlauf der Titrationskurve hängt davon ab, ob man die Konzentration einer starken Säure bzw. Base oder die Konzentration einer schwachen Säure bzw. Base bestimmen will.

Titration einer starken Säure mit einer starken Base

Wird eine starke Säure unbekannter Konzentration mit einer starken Base bekannter Konzentration titriert, so werden die zunächst im Überschuss vorliegenden Oxonium-Ionen die mit der Maßlösung zugegebenen Hydroxid-Ionen unter Bildung von Wassermolekülen vollständig protolysieren. Da hierbei die Konzentration an H_3O^+-Ionen abnimmt, steigt der *pH*-Wert an.
Wegen der logarithmischen Beziehung zwischen *pH* und H_3O^+-Ionenkonzentration ($pH = -\lg c(H_3O^+)$) ist die *pH*-Änderung zunächst sehr gering. Wenn 90 % der ursprünglichen Säure neutralisiert sind, hat sich die H_3O^+-Konzentration gerade auf $\frac{1}{10}$ des ursprünglichen Wertes geändert. Die Verringerung der Konzentration um den Faktor 10 führt zu einer *pH*-Änderung um eine Einheit.
Bei 99%iger Neutralisation der Säure hat der *pH*-Wert um eine weitere Einheit abgenommen. Bei 99,9 % neutralisierter Säure ist der *pH*-Wert wiederum um eine weitere Einheit gestiegen usw.

Die Änderung des *pH*-Werts während der Titration kann mit einem *pH*-Meter potenziometrisch verfolgt werden.

Konzentrations- und Stoffmengenänderungen bei der Titration von 100 ml Salzsäure, $c(HCl) = 0{,}05\ mol \cdot l^{-1}$, mit Natronlauge einer Konzentration von $c(NaOH) = 0{,}10\ mol \cdot l^{-1}$

Zugabe NaOH		**Rest H_3O^+ *n* in mmol**	**Menge OH^- *n* in mmol**	**$V_{(Lösung)}$ in ml**	**$c(H_3O^+)$ in $mol \cdot l^{-1}$**	***pH***
$V_{(NaOH)}$ in ml	**n in mmol**					
0,0	0,00	5,00	vernach-	100	$5{,}00 \cdot 10^{-2}$	1,30
20,0	2,00	3,00	lässigbar	120	$2{,}50 \cdot 10^{-2}$	1,60
40,0	4,00	1,00	klein	140	$7{,}14 \cdot 10^{-3}$	2,15
49,0	4,90	0,10	gegenüber	149	$6{,}71 \cdot 10^{-4}$	3,18
49,9	4,99	0,01	$n(H_3O^+)$	149,9	$6{,}67 \cdot 10^{-5}$	4,17
50,0	5,00	$1{,}5 \cdot 10^{-5}$	$1{,}5 \cdot 10^{-5}$	150	$1{,}00 \cdot 10^{-7}$	7,00
50,1	5,01	$2{,}25 \cdot 10^{-8}$	0,01	150,1	$1{,}50 \cdot 10^{-10}$	9,82
51,0	5,10	$2{,}28 \cdot 10^{-9}$	0,10	151	$1{,}51 \cdot 10^{-11}$	10,82
60,0	6,00	$2{,}56 \cdot 10^{-10}$	1,00	160	$1{,}60 \cdot 10^{-12}$	11,80
80,0	8,00	$1{,}08 \cdot 10^{-10}$	3,00	180	$6{,}00 \cdot 10^{-13}$	12,22
100,0	10,00	$8{,}00 \cdot 10^{-11}$	5,00	200	$4{,}00 \cdot 10^{-13}$	12,40

Der Punkt, an dem die Stoffmenge an zugegebener Maßlösung exakt der Stoffmenge an unbekannter Säure bzw. Base entspricht, wird als **Äquivalenzpunkt** (ÄP) bezeichnet.

Somit steigt zu Beginn einer Titration der *pH*-Wert zunächst nur langsam an. In der Nähe des Äquivalenzpunktes jedoch ändert er sich bei nur sehr geringer Volumenzugabe an Maßlösung (z. B. NaOH) sehr stark und geht in den basischen Bereich über. Die weitere Zugabe führt nun wiederum zu immer geringeren Änderungen des *pH*-Werts, weil der zunehmende Überschuss an Natronlauge wegen des ebenfalls logarithmischen Zusammenhanges zwischen OH^--Konzentration und *pH*-Wert zu immer geringeren relativen Änderungen führt.

Logarithmischer Zusammenhang zwischen *pH* und $c(OH^-)$:

$pOH = -\lg c(OH^-)$
$pH = pK_W - pOH$
$pH = pK_W + \lg c(OH^-)$

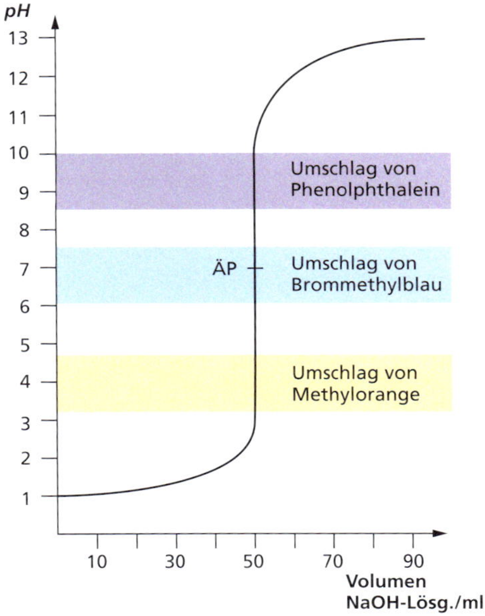

Aus der dargestellten *pH*-Änderung bei der Titration einer starken Säure mit einer starken Base ergibt sich die nebenstehende Titrationskurve. Der Äquivalenzpunkt entspricht dem Wendepunkt der Kurve und fällt mit dem Neutralpunkt (*pH* = 7) zusammen. Folglich ist

$$c(H_3O^+) = c(OH^-) = 10^{-7}\ mol \cdot l^{-1}$$

Der Äquivalenzpunkt dieser Titration ist durch einen großen ***pH*-Sprung** um mehr als fünf Einheiten gekennzeichnet. Die Bestimmung des Äquivalenzpunktes kann auf unterschiedliche Weise erfolgen. Mit dem ***pH*-Meter** kann die Änderung des *pH*-Wertes mithilfe von H_3O^+-ionenselektiven Elektroden gemessen werden. Das Potenzial solcher Elektroden wie der **Glaselektrode** (↗ S. 433) hängt dabei nur von der H_3O^+-Konzentration in der Lösung ab, da das Standardelektrodenpotenzial bei konstanter Temperatur ebenfalls konstant ist.

$$E = E^0(\text{Glaselektrode}) + 0{,}0592\ V \cdot \lg c(H_3O^+)$$

Anders als bei der **Potenziometrie** (↗ S. 432) wird bei der **konduktometrischen Titration** der Äquivalenzpunkt durch Messung der Leitfähigkeit der Lösung ermittelt.

Am häufigsten werden zur Erkennung des Äquivalenzpunktes jedoch Säure-Base-Indikatoren eingesetzt.

Ein **Säure-Base-Indikator** ist eine schwache organische Säure, bei der das deprotonierte Säurerest-Anion eine andere Farbe aufweist als das neutrale Säuremolekül.

Das Protolysegleichgewicht des Indikators ergibt sich aus der Gleichung:

$$HInd + H_2O \rightleftharpoons H_3O^+ + Ind^-$$

$$\lg \frac{c(Ind^-)}{c(HInd)} = pH - pK_S\ (HInd)$$

Saure Lösungen erscheinen in der Farbe der Säure H*Ind*, basische Lösungen in der Farbe des Anions Ind^-. Liegt der *pH*-Wert im Bereich des pK_S des Indikators, ergibt sich eine Mischfarbe von beiden. Die Zugabe der Maßlösung verschiebt das Protolysegleichgewicht des Indikators entsprechend dem Massenwirkungsgesetz (↗ S. 158).
Im *pH*-Bereich in der Nähe des pK_S-Werts wirkt sich diese Konzentrationsänderung besonders stark auf die Farbe der Lösung aus. Diesen *pH*-Bereich bezeichnet man als **Umschlagsbereich des Indikators.** In Abhängigkeit von ihren pK_S-Werten haben Indikatoren unterschiedliche Umschlagsbereiche.

Die meisten **Säure-Base-Indikatoren** sind Farbstoffmoleküle mit delokalisierten π-Elektronen (↗ S. 376). Mehrwertige Indikatoren haben mehrere Umschlagsbereiche.

Titration einer schwachen Säure mit einer starken Base

Titriert man eine schwache Säure mit einer starken Base oder eine schwache Base mit einer starken Säure, sind Neutralpunkt und Äquivalenzpunkt nicht identisch.

Titration von Essigsäure (pK_S = 4,75) mit der starken Base NaOH

$$CH_3COOH + NaOH \rightleftharpoons Na^+ + CH_3COO^- + H_2O$$

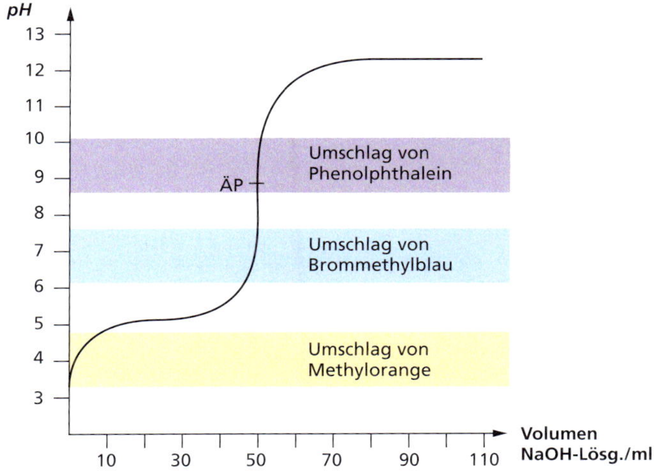

Am Äquivalenzpunkt, dem Wendepunkt der Titrationskurve, sind die Konzentrationen von Na^+- und CH_3COO^--Ionen gleich. Während Na^+-Ionen keine Rückreaktion mit Wasser eingehen, reagiert das Acetat-Ion als starke korrespondierende Base der schwachen Essigsäure merklich mit Wasser:

$$CH_3COO^- + H_2O \rightleftharpoons CH_3COOH + OH^-$$

In der Lösung überwiegen somit die OH^--Ionen, die Lösung ist am Äquivalenzpunkt basisch, $pH > 7$.

Das lässt sich auch quantitativ bestimmen. Geht man von dem in der entsprechenden Titrationskurve gezeigten Beispiel aus, in dem 50 ml Essigsäure ($c = 0{,}1\ mol \cdot l^{-1}$) mit einer Natronlauge gleicher Konzentration titriert wird, so liegt am Äquivalenzpunkt eine Acetatkonzentration von $c(CH_3COO^-) = 0{,}05\ mol \cdot l^{-1}$ vor.

Unter Verwendung der Gleichung $pOH = \frac{1}{2}\, pK_B - \lg c(B)$ ergibt sich durch Einsetzen der Werte für $pK(CH_3COO^-)$ und $c(CH_3COO^-)$:

$$pOH = \tfrac{1}{2}\,(9{,}26 - \lg 0{,}05) = 5{,}28 \quad \text{bzw.} \quad pH = 14 - pOH = 8{,}72$$

Folglich wird der Äquivalenzpunkt bei $pH = 8{,}72$ erreicht. Deshalb muss für die Titration ein Indikator wie Phenolphthalein gewählt werden, der in diesem pH-Bereich einen Farbumschlag zeigt.

Wird eine schwache Base mit einer starken Säure titriert, liegt der Äquivalenzpunkt im sauren Bereich, da die korrespondierende Säure der schwachen Base Protonen freisetzt.

Bei der Titration einer schwachen Säure mit einer starken Base ist auch die Änderung des *pH*-Wertes deutlich kleiner als bei einer starken Säure. Das liegt daran, dass Lösungen schwacher Säuren schon zu Beginn höhere *pH*-Werte aufweisen und außerdem Pufferlösungen (↗ S. 192) mit ihren korrespondierenden Basen bilden.

Pufferlösungen

CO_2 bildet mit Wasser durch Protolyse H_3O^+-Ionen und wirkt deshalb als Säure. Geräteglas enthält neben SiO_2 auch Alkalimetalloxide wie Na_2O. Diese können durch Säuren langsam herausgelöst werden und den *pH*-Wert erhöhen.

Es ist leicht, Lösungen mit einem definierten *pH*-Wert herzustellen, jedoch ist es schwieriger, diesen *pH*-Wert über längere Zeit konstant zu halten. Äußere Einflüsse wie die Aufnahme von Kohlenstoffdioxid aus der Luft oder die Wirkung basischer Bestandteile von Geräteglas können die Protonenkonzentration verändern. Besonders bei verdünnten Lösungen können sich diese Einflüsse bemerkbar machen.
Das strikte Einhalten enger *pH*-Bereiche ist in biologischen Systemen von ganz besonderer Wichtigkeit. Dies wird durch **Pufferlösungen** erreicht, die den *pH*-Wert weitgehend konstant halten, auch wenn Säuren oder Basen in begrenzter Menge zugegeben werden. Puffergemische müssen stets zwei Substanzen enthalten: eine Base, die mit H_3O^+-Ionen reagiert, und eine Säure, die OH^--Ionen abfängt. Säure und Base der Pufferlösung dürfen dabei nicht im Sinne einer Neutralisationsreaktion *miteinander* reagieren.

Ein **Puffersystem** besteht aus einer schwachen BRÖNSTED-Säure bzw. -Base und ihrer korrespondierenden Base bzw. Säure. Gebräuchliche Puffer sind z. B. NH_3/NH_4^+- oder $HPO_4^{2-}/H_2PO_4^-$-Lösungen.

Setzt man der Essigsäure als schwacher Säure Acetat-Ionen als korrespondierende Base zu, wird das Protolysegleichgewicht verändert.

$$CH_3COOH + H_2O \rightleftharpoons CH_3COO^- + H_3O^+$$

Die Acetat-Ionen, CH_3COO^-, entstammen hauptsächlich der Dissoziation des gelösten Natriumacetats, werden aber auch durch die Protolyse der Essigsäure gebildet. Das Puffergemisch kann durch die Protolyse sowohl H_3O^+-Ionen für die Neutralisation von OH^--Ionen freisetzen als auch überschüssige Oxonium-Ionen durch Acetat-Ionen binden.
Gibt man zu 1 Liter einer ungepufferten, schwach sauren Lösung 2 ml einer 10 molaren Salzsäure, ändert sich der *pH*-Wert um ca. 3 Einheiten.

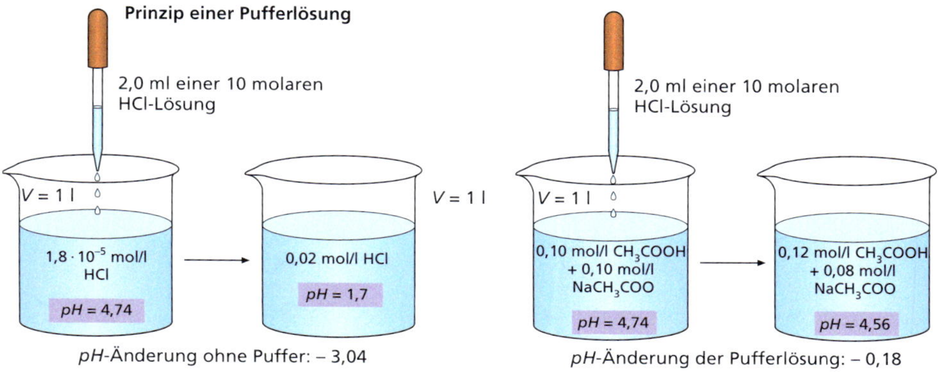

Gibt man dieselbe Menge an Säure zu 1 Liter einer Essigsäure/Acetat-Pufferlösung mit dem gleichen *pH*-Wert, dann ändert sich dieser lediglich geringfügig. Bei Zugabe einer begrenzten Menge einer Säure zur Pufferlösung werden zuerst die in großer Menge enthaltenen Acetat-Ionen protoniert. Das **Puffergleichgewicht** verschiebt sich nach links. Da die so gebildete Essigsäure nur schwach dissoziiert, ändert sich die H_3O^+-Konzentration der Lösung nur wenig.

Gibt man dagegen eine geringe Menge an Base hinzu, setzt die überwiegend nicht protolysierte Essigsäure Protonen frei, um die OH^--Ionen zu neutralisieren. Das Gleichgewicht verschiebt sich nach rechts und der *pH*-Wert ändert sich ebenfalls kaum.

Zur Berechnung des *pH*-Wertes einer Pufferlösung wird wieder das Massenwirkungsgesetz für das Protolysegleichgewicht formuliert:

$$HA + H_2O \rightleftharpoons A^- + H_3O^+$$

$$K_S = \frac{c(H_3O^+) \cdot c(A^-)}{c(HA)}$$

$$c(H_3O^+) = K_S \cdot \frac{c(HA)}{c(A^-)}$$

Die logarithmierte Form dieser Gleichung ist als Puffergleichung oder als **HENDERSON-HASSELBALCH-Gleichung** bekannt:

$$pH = pK_S - \lg \frac{c(HA)}{c(A^-)} \quad \textit{oder} \quad pH = pK_S + \lg \frac{c(A^-)}{c(HA)}$$

Der *pH*-Bereich, in dem Pufferlösungen effektiv wirken, wird maßgeblich durch den pK_S des korrespondierenden Säure-Base-Paares bestimmt.

Wenn die Konzentrationen an HA und A^- gleich groß sind, wird der Quotient $c(HA)/c(A^-) = 1$ und damit $pH = pK_S$. So ergibt die Berechnung des *pH*-Wertes für das zuvor genannte Beispiel eines äquimolaren Essigsäure/Acetatpuffers unter Einsetzen des pK_S-Wertes der Essigsäure.

$$pH = 4{,}74 + \lg 1 = 4{,}74$$

Bei gleichen Anteilen an Säure und korrespondierender Base kann eine Pufferlösung relativ große Mengen an H_3O^+- bzw. OH^--Ionen abfangen, ohne dass der *pH*-Wert der Lösung sich dabei wesentlich verändert.

Pufferlösungen haben in der Regel einen *pH*-Wert in der Nähe ihres pK_S-Wertes. In diesem *pH*-Bereich besitzen sie das größte Puffervermögen bzw. die höchste **Pufferkapazität.**

Auch der *pH*-Wert des Blutes wird durch ein Puffersystem aus Hydrogencarbonat, Phosphat, und Proteinen auf einem Wert von 7,4 gehalten.

Pufferlösungen spielen eine wichtige Rolle in Natur und Technik. Meerwasser hat durch die Pufferwirkung der gelösten Salze einen basischen *pH*-Wert von 8,2. In der Technik ist die Einhaltung konstanter *pH*-Bereiche z. B. beim Galvanisieren (↗ S. 139), Gerben von Leder, bei der Herstellung von Fotografien (↗ S. 230) durch Puffersysteme von Bedeutung. Auch in der quantitativen wie qualitativen analytischen Chemie (↗ S. 424 ff.) müssen oft genaue *pH*-Bereiche eingehalten werden.

7.1.5 Säure-Base-Theorie nach LEWIS

In der Säure-Base-Theorie nach GILBERT NEWTON LEWIS (1875 bis 1946) wird das Proton selbst als Säure betrachtet. Die BRÖNSTED-Säuren H_3PO_4, H_2SO_4, HCl etc. werden nach LEWIS nicht mehr als Säuren bezeichnet.

Nach der BRÖNSTED-Theorie ist saures oder basisches Verhalten eine Folge der Fähigkeit eines Moleküls oder Ions, ein Proton abzuspalten oder aufzunehmen. Das Proton ist damit als Teilchen zur Übertragung von sauren oder basischen Eigenschaften anzusehen.
Da eine BRÖNSTED-Base immer nur dann ein Proton aufzunehmen vermag, wenn es über ein freies Elektronenpaar verfügt, ist der Begriff der Base durch BRÖNSTED allgemeiner gefasst als der Begriff der Säure, die ja an das Proton gebunden ist und somit in gewisser Weise eine Überbetonung der Rolle des Protons zum Ausdruck bringt. Eine Base jedoch, die ihr Elektronenpaar mit einem Proton teilen kann, kann dieses Elektronenpaar ebenso gut mit anderen, als Elektronenpaarakzeptoren wirkenden Spezies teilen. Diese Verallgemeinerung führt zur Säure-Base-Definition nach **G. N. LEWIS.**

LEWIS-Säuren sind in der Lage, Elektronenpaare aufzunehmen, sie sind Elektronenpaarakzeptoren. **LEWIS-Basen** stellen als Elektronenpaardonatoren Elektronenpaare zur Verfügung.

Eine Lewis-Base verfügt also über ein freies Elektronenpaar, während die Lewis-Säure über ein leeres Atom- oder Molekülorbital verfügt. Damit ist die Voraussetzung zur Ausbildung einer kovalenten Bindung infolge einer LEWIS-Säure-Base-Wechselwirkung gegeben.

Wenn die LEWIS-Säure mit A und die LEWIS-Base mit IB symbolisiert wird, entspricht die grundlegende Reaktion der Bildung eines Komplexes A–B (↗ S. 238).

$$A + |B \rightleftharpoons A{-}B$$

Eine Verbindung, die nach BRÖNSTED eine Base ist, ist auch im LEWIS-Konzept eine Base. Bei den Säuren umfasst die LEWIS-Definition jedoch eine wesentlich größere Klasse von Substanzen. Eine Lewis-Säure muss ein unbesetztes Orbital haben, das mit dem Elektronenpaar der Base besetzt werden kann.

Eine typische LEWIS-Säure-Base-Reaktion, die von keinem anderen Säure-Base-Konzept erfasst wird, ist die Reaktion von Bortrifluorid, BF_3, mit Ammoniak, NH_3.

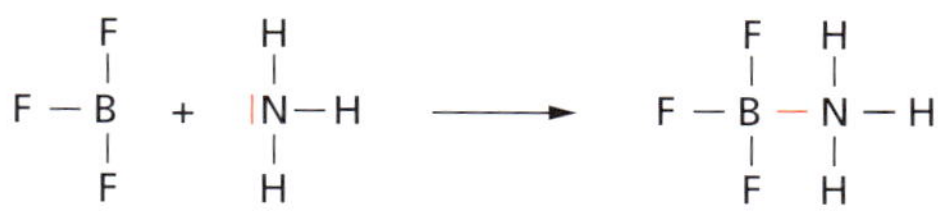

Die Lewis-Theorie ist zwar umfassender aber schwerer handhabbar als die BRÖNSTED-Theorie. Außerdem ist die Stärke der Säuren und Basen viel schwieriger quantifizierbar. Deshalb bleibt ihre Anwendung meistens auf spezielle Fälle beschränkt.

Aber auch die Reaktion eines Protons mit Basen wie OH^- oder NH_3 ist lediglich ein Spezialfall einer LEWIS-Säure-Base-Reaktion.

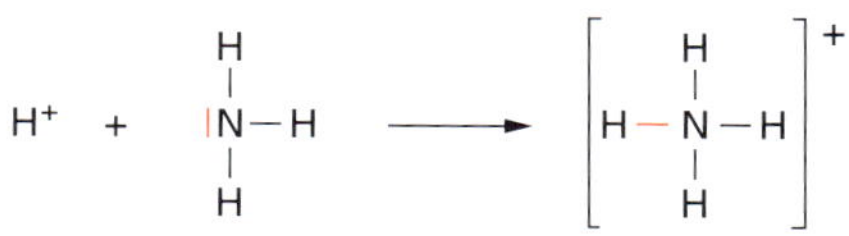

7.1.6 Säuren und Basen im Alltag

Neben ihrer Bedeutung in vielen industriellen Prozessen und im Umweltschutz sind Säure- und Base-Gleichgewichte aus unserem täglichen Leben nicht wegzudenken. Säuren und Basen sind in Wasch- und Reinigungsmitteln, Baustoffen und in vielen Lebensmitteln, z. B. Getränken, vertreten. Die Bedeutung der Säuren und Basen beruht in erster Linie darauf, dass der pH-Wert den Ablauf vieler chemischer Reaktionen und physikalischer Prozesse entscheidend beeinflusst. Im Organismus findet man Aminosäuren und Fettsäuren als Bausteine makromolekularer Naturstoffe (↗ S. 322) oder substituierte Carbonsäuren wie Brenztraubensäure, Citronensäure u. a. als Zwischenprodukte im Stoffwechsel (↗ S. 340 ff.).

pH-Werte von Flüssigkeiten

pH-Wert	Flüssigkeit
0	3,5%ige Salzsäure
2	Magensaft
2	Zitronensaft
3	Essig
3	Cola
4	Wein
4,5	saure Milch
5	Bier
5,5	Hautoberfläche
6	Mineralwasser
6,4	Speichel
7	reines Wasser
7,4	Blut
8,2	Meerwasser
10	Waschmittellauge
12,6	Baukalklösung
14	3,0%ige Natronlauge

Bereits ab einem *pH*-Wert von 5 sterben die Fische in unseren Gewässern. Die Lebensbedingungen von Grün- und Ackerpflanzen werden durch **sauren Regen** beeinträchtigt, der auch zur Korrosion von Bauwerken führt.

Im Haushalt finden Säuren und Basen in **Reinigungsmitteln** breite Anwendung. Säuren sind in Kalkentfernern zur Reinigung sanitärer Anlagen enthalten. Neutrale Reinigungsmittel werden für empfindliche Oberflächen, z. B. Fenster und lackierte Flächen genutzt. Schwache Basen setzt man zur Bodenreinigung, Fett- und Ölentfernung ein, während starke Basen zur Grundreinigung bei starker Verschmutzung angewendet werden.

Die ältesten bekannten Waschmittel sind die **Seifen**, die vom Menschen schon seit Jahrhunderten hergestellt und genutzt werden. Sie werden mittels Verseifung tierischer Fette durch Laugen (↗ S. 319) gewonnen. Kernseife ist ein Gemisch aus Natriumsalzen und Schmierseife ein Gemisch aus Kaliumsalzen langkettiger Fettsäuren. Wässrige Lösungen von Seifen reagieren alkalisch, da bei der Hydrolyse die Salze zu wasserunlöslichen Fettsäuren und Hydroxiden reagieren. Deshalb brennen Seifenlaugen, wenn man sie in die Augen bekommt. Außerdem zerstört die Seifenlösung die Säureschutzschicht der Haut.

Die heutigen **Seifen und Waschmittel** enthalten überwiegend moderne Tenside (↗ S. 390) mit deutlich verbesserten Eigenschaften.

$$C_{15}H_{31}COONa + H_2O \longrightarrow C_{15}H_{31}COOH + NaOH$$

Hartes Wasser enthält Ca^{2+}- Ionen und bindet deshalb die Anionen der Fettsäuren unter Bildung unlöslicher Kalkseifen, wodurch die Waschwirkung der Seifen beeinträchtigt wird.

Die Reaktion von Basen mit Fetten wird in starken Backofenreinigern genutzt, indem Kaliumhydroxid zur Zerstörung der eingebrannten Fette durch Verseifung eingesetzt wird.

Natronlauge ist mit einer Weltjahresproduktion von mehr als 50 Mio. Tonnen eine der wichtigsten **anorganischen Basen**. Sie wird zum Aufschluss von Erzen in der Metallurgie (↗ S. 223), zur Herstellung von Papier, Reinigungsmitteln und Farbstoffen eingesetzt.

Essigsäure (E260) oder Benzoesäure (E210) sind nur zwei Beispiele für die Verwendung von **Carbonsäuren als Konservierungsstoffe** für Lebensmittel.

Schwefelsäure wird u. a. zur Herstellung von Düngemitteln, Tensiden und **Pigmenten** verwendet. Außerdem werden **anorganische Säuren** vielfach als Katalysatoren technischer Prozesse benötigt. Die Weltjahresproduktion von Schwefelsäure beträgt mehr als 100 Mio. Tonnen.

Auch die Wirkung von Rohrreinigern beruht auf der ätzenden Wirkung von Natriumhydroxid, das Rohrverstopfungen meist organischer Natur (z. B. Haare) auflöst. Beim Gebrauch von Rohrreinigern wird häufig eine Gasentwicklung beobachtet und ein charakteristischer Geruch von Ammoniak wahrgenommen. Das liegt daran, dass in einigen Rohrreinigern neben Natriumhydroxid auch noch Aluminiumgries und Kaliumnitrat enthalten sind. Aluminium wird von starken Laugen unter Bildung von Hydroxoaluminaten und Wasserstoffgas aufgelöst.

$$2\,Al + 2\,OH^- + 6\,H_2O \longrightarrow 2\,[Al(OH)_4]^- + 3\,H_2$$

Aus diesem Grund wird dem Rohrreiniger Kaliumnitrat zugegeben. Dieser Zusatz beugt einer möglichen Knallgasreaktion (↗ S. 114) vor, indem es Wasserstoff durch Bildung von Ammoniak abfängt. Das Ammoniakgas lockert beim Entweichen gleichzeitig den Schmutz auf..

$$8\,Al + 3\,NO_3^- + 5\,OH^- + 18\,H_2O \longrightarrow 8\,[Al(OH)_4]^- + 3\,NH_3$$

Auf die Betonverarbeitung haben Säure-Base-Gleichgewichte großen Einfluss. Beton besteht hauptsächlich aus Zement, Wasser, Sand, weiteren Zuschlagstoffen und Luftporen. Im einfachsten Fall besteht Zement aus Calciumoxid und Siliciumdioxid in unterschiedlichen Zusammensetzungen. Zusätzlich können weitere Metalloxide (Al_2O_3, Fe_2O_3) enthalten sein. Dem Erhärten des Zements liegt unter anderem der chemische Prozess der Hydratation von Calciumoxid zugrunde:

$$CaO + H_2O \longrightarrow Ca(OH)_2 \rightleftharpoons Ca^{2+} + 2\,OH^-$$

Eine gesättigte $Ca(OH)_2$-Lösung hat einen pH-Wert von ca. 12,6. Das im Zement enthaltene Calciumoxid bewirkt daher einen hohen *pH*-Wert im Beton. In dieser alkalischen Umgebung ($pH > 9{,}5$) bilden unlegierte Stahlteile, die zur Stabilisierung in den Beton eingebracht werden, auf ihrer Oberfläche eine wenige Atomlagen dicke Passivierschicht. Diese besteht aus schwer löslichem Eisen(II)-hydroxid und verhindert eine weitere Korrosion des Baustahls:

$$2\,Fe + O_2 + 2\,H_2O \longrightarrow 2\,Fe(OH)_2$$

In gesundem Beton wird somit der Baustahl infolge des hohen *pH*-Wertes von ca. 12,6 geschützt. Dem weiteren Abbinden des Betons liegt die Reaktion des stark basischen $Ca(OH)_2$ mit dem sauren Gas CO_2 zugrunde, in dessen Ergebnis Calciumcarbonat gebildet wird:

$$Ca(OH)_2 + CO_2 \longrightarrow CaCO_3 + H_2O$$

Infolge dieser Carbonatisierung wird der *pH*-Wert der wässrigen Lösung in den Betonporen erniedrigt. Fällt der *pH*-Wert unter 9, dann löst sich die Passivierschicht, sodass die Stabilität des Baustahls durch langsam fortschreitende Korrosion verloren gehen kann.

7.2 Redoxreaktionen

Unter **Redoxreaktionen** versteht man chemische Reaktionen, bei denen Oxidationsvorgang und Reduktionsvorgang gleichzeitig ablaufen. Der Begriff Oxidation lässt sich auf A. LAVOISIER zurückführen und leitet sich vom lateinischen Namen für Sauerstoff Oxygenium ab. Den zur Oxidation umgekehrten Vorgang bezeichnet man als Reduktion (lat. *reducere* = zurückführen).
Damit waren ursprünglich die Begriffe Oxidation und Reduktion an die Aufnahme und Abgabe von Sauerstoff gebunden. Diese Definition erwies sich jedoch als unzureichend, da man bald erkannte, dass viele Reaktionen einen ähnlichen Verlauf nehmen wie Verbrennungsprozesse, ohne dass Sauerstoff daran beteiligt ist.

A. LAVOISIER (1743 bis 1794) bewies, dass die Verbrennung von Stoffen nur in Gegenwart von Sauerstoff erfolgen kann und widerlegte damit die alchemistische Phlogistontheorie.

7.2.1 Redoxreaktionen als Donator-Akzeptor-Reaktion

Beim Vergleich der Reaktionen von Metallen mit Sauerstoff und mit Halogenen erkennt man ein gemeinsames, wesentliches Merkmal: In beiden Fällen geben die Metalle Elektronen ab, die von den Reaktionspartnern aufgenommen werden.

$$\begin{array}{llcl} \text{Oxidation} & 2\,Ca & \longrightarrow & 2\,Ca^{2+} + 4\,e^- \\ \text{Reduktion} & O_2 + 4\,e^- & \longrightarrow & 2\,O^{2-} \\ \hline & 2\,Ca + O_2 & \rightleftharpoons & 2\,CaO \end{array}$$

Die Elektronenabgabe führt zur **Oxidation** des Metalls, während Sauerstoff bzw. Chlor diese Elektronen aufnehmen und in einer zweiten Teilreaktion reduziert werden. Da freie Elektronen äußerst reaktiv sind, erfolgen Oxidation und **Reduktion** gleichzeitig, d. h. die beiden Teilreaktionen sind miteinander gekoppelt.

$$\begin{array}{llcl} \text{Oxidation} & Ca & \longrightarrow & Ca^{2+} + 2\,e^- \\ \text{Reduktion} & Cl_2 + 2\,e^- & \longrightarrow & 2\,Cl^- \\ \hline & Ca + Cl_2 & \rightleftharpoons & CaCl_2 \end{array}$$

Bei Redoxprozessen werden keine Elektronen erzeugt oder vernichtet. Die Zahl der von Calciumatomen abgegebenen Elektronen ist gleich der Zahl der von Sauerstoff- bzw. Chloratomen aufgenommenen Elektronen.

Mit der Definition der Redoxreaktion als Elektronenübertragungsreaktion wird der Redoxbegriff erweitert. Die erweiterte Definition bezieht sich nicht auf Stoffe, sondern auf bestimmte *Atome in Verbindungen*, die die Elektronen abgeben bzw. aufnehmen. An der damit verbundenen Änderung der Oxidationszahl (↗ S. 199) erkennt man, dass es sich bei einer Reaktion um eine Redoxreaktion handelt.

Redoxreaktionen sind **Elektronenübertragungsreaktionen**, bei denen die Teilreaktionen Oxidation und Reduktion miteinander gekoppelt ablaufen. Die Oxidation erfolgt unter Elektronenabgabe, während die Elektronenaufnahme zur Reduktion führt.

Korrespondierende Redoxpaare

Da Chlor in der Redoxreaktion das Calcium oxidiert, wird es als **Oxidationsmittel** bezeichnet. Das Oxidationsmittel wird selbst während der Redoxreaktion reduziert und wirkt als **Elektronenakzeptor.**
Calcium hingegen reagiert als **Reduktionsmittel,** welches selbst Elektronen abgibt und deshalb **Elektronendonator** genannt wird.

Reduktion: $Cl_2 \rightarrow 2\,Cl^-$; Oxidation: $Ca \rightarrow Ca^{2+}$

$$\underset{ox_2}{Cl_2} + \underset{red_1}{Ca} \rightleftharpoons \underset{ox_1}{Ca^{2+}} + \underset{red_2}{2\,Cl^-}$$

Zwischen den beiden Redoxpaaren bildet sich ein chemisches Gleichgewicht aus, das Redoxgleichgewicht (↗ S. 202).

Die oxidierte und die reduzierte Form von Teilchen, die durch Elektronenübertragung ineinander überführt werden können wie Ca/Ca^{2+} oder Cl^-/Cl_2, bilden ein **korrespondierendes Redoxpaar.** An einer Redoxreaktion sind zwei korrespondierende Redoxpaare beteiligt, ähnlich wie die beiden korrespondierenden Säure-Base-Paare an einer Säure-Base-Reaktion (↗ S. 178).

Bei Redoxreaktionen stehen Redoxpaare von Elektronendonatoren und Elektronenakzeptoren miteinander im Gleichgewicht. Ähnlich wie Säure-Base-Reaktionen sind Redoxreaktionen **Donator-Akzeptor-Reaktionen**, bei denen Teilchen zwischen den Reaktanten übertragen werden.

	Säure-Base-Reaktionen	**Redoxreaktionen**
übertragene Teilchen	Protonen	Elektronen
Donator	Säure	Reduktionsmittel
Akzeptor	Base	Oxidationsmittel
korrespondierende Paare	$S_1 \rightarrow B_1 + H^+$ $B_2 + H^+ \rightarrow S_2$	$red_1 \rightarrow ox_1 + e^-$ $ox_2 + e^- \rightarrow red_2$
Gleichgewicht	$B_2 + S_1 \rightleftharpoons S_2 + B_1$	$ox_2 + red_1 \rightleftharpoons red_2 + ox_1$
Gleichgewichts-konstante (↗ S. 158)	$pK = pK_{S1} - pK_{S2}$	$pK = z \cdot 16{,}95 \cdot (E_2^0 - E_1^0)$
Amphoterie (↗ S. 187)	$HX + H_3O^+ \rightarrow H_2X^+ + OH^-$ $HX + H_2O \rightarrow X^- + H_3O^+$	$X + e^- \rightarrow X^-$ $X \rightarrow X^+ + e^-$
Abschätzung der Donatorstärke	pK_S-Wert	elektrochemische Spannungsreihe
wässrige Lösung	*pH*-Wert	Redoxpotenzial *E*

7.2.2 Oxidationszahlen

Oxidationszahlen sind formale Größen zur Beschreibung von Redoxreaktionen. Sie werden in römischen Ziffern über die Elementsymbole geschrieben. Die Änderung der Oxidationszahlen ist das charakteristische Merkmal von Redoxreaktionen.

Bei der Ausbildung chemischer Bindungen findet ein vollständiger Elektronenübergang nur bei Ionenverbindungen statt. Bei kovalenten Verbindungen werden nur gemeinsame Elektronenpaare gebildet, die stärker vom elektronegativen Partner angezogen werden (↗ S. 87).
Um den Elektronenübergang bei Redoxreaktionen quantitativ zu beschreiben, benutzt man deshalb das Modell der Oxidationszahlen.
Dazu geht man formal davon aus, dass alle Stoffe – also auch die kovalenten Verbindungen – aus Atom-Ionen aufgebaut sind. Man stellt die LEWIS-Formel (↗ S. 76) auf und ordnet in Gedanken beide Elektronen einer polaren Atombindung dem elektronegativeren Partner zu. Das entspricht einer **heterolytischen Bindungsspaltung** (↗ S. 256).
Gleiche Bindungspartner teilen sich die Bindungselektronen, also entsprechend einer homolytischen Bildungsspaltung. An den Bindungen nicht beteiligte Elektronenpaare (freie Elektronenpaare) verbleiben beim dazugehörigen Atom.

Die Oxidationszahl (OZ) eines Atoms in einer Verbindung ist die Differenz aus der Valenzelektronenzahl (VEZ) des neutralen Atoms und der Anzahl der Elektronen des formal gebildeten Atom-Ions (EZA). Negative OZ erhalten ein negatives Vorzeichen. Die Änderung der OZ um eine Einheit entspricht der Aufnahme bzw. Abgabe eines Elektrons.

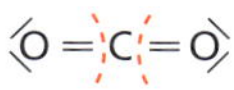

C: 4 – 0 = IV
O: 6 – 8 = –II

OZ = VEZ – EZA

H: 1 – 0 = I
C: 4 – 5 = –I

Im Kohlenstoffdioxid ist Kohlenstoff der elektropositivere Partner gegenüber Sauerstoff. Somit werden dem Sauerstoff alle Bindungselektronen der Doppelbindung zugeteilt, woraus sich formal eine zweifach negative Ladung und die Oxidationszahl von –II ergibt.
Kohlenstoff wird zum formalen C^{4+}-Ion mit der Oxidationszahl IV.
Im Ethin werden die Bindungselektronen der C–H-Bindung dem elektronegativeren Kohlenstoff zugeordnet. Die sechs Elektronen der C–C-Dreifachbindung werden auf beide Kohlenstoffatome gleichmäßig verteilt. Damit ergibt sich für Kohlenstoff die Oxidationszahl –I und für Wasserstoff die Oxidationszahl I.
Die nach diesem Formalismus berechneten Oxidationszahlen sind wichtige Hilfsmittel beim Aufstellen von Redoxgleichungen (↗ S. 201).

Zur **Bestimmung der Oxidationszahlen** führt man formal eine heterolytische Bindungsspaltung zwischen Atomen unterschiedlicher Elektronegativität durch.

Wasser

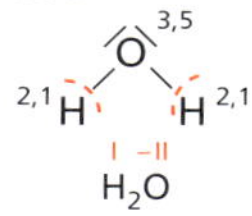

Wasserstoffperoxid

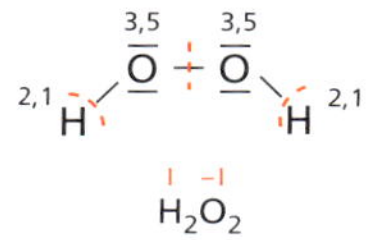

Trichlormethan

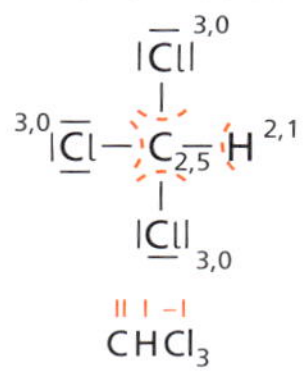

Ethanal

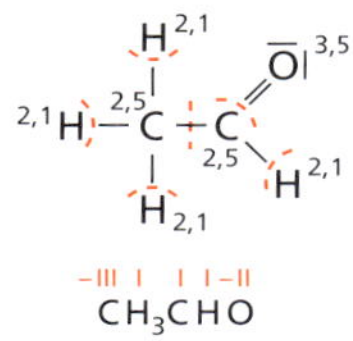

Am Beispiel des Ethanals wird ersichtlich, dass gleiche Elemente in einer Verbindung unterschiedliche OZ haben können.

Es gibt einige Ausnahmen zu den vereinfachten Regeln zur Bestimmung von Oxidationszahlen.

Vereinfachte Regeln zur Ermittlung von Oxidationszahlen (OZ)

1. Elementsubstanzen haben immer die OZ 0.
   O_2, H_2, P_4, C, N_2, Na, Mg, Zn
2. Fluor in Verbindungen hat immer die OZ –I.
   NaF, HF, OF_2, CF_4, PbF_2, BrF_3
3. Wasserstoff in Verbindungen hat die OZ I.
   H_2O, H_2O_2, HCl, CH_4, H_2SO_4, NaOH
4. Sauerstoff in Verbindungen hat die OZ –II.
   Na_2O, CO, CO_2, CH_3OH, H_2CO_3, N_2O, SO_2
5. Bei Atom-Ionen entspricht die Ladung des Ions der OZ.

Atom-Ion	Mg^{2+}	Al^{3+}	S^{2-}	Cl^-	Fe^{2+}	Fe^{3+}
OZ	II	III	–II	–I	II	III

Oxidationszahlen organischer Verbindungen werden nach den gleichen Regeln ermittelt.

6. Die Summe aller OZ der Atome eines Teilchens entspricht der Ladung des betrachteten Teilchens. Bei neutralen Molekülen ist die Summe der OZ immer Null, bei Molekül-Ionen entspricht sie der Ionenladung.

OZ von mehratomigen Teilchen und deren Ladung

	H	**O**	**weiteres Element**	**Summe aller OZ**
H_2O	2 x I	1 x –II		0
H_3O^+	3 x I	1 x –II		+1
OH^-	1 x I	1 x –II		–1
NH_3	3 x I		N: 1 x (–III)	0
NH_4^+	4 x I		N: 1 x (–III)	+1
H_2SO_4	2 x I	4 x –II	S: 1 x VI	0
SO_4^{2-}		4 x –II	S: 1 x VI	–2
CH_4	4 x I		C: 1 x (–IV)	0
H_3C-CH_3	6 x I		C: 2 x (–III)	0
$H_2C=CH_2$	4 x I		C: 2 x (–II)	0
CH_3OH	4 x I	1 x –II	C: 1 x (–II)	0
H_2CO_3	2 x I	3 x –II	C: 1 x IV	0

In der Nomenklatur wird die Oxidationszahl auch zur Unterscheidung von Verbindungen gleicher Elemente genutzt:

Blei(II)-oxid:
$\overset{II}{Pb}\overset{-II}{O}$

Blei(IV)-oxid:
$\overset{IV}{Pb}\overset{-II}{O_2}$

7.2.3 Aufstellen von Redoxgleichungen

Wie alle Reaktionsgleichungen muss auch eine Redoxgleichung die Gesetze von der Erhaltung der Masse und der Erhaltung der Ladung erfüllen. Außerdem ist es notwendig, die Zahl der bei den Teilreaktionen ausgetauschten Elektronen auszugleichen.

Beim **Aufstellen von Redoxgleichungen** geht man nach folgendem Schema vor, das am Beispiel der Oxidation von Sulfit-Ionen mit Sauerstoff zu Sulfat-Ionen erläutert wird.

Im wässrigen System liegen neben H_2O auch H_3O^+ und OH^- vor. Diese Teilchen werden zum Ausgleichen der Teilreaktionen benötigt. Zur besseren Übersicht kann man anstelle von H_3O^+ auch nur H^+ verwenden.

1. Aufstellen der Teilgleichungen für die beteiligten Redoxpaare und Ermitteln der Zahl der abzugebenden bzw. aufzunehmenden Elektronen mithilfe der Oxidationszahlen.

Oxidation $$\overset{\text{IV}}{S}O_3^{2-} + H_2O \longrightarrow \overset{\text{VI}}{S}O_4^{2-} + 2\,e^- + 2\,H^+$$

Reduktion $$\overset{0}{O_2} + 4\,H^+ + 4\,e^- \longrightarrow 2\,H_2\overset{-\text{II}}{O}$$

2. Durch Bildung des kleinsten gemeinsamen Vielfachen und entsprechende Multiplikation wird die Zahl der Elektronen in beiden Teilgleichungen ausgeglichen. Die so erhaltenen Gleichungen werden zu einer Bruttogleichung addiert.

(2 x) $$2\,SO_3^{2-} + 2\,H_2O \longrightarrow 2\,SO_4^{2-} + 4\,e^- + 4\,H^+$$
(1 x) $$O_2 + 4\,H^+ + 4\,e^- \longrightarrow 2\,H_2O$$

$$2\,SO_3^{2-} + 2\,H_2O + 4\,e^- + 4\,H^+ + O_2 \rightleftharpoons 2\,SO_4^{2-} + 2\,H_2O + 4\,e^- + 4\,H^+$$

3. Kürzen von Elektronen und Teilchen, die sowohl auf der linken als auch auf der rechten Seite der Bruttogleichung stehen. Auf diese Weise erhält man die **verkürzte Ionengleichung**:

$$2\,SO_3^{2-} + O_2 \rightleftharpoons 2\,SO_4^{2-}$$

4. Überprüfen, ob die Gesetze von der Erhaltung der Masse und der Ladung erfüllt sind. Ionen, z. B. Na^+-Ionen, die an der Redoxreaktion nicht beteiligt sind, brauchen nicht berücksichtigt zu werden. Um die vollständige **Stoffgleichung** der Reaktion zu erhalten, muss man diese Ionen auf beiden Seiten der Gleichung addieren.

$$2\,\overset{\text{I}}{Na_2}\overset{\text{IV}}{S}\overset{-\text{II}}{O_3} + \overset{0}{O_2} \rightleftharpoons 2\,\overset{\text{I}}{Na_2}\overset{\text{VI}}{S}\overset{-\text{II}}{O_4}$$

Vorgehensweise beim Aufstellen von Redoxgleichungen:
1. Aufstellen der Teilgleichungen für Oxidation und Reduktion
2. Ausgleich der Elektronenanzahl und Addition der Teilreaktionen
3. Kürzen der Bruttoreaktionsgleichung
4. Kontrolle der Erhaltung der Masse und der Ladung

7.2.4 Standardredoxpotenziale und Redoxgleichgewichte

In welche Richtung laufen Redoxreaktionen ab? Kann man z. B. aus einer wässrigen $CuSO_4$-Lösung durch Zugabe von Eisenschrott Kupfer ausfällen? Werden Vitamin C oder andere Konservierungsstoffe in Lebensmitteln durch Luftsauerstoff oxidiert?
Solche Fragen lassen sich unter Kenntnis der **Redoxpotenziale** beantworten. Im wässrigen System können die Gleichgewichtskonstanten von Redoxreaktionen mithilfe der **Standardredoxpotenziale** E^0 der korrespondierenden Redoxpaare berechnet werden. Diese sind identisch mit den Standardpotenzialen bzw. Standardelektrodenpotenzialen entsprechend der **nernstschen Gleichung** (↗ S. 121):

$$E = E^0 + \frac{R \cdot T}{z \cdot F} \cdot \ln \frac{c(\mathrm{ox})}{c(\mathrm{red})} \qquad \mathrm{red} \longrightarrow \mathrm{ox} + z \cdot e^-$$

Die Redoxpotenziale *(E)* ändern sich mit der Konzentration der Redoxpaare. Standardredoxpotenziale (E^0) sind dagegen konzentrationsunabhängig.

Reagieren nun zwei korrespondierende Redoxpaare miteinander, dann ändern sich die Konzentrationen der beteiligten Stoffe bis zur Einstellung des chemischen Gleichgewichts (↗ S. 157). Dieser Zustand ist erreicht, wenn die Redoxpotenziale der beiden Redoxpaare den gleichen Wert haben ($E_1 = E_2$) und damit die thermodynamische Gleichgewichtsbedingung erfüllt ist:

$$\Delta_R G = -z \cdot F \cdot (E_1 - E_2) = 0$$

Die Konzentrationen der Reaktionspartner bleiben konstant und ihr Verhältnis ist durch die Gleichgewichtskonstante K festgelegt.

Die Konzentrationen der festen Metalle werden in der nernstschen Gleichung definitionsgemäß gleich 1 gesetzt (↗ S. 121).

Betrachten wir die Fällung von Kupfer durch Zufügen von Eisenschrott zu einer wässrigen Lösung eines Kupfersalzes.

$$\overset{0}{\mathrm{Fe}} + \overset{\mathrm{II}}{\mathrm{Cu}^{2+}} \rightleftharpoons \overset{\mathrm{II}}{\mathrm{Fe}^{2+}} + \overset{0}{\mathrm{Cu}}$$

$$\mathrm{red}_1 \quad \mathrm{ox}_2 \qquad \mathrm{ox}_1 \quad \mathrm{red}_2$$

Redoxpaar 1: Fe/Fe^{2+} $\quad E_1 = E^0{}_1 + \frac{R \cdot T}{z \cdot F} \cdot \ln c(Fe^{2+})$

Redoxpaar 2: Cu/Cu^{2+} $\quad E_2 = E^0{}_2 + \frac{R \cdot T}{z \cdot F} \cdot \ln c(Cu^{2+})$

Im Gleichgewicht ist $E_1 = E_2$ und deshalb:

$$\frac{z \cdot F}{R \cdot T} \cdot (E^0{}_2 - E^0{}_1) = \ln \frac{c(Fe^{2+})}{c(Cu^{2+})} = \ln K$$

Die Gleichgewichtskonstante von Redoxreaktionen in nicht wässrigen Systemen muss über die freie Standardbildungsenthalpie $\Delta_R G^0$ berechnet werden.

Das Gleichgewicht liegt auf der Seite der Reaktionsprodukte Fe^{2+} und Cu, wenn die Gleichgewichtskonstante größer als 1 ist (↗ S. 162 f.). Mit den in Tabellen zugänglichen Werten für die Standardredoxpotenziale ($E^0{}_1 = -0{,}441$ V und $E^0{}_2 = 0{,}345$ V) ergibt sich bei einer Temperatur von 298 K eine Gleichgewichtskonstante von $K = 4{,}42 \cdot 10^{26}$. Daraus folgt, dass die Reaktion freiwillig und vollständig abläuft. Diese redoxchemische Fällung edler Metalle aus ihren Salzlösungen wird auch als Zementation bezeichnet und z. B. für das Verkupfern von Gegenständen aus unedleren Metallen eingesetzt.

Eine Redoxreaktion läuft immer dann freiwillig ab, wenn $E^0{}_2 > E^0{}_1$ ist. Je positiver das Standardredoxpotenzial, um so stärker oxidierend wirkt das Oxidationsmittel des entsprechenden Redoxpaares.

Die Standardredoxpotenziale bzw. Standardelektrodenpotenziale sind in elektrochemischen Spannungsreihen (↗ S. 125) zusammengefasst. Je negativer das Standardpotenzial eines Redoxpaares, um so stärker reduzierend wirkt das Reduktionsmittel, z. B. Natrium oder Sulfit-Ionen. Positive Standardpotenziale von Redoxpaaren weisen dagegen darauf hin, dass das Oxidationsmittel, z. B. Chlor oder Permanganat-Ionen, relativ stark oxidierend wirkt. Bei freiwilligen Redoxreaktionen reagiert das stärkere Oxidationsmittel mit dem stärkeren Reduktionsmittel zum schwächeren Reduktionsmittel und zum schwächeren Oxidationsmittel.

Elektrochemische Prozesse (↗ S. 120 ff.) sind spezielle Redoxreaktionen. Die Begriffe Standardpotenzial, Normalpotenzial, Standardelektrodenpotenzial und Standardredoxpotenzial sind Synonyme.

Redoxamphoterie

Ähnlich wie Ampholyte (↗ S. 187), die in Abhängigkeit von ihrem Reaktionspartner als Säure oder Base reagieren, können Atome mit mittleren Oxidationszahlen sowohl oxidiert als auch reduziert werden.
So kann der in Wasserstoffperoxid gebundene Sauerstoff (OZ = –I) je nach zur Verfügung stehendem Reaktionspartner entweder als Oxidationsmittel oder als Reduktionsmittel reagieren. Mit stärkeren Oxidationsmitteln entsteht aus Wasserstoffperoxid Disauerstoff (OZ = 0).

$$2\,\overset{\text{VII}\,-\text{II}}{\mathrm{MnO_4^-}} + 5\,\overset{\text{I}\,-\text{I}}{\mathrm{H_2O_2}} + 6\,\overset{\text{I}\,-\text{II}}{\mathrm{H_3O^+}} \rightleftharpoons 2\,\overset{\text{II}}{\mathrm{Mn^{2+}}} + 5\,\overset{0}{\mathrm{O_2}} + 14\,\overset{\text{I}\,-\text{II}}{\mathrm{H_2O}}$$

Standardpotenziale wurden experimentell bestimmt und tabelliert.
Sie sind leicht zugänglich z. B. unter: *www.tafelwerk.de*

Stärkere Reduktionsmittel hingegen werden von Wasserstoffperoxid unter Bildung von Sauerstoff mit der OZ = – II oxidiert.

$$2\,\overset{-\text{I}}{\mathrm{I^-}} + \overset{\text{I}\,-\text{I}}{\mathrm{H_2O_2}} + 2\,\overset{\text{I}\,-\text{II}}{\mathrm{H_3O^+}} \rightleftharpoons \overset{0}{\mathrm{I_2}} + 4\,\overset{\text{I}\,-\text{II}}{\mathrm{H_2O}}$$

Redoxamphotere könne0n auch mit sich selbst reagieren. Solche speziellen Redoxreaktionen, bei der ein Stoff mit einer mittleren Oxidationszahl in einen Stoff mit einer niedrigeren und einer höheren Oxidationszahl übergeht, bezeicht man als **Disproportionierung.**
Ein typisches Beispiel ist die Disproportionierung von Iod im alkalischen pH-Bereich. Iod oxidert und reduziert sich selbst unter Bildung von Iodat (IO_3^-) und Iodid-Ionen (I^-).

$$\tfrac{1}{2}\,\mathrm{I_2} + 6\,\mathrm{OH^-} \longrightarrow \mathrm{IO_3^-} + 3\,\mathrm{H_2O} + 5\,e^- \qquad \text{Oxidation}$$

$$\tfrac{5}{2}\,\mathrm{I_2} + 5\,e^- \longrightarrow 5\,\mathrm{I^-} \qquad \text{Reduktion}$$

$$3\,\overset{0}{\mathrm{I_2}} + 6\,\overset{-\text{II}\,\text{I}}{\mathrm{OH^-}} \rightleftharpoons 5\,\overset{-\text{I}}{\mathrm{I^-}} + \overset{\text{V}}{\mathrm{IO_3^-}} + 3\,\overset{\text{I}-\text{II}}{\mathrm{H_2O}} \qquad \text{Redoxreaktion}$$

Die Rückreaktion der Disproportionierung, bei der aus Stoffen höherer und niederer OZ ein Redoxamphoter mit mittlerer OZ entsteht, nennt man Kom- oder Synproportionierung.

Die Lage dieses Disproportionierungs-Gleichgewichts ist abhängig vom *pH*-Wert der Lösung. Entsprechend dem Massenwirkungsgesetz (↗ S. 158 ff.) liegt es im Basischen auf der Seite des Iodids und im Sauren auf der Seite des Iods.

pH-Abhängigkeit von Redoxreaktionen

Die Gleichgewichstkonstanten von Redoxreaktionen sind, wie andere Gleichgewichtskonstanten, abhängig vom Druck und der Temperatur (↗ S. 164). Bei Redoxreaktionen in wässrigen Systemen kann der Ablauf auch durch die Konzentration der Oxonium- oder Hydroxid-Ionen beeinflusst werden. Dies ist meist der Fall, wenn Oxoanionen (z. B. MnO_4^-, SO_3^{2-}, $Cr_2O_7^{2-}$) an der Redoxreaktion beteiligt sind.

Die Konzentration von Wasser in verdünnten, wässrigen Lösungen bleibt während der Reaktion fast konstant und wird in der nernstschen Gleichung nicht berücksichtigt.

Der Elektronenübergang findet bei Oxoanionen wie MnO_4^- am Zentralatom, in diesem Fall Mangan, statt. Der oxidisch gebundene Sauerstoff wird dabei – ohne seine Oxidationszahl (OZ = –II) zu ändern – durch Oxonium-Ionen in Wasser überführt.

$$\overset{\text{VII}\ -\text{II}}{MnO_4^-} + 8\,\overset{\text{I}\ -\text{II}}{H_3O^+} + 5\,e^- \longrightarrow \overset{\text{II}}{Mn^{2+}} + 12\,\overset{\text{I}\ -\text{II}}{H_2O}$$

Für das Redoxpaar Mn^{2+}/MnO_4^- gilt folgende nernstsche Gleichung:

$$E = E^0 + \frac{R \cdot T}{z \cdot F} \cdot \ln \frac{c(MnO_4^-) \cdot c(H_3O^+)^8}{c(Mn^{2+})}$$

Durch Umformen der Gleichung lässt sich leicht zeigen, dass das Redoxpotenzial und damit das Oxidationsvermögen (↗ S. 203) des Permanganats vom *pH*-Wert der Lösung abhängig ist.

Der Zahlenwert von 0,059 V ergibt sich bei einer Temperatur von 298 K aus den Konstanten R und F sowie der Umrechnung des natürlichen (ln) in den dekadischen (lg) Logarithmus.

$$E = E^0 + \frac{0{,}059\ \text{V}}{5} \cdot \lg \frac{c(MnO_4^-)}{c(Mn^{2+})} + 8 \cdot \frac{0{,}059\ \text{V}}{5} \cdot \lg c(H_3O^+)$$

$$E = E^0 + 0{,}0118 \cdot \lg \frac{c(MnO_4^-)}{c(Mn^{2+})} + 0{,}0945 \cdot \lg c(H_3O^+)$$

$$E = E^0 + 0{,}0118 \cdot \lg \frac{c(MnO_4^-)}{c(Mn^{2+})} - 0{,}0945\ pH$$

Mit steigendem *pH*-Wert des Systems sinkt das Redoxpotenzial und damit die Stärke des Permanganat-Ions als Oxidationsmittel. Sinkt dagegen der *pH*-Wert, erhöhen sich das Redoxpotenzial und das Oxidationsvermögen. In stark saurer Lösung ist das Permanganat-Ion also ein stärkeres Oxidationsmittel als in schwach saurer Umgebung.

Im neutralen bzw. basischen Milieu werden Permanganat-Ionen nicht mehr zu Mn^{2+}-Ionen reduziert, sondern zum schwer löslichen Mangan(IV)-oxid. Es resultiert ein anderes korrespondierendes Redoxpaar mit einem anderen Standardpotenzial $E^0(MnO_2/MnO_4^-)$.
Bei dieser ebenfalls *pH*-abhängigen Reaktion wird der oxidische Sauerstoff durch Wasser in Hydroxid-Ionen überführt.

$$\overset{\text{VII}\ -\text{II}}{MnO_4^-} + 2\,\overset{\text{I}\ -\text{II}}{H_2O} + 3\,e^- \longrightarrow \overset{\text{IV}\ -\text{II}}{MnO_2} + 4\,\overset{-\text{II}\ \text{I}}{OH^-}$$

Sind die Potenziale von Redoxpaaren abhängig vom *pH*-Wert, dann müssen es auch die Gleichgewichtskonstanten sein.

Die *pH*-Abhängigkeit der Redoxreaktionen muss auch bei der Tabellierung der Standardredoxpotenziale berücksichtigt werden. Standardpotenziale von Redoxpaaren, an denen Oxonium-Ionen beteiligt sind, gelten für *pH* = 0. Sind dagegen Hydroxid-Ionen beteiligt, gelten die Standardpotenziale für *pH* = 14.

7.2.5 Anwendungen von Redoxreaktionen

Redoxreaktionen sind unser Leben. Wie könnten Tiere ohne Atmung ihre benötigte Energie gewinnen? Wie könnten Pflanzen ohne Assimilation Kohlenhydrate aufbauen? Die Entstehung unserer Atmosphäre, mit ihrem Sauerstoffgehalt von ca. 21 %, ist auf biochemische Redoxprozesse während der Fotosynthese zurückzuführen (↗ S. 336).

Redoxreaktionen in der Industrie

Redoxreaktionen sind ein sehr wichtiger Reaktionstyp in der chemischen Industrie. So wird die Schwefelsäure über die Oxidation von Schwefel oder Sulfiden zu Schwefeldioxid und anschließender katalytischer Oxidation des SO_2 zu Schwefeltrioxid (↗ S. 398) produziert.
Nahezu alle stickstoffhaltigen Verbindungen (Düngemittel, Farbstoffe, Sprengmittel, Polyamide) werden aus Ammoniak erzeugt. Dieser wird durch die katalytische Reduktion von Stickstoff durch Wasserstoff – die Ammoniaksynthese (↗ S. 394) – hergestellt.
Auch die Synthesen organischer Stoffe (z. B. Alkohole, Aldehyde, Ketone, Carbonsäuren oder PVC) und die technisch bedeutsamen Elektrolyseverfahren (z. B. die Chlor-Alkali-Elektrolyse ↗ S. 400) basieren auf Redoxreaktionen.

Auch in der Landwirtschaft gibt es viele praktische **Anwendungen von Redoxreaktionen.** So beruht die Herstellung vieler Düngemittel ebenso auf Redoxprozessen wie die Düngewirkung im Boden.

Energieerzeugung

Über die Verbrennung von **fossilen Energieträgern,** wie Kohle, Erdöl oder Erdgas werden in Wärmekraftwerken Elektroenergie und andere Energieträger erzeugt.

$$\overset{0}{C} + \overset{0}{O_2} \longrightarrow \overset{IV\;-II}{CO_2} \qquad \Delta H^0 = -393\ \text{kJ} \cdot \text{mol}^{-1}$$

$$\overset{-IV\;I}{CH_4} + 2\,\overset{0}{O_2} \longrightarrow \overset{IV\;-II}{CO_2} + 2\,\overset{I\;-II}{H_2O} \qquad \Delta H^0 = -890\ \text{kJ} \cdot \text{mol}^{-1}$$

Das Verbrennen von Benzin, Diesel, Kerosin wird zum Betreiben von Kraftfahrzeugen, Flugzeugen und Schiffen genutzt.
Die Energie zum Antrieb von Raketen wird über Redoxreaktionen gewonnen. Allen festen oder flüssigen **Raketentreibstoffen** liegt ein gemeinsames Prinzip zugrunde: Im Ergebnis stark exothermer Redoxprozesse werden sehr heiße, gasförmige Reaktionsprodukte gebildet. Diese besitzen eine sehr hohe kinetische Energie und treiben den Flugkörper über das Rückstoßprinzip an. Ein geeigneter Raketentreibstoff ist flüssiges Hydrazin, N_2H_4, das mit flüssigem Sauerstoff unter Energiefreisetzung zu den gasförmigen Produkten Stickstoff und Wasser reagiert.

$$\overset{I\;-II\;\;-II\;I}{H_2N-NH_2} + \overset{0}{O_2} \longrightarrow \overset{0}{N_2} + 2\,\overset{I\;-II}{H_2O} \qquad \Delta H^0 = -622\ \text{kJ} \cdot \text{mol}^{-1}$$

Die bei der Verbrennung der **Raketentreibstoffe** frei werdende hohe Energie ermöglicht die Luft- und Raumfahrt.

Explosivstoffe setzen schlagartig in exothermen Redoxreaktionen Gase frei, die sich aufgrund der hohen Temperaturen extrem ausdehnen und damit die Sprengkraft bewirken.

$$2\,\overset{-III\;I\;\;V\;-II}{NH_4NO_3} \longrightarrow \overset{0}{N_2} + \overset{0}{O_2} + 4\,\overset{I\;-II}{H_2O} \qquad \Delta H^0 = -201\ \text{kJ} \cdot \text{mol}^{-1}$$

Bei der **Herstellung von Eisen und Stahl** spielen Redoxgleichgewichte wie das BOUDOUARD-Gleichgewicht (↗ S. 165):

$$\overset{0}{C} + \overset{IV}{C}O_2 \rightleftharpoons 2\,\overset{II}{C}O$$

eine wichtige Rolle.

Metallurgie

Die **Metallurgie** erfordert Redoxreaktionen, da die Metalle nur in Ausnahmen elementar (gediegen) in der Natur vorkommen. Sie müssen aus sulfidischen oder oxidischen Metallerzen (z. B. ZnS, Fe_3O_4) durch **Röst- und Reduktionsprozesse** gewonnen werden.

Rösten von Metallsulfiden (M – Metall)

$$\overset{II}{M}\overset{-II}{S} + \frac{3}{2}\overset{0}{O_2} \rightleftharpoons \overset{II}{M}\overset{-II}{O} + \overset{IV}{S}\overset{-II}{O_2}$$

Reduktion der Oxide (z. B. mit Kohlenstoff)

$$\overset{II}{M}\overset{-II}{O} + \overset{0}{C} \rightleftharpoons \overset{0}{M} + \overset{II}{C}\overset{-II}{O}$$

Gold wird heute noch hydrometallurgisch durch Cyanidlaugerei gewonnen. Dazu wird zuerst goldhaltiger Sand in einer Cyanidlösung aufgeschlämmt und Luft durchgeblasen.

$$4\,\overset{0}{Au} + 8\,CN^- + \overset{0}{O_2} + 2\,H_2O \rightleftharpoons 4\,[\overset{I}{Au}(CN)_2]^- + 4\,\overset{-II}{O}H^-$$

Das auf diese Weise gelöste Gold kann jetzt einfach vom Sand abgetrennt und mit Zink wieder ausgefällt werden.

$$4\,[\overset{I}{Au}(CN)_2]^- + 2\,\overset{0}{Zn} \rightleftharpoons 2\,[\overset{II}{Zn}(CN)_4]^{2-} + 4\,\overset{0}{Au}$$

Die Cyanidlaugerei stellt ein nicht zu unterschätzendes Umweltrisiko dar. Im Fall einer Havarie gelangt die hochgiftige Cyanidlösung in Gewässer, was zum Absterben von Fischen und anderen Lebewesen führt.

Lebensmittelindustrie

Hier sei als eine wichtige Redoxreaktion die katalytische Hydrierung von Ölen zur Produktion von Margarine erwähnt (↗ S. 321). Viele Konserven enthalten **Konservierungsstoffe,** darunter Antioxidantien, die unerwünschte Reaktionen des Luftsauerstoffs mit den Lebensmitteln verhindern sollen. Als Antioxidantien dienen Salze wie Nitritpökelsalze oder organische Carbonsäuren (↗ S. 309), z. B. Ascorbinsäure.

Pyrotechnische Erzeugnisse wie **Feuerwerk** enthalten Oxidations- und Reduktionsmittel, die für verschiedene Effekte (z. B. Knalleffekte) sorgen.

Pyrotechnische Industrie

Bei vielen Redoxreaktionen wird ein Teil der freigesetzten Energie in Form von Licht emittiert. Das macht man sich zur festlichen Beleuchtung oder bei spektakulären Feuerwerken zunutze. Zur Beleuchtung wurden jahrhundertelang brennende Fackeln oder Kerzen benutzt. Auch in der **Pyrotechnik** bedient man sich der Redoxreaktionen. So enthalten Wunderkerzen oder Feuerwerk immer Reduktionsmittel und Oxidationsmittel neben anderen Stoffen, die verschiedene Effekte hervorrufen.

Analytik

Zahlreiche chemische Analysemethoden basieren auf Redoxprozessen. Dazu zählen klassische Nachweisreaktionen organischer und anorganischer Stoffe (↗ S. 424 ff.) ebenso wie moderne elektrochemische Analysemethoden (↗ S. 432 f.) und die quantitative **Redoxtitration.**

ANORGANISCHE UND KOMPLEXCHEMIE

8

8.1 Hauptgruppenelemente und Verbindungen

Die **Hauptgruppenelemente** des PSE sind dadurch charakterisiert, dass in ihrer Valenzschale, die das chemische Verhalten maßgeblich bestimmt, nur s- oder s- und p-Energieniveaus mit Elektronen besetzt sind.

Bei chemischen Reaktionen werden die Elektronen dieser Niveaus entweder abgegeben oder bis zum nächsten vollständig besetzten Niveau, der stabilen **Edelgaskonfiguration** aufgefüllt.

8.1.1 Vorkommen und Darstellung der Elemente

Vorkommen und technische Herstellung der Hauptgruppenelemente

Hauptgruppe	I	II	III	IV	V	VI	VII	VIII
positive OZ (Beispiele)	H_2O, NaCl	$CaCO_3$	Al_2O_3	SiO_2, PbS	Nitrate, Phosphate	Sulfate		
elementar				C	N_2	O_2, S_8		alle
negative OZ (Beispiele)						Oxide, Sulfide	CaF_2, KCl	
Herstellung*	E, C	E	E	C	C	C	E, C	
	* E: elektrochemische Redoxreaktion; C: chemische Redoxreaktion							

Die s- und p-Elemente kommen in der Natur meist an Sauerstoff gebunden und damit in positiven Oxidationszahlen (OZ) vor. Nur wenige Vertreter (O_2, N_2, Edelgase, C, S_8) sind im elementaren Zustand vorhanden. Die elektropositiven Elemente der I. bis VI. Hauptgruppe und auch Wasserstoff können aus verschiedenen Ausgangsverbindungen (NaCl, SiO_2, Al_2O_3, SiO_2, H_2O) durch **Reduktion** gewonnen werden.

Als chemische Reduktionsmittel dienen dabei hauptsächlich Kohlenstoff, Wasserstoff oder unedle Metalle. Wenn die in den Ausgangsverbindungen vorliegenden Metalle chemisch nicht oder nur sehr aufwändig reduziert werden können, bedient man sich der **Elektrolyse** als elektrochemischem Reduktionsverfahren zur Synthese.
Die elektronegativen Elemente der VI. und VII. Hauptgruppe werden dagegen durch Oxidation der Anionen (z. B. S^{2-}, Cl^-, I^-) gewonnen.

Metalle kommen als Erze – metallhaltige Gesteine und Stoffgemenge – vor. Vor der Reduktion müssen die Ausgangsstoffe erst durch Erzaufbereitung von wertlosem Gestein getrennt werden.

Die für die Synthese der Hauptgruppenelemente genutzten Verfahren sind von den Eigenschaften der Elemente, von den Ausgangsstoffen (Erze, Mineralien) und deren Verfügbarkeit (Spuren oder große Mengen) abhängig. Der für die Darstellung wichtigste Reaktionstyp ist die Redoxreaktion.

Reduktionsverfahren	**Reduktionsmittel und Beispiele**
Chemische Reduktion	Wasserstoff: $2\ HSiCl_3 + 2\ H_2 \longrightarrow 2\ Si + 6\ HCl$ Kohlenstoff: $MgO + C \longrightarrow Mg + CO$ Kohlenstoffmonooxid: $PbO + CO \longrightarrow Pb + CO_2$
Elektrolyse wässriger Lösungen	Katode: $2\ H_2O + 2\ e^- \longrightarrow H_2 + 2\ OH^-$ Bei der Elektrolyse von Wasser, dem zur Erhöhung der Leitfähigkeit KOH zugesetzt wird, entsteht an der Katode Wasserstoff
Schmelzfluss-elektrolyse	Katode: $Na^+ + e^- \longrightarrow Na$ Die stark elektropositiven Alkali- und viele Erdalkalimetalle, aber auch Aluminium (↗ S. 402), müssen aus Salzschmelzen unter hohem Energieaufwand reduziert werden.

Da die metallischen s- und p-Elemente alle ein negatives Standardelektrodenpotenzial (↗ S. 122 ff.) besitzen, kann aus wässriger Lösung nur Wasserstoff selbst abgeschieden werden. Die Schmelzflusselektrolyse findet in der Technik nur bei den stark elektropositiven Elementen Anwendung, da die Erzeugung von Oxid- oder Salzschmelzen und deren Elektrolyse außerordentlich energieintensiv und teuer sind.

Die Schmelzflusselektrolyse wurde von H. Davy (1778–1829) entwickelt, der mithilfe dieser Methode die Elemente Na, K, Mg, Ca, Sr und Ba entdeckte.

Wenn es möglich ist, werden Metalle, wie das in der Mikroelektronik, der Solartechnik und für die Herstellung von Siliconen (↗ S. 370) benötigte **Silicium,** durch chemische Reduktion hergestellt. Rohsilicium wird in einem Lichtbogenofen (2 000 °C) durch Reduktion von Siliciumdioxid mit Kohlenstoff erhalten. Das flüssige Silicium wird entnommen und mit Chlorwasserstoff bei 320 °C zu Trichlorsilan, $HSiCl_3$, umgesetzt.

$$SiO_2 + 2\ C \longrightarrow Si + 2\ CO$$

$$Si + 3\ HCl \longrightarrow HSiCl_3 + H_2$$

$$2\ HSiCl_3 + 2\ H_2 \longrightarrow 2\ Si + 6\ HCl$$

Das Zwischenprodukt $HSiCl_3$ kann sofort zur Synthese von Siliconen eingesetzt werden. Um Silicium höherer Reinheit zu erhalten, wird Trichlorsilan zunächst durch Destillation gereinigt und mit Wasserstoff bei 1 000 °C reduziert. Daraus werden dicke Siliciumstäbe mit einer Reinheit von 99,9 % gewonnen, die aber für die Anwendungen des Halbleiters in der Mikroelektronik bzw. in der Solartechnik immer noch nicht ausreichend ist. Erst durch Raffination des Siliciums mittels Zonenschmelzen wird hochreines Silicium mit einem Reinheitsgrad von über 99,999 % hergestellt, aus dem Waferscheiben oder integrierte Schaltkreise hergestellt werden können.

Zonenschmelzen ist ein spezielles Kristallisationsverfahren, das zur Raffination von Metallen eingesetzt wird. Für Silicium können Reinheiten bis zu 99,9999999 % erreicht werden.

Durch fraktionierte Destillation verflüssigter Luft gewinnt man in der Technik neben den **Edelgasen** auch Sauerstoff und Stickstoff nach dem LINDE-Verfahren.

Hauptgruppenelemente mittlerer Elektronegativität kommen in der Natur auch gediegen (Schwefel, Kohlenstoff) oder in Form von Gasen (z. B. Edelgase, Stickstoff) vor. **Kohlenstoff** wird in großen Lagerstätten gefunden, abgebaut und veredelt. In erster Linie wird Kohlenstoff in Form von Koks zur Energiegewinnung eingesetzt. Nur ein Teil dient als Reduktionsmittel zur Herstellung von Metallen oder als Ausgangsstoff für die Erzeugung von Synthesegasen.

Ca. 20 % des **Schwefels** werden nach dem FRASCH-Verfahren aus den elementaren Vorkommen gewonnen. Dabei wird mit heißem Wasserdampf (155 °C, 25 bar) der Schwefel unter Tage geschmolzen und mit Druckluft an die Erdoberfläche gepresst. Der so geförderte Schwefel ist bereits sehr rein (ca. 99,5 %). Die Hauptmenge des Schwefels wird heute nach dem CLAUS-Prozess aus H_2S-haltigen Gasen (z. B. Erdgas) hergestellt.

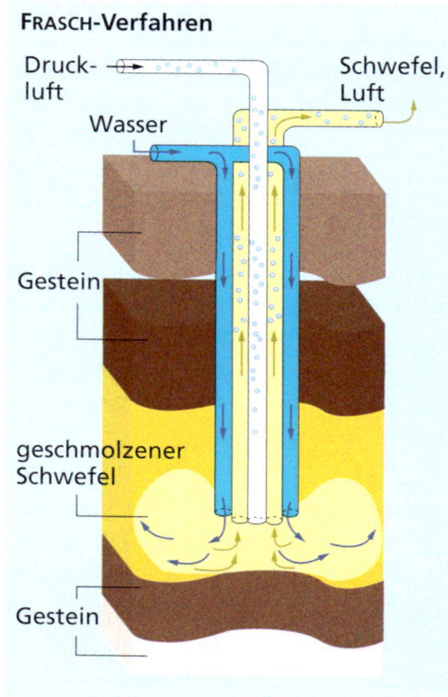

Schwefel und Schwefelverbindungen sind wichtige Ausgangsstoffe zur **Herstellung von Schwefelsäure,** Sprengstoffen, Schwefelfarbstoffen und für die Vulkanisation von Kautschuk.

Da Schwefel hier in der Oxidationsstufe –II vorkommt, muss er oxidiert werden. Ein Teil des Schwefelwasserstoffs wird im ersten Schritt zu Wasserdampf und Schwefeldioxid verbrannt. Die Sauerstoffzufuhr muss so eingestellt werden, dass nur die Hälfte des Schwefelwasserstoffs zu Schwefeldioxid umgesetzt wird, sodass in einem nachgeschalteten Reaktor ein Verhältnis $H_2S : SO_2$ von 2 : 1 vorliegt. Dieses Gemisch setzt man dann zu elementarem Schwefel um.

$$2\,H_2S + 3\,O_2 \longrightarrow 2\,SO_2 + 2\,H_2O$$

$$2\,H_2S + SO_2 \longrightarrow 3\,S + 2\,H_2O$$

Chlor und Chlorverbindungen dienen als Grundstoffe zur Herstellung vieler Chemieprodukte z. B. halogenierter Kohlenwasserstoffe oder PVC, die trotz ökologischer Probleme auch heute noch benötigt werden.

Zur Herstellung der anderen elektronegativen Elemente der VI. bis VII. Hauptgruppe ist ebenfalls eine **Oxidation** der Ausgangsstoffe (z. B. NaCl) erforderlich. Auch hier unterscheidet man zwischen chemischer und anodischer Oxidation. Besonders elektronegative Nichtmetalle wie Fluor oder Chlor werden elektrolytisch, entweder aus Schmelzen (Fluor) oder aus wässrigen Lösungen (Chloralkali-Elektrolyse, ↗ S. 400) hergestellt. In der Technik werden aber wegen der hohen Energiekosten der Elektrolyse auch häufig chemische Oxidationsmittel eingesetzt und auf diese Weise auch Chlor und Brom gewonnen.

$$4\,HCl + O_2 \longrightarrow 2\,H_2O + 2\,Cl_2$$

$$2\,KBr + Cl_2 \longrightarrow Br_2 + 2\,KCl$$

Eigenschaften und Verwendung ausgewählter s- und p-Block-Elemente		
Elemente	**Eigenschaften**	**Jahresproduktion und Verwendung**
Wasserstoff	brennbares Gas, reduzierend, bildet mit O_2 Knallgas	– Synthese von NH_3 (105 Mt/a) – Hydrierung von Kohle und Erdöl – Reduktionsmittel in der Metallurgie – als Heizgas
Natrium	silberweißes, weiches Metall sehr leicht oxidierbar, reagiert spontan mit Wasser, Smp.: 97,8 °C	– ca. 100 kt/a – Synthese von Natriumamid ($NaNH_2$) und Natriumperoxid (Na_2O_2) – als Kühlmittel in Kernkraftwerken
Magnesium	silberglänzendes, leicht oxidierbares Leichtmetall	– ca. 550 kt/a zur Herstellung von Legierungen für den Fahrzeugbau
Aluminium	Leichtmetall mit hoher mechanischer Festigkeit, mit korrosionsbeständiger Oxidschicht aus Al_2O_3	– mit 25 Mt/a wichtigstes Nichteisenmetall – Fahrzeug- und Flugzeugbau – Bestandteil vieler Legierungen – Bauindustrie
Silicium	reaktionsträges, hochschmelzendes Halbmetall, elektrisch halbleitend	– 4 Mt/a, davon ca. 20kt/a Reinstsilicium – Halbleiter und Solarzellentechnologie – überwiegend als Legierungsbestandteil von Ferrosilicium und zur Synthese von Siliconen (↗ S. 370)
Stickstoff	reaktionsträges Gas, stabile N_2-Moleküle	– mehr als 100 Mt/a zur Ammoniaksynthese – Grundstoff zur Herstellung von Stickstoffdüngemitteln z. B. Kalkstickstoff ($CaCN_2$) – als Schutzgas und flüssiges Kühlmittel
Sauerstoff	oxidierendes Gas, stabile O_2-Moleküle, Ozon (O_3) als zweite Modifikation	– über 100 Mt/a – Erzeugung hoher Temperaturen z. B. in der Stahlindustrie – wichtigstes chemisches Oxidationsmittel
Schwefel	brennbares Nichtmetall, bildet SO_2, das mit weiteren O_2 zu SO_3 reagiert	– ca. 55 Mt /a – Herstellung von Schwefelsäure H_2SO_4 – zur Vulkanisation und im Straßenbau
Halogene	oxidierend wirkende Nichtmetalle, bestehen aus reaktiven X_2-Molekülen (X = F, Cl, Br, I)	– mehr als 35 Mt/a Chlor und 20 kt/a Fluor – zur Herstellung von Kunststoffen z. B. PVC oder PTFE (Teflon®) – chemische Oxidationsmittel z. B. zur Synthese halogenorganischer Verbindungen – als Bleich- und Desinfektionsmittel
Edelgase	reaktionsträge Gase mit geringer Dichte	– Inert- und Schutzgas im Labor (Ar), Füllgase für Lampen (Ne), Füllgas für Ballone (He)

8.1.2 Verbindungen der Hauptgruppenelemente

Die nebenstehende Betrachtung lässt Aussagen zur Wertigkeit der Elemente in kovalenten Verbindungen zu. Aber auch in salzartigen Verbindungen entspricht die maximale Wertigkeit der Kationen der Elemente I. bis III. Hauptgruppe exakt ihrer Hauptgruppennummer.

So wie sich atomare, physikalische und chemische Eigenschaften der Elemente im PSE (↗ S. 64) periodisch ändern, wird auch bei den Verbindungen der s- und p-Elemente ein periodischer Gang der physikalischen und chemischen Eigenschaften festgestellt. Das soll anhand der Wasserstoff-, Sauerstoff- und Halogenverbindungen gezeigt werden.
Die Eigenschaften der Verbindungen ergeben sich aus ihrer Struktur und damit letztlich der **Valenzelektronenkonfiguration** der Elemente. Die Zahl der möglichen kovalenten Bindungen, die von einem Element ausgehen, entspricht der Zahl der halbbesetzten Atomorbitale. Durch Entkopplung gepaarter Elektronen und Einbau derselben in leere, energetisch höher liegende Orbitale derselben Hauptquantenzahl (Promotion, ↗ S. 81) werden angeregte Valenzzustände erzeugt.
Diese Promotion der Elektronen bedarf jedoch einer zusätzlichen Energie, die durch die dadurch möglichen zusätzlichen E–X-Bindungen mindestens aufgebracht werden muss. Deshalb erfolgt die Entkopplung nur dann, wenn das jeweilige Element mit einem Bindungspartner genügend starke Bindungen ausbildet.

Hauptgruppe	Valenzelektronenbesetzung s	p	mögliche Valenzzustände s	p	d	Stöchiometrie der Oxide, Hydride und Halogenide (X)
I	[↑]	[ ][ ][ ]	[↑]	[ ][ ][ ]		E_2O, EH, EX
II	[↑↓]	[ ][ ][ ]	[↑]	[↑][ ][ ]		EO, EH_2, EX_2
III	[↑↓]	[↑][ ][ ]	[↑↓]	[↑][ ][ ]		E_2O, EH, EX
			[↑]	[↑][↑][ ]		E_2O_3, EH_3, EX_3
IV	[↑↓]	[↑][↑][ ]	[↑↓]	[↑][↑][ ]		EO, EH_2, EX_2
			[↑]	[↑][↑][↑]		EO_2, EH_4, EX_4
V	[↑↓]	[↑][↑][↑]	[↑↓]	[↑][↑][↑]	[ ][ ][ ][ ][ ]	E_2O_3, EH_3, EX_3
			[↑]	[↑][↑][↑]	[↑][ ][ ][ ][ ]	E_2O_5, EX_5*
VI	[↑↓]	[↑↓][↑][↑]	[↑↓]	[↑↓][↑][↑]	[ ][ ][ ][ ][ ]	EO, EH_2, EX_2
			[↑↓]	[↑][↑][↑]	[↑][ ][ ][ ][ ]	EO_2, EX_4*
			[↑]	[↑][↑][ ]	[↑][ ][ ][ ][ ]	EO_3, EX_6*
VII	[↑↓]	[↑↓][↑↓][↑]	[↑↓]	[↑↓][↑↓][↑]	[ ][ ][ ][ ][ ]	E_2O, EH, EX
			[↑↓]	[↑↓][↑][↑]	[↑][ ][ ][ ][ ]	E_2O_3, EH_3, EX_3
			[↑↓]	[↑][↑][↑]	[↑][↑][ ][ ][ ]	E_2O_5, EX_5*
			[↑]	[↑][↑][↑]	[↑][↑][↑][ ][ ]	E_2O_7, EX_7*

* Diese Zusammensetzungen sind nur mit Elementen ab der III. Periode und bevorzugt mit den jeweils schwersten Elementen der Gruppe für X = F möglich.

Das trifft für die kleinen Sauerstoffatome sowie die Halogene, insbesondere das kleine Fluoratom, zu. Deshalb bildet ein Element die höchste Zahl von kovalenten Bindungen entweder mit Sauerstoff- oder Fluoratomen aus. Mit Wasserstoff und den größeren Halogenen sind die Bindungen schwächer, sodass die höchste Wertigkeit eines Elementes in solchen Verbindungen zunehmend unwahrscheinlicher wird.

Element-Wasserstoff-Verbindungen

Element-Wasserstoff-Verbindungen der Zusammensetzung EH_x (E – Element) sind binäre Verbindungen, in denen Wasserstoff unterschiedlich an die Elemente gebunden sein kann.

Element-Wasserstoff-Verbindungen werden auch Hydride genannt. Das gilt aber streng genommen nur für die Verbindungen, in denen der Wasserstoff der elektronegativere Bindungspartner ist und eine negative Oxidationszahl aufweist.

Mit den elektropositiven Metallen der I. bis II. Hauptgruppe bildet Wasserstoff salzartige Feststoffe und liegt im Ionengitter in Form von negativ geladenen Hydrid-Ionen (H^-) vor.
Die Mehrzahl der Hauptgruppenelemente ist jedoch etwas elektronegativer als Wasserstoff und bildet Molekülverbindungen wie Methan, Ammoniak oder die Halogenwasserstoffe. Die Bindungen zwischen den Atomen sind polar kovalent, wobei die Wasserstoffatome positive Partialladungen tragen.
Allerdings kann kein Element mehr als vier Wasserstoffatome binden. Das liegt zum einen daran, dass die Elemente der 2. Periode (Hauptquantenzahl n = 2) ohnehin maximal vier kovalente Bindungen ausbilden können. Die Elemente der höheren Perioden stellen aber auch nur die ungepaarten p-Elektronen für die Element-Wasserstoff-Bindung zur Verfügung. Die Entkopplung und Promotion der Elektronen der doppelt besetzten Orbitale erfordert Energie, die durch die Bildung der Element-Wasserstoff-Bindung nicht wieder zurückgewonnen wird.
Die Wechselwirkungen (↗ S. 98) zwischen den Molekülen der kovalenten Element-Wasserstoff-Verbindungen sind oft schwach, sodass viele dieser Verbindungen leicht flüchtig (H_2S, CH_4) sind.

Nach den Nomenklaturrichtlinien tragen gesättigte Wasserstoffverbindungen die Endung *-an*.

Ausgewählte Element-Wasserstoff-Verbindungen

Formel	**LiH**	**CH_4**	**H_2O**	**HF**
Name	Lithiumhydrid	Methan	Wasser	Fluorwasserstoff
Bindungsart	ionisch	kovalent	polar-kovalent	polar-kovalent
Struktur	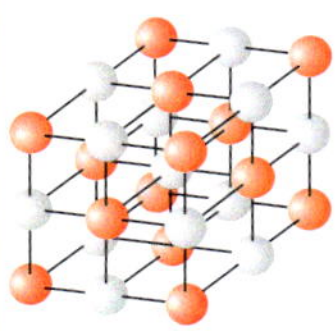	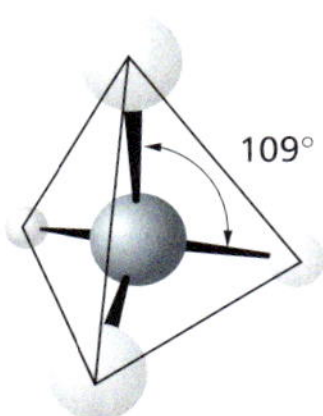	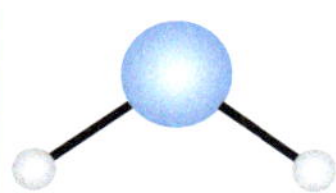	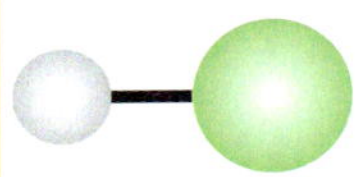

Besondere Bindungsverhältnisse liegen in den Boranen vor. Da Bor mit seinen drei Valenzelektronen nur drei H-Atome binden kann, liegt am Bor kein Elektronenoktett vor. Man spricht von Elektronenmangelverbindungen.

Bei den Wasserstoffverbindungen der stark elektronegativen Elemente (HF, H_2O und NH_3) ist die Flüchtigkeit deutlich geringer, weil Wasserstoffbrückenbindungen (↗ S. 99) die intermolekularen Wechselwirkungen erhöhen.

Viele Element-Wasserstoff-Verbindungen sind gegen Wasser nicht beständig. Ionische Hydride zersetzen sich in einer **Redoxreaktion** unter Freisetzung von Wasserstoff und Bildung basischer Lösungen.

$$\overset{-\mathrm{I}}{\mathrm{Ca}\mathrm{H}_2} + 2\,\overset{\mathrm{I}}{\mathrm{H}}_2\mathrm{O} \longrightarrow \mathrm{Ca}^{2+} + 2\,\mathrm{O}\overset{\mathrm{I}}{\mathrm{H}}^- + 2\,\overset{0}{\mathrm{H}}_2$$

Polar-kovalente Element-Wasserstoff-Bindungen werden durch Wasser gespalten. Bei dieser **Hydrolyse** lagert sich die OH-Gruppe des Wassermoleküls an das Atom mit der positiven Partialladung und das Wasserstoffatom an das Atom mit der negativen Partialladung. Je größer die Polarität der kovalenten Bindung, desto leichter erfolgt die Hydrolyse. Die schwach polaren Bindungen im Methan werden durch Wasser erst bei 1 400 °C, mit Nickel als Katalysator bei 800 °C gespalten.

$$CH_4 + H_2O \longrightarrow CO + 3\,H_2 \qquad \Delta_R H^0 = +206\ \mathrm{kJ \cdot mol^{-1}}$$

Element-Wasserstoff-Verbindungen gehen in Abhängigkeit von der Polarität der E–H-Bindung unterschiedliche **Reaktionen mit Wasser** ein.

Außerdem können die Wasserstoffverbindungen der Nichtmetalle der s- und p-Block-Elemente als Protonenakzeptoren oder -donatoren reagieren. Im Ergebnis unterschiedlicher Protolysereaktionen (↗ S. 175 ff.) können saure oder basische wässrige Lösungen gebildet werden. Bei der Protolyse ändern sich die OZ nicht.

$$HCl + H_2O \longrightarrow H_3O^+ + Cl^- \qquad \text{(saure Reaktion)}$$

$$NH_3 + H_2O \longrightarrow NH_4^+ + OH^- \qquad \text{(basische Reaktion)}$$

Element-Sauerstoff-Verbindungen

Oxide sind binäre **Element-Sauerstoff-Verbindungen** der Zusammensetzung E_xO_y (E – Element) mit Sauerstoff als elektonegativerem Bestandteil der Verbindung.

Fluor ist das elektronegativste Element im PSE (↗ S. 448). Deshalb werden Fluor-Sauerstoff-Verbindungen als Sauerstoff-Fluoride aufgefasst.

Bei den **ionischen Oxiden** der elektropositiven Metalle der I. bis III. Hauptgruppe bilden die Oxid-Ionen ein dicht gepacktes Gitter (↗ S. 90). In die Lücken dieser Anionenpackung werden die kleineren Kationen eingebaut. Infolge der starken ionischen Bindung und der dichten Packung sind die Festkörperstrukturen sehr stabil.

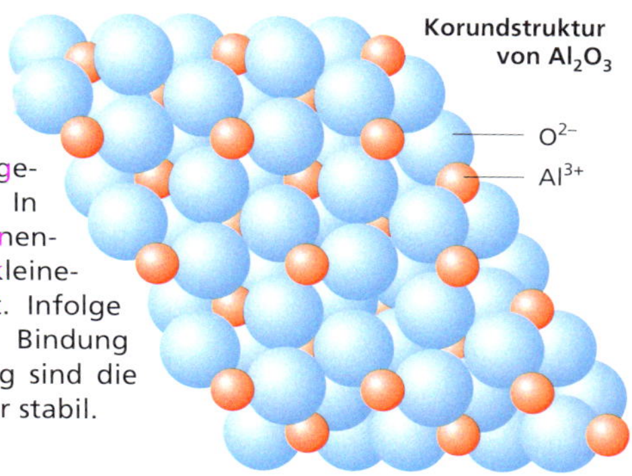

Korundstruktur von Al_2O_3

Ein Beispiel ist der **Korund,** eine Modifikation des Aluminiumoxids, die sich durch eine große Härte und chemische Beständigkeit auszeichnet. Korund dient als Ausgangsmaterial für feuerfeste Keramiken und zur Herstellung von Schleif- und Poliermitteln.

Die Metalloxide der I. und II. Hauptgruppe reagieren mit Wasser ausschließlich basisch, weil die Bindung zwischen den Metall-Ionen und Oxid-Ionen polarer ist als die O–H-Bindung der bei der Protolyse gebildeten Hydroxid-Ionen (↗ S. 185).

$$CaO + H_2O \longrightarrow Ca^{2+} + 2\,OH^-$$

$$Na_2O + H_2O \longrightarrow 2\,Na^+ + 2\,OH^-$$

Die Basizität der Oxide und der Ionencharakter der chemischen Bindung nehmen mit der innerhalb einer Periode des PSE ansteigenden Elektronegativität der s- und p-Elemente ab. Viele Sauerstoffverbindungen der Elemente der III. bis V. Hauptgruppe sind amphoter, d. h., sie können sowohl als Säuren als auch als Basen reagieren.

$$SiO_2 + 4\,HF \longrightarrow SiF_4 + 2\,H_2O$$

$$SiO_2 + 2\,NaOH \longrightarrow Na_2SiO_3 + H_2O$$

Kovalente Oxide werden dagegen überwiegend von den Nichtmetallen der IV. bis VII. Hauptgruppe gebildet. Sie zeigen oft nur geringe intermolekulare Wechselwirkungen und kommen deshalb meist gasförmig (CO, SO_2) und nur selten als Feststoffe (P_4O_{10}) vor. Viele kovalente Oxide verfügen über Element-Sauerstoff-Mehrfachbindungen oder es liegen Sauerstoffbrücken zwischen den Atomen der Elemente vor. Ihre Stabilität hängt von der Polarität der E–O-Bindung und dem Oxidationszustand des Elements ab. Da sie bei der Umsetzung mit Wasser Säuren bilden, werden diese Oxide auch als saure Oxide oder Säureanhydride bezeichnet.

$$SO_3 + 3\,H_2O \longrightarrow 2\,H_3O^+ + SO_4^{2-}$$

$$Cl_2O_7 + 3\,H_2O \longrightarrow 2\,H_3O^+ + 2\,ClO_4^-$$

Um die stabile Edelgaskonfiguration des Neons zu erreichen, nimmt Sauerstoff als Element der VI. Hauptgruppe fast immer 2 Elektronen auf und ist deshalb zweiwertig. Ein und dasselbe Hauptgruppenelement kann jedoch mehrere Oxide unterschiedlicher Struktur und Eigenschaften bilden. Die höchste Oxidationsstufe, die s- und p-Elemente in ihren Oxiden erreichen, entspricht ihrer Hauptgruppennnummer.

Oxide des Stickstoffs

$\overset{I\ -II}{N_2O}$	$\overset{II\ -II}{NO}$	$\overset{IV-II}{NO_2}$	$\overset{V\ -II}{N_2O_5}$
Distickstoff-monooxid	Stickstoff-monooxid	Stickstoff-dioxid	Distickstoff-pentoxid

Mit den Elementen der I. und II. Hauptgruppe, werden außer den normalen Oxiden auch Peroxide gebildet, mit Sauerstoff in der Oxidationsstufe –I.
z. B. $\overset{I\ -I}{H_2O_2}$, $\overset{II\ -I}{BaO_2}$

Viele schwerere Elemente der III. bis V. Hauptgruppe bilden wie SiO_2 feste Oxide mit stabilen polymeren Strukturen.

Auch das wichtigste aller Oxide, das Wasser ist ein amphoteres Oxid (↗ S. 187). Die außergewöhnlichen Eigenschaften des Wassers sind auf den Dipolcharakter des Wassermoleküls und die Ausbildung von Wasserstoffbrückenbindungen (↗ S. 99) zurückzuführen.

Eigenschaften und Bedeutung ausgewählter Oxide		
Oxid	**Eigenschaften**	**Bedeutung**
Wasser H_2O	– farblose Flüssigkeit – polare Molekülstruktur mit Wasserstoffbrückenbindungen – Anomalie des Wassers, größte Dichte bei 4 °C – amphoter, unterliegt der Autoprotolyse (↗ S. 176)	– wichtigstes Lösungsmittel in der Chemie, unterschiedliche Reaktionen mit Stoffen – als Nahrungsmittel (Trinkwasser) notwendig für biochemische Reaktionen – ökologisch bedeutsam als Lebensraum von Organismen – Treibhausgas
Calciumoxid CaO	– hoch schmelzendes Oxid – löst sich exotherm unter Bildung von $Ca(OH)_2$ in Wasser	– erhältlich durch Brennen von $CaCO_3$ – in der Baustoffindustrie Umsetzung zu $Ca(OH)_2$ (Löschkalk)
Aluminiumoxid Al_2O_3	– hoch schmelzender Feststoff – große Härte und Stabilität – amphoteres Oxid	– Ausgangsstoff zur Herstellung von Aluminium – Schleif- und Poliermittel – Einsatz als Katalysator
Kohlenstoffmonooxid CO	– farbloses, toxisches Gas – Redoxamphoter im BOUDOUARD-Gleichgewicht: $\overset{0}{C} + \overset{IV}{C}O_2 \rightleftharpoons 2\,\overset{II}{C}O$	– Reduktionsmittel in der Technik – Ausgangsstoff zur Darstellung organischer Verbindungen
Kohlenstoffdioxid CO_2	– farbloses Gas – unter Druck löslich in Wasser – schwach saure wässrige Lösung – sublimiert bei –70 °C	– entsteht bei der Atmung, Gärung und Verbrennung fossiler Brennstoffe – Luftbestandteil, Treibhausgas – Feuerlöschmittel und Kältemittel
Siliciumdioxid SiO_2	– farbloser Feststoff, mehrere Modifikationen – amphoteres Oxid	– Ausgangsmaterial für Herstellung von Glas und anderen Baustoffen – Einsatz als Katalysator
Stickstoffdioxid NO_2	– braunes, toxisches Gas – saure Reaktion mit Wasser – radikalische Molekülstruktur – wirkt oxidierend	– in Abgasen von Kfz und Flugzeugen – Treibhausgas und Ozonkiller – Herstellung von Salpetersäure und organischen Nitroverbindungen
Schwefeldioxid SO_2	– farbloses, giftiges, stechend riechendes Gas, – reduzierende Wirkung – bildet saure wässrige Lösungen	– Ausgangsstoff zur Herstellung von Schwefelsäure und Gips – als Industrieabgas Bestandteil des sauren Regens

Element-Halogen-Verbindungen

Verbindungen der Elemente der VII. Hauptgruppe mit stärker elektropositiven Elementen nennt man **Halogenide**.

Halogenatome nehmen bei der Verbindungsbildung fast immer ein Elektron auf und sind deshalb meist einwertig. Im elementaren Zustand wirken Halogene als Oxidationsmittel, sodass s- und p-Elemente auch bei der Bildung von Halogeniden ihre höchste, der Hauptgruppennummer entsprechende Wertigkeit erreichen.

Wie schon bei den Element-Wasserstoff-Verbindungen und den Oxiden hängen Struktur und Eigenschaften der Halogenide maßgeblich von der Elektronegativitätsdifferenz zwischen Hauptgruppenelement und Halogen ab. Die elektropositiven s- und p-Elemente der I. und II. Hauptgruppe bilden hauptsächlich ionische Verbindungen, z. B. NaCl oder CaF_2. Infolge der starken ionischen Bindung sind die Salze fest und schwer flüchtig. Besonders stabil sind die Fluoride, da die Fluorid-Ionen die kleinsten Halogenid-Ionen sind und deshalb die **Gitterenergie** (↗ S. 91) besonders hoch ist. So kommt z. B. kristallines Calciumfluorid, CaF_2, in beträchtlichen Mengen in der Natur vor und hat einen Schmelzpunkt von 1418 °C.

CaF_2-Kristall

Das Verhalten gegenüber Wasser ist unterschiedlich. Viele Chloride, Bromide und Iodide sind gut in Wasser löslich (z. B. KBr, NaCl, $CaCl_2$), wobei sich von Wassermolekülen umgebene hydratisierte Kationen und Anionen bilden.

Andere Ionenkristalle besitzen eine hohe Gitterenergie, sodass die bei der **Hydratation** der Ionen frei werdende Energie (Hydratationsenthalpie, ↗ S. 94) nicht ausreicht, das Ionengitter zu zerstören. Solche Halogenide wie CaF_2 oder AlF_3 sind in Wasser schwer löslich.

Hydratisierte Ionen

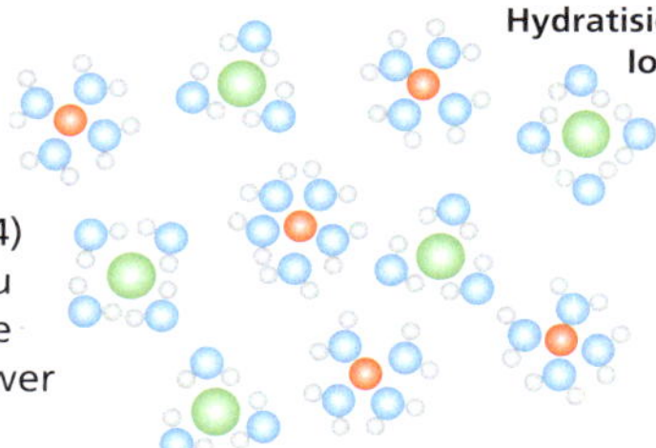

Bei den Metallfluoriden ist die Gitterenergie ΔE_G^0 höher als bei den anderen Metallhalogeniden:

NaF:	909 kJ · mol^{-1}
NaCl:	788 kJ · mol^{-1}
NaBr:	737 kJ · mol^{-1}
NaI:	687 kJ · mol^{-1}

Die Hydratation ist eine weitere **Reaktion mit Wasser.** Manche Halogenide kristallisieren aus der wässrigen Lösung in Form von Hydraten aus, d. h., dass im festen Aggregatzustand Wassermoleküle meist an den Kationengebunden sind.

Halogenverbindungen der s- und p-Block-Elemente

Hauptgruppe	H	I	II	III	IV	V	VI	VII
Valenzelektronenkonfiguration	s^1	s^1	s^2	$s^2\ p^1$	$s^2\ p^2$	$s^2\ p^3$	$s^2\ p^4$	$s^2\ p^5$
Beispiele	HF HCl	LiF NaI KCl	$MgCl_2$ CaF_2 BaF_2	BCl_3 AlF_3 $AlCl_3$	CCl_4 SiF_4 $SiCl_4$ $SnCl_2$	NF_3 PCl_5 $BiCl_3$	OF_2 SCl_2 SF_4 SF_6	BrCl ClF_3 IF_5 IF_7

Die räumliche Molekülstruktur ermittelt man mithilfe des Elektronenpaarabstoßungsmodells oder der VB-Theorie.

Kovalente Halogenverbindungen werden vor allem von den elektronegativeren Elementen der IV. bis VII. Hauptgruppe gebildet. Ähnlich wie bei den Oxiden kann ein und dasselbe Element kovalente Halogenide unterschiedlicher Zusammensetzung EX_n bilden. Die räumliche Molekülstruktur ergibt sich aus der Hybridisierung des Elementatoms und der Anzahl der gebundenen Halogenatome.

Hybridisierung und Molekülstruktur

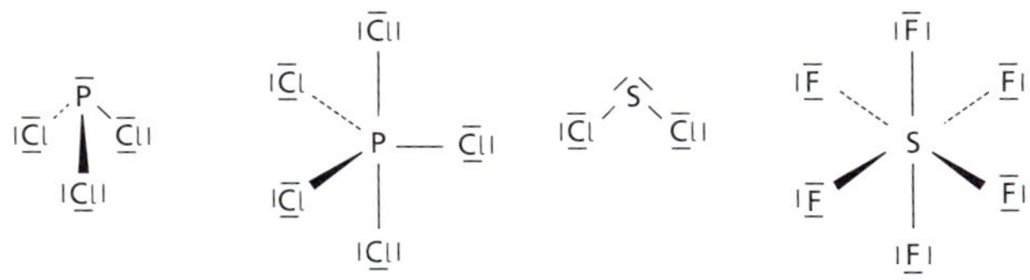

sp^3 trigonal-pyramidal	sp^3d trigonal-bipyramidal	sp^3 gewinkelt	sp^3d^2 oktaedrisch

Die Stabilität dieser Molekülverbindungen hängt hauptsächlich von der Stärke der E–X-Bindung, von ihrer Polarität und vom Oxidationszustand des Elements ab. Besonders stabil sind Element-Fluorverbindungen, da die Überlappung der Atomorbitale zur Bindungsbildung mit den kleinen Fluoratomen besonders effektiv ist.

Bindungsenthalpien kovalenter E–X-Bindungen in $kJ \cdot mol^{-1}$				
E \ X	F	Cl	Br	I
C	489	339	285	214
H	567	431	366	297

Werden die Element-Halogen-Bindungen durch die Halogenatome abgeschirmt, so erfolgt die Hydrolyse langsam oder erst bei höheren Temperaturen (CCl_4, SF_6).

Je polarer die kovalenten E–X-Bindungen sind, um so größer ist ihre Hydrolyseanfälligkeit. Dipolmoleküle des Wassers greifen am Elementatom mit der positiven Partialladung an. Es entsteht eine Element-Sauerstoff-Bindung und ein Halogenwasserstoffmolekül wird abgegeben. Bei der Hydrolyse der polar-kovalenten Halogenververbindungen ändern sich die Oxidationszahlen der Atome nicht.
Im Ergebnis der Bildung von Halogenwasserstoffen reagieren hydrolysierbare Halogenverbindungen in Wasser sauer.

$$BCl_3 + 3\,H_2O \longrightarrow H_3BO_3 + 3\,HCl$$
$$SiCl_4 + 2\,H_2O \longrightarrow SiO_2 + 4\,HCl$$

Im Gegensatz zu den festen Metallsalzen liegen kovalente Halogenverbindungen bei Raumtemperatur als Gase (z. B. SF_6, HCl) oder als Flüssigkeiten (z. B. CCl_4, $SiCl_4$) vor. Die Ursache liegt darin, dass die Wechselwirkungen zwischen den einzelnen Molekülen meist relativ schwach sind.

Vorkommen und technische Bedeutung der Halogenide

Die ionischen Halogenide sind in großen Mengen in der Natur als Rohstoffe verfügbar. Alkali- und Erdalkalimetallhalogenide sind in riesigen Salzlagerstätten vorhanden und können in fast reiner Form abgebaut werden. Auch das Salzwasser der Ozeane enthält Natrium- und Magnesiumchlorid in hoher Konzentration.

1 Tonne Meerwasser enthält im Durchschnitt 27 kg NaCl, sodass Kochsalz auch durch Meerwasserentsalzung gewonnen werden kann.

Die technische Bedeutung der leicht verfügbaren Halogenide ist groß, werden doch aus diesen wichtige Folgeprodukte der chemischen Industrie gewonnen.

Vorkommen und technische Bedeutung der Halogenide

Mineral	Folgeprodukte
NaCl (Steinsalz)	Natrium, Chlor, Natriumhydroxid, Wasserstoff, Chlorate, Perchlorate, Bleichlaugen, Natriumcarbonat (Soda), chlorhaltige organische Verbindungen
KCl (Sylvin)	Kalium, Kalidünger, Kaliumcarbonat (Pottasche)
CaF_2 (Flussspat)	Fluorwasserstoff, Fluor, fluorhaltige anorganische und organische Verbindungen
$KBr \cdot MgBr_2 \cdot 6 \cdot H_2O$ (Bromcarnallit)	Brom und bromhaltige Folgeprodukte

Fluorapatit, $Ca_5(PO_4)_3(F)$, ist gegen die im Mund entstehende Milchsäure beständig. Fluoridhaltige Zahnpasten oder Speisesalze bilden diese Verbindung aus dem im Zahnschmelz vorhandenen Hydroxylapatit, $Ca_5(PO_4)_3(OH)$ und beugen so der Entstehung von Karies vor.

Auch kovalente Halogenverbindungen der s- und p-Elemente werden in der Praxis vielfältig genutzt. So dienen halogenierte Kohlenwasserstoffe ($CHCl_3$, CCl_4) als Lösungsmittel. Wegen ihrer Toxizität müssen sie in geschlossenen Kreisläufen eingesetzt werden. Polytetrafluorethylen (Teflon®) ist ein hochwertiges Polymer (↗ S. 353), das als Bau- und Werkstoff Verwendung findet.
Wegen des dringenden Verdachtes, die Ozonschicht der Erde zu zerstören (↗ S. 416), ist die Anwendung von **Fluorchlorkohlenwasserstoffen** (FCKW) als Kältemittel, als Zusatzstoff in der Baustoffindustrie und als Treibgase inzwischen verboten. Die FCKW wurden teilweise durch parziell fluorierte Kohlenwasserstoffe (FKW) ersetzt.
Andere Halogenide wie XeF_2, PCl_5 oder ClF_3 dienen in Labor und Technik als Halogenüberträger bei der Synthese oder als Katalysatoren in der organisch-chemischen Industrie (z. B. BF_3, $AlCl_3$, ↗ S. 286).
Schwefel(VI)-fluorid, SF_6, wird aufgrund seiner thermischen und elektrischen Eigenschaften als Isolator in Hochspannungsschaltanlagen und zur thermischen Isolierung verwendet.

Interhalogene sind Verbindungen verschiedener Halogene untereinander. Auch von **Edelgasen** sind Halogenverbindungen und Oxide bekannt, die jedoch in Natur und Technik nur von geringer Bedeutung sind.

8.2 Eigenschaften der Nebengruppenelemente

8.2.1 Überblick

Die 6d-Elemente mit den Ordungszahlen 89 und 104–112 sind radioaktiv und haben nur eine geringe praktische Bedeutung. Weitere Nebengruppenelemente sind die f-Block-Elemente: Lanthanoide und Actinoide.

Die Nebengruppenelemente des PSE weisen folgende prinzipielle Elektronenkonfiguration (↗ S. 58) auf:

$$[\text{Edelgas}]\ ns^2\ (n-1)d^{1\ \text{bis}\ 10} \qquad n - \text{Hauptquantenzahl}$$

Innerhalb einer Periode unterscheiden sich die Elemente nur durch die Anzahl der d-Elektronen, sodass ihre chemischen und physikalischen Eigenschaften besonders von der Besetzung der d-Niveaus abhängen. Die Nebengruppenelemente werden deshalb auch als **d-Block-Elemente** bzw. je nach der Hauptquantenzahl der d-Orbitale als 3d-, 4d- und 5d-Elemente bezeichnet. Das erste Nebengruppenelement im PSE, d. h. das mit der niedrigsten Ordnungszahl, ist Scandium ([Ar] $4s^2\ 3d^1$).

Die Nebengruppenelemente werden in der Darstellung des Kurzperiodensystems (↗ S. 63) den entsprechenden Hauptgruppenelementen zugeordnet, sodass dabei auch eine formale verwandtschaftliche Beziehung sichtbar wird.
So sind aufgrund der Elektronenkonfigurationen z. B. bei den folgenden Elementpaaren ähnliche Eigenschaften zu beobachten.

Entsprechend dem Energieniveauschema der Atomorbitale (↗ S. 70) liegt das 3d-Niveau energetisch höher als das 4s-Niveau, aber tiefer als das 4p-Niveau.

Aluminium:	[Ne] $3s^2\ 3p^1$	Scandium:	[Ar] $4s^2\ 3d^1$
Silicium:	[Ne] $3s^2\ 3p^2$	Titanium:	[Ar] $4s^2\ 3d^2$
Phosphor:	[Ne] $3s^2\ 3p^3$	Vanadium:	[Ar] $4s^2\ 3d^3$

Als **Übergangselemente** werden die d-Elemente bezeichnet, bei denen die d-Niveaus nur unvollständig besetzt sind. Diese Bezeichnung trifft auf die meisten d-Elemente zu, jedoch nicht auf die der 12. Gruppe. So besitzt z. B. Zink ([Ar] $4s^2\ 3d^{10}$) als Element und als Zn^{2+}-Ion ([Ar] $4s^0\ 3d^{10}$) vollständig gefüllte d-Niveaus und unterscheidet sich in vielen Eigenschaften von den Übergangselementen.

Die Gruppeneigenschaften der Nebengruppenelemente sind trotz der genannten Ähnlichkeiten durchaus verschieden. So sind z. B. Ag, Au, Pd und Pt Edelmetalle, während Zn, Mn und Fe unedel sind.

Die Chemie der **Nebengruppenelemente** wird besonders durch die d-Elektronen geprägt und weist folgende Ähnlichkeiten auf:

1. Alle Nebengruppenelemente sind Metalle.
2. Sie bilden vielfach farbige, stabile Komplexverbindungen (↗ S. 242), wobei sie als Elektronenpaarakzeptoren wirken.
3. Vor allem die Elemente der mittleren Gruppen bilden Verbindungen mit unterschiedlichen Oxidationsstufen.
4. Besonders die 5d-Elemente sind edel und chemisch beständig, während die 3d-Elemente reaktiv sind.
5. Die Schmelz- und Siedepunkte durchlaufen im Bereich der 6. und 7. Gruppe jeder Periode ein Maximum. Besonders niedrige Schmelzpunkte haben die Elemente der 3. und 12. Gruppe.
6. Besonders stabil sind Atome oder Ionen, die über halb besetzte (d^5) oder vollständig besetzte (d^{10}) d-Niveaus verfügen.

8.2.2 Vorkommen und Darstellung der d-Block-Elemente

Die d-Block-Elemente sind Metalle, die in der Natur meist an Sauerstoff (oxidische Erze) oder an Schwefel (sulfidische Erze) gebunden vorkommen. Nur wenige edle Metalle wie Gold, Quecksilber oder Platin liegen auch in elementarer Form (gediegen) vor.
Der Metallgehalt der Erze ist sehr unterschiedlich, nur einige Nebengruppenelemente wie Eisen oder Kupfer bilden reichhaltige Vorkommen. Die Erze enthalten fast immer große Mengen Sand oder wertloses Nebengestein, das Gangart genannt wird und vor der eigentlichen Synthese durch Erzaufbereitung abgetrennt werden muss.

Die Erzaufbereitung umfasst die Trennung der Metalloxide bzw. -sulfide von der Gangart hauptsächlich durch physikalische Trennmethoden.

Die Gewinnung der Nebengruppenmetalle aus ihren Erzen erfolgt grundsätzlich in drei Stufen:
1. der Anreicherung durch Erzaufbereitung,
2. der Synthese des Rohmetalls,
3. der Raffination oder Veredelung des Rohmetalls.

Prinzipiell sind zur Synthese der Rohmetalle die gleichen Verfahren einsetzbar wie bei den Hauptgruppenelementen. Da die Nebengruppenmetalle in Sulfiden und Oxiden positive Oxidationszahlen aufweisen, basieren alle Syntheseverfahren auf Reduktionsprozessen. Die Rohmetalle gewinnt man in der Regel durch chemische Reduktion, d. h. durch Umsetzung mit Kohlenstoff, Wasserstoff oder unedleren Metallen.

Da die natürlichen Ressourcen mit Ausnahme des Eisens begrenzt sind, gewinnt die Wiederaufarbeitung metallhaltiger Abfälle, z. B. von Elektronikschrott, immer mehr an Bedeutung.

Synthese von Nebengruppenelementen

chemische Reduktion

- mit Kohlenstoff bzw. Kohlenstoffmonooxid

  $NiO + C \longrightarrow Ni + CO$
- mit Wasserstoff

  $WO_3 + 3\,H_2 \longrightarrow W + 3\,H_2O$
- Metallothermie

  $V_2O_5 + 5\,Ca \longrightarrow 2\,V + 5\,CaO$

elektrochemische Reduktion

- aus wässrigen Lösungen z. B. Kupferelektrolyse

  $Cu^{2+} + 2\,e^- \longrightarrow Cu$
- aus Halogenidschmelzen z. B. Scandium

  $Sc^{3+} + 3\,e^- \longrightarrow Sc$

Die teure elektrochemische Reduktion nutzt man nur in wenigen Fällen zur Synthese der Rohmetalle. Da bei der Elektrolyse jedoch sehr reines Metall erhalten wird, kommt ihr bei der **Raffination** der Metalle, z. B. beim Kupfer (↗ S. 223), eine besondere Bedeutung zu.
Die abschließende Reinigung der Rohmetalle ist unbedingt notwendig, da diese noch bis zu 5 % Verunreinigungen enthalten können. Für viele Anwendungen der Nebengruppenmetalle, z. B. von Kupfer in der Elektronik oder Titanium in der Medizin, ist jedoch eine viel höhere Reinheit erforderlich. Einige Metalle werden nicht nur gereinigt, sondern veredelt. Die Metallveredelung umfasst Verfahren zur Verbesserung der Werkstoffeigenschaften von der Legierungsbildung bis zur Oberflächenveredelung, z. B. durch Galvanisieren.

Die Raffination erfolgt durch chemische Reaktionen, z. B. Transportreaktionen, oder physikalische Anreicherungsverfahren wie dem Zonenschmelzen.

Sythese durch chemische Reduktion

Durch Umsetzung mit chemischen Reduktionsmitteln werden hauptsächlich die Metalle gewonnen, die in der Natur in Form ihrer Oxide oder Sulfide vorkommen. Der wichtigste zur Reduktion verwendete Rohstoff ist Kohlenstoff in Form von Koks. Er ist für technische Verfahren als Reduktionsmittel meist leichter zugänglich und preiswerter als Wasserstoff oder unedle Metalle.

Das Prinzip wird am Beispiel des Hochofenprozesses zur Herstellung von Eisen aus Eisenoxiden erläutert, nach dem weltweit jährlich mehr als 600 Mt Roheisen hergestellt werden. Nach dem gleichen Grundprinzip werden auch die Metalle Nickel, Chrom und Rohkupfer gewonnen.

Sulfide und Oxide des Eisens müssen aus den Erzen abgetrennt und die Sulfide zunächst durch *Oxidation*, so genanntes **Rösten,** in Eisen(III)-oxid überführt werden.

$$4\,FeS_2 + 11\,O_2 \longrightarrow 2\,Fe_2O_3 + 8\,SO_2$$

Zuschläge wie SiO_2 überführen immer noch vorhandene Beimengungen (z. B. CaO) in Hochofenschlacke, $CaSiO_3$, die als Nebenprodukt in der Zementindustrie verwendet wird.

Das Oxid wird gemeinsam mit Zuschlagstoffen wie Siliciumdioxid in einem Hochofen bei ca. 1 600 °C umgesetzt. Bei diesen hohen Temperaturen reagiert Kohlenstoff mit dem bei der vollständigen Verbrennung entstandenen Kohlenstoffdioxid zu Kohlenstoffmonooxid entsprechend dem **BOUDOUARD-Gleichgewicht** (↗ S. 165).

$$C + CO_2 \rightleftharpoons 2\,CO \quad \text{(BOUDOUARD-Gleichgewicht)}$$

Das eigentliche Reduktionsmittel bei der Reduktion von Metalloxiden mit Koks bei hohen Temperaturen ist Kohlenstoffmonooxid.

$$3\,Fe_2O_3 + CO \longrightarrow 2\,Fe_3O_4 + CO_2$$

$$Fe_3O_4 + CO \longrightarrow 3\,FeO + CO_2$$

$$FeO + CO \longrightarrow Fe + CO_2$$

Der Hochofenprozess ist nur ein Teilprozess einer Folge mehrerer Verfahren zur Herstellung von Eisen und Stahl aus eisenhaltigen Erzen.

Das entstehende Roheisen hat einen Kohlenstoffgehalt von bis zu 4 % und wird von der leichteren, ebenfalls flüssigen Schlacke getrennt aus dem Hochofen entnommen (Abstich). Nur einen Teil des Roheisens verwendet man als Gusseisen. Bei mehr als 80 % wird der Kohlenstoffgehalt durch Oxidation und Zugabe von Eisenschrott gesenkt und das Roheisen so in Stahl (< 1,7 % C) überführt. Ein Teil des Stahls wird mit weiteren Metallen legiert (↗ S. 367).

Synthese durch elektrochemische Reduktion

Durch **Elektrolyse** werden vor allem die edlen Nebengruppenmetalle dargestellt, da diese aus wässriger Lösung abgeschieden werden können. Technisch wird das Verfahren meist zur Reinigung bzw. **Raffination** von Metallen eingesetzt.

Kupfererze enthalten oft auch Silber und Gold. Sie sind jedoch arm an Metallen (< 1 % Cu) und müssen durch Erzaufbereitung angereichert (ca. 30 % Cu) werden.

Zur Elektrolyse müssen die in den Erzen enthaltenen Ausgangsverbindungen zuerst abgetrennt und in eine wasserlösliche Form überführt werden. In der Technik nutzt man das Verfahren hauptsächlich zur **Raffination von Kupfer** und anderen Edelmetallen wie Silber und Gold.

Rohkupfer muss zunächst auf chemischem Wege aus sulfidischen Kupferverbindungen hergestellt werden. Für die Synthese wird hauptsächlich Kupferkies, $CuFeS_2$, eingesetzt. Diesen überführt man in mehreren Oxidationsschritten in metallisches Rohkupfer mit einem Cu-Gehalt von 94–98 %. Das Rohkupfer wird durch eine Raffinationsschmelze gereinigt, bei der unerwünschte Verunreinigungen wie Zn, Fe, Ni etc. entfernt werden. Das aus der Schmelze erhaltene Garkupfer (ca. 99 % Cu) enthält als Beimengungen noch die Edelmetalle Silber und Gold.

Gewinnung von Rohkupfer

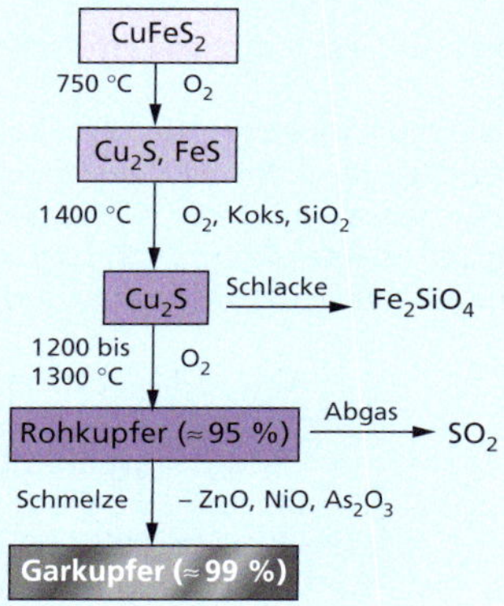

Rohkupfer kann nach verschiedenen Methoden hergestellt werden. Aufgrund der begrenzten Kupfervorkommen gewinnt das Recycling von Kupfer zunehmend an Bedeutung.

Zur Raffination schaltet man dieses Garkupfer als Anode in einer Elektrolysezelle. Als Katode dient ein Reinkupferblech, als Elektrolyt eine schwefelsaure $CuSO_4$-Lösung. Die Elektrolyse wird bei einer Spannung von 0,25 – 0,4 V durchgeführt, bei der anodisch zwar Kupfer, jedoch nicht die anderen Edelmetalle oxidiert werden. An der Katode scheidet sich dagegen hochreines Kupfer aus der Elektrolytlösung wieder ab.

Durch das Auflösen der Anode fallen die Edelmetalle auf den Boden der Zelle und können aus dem Anodenschlamm ebenfalls elektrolytisch gewonnen werden.

Elektrolytische Kupferrafination

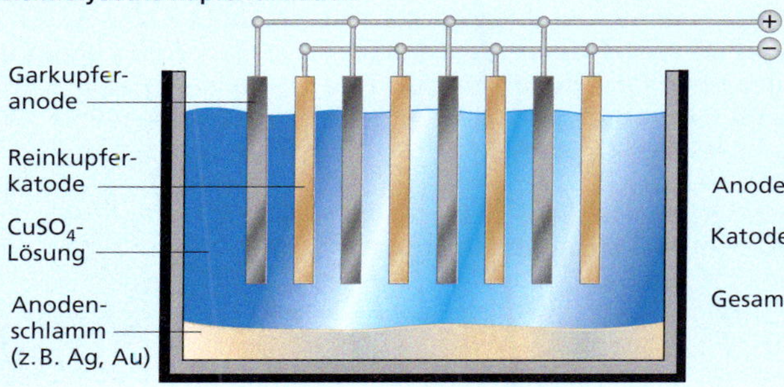

$$\begin{aligned} &\text{Anode:} & Cu_{roh} &\longrightarrow Cu^{2+} + 2\,e^- \\ &\text{Katode:} & Cu^{2+} + 2\,e^- &\longrightarrow Cu_{rein} \\ \hline &\text{Gesamt:} & Cu_{roh} &\longrightarrow Cu_{rein} \end{aligned}$$

8.2.3 Eigenschaften und Verwendung von d-Block-Elementen

Elemente der 3. Gruppe (Sc, Y, La, Ac)

Die Elektronenkonfiguration der d-Block-Elemente wird durch die Nummerierung der Gruppen im Langperiodensystem (↗ S. 62) wesentlich logischer wiedergegeben als bei der veralteten Kurzperiodendarstellung.

Die Elemente der 3. Gruppe sind in der Natur weit verbreitet, aber selten angereichert. Aufgrund ihrer Valenzelektronenkonfiguration von $(n{-}1)d^1ns^2$ sind sie fast immer dreiwertig, da durch Abgabe von einem d- und zwei s-Elektronen leicht die Edelgaskonfiguration erreicht wird. Die Darstellung erfolgt oft aus den Oxiden, z. B. durch **Metallothermie:**

$$Y_2O_3 + 3\,Ca \longrightarrow 3\,CaO + 2\,Y$$

Die technische Bedeutung beschränkt sich auf Spezialanwendungen wie La_2O_3 in Gläsern, Yttriumverbindungen in Farbbildröhren oder metallisches Yttrium in der Reaktortechnik.

Elemente der 4. Gruppe (Ti, Zr, Hf)

Metallothermie ist ein Verfahren zur Herstellung von Elementen durch Reduktion mit geeigneten unedleren Metallen.

Die hoch schmelzenden, chemisch sehr beständigen Metalle weisen eine Valenzelektronenkonfiguration von $(n{-}1)d^2ns^2$ auf und sind demzufolge meist vierwertig. Die Darstellung von **Titanium,** dem zehnthäufigsten Element der Erdkruste, erfolgt durch Metallothermie aus Titanium(IV)-chlorid und nachfolgende aufwändige Raffination.

$$TiCl_4 + 4\,Na \longrightarrow Ti + 4\,NaCl$$

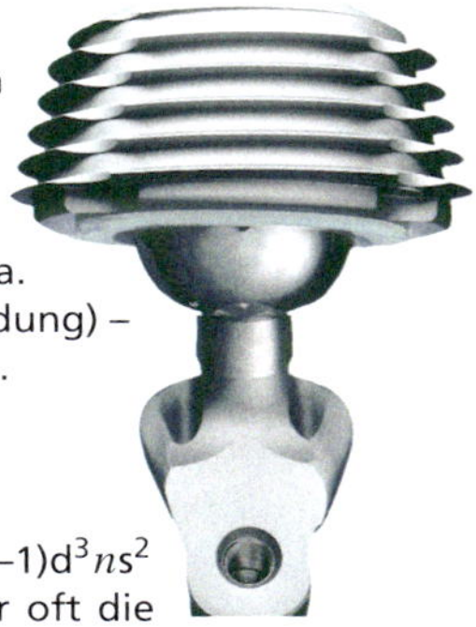

Das silberweiße, gut formbare Leichtmetall ist ein wertvoller Werkstoff im Flugzeug- und Schiffsbau. In der Farben- und Papierindustrie dient TiO_2 als Weißpigment mit einer Jahresproduktion von mehr als 15 Mt. Auch in der Medizintechnik – u. a. für die Anfertigung von Gelenkprothesen (↗ Abbildung) – und im Gerätebau findet Titan viele Anwendungen.

Elemente der 5. Gruppe (V, Nb, Ta)

Beginnend mit der 4. Gruppe bilden die d-Elemente keine einfachen, hoch geladenen Kationen wie Ti^{4+} oder V^{5+}, sondern Molekülionen wie VO_4^{3-}. Hier liegen sie kovalent gebunden in hohen Oxidationsstufen vor.

Die allgemeine Valenzelektronenkonfiguration $(n{-}1)d^3ns^2$ führt dazu, dass die Metalle in Verbindungen sehr oft die Oxidationszahl V aufweisen. **Vanadium** (V) kann jedoch leicht reduziert werden und dabei alle Oxidatiosstufen von IV bis II durchlaufen. Die unterschiedliche Farbigkeit der dabei entstehenden Vanadiumverbindungen beruht darauf, dass die beim Vanadium verbleibenden d-Elektronen durch sichtbares Licht zu Elektronenübergängen angeregt werden (↗ S. 242).

Wird eine schwefelsaure Lösung von Vanadat(V)-Ionen mit Zink versetzt, so erfolgt eine stufenweise Reduktion.

$$\overset{V}{[VO_2(H_2O)_4]^+} \longrightarrow \overset{IV}{[VO(H_2O)_5]^{2+}} \longrightarrow \overset{III}{[V(H_2O)_6]^{3+}} \longrightarrow \overset{II}{[V(H_2O)_6]^{2+}}$$

farblos — blau — grün — blauviolett

Vanadium wird zur Veredelung von Bau- und Federstählen eingesetzt. In der Biochemie hat es als essenzielles Spurenelement Bedeutung für einige Pflanzen und Tiere. Der Mensch benötigt täglich ca. 0,04 mg, größere Mengen wirken jedoch toxisch, weil die VO_4^{3-}-Ionen die PO_4^{3-}-Ionen ersetzen und damit den Phosphatstoffwechsel stören.

Wegen der Fähigkeit des Vanadiums, mehrere Oxidationsstufen zu durchlaufen, wird V_2O_5 als Katalysator bei der Herstellung von Schwefelsäure (↗ S. 398) verwendet.

Elemente der 6. Gruppe (Cr, Mo, W)

Auch die Metalle dieser Gruppe haben das Bestreben, durch Abgabe aller Valenzelektronen (Konfiguration: $(n-1)d^4ns^2$) eine Edelgaskonfiguration zu realisieren. Deshalb treten **Molybdän** und **Wolfram** überwiegend in der Oxidationsstufe VI auf. **Chrom** kann in verschiedenfarbigen Verbindungen alle Oxidationszahlen zwischen II und VI aufweisen. Die stabilste Oxidationszahl ist III, Chrom(VI)-Verbindungen wie CrO_3 und $K_2Cr_2O_7$ sind starke Oxidationsmittel und dadurch giftig:
Chrom ist ein unedles Metall ($E^0(Cr/Cr^{3+}) = -0{,}74$ V), das sich in verdünnter Chlorwasserstoffsäure löst. Dabei entstehen zuerst Cr(II)-Ionen, die in wässriger Lösung zu Cr(III)-Ionen oxidiert werden.

$$\overset{0}{Cr} + 2\,\overset{I}{H}Cl \longrightarrow \overset{II}{Cr}{}^{2+} + 2\,Cl^- + \overset{0}{H_2}$$

$$2\,\overset{II}{Cr}{}^{2+} + 2\,\overset{I}{H_3}O^+ \longrightarrow 2\,\overset{III}{Cr}{}^{3+} + \overset{0}{H_2} + 2\,H_2O$$

Die Darstellung von Chrom erfolgt aus Chromit, $FeO \cdot Cr_2O_3$, durch Reduktion mit Kohle in Elektroöfen. Dabei erhält man Ferrochrom, eine Legierung aus Chrom und Eisen, die zur Stahlveredelung (↗ S. 367) genutzt wird:

$$FeO \cdot Cr_2O_3 + 4\,C \longrightarrow Fe + 2\,Cr + 4\,CO$$

Als Spurenelement kommt Chrom in mehreren Enzymen vor. Chrom(III)-oxid ist ein wichtiges grünes Farbpigment und wird außerdem als Katalysator bei organischen Synthesen eingesetzt.

Molybdän und Wolfram sind außerordentlich hitzebeständig. Wolfram hat mit 3 412 °C den höchsten Schmelzpunkt aller Metalle und wird deshalb u. a. für die Herstellung von Glühlampenwendeln verwendet. Die Elemente der 6. Gruppe sind wichtige Legierungselemente in der Stahlindustrie, man benutzt sie zur Beschichtung metallischer Oberflächen oder zur Herstellung widerstandsfähiger Metallkeramiken (Cermets).
Ohne das Spurenelement Molybdän können Knöllchenbakterien nicht die Enzyme synthetisieren, die ihnen die chemische Bindung des Luftstickstoffs ermöglichen.

Zum Korrosionsschutz können Metallteile elektrolytisch verchromt werden (↗ S. 139).

Die Redoxreaktionen des Mangans sind außerordentlich vielfältig und werden wegen der deutlichen Farbunterschiede zwischen den Oxidationsstufen auch für analytische Nachweisreaktionen genutzt.

Elemente der 7. Gruppe (Mn, Tc, Re)

Aufgrund der Elektronenkonfiguration $(n-1)d^5ns^2$ können die Elemente der 7. Gruppe sehr unterschiedliche Oxidationszahlen aufweisen. In Verbindungen mit Sauerstoff oder Halogenen wird die höchst mögliche Oxidationszahl VII erreicht. Solche Verbindungen sind jedoch starke Oxidationsmittel, von denen Kaliumpermanganat, $KMnO_4$, vielfältige Anwendungen in Labor und Technik findet. So kann z. B. Chlor aus Salzsäure und Kaliumpermanganat hergestellt werden.

$$2\,\overset{VII}{Mn}O_4^- + 10\,\overset{-I}{Cl}^- + 16\,H^+ \longrightarrow 2\,\overset{II}{Mn}^{2+} + 5\,\overset{0}{Cl}_2 + 8\,H_2O$$

Aufgrund der Halbbesetzung (↗ S. 65) der d-Orbitale sind die Mn^{2+}-Ionen ($3d^5\,4s^0$) besonders stabil. In alkalischer Lösung fällt jedoch schwer lösliches Mangan(IV)-oxid aus, sodass im basischen Milieu **Mangan** in der Oxidationsstufe IV vorliegt. Manganverbindungen sind wegen der unvollständig besetzten d-Orbitale farbig. Die Farbunterschiede zwischen den einzelnen Oxidationsstufen werden vielfach für analytische Nachweisreaktionen genutzt.

Die Darstellung von reinem Mangan erfolgt durch Elektrolyse von $MnSO_4$-Lösung. Für die Stahlindustrie wird Ferromangan aus Mangan- und Eisenoxiden mit Koks gewonnen.

Farben von Manganverbindungen in wässriger Lösung:

II	III	IV	VII
$[Mn(H_2O)_6]^{2+}$	$[Mn(H_2O)_6]^{3+}$	MnO_3^{2-}	MnO_4^-
blassrosa	granatrot	tiefbraun	violett

Die Metalle der 7. Gruppe sind von sehr unterschiedlicher Häufigkeit. Während Mangan weit verbreitet und Rhenium selten ist, kommt Technetium nur in Spuren vor. Dementsprechend sind auch nur Mangan und Manganverbindungen in der Technik von Bedeutung.

Mangan dient ebenfalls zur Veredelung von Stählen. Ein für Baumaschinen genutzter schlag- und verschleißfester Stahl enthält 13 % Mangan.

Die Elemente Fe, Co, Ni, Ru, Rh, Pd, Os, Ir, Pt werden im Kurzperiodensystems als VIII. Nebengruppe zusammengefasst und neben die VIII. Hauptgruppe gestellt. Die Ähnlichkeit beschränkt sich hier auf den edlen Charakter (Edelgase, Edelmetalle) und die maximale Wertigkeit 8.

Elemente der 8. Gruppe (Fe, Ru, Os)

Das wichtigste Element dieser Gruppe und das häufigste Metall in der Erdkruste ist das seit über 3 500 Jahren hergestellte **Eisen,** das bei der Entwicklung der menschlichen Gesellschaft, nicht nur in der Eisenzeit, sondern auch heute noch, eine große Bedeutung hat.
Als typisches Übergangsmetall bildet auch Eisen viele Oxidationsstufen aus, besonders stabil sind jedoch nur Fe^{2+} ([Ar] $3d^6$) und Fe^{3+}-Ionen ([Ar] $3d^5$) mit halb besetzen d-Orbitalen. Die höchste Wertigkeit von VIII wird nur in Ausnahmefällen in Osmiumverbindungen wie OsO_4 erreicht. In basischer Lösung wirken Fe^{2+}-Ionen wegen der Bildung des schwer löslichen Eisen(III)-hydroxids als starke Reduktionsmittel. Sie werden durch den in Wasser gelösten Sauerstoff bereits oxidiert:

$$4\,\overset{II}{Fe}^{2+} + 8\,OH^- + \overset{0}{O}_2 + 2\,H_2O \longrightarrow 4\,\overset{III}{Fe}(\overset{-II}{O}H)_3$$

Als unedles Metall wird Eisen ($E^0(Fe/Fe^{2+})$ = −0,41 V) von verdünnten Säuren, z. B. von saurem Regen und von feuchter Luft, angegriffen. Diese Sauerstoffkorrosion erfolgt stufenweise, wobei sich zunächst Fe^{2+}-Ionen bilden, die durch Sauerstoff zu Fe(III)-Ionen oxidiert werden und schließlich ein Eisenoxid-Hydroxid, FeO(OH), Rost, bilden.

$$Fe \xrightarrow[-H_2]{H_3O^+} Fe^{2+} \xrightarrow{OH^-} Fe(OH)_2 \xrightarrow{O_2} FeO(OH)$$

Im Unterschied zu vielen anderen Metallen wie Chrom oder Nickel, bei denen die Oxidschicht fest an der Metalloberfläche haftet, löst sich der Rost in Schuppen und legt darunter neues Eisen frei, sodass die **Sauerstoffkorrosion** immer weiter fortschreitet.

Zum Schutz vor Korrosion werden Eisenteile mit Metallüberzügen oder Farbanstrichen versehen (↗ S. 135). Aufgrund der sehr breiten Nutzung von Eisenmetallen in Alltag und Technik hat der Korrosionsschutz eine enorme volkswirtschaftliche Bedeutung.

Die chemische Reaktion von Metallen mit Reaktanten der Umwelt nennt man Korrosion (↗ S. 134). Das Rosten ist ein komplexer Vorgang, der durch die nebenstehenden Reaktionen nur vereinfacht dargestellt wird.

In reiner Form wird Eisen nur selten verwendet, z. B. in der Magnettechnik. In Form von Legierungen mit anderen Metallen und Nichtmetallen, vor allem mit Kohlenstoff, ist Eisen jedoch mit einer Weltjahresproduktion von mehr als 600 Mt das mit Abstand wichtigste Gebrauchsmetall. Gusseisen und Stahl haben aufgrund des unterschiedlichen Kohlenstoffanteils verschiedene Eigenschaften und damit andere Anwendungen als Werkstoffe (↗ S. 366). Die Eigenschaften von **Stahl** können durch eine Vielzahl von Legierungsmetallen variiert werden. Dabei ändert sich auch die Struktur des Stahls, sodass die Stahllegierungen deutlich korrosionsbeständiger und mechanisch belastbarer als normaler Stahl sind.

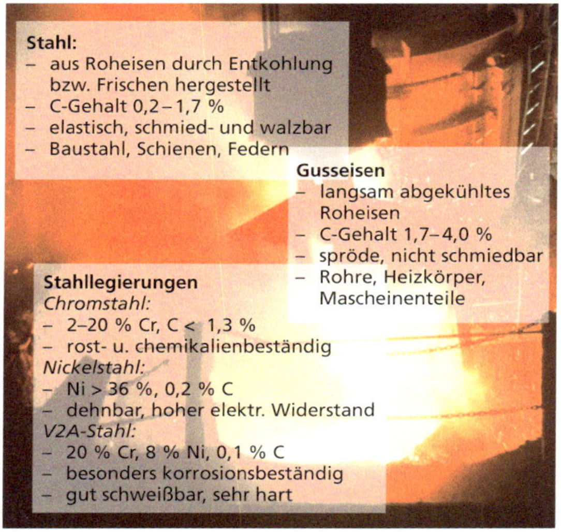

Unter den vielen Eisenverbindungen sind Oxide technisch als magnetische Materialien von Bedeutung. Eisenoxide werden auch als Katalysatoren, z. B. bei der Ammoniaksynthese (↗ S. 394), eingesetzt. Daneben bildet das Element – ähnlich wie die anderen d-Block-Elemente – eine Vielzahl von Komplexverbindungen (↗ S. 238 ff.).

Eisenkomplexe spielen auch in der Biosphäre eine wichtige Rolle. Eisen ist essenzieller Bestandteil des roten Blutfarbstoffs **Hämoglobin** (↗ S. 245). Die Gesamtmasse des Eisens im menschlichen Organismus beträgt ca. 4,5 g. Eisenmangel kann schwerwiegende Folgen für die Sauerstoffaufnahme haben. Eisen ist außerdem notwendiger Bestandteil einiger Enzyme, z. B. der Katalase, die die Zersetzung des im Stoffwechsel entstehenden und zellschädigenden Wasserstoffperoxids katalysiert.

Legierungen (lat. *ligare* = vereinigen) sind metallische Gemische aus mindestens 2 Komponenten, von denen eine ein Metall ist. Stähle enthalten als Legierungsmetalle Ti, Cr, V, Ni, Mn und viele andere Elemente.

Die Darstellung von Cobalt erfolgt aus Cobalt(II,III)-Oxid (Co_3O_4) durch Reduktion mit Aluminium.

Elemente der 9. Gruppe (Co, Rh, Ir)

Auch in dieser Gruppe ist das leichteste Element **Cobalt** das häufigste. Cobalt tritt überwiegend in der Oxidationsstufe II ([Ar] $3d^7$) oder III ([Ar] $3d^6$) auf, wobei Co^{3+}-Ionen starke Oxidationsmittel sind und bevorzugt in Komplexverbindungen (↗ S. 238 ff.) vorliegen.
Rote Cobalt(II)-Hydrate lassen sich leicht zu wasserfreien Verbindungen unter Blaufärbung entwässern und dienen deshalb als Feuchtigkeitsindikatoren. Das weitgehend korrosionsbeständige Metall wird als Legierungsbestandteil, z. B. für Schnelldrehstähle, verwendet. Cobalt ist ebenfalls ein wichtiges Spurenelement und tritt als Metallkomponente in Enzymen und im Vitamin B12, einem dem Chlorophyll ähnlichen Porphyrin-Komplex, auf. Iridium ist das Element mit der größten Dichte von $\rho = 22{,}65\ g \cdot cm^{-3}$.

Nickelerze müssen durch Erzaufbereitung in NiO überführt werden. Daraus stellt man durch Reduktion mit Koks Nickel her. Feinnickel hoher Reinheit wird durch Raffination nach dem Mond-Verfahren erhalten.

Elemente der 10. Gruppe (Ni, Pd, Pt)

Nickel ist in seinen chemischen und physikalischen Eigenschaften den Elementen Cobalt und Eisen ähnlicher als den schwereren Elementen der 10. Gruppe. In seinen chemischen Verbindungen tritt Nickel meist zweiwertig ([Ar] $3d^8$) auf, obwohl es auch andere Oxidationszahlen (von –II bis IV) annehmen kann. Das zähe, dehnbare Nickel ist gegen Feuchtigkeit und Luft beständig und wird deshalb zum Korrosionsschutz von Metalloberflächen durch Vernickeln und in zahlreichen Legierungen genutzt.
Palladium und **Platin** gehören zu den edelsten Metallen im PSE. Chemisch ähneln sie mehr den 4d- und 5d-Elementen der 8. und 9. Gruppe als Nickel. Sie sind außerordentlich beständig gegen Säuren und Sauerstoff. Die wichtigsten Oxidationsstufen sind II und IV. Sie bilden hauptsächlich Komplexverbindungen (↗ S. 245).
Alle Metalle der 10. Gruppe können Wasserstoff chemisch binden und dadurch aktivieren. Auf dieser Eigenschaft beruht die wichtigste Anwendung der Metalle als Katalysator von Hydrierungsreaktionen, z. B. bei der Fetthärtung (Nickel, ↗ S. 321) oder dem Hydrocracken in der Petrochemie (Palladium, ↗ S. 406). Platinkatalysatoren nutzt man beim Reformieren von Benzin (↗ S. 407).
Auch der **Abgaskatalysator** zur Verringerung des Schadstoffgehalts in Autoabgasen enthält u. a. Platin und Palladium. Die Edelmetalle katalysieren den Abbau von Stickoxiden (NO_x), Kohlenstoffmonooxid und unverbrannten Kohlenwasserstoffen und verringern den Ausstoß dieser Schadstoffe auf unter 10 %. Ein Auto produziert auf 100 000 km ca. 20 000 m^3 Abgase, die von nur ca. 1–2 g Metall katalytisch entgiftet werden. Dabei werden geringe Mengen Platin an die Umwelt abgegeben.

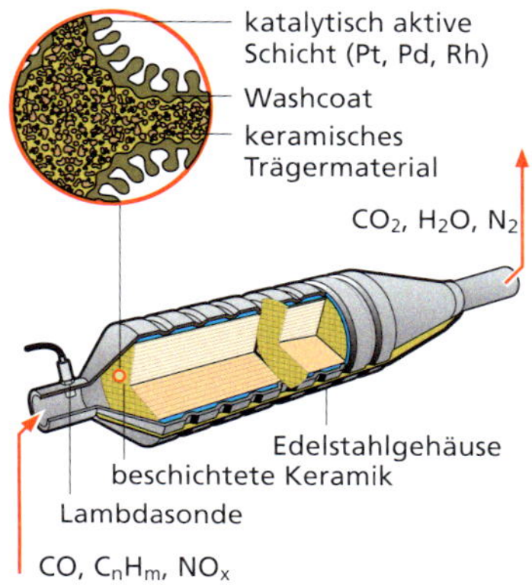

Da die Platinmetalle sehr wertvoll sind, werden sie vor der Verschrottung der Autos aus den Abgaskatalysatoren wieder zurückgewonnen.

Elemente der 11. Gruppe (Cu, Ag, Au)

Die Elemente der 11. Gruppe gehören zu den edelsten Elementen innerhalb ihrer Perioden und kommen deshalb auch als reine Metalle vor. Aus diesem Grund sind sie trotz ihrer relativ geringen Häufigkeit schon seit dem Altertum als Münzmetalle bekannt.
Aufgrund ihrer Valenzelektronenkonfiguration ($[n-1]d^{10}ns^1$) bilden alle Elemente stabile einfach geladene Kationen wie Ag^+. In wässrigen Lösungen sind infolge der Hydratation Cu^{2+} bzw. Au^{3+} stabiler als die einwertigen Ionen.
Kupfer ($E^0(Cu/Cu^{2+}$ = 0,35 V) löst sich in verdünnten oxidierenden Säuren, das edlere **Silber** ($E^0(Ag/Ag^+$ = 0,80 V) in konzentrierter Salpetersäure, während sich **Gold** ($E^0(Au/Au^+$ = 1,68 V) nur in Königswasser, einem Gemisch aus Salzsäure und Salpetersäure, auflösen lässt.
An feuchter Luft oxidiert Kupfer langsam über dunkelrotes Kupfer(I)-oxid zu schwarzem Kupfer(II)-oxid. Den Vorgang kann man gut an Kupferdachrinnen bzw. -dächern beobachten. Unter Einwirkung von Kohlenstoffdioxid und/oder Schwefeldioxid sowie Wasser bildet sich nach und nach eine grüne Patinaschicht aus basischem Kupfercarbonat $CuCO_3 \cdot Cu(OH)_2$ bzw. basischem Kupfersulfat $CuSO_4 \cdot Cu(OH)_2$, die das darunter liegende Metall vor weiterer Korrosion schützt.
Wasserfreies Kupfersulfat ist weiß, nimmt unter Blaufärbung Wasser auf und kann deshalb zum Nachweis von Wasser, z. B. in organischen Lösungsmitteln, genutzt werden.

Kupfer und Silber werden auch in Form sulfidischer Erze gefunden, z. B. Kupferkies $CuFeS_2$ oder Silberglanz Ag_2S.

$$CuSO_4 + 5\,H_2O \longrightarrow CuSO_4 \cdot 5\,H_2O$$

Die Darstellung von Kupfer erfolgt aus Erzen oder durch Recycling von Altkupfer mit anschließender elektrolytischer Raffination (↗ S. 223).

Die Oxidationsbeständigeit, die hohe Wärmeleitfähigkeit sowie die elektrische Leitfähigkeit machen das Kupfer zu einem wichtigen Werkstoff (↗ S. 369) zur Herstellung von Dachabdeckungen, Kühlgeräten und elektrischem Leitungsmaterial. Außerdem ist Kupfer Bestandteil zahlreicher Legierungen, z. B. Messing oder Bronze.
Silber und Gold werden vorrangig als Schmuckmetalle eingesetzt. Da sie in reiner Form zu weich sind, legiert man sie mit anderen Metallen. Durch galvanisches Versilbern von Gebrauchsgegenständen wird deren Korrosionsbeständigkeit erhöht. Allerdings reagiert Silberbesteck mit in Eiweißen enthaltenem Schwefel unter Bildung von Schwefelwasserstoff und schwarzem Silbersulfid. Gold wird auch in der Mikroelektronik und in der Dentaltechnik verwendet.

Die gediegen vorkommenden Metalle Silber und Gold müssen von wertlosem Gestein getrennt und gereinigt werden. Dazu nutzt man mit der Cyanidlaugerei (↗ S. 206) ebenfalls ein redoxchemisches Verfahren.

Der fotografische Prozess

Silberhalogenide AgX (X = Cl, Br, I) sind lichtempfindlich, d. h. sie zersetzen sich unter Einwirkung von Sonnenlicht in metallisches Silber und Halogen. Diesen **fotochemischen Effekt** nutzt man bei der Fotografie.

$$\text{AgBr} \xrightarrow{h \cdot \upsilon} \text{Ag} + \text{Br}$$

Durch diese stark vereinfacht dargestellte fotochemische Redoxreaktion entsteht ein latentes Bild, das zwar auf dem Film vorhanden, aber noch nicht sichtbar ist (lat. *latere* = verborgen sein).

Die lichtempfindliche Schicht eines Schwarz-Weiß-Filmes besteht aus fein verteiltem AgBr, suspendiert in Gelatine. Beim Belichten des Films werden die Bromid-Ionen fotochemisch zu Brom oxidiert. Die dabei abgegebenen Elektronen werden von bestimmten Silber-Ionen aufgenommen, sodass an belichteten Stellen des Films aus weißem Silberbromid elementares Silber entsteht. Die Gelatine bindet das bei der fotochemischen Reaktion entstandene Brom.
Das Sichtbarmachen des latenten Bildes wird als Entwickeln des Films bezeichnet. Die Entwicklung erfolgt mit einer alkalischen Lösung eines Reduktionsmittels, z. B. Hydrochinon, das die Silber-Ionen in der Umgebung der Latentbildkeime zu elementarem Silber reduziert.

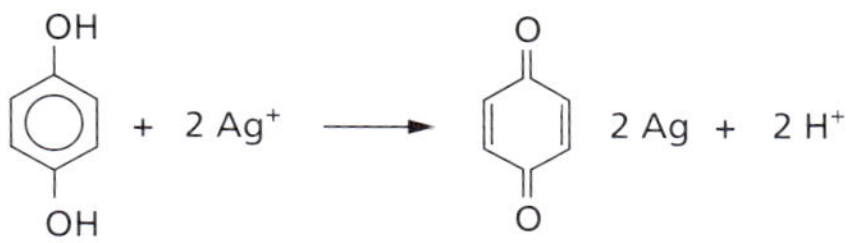

Je mehr Latentbildkeime sich an einer Stelle des Bildes befinden, also je stärker die Stelle belichtet wurde, desto stärker wird diese Stelle bei der Entwicklung geschwärzt.

Diese Redoxreaktion erfolgt an den bei der Belichtung gebildeten Ag_4-Einheiten (Clustern), die man deshalb als Latentbildkeime bezeichnet. Das Bild wird als *Negativ* sichtbar, da die hellen Stellen des Originals mehr Licht reflektieren bzw. aussenden als die dunklen Stellen.
Nach der Entwicklung muss das Bild fixiert werden, weil jeder weitere Lichteinfall eine weitere Schwärzung des Negativs hervorrufen würde. Im Fixierbad werden die Silberbromidreste herausgelöst und die Silberatome stabilisiert. Als Fixiersalz wird häufig Natriumthiosulfat verwendet. Dieses reagiert mit dem noch vorhandenen, nicht belichteten Silberbromid zu einem Thiosulfat-Komplex und Natriumbromid. Die Reaktionsprodukte sind wasserlöslich und können zusammen mit dem überschüssigen $Na_2S_2O_3$ ausgewaschen werden.

$$\text{AgBr(s)} + 2\,\text{Na}_2\text{S}_2\text{O}_3\text{(aq)} \longrightarrow \text{Na}_3[\text{Ag}(\text{S}_2\text{O}_3)_2]\text{(aq)} + \text{NaBr(aq)}$$

Auch die heute viel weiter verbreitete **Farbfotografie** basiert auf der Lichtreaktion von Silberhalogeniden. Farben werden durch Redoxreaktionen organischer Farbstoffmoleküle erzeugt.

Aus dem Negativ, das die Helligkeitswerte verkehrt wiedergibt, muss nun der Abzug hergestellt werden. Dies geschieht, indem man das Negativ auf Fotopapier projiziert, das ähnlich wie der Film eine in Gelatine eingebettete Silberbromidschicht enthält. Das Fotopapier wird auf ähnliche Weise entwickelt und man erhält vom Negativ ein Positiv. Auf diese Weise kann man von einem Negativ beliebig viele Abzüge und Vergrößerungen herstellen.

Elemente der 12. Gruppe (Zn, Cd, Hg)

Die Elektronenkonfiguration ([Ar] $(n-1)d^{10}ns^2$) mit voll besetzten Energieniveaus bewirkt, dass die Metalle der 12. Gruppe mehr den Erdalkalimetallen als den Übergangsmetallen ähneln. Die Chemie des **Zinks** und des Cadmiums ist mit der des Magnesiums vergleichbar. Die Metalle treten fast ausschließlich in der Oxidationsstufe II auf und bilden farblose Salze, da zwischen den voll besetzten d-Orbitalen keine Elektronenübergänge möglich sind.
Die Standardpotenziale für Zink ($E^0(Zn/Zn^{2+}) = -0{,}76$ V), Cadmium ($E^0(Cd/Cd^{2+}) = -0{,}40$ V) und Quecksilber ($E^0(Hg/Hg^{2+}) = 0{,}85$ V) liegen jedoch beträchtlich höher als die der Erdalkalimetalle. Die unedlen Metalle werden von allen Säuren angegriffen, während das edle Quecksilber nur durch oxidierende Säuren in Lösung gebracht werden kann.

Die Darstellung der Metalle Zn, Cd und Hg erfolgt durch Rösten und Reduzieren der Oxide.

Zink und Cadmium überziehen sich an der Luft mit einer fest haftenden Oxidschicht, sodass eine weitere Korrosion kaum erfolgt. Diese Eigenschaft wird in Form von Zink- und Cadmiumüberzügen zum Korrosionsschutz genutzt. Das Verzinken von Eisenteilen, z. B. durch Galvanisieren (↗ S. 139) oder andere Verfahren, ist das Hauptanwendungsgebiet von Zink.

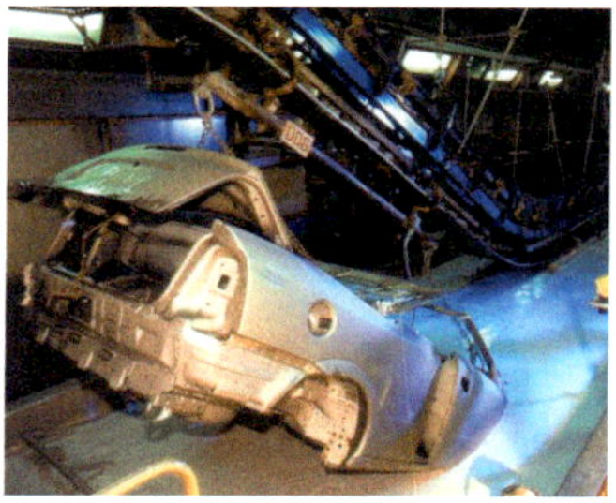

Alle Metalle der 12. Gruppe weisen relativ niedrige Schmelzpunkte auf:
Zn: Smp. = 419 °C
Cd: Smp. = 321 °C
Hg: Smp. = –38,9 °C.

Nennenswerte Mengen des Metalls werden auch zur elektrochemischen Stromerzeugung in galvanischen Elementen (↗ S. 131), wie Taschenlampenbatterien (LECLANCHÉ-Element) oder Knopfzellen für Armbanduhren (Zink-Silberoxid-Batterien), verwendet. Zink ist eines der wichtigsten essenziellen Spurenelemente und am Aufbau von über 200 Enzymen beteiligt. Cadmium und Quecksilber sind dagegen giftig, sowohl in elementarer Form, aber noch mehr in Form löslicher Verbindungen.
Quecksilber weist einige spezielle Eigenschaften auf und unterscheidet sich von den anderen beiden Metallen. Es ist flüssig (Smp. = –38,8 °C) und deutlich schwerer ($\rho = 13{,}5\ g \cdot cm^{-3}$) als die beiden anderen Elemente. Obwohl es erst bei 356,6°C siedet, gibt Quecksilber schon bei tiefen Temperaturen Dämpfe ab, die beim Einatmen stark gesundheitsschädlich sind. Das korrosionsbeständige Quecksilber bildet sowohl ionische als auch kovalente Verbindungen. Außerdem kann es mit einer Vielzahl von Metallen legiert werden.
Die bekannteste von diesen als **Amalgamen** bezeichneten Legierungen ist das Silberamalgam, das Zahnärzte als Material für Zahnfüllungen benutzen. Im frisch bereiteten Zustand ist das Amalgam plastisch formbar, härtet jedoch in ca. 2 Stunden aus. Größere Mengen Quecksilber werden bei der Chloralkali-Elektrolyse nach dem Amalgam-Verfahren benötigt.

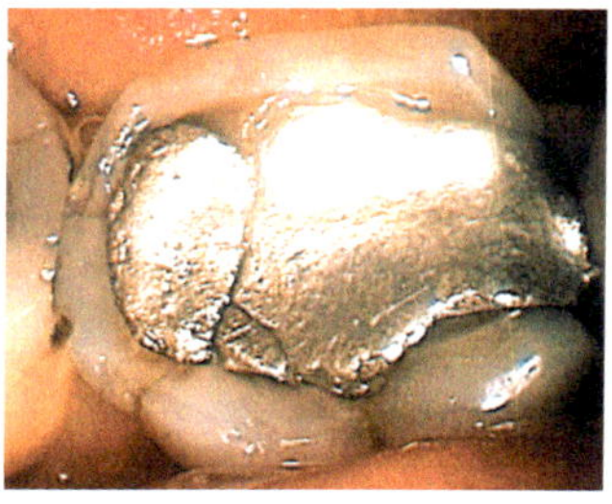

Wegen der Giftigkeit des Quecksilbers wird das Metall heute kaum noch zur Füllung von Thermometern oder Barometern eingesetzt. Aus dem gleichen Grund ist die Verwendung von Amalgamen für Zahnfüllungen sehr umstritten.

8.3 Komplexchemie

8.3.1 Aufbau und Nomenklatur von Komplexen

Aufbau von Komplexen

Komplexverbindungen (*complexus:* lat. = Umarmung) werden nach ihrem Entdecker ALFRED WERNER (1866–1919) auch als Koordinationsverbindungen bezeichnet. (*coordinare:* lat. = zuordnen)

Komplexverbindungen sind chemische Verbindungen, die aus einem **Zentralatom** oder **-ion** (Z) und neutralen Molekülen oder Ionen, den **Liganden** (L), gebildet werden.

Die Liganden sind um das Zentralteilchen herum so angeordnet bzw. koordiniert, dass sich eine energetisch stabile räumliche Struktur des Komplexes ergibt. Häufig werden 6 Liganden gebunden, was zu einer oktaedrischen Struktur führt.
Da sowohl die Zentralteilchen als auch die Liganden Ionen sein können, ergibt sich die *Gesamtladung* des Komplexes aus der Summe der Ladungen des Zentralions und der Liganden. In Abhängigkeit von der Gesamtladung unterscheidet man zwischen neutralen, kationischen und anionischen Komplexen. Die ionischen Komplexverbindungen enthalten ein oder mehrere Gegenionen zur Ladungskompensation.

Zentralteilchen sind häufig Übergangsmetall-Kationen mit hoher Ladung und kleinem Radius.

Aufbau einer kationischen Komplexverbindung

Ligand(en) — Gegenion

$[Z\,L_n]X$

Zentralion — Anzahl der Liganden

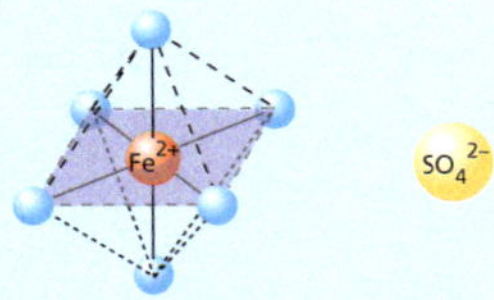

oktaedrisches Komplexkation $[Fe(H_2O)_6]^{2+}$ — Gegenion SO_4^{2-}

Liganden (*ligare:* lat. = binden) sind neutrale Moleküle oder Ionen, die um ein Zentralteilchen angeordnet sind.

Die Zahl der direkt an das Zentralatom bzw. -ion gebundenen Atome der Liganden bezeichnet man als **Koordinationszahl** (KZ).

Die direkt an das Zentralatom gebundenen Atome der Liganden nennt man auch *Haftatome*. Die Haftatome verfügen über freie Elektronenpaare, die verfügbare *Koordinationsstellen* an den Zentralteilchen besetzen. Einzähnige Liganden besetzen eine Koordinationsstelle am Zentralatom bzw. -ion. Liganden, die mehrere Koordinationsstellen besetzen, bezeichnet man als mehrzähnig.

Die mehrzähnigen Chelatliganden (*chelae:* lat. = Krebsscheren) sind in der Regel organische Komplexbildner.

Mehrzähnige Liganden bilden mit den Zentralteilchen mehrgliedrige Ringe, die oft sehr stabil sind. Solche Liganden wie das Oxalat-Ion nennt man Chelatliganden (↗ S. 237).

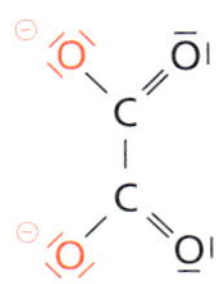

Oxalat-Anion

Nomenklatur von Komplexverbindungen

In Formeln werden Komplexteilchen in eckige Klammern gesetzt. Die Nomenklatur nach den Regeln der IUPAC unterscheidet sich geringfügig für kationische, anionische und neutrale Komplexe.

Komplex	Reihenfolge	Nomenklatur
Kationischer Komplex **$[Cu(NH_3)_4]SO_4$**	1. Zahl der Liganden 2. Art der Liganden 3. Name Zentralion mit Oxidationszahl 4. Art des Anions	1. Vier griech. = *tetra* 2. Ammoniak lat. = *ammin* 3. Cu^{2+} = *Kupfer(II)* 4. SO_4^{2-} = *Sulfat* **Tetraamminkupfer(II)-sulfat**
Anionischer Komplex **$K_4[Fe(CN)_6]$**	1. Name des Kations 2. Zahl der Liganden 3. Art der Liganden 4. Zentralteilchen mit Endsilbe -at 5. Oxidationszahl des Zentralteilchens	1. *Kalium* 2. Sechs griech. = *hexa* 3. CN^- = *cyano* 4. Eisen lat. = *ferrum* wird zu *ferrat* 5. Oxidationszahl = *II* **Kaliumhexacyanoferrat(II)**
Neutraler Komplex **$Ni(CO)_4$**	1. Zahl der Liganden 2. Art der Liganden 3. Name des Zentralteilchens	1. Vier griech. = *tetra* 2. CO = *carbonyl* 3. Ni = *Nickel* **Tetracarbonylnickel**

Anzahl und Namen von Liganden

Die Anzahl der Liganden in einem Komplex wird immer durch griechische Zahlwörter (di-, tri-, tetra-) bezeichnet. Anionische Liganden bekommen in der Regel die Endung -o, neutrale Liganden haben keine einheitliche Endung. Sind verschiedene Liganden in einem Komplex enthalten, so erfolgt die Benennung in alphabetischer Reihenfolge.
Manche Liganden verfügen wie OCN^--Ionen über mehrere Haftatome und werden je nach Art des Haftatoms unterschiedlich benannt.

Liganden	Name	Liganden	Name
F^-	*fluoro*	CN^-	*cyano*
Cl^-	*chloro*	OCN^-	*cyanato*
Br^-	*bromo*	SCN^-	*thiocyanato*
I^-	*iodo*	H_2O	*aqua*
OH^-	*hydroxo*	NH_3	*ammin*
NO_3^-	*nitrato*	NO_2^-	*nitro*
SO_4^{2-}	*sulfato*	CO	*carbonyl*
$S_2O_3^{2-}$	*thiosulfato*	S^{2-}	*sulfido, thio*

Bei der **Nomenklatur von Komplexverbindungen** greift man vielfach auf lateinische oder griechische Namen zurück, wie bei der Bezeichnung der Zentralionen in anionischen Komplexen (z. B. Ferrat, Plumbat).

Als Zentralatome oder -ionen können auch Hauptgruppenelemente vorliegen, z. B. in SiF_6^{2-} oder $[Al(OH)_4]^-$-Ionen.

Mit Sauerstoff als Haftatom bilden OCN^--Ionen Cyanate.

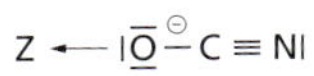

Erfolgt die Bindung über das Elektronenpaar am Stickstoffatom, heißen die Komplexe Isocyanate.

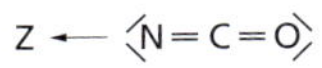

Die Koordinationszahl und damit die **räumliche Struktur von Komplexen** werden durch die chemischen Bindungsverhältnisse (↗ S. 238) bestimmt.

Struktur von Komplexteilchen

In Abhängigkeit von der Koordinationszahl weisen Komplexteilchen unterschiedliche Strukturen auf. Besonders häufig sind Komplexe mit zwei, vier oder sechs Liganden. Mit zwei Liganden ist die **räumliche Struktur** linear, die Koordinationszahl sechs führt immer zur sehr stabilen oktaedrischen Anordnung.
Bei vier Liganden kann die Struktur dagegen unterschiedlich sein, entweder tetraedrisch oder quadratisch-planar.

Räumliche Strukturen von Komplexen

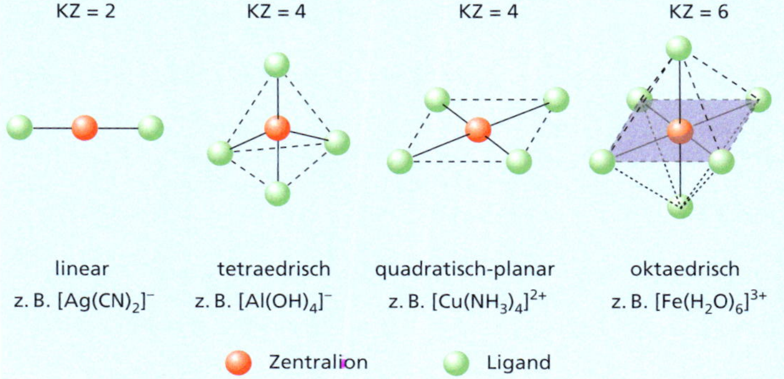

8.3.2 Darstellung von Komplexverbindungen

Die Farbigkeit ist eine der typischen **Eigenschaften von Komplexverbindungen** (↗ S. 242).

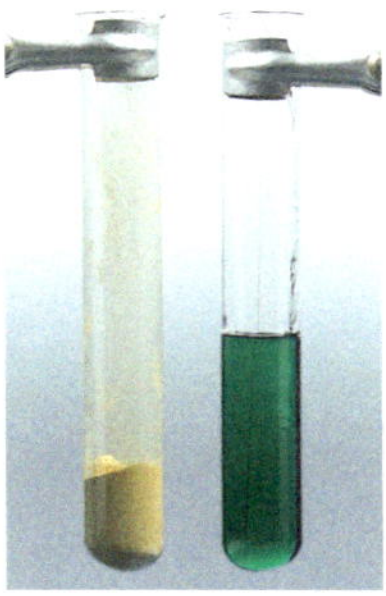

Die wichtigsten Syntheseprinzipien für Komplexverbindungen sind:
1. Addition von Liganden an Zentralatomen bzw. -ionen
2. Substitution von Liganden an Zentralatomen bzw. -ionen
3. Redoxreaktionen an Zentralteilchen oder Liganden
4. Kondensation

Addition

Die Addition ist die Anlagerung von Liganden an freie Koordinationsstellen des Zentralteilchens. So lösen sich wasserfreie Metallsalze in Wasser oft unter Bildung von Aquakomplexen. Dabei erfolgt die Hydratation der Metall-Ionen (↗ S. 93).

Wird gelbes Nickel(II)-chlorid ($NiCl_2$) in Wasser gelöst, so entsteht eine grüne Lösung, aus der beim Erwärmen und Verdampfen des Wassers $[Ni(H_2O)_6]Cl_2$ kristallisiert. An das Zentralion, Ni^{2+}, werden Neutralliganden, H_2O, addiert.

$$Ni^{2+} + 6\,H_2O \longrightarrow [Ni(H_2O)_6]^{2+}$$

Substitution

Bei der Substitution werden Liganden am Zentralteilchen durch andere Liganden ersetzt. Diese Reaktion wird auch als Ligandenaustauschreaktion (↗ S. 236) bezeichnet.

Wird eine wässrige Kupfer(II)-Lösung mit einer wässrigen NH_3-Lösung versetzt, so vertieft sich die hellblaue Farbe. Die am Kupfer(II)-Ion gebundenen H_2O-Liganden werden stufenweise durch NH_3-Moleküle ersetzt, sodass sich bei hoher NH_3-Konzentration Tetraamminkupfer(II)-Ionen bilden:

$$[Cu(H_2O)_4]^{2+} + 4\ NH_3 \longrightarrow [Cu(NH_3)_4]^{2+} + 4\ H_2O$$

Das tiefblaue Tetraamminkupfer(II)-chlorid erhielt ANDREAS LIBAVIUS (1540–1615) zufällig schon um 1600 bei Experimenten in Messinggefäßen.

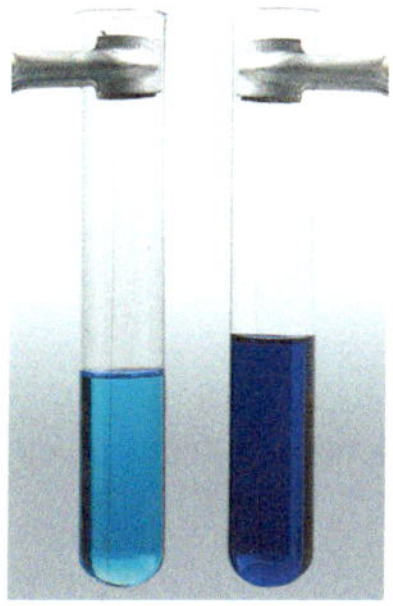

Reduktions-Oxidations-Reaktionen

Redoxreaktionen (↗ S. 197) werden oft für die Synthese von Komplexverbindungen genutzt. Der Elektronenübergang erfolgt in der Regel am Zentralion, da speziell Nebengruppenelemente relativ leicht ihre Oxidationszahl ändern können.

Kupfer(II)-Ionen reagieren in verdünnter wässriger Lösung mit Cyanid-Ionen ebenfalls in einer Reduktions-Oxidations-Reaktion, wobei CN^- zu Dicyan, $(CN)_2$, oxidiert wird.

$$2\ [\overset{\mathrm{II}}{Cu}(H_2O)_4]^{2+} + 10\ \overset{\mathrm{II}}{C}N^- \longrightarrow 2\ [\overset{\mathrm{I}}{Cu}(CN)_4]^{3-} + 8\ H_2O + (\overset{\mathrm{III}}{C}N)_2$$

Kondensation

Bei der **Kondensation** zwischen zwei Molekül-Anionen reagieren diese unter Abspaltung kleiner Moleküle, z. B. H_2O oder NH_3, zu einem größeren Molekül-Anion.

Gelbe Chromat(VI)-Ionen verändern beim Ansäuern einer wässrigen Lösung mit Schwefelsäure ihre Farbe nach orange, weil die Chromat(VI)-Ionen über Dichromat-Ionen zu langkettigen Polychromat-Ionen kondensieren. Es entsteht ein Mehrkernkomplex, bei dem zwei CrO_4-Tetraeder über ein Sauerstoffatom verknüpft sind.

$$CrO_4^{2-} + H_3O^+ \longrightarrow CrO_3(OH)^- + H_2O$$

$$2\ CrO_3(OH)^- \longrightarrow [O_3Cr-O-CrO_3]^{2-} + H_2O$$

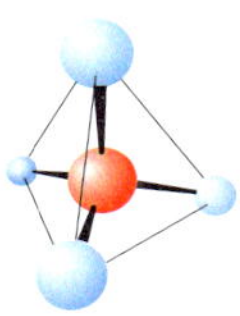

CrO_4^{2-}-Ion

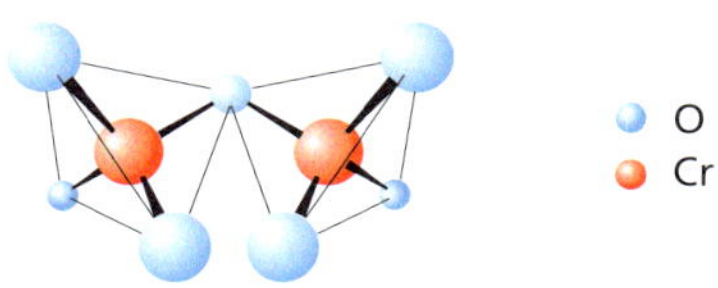

$Cr_2O_7^{2-}$-Ion

Chromat(VI)-Ionen und Dichromat(VI)-Ionen liegen in einem *pH*-abhängigen chemischen Gleichgewicht vor.

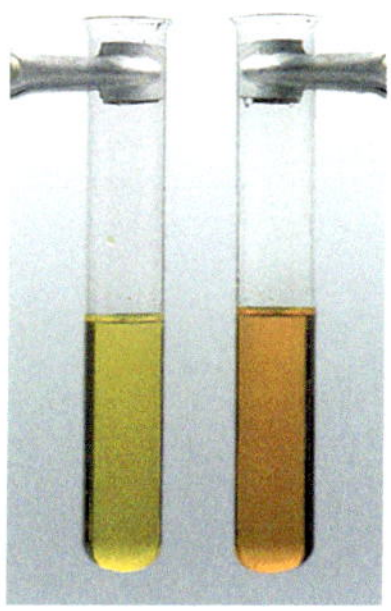

8.3.3 Stabilität von Komplexverbindungen

In wässrigen Lösungen liegen Metall-Ionen häufig als Aquakomplexe vor, d. h. Wassermoleküle sind als Liganden gebunden. Typische Aquakomplexe sind z. B. $[Mg(H_2O)_6]^{2+}$, $[Ni(H_2O)_6]^{2+}$ oder $[Cu(H_2O)_4]^{2+}$. Die Wassermoleküle sind jedoch meist nicht besonders fest an das Zentralion gebunden und können durch **Ligandenaustauschreaktionen** ersetzt werden. Ob Ligandenaustauschreaktionen stattfinden, hängt von der **Stabilität der Komplexe** ab.

Die Wassermoleküle sind Bestandteil der Hydrathülle des Kations (↗ S. 93). Vielfach, z. B. bei den Alkalimetallen, lässt sich die genaue Koordinationszahl jedoch nicht bestimmen.

Die Bildung von $[Ag(NH_3)_2]^+$ kann in wässriger Lösung durch Teilreaktionen beschrieben werden:

$$[Ag(H_2O)_2]^+ + NH_3 \longrightarrow [Ag(H_2O)(NH_3)]^+ + H_2O$$

$$k_1 = \frac{c([Ag(H_2O)(NH_3)]^+)}{c([Ag(H_2O)_2]^+) \cdot c(NH_3)}$$

$$[Ag(H_2O)(NH_3)]^+ + NH_3 \longrightarrow [Ag(NH_3)_2]^+ + H_2O$$

$$k_2 = \frac{c([Ag(NH_3)_2]^+)}{c([Ag(H_2O)(NH_3)]^+) \cdot c(NH_3)}$$

Bei Reaktionen in wässriger Lösung bleibt die Konzentration des Wassers fast konstant und wird in die Gleichgewichtskonstante einbezogen (↗ S. 182).

Die Bruttoreaktion der Komplexbildung lautet:

$$[Ag(H_2O)_2]^+ + 2\,NH_3 \longrightarrow [Ag(NH_3)_2]^+ + 2\,H_2O$$

$$K_K = \frac{c([Ag(NH_3)_2]^+)}{c([Ag(H_2O)_2]^+) \cdot c^2(NH_3)} = k_1 \cdot k_2$$

Das Produkt der aus dem Massenwirkungsgesetz (↗ S. 158) ermittelten Gleichgewichtskonstanten der Teilreaktionen k_1 und k_2 wird als **Komplexbildungskonstante** K_K bezeichnet. Sie ist ein Maß für die **thermodynamische Stabilität** eines Komplexes ZL_n:

$$Z + nL \rightleftharpoons ZL_n \qquad K_K = \frac{c(ZL_n)}{c(Z) \cdot c(L)^n}$$

Die Dissoziation ist die Umkehrung der Komplexbildung, wobei gilt:

$$K_K = \frac{1}{K_D}$$

Besonders stabil sind Komplexe mit sehr großer Bildungskonstante K_B und somit kleiner Dissoziationskonstante K_D.

Die thermodynamische Stabilität wird vor allem durch die Stärke und Art der Bindungen zwischen dem Zentralteilchen und den Liganden beeinflusst. Diese hängt von vielen Faktoren ab, z. B. von:

1. der Größe und der Oxidationszahl des Zentralteilchens,
2. Größe und der Polarisierbarkeit der Liganden,
3. der Anzahl der Haftatome der Liganden.

Da das Zusammenwirken dieser Faktoren sehr komplex und schwer überschaubar ist, wird zur Beschreibung der Stabilität von Komplexen das **Modell der harten und weichen Säuren und Basen** benutzt.
Zentralteilchen sind als Elektronenpaarakzeptoren LEWIS-Säuren. Liganden sind Elektronenpaardonatoren und damit LEWIS-Basen (↗ S. 194).

	hart	weich
Säuren	Mg^{2+}, Al^{3+}, Fe^{3+}, Cr^{3+}	Cu^{+}, Ni^{0}, Ag^{+}, Cs^{+}
Basen	F^{-}, Cl^{-}, OH^{-}, H_2O	I^{-}, CN^{-}, CO, S^{2-}
stabile Komplexe	$[AlF_6]^{3-}$, $[Cr(H_2O)_6]^{3+}$	$Ni(CO)_4$, $[Cu(CN)_4]^{3-}$

Zentralteilchen sind harte Säuren, wenn es sich um kleine, wenig polarisierbare Teilchen handelt. Mit zunehmender Größe werden die Teilchen leichter polarisierbar und damit weicher. Nach den gleichen Kriterien können die Liganden in harte und weiche Basen eingeteilt werden. Thermodynamisch stabile Komplexe bilden sich bevorzugt bei der Wechselwirkung weicher Säuren mit weichen Basen und bei der Wechselwirkung harter Säuren mit harten Basen.

Das Konzept der harten und weichen Säuren und Basen wurde vom amerikanischen Chemiker R. G. PEARSON (geb. 1919) entwickelt.

Unterschieden werden muss zwischen der thermodynamischen Stabilität, die durch die Komplexbildungskonstante K_K ausgedrückt wird, und der **kinetischen Stabilität** eines Komplexes.

Ein Komplex ist kinetisch stabil, wenn Ligandenaustauschreaktionen mit sehr langsamer **Reaktionsgeschwindigkeit** ablaufen, obwohl die Reaktion thermodynamisch möglich ist.

Die kinetische Stabilität ergibt sich hauptsächlich aus der Abschirmung des Zentralteilchens durch die Liganden. Wenn die Liganden um das Zentralion eine Hülle mit hoher negativer Ladungsdichte bilden, können andere Elektronenpaardonatoren nur schwer zum Zentralion gelangen. Ligandenaustauschreaktionen laufen in diesem Fall langsam oder gar nicht ab, obwohl sie thermodynamisch möglich sind. Darin liegt auch ein Grund für das häufige Auftreten oktaedrischer Komplexe, die in alle Raumrichtungen durch Liganden abgeschirmt sind.

Die außerordentliche Stabilität von Komplexen mit mehrzähnigen Liganden, der so genannte **Chelateffekt**, hat thermodynamische und kinetische Ursachen.

Thermodynamisch ergibt sich ein hoher Energiegewinn durch die Bindung eines Liganden mit mehreren Haftatomen. Außerdem wird die Entropie (↗ S. 112) des Systems durch die Bildung des Chelatkomplexes erhöht, da die Anzahl der Teilchen und somit die „Unordnung" zunehmen.

$$[Cu(NH_3)_4]^{2+} + 2\,H_2N-(CH_2)_2-NH_2 \rightleftharpoons [Cu(en)_2]^{2+} + 4\,NH_3$$

Aus kinetischer Sicht ist die Wahrscheinlichkeit, dass ein Zentralteilchen mit einem zweiten Haftatom eines bereits gebundenen Liganden reagiert, viel größer als die Wahrscheinlichkeit, dass sich ein anderer, weiter entfernter Ligand an ein Zentralteilchen anlagert.

Die Komplexbildungskonstante K_K ist für Chelatkomplexe wesentlich höher als für stabile Komplexe mit einzähnigen Liganden:

$[Cu(NH_3)_4]^{2+}$ $K_K = 4 \cdot 10^{12}$

$[Cu(en)_2]^{2+}$ $K_K = 2 \cdot 10^{20}$

Für *Ethylendiammin* wird in Formeln oft die Abkürzung *en* verwendet.

8.3.4 Bindungsverhältnisse in Komplexen

Aufgrund dieser „Oktettaufweitung" bezeichnet man Komplexe auch als „Verbindungen höherer Ordnung".

Den besonderen Bindungscharakter der Komplexverbindungen erkannte bereits A. WERNER im Jahr 1893. Er fand heraus, dass Liganden und Zentralteilchen in einer „inneren Sphäre" miteinander wechselwirken, während die elektrostatische Anziehung zwischen Zentralion und Gegenion in der äußeren Sphäre stattfindet.

Die **Bindung in Komplexen** beruht auf der Wechselwirkung der Zentralteilchen mit den Liganden, die sowohl ionischen als auch kovalenten Charakter tragen kann.

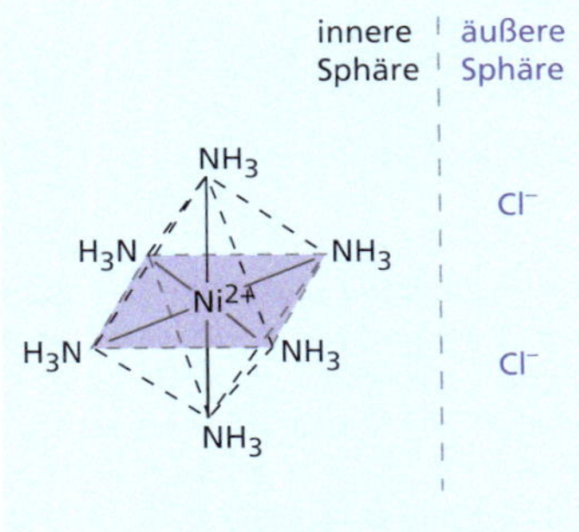

Hexaamminnickel(II)-chlorid

Von einem Zentralteilchen können bis zu 12 Liganden gebunden werden, d. h. es müssen teilweise mehr als 8 Elektronen für die Bindungsbildung genutzt werden (Oktettaufweitung).

Erst durch die schrittweise Besetzung des 3d-Niveaus mit Elektronen sinkt dieses energetisch unter das 4s-Niveau, sodass Nebengruppenelemente zuerst die 4s und dann die 3d-Elektronen abgeben.

Warum ein Eisen(II)- oder ein Eisen(III)-Ion wie in den Hexacyanoferraten(II) und -(III) jeweils sechs Cyanidliganden L binden kann, wird erst bei einer genaueren Betrachtung des Atombaus und der Elektronenkonfiguration (↗ S. 70) der Zentralteilchen Z verständlich.

Viele Nebengruppenelemente verfügen über nicht vollständig besetzte *n*d-Niveaus. Diese unterscheiden sich energetisch nur wenig von den $(n+1)$s- und $(n+1)$p-Niveaus. Auf diese Weise stehen für die Aufnahme von freien Elektronenpaaren der Liganden mehr als vier Akzeptororbitale ähnlicher Energie zur Verfügung.

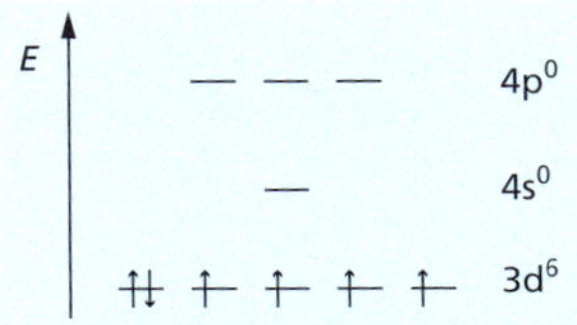

Fe^{2+}: [Ar] $3d^6\ 4s^0\ 4p^0$

Liganden mit freien Elektronenpaaren wirken als Elektronenpaardonatoren bzw. LEWIS-Basen.

H_2O: NH_3: CN^-: F^-:

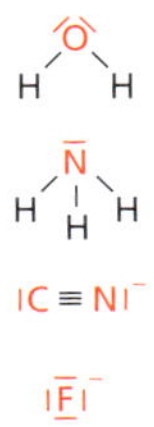

> Zentralteilchen sind Ionen oder Atome mit freien Orbitalen, d. h. **Elektronenpaarakzeptoren**. Liganden sind Ionen oder Moleküle mit nicht bindenden Elektronenpaaren, d. h. **Elektronenpaardonatoren**.

Die Liganden als Elektronenpaardonatoren können auch als LEWIS-Basen (↗ S. 194) betrachtet werden. Zentralteilchen, die über leere Energieniveaus verfügen, sind dagegen LEWIS-Säuren, sodass sie mit den Liganden im Sinne einer LEWIS-Säure-Base-Reaktion wechselwirken.

$$Fe^{2+} + 6\,CN^- \longrightarrow [Fe(CN)_6]^{4-}$$

Die Valenzbindungstheorie der Komplexbindung

Zur Erklärung der Bindungsverhältnisse in Komplexverbindungen werden zwei Modelle verwendet:
1. die Valenzbindungstheorie (VB-Theorie) oder
2. die Ligandenfeldtheorie (LFT).

Während bei normalen kovalenten Bindungen jedes der Atome ein Valenzelektron für das Bindungselektronenpaar bereitstellt, stammt das Bindungselektronenpaar bei Komplexen vom Liganden. Diese Bindungsart wird auch als koordinative Bindung bezeichnet.

Bei der **VB-Theorie** wird von kovalenten Wechselwirkungen zwischen den zentralen Teilchen Z und den Liganden L ausgegangen. Wie bei den s- und p-Block-Elementen streben auch die Bindungspartner in Komplexen danach, eine stabile Edelgaskonfiguration (↗ S. 75) zu erreichen. Bei den Hauptgruppenelementen ist dies in der Regel die Achterschale, das Elektronenoktett. Bei den Nebengruppenelementen sind 18 Valenzelektronen erforderlich, um die Konfiguration des nächsthöheren Edelgases zu erreichen.

Die vor einem Edelgas im PSE stehenden Nebengruppenelemente sind bestrebt, durch Elektronenaufnahme eine abgeschlossene Edelgaskonfiguration mit 18 Valenzelektronen zu erreichen.

V. N. SIDGWICK (1874 bis 1952) postulierte 1923 die 18-Elektronenregel zur Beschreibung der Bindungsverhältnisse in Komplexen.

Name des Komplex-Ions	Tetracyanocuprat(I)	Hexacyanoferrat(II)
Formel	$[Cu(CN)_4]^{3-}$	$[Fe(CN)_6]^{4-}$
Valenzelektronen im Atom	Cu: $3d^{10}\,4s^1$	Fe: $3d^6\,4s^2$
Valenzelektronen im Zentralion	Cu^+: $3d^{10}\,4s^0$ 10 Valenzelektronen	Fe^{2+}: $3d^6\,4s^0$ 6 Valenzelektronen
Elektronen der Liganden	4 x 2 = 8	6 x 2 = 12
Summe der Valenzelektronen	**10 + 8 = 18**	**6 + 12 = 18**

Neben den 4s- und 3d-Energieniveaus verfügen beide Zentralionen noch über die unbesetzten 4p-Niveaus zur Aufnahme der Elektronenpaare der Liganden. Insgesamt können in diese neun Energieniveaus 18 Elektronen entsprechend dem PAULI-Prinzip und der hundschen Regel (↗ S. 59) eingeordnet werden.
Die beiden Komplexe erreichen bei unterschiedlicher Koordinationszahl die Elektronenkonfiguration des nächsthöheren Edelgases, des Kryptons. Auch die Bildung zahlreicher anderer Komplexe, wie $[Co(NO_2)_6]^{3-}$, $[Fe(H_2O)_6]^{2+}$, $Ni(CO)_4$ oder $[CoF_6]^{3-}$, lassen sich mit der 18-Valenzelektronenregel erklären.

Die VB-Theorie der Komplexbindung geht weit über die 18-Elektronenregel hinaus. Sie erklärt die räumliche Struktur und die magnetischen Eigenschaften, nicht jedoch die Farbigkeit von Komplexverbindungen.

Die Ligandenfeldtheorie

Die **Ligandenfeldtheorie** geht vom freien Zentralion aus und untersucht die energetischen Änderungen, die sich bei der Annäherung der Liganden an das Zentralion ergeben.

Charakteristisch für die Nebengruppenelemente sind die fünf d-Orbitale. Die Aufenthaltsräume der d-Elektronen haben eine unterschiedliche Geometrie. In einem kartesischen Koordinatensystem sind zwei der fünf d-Orbitale ($d_{(x^2-y^2)}$, d_{z^2}) entlang der Achsen und drei der Orbitale (d_{xy}, d_{xz}, d_{yz}) entlang der Raumdiagonalen ausgerichtet.

Die Orbitale d_{xz} und d_{yz} liegen ähnlich wie d_{xy} zwischen den Achsen des Koordinatensystems. Diese 3 Orbitale nennt man d_ε-Orbitale.

Geometrie ausgewählter d-Orbitale

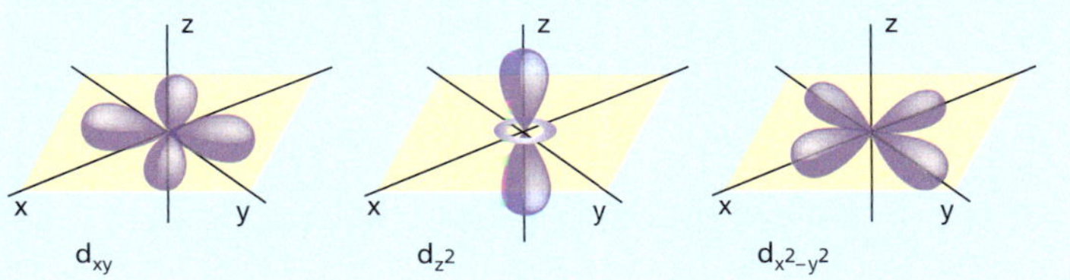

Das positive Zentralion und die negativen Liganden werden modellhaft als punktförmige Ladungen betrachtet. Die Liganden stoßen sich gegenseitig ab und können sich dem Zentralteilchen des Komplexes nur bei maximaler Entfernung untereinander annähern. Bei sechs Liganden entspricht diese Annäherung genau der Struktur eines Oktaeders und erfolgt auf den Achsen des kartesischen Koordinatensystems.

Die Liganden bilden bei der Annäherung an das Zentralion ein elektromagnetisches Feld. In diesem Ligandenfeld werden die d-Orbitale des Zentralions aufgespalten. Die d_ε-Orbitale sind der Übersichtlichkeit halber nicht in die nebenstehende Abbildung eingezeichnet.

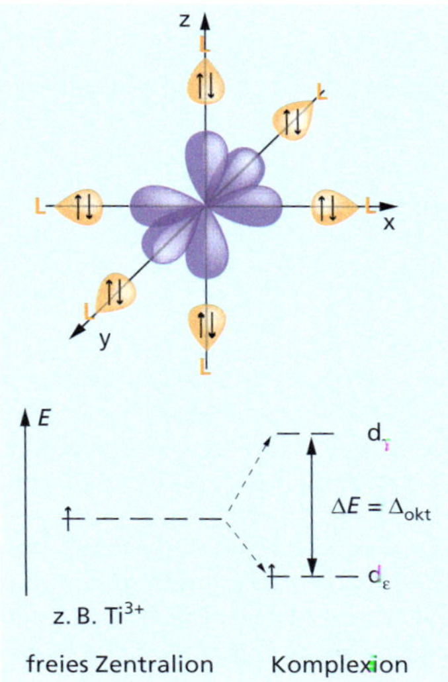

Auf den Achsen ist der Aufenthaltsraum der d_γ-Orbitale, $d_{(x^2-y^2)}$ und d_{z^2}, des Zentralions. Die oktaedrische Annäherung der Liganden geht deshalb mit einer stärkeren elektrostatischen Abstoßung zwischen Ligand und d-Elektronen in den d_γ-Orbitalen einher. Diese werden destabilisiert und energetisch angehoben. Die Abstoßung zwischen Liganden und d-Elektronen zwischen den Achsen ist weitaus geringer, sodass die drei d_ε-Orbitale d_{xy}, d_{xz} und d_{yz}, energetisch abgesenkt, also stabilisiert werden. Im **oktaedrischen Ligandenfeld** bilden sich somit aus den fünf energetisch gleichwertigen d-Orbitalen des freien Zentralions zwei Gruppen von Energieniveaus.

Die Energiedifferenz zwischen den beiden Gruppen von Orbitalen nennt man die **Ligandenfeldaufspaltung Δ_{okt}.** Der Energiegewinn, der aus der Besetzung eines tiefer liegenden d_ε-Orbitals resultiert, heißt **Ligandenfeldstabilisierungsenergie.**

Die Ligandenfeldaufspaltung ist abhängig vom Zentralteilchen, vor allem von dessen Ladung, und von der Art des Liganden. Es gibt Liganden, die ein starkes Ligandenfeld erzeugen (z. B. CN^-, CO) und solche, bei denen die Aufspaltung nur gering ist (z. B. OH^-, F^-).

Komplex	Δ_{okt} in $kJ \cdot mol^{-1}$	Komplex	Δ_{okt} in $kJ \cdot mol^{-1}$
$[Fe(H_2O)_6]^{2+}$	124	$[Co(H_2O)_6]^{3+}$	218
$[Fe(CN)_6]^{4-}$	395	$[Co(CN)_6]^{3-}$	401

Durch die Ligandenfeldaufspaltung besteht die Möglichkeit von Elektronenübergängen zwischen den d-Orbitalen. Daraus erklärt sich die Farbigkeit von Komplexen (↗ S. 242).

Die durch die Wechselwirkung der Liganden mit dem Zentralteilchen entstandenen Orbitale werden entsprechend dem PAULI-Prinzip und der hundschen Regel (↗ S. 59) mit den zur Verfügung stehenden Elektronen besetzt. Je nach Größe der Ligandenfeldaufspaltung entstehen dabei Komplexe mit unterschiedlicher Elektronenanordnung und unterschiedlichen Eigenschaften.

Die Existenz ungepaarter Elektronen führt zu besonderen magnetischen Eigenschaften. Die Untersuchung des **Magnetismus von Komplexverbindungen** liefert wichtige Informationen über die Bindungsverhältnisse.

Fe^{3+}-Ionen verfügen über fünf d-Elektronen, die im Hexacyanoferrat(III), $[Fe(CN)_6]^{3-}$, von sechs starken und im Hexafluoroferrat(III), $[FeF_6]^{3-}$, von sechs schwachen Liganden oktaedrisch umgeben werden.

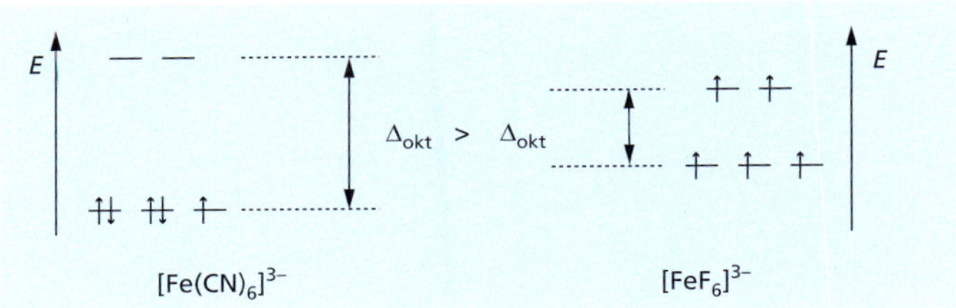

In einem starken Ligandenfeld werden die Elektronen unter Spinpaarung in das energetisch niedrigere d_ε-Orbital eingebaut. Es entsteht ein Komplex mit einem ungepaarten Elektron. Im schwachen Feld der sechs Fluorid-Ionen ist der Energieunterschied zwischen den Orbitalen d_ε und d_γ geringer als die **Spinpaarungsenergie** (↗ S. 65), die aufgebracht werden muss, um zwei Elektronen im gleichen Orbital unterzubringen. Es ist daher energetisch günstiger, die d_γ-Orbitale mit je einem Elektron zu besetzen als die d_ε-Orbitale mit dem zweiten Elektron. Auf diese Weise entsteht ein Komplex mit fünf ungepaarten Elektronen.

Mit der **Ligandenfeldtheorie** lassen sich Farbigkeit, Magnetismus, Stabilität, Koordinationszahl und **räumliche Struktur von Komplexen** begründen.

8.3.5 Eigenschaften und Bedeutung von Komplexen

Die Ausbildung des Komplexes ZL_n führt dazu, dass die ursprünglichen individuellen Eigenschaften des Zentralions Z und der Liganden L im Komplex nicht mehr vorliegen. Der Komplex ZL_n weist neue spezifische Eigenschaften auf.

Farbigkeit von Komplexen

Farbig sind solche Komplexe, bei denen die d_γ- oder die d_ε-Niveaus unvollständig aufgefüllt sind, während Verbindungen des Titaniums(IV) (d^0) oder des Zink(II) (d^{10}) farblos sind.

Besonders auffällig ist die **Farbigkeit** von Komplexverbindungen, die in dieser Vielfalt bei gewöhnlichen kovalenten und ionischen Verbindungen nicht beobachtet wird.
Die Farbigkeit der Komplexe beruht darauf, dass die d-Orbitale des Zentralteilchens im Ligandenfeld aufgespalten werden. Die Energiedifferenz zwischen besetzten und unbesetzten d-Orbitalen liegt im Bereich des sichtbaren Lichts. Durch Absorption von Licht einer bestimmten Wellenlänge erfolgen Elektronenübergänge zwischen den d-Orbitalen und die Verbindung erscheint in der Komplementärfarbe der Wellenlänge des absorbierten Lichts (↗ S. 374).

Die Einheit eV (Elektronenvolt) ist eine Einheit der Energie. Sie kann in Joule und mit der AVOGADRO-Konstanten N_A in Joule pro mol umgerechnet werden.

$1\ eV = 1{,}602 \cdot 10^{-19}\ J$
$2{,}51\ eV = 4{,}02 \cdot 10^{-19}\ J$

Warum ist die wässrige Lösung des Hexaammincobalt(III)-Ions, $[Co(NH_3)_6]^{3+}$, orange?

Analyse:
Im Oktaederfeld der sechs Liganden werden die d-Orbitale aufgespalten und die $3d_\varepsilon$-Orbitale mit den sechs Elektronen des Co^{3+}-Ions besetzt. Der Energieunterschied Δ_{okt} zum nicht besetzten d_γ-Niveau beträgt 2,51 eV.

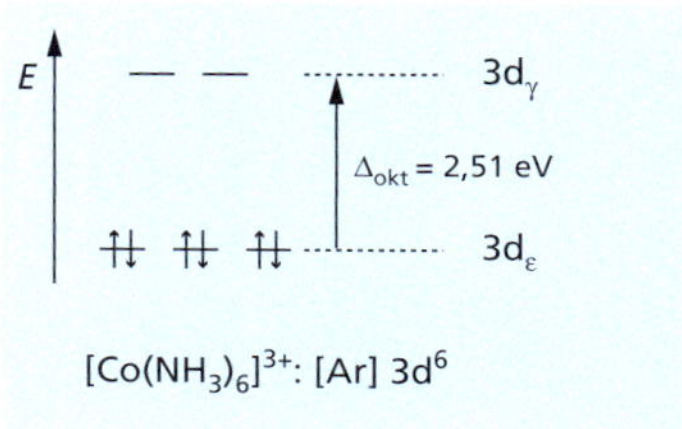

Gesucht: λ (Wellenlänge des absorbierten Lichts)
Gegeben: $\Delta_{okt} = 2{,}51\ eV$

Lösung:

$$\Delta_{okt} = E = h \cdot \nu \qquad \nu = \frac{c}{\lambda}$$

$$\lambda = \frac{h \cdot c}{\Delta_{okt}}$$

$$\lambda = \frac{6{,}623 \cdot 10^{-34}\ J \cdot s \cdot 2{,}998 \cdot 10^{8}\ m \cdot s^{-1}}{4{,}02 \cdot 10^{-19}\ J}$$

$$\underline{\lambda = 4{,}94 \cdot 10^{-7}\ m = 494\ nm}$$

Lichtgeschwindigkeit *(c)* und plancksches Wirkungsquantum *(h)* findet man unter *www.tafelwerk.de*

Ergebnis:
Der Elektronenübergang vom d_ε- ins d_γ-Niveau wird durch die Absorption von blauem Licht (λ = 494 nm) bewirkt. Wir sehen den Komplex daher in der Komplementärfarbe orange.

Löslichkeit

Komplexverbindungen zeigen im Allgemeinen eine gute **Löslichkeit** in Wasser. Durch die Komplexierung ändern sich die Lösungseigenschaften von Ionen erheblich, sodass die erwarteten Reaktionen der nicht komplexierten Ionen ausbleiben. Diesen Effekt bezeichnet man auch als **Maskierung** der Ionen.

Maskierungsmittel werden z. B. bei der Abwasserbehandlung (↗ S. 421), der Wasseraufbereitung oder bei Fleckenentfernern genutzt.

Werden z. B. zu einer wässrigen Lösung von Tetracyanocuprat, $[Cu(CN)_4]^{3-}$, Sulfid-Ionen hinzugefügt, so ist kein Niederschlag von Cu_2S zu beobachten. Im Gleichgewicht ist die Konzentration $c(Cu^+)$ so gering, dass das Löslichkeitsprodukt des Cu_2S nicht überschritten werden kann.

Komplexisomerie

Die Anordnung der Liganden um das Zentralteilchen kann sich bei gleicher Zusammensetzung unterscheiden, sodass Komplexe gleicher Summenformel eine unterschiedliche Struktur und damit andere Eigenschaften aufweisen.

Die Hydratisomerie ist ein Spezialfall der **Isomerie von Komplexverbindungen.**

Die Angabe $CrCl_3 \cdot 6\ H_2O$, Chrom(III)-chlorid-6-Wasser, bringt zwar die richtige Summenformel zum Ausdruck, es können aber drei unterschiedliche Komplexverbindungen vorliegen. Diese unterschiedliche Ligandenanordnung ist ein Beispiel für die **Isomerie** (↗ S. 252), in diesem Fall der Hydratisomerie von Komplexen.

Hydratisomerie

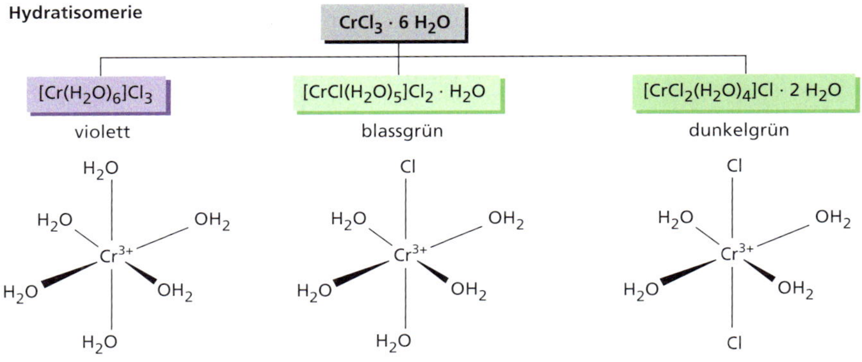

Magnetismus

Aufgrund ihrer Bindungsverhältnisse weisen Komplexe charakteristische **magnetische Eigenschaften** auf. Enthalten die Orbitale ungepaarte Elektronen, dann werden die Feldlinien eines äußeren Magnetfeldes verstärkt. Solche Komplexe nennt man paramagnetisch. Verbindungen ohne ungepaarte Elektronen sind diamagnetisch, da sie nicht zu einer Verstärkung des Magnetfeldes führen.

Bedeutung und technische Anwendung von Komplexverbindungen

Da sich das Reaktionsverhalten und die Eigenschaften von Komplexverbindungen durch Variation der Zentralteilchen und der Liganden steuern lassen, spielen diese in vielen Bereichen der Natur und der Technik eine große Rolle.

Anwendung	Prinzip	Beispiele
Fotografie	Nicht belichtetes Silberhalogenid wird durch Fixiersalz ($Na_2S_2O_3$) komplexiert und aus der Gelatineschicht des Films herausgelöst. Auf diese Weise wird das Bild lichtbeständig gemacht. $AgBr + 2\,Na_2S_2O_3 \longrightarrow Na_3[Ag(S_2O_3)_2] + NaBr$	
Maskierung	Durch Komplexbildung wird die Konzentration von Ionen in einem Reaktionssystem soweit herabgesetzt wird, dass diese Ionen „unkenntlich" werden. Typische Reaktionen der nicht komplexierten Ionen laufen dadurch nicht mehr ab.	Vom Organismus aufgenommene giftige Schwermetall-Ionen (z. B. Pb^{2+}, Hg^{2+}) können durch geeignete Komplexbildner maskiert und damit in ihrer Toxizität wesentlich abgeschwächt werden. An geeignete Liganden (z. B. Mercaptane mit ein oder mehreren SH-Gruppen) gebunden, werden sie ausgeschieden und der Organismus so entgiftet.
Wasserenthärtung	Die Abscheidung von $CaCO_3$ durch Erhitzen von hartem Wasser kann durch Zusatz von Komplexbildnern wie Nitrilotriessigsäure ($N(CH_2COOH)_3$) verhindert werden. Die Ca^{2+}-Ionen bilden thermisch beständige, lösliche Komplexe.	
Technische Katalyse	Metallorganische Komplexe werden häufig als technische Katalysatoren eingesetzt. Dabei wird die Fähigkeit dieser Komplexe zum schnellen Ligandenaustausch ausgenutzt. In anderen Fällen spielt das flexible Redoxverhalten der Übergangsmetallverbindungen eine wichtige Rolle. Bei der Synthese von Niederdruckpolyethylen (↗ S. 359) wird ein Mischkatalysator aus $TiCl_4$ und $Al(C_2H_5)_3$ eingesetzt.	ZIEGLER-NATTA-Katalysator 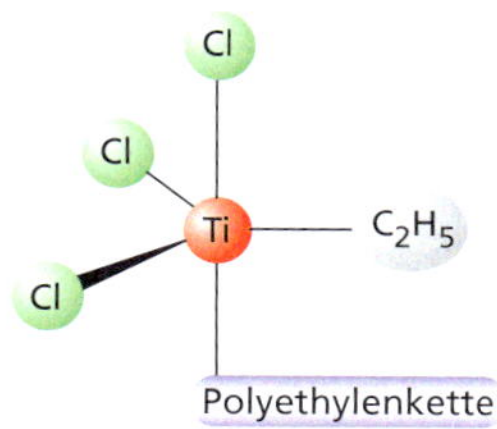

Anwendung	Prinzip	Beispiele
Biokatalyse	Zahlreiche Enzyme enthalten komplex gebundene Metall-Ionen zur Stabilisierung der Struktur. Die katalytische Aktivität in biochemischen Prozessen beruht ähnlich wie bei den technischen Katalysatoren auf Redoxreaktionen oder Säure-Base-Reaktionen der Metallkomplexe. Die hohe Selektivität wird in erster Linie durch die organischen Liganden erzielt.	Allein mit dem Zentralatom Zink sind über 200 Enzyme bekannt. Zur Unterstützung der Bildung Zink enthaltender Enzyme benutzt man Salben auf Basis von Zinkoxid. 
Medizin	In der Therapie werden u. a. Komplexverbindungen eingesetzt, die die Zellteilung, z. B. von Krebszellen, behindern. Einer der ersten Wirkstoffe gegen Karzinome war *cis*-Diammindichloro-platin(II).	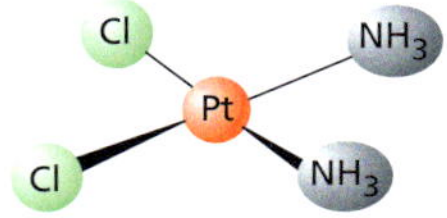
Blutkreislauf	Der rote Blutfarbstoff der Wirbeltiere **Hämoglobin** ist ein Protein mit dem Häm-Komplex als zentralem Bestandteil. Dieser Komplex besteht aus einem Porphyringerüst und Fe^{2+} als Zentralion. An eine der beiden noch freien Koordinationsstellen des Fe^{2+}-Ions kann ein O_2-Molekül reversibel gebunden werden. Ein Hämoglobinmolekül enthält vier Häm-Gruppen. Es kann daher vier O_2-Moleküle zu den Muskelzellen transportieren und dort für die Zellatmung zur Verfügung stellen.	Häm 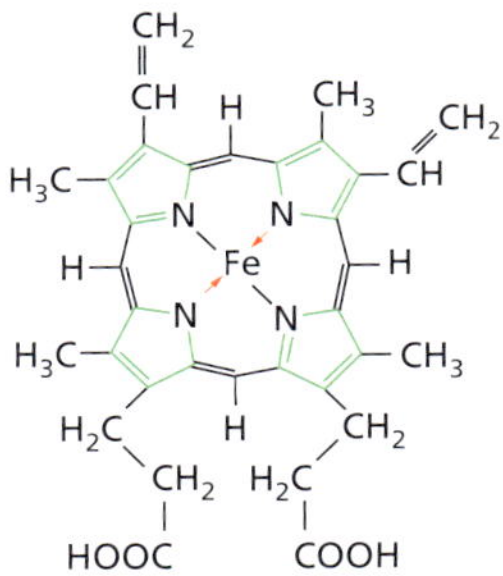
Stoffwechsel	**Chlorophyll** enthält im Porphyrin-Liganden-Gerüst Mg^{2+} als Zentralion. Dieser Komplex ermöglicht die Fotosynthese (↗ S. 336) durch Absorption von Licht der Wellenlänge $\lambda = 680-700$ nm. Die Energie wird für die Redoxprozesse der CO_2-Assimilation genutzt. Andere, ähnlich strukturierte Porphyrine, enthalten z. B. Fe^{3+}-Ionen (Hämoglobin) oder Co^{2+}-Ionen (Vitamin B12) als Zentralion.	Chlorophyll a 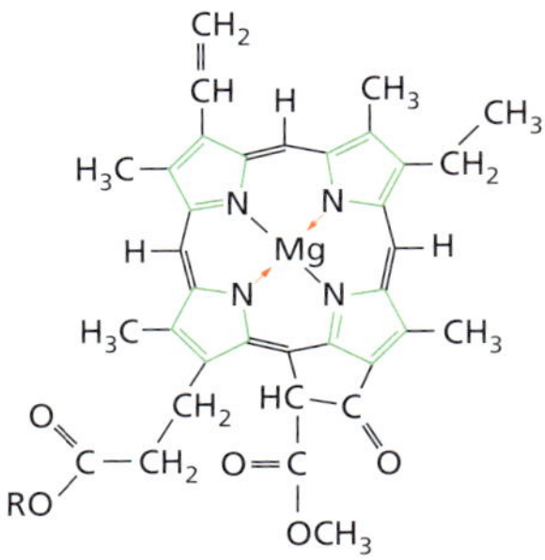

Komplexometrie

Die **Komplexometrie** heißt in älteren Büchern auch Chelatometrie und wurde von G. K. SCHWARZENBACH (1904–1978) um 1950 entwickelt.

> Die **Komplexometrie** ist ein quantitatives Analyseverfahren, bei dem die zu bestimmenden Metall-Ionen mit Komplexbildnern in stabile Chelate überführt werden.

Der am häufigsten verwendete Komplexbildner ist **Ethylendiamintetraacetat** (EDTA). EDTA ist ein sechszähniger Ligand, mit dem Metall-Ionen oktaedrisch koordiniert werden und Komplexe im Stoffmengenverhältnis $n_{Metall} : n_{EDTA}$ von 1 : 1 bilden.
Der Ligand EDTA wird als Y^{4-} abgekürzt. Eingesetzt wird der Komplexbildner in Form des Dihydrates des Dinatriumsalzes $Na_2H_2Y \cdot 2\,H_2O$. Das zugrunde liegende Gleichgewicht und die Komplexbildungs- bzw. Stabilitätskonstante können vereinfacht wie folgt formuliert werden.

$$M^{Z+} + Y^{4-} \rightleftharpoons MY^{Z-4} \qquad K_B = \frac{c(MY^{Z-4})}{c(M^{Z+}) \cdot c(Y^{4-})}$$

Bildung des Calcium-EDTA-Komplexes

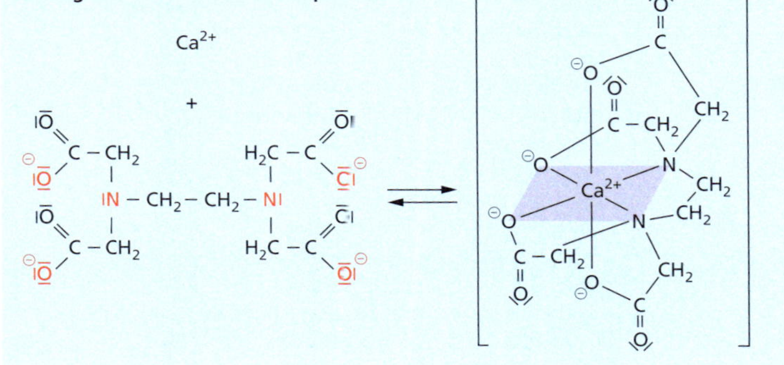

Der Äquivalenzpunkt der Titration wird durch spezielle Metallindikatoren angezeigt, deren Farbe sich bei der Komplexierung von Metall-Ionen ändert.

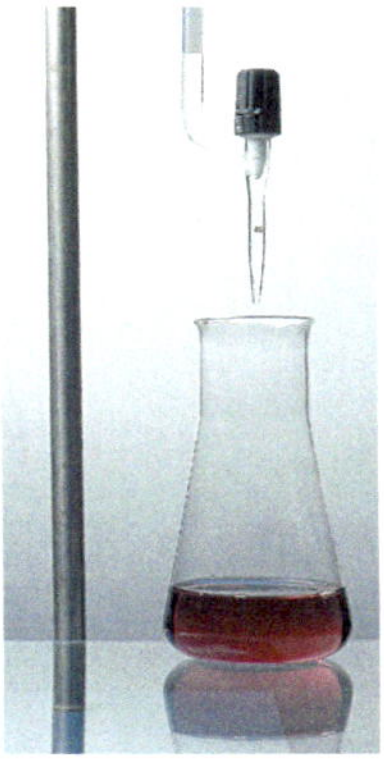

EDTA wird in wässriger Lösung in Abhängigkeit vom *pH*-Wert stufenweise zur Ethylendiamintetraessigsäure protoniert, sodass bei sinkendem *pH*-Wert der Ligand aus dem Komplexgleichgewicht entfernt wird. Aus diesem Grund sind Metall-EDTA-Komplexe in sauren Lösungen weniger stabil als in basischen.
Die Titration kann aber nur für einige Metalle im Basischen durchgeführt werden, da viele Metalle schwer lösliche Hydroxide bilden. Deshalb ist die Einstellung eines geeigneten *pH*-Bereiches außerordentlich wichtig für die komplexometrische Titration.
Mittels Komplexometrie können zahlreiche mehrwertige Metall-Ionen (z. B. Ca^{2+}, Zn^{2+}, Pb^{2+}) quantitativ bestimmt werden. Eine der wichtigsten Anwendungen ist die Bestimmung der **Wasserhärte**. Die Härte des Wassers wird von Härtebildnern, den Carbonat- und Sulfat-Salzen des Calciums und Magnesiums verursacht. Für viele Anwendungen, z. B. in Brauereien, Kraftwerken und im Waschprozess (↗ S. 387), ist eine große Wasserhärte störend und eine Wasserenthärtung notwendig.

9 STRUKTUREN UND REAKTIONEN ORGANISCHER VERBINDUNGEN

9.1 Allgemeine Grundlagen der Organischen Chemie

9.1.1 Namen, Formeln und Strukturen

Die Namensgebung der Verbindungen wird durch die IUPAC eindeutig geregelt. Häufig benutzt man auch Trivialnamen, die entweder aus der Historie resultieren, oder verwendet werden, wenn der IUPAC-Name zu lang wird. Auf die Regeln zur Nomenklatur organischer Verbindungen wird in den Kapiteln 9.3 und 9.5 näher eingegangen.

Die organische Chemie umfasst alle Kohlenstoffverbindungen mit Ausnahme der Oxide und Sulfide des Kohlenstoffs, z. B. CO, CS_2, sowie ihrer Derivate. Die Zusammensetzung und der räumliche Aufbau werden durch verschiedene Modelle – **Summenformeln** oder **Strukturformeln** – veranschaulicht.

Summenformeln

Die Summenformel gibt die Zusammensetzung der organischen Verbindung aus den einzelnen Elementen an. Sie wird zur Berechnung der Molmasse benötigt, gibt aber keinen Hinweis auf die Struktur oder die funktionellen Gruppen der Verbindung.

$C_4H_{10}O$ – dies könnte eines der Isomere von Butanol sein. Es könnte aber auch Diethylether oder Methylpropylether sein.

Vereinfachte Strukturformeln

Sie zeigen wichtige Bindungen und funktionelle Gruppen an.

$CH_3-CH_2-CH_2-CH_2-OH$ besagt, dass es sich um einen gesättigten Alkohol mit vier Kohlenstoffatomen handelt. Entsprechend der Stellung der OH-Gruppe heißt die Verbindung Butan-1-ol.

Strukturformel

Die ausführliche Strukturformel zeigt alle Bindungen zwischen den einzelnen Atomen und die freien Elektronenpaare an.

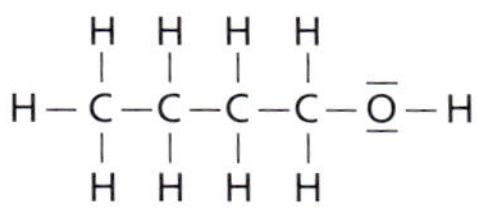

Butan-1-ol

Räumliche Darstellung als Skelettformeln

Die räumliche Darstellung gesättigter Kohlenwasserstoffe ist schwierig, da das Kohlenstoffatom tetraedrisch koordiniert ist. Stark vereinfachte Strukturformeln zeigen deshalb meist nur die „Zick-Zack-Struktur" des Kohlenstoffskeletts und die funktionellen Gruppen (↗ S. 289). Die Wasserstoffatome, Kohlenstoff-Wasserstoff-Bindungen und freie Elektronenpaare werden in diesen **Skelettformeln** weggelassen.

Mit der Skelettformel kann auch die Art und Position von Mehrfachbindungen angegeben werden.

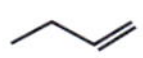

But-1-en

Butan

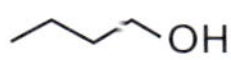

Butan-1-ol

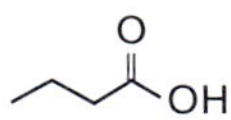

Butansäure

Für die räumliche Darstellung entlang einer C–C-Bindung werden zwei Möglichkeiten genutzt, die **Sägebockschreibweise** und die **NEWMAN-Projektion.** Die Sägebockschreibweise zeigt eine räumliche Anordnung, bei der NEWMAN-Projektion sieht man auf das Kohlenstoffatom C_1, entlang der Bindung C_1–C_2, welches das C_2-Atom verdeckt.

Sägebockschreibweise

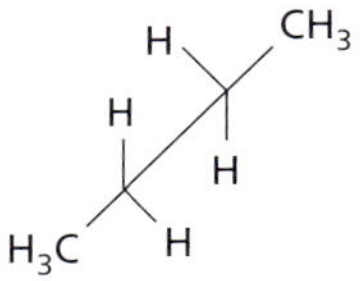

NEWMAN-Projektion

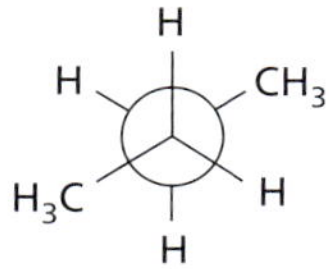

Insbesondere für Zucker und Aminosäuren hat sich die **FISCHER-Projektion** durchgesetzt (↗ S. 312). Es ist eine „Einebnung der räumlichen Struktur". Sie wird verwendet, um die Konfiguration an einem Kohlenstoffatom, an das vier unterschiedlichen Substituenten gebunden sind (↗ S. 253), eindeutig darzustellen. Die beiden horizontalen Bindungen am betrachteten Kohlenstoffatom zeigen aus der Papierebene auf den Betrachter zu, die beiden vertikalen in die Papierebene. Das zentrale Kohlenstoffatom wird dabei in der Regel nur als Kreuz geschrieben.

FISCHER Projektion

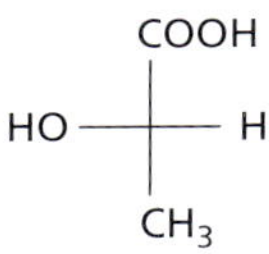

Übersetzung in die räumliche Struktur

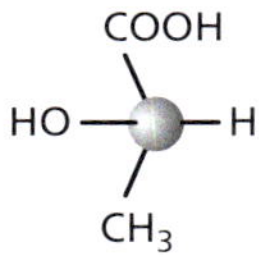

L-Milchsäure

Bezeichnung der Kohlenstoffatome

Unverzweigte Kohlenstoffketten werden durchgehend nummeriert. Das Kohlenstoffatom einer Carboxy- oder einer Aldehyd-Gruppe erhält immer die Zahl 1. Bei allen anderen Verbindungen erhält das Kohlenstoffatom mit der funktionellen Gruppe die kleinstmögliche Nummer. Häufig findet man Bezeichnungen mit griechischen Buchstaben. Das Kohlenstoffatom neben der funktionellen Gruppe wird als α-Kohlenstoffatom bezeichnet. Enthält die funktionelle Gruppe selbst kein Kohlenstoffatom ist das Kohlenstoffatom C_1 auch das α-Kohlenstoffatom. Enthält die funktionelle Gruppe selbst ein Kohlenstoffatom (COOH-Gruppe, CHO-Gruppe), ist das α-Kohlenstoffatom das Kohlenstoffatom C_2. Die α-Aminosäuren sind also 2-Aminocarbonsäuren.

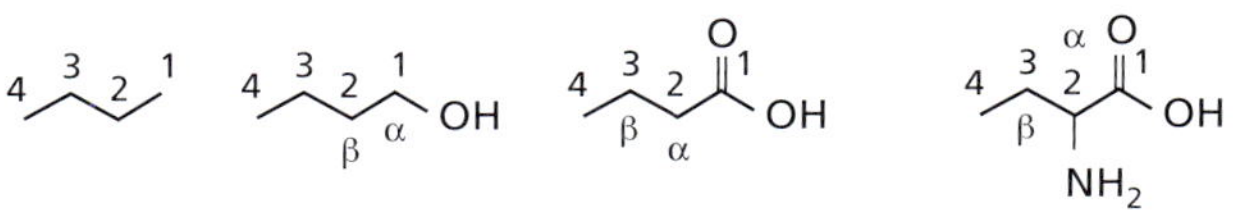

Butan | Butan-1-ol | Butansäure (Buttersäure) | 2-Aminobutansäure (α-Aminobuttersäure)

Die Verwendung von Keilstrichen bei der Darstellung organischer Moleküle hat zwei Bedeutungen:

1. Polarisierung einer Bindung, man kennzeichnet also die Verschiebung der Bindungselektronen zum Atom mit höherer Elektronegativität.

$$\overset{\delta^+}{H_3C} \leftarrow \overset{\delta^-}{Br}$$

2. Bei der Darstellung geometrischer Verhältnisse besagt der Keil, dass dieser Substituent aus der Papierebene auf den Betrachter zeigt.

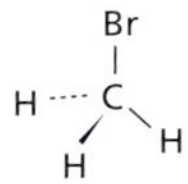

Die Nummerierung der Kohlenstoffatome ringförmiger oder verzweigter Verbindungen (↗ S. 273) ist durch die IUPAC eindeutig festgelegt.

9.1.2 Elektronische Effekte in organischen Verbindungen

Induktive Effekte

> Der **induktive Effekt** ist ein elektronischer Effekt, den Substituenten aufgrund ihrer **Elektronegativität** (EN) auf die Reaktivität organischer Moleküle ausüben. Durch Verschiebung des bindenden Elektronenpaares entstehen innerhalb des Moleküls **Partialladungen**.

Atombindung im Ethanmolekül

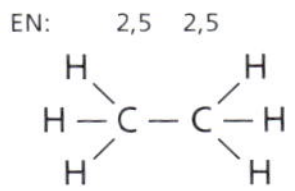

Methanolmolekül

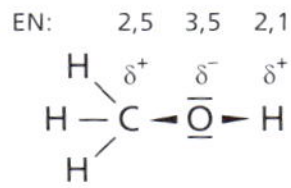

Die Wirkung induktive Effekte lässt sich experimentell z. B. anhand der pK_S-Werte der Alkansäuren (↗ S. 307), Alkohole (↗ S. 295) und Amine nachweisen.

Ausgangspunkt für diese Betrachtung ist die chemische Bindung (↗ S. 75 ff.). Das Elektronenpaar einer kovalenten Bindung bewegt sich in dem Raum, der von beiden Atomen zur Verfügung gestellt wird. Würde es sich an allen Stellen des Raumes gleich oft aufhalten, hätten wir die klassische, unpolare Atombindung wie sie z. B. im Wasserstoff oder der C–C-Bindung im Ethanmolekül vorliegt.

Bindungspolarisierungen im Ethanol

Im Ethanol sind Atome unterschiedlicher Elektronegativität verbunden. So hält sich das Bindungselektronenpaar zwischen dem Kohlenstoffatom und dem Sauerstoffatom weit häufiger am Sauerstoffatom auf. Es kommt zu einer Ladungspolarisierung. Daraus resultiert auch eine partielle Ladungsverteilung in dem nach außen neutralen Molekül. Das Sauerstoffatom ist partiell negativ (δ^-), das Kohlenstoff- sowie das Wasserstoffatom dagegen partiell positiv (δ^+) geladen. Diesen Effekt bezeichnet man als induktiven Effekt.
Zieht ein Substituent das Bindungselektronenpaar an, hat er einen –I-Effekt, schiebt er das Bindungselektronenpaar zum anderen Partner hat er einen +I-Effekt. Entscheidend für die Richtung des induktiven Effektes ist die Elektronegativität im Vergleich zu Wasserstoff. Ist die Elektronegativität des Substituenten größer als die von Wasserstoff, besitzt er einen –I-Effekt, ist sie kleiner, hat er einen +I-Effekt.

Regel für induktive Effekte:
Verglichen wird die Elektronegativität des Substituenten gegenüber Wasserstoff.

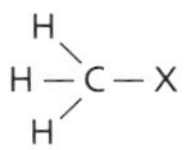

EN < H: +I-Effekt
EN > H: –I-Effekt

Eine Ausnahme von dieser Regel sind die Alkylgruppen, wie die CH_3-Gruppe. Alle Alkylgruppen, die nur über C–C- und C–H-Bindungen Einfachbindungen verfügen, weisen einen +I-Effekt auf.

Induktiver Effekt	Atome/Atomgruppen
+I-Effekt	C (Alkylgruppen), Na, Li, Mg (Metalle)
–I-Effekt	N (Amino-, Nitro-Gruppe), O (Hydroxy-, Ether-Gruppe), F, Cl, Br, I (Halogene)

Der Mesomerieeffekt

Der **Mesomerieeffekt** ist ein elektronischer Effekt, den Substituenten mit Mehrfachbindungen und/oder Heteroatomen ausüben. Dabei werden Elektronen in sich überlappenden p-Orbitalen verschoben bzw. delokalisiert. Man kann für die Verbindungen **mesomere Grenzstrukturen** mit Formalladungen formulieren.

Mesomere Grenzstrukturen sind keine stabilen Strukturen der Moleküle, sondern nur Modelle zur Darstellung der Verteilung der Elektronen. Der reale Zustand der Moleküle liegt zwischen den Grenzstrukturen.

Mesomerieeffekte treten immer an **π-Elektronensystemen** auf, z. B. am Carboxylat-Ion (↗ S. 307) oder an aromatischen π-Systemen (↗ S. 281), an denen sich dieser **Substituenteneffekt** gut erklären lässt.
Besitzt der Substituent selbst eine π-Bindung wie die Aldehyd- und die Nitro-Gruppe, kann sich diese am π-System des Aromaten beteiligen. Es entsteht ein größeres konjugiertes π-System (↗ S. 84), über das die Elektronen verteilt bzw. delokalisert sind. Diese Verteilung wird mithilfe des Modells der mesomeren Grenzstrukturen veranschaulicht.
Am Beispiel Nitrobenzen erkennt man, dass durch Substituenten mit eigener π-Bindung die Elektronendichte an den *ortho*- und *para*-Positionen des Ringes verringert wird. Der Substituent erhält selbst eine negative Formalladung, er übt einem **– M-Effekt** aus.
Auch das freie Elektronenpaar von Substituenten mit Heteroatomen wie der Amino-Gruppe wird in das π-System des Benzenrings einbezogen. In diesem Fall zeigen die Grenzstrukturen, dass die Elektronendichte im Aromaten erhöht wird. Der Substituent erhält eine positive Formalladung, er besitzt einen **+ M-Effekt**.
Mesomere Effekte wirken über einen größeren Molekülbereich als induktive Effekte und beeinflussen die Reaktivität meist stärker.

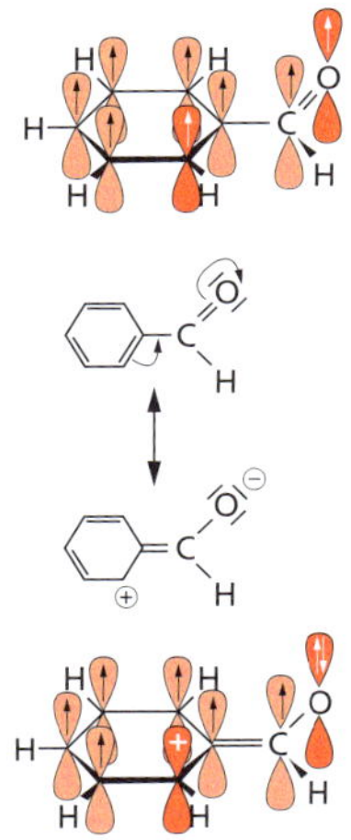

–M-Effekt der Aldehydgruppe im Benzaldehyd. Durch Überlappung der p-Orbitale können die Elektronen ihren Aufenthaltsraum ändern.

Grenzstrukturen des Nitrobenzens (– M-Effekt)

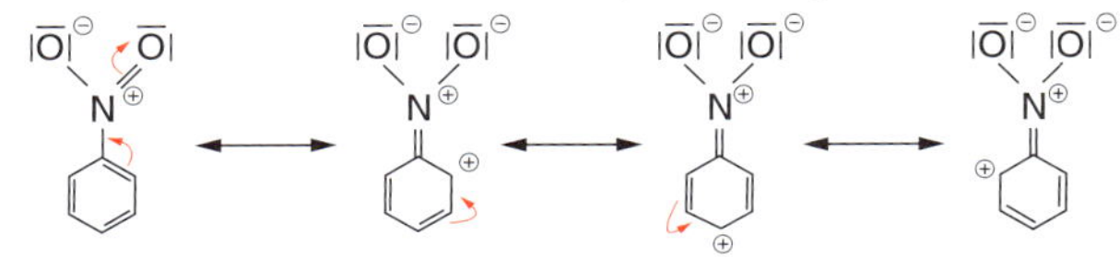

Grenzstrukturen des Anilins (+ M-Effekt)

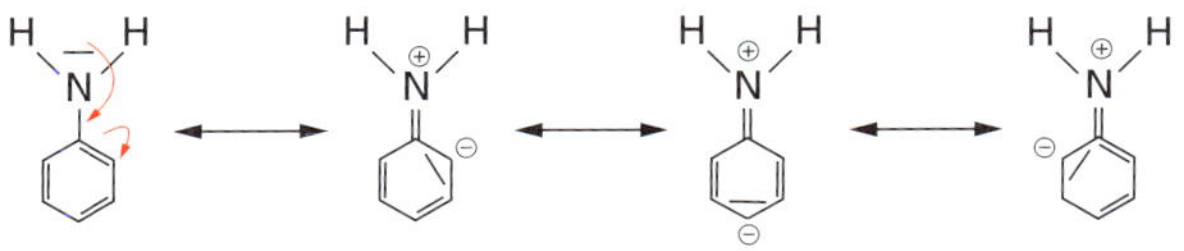

Mesomerie-Effekt	Funktionelle Gruppen/Atome
+ M-Effekt	$-NH_2$, $-OH$, $-OCH_3$, $-Cl$, $-Br$, $-I$, $-O^-$
– M-Effekt	$-NO_2$, $-COOH$, $-CHO$, $-CN$, $-SO_3H$

9.1.3 Der Isomeriebegriff

Tautomerie (↗ S. 304) und Valenzisomerie sind spezielle Formen der Konstitutionsisomerie.

Isomere Verbindungen sind Verbindungen mit gleicher Summenformel, also gleicher atomarer Zusammensetzung, aber unterschiedlicher Struktur. Man unterscheidet mehrere Arten von Isomerien.

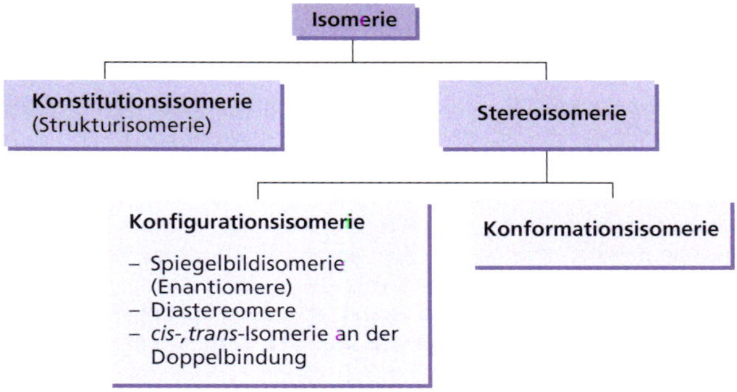

Konstitutionsisomerie (Strukturisomerie)

Auch die Isomere bei mehrfach substituierten Aromaten sind Konstitutionsisomere. Sie werden häufig als Stellungsisomere bezeichnet.

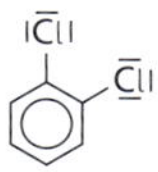

1,2-Dichlorbenzen

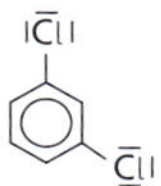

1,3-Dichlorbenzen

1,4-Dichlorbenzen

Konstitutionsisomere sind Verbindungen mit gleicher Summenformel, aber einer unterschiedlichen Verknüpfung von Atomgruppen oder Atomen im Molekül.

Die zwei isomeren Propanole (C_3H_7OH)

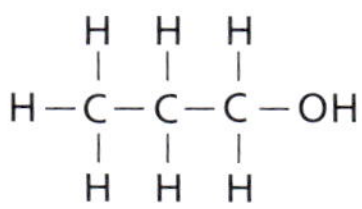

Propan-1-ol
n-Propanol

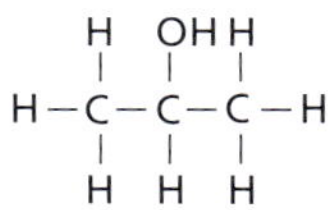

Propan-2-ol
iso-Propanol

Stereoisomerie

Stereoisomere sind Moleküle mit gleicher Konstitution, aber einer unterschiedlichen räumlichen Anordnung der Atome.

Stereoisomere spielen eine wichtige Rolle in der Biochemie (↗ S. 333). So werden in die körpereigenen Eiweiße des Menschen nur bestimmte Stereoisomere, die L-Aminosäuren, eingebaut. Die *cis-trans*-Isomerie (↗ S. 254) bildet die Grundlage unseres Sehprozesses.

Konfigurationsisomerie

Befindet sich in einem Molekül ein Kohlenstoffatom mit vier unterschiedlichen Substituenten **(asymmetrisches Kohlenstoffatom)**, können Bild und Spiegelbild nicht zur Deckung gebracht werden. Solche Verbindungen, die zwei **Spiegelbildisomere** bzw. **Enantiomere** besitzen, nennt man **chirale Verbindungen**.

Zur Unterscheidung der Enantiomere muss die absolute Konfiguration, d. h. die räumliche Anordnung der Substituenten am chiralen Kohlenstoffatom bestimmt werden.

D, L -Nomenklatur, Fischer-Projektion

Die **Fischer-Projektion** ist die Darstellung der räumlichen Struktur tetraedrisch koordinierter Kohlenstoffatome in der Ebene. Chirale Verbindungen können so eindeutig als D- oder L-Enantiomer identifiziert werden. Folgende Regeln wurden von Emil Fischer am Glycerinaldehyd als Stammverbindung für die Fischer-Projektion aufgestellt:

- Die längste Kohlenstoffkette steht vertikal, das am höchsten oxidierte Kohlenstoffatom steht oben.
- Die beiden horizontalen Bindungen am betrachteten Kohlenstoffatom zeigen aus der Papierebene auf den Betrachter zu, die beiden vertikalen in die Papierebene.
- Steht die OH-Gruppe am chiralen Kohlenstoffatom rechts, gehört das Molekül in die D-Reihe – steht sie links, gehört es in die L-Reihe.

Chiralität heißt „Händigkeit". Der Begriff erklärt sich dadurch, dass die rechte und die linke Hand Spiegelbildisomere sind. Die Enantiomere unterscheiden sich nur im Vorzeichen des optischen Drehwertes. Der optische Drehwert gibt an, wie polarisiertes Licht beim Durchstrahlen der Probe aus der Ebene gedreht wird.

Spiegelbildisomere des Glycerinaldehyds

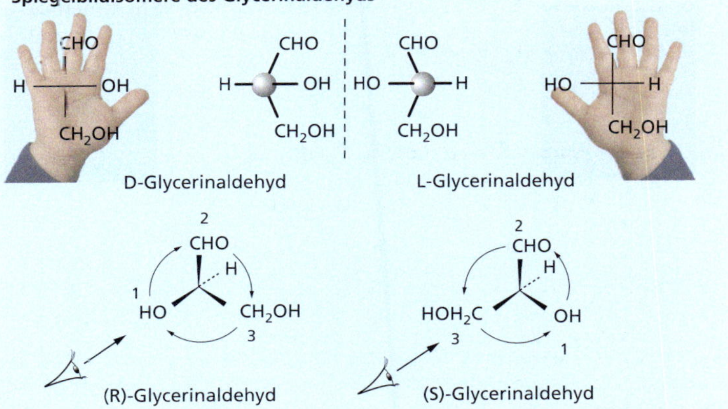

R,S-Nomenklatur

Mit der Fischer-Nomenklatur wird nur die absolute Konfiguration eines Kohlenstoffatoms eindeutig festgelegt. Die Festlegung der **absoluten Konfiguration nach Cahn, Ingold und Prelog** ermöglicht die Zuordnung für alle Chiralitätszentren in einem Molekül. Dabei werden den Substituenten am asymmetrischen C-Atom Prioritäten zugeordnet (Regeln). Blickt man jetzt auf das Kohlenstoffatom in Richtung des Substituenten mit der kleinsten Priorität, ordnen sich die anderen in (R) oder gegen den Uhrzeigersinn (S) an.

Diastereomere sind Verbindungen mit mindestens zwei chiralen Kohlenstoffatomen, die sich aber in der absoluten Konfiguration nur eines Kohlenstoffatoms unterscheiden, wie z. B. Weinsäure.

1,1 Dichlorethen und 1,2-Dichlorethen sind Konstitutionsisomere, da die Atome unterschiedlich verknüpft sind.
Im *cis*- und *trans*-1,2-Dichlorethen ist die Verknüpfung gleich. Es handelt sich daher nicht um Konstitutions- sondern um Konfigurationsisomere.

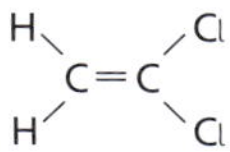

1,1-Dichlorethen

Die ***cis-trans*-Isomerie** ist eine Form der **Konfigurationsisomerie,** die auftritt, wenn an beiden Enden der C=C-Doppelbindung je zwei verschiedene Substituenten gebunden sind. Die größeren Substituenten können entgegengesetzt, *trans*-, oder auf einer Seite der Doppelbindung, *cis*-, angeordnet sein.

trans-1,2-Dichlorethen

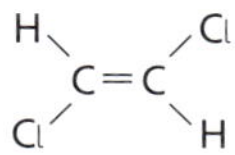

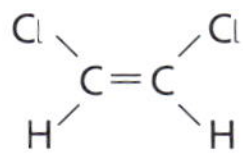

cis-1,2-Dichlorethen

Konformationsisomerie

Konformationsisomere sind Isomere, die durch Rotation um die C–C-Einfachbindung entstehen.

Sie sind normalerweise nicht zu unterscheiden, da diese Rotation ständig und mit hoher Geschwindigkeit stattfindet. Betrachtet wird die Stellung von je einem Substituenten (● oder ●) an zwei benachbarten C-Atomen. Sind die Substituenten sehr groß, wird die Rotation behindert, sodass einzelne Zustände experimentell nachweisbar sind.

Konformationsisomerie (Newman-Projektion)

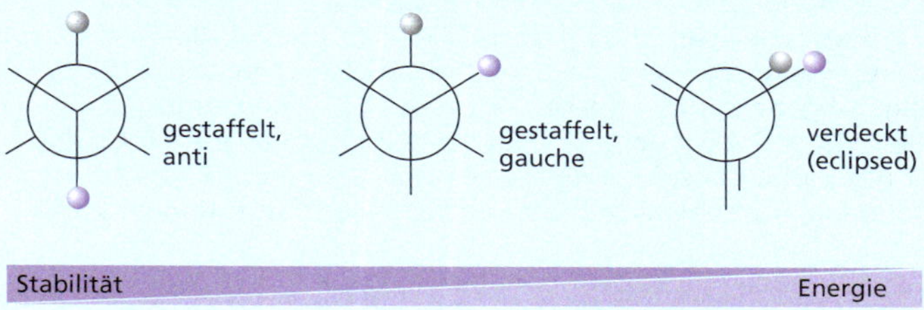

Konformationsisomere lassen sich auch anschaulich in der Sägebockschreibweise darstellen.

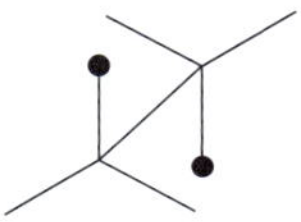

gestaffelt, anti

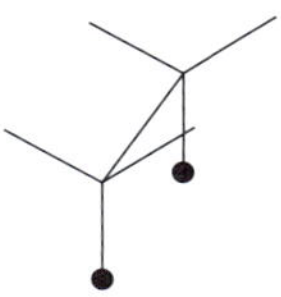

verdeckt (eclipsed)

Zu den Konformationsisomeren zählt man aber auch die einzelnen Zustände des Cyclohexanringes, die durch das so genannte Durchschwingen entstehen (Sessel – Wanne – Sessel). Zu beachten ist dabei, dass bei diesem „Durchschwingen" äquatoriale (e) und axiale (a) Substituenten die Plätze tauschen.

Konformationsisomerie bei Cyclohexan (C_6H_{12})

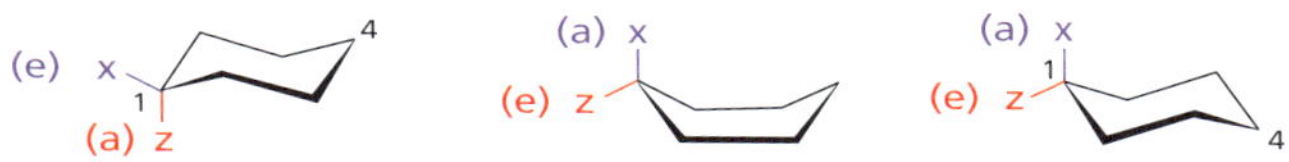

$_1$Sessel^4 Wanne ^{1}Sessel$_4$

9.1.4 Reagenzien, Substrate, Reaktionen

Das Reagenz (Agenz)

Als **Reagenz** (Agenz) bei einer chemischen Reaktion bezeichnet man den Stoff, der eine chemische Reaktion hervorrufen kann. Durch den Angriff auf den Reaktionspartner, das **Substrat,** verändert er dieses chemisch. Nach ihren elektronischen Eigenschaften werden die Reagenzien in zwei Hauptgruppen unterteilt, in **Nucleophile** und **Elektrophile.**

Radikale gehören aufgrund ihrer elektronischen Eigenschaften zu den Elektrophilen. Sie gehen jedoch andere Reaktionsmechanismen ein (↗ S. 258 ff.).

Nucleophile

Nucleophile sind Reagenzien, die über mindestens ein freies Elektronenpaar verfügen. Mit diesem Elektronenpaar greifen sie am Kohlenstoffatom an und verdrängen einen anderen Substituenten.

Nucleophile Reagenzien			
Anionen	OH^-, I^-, Br^-, Cl^-, RO^-	Moleküle	H_2O, ROH, RNH_2

Nucleophil oder Base

Nucleophile verfügen über ein freies Elektronenpaar, mit dem sie am Kohlenstoffatom angreifen. Basen sind nach Brönsted Reagenzien, die in wässriger Lösung ein Proton durch Bindung an ein freies Elektronenpaar aufnehmen (↗ S. 175). Demzufolge kann das gleiche Reagenz sowohl als Nucleophil als auch als Base reagieren.
Ein typisches Beispiel ist das Hydroxid-Ion. Es kann als Base am Wasserstoffatom angreifen und dieses als Proton abspalten. Durch die gleichzeitige Abgabe des Chlorid-Ions bildet sich ein Alken. Es findet eine Eliminierung (↗ S. 270) statt. Das Hydroxid-Ion kann aber auch als Nucleophil das partiell positive Kohlenstoffatom angreifen. Es verdrängt das Chlorid-Ion, man beobachtet eine nucleophile Substitution (↗ S. 262).

Nucleophile sind „kernliebende" Reagenzien (*nucleus*: griech. = Kern). Mit „Kern" ist hierbei das partiell positive Kohlenstoffatom im Substrat gemeint.

Reaktion des Hydroxid-Ions als Base oder Nucleophil

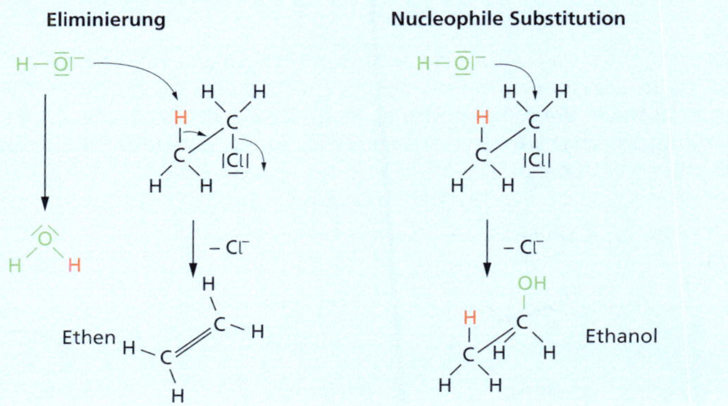

Ob eine nucleophile Substitution oder eine Eliminierung stattfindet, hängt entscheidend von den Reaktionsbedingungen ab.

Halogene reagieren als Elektrophile im Komplex mit LEWIS-Säuren (↗ S. 286), die als Katalysatoren für elektrophile Reaktionen genutzt werden.

$\overset{\delta^+}{Br} \leftarrow \overset{\delta^-}{Br} \cdots FeBr_3$

$\overset{\delta^+}{Cl} \leftarrow \overset{\delta^-}{Cl} \cdots AlCl_3$

Elektrophile

Elektrophile sind „Elektronen liebende" Reagenzien, die meist positiv geladen sind oder eine Elektronenlücke haben. Sie greifen vorwiegend Substrate mit π-System oder freien Elektronenpaaren an.

Elektrophile Reagenzien					
Kationen	H^+, NO_2^+	Moleküle	BF_3, SO_3	Radikale	Br•, Cl•

Substrate

Als **Substrate** werden die Stoffe bezeichnet, die durch den Angriff eines Reagenz chemisch verändert werden. Bei der Reaktion zwischen Chlorethan und Natronlauge (↗ S. 255) ist Chlorethan das Substrat. Durch den –I-Effekt des Chloratoms ist das Kohlenstoffatom partiell positiviert. An diesem Kohlenstoffatom greift das Nucleophil OH^- als Reagenz an und tauscht das Chloratom aus, wobei Ethanol entsteht.

Reaktionen in der organischen Chemie

Organische Reaktionen verlaufen immer über eine **Bindungsspaltung** im Substrat und eine **Bindungsneubildung** mit dem Reagenz. Die Bindungsspaltung kann homolytisch oder heterolytisch erfolgen.

Homolytische Bindungsspaltungen beobachtet man bei der radikalischen Substitution (↗ S. 258 ff.). Heterolytische Bindungsspaltungen sind typisch für die nucleophile Substitution (↗ S. 260 ff.) und die Eliminierung (↗ S. 270).

Homolytische Bindungsspaltung

Die Bindung zwischen zwei Atomen wird so gespalten, dass jedes Atom ein Elektron aus der Bindung erhält. Es entstehen Radikale.

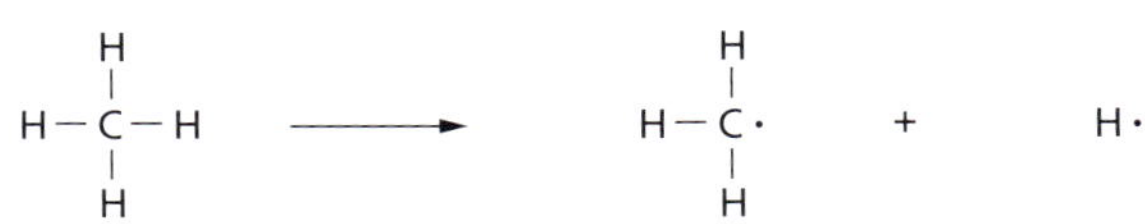

Methan — Methylradikal — Wasserstoffradikal

Heterolytische Bindungsspaltung

Die Bindung zwischen zwei Atomen wird so gespalten, dass das elektronegativere Atom das gesamte Elektronenpaar mitnimmt. Dabei entstehen Ionen, von denen das Anion **Abgangsgruppe** genannt wird.

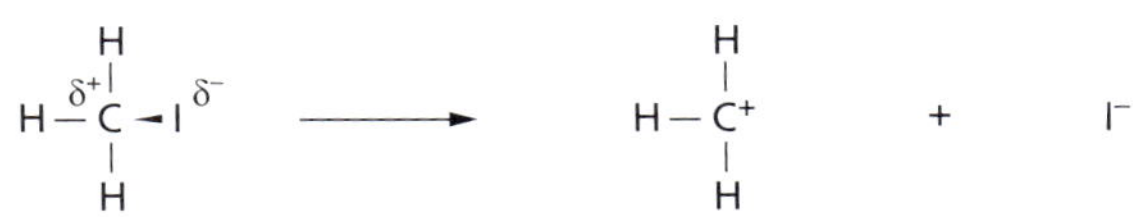

Iodmethan — Methyl-Kation — Iod-Anion

9.1.5 Reaktionstypen in der organischen Chemie

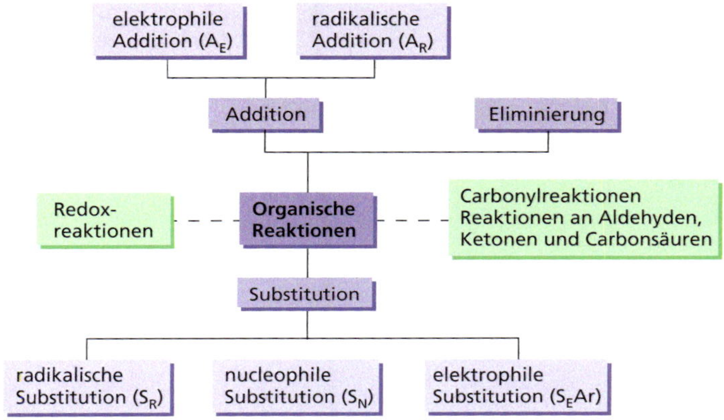

Carbonylreaktionen (↗ S. 271) nehmen eine Sonderstellung ein, da diese Reaktionen eine Kombination mehrerer Mechanismen sind.
Die Veresterung (↗ S. 308) ist eine Abfolge aus Addition, Protonenübertragung und Eliminierung.

Chemische Reaktionen lassen sich nach verschiedenen Gesichtspunkten klassifizieren, z. B. nach dem Aggregatzustand der Reaktionspartner oder der Art der während der Reaktion übertragenenen Teilchen.
In der organischen Chemie ist die letztere Unterteilung weniger zweckmäßig, da die große Mehrzahl der Reaktionen Elektronenübertragungsprozesse und damit **Redoxreaktionen** (↗ S. 197 ff.) sind.

Bei organischen Reaktionen steht vielmehr der **Mechanismus der Reaktion**, d. h. der Reaktionsweg und die Art der Umgruppierung der Bindungen sowie die kinetische Ordnung (↗ S. 143) im Mittelpunkt des Interesses. Nach dem Reaktionsweg unterscheidet man zwischen Addition, Substitution und Eliminierung.
Die Art der Bindungsumgruppierung bezieht sich auf das Reagenz und klassifiziert die Reaktionen danach, ob das Reagenz nucleophiler, elektrophiler oder radikalischer Natur ist.
Die weitere Unterteilung nach der kinetischen Ordnung betrachtet die Anzahl der beim geschwindigkeitsbestimmenden Reaktionsschritt beteiligten Moleküle.

Als Redoxreaktionen bezeichnet der organische Chemiker Verbrennungsprozesse von Kohlenwasserstoffen (↗ S. 275) und insbesondere oxidative und reduktive Veränderungen von **funktionellen Gruppen** (↗ S. 302). Typische Beispiele sind die Oxidation eines Alkohols zur Carbonsäure oder die Reduktion der Nitro-Gruppe zur Amino-Gruppe als Möglichkeit zur Synthese von Aminen.

Redoxreaktionen in der organischen Chemie sind auch wichtige Nachweisreaktionen funktioneller Gruppen (↗ S. 428).

Reduktion von Nitrobenzen zu Anilin

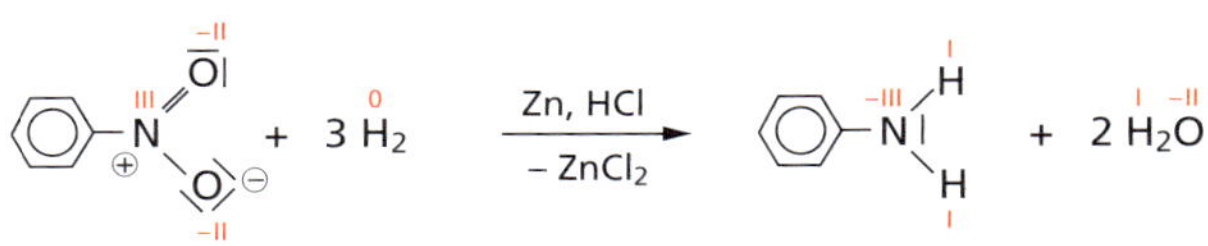

Substitutionen

Bei **Substitutionsreaktionen** werden Atome oder Atomgruppen in einem Molekül ausgetauscht. Nach der Art des Reagenz unterteilt man in radikalische, nucleophile oder elektrophile Substitutionen. Im Unterschied zur Addition (↗ S. 269) oder Eliminierung (↗ S. 270) bleibt bei Substitutionen der Hybridisierungszustand der Kohlenstoffatome im Molekül erhalten.

Radikalische Substitution (S_R)

Bruttoreaktion der Chlorierung von Methan:

$$CH_4 + Cl_2 \longrightarrow CH_3Cl + HCl \qquad \Delta H = -105 \text{ kJ} \cdot \text{mol}^{-1}$$

Ab dem Molekül Propan sind im Teilschritt b) die Bildungen mehrerer Alkylradikale möglich.

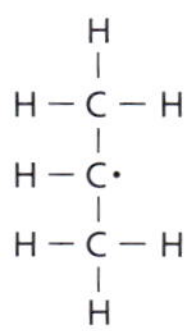

Prop-2-yl-Radikal

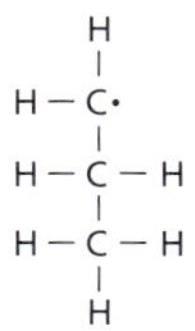

Prop-1-yl-Radikal

Bevorzugt wird immer das stabilere Radikal gebildet. Die Stabilität wächst mit der Anzahl der Alkylgruppen am radikalischen Kohlenstoffatom. Der Grund ist der + I-Effekt der Alkylgruppen.

Die **radikalischen Substitutionen** bestehen aus mehreren Einzelschritten. Obwohl die Reaktion zwischen Chlor und Methan exotherm ist, würde man beim Mischen der beiden Gase keine Reaktion beobachten. Der Grund ist die sehr hohe Aktivierungsenergie, E_A (↗ S. 147), die in Form von Wärme oder Lichtenergie aufgebracht werden muss.

Deshalb ist den radikalischen Substitutionen eine **Startreaktion** a) vorgelagert, in der Radikale erzeugt werden. Die eigentliche Reaktion besteht aus einer zweiteiligen **Kettenfortpflanzungsreaktion** b) und c). In der ersten Reaktion b) reagiert das Chlorradikal mit dem Methanmolekül zu einem Methylradikal und Chlorwasserstoff.
Im zweiten Teilschritt c) reagiert das gebildete Methylradikal mit einem Chlormolekül zum Chlormethan und einem Chlorradikal, das für die erste Reaktion benötigt wird. Theoretisch reicht also ein Startradikal, um die Reaktion immer wieder ablaufen zu lassen. Deshalb nennt man diesen Schritt auch Kettenfortpflanzungsreaktion.

Durch die **Kettenabbruchreaktionen** muss die Startreaktion ständig wiederholt werden. Abbruchreaktionen sind immer Kombinationen von Radikalen. Die Reaktion d) ist eine Rekombination der Chlorradikale. Reaktion e) führt zwar zum gewünschten Produkt, unterbricht aber die Kette. Ungünstig ist Reaktion f), bei der mit Ethan ein unerwünschtes Nebenprodukt entsteht.

Enthalpien (ΔH) der Kettenfortpflanzungsreaktion bei der Halogenierung von Methan in kJ · mol^{-1}

	F	Cl	Br	I
Teilreaktion b)	−125	+8	+75	+142
Teilreaktion c)	−306	−113	−105	−88
Bruttoreaktion	−431	−105	−30	+54

Energiediagramm der Chlorierung von Methan

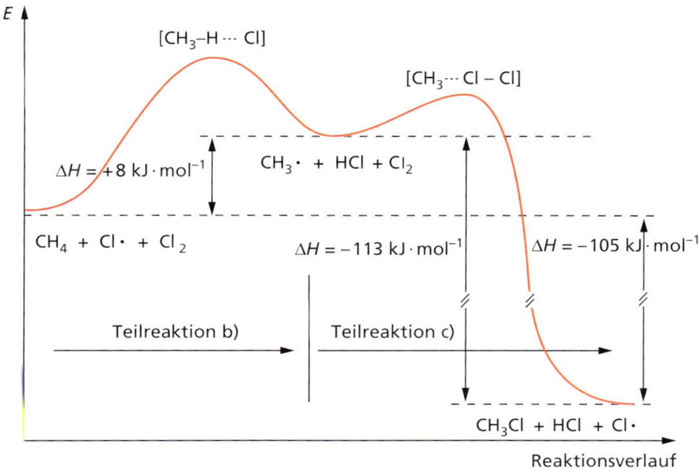

Die kinetischen und thermodynamischen Veränderungen während einer Reaktion können in Energiediagrammen veranschaulicht werden.

Mechanismus der radikalischen Substitution S_R

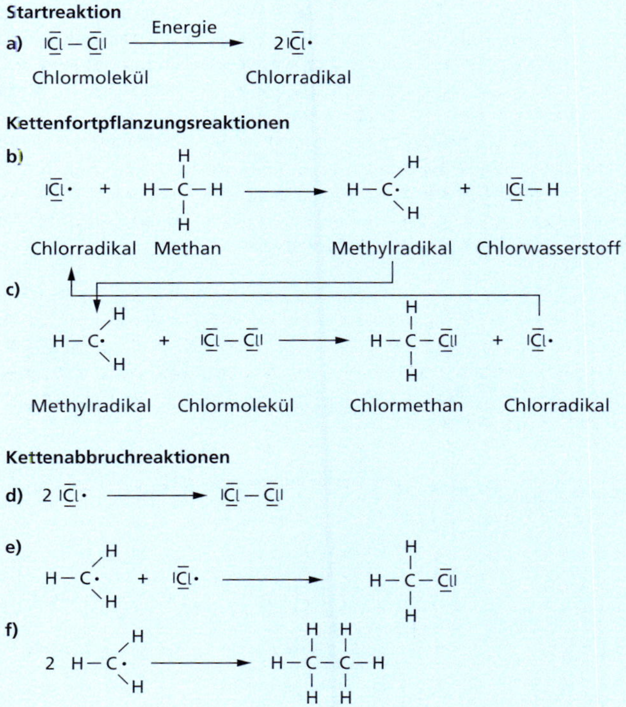

Aus thermodynamischer Sicht ist für die gesamte Reaktion nur ein Chlorradikal notwendig. Deshalb geht die Energie der homolytischen Spaltung des Chlormoleküls nicht in die Energiebilanz der Gesamtreaktion ein.

Iod kann nicht für radikalische Substitutionen eingesetzt werden. Die Kettenfortpflanzungsreaktion ist endotherm. Aus diesem Grund wirkt Iod als Radikalfänger.

Nucleophile Substitution (S_N)

Nucleophile Substitutionen finden an Substraten statt, die an einem gesättigten, sp^3-hybridisierten Kohlenstoffatom eine polare Atombindung besitzen. Das Nucleophil tauscht eine an diesem sp^3-Kohlenstoffatom gebundene funktionelle Gruppe aus.

Die Zahlen 1 und 2 stehen für die kinetische Ordnung der Reaktion. Reaktionen erster Ordnung bezeichnet man als monomolekulare Reaktionen. Reaktionen zweiter Ordnung sind bimolekular.

Die bimolekulare nucleophile Substitution (S_N2)

Das nucleophile Reagenz greift von der „Rückseite" des Tetraeders an und drängt den ehemaligen Substituenten heraus. Dabei gibt es einen „quasi fünfbindigen" Übergangszustand. Bindungsspaltung und Bindungsneubildung laufen gleichzeitig ab. Die Kinetik der Reaktion ist zweiter Ordnung (↗ S. 144).

Das **Energiediagramm** der S_N2-Reaktion zeigt, dass während der Reaktion keine stabilen Zwischenstufen gebildet werden. Die Edukte durchlaufen einen reaktiven Übergangszustand (ÜZ) und bilden die Produkte.

Energiediagramm der S_N2-Reaktion

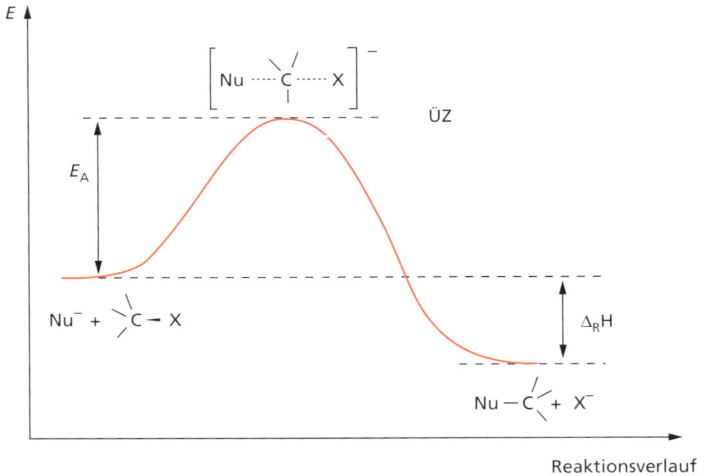

Kinetische Untersuchungen zeigen eindeutig, dass die S_N2-Reaktion in einem Schritt abläuft. Deshalb gehen sowohl die Konzentration des Substrats als auch die Konzentration des Nucleophils in das Geschwindigkeitsgesetz ein.

Mechanismus von S_N2-Reaktionen

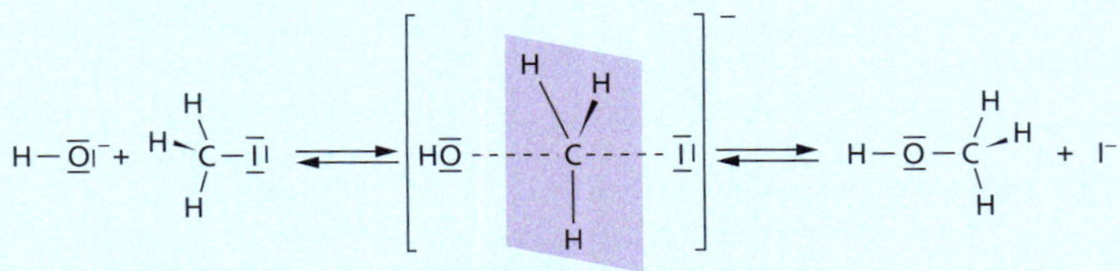

$v = k_1 c(CH_3I) \cdot c(OH^-)$ k_1 = Geschwindigkeitskonstante

Die monomolekulare nucleophile Substitution (S_N1)

Anders als S_N2-Reaktionen finden S_N1-Reaktionen in zwei Schritten statt. Zuerst erfolgt in einer Gleichgewichtsreaktion die heterolytische Spaltung der polarisierten Atombindung. Durch den Austritt der Abgangsgruppe als Anion wird ein Carbo-Kation gebildet.
Damit verbunden ist eine vorübergehende Änderung der Hybridisierung. Das Kohlenstoffatom im Substrat ist sp^3-hybridisiert, das Kohlenstoffatom im planaren Carbo-Kation ist sp^2-hybridisiert.
In einem zweiten Reaktionsschritt reagiert das nucleophile Reagenz mit dem Carbo-Kation zum Produkt. Der zweite Schritt läuft mit sehr hoher Geschwindigkeit ab. Die Bildungsgeschwindigkeit des Carbo-Kations ist im Vergleich dazu viel geringer. Deshalb geht in die Geschwindigkeit der Bruttoreaktion nur die Geschwindigkeitskonstante der ersten Reaktion ein, die Kinetik der Reaktion ist erster Ordnung (↗ S. 145).
Das Energiediagramm der S_N1-Reaktion zeigt die Bildung des Carbo-Kations als stabile Zwischenstufe (Energieminimum). Außerdem erkennt man, dass die Aktivierungsenergie des ersten Überganszustandes deutlich größer ist als die des Zweiten.

Die experimentelle Bestimmung des Geschwindigkeitsgesetzes beweist, dass die Geschwindigkeit von S_N1-Reaktionen nicht von der Konzentration des Nucleophils abhängt.

Energiediagramm einer S_N1-Reaktion

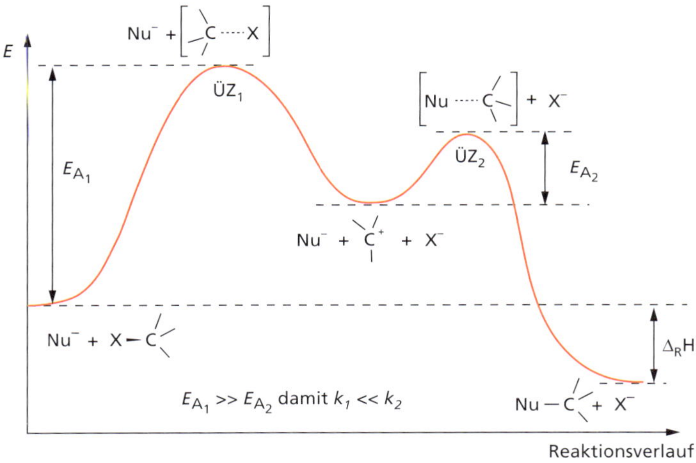

$$k = A \cdot e^{-\frac{E_A}{R \cdot T}}$$

Entsprechend der ARRHENIUS-Gleichung bestimmt die Aktivierungsenergie, E_A, maßgeblich die Geschwindigkeit einer Reaktion (↗ S. 147).

Mechanismus von S_N1-Reaktionen

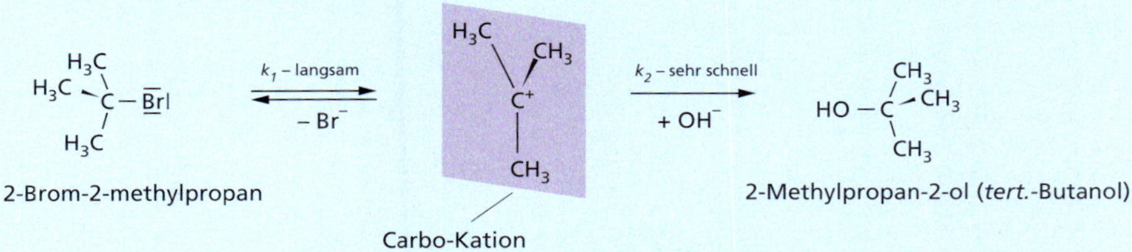

$k_1 << k_2$ $v = k_1 c(C_3H_9Br)$ k_1, k_2 = Geschwindigkeitskonstanten

Stereochemie bei S_N1 und S_N2-Reaktionen

Bisher wurde nur gezeigt, dass sich die S_N1 und S_N2-Reaktionen in ihrer kinetischen Reaktionsordnung unterscheiden. Der unterschiedliche Reaktionsmechanismus hat jedoch unmittelbare Auswirkungen auf die räumliche Struktur, d. h. die **Stereochemie** der Reaktionsprodukte.

Inversion der Konfiguration bedeutet die Umkehrung der Stereochemie am tetraedrischen Kohlenstoffatom. Aus chiralen Verbindungen (↗ S. 253) erhält man bei S_N2-Reaktionen das Spiegelbild. Der Vorgang wird auch als WALDEN-Umkehr bezeichnet.

Bei **S_N2-Reaktionen** greift das Nucleophil von der Rückseite der C-X-Bindung über die Grundfläche des Tetraeders am sp^3-Kohlenstoffatom an. Dadurch kommt es zu einer Geometrieänderung. Im Produkt zeigen die drei anderen Substituenten genau in die entgegengesetzte Richtung als im Ausgangsstoff. Es findet eine **Inversion** der Konfiguration statt.

Stereochemie von S_N2-Reaktionen

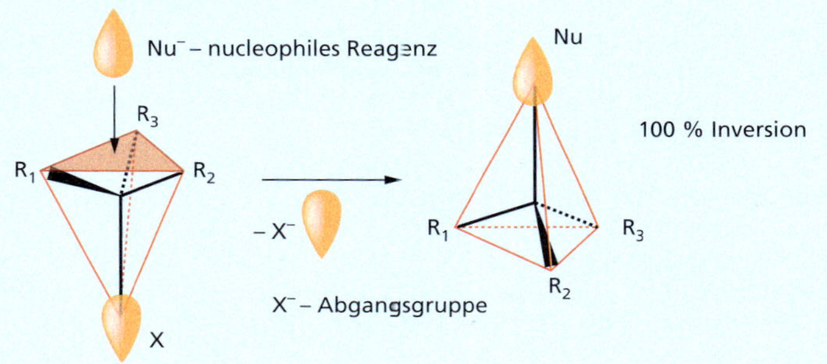

Retention der Konfiguration bedeutet den Erhalt der Stereochemie des Ausgangsstoffes. Chirale Verbindungen ändern ihre Konfiguration nicht. Bei S_N1-Reaktionen entsteht daher ein Gemisch der Enantiomere, das Racemat genannt wird.

Das als Zwischenprodukt bei **S_N1-Reaktionen** entstehende Carbo-Kation ist planar. Das Kohlenstoffatom ist sp^2-hybridisiert, das p-Orbital ist leer. Im Unterschied zur S_N2-Reaktion kann das nucleophile Reagenz von beiden Seiten angreifen, sodass man zu 50 % Inversion und zu 50 % **Retention** der stereochemischen Konfiguration des Substrats erhält.

Stereochemie von S_N1-Reaktionen

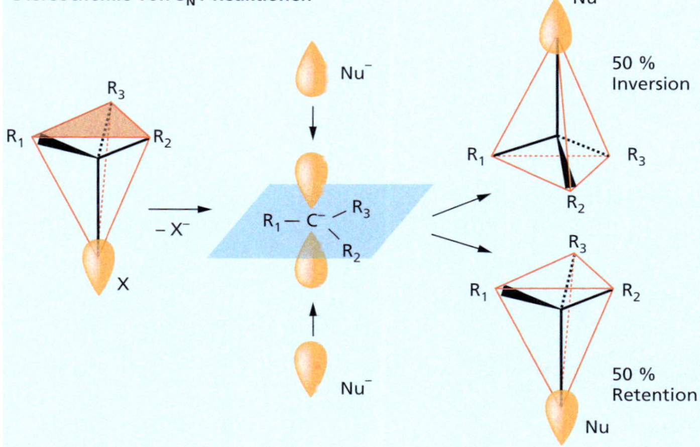

Einflussfaktoren auf die S_N-Reaktion

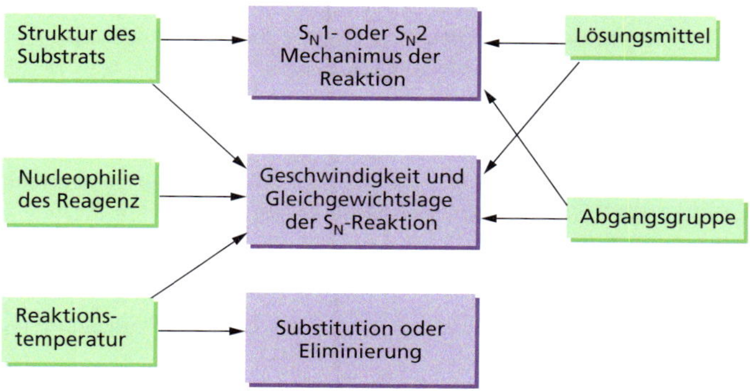

Einfluss des Substrates auf die S_N-Reaktion

Bei unverzweigten Substraten befindet sich die Abgangsgruppe an einem primären Kohlenstoffatom. Die S_N-Reaktion läuft hier bevorzugt nach einem S_N2-Mechanismus ab. Das liegt vor allem daran, dass die beiden Wasserstoffatome klein sind und dadurch das Kohlenstoffatom gut vom Nucleophil angegriffen werden kann.

Ist die Abgangsgruppe an ein tertiäres Kohlenstoffatom im Substrat gebunden, beobachtet man vorwiegend einen S_N1-Mechanismus. Das im ersten Schritt entstehende Carbo-Kation wird durch den + I-Effekt der drei Alkylgruppen gut stabilisiert. Noch stärker stabilisieren Phenyl-Gruppen aufgrund ihres + M-Effektes das Carbo-Kation. Außerdem ist das tetraedrisch koordinierte Kohlenstoffatom räumlich durch drei größere Substituenten abgeschirmt, sodass der Angriff des Nucleophils durch die Bildung des planaren Carbo-Kations deutlich erleichtert wird.

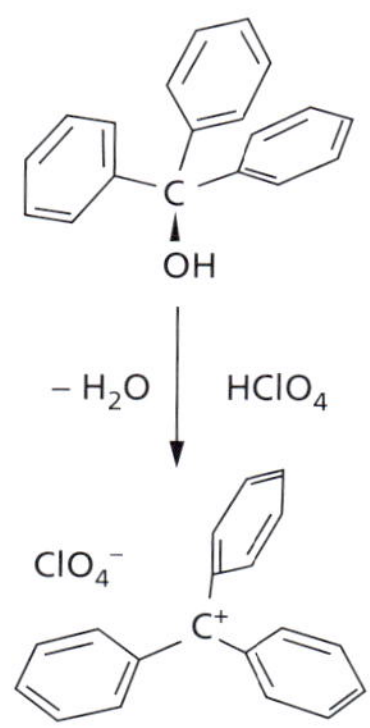

Triphenylmethanol bildet mit starken Säuren stabile Carbo-Kationen. Die Stabilisierung kommt durch die Mesomeriestabilisierung der Aromaten (↗ S. 282) und die räumliche Abschirmung des zentralen Kohlenstoffatoms zustande.

Einfluss des Lösungsmittels auf die S_N-Reaktion

Polare **Lösungsmittel** begünstigen einen S_N1-Mechanismus, sie stabilisieren zum einen das als Zwischenstufe entstehende Carbo-Kation und zum anderen solvatisieren sie das Anion der Abgangsgruppe. Umgekehrt fördern unpolare Lösungsmittel einen S_N2-Mechanismus, da hier keine geladenen Zwischenprodukte auftreten.

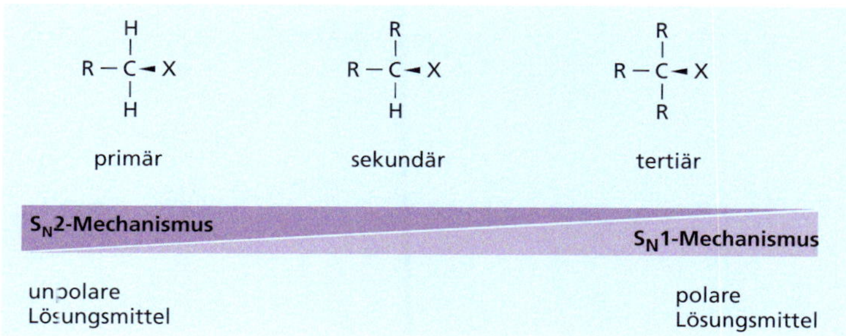

Lösungsmittel, die Wasserstoffbrückenbindungen zum Nucleophil ausbilden, schwächen dessen Reaktivität.

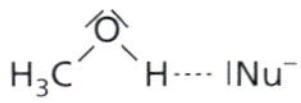

Einfluss des Reagenz auf die S_N-Reaktion

Die Abstufung der Reaktivität der Reagenzien bezeichnet man als Nucleophilie. Neben der Basizität bestimmt die **Polarisierbarkeit** die nucleophile Reaktivität. Eine hohe Nucleophilie haben stark basische und leicht polarisierbare Reagenzien. Das Verhältnis von Basizität und Polarisierbarkeit hängt stark vom Lösungsmittel ab. Die Abstufung der Reagenzien ist also nicht absolut, sondern muss im Zusammenhang mit den Reaktionsbedingungen betrachtet werden.
Leicht polarisierbare Reagenzien haben auch in Lösungsmitteln, die Wasserstoffbrückenbindungen (↗ S. 99) ausbilden können, eine relativ hohe Nucleophilie (z. B. Iodid- oder Cyanid-Ionen).
Schwach polarisierbare, aber stark basische Ionen (z. B. Hydroxid- oder Fluorid-Ionen) entfalten ihre nucleophile Kraft besonders in polaren Lösungsmitteln, die keine Wasserstoffbrücken ausbilden können. Die Nucleophile sind hier nur schwach solvatisiert und liegen „nackt" vor.

Dimethylformamid ist ein Carbonsäureamid. Das polare Lösungsmittel kann aber keine Wasserstoffbrückenbindungen zum Nucleophil ausbilden.

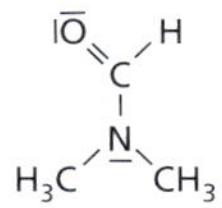

Abstufung einiger Nucleophile in Wasser oder Methanol

$$H_2O < F^- < Cl^- < Br^- < C_6H_5O^- < OH^- < SCN^- < CN^- < I^-$$

Abstufung einiger Nucleophile in Dimethylformamid

$$I^- < Br^- < Cl^- < C_6H_5O^-, < OH^- < CN^-$$

Einfluss der Abgangsgruppe auf die S_N-Reaktion

Gute Abgangsgruppen müssen leicht polarisierbar sein (z. B. das Iodid-Ion). In der Reihe der Halogenide ergibt sich folgende Abstufung: $I^- > Br^- > Cl^-$. Fluoride können in einer S_N2-Reaktion gar nicht als Abgangsgruppe fungieren. Die Hydroxy-Gruppe selbst ist eine schlechte Abgangsgruppe.
Die nucleophile Substitution von Alkoholen mit Halogenwasserstoffsäuren funktionieren sehr gut, weil die OH-Gruppe protoniert und dann als Wasser abgespalten werden kann. Generell gilt: Ist das abzuspaltende Anion eine schwache Base, dann ist es eine gute Abgangsgruppe.

Einflüsse auf die nucleophile Substitution

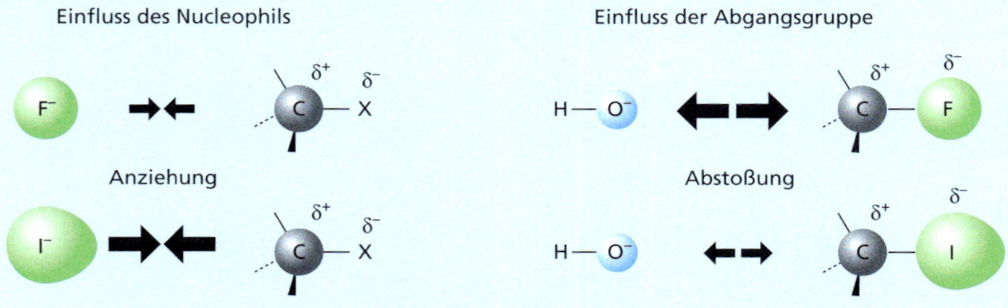

Je größer die Polarisierbarkeit ist, umso leichter greift das Nucleophil an.

Je größer ihre Polarisierbarkeit ist, umso leichter tritt die Abgangsgruppe aus.

Konkurrenzreaktionen in der organischen Chemie

Häufig beobachtet man bei chemischen Reaktionen die Bildung mehrerer Produkte. Das ist ein Zeichen dafür, dass zwischen den gleichen Ausgangsstoffen unterschiedliche Reaktionen in Konkurrenz zueinander ablaufen können.

Die **Produktverteilung**, d. h. der Anteil der gebildeten Konkurrenzprodukte wird durch die Thermodynamik und die Kinetik der einzelnen **Konkurrenzreaktionen** bestimmt.

Die Produktverteilung hängt von der Kinetik der Reaktionen ab, wenn sich die Übergangszustände der Konkurrenzreaktionen und damit die Aktivierungsenergie unterscheiden.

Bildung des thermodynamisch stabileren Zwischenprodukts
Die Produktverteilung wird thermodynamisch bestimmt, wenn sich die Zwischen- oder die Endprodukte von Konkurrenzreaktionen energetisch unterscheiden.
Addiert man Wasser an Propen, kann Propan-1-ol oder Propan-2-ol entstehen. Dabei wird im ersten Schritt ein Carbo-Kation als Zwischenprodukt gebildet. Dieses ist bei der Bildung von Propan-2-ol durch den +I-Effekt von zwei CH_3-Gruppen stabilisiert. Die Bildung von Propan-1-ol verläuft dagegen über ein weniger stabiles Carbo-Kation, sodass bevorzugt Propan-2-ol als Endprodukt der Reaktion entsteht.

Auch bei der Halogenierung von Alkanen mit mindestens drei Kohlenstoffatomen mittels S_R wird die Produktverteilung über die Stabilität der radikalischen Zwischenprodukte entschieden (↗ S. 258).

Addition von Wasser an Propen

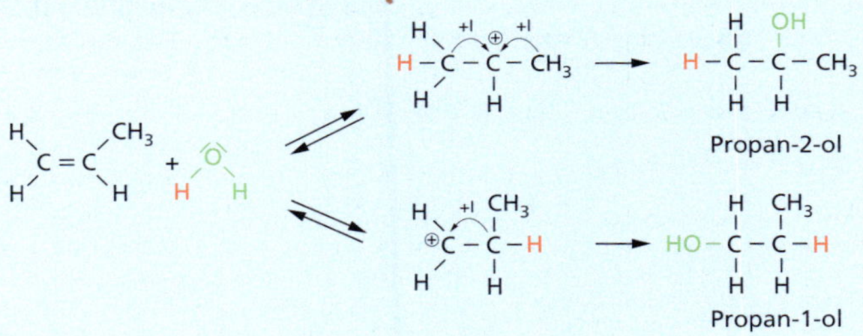

Einfluss der Reaktionsbedingungen auf die Produktverteilung
Die Produktverteilung von Konkurrenzreaktionen kann über die Reaktionstemperatur, den Einsatz von Katalysatoren (↗ S. 153) oder das verwendete Lösungsmittel gesteuert werden. Auch über die Einstellung des *pH*-Werts der Lösung kann die Lage von Reaktionsgleichgewichten beeinflusst werden.

Selbst die Einstellung eines thermodynamischen Gleichgewichts kann als Konkurrenz zwischen Hin- und Rückreaktion betrachtet werden.

NaOH, basisches Milieu →

$$C_2H_5Br + OH^- \rightleftharpoons C_2H_5OH + Br^-$$

← HBr, saures Milieu

Die elektrophile Substitution am Aromaten (S_EAr)

Aromatische Verbindungen (↗ S. 281) sind durch das π-Elektronensystem elektronenreiche Verbindungen, die mit Elektrophilen reagieren. Bei der **elektrophilen Substitution** wird der aromatische Zustand durch die Abgabe eines Protons wieder hergestellt.

Mechanistisch verläuft die elektrophile Substitution über drei Einzelschritte. Vorgelagert ist häufig die Bildung des elektrophilen Reagenz.

1. Das positive Brom-Ion (Bromonium-Ion) nähert sich dem π-Elektronensystem, es besteht eine Wechselbeziehung, der Komplex heißt ***π*-Komplex.**
2. Das Bromonium-Ion bildet eine Bindung zu einem Kohlenstoff-atom des Aromaten aus. Dies geschieht auf Kosten eines Elektronenpaars aus dem π-Elektronen-system. Die positive Ladung im Aromaten (Phenonium-Ion) wird über die fünf sp^2-hybridisierten Kohlenstoffatome verteilt. Der Komplex heißt ***σ*-Komplex.**
3. Der σ-Komplex stabilisiert sich durch Abgabe eines Protons. Das ehemalige Bindungselektronenpaar der C–H-Bindung wird in das π-Elektronensystem zurückgegeben.

Die **elektrophile Substitution** an Aromaten ist die wichtigste Reaktion zur Synthese substituierter Benzene. **Benzen** kann als Rohstoff aus Erdöl (↗ S. 409) gewonnen werden.

Durch die Verteilung der positiven Ladung über 5 Kohlenstoffatome ist der σ-Komplex ein Energieminimum. Die Aktivierungsenergie zur Deprotonierung ist relativ klein. Der Energiegewinn bei der Produktbildung resultiert aus der Wiederherstellung des aromatischen Zustandes.

Katalytische Bromierung von Benzen

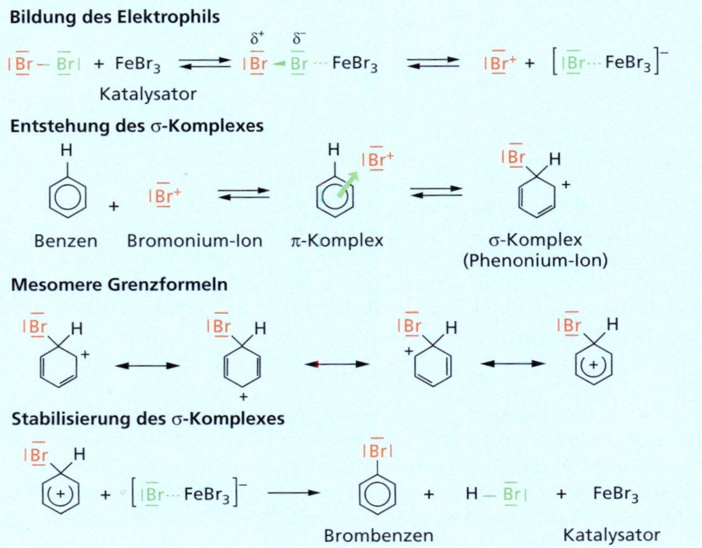

Durch die Elektronenlücke im Eisen(III)-bromid (LEWIS-Säure) kann noch ein Elektron aufgenommen werden. Molekulares Brom wird heterolytisch gespalten und liegt im Gleichgewicht als Br^+ und $FeBr_4^-$ vor.

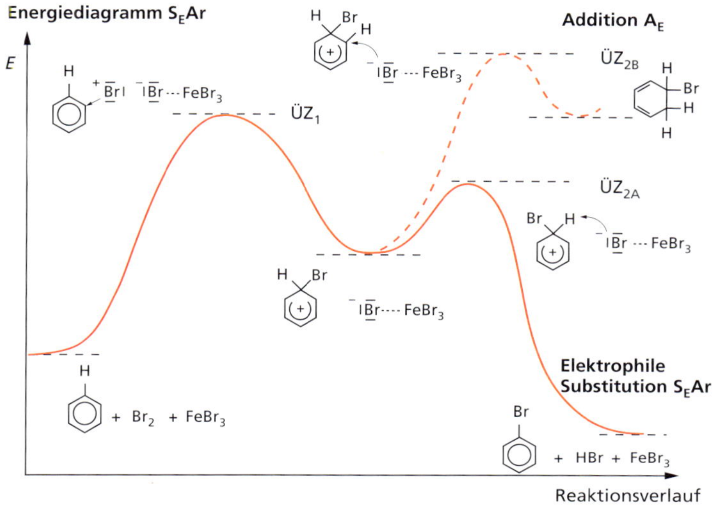

Die elektrophile Addition (↗ S. 269) ist als Konkurrenzreaktion zur **elektrophilen Substitution** zu betrachten. Sie findet aber nicht statt, da erstens die Aktivierungsenergie zu hoch ist und zweitens die Mesomerieenergie des Aromaten (↗ S. 282) nicht zurückgewonnen wird.

Die elektrophile Zweitsubstitution am Aromaten (S_EAr)

Bei der Einführung eines zweiten Substituenten am Benzenkern können drei stellungsisomere Verbindungen (↗ S. 252) entstehen. Das Beispiel zeigt die Einführung eines zweiten Bromatoms.

Die IUPAC-Nomenklatur bezeichnet die entsprechenden Stellungen durch arabische Ziffern. Gebräuchlich sind aber auch die Bezeichnungen *ortho-*, *meta-* oder *para-*Dibrombenzen.

Elektrophile Zweitsubstitution am Brombenzen

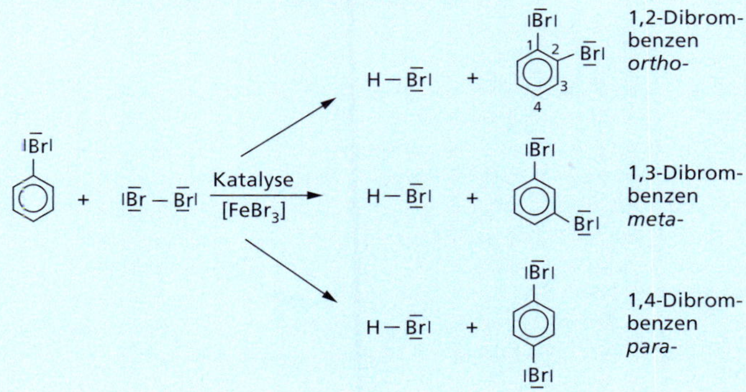

Sowohl die Reaktivität des Aromaten als auch der Ort der Zweitsubstitution sind abhängig von der elektronischen Struktur des Erstsubstituenten. Wird durch den Substituenten die Elektronendichte am Aromaten und damit dessen Reaktivität erhöht, spricht man von der **aktivierenden Wirkung des Substituenten**. Zieht der Substituent Elektronendichte aus dem Aromaten, wird dieser deaktiviert.

Die Ursache liegt darin, dass die Bildung des σ-Komplexes (↗ S. 266) auf einem elektrophilen Angriff auf das aromatische System beruht, der durch die Erhöhung der Elektronendichte im Aromaten beschleunigt wird. Deshalb erhöhen alle Substituenten mit einem +I- bzw. +M-Effekt die Reaktivität gegenüber unsubstituiertem Benzen, da durch sie die Elektronendichte im Aromaten zunimmt. Alle Substituenten mit einem –I- bzw. –M-Effekt senken die Reaktivität gegenüber Benzen.

Substituenten mit +M-Effekt erhöhen die Elektronendichte in *ortho*- oder *para*-Stellung.

Wirkung des Erstsubstituenten auf die Reaktivität des Aromaten

Reaktivität wirdgesenkt	Reaktivität wird erhöht
–I, –Br, –Cl, $-NO_2$, –COOH, –CHO,	–Alkyl, $-NH_2$, –OH, –OR

Substituenten mit +I-Effekt stabilisieren den σ-Komplex in *ortho*- oder *para*-Position des Aromaten.

Einfluss des Substituenten auf Reaktivität und Zweitsubstitution

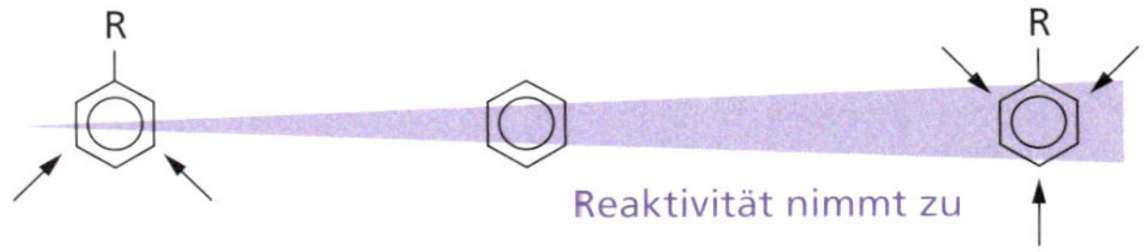

⟶ Ort der Zweitsubstituion

Substituenten mit –M- oder –I-Effekten wie die Nitro-Gruppe führen zu einer verringerten Elektronendichte in *ortho*- oder *para*-Position des Aromaten. Deshalb erfolgt ein elektrophiler Angriff nur in der *meta*-Position.

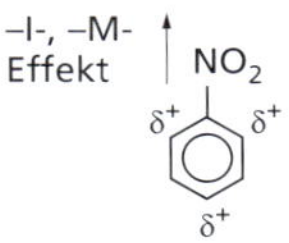

Wirkung des Erstsubstituenten auf den Ort der Zweitsubstitution

Substituenten zweiter Ordnung *meta*-Position	Substituenten erster Ordnung *ortho*- bzw. *para*-Position
$-NO_2$, –COOH, –CHO, –CN, $-SO_3H$	–Alkyl, $-NH_2$, –OH, –OR, –I, –Br, –Cl

Nitririerung am Nitrobenzen

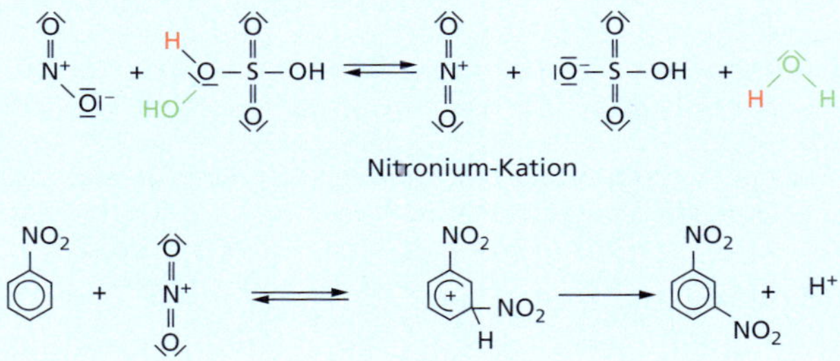

In einem vorgelagerten Gleichgewicht bildet sich das Nitronium-Kation als elektrophiles Reagenz. Dies geschieht durch die Abspaltung der OH-Gruppe aus der Salpetersäure als Wasser. Der elektrophile Angriff des Nitronium-Ions in *meta*-Stellung führt zum σ-Komplex. Die abschließende Deprotonierung ergibt das nitrierte Produkt.

Additionen

> **Additionen** sind Anlagerungen von Reagenzien an Substrate, die über mindestens eine Mehrfachbindung verfügen. Auf Kosten der Mehrfachbindung werden zwei neue σ-Bindungen gebildet.

Elektrophile Additionen (A_E) sind wesentlich häufiger als radikalische Additionen (A_R), die nach einem anderen Mechanismus ablaufen.

Aufgrund ihrer p-p-π-Bindungen (↗ S. 84) sind ungesättigte Verbindungen elektronenreiche Substrate und werden durch Elektrophile angegriffen. Anders als bei den Aromaten ist mit der Ausbildung der neuen σ-Bindungen ein Energiegewinn verbunden, sodass die **elektrophile Addition (A_E)** die bevorzugte Reaktion der Alkene und Alkine ist.

Elektrophile Addition (A_E) von Halogenwasserstoffen

Die elektrophile Addition verläuft in zwei Schritten.

1. Angriff des Protons als Elektrophil auf die Doppelbindung unter Bildung des Carbo-Kations. Dabei lagert sich das Proton immer an dem Kohlenstoffatom der Doppelbindung an, an dem die meisten Wasserstoffatome gebunden sind **(MARKOVNIKOV-Regel).**
2. Das Bromid-Ion reagiert mit dem Carbo-Kation zum 2-Brompropan.

MARKOVNIKOV-Regel: Im ersten Reaktionsschritt wird das durch viele Alkylgruppen stabilisierte Carbo-Kation gebildet.

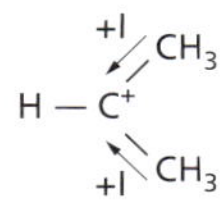

Hydrobromierung von Propen

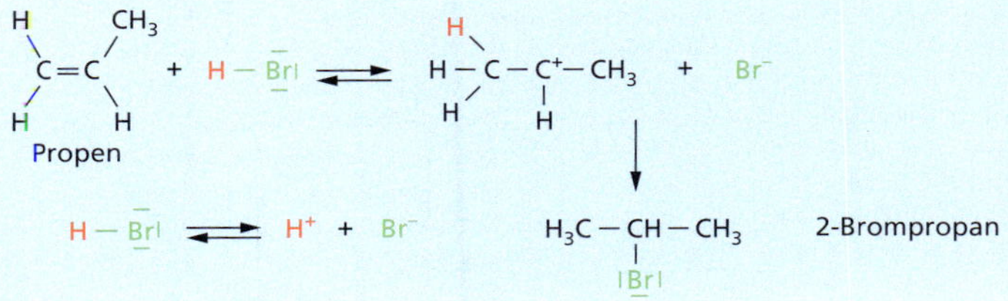

Elektrophile Addition (A_E) von Brom

Die Addition verläuft in drei Schritten:

1. Das Brommolekül nähert sich der elektronenreichen Doppelbindung und bildet einen π-Komplex. Dabei wird die Atombindung im Brommolekül polarisiert.
2. Das Brommolekül wird heterolytisch gespalten, es bildet sich ein Bromonium-Ion und ein Bromid-Anion.
3. Das Bromid-Ion greift das Bromonium-Ion von der Rückseite nucleophil an, es entsteht ein 1,2-Dibromalkan.

Nur durch die Bildung des π-Komplex mit der C=C-Doppelbindung wird das Brommolekül zum Elektrophil.

Bromierung von Ethen

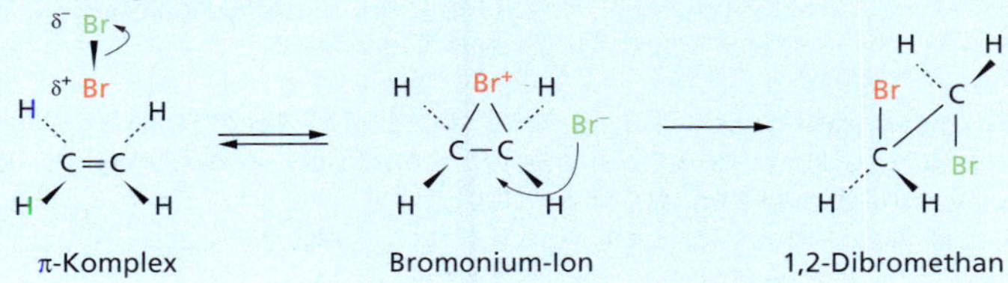

Eliminierungen

Bei der **Eliminierung** werden aus einem Substrat Atome oder Atomgruppen unter Bildung einer Mehrfachbindung abgespalten. Sie ist damit die Rückreaktion der Addition. Ähnlich wie bei den S_N-Reaktionen gibt es einen E1- und einen E2-Mechanismus.

Basische Dehydrochlorierung von Chlorethan (E2)

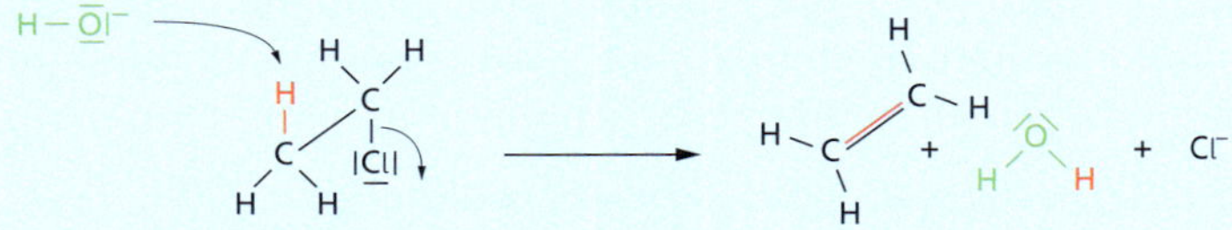

Chlorethan Ethen

Als Konkurrenzreaktion zur bimolekularen Eliminierung ist die nucleophile Substitution S_N2 zu beobachten (↗ S. 255).

Das Hydroxid-Ion greift als Base am Wasserstoffatom des benachbarten Kohlenstoffatoms (C_2) an und spaltet dieses unter Bildung von Wasser ab. Am Kohlenstoffatom verbleibt das ehemalige Bindungselektronenpaar. Dieses bildet eine Doppelbindung zum C_1-Kohlenstoffatom aus und drückt dabei das Chlorid-Ion als Abgangsgruppe heraus.

Saure Dehydratisierung von Alkoholen zu Alkenen (E1)

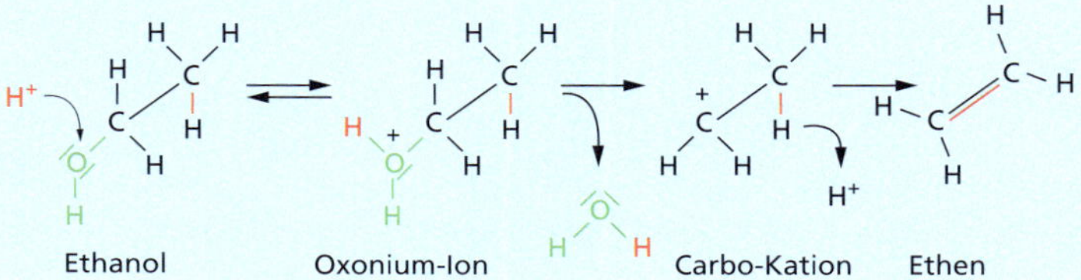

Ethanol Oxonium-Ion Carbo-Kation Ethen

Unter stark sauren Bedingungen können Alkohole zu Alkenen dehydratisiert werden. Dabei findet eine monomolekulare Reaktion (E1) statt, die über das Carbo-Kation als Zwischenstufe verläuft.
Protonen aus der meist schwefelsauren Lösung können sich mit einem freien Elektronenpaar am Sauerstoffatom der Hydroxy-Gruppe verbinden. Unter Mitnahme des Bindungselektronenpaars wird Wasser abgespalten und es verbleibt ein Carbo-Kation. Dieses stabilisiert sich durch Abspaltung eines Protons unter Ausbildung der Doppelbindung.
Es wird kaum eine Konkurrenzreaktion (S_N1) beobachtet, da das entstehende Wasser durch Schwefelsäure zum Oxonium-Ion, H_3O^+, protoniert wird und so als Nucleophil nicht zur Verfügung steht. Auch das Hydrogensulfat-Anion zeigt keine nucleophile Aktivität.

Dehydrierung heißt Abspaltung von molekularem Wasserstoff. Dehydratisierung heißt Abspaltung von Wasser. Beide Reaktionen sind Eliminierungen.

Die **Dehydrierung** ist ein Spezialfall der Eliminierung. Technisch wird diese durch Katalysatoren beschleunigte Reaktion zur Synthese von Alkenen aus Alkanen benutzt (↗ S. 275).

$$HC_3-CH_3 \xrightarrow{\text{Kat.}} H_2C=CH_2 + H_2$$

Reaktionen an der Carbonyl- bzw. Carboxy-Gruppe

Die Carbonyl- und die Carboxy-Gruppe sind **funktionelle Gruppen**, die über zwei reaktive Zentren verfügen. Der Sauerstoff ist elektronenreich – hier können Elektrophile angreifen. Am positivierten Kohlenstoffatom ist ein nucleophiler Angriff möglich.

Da die Reaktionen der Carbonyl- Verbindungen oft sehr speziell sind, werden die Reaktionen im Kapitel 9.4 (↗ S. 289 ff.) besprochen.

Der Angriff eines Protons als Elektrophil auf den Sauerstoff führt nur zu einer Aktivierung des Carbonylkohlenstoffatoms. Deshalb werden viele Carbonylreaktionen unter saurer Katalyse durchgeführt.

Reaktion mit einem Elektrophil

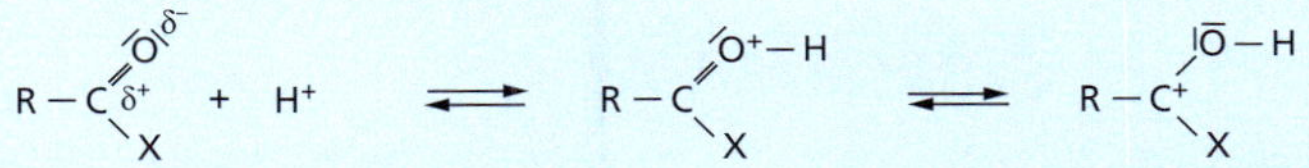

X = R: Ketone, X = OH: Carbonsäuren, X = H: Aldehyde

Alle Carbonyl- und Carboxy-Verbindungen reagieren mit Nucleophilen. Der erste Reaktionsschritt an einer Carbonyl-Gruppe (Aldehyde und Ketone) und an einer Carboxy-Gruppe (Carbonsäuren und Carbonsäurederivate) ist gleich.
Die Umsetzung von Aldehyden mit einem Alkohol führt in einer **nucleophilen Addition** zu den stabilen Halbacetalen. Monosaccharide wie Glucose (↗ S. 313) bilden durch diese Reaktion ringförmige Strukturen aus, da die offenkettige Form der Glucose sowohl über Hydroxy-Gruppen als auch über die Aldehydgruppe verfügt.
Bei der Umsetzung einer Carbonsäure entsteht bei der nucleophilen Addition ein ähnliches Produkt, allerdings sind am gesättigten Kohlenstoffatom zwei Hydroxy-Gruppen gebunden. Dieses Zwischenprodukt ist instabil und erst durch die Abspaltung von Wasser wird in einem zweiten Schritt der stabile Ester gebildet. Aufgrund der Wasserabspaltung bezeichnet man die **Veresterung** (↗ S. 308) auch als **Kondensation.**

An Carbonyl- und Carboxy-Gruppen sind auch Redoxreaktionen möglich, z. B. die Oxidation von Aldehyden (↗ S. 302).

Reaktion mit einem Nucleophil

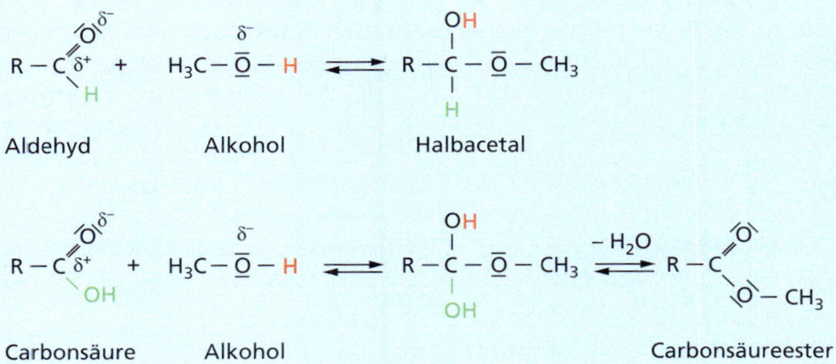

Polymerisationen, Polyadditionen und **Polykondensationen** sind spezielle Reaktionstypen zur Synthese von makromolekularen Stoffen (↗ S. 346 ff.).

9.2 Aliphatische Kohlenwasserstoffe

9.2.1 Nomenklatur aliphatischer Kohlenwasserstoffe

Der Name aliphatisch kommt aus dem Griechischen (griech. *aleiphar* = Salbenöl, Fett).

Kohlenwasserstoffe sind organische Verbindungen, die aus den Elementen Kohlenstoff und Wasserstoff bestehen. Je nach Art der Verknüpfung der Kohlenstoffatome unterscheidet man verschiedene Gruppen von Kohlenwasserstoffen. **Aliphatische Kohlenwasserstoffe** ist die Sammelbezeichnung für kettenförmige, verzweigte und unverzweigte Kohlenwasserstoffe.

Einteilung ausgewählter Kohlenwasserstoff-Gruppen

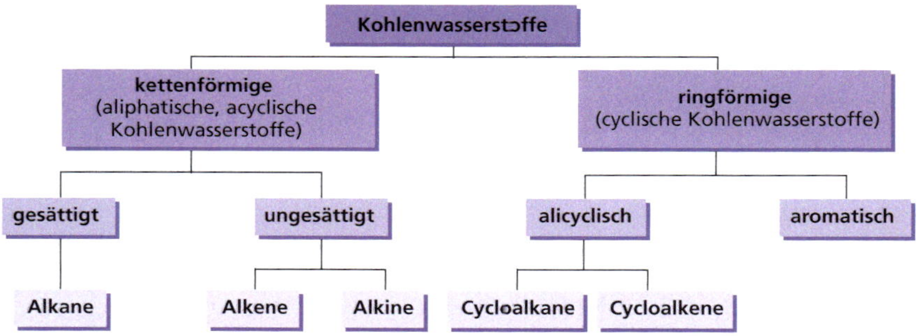

Namensbildung bei gesättigten Kohlenwasserstoffen

Die verschiedenen Möglichkeiten der Verknüpfung der vierbindigen Kohlenstoffatome führt zu einer Vielzahl von Kohlenwasserstoffen. Um aus dem Namen der Verbindung die Struktur ermitteln und so z. B. Isomere (↗ S. 252) unterscheiden zu können, wurden von der IUPAC verbindliche Regeln zur Nomenklatur der Kohlenwasserstoffe eingeführt.

Unverzweigte Alkane

Bei **gesättigten Kohlenwasserstoffen** sind die Kohlenstoffatome ausschließlich über **Einfachbindungen** miteinander verknüpft (↗ S. 82). Die Namensbildung erfolgt aus dem Stamm eines Zahlwortes und der Endsilbe „-an". Das Zahlwort bezeichnet die Anzahl der Kohlenstoffatome in einer durchgehenden, unverzweigten Kette und das Suffix „-an" besagt, dass die Verbindung keine Mehrfachbindung enthält. Diese gesättigten kettenförmigen Kohlenwasserstoffe heißen **Alkane**, z. B. Methan (CH_4) oder Ethan (C_2H_6).

n	Name	n	Name	n	Name
1	Methan	5	Pentan	9	Nonan
2	Ethan	6	Hexan	10	Decan
3	Propan	7	Heptan	11	Undecan
4	Butan	8	Octan	12	Dodecan

(n = Gesamtzahl der Kohlenstoffatome in der Kette)

Die entsprechenden durch den Wegfall eines Wasserstoffatoms entstandenen Gruppen der gesättigten kettenförmigen Kohlenwasserstoffe tragen anstelle der Endsilbe „-an" das Suffix „-yl" (Alkylgruppe).

n	Name	Summenformel	n	Name	Summenformel
1	Methyl	$-CH_3$	5	Pentyl	$-C_5H_{11}$
2	Ethyl	$-C_2H_5$	11	Undecyl	$-C_{11}H_{23}$

Die vollständigen Nomenklaturregeln der IUPAC findet man im Internet unter *www.acdlabs.com* oder *www.iupac.com*

Verzweigte Alkane
Verzweigte Alkane werden als Substitutionsprodukte unverzweigter Alkane betrachtet und die Seitenkette als Alkylsubstituent angesehen, der an ein bestimmtes Kohlenstoffatom der Hauptkette gebunden ist. Als Hauptkette wird zuerst die durchgehende Kette mit den meisten Kohlenstoffatomen bestimmt.

Existieren zwei Ketten mit der gleichen Anzahl von Kohlenstoffatomen, dann ist die Hauptkette:
- die Kette mit den meisten Seitenketten oder
- die Kette mit den niedrigsten Ziffern für die Seitenketten oder
- die Kette mit den am wenigsten verzweigten Seitenketten.

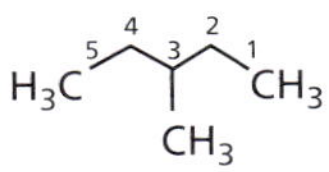

3-Methylpentan

Die Seitenketten werden mit ihren Gruppennamen in alphabetischer Reihenfolge vor dem Stammnamen genannt. Der Ort der Verzweigung wird mit arabischen Ziffern angegeben und steht vor dem dazugehörigen Substituenten. Jede Seitenkette erhält ihre eigene Ziffer.

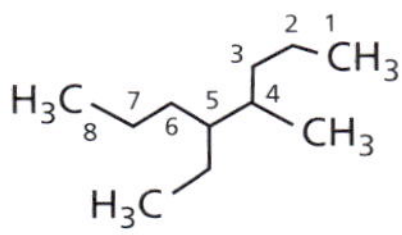

5-Ethyl-4-methyloctan

Tritt eine Seitenkette mehrmals im Molekül auf, wird dieses durch die Präfixe „di-", „tri-", „tetra-" usw. angezeigt.

Die alphabetische Reihenfolge der Seitenketten im Molekülnamen wird durch den ersten Buchstaben des Gruppennamens bestimmt, Präfixe wie „di-", „tri-" usw. werden nicht berücksichtigt.

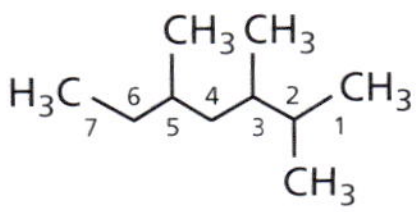

2,3,5-Trimethylheptan

Die Nummerierung der Hauptkette wird so gewählt, dass sich für die Seitenketten möglichst niedrige Stellenangaben ergeben.

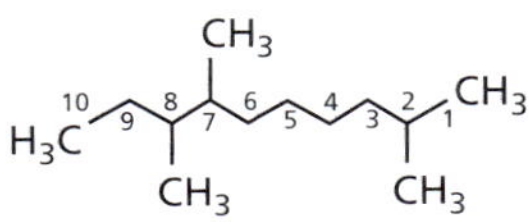

2,7,8-Trimethyldecan
(nicht 3,4,9-Trimethyldecan)

Namensbildung bei ungesättigten Kohlenwasserstoffen

Vor einem Konsonanten wird zwischen Stamm und vervielfachendem Zahlwort der Buchstabe „a“ eingeschoben: „-adien“; „-atrien“, „-ateraen“ usw.

Bei **ungesättigten Kohlenwasserstoffen** sind zwei oder mehr benachbarte Kohlenstoffatome durch Mehrfachbindungen verbunden (↗ S. 84). Bei den **Alkenen** ist dies eine C=C-Doppelbindung, die durch die Endsilbe „-en“ im Namen des Kohlenwasserstoffes gekennzeichnet wird.

$H_2C=CH_2$ Ethen (Ethylen)

Kommen im Molekül zwei oder mehr Doppelbindungen vor, wird das durch das vervielfachende Zahlwort vor der Endsilbe „-en“ verdeutlicht.

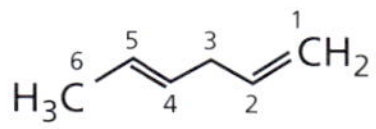

Hexa-1,4-dien

Wahl der Hauptkette bei Alkenen und Alkinen (Reihenfolge):
- die Kette mit der größten Anzahl an Doppel- und Dreifachbindungen oder
- die Kette mit der größten Zahl an C-Atomen oder
- die Kette mit den meisten Seitenketten.

Die Lage der Doppelbindung wird durch eine Zahl angegeben. Diese bezeichnet dasjenige Kohlenstoffatom, von dem die Doppelbindung ausgeht. Die Zahl steht direkt vor dem Suffix. Die Nummerierung erfolgt so, dass die Doppelbindung die niedrigste Stellenangabe erhält.

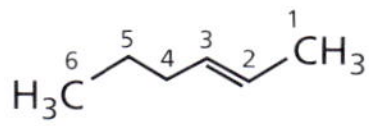

Hex-2-en

Analog zu den Alkanen werden verzweigte ungesättigte Kohlenwasserstoffe als Derivate von unverzweigten Alkenen benannt.

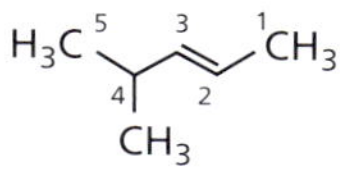

4-Methylpent-2-en

Enthalten Kohlenwasserstoffe sowohl Doppel- als auch Dreifachbindungen, erfolgt die Benennung so, dass die Silbe „-an“ im Namen des entsprechenden Alkans durch „-enin“, „-adienin“ usw. ersetzt wird.

Die Dreifachbindung als Strukturmerkmal der **Alkine** wird durch die Endsilbe „-in“ gekennzeichnet, die an den Stammnamen des entsprechenden Kohlenwasserstoffes angehängt wird.

$HC\equiv CH$ Ethin

Kommen im Molekül zwei oder mehr Dreifachbindungen vor, wird das durch das vervielfachende Zahlwort vor der Endsilbe „-in“ verdeutlicht. Die Lage der Dreifachbindung wird durch eine Zahl angegeben, die dasjenige Kohlenstoffatom bezeichnet, von dem die Dreifachbindung ausgeht. Die Nummerierung erfolgt auch hier so, dass die Dreifachbindung die niedrigste Stellenangabe erhält.

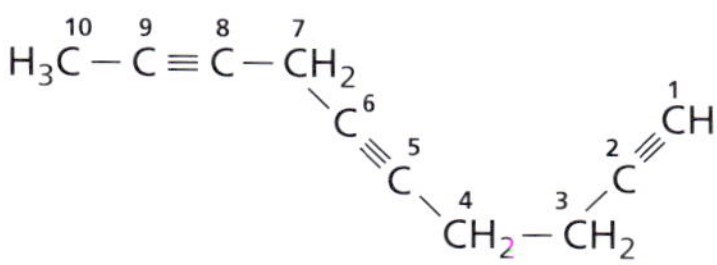

Deca-1,5,8-triin

9.2.2 Gesättigte kettenförmige Kohlenwasserstoffe

Kohlenwasserstoffe, die in ihren Molekülen zwischen den Kohlenstoffatomen ausschließlich Einfachbindungen besitzen, nennt man **gesättigte Kohlenwasserstoffe** bzw. **Alkane.** Unverzweigte Alkane bilden eine **homologe Reihe** der Zusammensetzung C_nH_{2n+2}.

Alkane sind die Hauptbestandteile des Erdöls. Sie werden durch Erdölraffination in hochwertiges Benzin und andere Erdölprodukte umgewandelt.

Eine homologe Reihe ist eine Folge von Verbindungen einer Stoffklasse, bei der sich die Molekülformeln zweier aufeinander folgender Glieder in der Reihe durch eine bestimmte Gruppe, meist die $-CH_2$-Gruppe, unterscheiden.

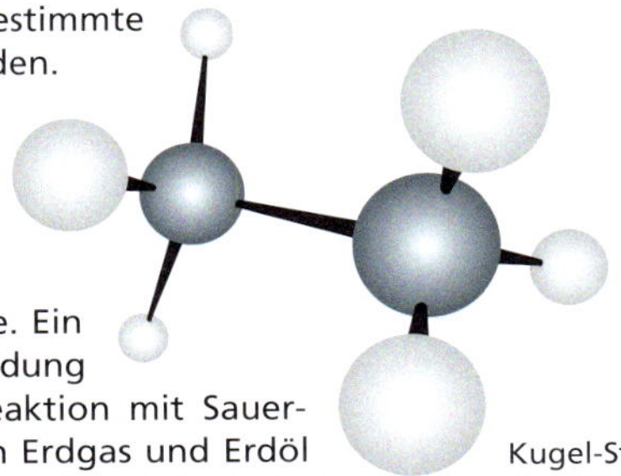

Kugel-Stab-Modell des Ethanmoleküls

Chemische Reaktionen der Alkane

Aufgrund der relativ starken Atombindung zwischen den Kohlenstoff- und Wasserstoffatomen sind die Alkane sehr reaktionsträge. Ein deutlicher Energiegewinn durch die Neubildung einer Bindung ergibt sich aber bei der Reaktion mit Sauerstoff. Diese findet bei der Verbrennung von Erdgas und Erdöl (↗ S. 205) statt und deckt mehr als 60 % des Energiebedarfs in der Bundesrepublik.

$$CH_4 + 2\,O_2 \longrightarrow CO_2 + 2\,H_2O \qquad \Delta_C H^0 = -890\ \text{kJ} \cdot \text{mol}^{-1}$$

Ein weiterer Grund für die Reaktionsträgheit der Alkane ist die geringe Polarität der kovalenten Bindung zwischen Kohlenstoff (EN = 2,5) und Wasserstoff (EN = 2,1). Außerdem verfügt Kohlenstoff als Element der 2. Periode nicht über freie d-Orbitale, an die sich eine LEWIS-Base anlagern könnte, sodass ein Angriff polarer Reagenzien sehr schwierig ist.
Daher ist eine hohe Aktivierungsenergie (↗ S. 147) zur Lösung der C–H-Bindungen erforderlich, die jedoch von reaktionsfreudigen Halogenen aufgebracht wird. Die **Halogenierung** der Alkane verläuft nach dem Mechanismus der **radikalischen Substitution, S_R** (↗ S. 258).

$$CH_4 + Cl_2 \longrightarrow CH_3Cl + HCl \qquad \text{Substitution}$$

Bei der Halogenierung entstehen Halogenalkane (↗ S. 290) wie die Fluorchlorkohlenwasserstoffe.

Eine weitere Möglichkeit, die Alkane zur Reaktion zu bringen, besteht darin, die Aktivierungsenergie durch den Einsatz von Katalysatoren zu senken. Diese Möglichkeit nutzt man bei der **katalytischen Dehydrierung** und der **Isomerisierung** von Alkanen.

$$CH_3{-}CH_3 \xrightarrow{\text{Kat.}} CH_2{=}CH_2 + H_2 \qquad \text{Eliminierung}$$

$$CH_3{-}CH_2{-}CH_2{-}CH_3 \xrightarrow{\text{Kat.}} CH_3{-}\underset{\displaystyle CH_3}{\underset{|}{C}H}{-}CH_3 \qquad \text{Isomerisierung}$$

Alkane werden technisch aus Erdöl (↗ S. 404 ff.) oder durch **Kohleveredlung** gewonnen. Das Verfahren der Kohleverflüssigung wurde 1927 von FRIEDRICH BERGIUS (1884–1949) entwickelt.

Methan ist Hauptbestandteil des **Erdgases** mit einem Anteil von bis zu 99 %.

Eigenschaften und Verwendung

Infolge ihrer unpolaren Struktur sind Alkane in Wasser praktisch unlöslich, in anderen Alkanen und unpolaren Lösungsmitteln wie Toluen jedoch gut löslich. Aufgrund ihrer schlechten Wasserlöslichkeit bezeichnet man die gesättigten Kohlenwasserstoffe als **hydrophob** (Wasser meidend). Mit Fetten sind die unpolaren aliphatischen Verbindungen jedoch gut mischbar und zählen deshalb zu den **lipophilen,** d. h. Fett liebenden Substanzen (*lipos:* griech. = fett).

Zwischen den Molekülen wirken VAN-DER-WAALS-Kräfte (↗ S. 98). Diese nehmen mit steigender Elektronenanzahl der Moleküle zu, sodass auch die Siedetemperaturen der Alkane innerhalb der homologen Reihe zunehmen. Aus dem gleichen Grund steigt auch die **Viskosität** der Alkane mit wachsender Kettenlänge. Deshalb werden Gemische mittlerer und höherer Alkane als Schmieröle oder Schmierfette verwendet.

Höhere Alkane mit mehr als 16 Kohlenstoffatomen sind fest und werden als Vaseline, Grundlagen für pharmazeutische Produkte oder Kerzenwachse genutzt. Die flüssigen mittleren Alkane (C_5 bis C_{16}) sind Hauptbestandteile von Vergaserkraftstoffen, Diesel- und Heizölen.
Die niederen Alkane (C_1 bis C_4) sind bei Raumtemperatur gasförmig und werden in erster Linie als Heizgase zur Energiegewinnung genutzt. Der wichtigste Vertreter ist Methan, das außerdem ein wertvoller Rohstoff für viele großtechnische Synthesen ist.

Alkan	Eigenschaften	Vorkommen	Verwendung
Methan CH_4 Sdp.: –161,5 °C	– bei Zimmertemperatur gasförmig – farblos – geruchlos – brennen mit schwach leuchtender Flamme – bilden mit Luft explosive Gemische – in Wasser kaum löslich – löslich in Ether und Ethanol – chemisch relativ reaktionsträge	– im Erdgas der Erdölquellen – als Grubengas – als Einschlüsse in Steinkohleflözen – in Darmgasen von Wiederkäuern und im Sumpfgas	– Heizgas und Stadtgas – Herstellung von Wasserstoff und Synthesegas – Ausgangsstoff zur Herstellung von Methanol, Methanal, Ethin u. a. – Herstellung von Ruß für die Kautschukindustrie
Ethan CH_3-CH_3 Sdp.: – 88,6 °C		– im Erdgas – in Abgasen der Erdölverarbeitung	– Heizgas – Herstellung von Ethen
Propan $CH_3-CH_2-CH_3$ Sdp.: – 42,1 °C		– im Erdgas – als Produkt bei der Erdölraffination	– Ausgangsstoff in der Petrochemie – Treibmittel für Aerosole – Brenngas (Flüssiggas)

Kalottenmodelle der Isomere des Butans

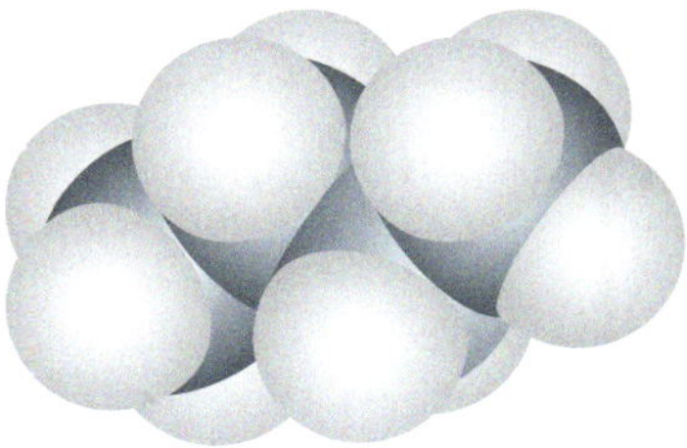

n-Butan

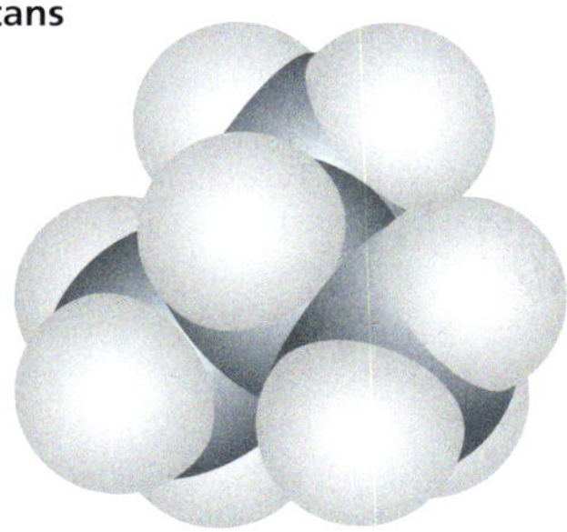

2-Methylpropan

In den Alkanen liegt das Kohlenstoffatom ausschließlich sp^3-hybridisiert vor. Aufgrund des Bindungswinkels von 109° bilden die höheren Alkane längere Zick-Zack-Ketten aneinander gereihter Tetraeder (↗ S. 83).
Mit zunehmender Molekülgröße ergeben sich jedoch viele unterschiedliche Möglichkeiten der Verknüpfung der Kohlenstoffatome.
Für Butan existieren zwei Verbindungen gleicher Summenformel mit unterschiedlicher Struktur, das n-Butan und das 2-Methylpropan. Bei höheren Homologen steigt die Zahl dieser **Isomere** rasch an. So lassen sich vom Dodecan bereits 355 Konstitutionsisomere (↗ S. 252) ableiten. Aufgrund ihrer unterschiedlichen Struktur sind die chemischen und physikalischen Eigenschaften der einzelnen Isomere zwar ähnlich, aber nicht völlig identisch.
Die unterschiedlichen chemischen Eigenschaften der Isomere sind z. B. für die Qualität von Kraftstoffen (↗ S. 407) von großer Bedeutung.

Eine besondere Gruppe der Alkane sind die Cycloalkane. Diese ringförmigen, gesättigten Kohlenwasserstoffe bilden eine homologe Reihe der Zusammensetzung C_nH_{2n}.

Eigenschaften und Verwendung der Isomere des Pentans

Isomer	Eigenschaften	Verwendung
n-Pentan $CH_3-CH_2-CH_2-CH_2-CH_3$	– Smp.: –130 °C; Sdp.: 36 °C – farblos, brennbar – wasserunlöslich	– Lösungsmittel – Füllmittel zur Herstellung von Tieftemperaturthermometern
2-Methylbutan (Isopentan) $CH_3-CH_2-CH-CH_3$ $\quad\quad\quad\quad\quad\vert$ $\quad\quad\quad\quad CH_3$	– Smp.: –160 °C; Sdp.: 28 °C – farblos, brennbar – wasserunlöslich	– Herstellung von Chlorkohlenwasserstoffen – Benzinherstellung
2,2-Dimethylpropan $\quad\quad CH_3$ $\quad\quad\vert$ CH_3-C-CH_3 $\quad\quad\vert$ $\quad\quad CH_3$	– Smp.: –17 °C; Sdp.: 9,4 °C – farblos – brennbar – wasserunlöslich – typischer Benzingeruch	– Vergleichssubstanz in der NMR-Spektroskopie

9.2.3 Ungesättigte kettenförmige Kohlenwasserstoffe

Alkene

Ungesättigte Kohlenwasserstoffe enthalten in ihren Molekülen mindestens eine C–C-Mehrfachbindung. Kettenförmige Kohlenwasserstoffe mit einer oder mehreren Doppelbindungen heißen **Alkene.** Sie bilden eine **homologe Reihe** der Summenformel C_nH_{2n}.

Kohlenwasserstoffe mit mehreren Doppelbindungen nennt man Diene und Polyene. Direkt benachbarte Doppelbindungen bezeichnet man als kumulierte, miteinander wechselnde Doppel- und Einfachbindungen als konjugierte Doppelbindungen (↗ S. 84).

Chemische Reaktionen der Alkene

In Alkenen liegen die Kohlenstoffatome, zwischen denen die Doppelbindung besteht, sp^2-hybridisiert in einer Ebene vor. Die π-Elektronen bilden senkrecht dazu eine Ladungswolke, die von einem elektrophilen Reagenz angegriffen werden kann.
Die für Alkene charakteristische Reaktion ist deshalb die **elektrophile Addition, A_E** (↗ S. 269). Diese erfordert nicht die Bildung energiereicher Radikale und läuft im Gegensatz zur radikalischen Substitution bei den Alkanen auch im Dunkeln ab. Trotzdem müssen einige Reaktionen wie die Hydrierung durch geeignete Katalysatoren, z. B. metallisches Nickel beschleunigt werden.
Mit der Neubildung von zwei σ-Bindungen auf Kosten einer Doppelbindung bei Additionsreaktionen ist ein Energiegewinn verbunden, sodass Alkene mit vielen Reagenzien, z. B. Halogenwasserstoffen oder Wasser, thermodynamisch stabilere Produkte bilden.

Im Unterschied zu den Alkanen, die nur mit reinem Brom reagieren können, entfärben die Alkene sehr einfach Bromwasser (↗ S. 428). Diese Reaktion wird als Nachweisreaktion für ungesättigte Kohlenwasserstoffe genutzt.

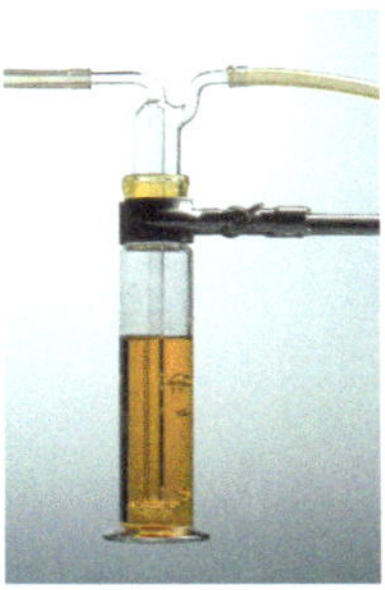

Halogenierung

$$CH_2=CH_2 + Br_2 \longrightarrow CH_2Br-CH_2Br$$

Hydrohalogenierung

$$CH_2=CH_2 + HCl \longrightarrow CH_3-CH_2Cl$$

Hydrierung

$$CH_3-CH=CH-CH_3 + H_2 \xrightarrow{\text{Ni, 500 °C}} CH_3-CH_2-CH_2-CH_3$$

Eine besondere Reaktion der Alkene ist die **Polymerisation**, bei der makromolekulare Verbindungen entstehen, die als Kunststoffe vielfältig verwendet werden (↗ S. 351).

Eigenschaften und Verwendung

Da die Alkene ebenfalls unpolare Kohlenwasserstoffe sind, sind das Lösungsverhalten in Wasser, die Brennbarkeit und die physikalischen Eigenschaften denen der Alkane sehr ähnlich.
Hauptsächlich unterscheiden sich die Alkene in ihrem chemischen Reaktionsverhalten von den Alkanen. Durch Addition oder Polymerisation kommt man leicht zu vielen chemischen Produkten, sodass die Alkene wichtige Ausgangsstoffe für viele großtechnische Synthesen sind.
Sie werden petrochemisch aus Erdöldestillaten durch **Pyrolyse** von Alkanen oder **katalytisches Cracken** hergestellt (↗ S. 406).

Verwendung von Alkenen		
Ethen	**Propen**	**Buten**
– in der Lebensmittelindustrie zum Nachreifen von Obst – zur Herstellung von Kunststoffen, Klebstoffen, Lösungsmitteln – in der pharmazeutischen Industrie	– zur Kunststoffherstellung, z. B. Polypropylen, Polyacrylnitril – in der Benzinherstellung	– Kunststoff- und Synthesekautschukherstellung (Buta-1,3-dien)

Ethen ist ein Phytohormon und hat Einfluss auf verschiedene Stoffwechselvorgänge in Pflanzen. In der Lebensmittelindustrie wird es zur Regulierung von Reifeprozessen bei Obst eingesetzt.

Alkene als Ausgangsstoffe der chemischen Industrie

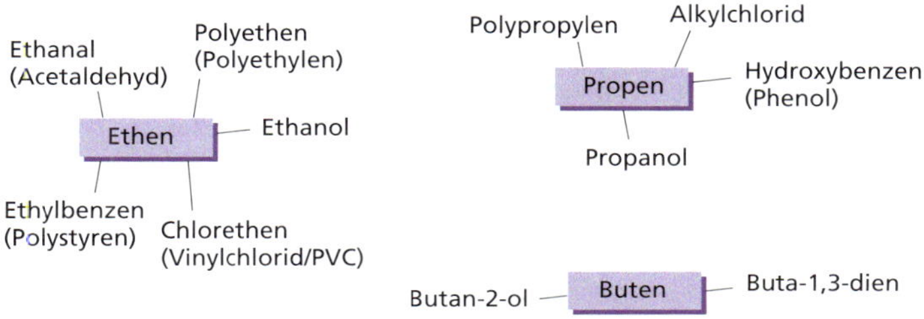

Auch die Alkene bilden Isomere mit geringfügig verschiedenen Eigenschaften. Zusätzlich zu den **Konstitutionsisomeren,** wie But-1-en, But-2-en und Methylpropen werden, bei den Alkenen noch die ***cis-trans*-Isomere** beobachtet. Diese haben die gleiche Konstitution und unterscheiden sich nur in der Anordnung der Substituenten zur Doppelbindung. Bei *trans*-But-2-en stehen die Methyl-Gruppen entgegengesetzt, bei *cis*-But-2-en auf einer Seite der Doppelbindung.

Die *cis-trans*-Isomerie ist ein Spezialfall der Stereoisomerie (↗ S. 254).

Physikalische Eigenschaften der Isomere des Butens	
But-1-en Smp.: –185 °C Sdp.: – 6,3 ς (fl): 0,626 g · cm^{-3} 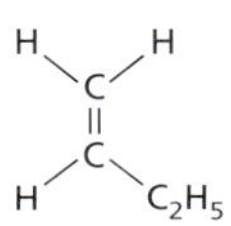	***cis*-But-2-en** Smp.: –139 °C Sdp.: 3,7 °C ς (fl): 0,621 g · cm^{-3} 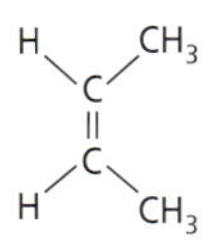
Methylpropen (Isobuten) Smp.: –140 °C Sdp.: – 6,9 °C ς (fl): 0,588 g · cm^{-3} 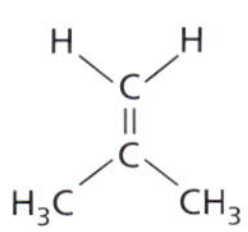	***trans*-But-2-en** Smp.: –106 °C Sdp.: 0,9 °C ς (fl): 0,604 g · cm^{-3} 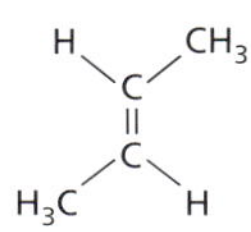

Alkine

Alkine sind kettenförmige Kohlenwasserstoffe, die in ihrem Molekül mindestens eine Dreifachbindung enthalten. Alkine bilden eine **homologe Reihe** mit der allgemeinen Summenformel C_nH_{2n-2}.

Die C–H-Bindung beim Ethin ist polarer als bei anderen Kohlenwasserstoffen, sodass Ethin Protonen abgeben kann und in Wasser schwach sauer reagiert ($pK_S = 22$).

Eigenschaften und Reaktionsverhalten

Der einfachste und technisch wichtigste Vertreter der Alkine ist **Ethin**. Aufgrund seiner Dreifachbindung (↗ S. 85) verfügt Ethin über eine hohe Elektronendichte und reagiert hauptsächlich in elektrophilen Additionsreaktionen, A_E (↗ S. 269).
Die sp-Hybridorbitale sind wegen ihres höheren s-Anteils kleiner als sp^2- bzw. sp^3-Hybridorbitale. Deshalb ist sowohl die Bindungslänge zwischen den Kohlenstoffatomen als auch C–H-Bindung kürzer als im Ethen- und im Ethanmolekül. Die π-Elektronen werden stärker von den Kernen der Kohlenstoffatome angezogen, sodass elektrophile Additionen, z. B. die Bromierung, langsamer ablaufen als bei den Alkenen.

	H_3C-CH_3	$H_2C=CH_2$	$HC\equiv CH$
Hybridisierung des Kohlenstoffs	sp^3	sp^2	sp
C–C-Bindungsenergie in $kJ \cdot mol^{-1}$	348	614	839
C–C-Bindungslänge in pm	154	134	120
H–C–C-Bindungswinkel in Grad	109	121	180

Verwendung und Herstellung

Die Möglichkeit der Addition wird vielfach zur Herstellung von Ausgangsstoffen für die Kunststoffindustrie genutzt. Die Bedeutung der technischen Synthesen aus Ethin nimmt jedoch infolge der Verwendung billigerer Erdölprodukte ab.

Vinylierungen

$HC\equiv CH + HCl \longrightarrow CH_2=CH-Cl$ Vinylchlorid

$HC\equiv CH + HCN \longrightarrow CH_2=CH-CN$ Acrylnitirl

Carbonylierungen z. B. zu Acrylsäure:

$HC\equiv CH + CO + H-OH \longrightarrow H_2C=CH-COOH$

Bei der Verbrennung von Ethin (Acetylen) werden Temperaturen bis 3 000 °C erzeugt, sodass dieses Alkin zum Schweißen eingesetzt wird.

Hergestellt wird Ethin heute hauptsächlich aus Erdgas, entweder durch partielle Oxidation des Methans mit Sauerstoff oder durch Hochtemperaturpyrolyse des Methans.

$$4\,CH_4 + 3\,O_2 \xrightarrow{\text{Kat.}} 2\,HC\equiv CH + 6\,H_2O$$

$$2\,CH_4 \xrightarrow{1\,500\ °C} HC\equiv CH + 3\,H_2$$

9.3 Aromatische Kohlenwasserstoffe

9.3.1 Der aromatische Zustand

Unter den ungesättigten Kohlenwasserstoffen findet man eine Reihe ringförmiger Verbindungen, die sich in ihren Eigenschaften deutlich von den aliphatischen und cyclischen Alkenen und Alkinen unterscheiden. Diese oft aromatisch riechenden Verbindungen reagieren mit Elektrophilen bevorzugt in einer Substitution, S_EAr (↗ S. 266), und nicht wie erwartet werden könnte, in einer elektrophilen Addition.

ERICH HÜCKEL (1894 bis 1973) zeigte durch quantenmechanische Berechnungen, dass ebene cyclische Verbindungen besonders stabil sind, wenn die Zahl der delokalisierten Elektronen der Formel 4n + 2 (n = 0, 1, 2 usw.) entspricht.

Strukturmerkmale aromatischer Verbindungen:
- **Aromaten** sind cyclische Verbindungen.
- Alle Atome des Ringes sind sp^2-hybridisiert und liegen somit in einer Ebene (↗ S. 83).
- Die mit einem Elektron besetzten p-Orbitale stehen senkrecht zu dieser Ebene und überlappen oberhalb und unterhalb der Ebene.
- Die Anzahl der Elektronen in diesen p-Orbitalen muss der **HÜCKEL-Regel** entsprechen und beträgt **4n + 2.**
- Die Elektronen der p-Orbitale sind in einem **π-System** delokalisiert, d. h. über den gesamten Ring verteilt. Die Delokalisierung führt zu einer Energieabsenkung, der **Mesomerieenergie**.

Geometrie des Benzenrings

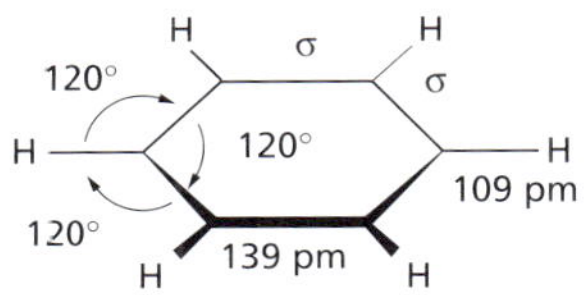

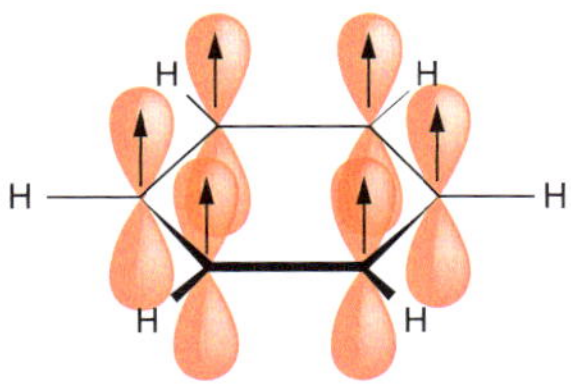

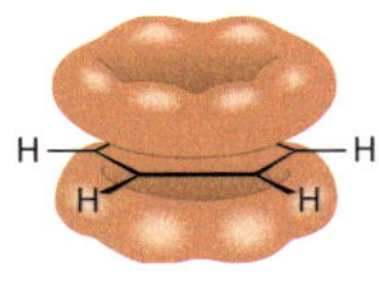

Zur Gruppe der Aromaten gehört als Grundkörper das **Benzen** (Benzol). Die sechs sp^2-hybridisierten Kohlenstoffatome sind in einem planaren Sechseck angeordnet. Alle Bindungswinkel betragen 120°. Die Bindungslänge der C–C-Bindung im Ring liegt mit 139 pm im Bereich der Alkene (134 pm), ist aber kleiner als in Alkanen (154 pm). Es sind sechs ungepaarte Elektronen im Ring, entsprechend der HÜCKEL-Regel (4n + 2) ist n = 1. Durch die C–C-σ-Bindung überlappen auch die p-Orbitale und bilden eine π-Elektronenwolke, das so genannte **Elektronensextett.**

Die Strukturformel von AUGUST VON KEKULÉ (1829–1896) ist nur eine mesomere Grenzstruktur von Benzen. Sie beschreibt den aromatischen Bindungszustand des Benzens nicht exakt, ist aber trotzdem heute noch gebräuchlich.

Strukturvorschläge für Benzen

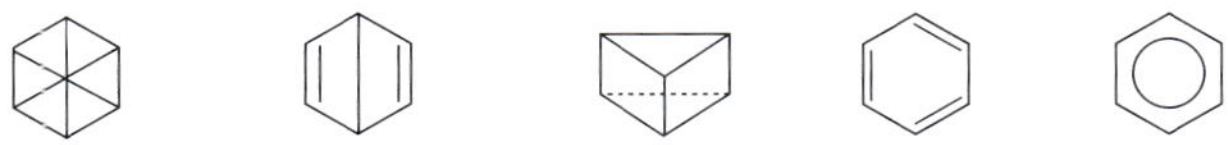

CLAUS (1867) | DEWAR (1867) | LADENBURG (1869) | KEKULÉ (1872) | Heute

Die gegenseitige Überlappung der p-Orbitale führt zu einem gemeinsamen π-System, in dem die Elektronen über den gesamten Ring delokalisiert sind. Daraus resultiert eine Energieabsenkung in Form der **Mesomerie-** oder **Resonanzenergie**.

Hydriert man *eine* C=C-Doppelbindung, wird die Hydrierungswärme von ca. 120 kJ · mol^{-1} frei. Bei 3 Doppelbindungen ergibt sich daraus eine theoretische Hydrierungswärme von $\Delta_H H^0 = -360$ kJ · mol^{-1}.

Einen experimentellen Beweis dieser Stabilisierung liefert die Hydrierungswärme von Benzen. Berechnet man die Hydrierungswärme für das hypothetische Cyclohexa-1,3,5-trien und vergleicht diese mit der experimentell bestimmten Hydrierungswärme von Benzen, findet man eine Energiedifferenz von 151 kJ · mol^{-1}.

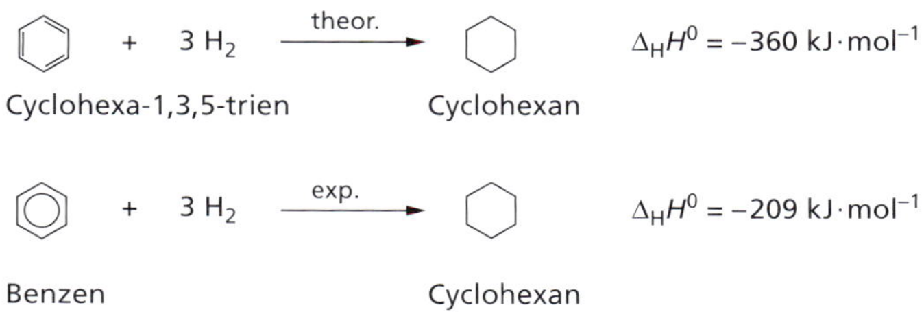

Diese Stabilisierung beeinflusst stark die chemischen Eigenschaften der Aromaten und ist die Ursache dafür, dass elektrophile Reagenzien bevorzugt substituieren und nicht wie bei den Alkenen addiert werden (↗ S. 267). Bei der elektrophilen Substitution am Aromaten, S_EAr, wird das π-System durch den elektrophilen Angriff vorübergehend zerstört, sodass zum Erreichen des Übergangszustands zusätzlich die Mesomerieenergie aufgebracht werden muss.

Die Verteilung der Elektronen über das aromatische System wird durch den Kreis in der Strukturformel besser dargestellt als durch die KEKULÉ-Struktur. Die Delokalisierung der Elektronen führt in allen mesomeren Systemen – nicht nur bei den Aromaten – zu einem Energiegewinn und damit zur Mesomeriestabilisierung.

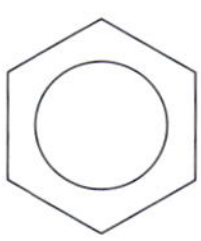

Führt man wie bei den aliphatischen ungesättigten Kohlenwasserstoffen Doppelbindungen ein, sind zwei **mesomere Grenzstrukturen** denkbar: das Cyclohexa-1,3,5-trien **A** und das Cyclohexa-2,4,6-trien **B**. Da im Benzen alle Substituenten Wasserstoffatome sind, sind beide Strukturen gleich, der stabile Zustand des aromatischen Benzenmoleküls liegt also zwischen den beiden hypothetischen mesomeren Grenzstrukturen.

Energiebetrachtung

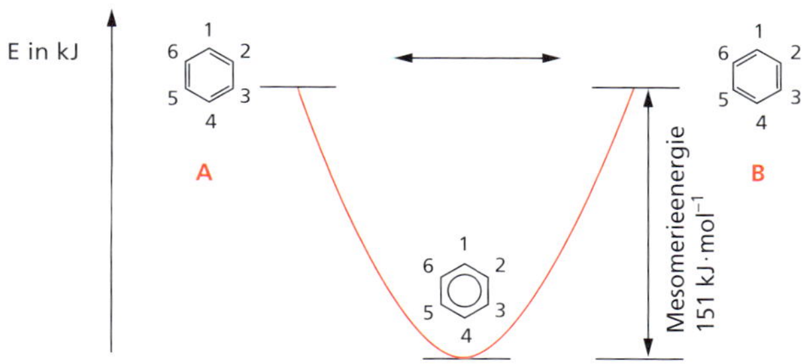

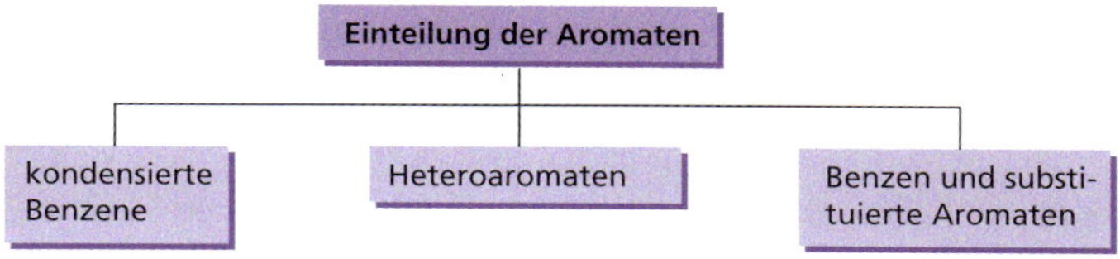

Kondensierte aromatische Kohlenwasserstoffe

Kondensierte Aromaten sind aus mehreren Benzenringen aufgebaut, die entlang der Seiten verknüpft sind. Dadurch werden zwei Kohlenstoffatome von beiden Ringen benutzt. Sie werden auch **po**lycyclische **a**romatische **K**ohlenwasserstoffe (**PAK**) genannt.

Ein anderer Vertreter der PAK mit nachgewiesener mutagener und kanzerogener Wirkung ist **Benzpyren** ($C_{20}H_{12}$). Benzpyren wird im Körper zu einem Alkohol abgebaut. Dieser reagiert mit der DNA, sodass es zu Veränderungen der Erbsubstanz kommen kann.

Polycyclische aromatische Kohlenwasserstoffe

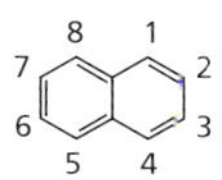

Naphtalin $C_{10}H_8$
10 π-Elektronen

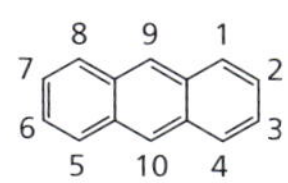

Anthracen $C_{14}H_{20}$
14 π-Elektronen

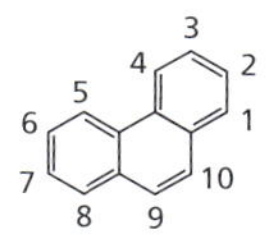

Phenanthren $C_{14}H_{20}$
14 π-Elektronen

Die kondensierten aromatischen Kohlenwasserstoffe sind wasserunlösliche Feststoffe, deren Schmelzpunkt mit der Anzahl der kondensierten Ringe steigt. Verwendung findet **Naphtalin** bei der Herstellung von Farbstoffen, Insektiziden und Pharmazeutika.
PAK sind u. a. im Steinkohlenteer, in Bitumenklebern und im Tabakrauch enthalten. Sie entstehen außerdem bei unvollständigen Verbrennungsprozessen organischer Stoffe, z. B. durch Waldbrände oder Verbrennungsmotoren. Einige Vertreter sind nachweislich Krebs erregend, sodass die Anwendung PAK-haltiger Kleber und Holzschutzmittel (Carbolineum) strengen Richtlinien unterliegt.

Heteroaromaten

Heteroaromaten sind aromatische Verbindungen, bei denen ein oder mehrere Kohlenstoffatome im Ringsystem, z. B. durch Stickstoff, Sauerstoff oder Schwefel (Heteroatome) ersetzt sind.

Bei den 5-gliedrigen **Heteroaromaten** gehört ein freies Elektronenpaar des Heteroatoms zum π-Elektronensextett.

Heteroaromaten

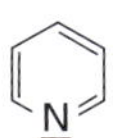

Pyridin

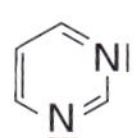

Pyrimidin

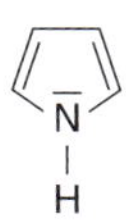

Pyrrol

Furan

Thiophen

Das Benzen

Eigenschaften

Benzen ist eine farblose, leicht bewegliche Flüssigkeit. Durch den hohen Kohlenstoffanteil im Molekül brennt es mit stark rußender Flamme. Mit organischen Lösungsmitteln (Hexan, Ether, Alkohole, Aceton) ist es beliebig mischbar. In Wasser ist das unpolare Benzen fast unlöslich. Benzen ist giftig und erwiesenermaßen kanzerogen.

Vorkommen und Verwendung

Benzen kommt im Erdöl in unterschiedlichen Prozentsätzen vor und wird durch Extraktion und anschließender Destillation, z. B. aus Pyrolysebenzin, abgetrennt (↗ S. 409). Es entsteht außerdem bei der Verkokung von Steinkohle. Benzen ist Lösungsmittel und Ausgangstoff für viele Verbindungen, z. B. Farbstoffe, Insektizide oder Pharmaka. Es dient u. a. zur Herstellung von Kunststoffen.

Reaktionen des Benzens

Die typische Reaktion des Benzens ist die **elektrophile Substitution am Aromaten S_EAr** (↗ S. 256). Um die Elektrophilie der Reagenzien zu erhöhen, benutzt man unterschiedliche Katalysatoren. Bei **Halogenierungen** sind das LEWIS-Säuren wie Aluminiumchlorid und Eisen(III)-bromid, die mit den Halogenen elektrophile Komplexe bilden (↗ S. 286).
Für die **Nitrierung** verwendet man Nitriersäure, ein Gemisch aus konzentrierter Salpeter- und Schwefelsäure, die das Nitronium-Kation als elektrophiles Reagenz enthält.
Die Umsetzung von Benzen mit einem Moläquivalent Nitriersäure in der Kälte führt zum Nitrobenzen. Die Zweifachsubstitution ergibt ausschließlich das *meta*-Dinitrobenzen.

Die Nitro-Gruppe ist ein Substituent zweiter Ordnung. Die Zweitsubstitution führt nur zu *meta*-Produkten (↗ S. 268).

Elektrophile Subtitutionen am Benzen

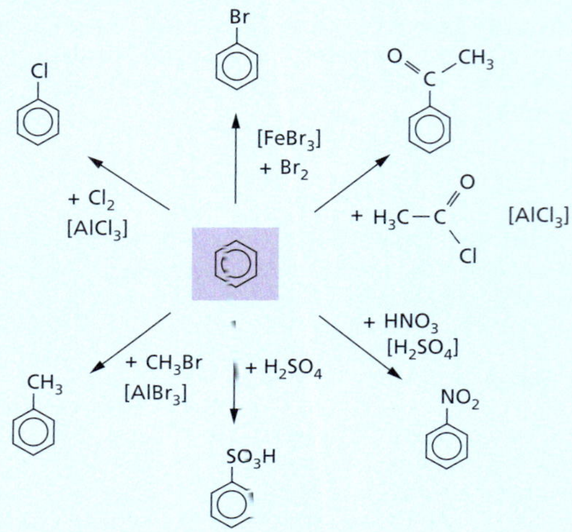

9.3.2 Substituierte Benzene

Das Toluen (Methylbenzen)

Das **Toluen** gehört in die Gruppe der **Alkylbenzene,** da es am Benzenring eine Methyl-Gruppe besitzt. Aufgrund dieser Struktur kann Toluen – in Abhängigkeit von den Reaktionsbedingungen – unterschiedliche chemische Reaktionen eingehen.

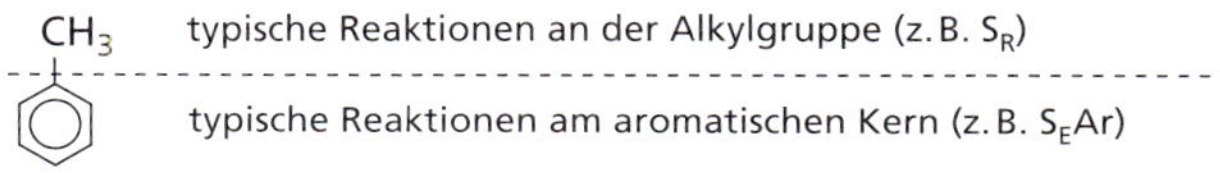

Benzene, die einen Alkylrest als Seitenkette tragen, heißen **Alkylbenzene,** z. B. Cumen (Isopropylbenzen), das als Ausgangsstoff für die Phenolsynthese dient (↗ S. 298).

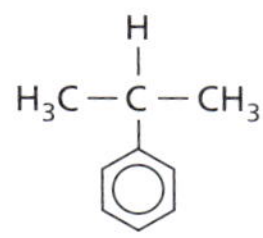

Isopropylbenzen (Cumen)

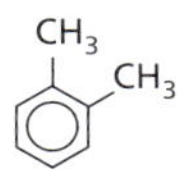

1,2-Dimethylbenzen (*ortho*-Xylen)

Reaktionen des Toluens

Die Reaktionsprodukte der **Halogenierung** sind stark abhängig von den gewählten Reaktionsbedingungen. Die Umsetzung von Toluen mit Brom und Eisen(III)-bromid als **K**atalysator in der **K**älte führt zur Substitution am aromatischen **K**ern (S_EAr). Es entsteht ein Gemisch aus *para-* und *ortho*-Bromtoluen.

Wird die gleiche Reaktion ohne Katalysator in der **S**iedehitze unter intensiver Lichtbestrahlung durchgeführt, erhält man im Ergebnis einer radikalischen Substitution (S_R) an der **S**eitenkette Benzylbromid.

Bromierung von Toluen

Regel für SSS (für S_R)
Sonnenlicht, **S**iedehitze, **S**eitenkette

Regel für KKK (für S_EAr)
Kälte, **K**atalysator, **K**ern

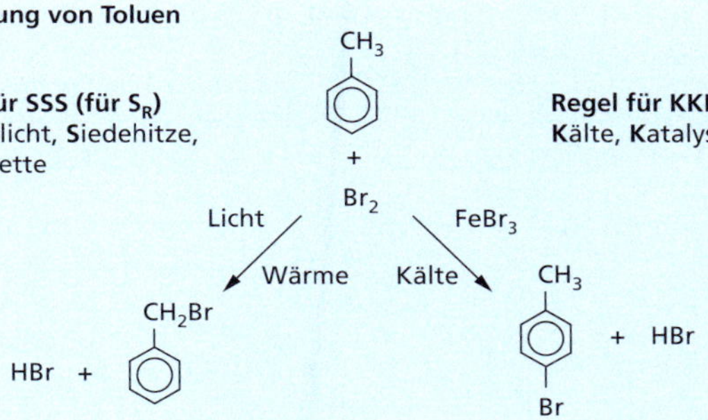

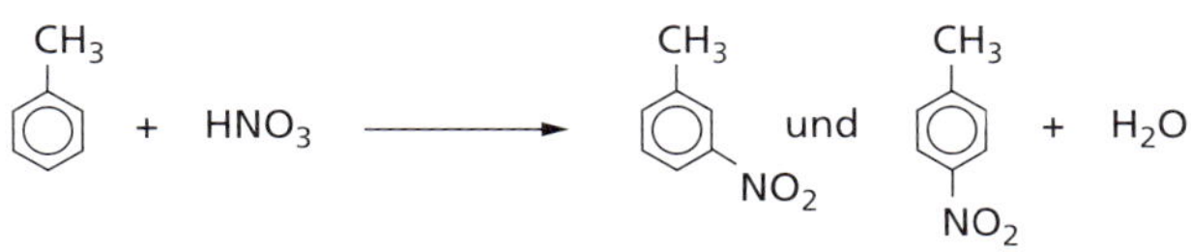

Die **Nitrierung** mit einem Moläquivalent Salpetersäure führt zu einem Gemisch aus 60 % *ortho-* und 40 % *para*-Nitrotoluen. Aus der Umsetzung mit drei Moläquivalenten Salpetersäure erhält man das 2,4,6-**Trini**tro**to**luen (TNT). TNT ist der wichtigste konventionelle Sprengstoff. Er ist handhabungssicher und stoßunempfindlich. Die Sprengwirkung von Atombomben wird in der äquivalenten Sprengwirkung von Megatonnen TNT ausgedrückt.

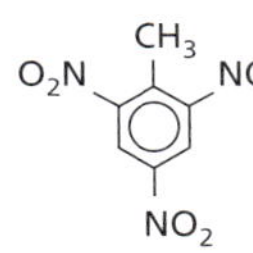

2,4,6-Trinitrotoluen

Tauscht man das Halogenalkan gegen ein Carbonsäurechlorid aus, erhält man aromatische Ketone (↗ S. 303).

Synthese

Toluen kann durch die Umsetzung von Benzen mit Chlormethan in Gegenwart von Aluminiumtrichlorid als Katalysator synthetisiert werden. Die Reaktion heißt nach ihren Entdeckern **FRIEDEL-CRAFTS-Alkylierung**. Nach diesem Prinzip kann eine Vielzahl von Alkylbenzenen aus Benzen und Halogenalkanen hergestellt werden.
Im ersten Reaktionsschritt bildet sich ein elektrophiler Komplex aus dem Halogenalkan und der LEWIS-Säure $AlCl_3$. Die Kohlenstoff-Chlor-Bindung wird noch stärker polarisiert, so dass die Alkyl-Gruppe als Elektrophil am Aromaten angreifen kann. Im typischen Verlauf der elektrophilen Substitution am Aromaten (↗ S. 266) entstehen der π-Komplex und der σ-Komplex als Zwischenprodukte.
Durch Abspaltung des Protons aus dem σ-Komplex werden das Alkylbenzen und Chlorwasserstoff erhalten. Dabei wird Aluminiumtrichlorid zurückgebildet und kann das Reaktionsschema von neuem durchlaufen.

Synthese von Alkylbenzen

Bildung des Elektrophils

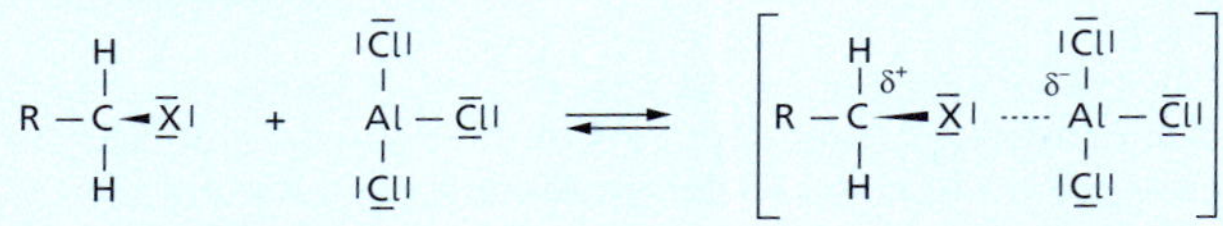

Elektrophile Substitution am Aromaten

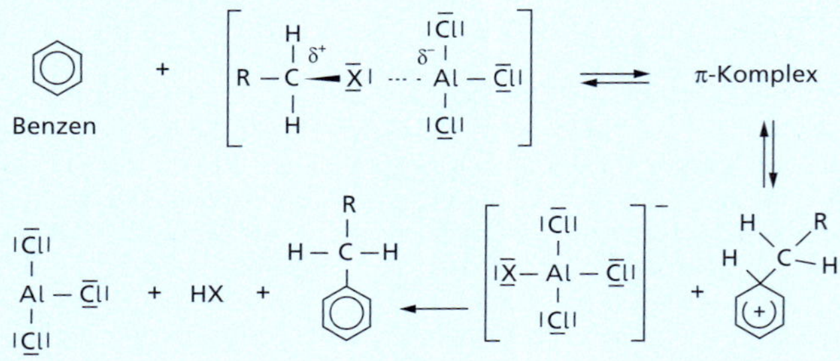

Ausgehend vom Benzen können durch elektrophile Substitution auf unterschiedliche Weise Aromaten mit funktionellen Gruppen hergestellt werden. Die Eigenschaften und Reaktionen dieser Derivate des Benzens werden im Kapitel 9.4 beschrieben (↗ S. 294).

Eigenschaften

Die physikalischen Eigenschaften und das Verhalten gegenüber Lösungsmitteln sind dem Benzen sehr ähnlich. Im Gegensatz zu Benzen ist Toluen nicht Krebs erregend. Im Organismus wird es durch Oxidation sofort zu Benzoesäure (↗ S. 309) umgewandelt.

Vorkommen und Verwendung

Toluen kommt im Erdöl vor. Es entsteht bei der Verkokung von Steinkohle. Toluen ist Lösungsmittel und Ausgangstoff für viele Verbindungen. Da es nicht kanzerogen ist, wird es als Lösungsmittel für Lacke, Fette und Öle benutzt.

Benzensulfonsäuren

Ein Beispiel für Aromaten mit funktionellen Gruppen ist die Stoffklasse der **Benzensulfonsäuren,** deren Eigenschaften stark von der Sulfonsäure-Gruppe ($-SO_3H$) geprägt sind. Sulfonsäuren sind die organischen Derivate der Schwefelsäure. Sie sind gut wasserlöslich und reagieren infolge der Protonenabgabe in wässrigen Lösungen sauer. Durch Neutralisation mit Laugen werden Sulfonate gebildet.

Der Farbstoff und Indikator Methylorange ist das Natriumsalz einer Benzensulfonsäure.

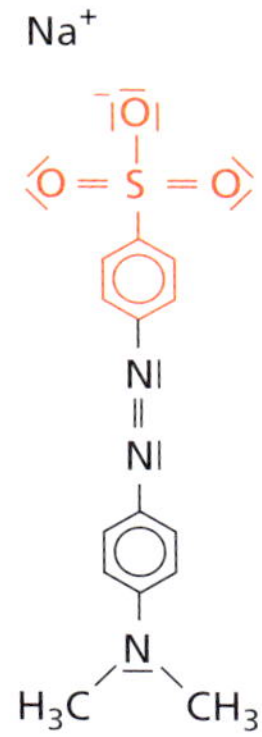

Methylorange

Synthese und Verwendung

Benzensulfonsäuren werden durch die Umsetzung eines Aromaten mit hoch konzentrierter Schwefelsäure hergestellt. Das eigentliche Reagenz für elektrophile Substitution ist das Schwefeltrioxid.

$$H_2SO_4 \rightleftharpoons SO_3 + H_2O$$

Benzen — Benzensulfonsäure

Von Bedeutung ist die *para*-Aminobenzensulfonsäure, sie ist Bestandteil der chemotherapeutisch wirksamen Sulfonamide. Unterschiedlich substituierte Benzensulfonsäuren dienen außerdem als Zwischenprodukte zur Herstellung vieler Farbstoffe und Waschmittel (↗ S. 387)

9.3.3 Biologische Aktivität aromatischer Verbindungen

Spricht man über Aromaten, fallen schnell Schlagwörter wie Dioxin, DDT und Krebs. Es gibt aber auch in der Natur viele aromatische Verbindungen, die lebensnotwendig sind. Die biogenen Aminosäuren Phenylalanin (↗ S. 323) und Tyrosin haben einen Benzenring. Das Schilddrüsenhormon Thyroxin ist aromatisch und auch die Hormone Adrenalin und Noradrenalin sind substituierte Benzene.

Es sind also nicht alle aromatischen Verbindungen gesundheitsschädlich. Aber die Chemiker mussten im Laufe der Jahre erkennen, dass einige Vertreter (Benzen, Benzpyren) hoch toxisch sind.

DDT – ein Insektizid

Das **DDT** (**D**ichlor-**d**iphenyl-**t**richlorethan) wurde viele Jahre als wirkungsvolles Insektizid eingesetzt. Inzwischen ist der Einsatz von DDT in der Landwirtschaft verboten, da der Stoff in der Natur nur sehr langsam abgebaut wird. Deshalb gelangt er über die Nahrungskette in den menschlichen Körper.

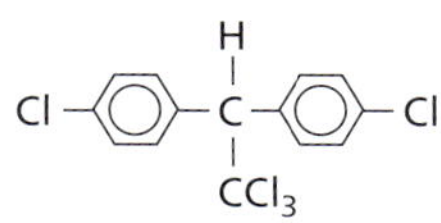

DDT
(1,1,1-Trichlor-2,2-bis (4-chlorphenyl)ethan)

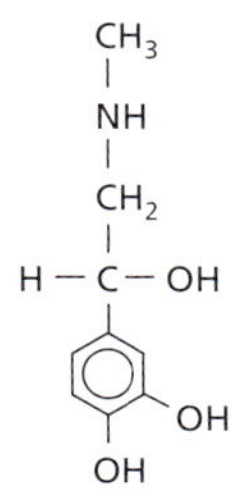

Adrenalin

Dioxine sind chemisch beständig, hoch toxisch und krebserregend. Der giftigste Vertreter ist das Seveso-Gift TCDD. Es ist giftiger als Cyanid und die chemischen Kampfstoffe Tabun und Sarin.

Dioxine

Unter dem Begriff **Dioxine** werden umgangssprachlich mehrfach chlorierte Dibenzo-*para*-dioxine zusammengefasst. Sie entstehen bei der unvollständigen Verbrennung von Kohlenwasserstoffen in Gegenwart von „Chlorquellen". Um die Freisetzung der außerordentlich stabilen Dioxine aus Müllverbrennungsanlagen zu verhindern, müssen Altchemiekalien und Müll bei Temperaturen über 1 200 °C verbrannt werden.

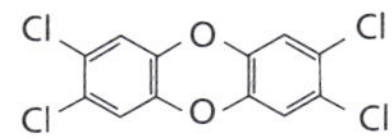

Dioxin
(2,3,7,8-Tetrachlordibenzo-1,4-dioxin)

Dioxine sind technisch nie gezielt hergestellt worden, sondern treten ausschließlich als unerwünschte Nebenprodukte auf. Im Ergebnis der Überhitzung eines Reaktors für die Herstellung von Trichlorphenol wurde 1976 in der Ortschaft Seveso das extrem giftige 2,3,7,8-Tetrachlordibenzo-1,4-dioxin (TCDD) freigesetzt. Nach dem Störfall starben in der Umgebung Vögel und Kleintiere. In der Folge wurden ca. 22 000 Menschen ärztlich behandelt und 70 000 Tiere notgeschlachtet. Da es keine geeignete Methode zur Entgiftung gibt, mussten die Häuser von 40 Familien abgerissen, die oberen Bodenschichten abgetragen und deponiert werden.

Wegen ihrer toxischen Wirkung dürfen **polychlorierte Biphenyle** seit 1983 in der Bundesrepublik nicht mehr hergestellt werden.

PCB – Polychlorierte Biphenyle

Polychlorierte Biphenyle (PCB) wurden 1929 erstmalig synthetisiert. Sie zeichnen sich durch eine hohe Hitzeverträglichkeit und Brandfestigkeit aus und sind elektrische Isolatoren. PCB sind farb- und geruchsneutral und chemisch sehr beständig. Aus diesen Gründen wurden PCB vielen Werkstoffen beigefügt, das Einsatzgebiet war sehr breit.

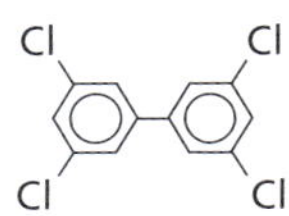

3,5,3',5'-Tetrachlorbiphenyl

PCB sind jedoch für den Menschen giftig. Sie führen zu Nervenschädigungen und stehen im Verdacht, Krebs zu erzeugen. Im Organismus werden PCB im Fettgewebe angereichert. Durch PCB-verunreinigtes Reisöl kam es 1968 in Yusho (Japan) zur Vergiftung von ca. 1 600 Menschen, von denen viele starben.

Obwohl es eine starke Vereinfachung ist, zeigt sich, dass insbesondere hoch chlorierte aromatische Verbindungen stark gesundheitsschädigend sind. Die Ursache ist häufig die Wasserunlöslichkeit, die lipophilen Verbindungen werden deshalb im Fettgewebe abgelagert und führen hier zu irreversiblen Schädigungen.

9.4 Strukturen und Reaktionen organischer Verbindungen mit funktionellen Gruppen

9.4.1 Funktionelle Gruppen

Funktionelle Gruppen sind Atome oder Atomgruppen, die die chemischen Eigenschaften einer Verbindung bestimmen.

Unterscheiden sich die Substanzen nur durch die Anzahl der CH_2-Gruppen, gehören sie zu einer homologen Reihe.

Substanzen mit gleicher funktioneller Gruppe bilden eine Stoffklasse. Es gibt Substanzen, die nur eine funktionelle Gruppe tragen, z. B. Alkohole die Hydroxy-Gruppe. Es gibt aber auch eine Vielzahl von Substanzen, die über mehrere funktionelle Gruppen verfügen, z. B. Aminosäuren besitzen die Carboxy-Gruppe und die Amino-Gruppe.

Funktionelle Gruppe		Stoffklasse	Reaktion als Reagenz	Reaktion am Substrat
Name	Struktur			
Hydroxy-Gruppe	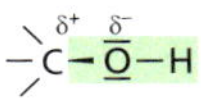	Alkohole Phenole	Das Sauerstoffatom reagiert als Nucleophil.	S_N-Reaktion am Kohlenstoffatom; Eliminierung von Wasser
Halogen	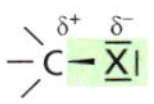	Halogenalkane	keine	S_N-Reaktion am Kohlenstoffatom; Eliminierung von HX
Amino-Gruppe	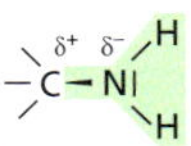	Amine	Das Stickstoffatom reagiert als Nucleophil.	keine
Ether-Gruppe	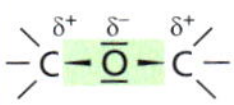	Ether	keine	Nur unter drastischen Bedingungen S_N-Reaktion
Aldehyd-Gruppe	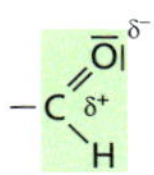	Aldehyde	reduzierende Wirkung	Angriff von Nucleophilen auf das Kohlenstoffatom
Keto-Gruppe	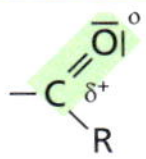	Ketone	keine	Angriff von Nucleophilen auf das Kohlenstoffatom
Carboxy-Gruppe	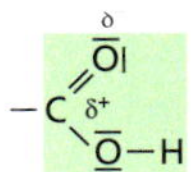	Carbonsäuren Carbonsäure-Derivate	keine	Angriff von Nucleophilen auf das Kohlenstoffatom

9.4.2 Halogenalkane

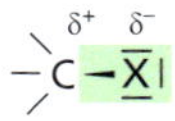

X – Halogenatom
(X = F, Cl, Br, I)

Halogenalkane leiten sich von den Alkanen durch Ersatz eines oder mehrerer Wasserstoffatome durch Halogenatome ab.

Nomenklatur

Der Stammname leitet sich vom entsprechenden Alkan ab, sodass grundsätzlich die für Alkane gültigen Regeln gelten (↗ S. 272 f.). Die Halogenatome werden als Substituenten betrachtet und ihre Position mit der kleinstmöglichen Nummerierung angegeben. Enthält ein Molekül mehrere gleiche Halogenatome, wird die Anzahl durch die Vorsilben di-, tri- oder tetra- angegeben. Bei unterschiedlichen Halogenatomen im Molekül oder verzweigten Alkanen werden alle Substituenten alphabetisch geordnet.

Reaktionen

Die nucleophile Substitution und die Eliminierung sind Konkurrenzreaktionen. Die Wahl der Reaktionsbedingungen bestimmt , welche Reaktion die Halogenalkane eingehen.

Die elektronegativen Halogenatome üben einen –I-Effekt auf das benachbarte Kohlenstoffatom aus. Dieses wird somit partiell positiv polarisiert und kann – anders als bei den Alkanen – durch Nucleophile angegriffen werden.
Das Halogenatom übernimmt das gemeinsame Elektronenpaar und fungiert als Abgangsgruppe. Neben der nucleophilen Substitution, S_N, können auch Eliminierungen, E, stattfinden. Obwohl Halogenalkane deutlich mehr Reaktionen als Alkane eingehen, sind sie sehr stabile, relativ reaktionsträge Verbindungen.

$$CH_3-CH_2-Br + OH^- \xrightarrow{\text{Kälte}} CH_3-CH_2-OH + Br^-$$

$$CH_3-CH_2-Br \xrightarrow{\text{NaOH, Wärme}} H_2C=CH_2 + HBr$$

Synthese

Durch Umsetzung der Halogenalkane mit Magnesium erhält man reaktive metallorganische Verbindungen, die nach ihrem Entdecker V. GRIGNARD (1871 bis 1935) als GRIGNARD-Verbindungen bezeichnet werden.

Die direkte Umsetzung von Alkanen mit den entsprechenden Halogenen (S_R) eignet sich nur zur Herstellung von Chlor- und Bromalkanen. Andere Halogenalkane werden durch elektrophile Addition (A_E) an Alkenen oder durch Halogenaustauschreaktionen (S_N) erhalten.

$$C_2H_6 + Br_2 \longrightarrow C_2H_5Br + HBr$$

$$CH_4 + 4\,Cl_2 \longrightarrow CCl_4 + 4\,HCl$$

$$C_2H_5OH + HI \longrightarrow C_2H_5I + H_2O$$

$$CH_3Cl + HF \longrightarrow CH_3F + HCl$$

Eigenschaften

Halogenalkane haben aufgrund ihrer größeren molaren Massen höhere Schmelz- und Siedepunkte als die Alkane. Dieser Effekt wird dadurch verstärkt, dass viele Halogenalkane aufgrund der polaren Halogen-Kohlenstoff-Atombindung Dipole sind.
Trotzdem lösen sich Halogenkohlenwasserstoffe nicht oder nur wenig in Wasser, dafür aber in Alkanen, Toluen und anderen unpolaren oder schwach polaren Lösungsmitteln. Viele Halogenalkane sind giftig oder Krebs erregend.

Der Dipolcharakter der Halogenalkane hängt von der Struktur der Moleküle ab (↗ S. 87). So ist z. B. Tetrachlormethan kein Dipol.

Bedeutung

Früher fanden Halogenalkane und aromatische Halogenkohlenwasserstoffe sehr viele Anwendungen. Insbesondere die chlorhaltigen Verbindungen weisen jedoch ein hohes Umwelt (↗ S. 416) oder Gesundheit schädigendes Potenzial auf (↗ S. 288).
Aus diesem Grund nimmt die industrielle Bedeutung der **Chlorkohlenwasserstoffe** immer weiter ab. Trotzdem werden diese noch immer als Zwischenprodukte der chemischen Industrie genutzt. Sie dienen als Ausgangsstoffe für die Herstellung von Aminen (↗ S. 293), Alkoholen (↗ S. 296) und Kunststoffen wie PVC.

In den USA und vielen Entwicklungsländern werden die **Fluorchlorkohlenwasserstoffe** (FCKW) nach wie vor als Kühlmittel in Kühlschränken benutzt. In Europa ist diese Anwendung verboten. Hier setzt man statt dessen **Fluorkohlenwasserstoffe** oder andere Verbindungen (z. B. Propan oder Butan) ein. Diese Kohlenwasserstoffe sind zwar keine Ozonkiller, tragen aber trotzdem zum **Treibhauseffekt** (↗ S. 413) bei.

Das makromolekulare **PVC** (Polyvinylchlorid) kann man im weitesten Sinne auch zu den Halogenalkanen zählen.

Verbindungen	Verwendung	Umweltproblem
Fluorchlorkohlenwasserstoffe (FCKW)	– Kühlmittel in Klimaanlage – Treibgase in Sprays	– Ozonabbau in der Stratosphäre – Treibhausgase
Chlorkohlenwasserstoffe (CKW)	– Lösungsmittel, Feuerlöscher – Herstellung von Aminen, Ethern, Kunststoffen	– giftig oder kanzerogen – Ozonabbau in der Stratosphäre
Fluorkohlenwasserstoffe (FKW)	– Kühlmittel – Feuerlöscher	– Treibhausgase
aromatische Chlorkohlenwasserstoffe	– Unkraut- oder Schädlingsbekämpfungsmittel – Herstellung von Alkylbenzenen, Arzneistoffen	– giftig oder kanzerogen – Bildung hoch giftiger Dioxine und polychlorierter Biphenyle
Polyvinylchlorid (PVC)	– Kunststoff für Rohrleitungen – Fensterprofile, Fahrzeugbau	– biologisch nicht abbaubar – Bildung von Dioxinen bei Entsorgung

9.4.3 Amine

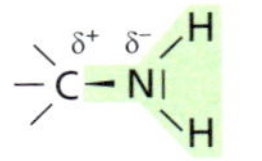

Amino-Gruppe

Amine sind vom Ammoniak abgeleitete organische Verbindungen, wobei die Wasserstoffatome teilweise oder völlig durch organische Reste ersetzt sind.

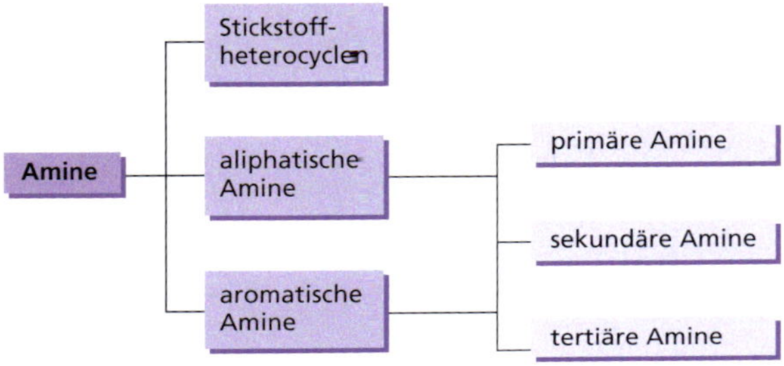

Die Einteilung der Amine erfolgt nach der Art und Anzahl der Substituenten. Primäre Amine haben einen, sekundäre zwei und tertiäre drei organische Reste.

Nomenklatur

Für alle Verbindungen ist der Stammname „-amin". Der Substituent wird entsprechend den Regeln für Alkane benannt. Statt der Endung „-an", erhält er als Substituent die Endung „-yl", z. B. Ethylamin. Ist die Amino-Gruppe direkt an den Kern eines Benzenringes gebunden, heißt die Verbindung Phenylamin (Anilin).

Reaktionen der Amine

Aufgrund des freien Elektronenpaars am Stickstoff reagieren Amine als Basen oder Nucleophile. Substituenten mit +I- und +M-Effekten führen zu einer Erhöhung der Elektronendichte am Stickstoffatom, sodass die **Basizität** im Vergleich zu Ammoniak größer wird. Substituenten mit −I- bzw. −M-Effekt verringern die Elektronendichte am Stickstoffatom. Diese Amine sind deutlich geringer basisch als Ammoniak. Deshalb ist Anilin ($pK_B = 9{,}4$) eine schwächere Base als Ammoniak ($pK_B = 4{,}8$). Aliphatische Amine sind basischer als Ammoniak, da die Alkylgruppen einen +I-Effekt auf den Stickstoff ausüben (z. B. Methylamin: $pK_B = 3{,}4$).

Zu den Stickstoffheterocyclen gehören z. B. Pyridin und Pyrrol (↗ S. 283).

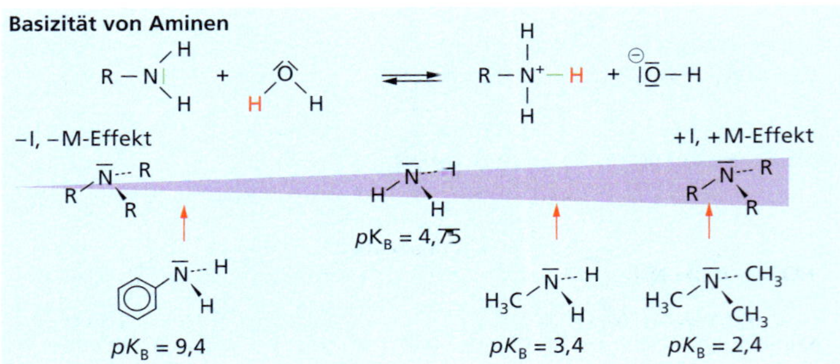

Bei der Reaktion mit Säuren werden Ammoniumsalze gebildet.

Ethylamin Ethylammoniumchlorid

Die Reaktion von Anilin mit Säure führt zu Aniliniumsalzen.

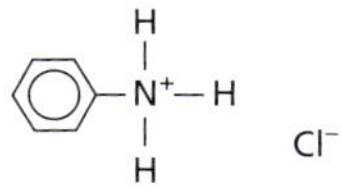

Anilinumchlorid

Synthese und Verwendung

Amine werden aus Halogenalkanen und Ammoniak durch nucleophile Substitution (S_N) hergestellt.

$$\overset{\delta^+}{R-CH_2} \leftarrow \overset{\delta^-}{Br} + NH_3 \longrightarrow R-CH_2-NH_2 + HBr$$

Die Umsetzung eines primären Amins mit einem Halogenalkan ergibt ein sekundäres Amin.

Amine sind meist nur Zwischenprodukte in der chemischen Industrie. So wird das Hexan-1,6-diamin zur Herstellung von Nylonfasern (↗ S. 348) benötigt. Physiologisch wichtige Amine werden im menschlichen Körper gebildet. Sie entstehen durch Decarboxylierung (CO_2-Abspaltung) aus den Aminosäuren (↗ S. 324).

Anilin gehört in die Gruppe der aromatischen Amine. Sie setzen sich aus dem aromatischen Ringsystem (hier Benzen) und der Amino-Gruppe (NH_2-Gruppe) zusammen. Synthetisiert werden kann es durch Reduktion von Nitrobenzen mit Zink und Salzsäure.

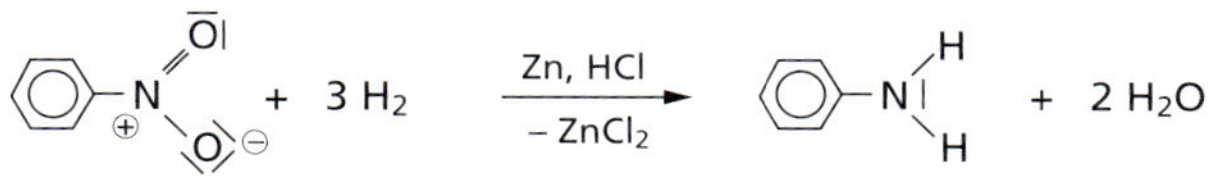

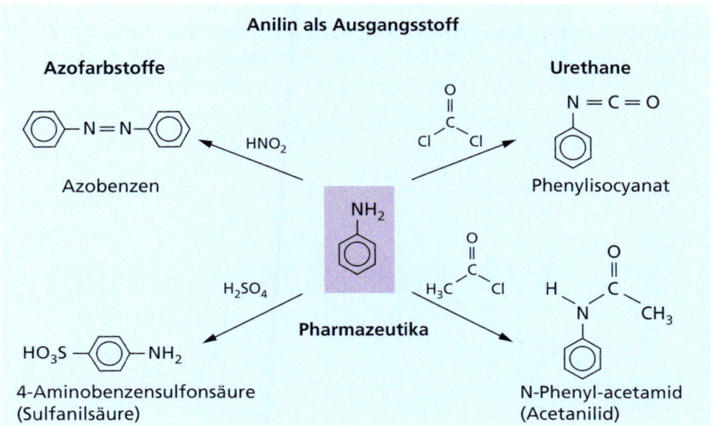

9.4.4 Alkohole und Phenole

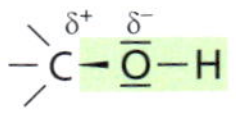

Hydroxy-Gruppe

Alkohole sind Verbindungen, die ein oder mehrere sp^3-hybridisierte Kohlenstoffatome mit je einer Hydroxy-Gruppe enthalten. Nach der Anzahl der Hydroxy-Gruppen unterteilt man in einwertige und mehrwertige Alkohole. Einwertige gesättigte Alkohole nennt man **Alkanole.** Bei **Phenolen** ist die Hydroxy-Gruppe an den Benzenring gebunden (↗ S. 297).

Verbindungen mit Hydroxy-Gruppen

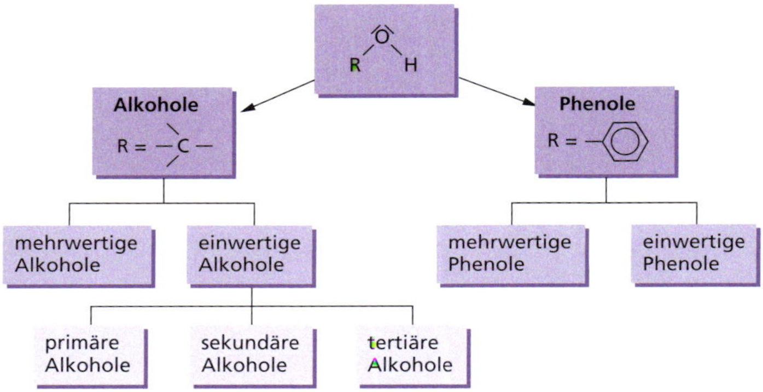

Verbindungen mit einer OH-Gruppe an einer C=C-Doppelbindung heißen Enole. Sie treten als Tautomere von Ketonen auf (↗ S. 304). Enole und Phenole sind keine Alkohole.

Alkohole

Nomenklatur

Die aliphatischen Alkohole tragen die Endung „-ol". Sind mehrere Hydroxy-Gruppen im Molekül wird dies durch die griechischen Vorsilben di, tri usw. unmittelbar vor der Endung angegeben. Für das Kohlenstoffgerüst gelten die Regeln für Alkane, z. B. Ethanol. Nach der Stellung der OH-Gruppe im Molekül unterscheidet man in primäre, sekundäre und tertiäre Alkohole. Das Hydroxybenzen heißt Phenol.

Einwertige Alkohole am Beispiel der isomeren Butanole C_4H_9OH			
Primär		**Sekundär**	**Tertiär**
$H_3C-(CH_2)_3-OH$	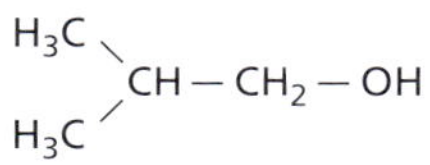	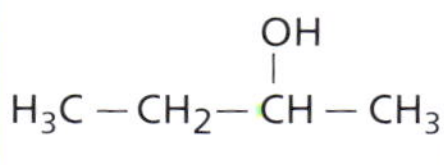	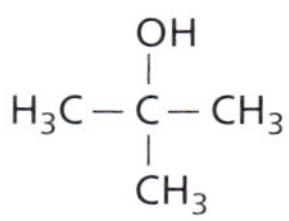
Butan-1-ol *n*-Butanol	2-Methylpropan-1-ol *iso*-Butanol	Butan-2-ol *sek.*-Butanol	2-Methylpropan-2-ol *tert.*-Butanol

Reaktionen der Alkohole

Kurzkettige Alkohole sind in Wasser infolge der Ausbildung von Wasserstoffbrückenbindungen gut löslich. Die Löslichkeit nimmt jedoch mit der Kettenlänge der Alkylgruppe ab.
In den Phenolen übt das Sauerstoffatom einen +M-Effekt aus. Dadurch wird Elektronendichte in den Aromaten verschoben und gleichzeitig die O–H-Bindung geschwächt. Die Folge ist ein eine leichtere Abgabe des Protons und damit eine Zunahme der Säurestärke.
Bei den Alkoholen ist nur der +I-Effekt der Alkylgruppen wirksam und führt zu einer Stabilisierung der O–H-Bindung. Deshalb verhalten sich nur Phenole in Wasser wie schwache BRÖNSTED-Säuren, während aliphatische Alkohole fast gar nicht protolysieren.

Schwächung der OH-Bindung im Phenol

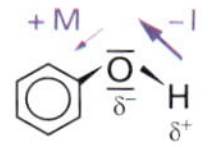

Stabilisierung der OH-Bindung im Methanol

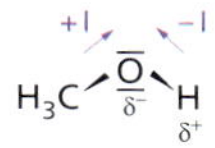

Acidität der Hydroxy-Gruppe

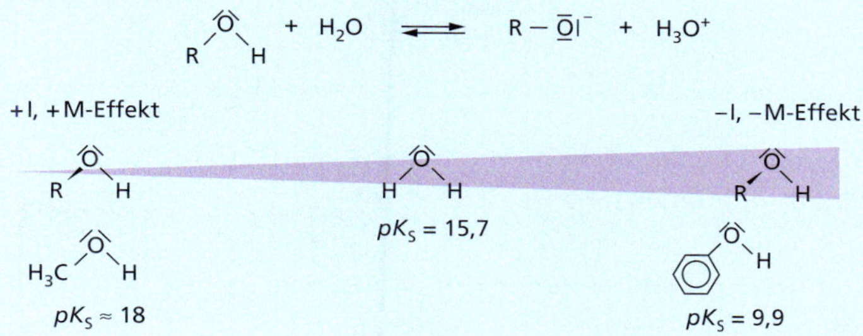

Alkohole können mit dem Sauerstoffatom der Hydroxy-Gruppe als nucleophiles Reagenz reagieren. Alkohole können aber auch als Substrate in chemischen Reaktionen auftreten. Bei diesen Reaktionen wie bei der Synthese der Halogenalkane (↗ S. 290) wird das α-Kohlenstoffatom durch Nucleophile angegriffen.

Die Salze der **Alkohole** bzw. **Phenole** heißen Alkoholate bzw. Phenolate. An den vollständigen Namen des Alkohols wird die Endung *-at* angehängt, das Kation wird vorangestellt z. B. Natriumethanolat.

Reaktion von Alkoholen mit Alkalimetallen

$$\text{R}-\overset{\text{I}}{\underline{\overline{\text{O}}}}-\text{H} + \overset{0}{\text{Na}} \longrightarrow \underbrace{\text{R}-\overline{\text{O}}|^- + \overset{\text{I}}{\text{Na}^+}}_{\text{Natriumalkoholat}} + \tfrac{1}{2}\,\overset{0}{\text{H}_2}$$

Alkohol

Reaktion von zwei Molekülen Alkohol (S_N) zu einem Ether

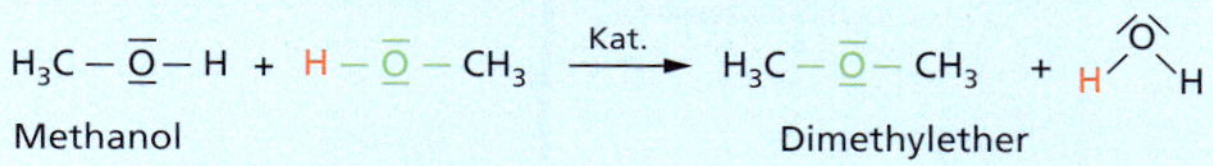

Synthese von Olefinen (Eliminierung, Dehydratisierung)

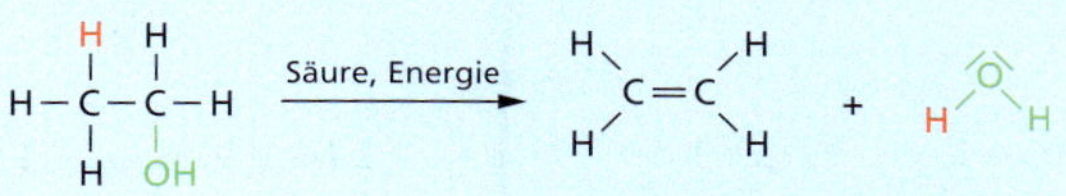

Die Kondensation von Alkoholen mit Carbonsäuren nennt man Veresterung (↗ S. 308).

Synthese und Verwendung

Es gibt eine Reihe technischer Verfahren zur Herstellung von Alkoholen. **Methanol** ist mit ca. 1,2 Milliarden Liter das am meisten produzierte organische Zwischenprodukt. Spezielle Mikroorganismen können aus Methanol Eiweiße synthetisieren.

Im Labormaßstab erhält man primäre Alkohole häufig durch Reduktion von Carbonsäuren und sekundäre Alkohole durch Reduktion von Ketonen.

Ethanol wird in Deutschland zum größten Teil biologisch produziert (ca. 1 Milliarde Liter/Jahr). Technisch synthetisiert werden nur ca. 150 Millionen Liter. Der größte Teil des produzierten Gärungsalkohols wird zur Herstellung alkoholischer Getränke benutzt. Die Oxidation von Ethanol ergibt Essigsäure. Durch Veresterung (↗ S. 308) werden Aromastoffe und Lösungsmittel hergestellt.

Ethanol-Synthese durch alkoholische Gärung von Kohlenhydraten

$$C_6H_{12}O_6 \xrightarrow{\text{Enzyme}} 2\,C_2H_5OH + 2\,CO_2$$

Addition von Wasser an Alkene zu Alkoholen (A_E)

$$H_2C{=}CH_2 + H_2O \xrightarrow{\text{Kat}} H_3C{-}CH_2{-}OH$$

Umsetzung von Halogenalkanen mit Natronlauge zu Alkoholen (S_N)

$$H_3C{-}I + OH^- + Na^+ \longrightarrow H_3C{-}OH + I^- + Na^+$$

Methanol-Hochdrucksynthese (2×10^7 Pa, 370 °C)

$$CO + 2\,H_2 \underset{}{\overset{ZnO/Cr_2O_3}{\rightleftharpoons}} H_3C{-}OH$$

Die unverzweigten Alkanole bilden eine homologe Reihe.

$$H_3C{-}[CH_2]_n{-}OH$$

n = 0, 1, 2, ...

Verwendung von Alkoholen

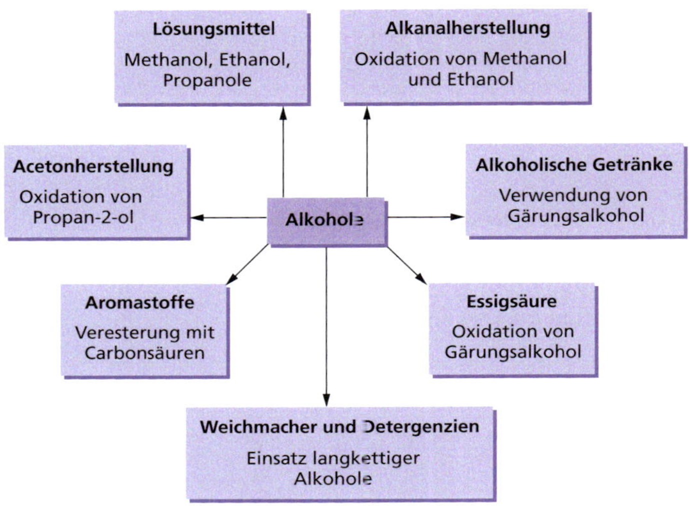

In der Natur kommen die Alkohole meist in Form ihrer Ester vor. Bienenwachs besteht aus Estern des Myricylalkohols, eines langkettigen Alkohols mit der Summenformel $C_{30}H_{61}OH$.

Mehrwertige Alkohole

Mehrwertige Alkohole tragen mindestens zwei OH-Gruppen an unterschiedlichen Kohlenstoffatomen. Ethan-1,2-diol wird als Frostschutzmittel verwendet. Propan-1,2,3-triol ist die Alkoholkomponente der Fette (↗ S. 319). Es wird vor allem in der Kosmetikindustrie verwendet. Der sechswertige Alkohol D-Sorbit entsteht bei der Reduktion von Glucose (↗ S. 312), z. B. durch katalytische Hydrierung des Zuckers.

Mehrwertige Alkohole

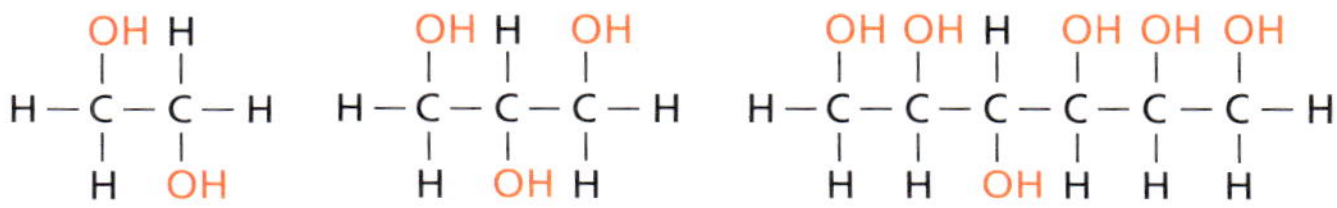

Ethan-1,2-diol Ethylenglycol — Propan-1,2,3-triol Glycerol — Hexan-1,2,3,4,5,6-hexaol (Sorbit)

Phenole

Phenole bestehen aus einem Benzenring, der mindestens eine OH-Gruppe als funktionelle Gruppe trägt. Die Hydroxy-Gruppe ist direkter Substituent am aromatischen Ring. Die Stoffklasse der Phenole umfasst auch mehrfach substituierte Hydroxybenzene.

Phenylmethanol (Benzylalkohol) ist kein Phenol, da die OH-Gruppe nicht direkt am Benzenring substituiert ist.

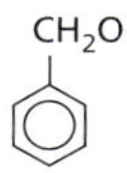

Benzylalkohol

Reaktionen und Eigenschaften von Phenol (Hydroxybenzen)

Auch am Phenol sind Reaktionen am aromatischen Kern (S_EAr) und an der funktionellen Gruppe möglich. Die Reaktionen der OH-Gruppe sind die typischen Reaktionen der Alkohole (↗ S. 295).
Die Hydroxy-Gruppe ist ein Substituent erster Ordnung, da der +M-Effekt wesentlich stärker wirkt als der –I-Effekt. Bei elektrophilen Substitutionen am Aromaten (↗ S. 266) erhält man daher *ortho*- und *para*-Produkte. So ergibt z. B. die Nitrierung von Phenol mit einem Moläquivalent Salpetersäure ein Gemisch aus 75 % *ortho*-Nitrophenol und 25 % *para*-Nitrophenol.
Der Umsatz mit 3 Moläquivalenten Salpetersäure führt zum 2,4,6-Trinitrophenol, der **Pikrinsäure.** Pikrinsäure ist keine Carbonsäure, sondern ein Phenol. Da sie aber in Wasser sehr leicht das Proton der Hydroxy-Gruppe abgibt, trägt die Verbindung den Trivialnamen Pikrinsäure. Die hohe Säurestärke des 2,4,6-Trinitrophenols ($pK_S = 0{,}38$) erklärt sich aus dem starken –M-Effekt der drei Nitro-Gruppen.

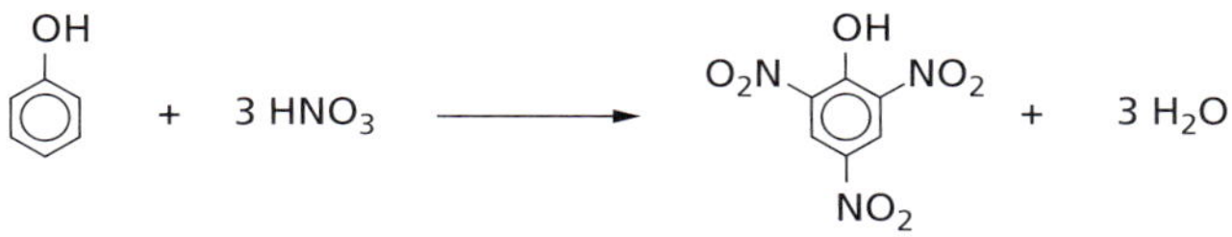

Pikrinsäure

Pikrinsäure wurde früher in erheblichem Umfang als Farbstoff und bei der Herstellung von Sprengstoffen verwendet.

Cumenhydroperoxid ist ein Zwischenprodukt bei der Phenolsynthese nach dem HOCK-Verfahren.

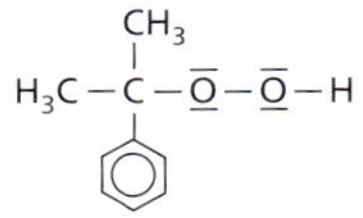

Synthese von Phenol

Die Synthese geht vom Benzen aus, das in einer elektrophilen Substitution mit Propen und Schwefelsäure als Katalysator zum Isopropylbenzen (Cumen) umgesetzt wird. In einer zweiten Reaktion wird das Cumen durch Sauerstoff zum Hydroperoxid oxidiert. Durch den Zusatz von Schwefelsäure als Katalysator findet eine Umlagerung zum Phenol und zum Aceton statt. Sowohl Phenol als auch Aceton sind bedeutende chemische Grundstoffe.

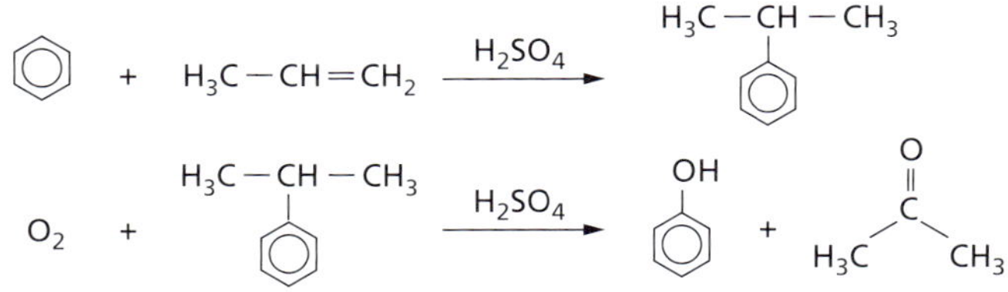

Phenol kristallisiert in farblosen Nadeln (Smp.: 43 °C), die sich durch Oxidation an der Luft rötlich färben und zerfließen. Es ist ein starkes Zellgift und wirkt auf der Haut stark ätzend.

Eigenschaften von Phenol

Phenol löst sich sowohl in wenig als auch in viel Wasser. Dazwischen tritt eine so genannte Mischungslücke auf. Es ist gut in Alkohol und Ether aber nicht in Alkanen löslich. Die unterschiedliche Löslichkeit im Vergleich zu Benzen und Toluen entsteht durch die funktionelle Gruppe. Die polare Hydroxy-Gruppe kann Wasserstoffbrückenbindungen (↗ S. 99) ausbilden. Dadurch steigt die Löslichkeit in polaren Lösungsmitteln. Die wässrigen Lösungen von Phenol sind schwach sauer (↗ S. 295).

Vorkommen und Verwendung

Phenol kommt u. a. im Steinkohlenteer vor. Es ist Bestandteil vieler Naturstoffe, z. B. der Gallussäure, des Cannabinols (psychoaktiver Inhaltsstoff von *Cannabis sativa*) und verschiedener Blütenfarbstoffe.

Phenol ist Ausgangsstoff für viele chemische Produkte, z. B. Kunststoffe (↗ S. 349), Farbstoffe und Pharmazeutika. Stark verdünnte Lösungen werden als Desinfektionsmittel eingesetzt.

Verwendung von Phenolen

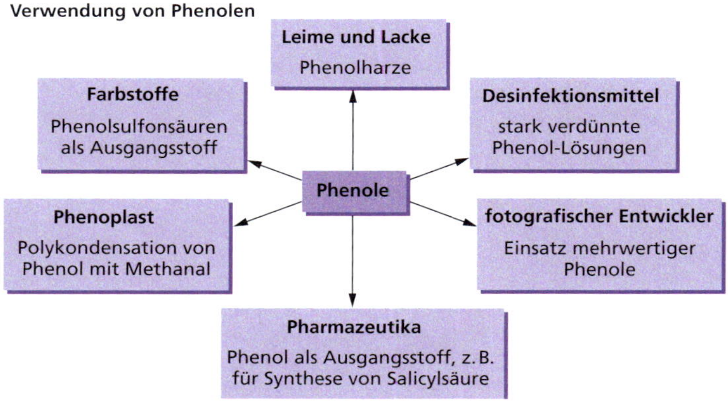

Zweiwertige Phenole (Dihydroxybenzene)

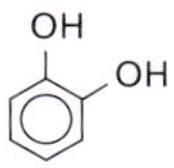

1,2-Dihydroxybenzen
Brenzkatechin
Smp.: 104–106 °C

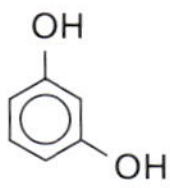

1,3-Dihydroxybenzen
Resorcin
Smp.: 110–112 °C

1,4-Dihydroxybenzen
Hydrochinon
Smp.: 172–175 °C

Mit einer 1%igen $FeCl_3$-Lösung geben die Phenole intensive Farbreaktionen.

Brenzkatechin wirkt in alkalischer Lösung stark reduzierend und wird deshalb als fotografischer Entwickler verwendet. In der Natur findet man Brenzkatechinabkömmlinge, die zur Mobilisierung von Eisen im Stoffwechsel dienen.

Das Resorcin ist Ausgangstoff zur Herstellung von Phenoplasten (↗ S. 349) durch Polykondensation mit Formaldehyd. Je nach Vernetzungsgrad werden die Kondensationsprodukte als Spezialklebstoffe oder plastische Werkstoffe eingesetzt. Resorcin findet ebenfalls Verwendung als Antiseptikum in der Medizin und als mildes Ätzmittel. Eine stark saure Resorcinlösung wird zum Nachweis von Kohlenhydraten, z. B. Fructose, genutzt.

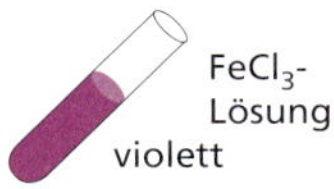

Das Hydrochinon ist ein Reduktionsmittel. In einer Redoxreaktion mit einem Substrat bildet sich aus dem Hydrochinon unter Abgabe von zwei Elektronen und zwei Protonen das Benzochinon. In lebenden Organismen tritt das Chinon/Hydrochinon-System als Redoxsystem auf. Die entsprechenden Substanzen gehören zur Gruppe der Coenzyme Q. Auch das Vitamin K enthält das Benzochinonsystem.

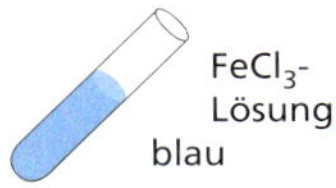

Hydrochinon 1,4-Benzochinon

Dreiwertige Phenole (Trihydroxybenzene)

Das 1,2,3-Trihydroxybenzen, Pyrogallol, entsteht beim Erhitzen der Gallussäure. Es dient ebenfalls als fotographischer Entwickler. Alkalische Pyrogallol-Lösungen binden Sauerstoff.

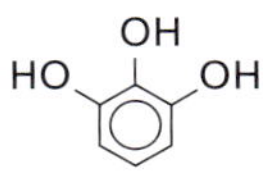

Pyrogallol

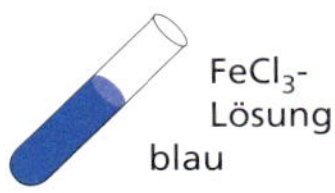

Das 1,3,5-Trihydroxybenzen, Phloroglucin, entsteht als Abbauprodukt der Flavonfarbstoffe. Es wird zum Nachweis von Lignin im Holz benutzt und gibt mit diesem eine purpurrote Färbung.

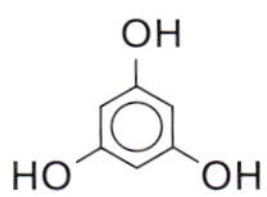

Phloroglucin

9.4.5 Ether

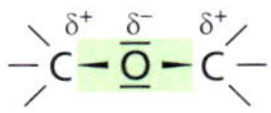

Ether-Gruppe

In **Ethern** sind zwei organische Reste über ein Sauerstoffatom verbunden. Bei den symmetrischen Ethern sind die organischen Reste gleich, bei unsymmetrischen Ethern unterschiedlich.

Nomenklatur

Die Stoffklasse wird durch die Endung „-ether" gekennzeichnet. Die organischen Reste werden nach den Regeln für Alkane oder Aromaten bezeichnet und haben als Substituenten die Endung „-yl". Symmetrische Ether tragen die Vorsilbe Di-. Bei cyclischen Ethern ist das Sauerstoffatom Bestandteil des Ringes.

Es gibt eine Vielzahl offenkettiger und cyclischer Ether.

Diethylether

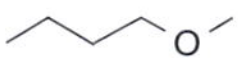

Butyl-methylether

Oxiran (Epoxid)

Tetrahydrofuran

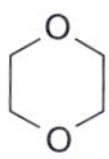

Dioxan

Reaktionen

Ether sind für S_N-Reaktionen kaum zugänglich. Eine Spaltung in die entsprechenden zwei Alkohole gelingt erst beim Sieden mit konzentrierter Iodwasserstoffsäure. Deshalb werden sie häufig als inerte Lösungsmittel bei chemischen Reaktionen eingesetzt.

Synthesen

Ether lassen sich durch Kondensation zweier Alkohole (↗ S. 295) oder durch Umsetzung eines Alkoholats mit einem Halogenalkan (WILLIAMSON-Synthese) durch nucleophile Substitution, S_N, herstellen.

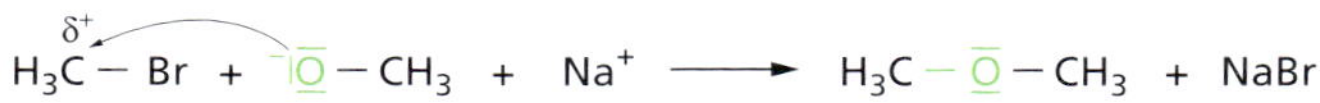

Auch die elektrophile Addition eines Alkohols an ein Alken wird zur Synthese von Ethern wie Methyl-*tert*.-butylether (MTBE) genutzt. MTBE wird Kraftstoffen zur Erhöhung der Klopffestigkeit (↗ S. 407) zugesetzt.

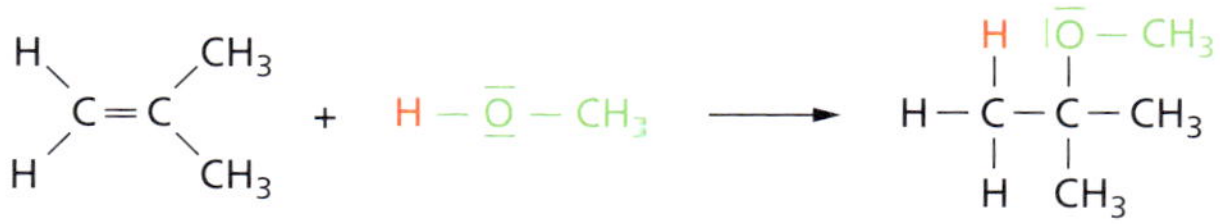

Eigenschaften und Verwendung

Die Siedepunkte niedermolekularer Ether sind sehr niedrig. Die Dämpfe sind sehr leicht entflammbar. Luft und Etherdämpfe bilden explosive Gemische. Bei Lichteinstrahlung können Ether mit Sauerstoff Peroxide bilden, die hoch explosiv sind. Deshalb ist beim Umgang mit Ethern höchste Vorsicht geboten.
Die reaktionsträgen Ether sind hervorragende Löse- und Extraktionsmittel. Höhermolekulare Ether dienen als Weichmacher für Kunststoffe. Diethylether wurde früher als Narkosemittel eingesetzt.

9.4.6 Carbonylverbindungen

Aldehyde

Aldehyde sind organische Verbindungen, die die Aldehydgruppe als funktionelle Carbonyl-Gruppe tragen. Der organische Rest kann aliphatisch oder aromatisch sein. Der Name leitet sich von ***Al**kohol* ***dehyd**rogenatus*, also dehydrierter Alkohol, ab.

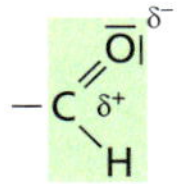

Aldehyd-Gruppe

Nomenklatur
Die aliphatischen Aldehyde tragen die Endung „-al". Für das Kohlenstoff-gerüst gelten die Regeln für Alkane (↗ S. 272). Das Kohlenstoffatom der Aldehyd-Gruppe geht in den Namen des Alkans ein (Bsp.: Ethanal). Die aromatischen Aldehyde heißen Benzaldehyde. Trägt der Benzenring weitere Substituenten, gelten für diese die Regeln für die Nomenklatur der Benzene.

Die Aldehyd-Gruppe und die Keto-Gruppe werden zusammenfassend als Carbonyl-Gruppe bezeichnet

Reaktionen
Im Gegensatz zu den Alkoholen und Aminen gehört das Kohlenstoffatom mit zur funktionellen Gruppe. Durch den Elektronenzug des Sauerstoffatoms (–I-Effekt) ist das Kohlenstoffatom partiell positiv geladen. Es kann also durch Nucleophile angegriffen werden, sodass viele **nucleophile Additionsreaktionen** möglich sind.
Aufgrund der reduzierenden Wirkung der funktionellen Gruppe werden Aldehyde sehr leicht zu Carbonsäuren oxidiert. Die reduzierende Wirkung der Aldehydgruppe ist die Grundlage vieler Nachweisreaktionen, z. B. des Glucose-Nachweises mit fehlingscher Lösung (↗ S. 314).

Methanal und Ethanal liegen in Wasser fast vollständig als Hydrat vor. Bei höheren Homologen der Alkanale liegt das Gleichgewicht auf der Seite des Aldehyds.

Nucleophile Additionen an die Aldehyd-Gruppe

Reaktion mit Wasser unter Bildung von Hydraten

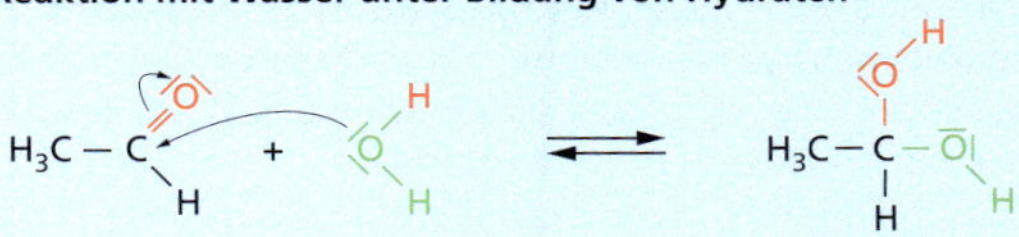

Reaktion mit Alkoholen unter Bildung von Halbacetalen

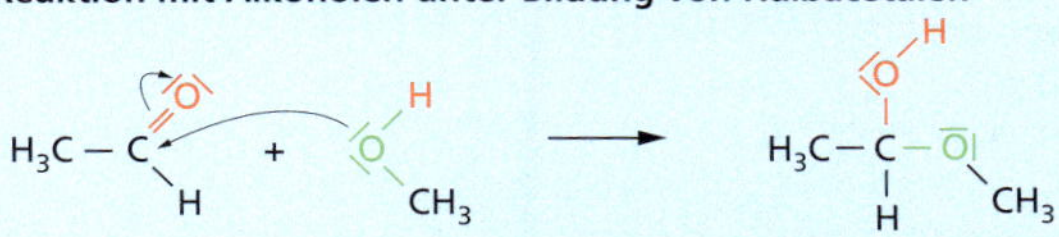

Bildung von Vollacetalen bei saurer Katalyse

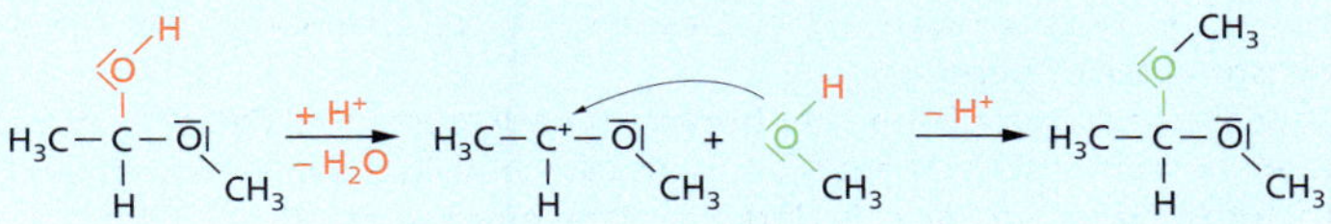

Ist die OH-Gruppe mit der Aldehyd-Gruppe wie bei der Glucose (↗ S. 313) über eine Kohlenstoffkette verbunden, werden cyclische Halbacetale gebildet. Die Mehrfachzucker sind dagegen Vollacetale.

Vanillin (4-Hydroxy-3-methoxybenzaldehyd) ist ein natürlich vorkommender Aromastoff. Außer der Aldehyd-Gruppe trägt es noch eine Hydroxy- und eine Methoxy-Gruppe. Es ist also ein Aldehyd, ein Phenol und ein Ether.

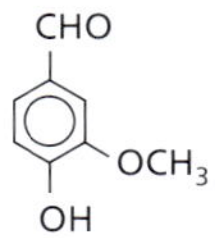

Synthese und Verwendung

Technisch werden Aldehyde entweder durch katalytische Oxidationsreaktionen oder durch Carbonylierung von Ethen hergestellt.

Technische Synthesen

$$H_3C-OH + \tfrac{1}{2}\,O_2 \xrightarrow{[Ag]\ 600\ °C} H-CHO + H_2O$$

$$H_2C=CH_2 + \tfrac{1}{2}\,O_2 \xrightarrow{[PdCl_2/CuCl_2]} H_3C-CHO$$

$$H_2C=CH_2 + CO + H_2 \xrightarrow{[Ag]\ 700\ °C} H_3C-CH_2-CHO$$

	Eigenschaften	Verwendung
Methanal (Formaldehyd)	stechend riechendes giftiges Gas, liegt in Wasser als Hydrat vor, Bestandteil des Tabakrauches, Krebs erregend	Ausgangstoff zur Herstellung von Phenoplast
Ethanal (Acetaldehyd)	stechend riechendes Gas (Sdp. = 20,2 °C), gut in Wasser und Diethylether löslich	Herstellung von Essigsäure, Acrolein und Butadien
Propanal (Propionaldehyd)	erstickend riechende Flüssigkeit	als Zwischenprodukt z. B. in der Kunststoffindustrie

Benzaldehyd

Benzaldehyd ist der einfachste Vertreter der aromatischen Aldehyde, die die Aldehydgruppe als direkten Substituenten am aromatischen Kern tragen. Benzaldehyd ist eine farblose, ölige, nach bitteren Mandeln riechende Flüssigkeit, die das Licht stark bricht (Sdp.: 179 °C). Es wird beim Backen als Bittermandelersatz verwendet.
Wie alle Aldehyde ist Benzaldehyd ein Reduktionsmittel und wird schon durch Luftsauerstoff zur Benzoesäure oxidiert. Die reduzierende Wirkung kann mit ammoniakalischer Silbernitratlösung oder mit Fuchsinlösung nachgewiesen werden (↗ S. 429).

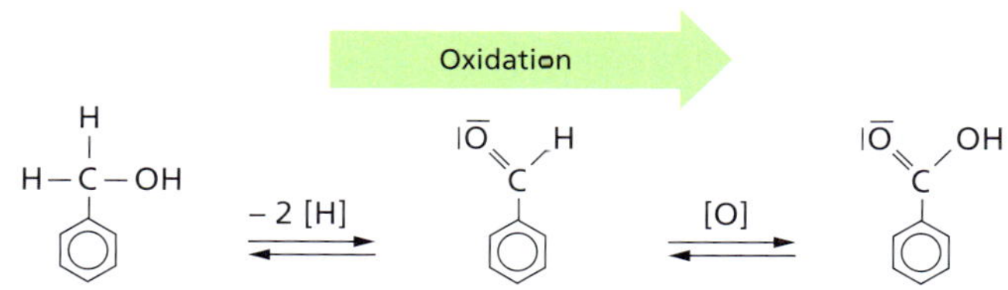

Benzylalkohol Benzaldehyd Benzoesäure

Ketone

Bei der Stoffklasse der Ketone ist das Wasserstoffatom der Aldehydgruppe durch einen weiteren organischen Rest ersetzt. Die funktionelle Gruppe ist die Keto-Gruppe.

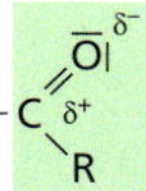
Keto-Gruppe

Nomenklatur

Aliphatische und aromatische Ketone tragen die Endung „-on", z. B. Propanon. Für die beiden organischen Reste an der Keto-Gruppe gelten die Regeln für Alkane bzw. Benzene. Eine besondere Klasse der Ketone sind die Chinone, bei denen zwei Keto-Gruppen entweder in 1,2-*(ortho)*- oder 1,4-*(para)*-Position direkt am Benzenring gebunden sind.

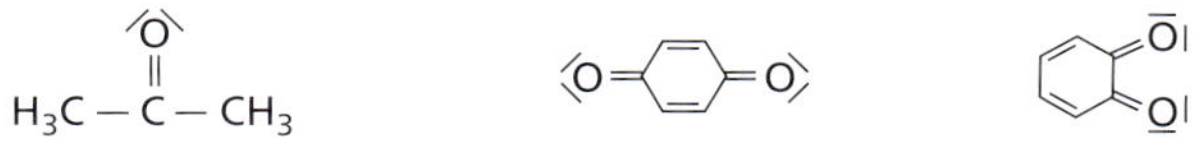
Propan-2-on (Aceton) *p*-Benzochinon *o*-Benzochinon

Reaktionen

Die Ähnlichkeit der Ketone und Aldehyde zeigt sich im Reaktionsverhalten. Auch bei den Ketonen findet eine nucleophile Addition (↗ S. 301) statt. Im Gegensatz zu den Aldehyden wirken Ketone jedoch nicht reduzierend.

Synthese

Neben dem Hock-Verfahren (↗ S. 298) gibt es für Aceton eine zweite Synthesevariante. Propen aus Crackgasen wird durch elektrophile Addition von Wasser zum Propan-2-ol. Die nachfolgende Oxidation zum Aceton erfolgt mit Kupfer(II)-oxid.

Beim HOCK-Verfahren werden mit Aceton und Phenol zwei wichtige Grundstoffe der chemischen Industrie gewonnen.

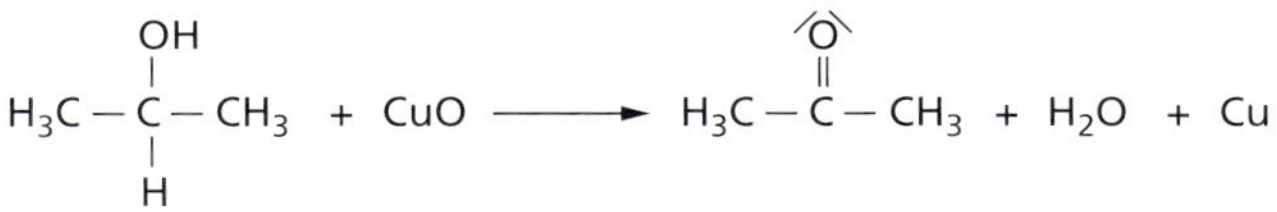
Propan-2-ol Kupfer(II)-oxid Aceton Wasser Kupfer

Aromatische Ketone

Ist mindestens einer der Kohlenstoffreste an der Ketogruppe ein Aromat, spricht man von aromatischen Ketonen. Sie entstehen bei der Reaktion eines Aromaten mit einem Carbonsäurechlorid und Aluminiumtrichlorid als Katalysator.

Die Reaktion ist eine Acylierung und gehört zu den FRIEDEL-CRAFTS-Reaktionen (↗ S. 286).

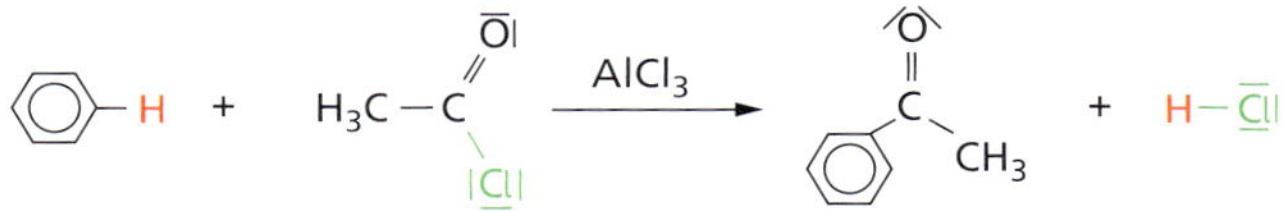
Benzen Essigsäurechlorid (Acetylchlorid) Methylphenylketon (Acetophenon)

Vorkommen und Verwendung

Die niedermolekularen Ketone sind farblose Flüssigkeiten, höhermolekulare Ketone sind fest. Ketone sind oft Zwischenstufen in der organischen Synthese. Aceton wird vor allem als universelles Lösungsmittel verwendet. Auch in der Natur kommen Ketone vor. Das Hormon Testosteron enthält eine Ketogruppe. Eine Reihe von Pflanzeninhaltsstoffen, z. B. der Campher tragen ebenfalls Keto-Gruppen.

Die Tautomerie ist eine Form der Isomerie, bei der zwei Isomere nebeneinander im Gleichgewicht vorliegen und sich ineinander umwandeln können. Anders als die mesomeren Grenzstrukturen (↗ S. 251) sind Tautomere stabile, real existierende Strukturen, die experimentell nachgewiesen werden können.

Die Keto-Enol-Tautomerie

Die **Keto-Enol-Tautomerie** ist eine Verschiebung der Bindungselektronen mit gleichzeitiger Wanderung eines Wasserstoffatoms vom α-Kohlenstoffatom zum Sauerstoffatom. Die Lage des Gleichgewichtes ist abhängig von der Struktur des Ketons und weiteren funktionellen Gruppen. So liegt Aceton nur zu 0,0002 % als Enol vor. Dagegen liegt Pentan-2,4-dion zu 80 % als Enol vor. In diesem Fall kann durch die Wasserstoffbrückenbindung ein Sechsring gebildet und die Struktur auf diese Weise stabilisiert werden.

Keto-Enol-Tautomerie

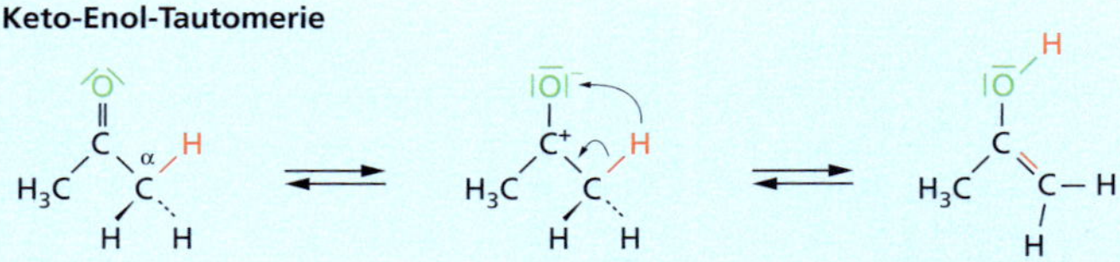

Keton Enol

Tautomerie-Gleichgewicht im Pentan-2,4-dion

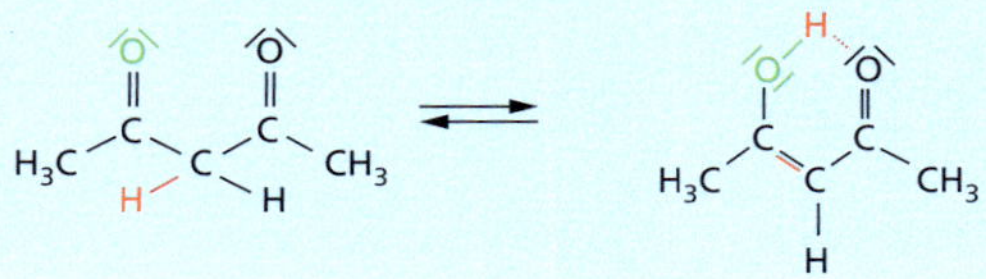

Aldolreaktion

Die **Aldolreaktion** wird im lebenden Organismus benutzt, um Kohlenstoffatome zu verbinden (C–C-Verknüpfung). Der Mechanismus ist mehrstufig, hier wird nur die Bruttogleichung für die Verknüpfung von Aceton mit Acetaldehyd angegeben. Das primär entstehende Aldol wird in einer Eliminierungsreaktion dehydratisiert.

Aldolkondensation von Ethanal und Aceton

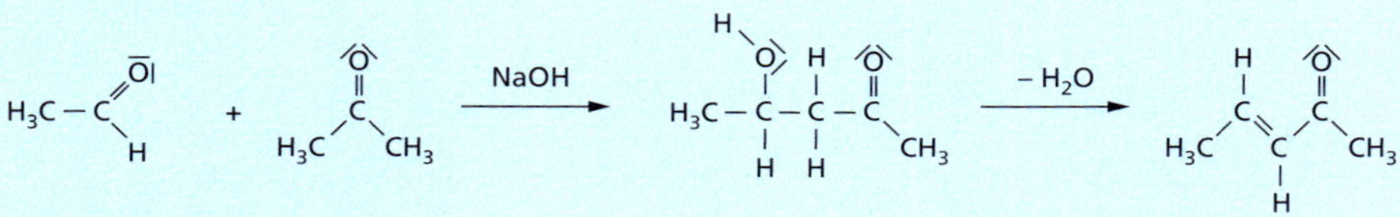

Ethanal Aceton „Aldol" Pent-3-en-2-on

9.4.7 Carbonsäuren und Carbonsäurederivate

Carbonsäuren sind organische Verbindungen, die mindestens eine Carboxy-Gruppe im Molekül besitzen. Es gibt Monocarbonsäuren, aber auch mehrwertige Di- und Tricarbonsäuren. Die gesättigten aliphatischen Monocarbonsäuren bilden die **homologe Reihe** der Alkansäuren.

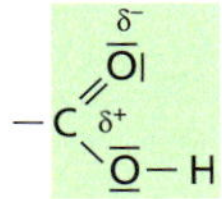

Carboxy-Gruppe

Als **Carbonsäurederivate** werden Substanzen bezeichnet, bei denen die OH-Gruppe der Carboxy-Gruppe gegen ein anderes Heteroatom oder gegen einen Alkohol-Rest ausgetauscht wurde. Die Oxidationszahl des Carboxy-Kohlenstoffatoms bleibt erhalten.

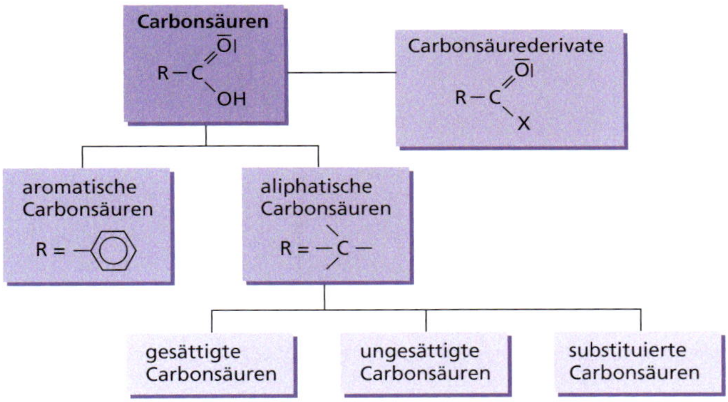

Nomenklatur

Befindet sich in einem Molekül eine Carbonsäure-Gruppe, wird diese Substanz als Carbonsäure bezeichnet, da dies die am „höchsten oxidierte" funktionelle Gruppe ist. Das Kohlenstoffatom der Carboxy-Gruppe erhält die Nummer 1.

Bei gesättigten Verbindungen, setzt sich der Name aus dem Alkan (einschließlich dem Kohlenstoffatom der Carboxy-Gruppe) und der Endung -säure zusammen. Für Dicarbonsäuren gilt die gleiche Regel, die Stellung der Säure-Gruppen wird durch arabische Ziffern angegeben. Bei ungesättigten Carbonsäuren muss zusätzlich noch die Lage der Doppelbindung angegeben werden. Langkettige aliphatische Carbonsäuren werden als Fettsäuren bezeichnet. Es gibt gesättigte (Stearin-, Palmitinsäure) und ungesättigte (Öl-, Linolsäure) Fettsäuren.

Ist die Carboxy-Gruppe direkt an einen Benzenring gebunden, nennt man die Verbindung Benzencarbonsäure (Benzoesäure). Die Nummerierung des Benzenringes erfolgt so, dass das Kohlenstoffatom mit der Carboxy-Gruppe die Nummer 1 erhält. Weitere Substituenten werden alphabetisch vorangestellt.

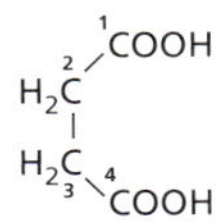

Butan-1,4-disäure (Bernsteinsäure)

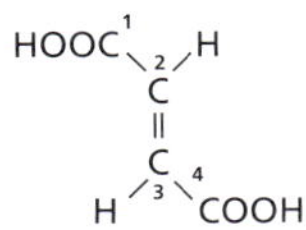

trans-But-2-en-1,4-disäure (Fumarsäure)

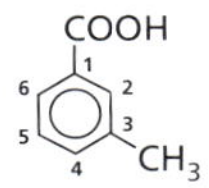

3-Methylbenzencarbonsäure

Ameisensäure hat in der homologen Reihe der Alkansäuren eine Sonderstellung. Sie verfügt sowohl über die Aldehyd- als auch über die Carboxy-Gruppe und ist eine reduzierende Säure.

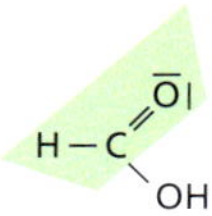

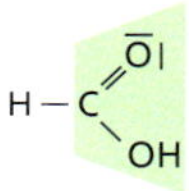

Aliphatische gesättigte Carbonsäuren – Alkansäuren

Die einfachste und zugleich stärkste Alkansäure ist Methansäure **(Ameisensäure)**. Man gewinnt sie technisch durch die Umsetzung von Kohlenstoffmonooxid und Natriumhydroxid. Als saures Gewürzmittel und Stoffwechselprodukt bekannt ist die Ethansäure **(Essigsäure)**. Sowohl Ameisensäure (E236) als auch Essigsäure (E260) sind wichtige Konservierungsstoffe für Lebensmittel. Letztere dient auch als Ausgangsstoff für die technische Herstellung verschiedener Ester.
Essigsäure entsteht bei der enzymatischen Oxidation von Ethanol mit Sauerstoff in Gegenwart von Essigsäurebakterien. Neben der biotechnologischen Herstellung wird Ethansäure wie andere Alkansäuren mit zwei bis sechs Kohlenstoffatomen auch synthetisch durch katalytische Oxidation der entsprechenden Aldehyde gewonnen. Höhermolekulare Carbonsäuren, die auch als Fettsäuren bezeichnet werden, isoliert man durch Fettspaltungen (↗ S. 319).

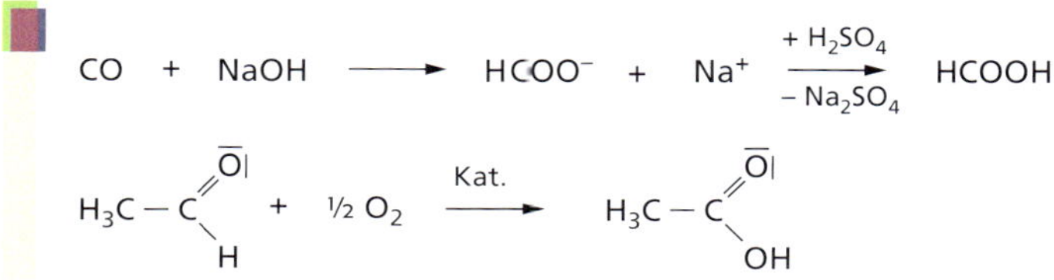

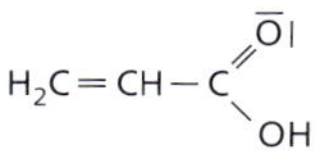

Propensäure
(Acrylsäure)

Aliphatische ungesättigte Carbonsäuren

Für die Ernährung sind die ungesättigten Fettsäuren (↗ S. 320) wichtig. Technisch produziert wird in großem Umfang die Propensäure (Acrylsäure). Sie polymerisiert zu einer glasklaren Masse, der Polyacrylsäure. Malein- und Fumarsäure sind die *cis-trans*-isomeren Butendisäuren.

Substituierte Carbonsäuren

Amino-, Hydroxy-, und Ketocarbonsäuren erfüllen wichtige Aufgaben im Stoffwechsel (↗ S. 340 ff.). Die 2-Hydroxypropansäure (Milchsäure) entsteht bei der Vergärung von Kohlenhydraten durch Bakterien. Die Milchsäuregärung wird bei der Herstellung von Jogurt und Sauerkraut, aber auch für Viehfutter in Silagen benutzt. Die Halogencarbonsäuren sind nur Werkzeuge der Synthesechemiker.

Substituierte Carbonsäuren

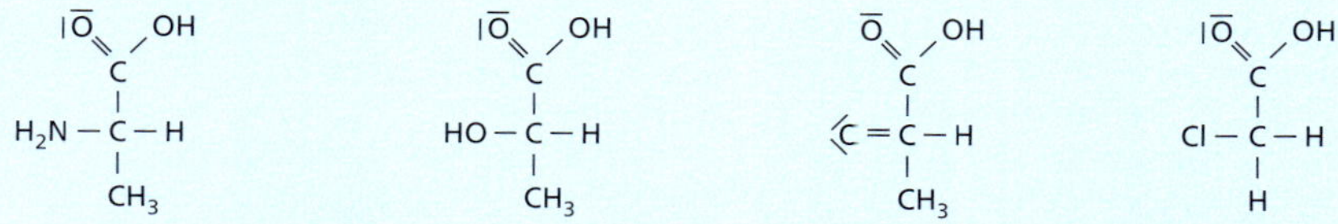

2-Aminopropansäure (L-Alanin) | 2-Hydroxypropansäure (L-Milchsäure) | 2-Oxopropansäure (Brenztraubensäure) | 2-Chloressigsäure

Reaktionen von Carbonsäuren

Protolyse einer Carbonsäure in Wasser

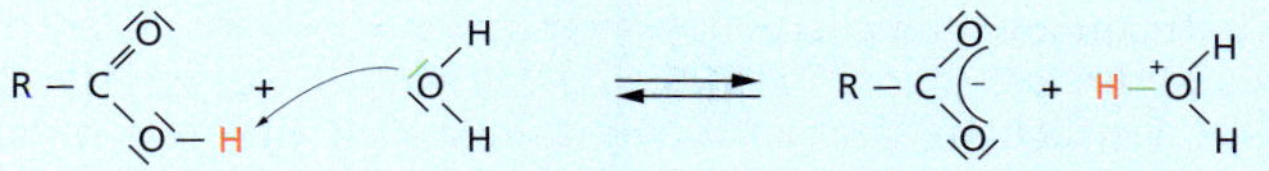

Neutralisation einer Carbonsäure mit Natronlauge

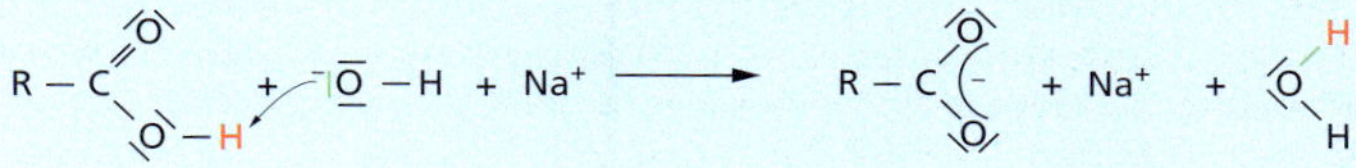

Die Salze der Carbonsäuren (Carboxylate) werden mit der Endung *-at* gekennzeichnet, z. B. Formiat, Acetat. Das Carboxylat-Ion ist mesomeriestabilisiert.

Wässrige Lösungen von Carbonsäuren reagieren sauer. Alle Carbonsäuren sind schwache Säuren. Da die Carboxy-Gruppe bei allen Säuren gleich ist, muss die Abstufung der pK_S-Werte mit den elektronischen Effekten der Substituenten erklärt werden.

Veränderung der Säurestärke durch induktive Effekte

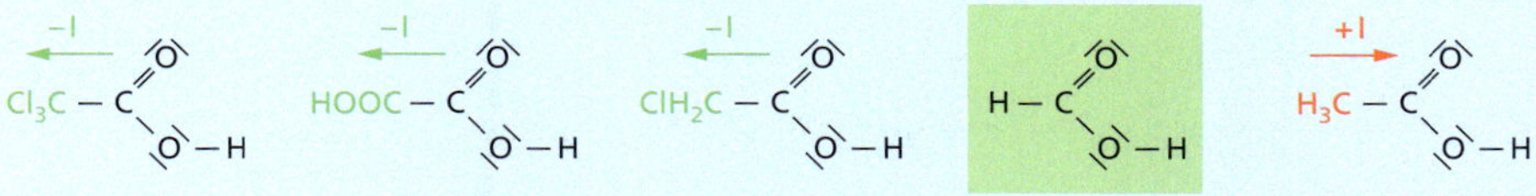

Trichloressigsäure $pK_S = 1{,}25$

Oxalsäure $pK_S = 1{,}25$

Chloressigsäure $pK_S = 2{,}87$

Ameisensäure $pK_S = 3{,}75$

Essigsäure $pK_S = 4{,}75$

Eine ähnliche Abstufung beobachtet man bei den Mesomerieeffekten. Die absoluten Unterschiede im Beispiel der Benzoesäuren sind deutlich kleiner, da der Mesomerieeffekt der Substituenten (z. B. der NO_2-Gruppe oder der NH_2-Gruppe) nur indirekt über den Aromaten die Elektronendichte am Carboxy-Kohlenstoffatom verändert. Der Vergleich zwischen Ameisensäure und Benzoesäure zeigt, dass der Benzenring Elektronen zur Carboxy-Gruppe verschiebt.

Veränderung der Säurestärke durch mesomere Effekte

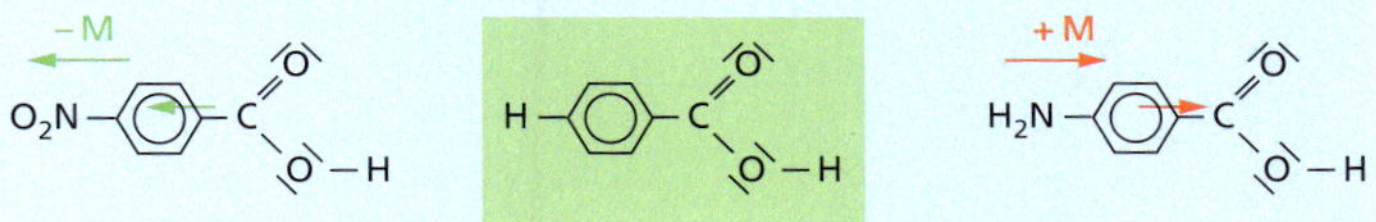

4-Nitrobenzoesäure $pK_S = 3{,}45$

Benzoesäure $pK_S = 4{,}20$

4-Aminobenzoesäure $pK_S = 4{,}65$

Die Veresterung ist eine Gleichgewichtsreaktion (↗ S. 159). Die Ausbeute an Ester kann erhöht werden durch:
a) Einsatz des Alkohols im Überschuss,
b) Entfernung des Esters oder des Wassers aus dem System,
c) Arbeiten mit konzentrierter Schwefelsäure als wasserentziehendes Reagenz.

Esterbildung und Esterspaltung

Die **Veresterung** ist eine typische, auch technisch vielfach genutzte Reaktion der Carbonsäuren. Im ersten Schritt findet eine nucleophile Addition des Sauerstoffatoms vom Alkohol an das Carboxy-Kohlenstoffatom statt. Im entstehenden Zwischenprodukt hat das Sauerstoffatom des Alkohols eine positive Ladung. Durch die Auflösung der Doppelbindung übernimmt das Carbonyl-Sauerstoffatom das gesamte Elektronenpaar und ist negativ geladen.
Der Ladungsausgleich erfolgt durch eine Protonenwanderung im zweiten Reaktionsschritt. Die zweite Zwischenstufe ist energetisch sehr ungünstig, da drei Sauerstoffatome mit einem –I-Effekt an einem sp^3-Kohlenstoffatom gebunden sind. Durch die Abspaltung von Wasser und die Rückbildung der Doppelbindung entsteht der Carbonsäureester.
Nach dem gleichen Schema läuft auch die Bildung der Carbonsäureamide und -anhydride ab. Unter sauren oder neutralen Bedingungen ist die Esterbildung umkehrbar (reversibel) und liegt mit der Esterspaltung als Gleichgewicht vor.

Mechanismus der Carbonsäureesterbildung

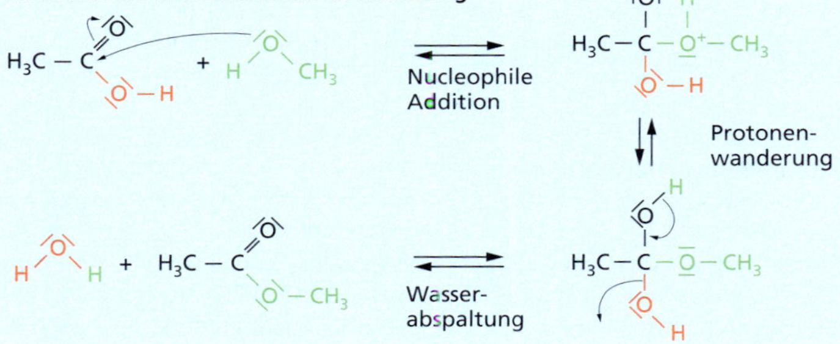

Die Tricarbonsäureester des Glycerins (Propan-1,2,3-triol) bilden die Stoffklasse der **Fette** (↗ S. 319). Die alkalische Esterspaltung führt zu den Salzen der Fettsäuren, die eine Wirkung als Seife zeigen. Deshalb wird die Esterhydrolyse häufig Verseifung genannt.

Im Gegensatz zur Esterbildung ist die basische **Esterhydrolyse** irreversibel. Sie beginnt mit der nucleophilen Addition des Hydroxid-Ions. Im zweiten Schritt wird der Alkohol als Alkoholat abgespalten. Da das Alkoholat-Ion deutlich basischer ist als das Carboxylat-Ion, findet eine Protonenwanderung statt. Die Bildung des Carboxylat-Anions ist der Grund für die Irreversibilität. Da das Carboxylat-Ion keine Carbonylaktivität mehr besitzt, kann die Rückreaktion nicht stattfinden.

Mechanismus der Carbonsäureesterhydrolyse

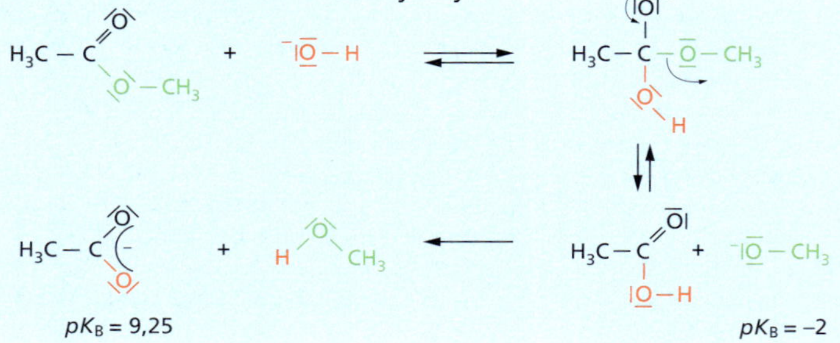

Aromatische Carbonsäuren

Aromatische Carbonsäuren sind organische Säuren, die mindestens eine Carboxy-Gruppe als Substituenten am Benzenring tragen.

Benzoesäure und ihre Derivate werden unter der Kennzeichnung E 214 – E 219 wie andere **Carbonsäuren als Konservierungsstoffe** eingesetzt.

Benzoesäure (Benzencarbonsäure) ist der einfachste Vertreter der aromatischen Carbonsäuren. Synthetisiert werden kann Benzoesäure durch Oxidation von Toluen mit Kaliumpermanganat oder von Benzaldehyd mit Luftsauerstoff.

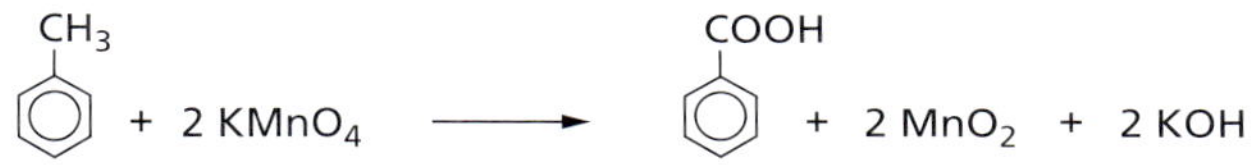

Eigenschaften

Benzoesäure ist ein farbloser Feststoff mit einem Schmelzpunkt von 122 °C. Sie ist in heißem Wasser gut, in kaltem Wasser nur wenig löslich. Die Reaktion von Benzoesäure mit Alkoholen führt zu den Benzoesäureestern. Die schwache Säure (pK_S = 4,20) bildet bei der Neutralisation mit Laugen Benzoate.

Vorkommen und Verwendung

Benzoesäure kommt frei oder in Form ihrer Ester in vielen tropischen Pflanzenharzen vor. Im europäischen Raum findet man die Benzoesäure in Preiselbeeren und Vogelbeeren. Benzoesäure und ihre Natriumsalze werden in der Nahrungsmittelherstellung als **Konservierungsmittel** zur Verhinderung von Schimmelbildung, Fäulnis und Gärung eingesetzt. Der *para*-**H**ydroxy-**b**enzoesäuremethylester, **PHB-Ester,** ist laut Lebensmittelgesetz ebenfalls als Konservierungsstoff zugelassen.

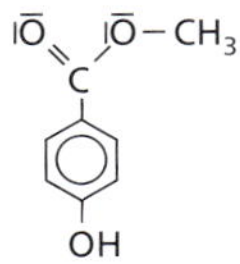

PHB-Ester

Salicylsäure (*ortho*-Hydroxybenzoesäure) ist ein Derivat der Benzoesäure. Sie kommt in der Weidenrinde und als Methylester im Wintergrünöl und Gewürznelkenöl vor. Sie wird zur Herstellung von Farbstoffen, Riechstoffen und Pharmazeutika verwendet. Salicylsäure ist der Ausgangsstoff zur Synthese des Arzneistoffes Aspirin® (↗ S. 385).

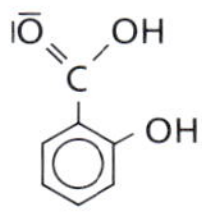

Salicylsäure

Phthalsäure (1,2-Benzendicarbonsäure), **Isophthalsäure** (1,3-Benzendicarbonsäure) und **Terephthalsäure** (1,4-Benzendicarbonsäure) sind die drei isomeren Benzendicarbonsäuren. Die beiden Carboxy-Gruppen geben die Protonen nacheinander ab, man findet dementsprechend zwei Stufen bei der Titration.
Isophthalsäure ist Ausgangstoff für die Synthese von Alkydharzen, Terephthalsäure wird für die Herstellung von Polyestern (↗ S. 347) verwendet. Die Derivate der Phthalsäure (Phthalsäureanhydrit bzw. Phthalsäuredichlorid) sind wichtige Zwischenprodukte bei der Produktion von Farbstoffen und Kunststoffen. Phthalsäureester, finden vielfältige Anwendungen als Weichmacher (↗ S. 361) in synthetischen Polymeren und in der Kosmetikindustrie.

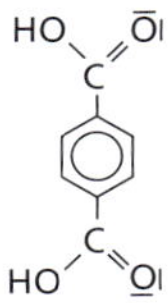

Terephthalsäure

Carbonsäurederivate

Zu den **Carbonsäurederivaten** gehören die Carbonsäureester, -anhydride, -amide und -halogenide. Die ersten drei Stoffklassen treten auch in der belebten Natur auf, die Carbonsäurehalogenide sind Zwischenprodukte in der Synthesechemie.

Carbonsäurederivate

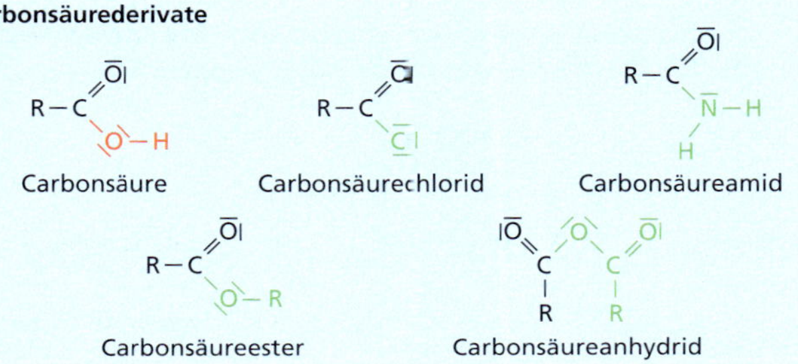

Saure Reaktionsbedingungen führen zu einer Aktivierung des Carbonylkohlenstoffatoms, da im Gleichgewicht eine Protonierung des Sauerstoffatoms zu beobachten ist.

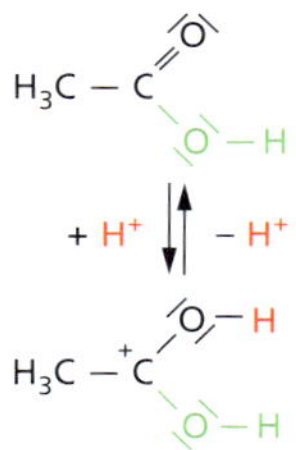

Die **Carbonylaktivität** gibt an, wie schnell ein Nucleophil mit dem Carbonyl-Kohlenstoffatom reagiert und ist abhängig von der elektronischen Struktur der beiden Substituenten am Kohlenstoffatom.
Allen Carbonylverbindungen gemeinsam ist die C=O-Doppelbindung. Durch die Übernahme des Bindungselektronenpaares aus der p-p-π-Bindung ermöglicht das Sauerstoffatom den nucleophilen Angriff auf das sp^2-Kohlenstoffatom.

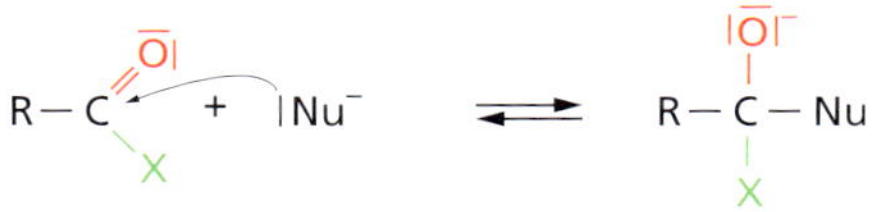

Der Substiuent X kann durch einen −I- bzw. −M-Effekt die partiell positive Ladung am Carbonyl-Kohlenstoffatom verstärken und die nucleophile Addition beschleunigen.
Ein Substiuent X mit einem +I- bzw. +M-Effekt kann die Positivierung des Carbonyl-Kohlenstoffatoms kompensieren und somit die Reaktionsgeschwindigkeit verlangsamen.

Abstufung der Carbonylaktivität

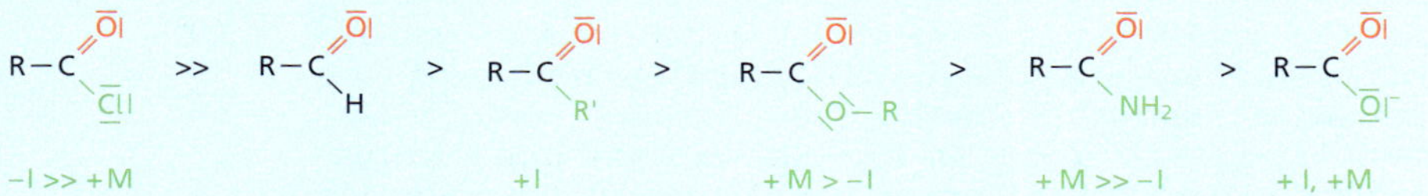

Carbonsäurechlorid | Aldehyd | Keton | Carbonsäureester | Carbonsäureamid | Carboxylat-Anion

9.5 Naturstoffe

9.5.1 Kohlenhydrate

Zur Stoffklasse der **Kohlenhydrate** gehören beispielsweise Traubenzucker und Rohrzucker, aber auch Cellulose und Stärke. Die unterschiedlichen Eigenschaften der genannten Stoffe werden maßgeblich durch die Molekülgrößen bestimmt. Während die Molmasse von Glucose nur $180\ g \cdot mol^{-1}$ beträgt, ist sie bei der Cellulose ca. $10\,000\ g \cdot mol^{-1}$. Deshalb unterteilt man die Kohlenhydrate in drei Hauptgruppen.

Kohlenhydrate

- **Monosaccharide**: Einfachzucker der allgemeinen Summenformel $C_n(H_2O)_m$, z.B. Glucose, Fructose
- **Oligosaccharide**: 2 bis 10 über Sauerstoffbrücken verbundene Monosaccharide, z.B. Rohrzucker
- **Polysaccharide**: durch Verknüpfung vieler Monosaccharide gebildete, hochmolekulare Naturstoffe, z.B. Stärke, Glykogen

> **Kohlenhydrate** (Saccharide) sind **Polyhydroxycarbonylverbindungen,** die neben Kohlenstoff noch Wasserstoff und Sauerstoff im Stoffmengenverhältnis 2:1 enthalten. Die allgemeine Summenformel der Kohlenhydrate lautet $C_n(H_2)_mO_m$ bzw. $C_n(H_2O)_m$. Mono- und Oligosaccaride werden als **Zucker** bezeichnet.

Aus der allgemeinen Formel $C_n(H_2O)_m$ leitet sich der Name **Kohlenhydrate** ab. Entzieht man den Kohlenhydraten Wasser durch Erhitzen oder durch konzentrierte Schwefelsäure, bleibt elementarer Kohlenstoff zurück.

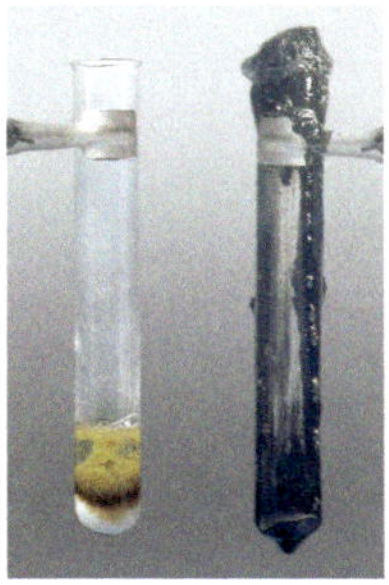

Monosaccharide

Monosaccharide sind die einfachsten Kohlenhydrate. Sie bestehen aus einem Kohlenstoffgerüst mit 3 bis 7 Kohlenstoffatomen, an das neben mehreren Hydroxy-Gruppen eine Aldehyd-Gruppe oder eine Keto-Gruppe gebunden sind. Sie sind damit **Polyhydroxycarbonylverbindungen.** Nach der Anzahl der Kohlenstoffatome unterteilt man die Monosaccharide in Triosen, Tetrosen, Pentosen etc.

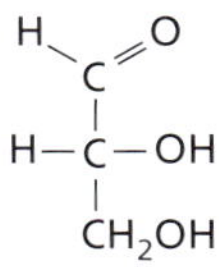

$C_3H_6O_3$
Glycerinaldehyd

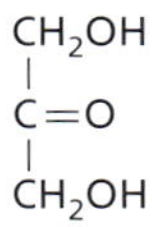

$C_3H_6O_3$
Dihydroxyaceton

Durch die unterschiedliche Anzahl der Kohlenstoffatome und Hydroxy-Gruppen unterscheiden sich diese Zucker in ihren Schmelzpunkten und ihrer Löslichkeit in Wasser voneinander.
Bei gleicher Summenformel $C_n(H_2O)_m$ bilden die Zucker jedoch verschiedene Strukturen und damit **Isomere** (↗ S. 252) mit unterschiedlichen Eigenschaften aus. Sowohl Glycerinaldehyd als auch Dihydroxyaceton sind Triosen der Summenformel $C_3H_6O_3$, sie haben jedoch unterschiedliche Funktionen im Stoffwechsel.

Alle Monosaccharide werden mit Trivialnamen bezeichnet und tragen die Endung *-ose*. Die Bezeichnung nach IUPAC ist unüblich, Glucose ist z. B. nach IUPAC ein 2,3,4,5,6-Pentahydroxyhexanal. Die Struktur kann mithilfe der FISCHER-Projektion (↗ S. 253) dargestellt werden.

Konstitutions- und Stereoisomerie der Monosaccharide

Ähnlich den homologen Reihen der Alkanole bzw. Alkanale bilden Zucker Familien. Geht man vom D-Glycerinaldehyd aus und fügt nach dem C_1-Atom immer eine H–C–OH-Gruppierung ein, kommt man zur Familie der D-Aldosen.

Das chemische Reaktionsverhalten der Monosaccharide wird maßgeblich durch die Art der Carbonyl-Gruppe beeinflusst. Man unterteilt sie daher in **Aldosen,** die eine Aldehyd-Gruppe am C_1-Atom tragen, und in **Ketosen**, bei denen sich eine Keto-Gruppe am C_2-Atom befindet.

Aldosen und Ketosen können auch als Oxidationsprodukte mehrwertiger Alkohole betrachtet werden. So führt die Oxidation von D-Sorbit am C_1-Atom zur D-Glucose. Die Oxidation am C_2-Atom ergibt die D-Fructose. Glucose und Fructose sind **Konstitutionsisomere** (↗ S. 252). Häufig kombiniert man die Unterteilung nach der Carbonyl-Gruppe mit der Unterteilung nach der Anzahl der Kohlenstoffatome. Glucose ist demzufolge eine Aldohexose, die Fructose eine Ketohexose.

Chemisch unterscheiden sich Aldosen und Ketosen vor allem in ihrer reduzierenden Wirkung (↗ S. 314).

Oxidation von D-Sorbit zu D-Glucose und D-Fructose

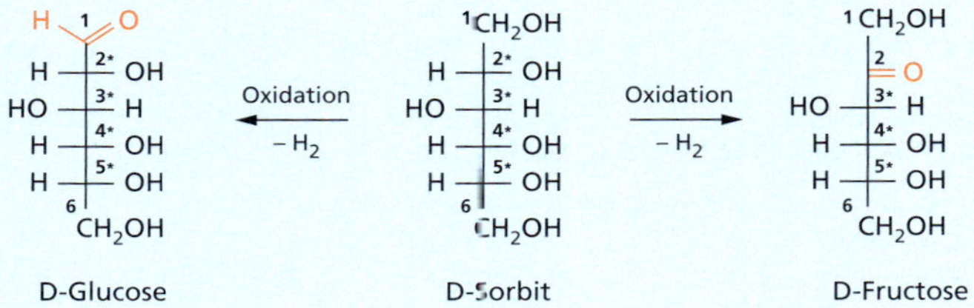

*chirales Kohlenstoffatom

Dadurch, dass ein oder mehrere Kohlenstoffatome im Molekül vier unterschiedliche Substituenten tragen, können sich verschiedene räumliche Anordnungen herausbilden. Von *gleichartigen* Aldosen bzw. Ketosen existieren daher verschiedene **Stereoisomere**, die geringfügig unterschiedliche Eigenschaften aufweisen. Zur Unterscheidung dieser Isomere muss die Stellung der OH-Gruppe des asymmetrischen Kohlenstoffatoms betrachtet werden, das am weitesten vom C_1-Atom entfernt ist. Bei der Fructose und der Glucose ist es das C_5-Atom. Steht die OH-Gruppe an diesem chiralen Kohlenstoffatom in der FISCHER-Projektion rechts (↗ S. 253), gehört der Zucker zur D-Reihe.

Es gibt 16 stereoisomere **Aldohexosen** mit der Summenformel $C_6H_{12}O_6$. Die Anzahl ergibt sich aus der Stellung der OH-Gruppen an den vier chiralen Kohlenstoffatomen. Acht der Zucker gehören in die D-Reihe, acht in die L-Reihe.

Da die Stereoisomere sich strukturell weit mehr ähneln als Aldosen und Ketosen, unterscheiden sich ihre Eigenschaften nur geringfügig. Trotzdem spielen beispielsweise die L-Enantiomere in der Natur keine Rolle. Für den Menschen physiologisch bedeutsam sind die D-Glucose, die D-Galactose und die D-Mannose.

Wenn ein Molekül *n* chirale Kohlenstoffatome enthält, dann gibt es 2^n Stereoisomere, die anhand ihres optischen Drehwerts unterschieden werden können.

D-Glucose, Traubenzucker (Glc)

Glucose ist eine Aldohexose, die in mehreren isomeren Formen auftreten kann. Entsprechend den funktionellen Gruppen beobachtet man Reaktionen, die für Aldehyde und für Alkohole typisch sind.

Alkohole reagieren mit Aldehyden unter Bildung von **Halbacetalen** (↗ S. 271). Die Halbacetalbildung ist bei Monosaccariden mit mehr als vier Kohlenstoffatomen innerhalb des Moleküls möglich. Besonders stabil ist die aus der offenkettigen Aldehyd-Form gebildete *Ringform der Glucose,* wenn die Hydroxy-Gruppe am C_5-Atom mit der Aldehyd-Gruppe reagiert. Dieses cyclische Halbacetal ist ein Sechsring mit einem Sauerstoffatom und wird als **Pyranose** bezeichnet.

Da beim Ringschluss ein neues chirales Kohlenstoffatom am C_1-Atom entsteht, können sich zwei Stereoisomere, die α- und die β-Glucose, bilden. Die β-Form mit der equatorialen OH-Gruppe am C_1-Atom ist mit 1 $kJ \cdot mol^{-1}$ thermodynamisch stabiler als die α-Form mit der axialen OH-Gruppe am C_1-Atom. Da hier eine besondere Art der Stereoisomerie vorliegt, nennt man die α- und β-Form **Anomere.** Das acetalische Kohlenstoffatom heißt anomeres Kohlenstoffatom.

Löst man reine α-D-Glucose in Wasser, stellt sich ein Gleichgewicht aus 36 % α-D-Glucose und 64 % β-D-Glucose ein. Die Gleichgewichtseinstellung ist nur über die offenkettige Form möglich, die in Wasser aber nur zu 0,1 % vorliegt. Eine Bestätigung der Gleichgewichtseinstellung findet man durch die Messung der optischen Aktivität. Der optische Drehwert von $[\alpha]_D = +52{,}5°$ der wässrigen Lösung ergibt sich aus den prozentualen Anteilen der reinen α- und β-Isomere im Gleichgewicht.

α-D-Glucose
Schmp. = 146 °C, $[\alpha]_D = +112{,}2°$ (H_2O)

β-D-Glucose
Schmp. = 150 °C, $[\alpha]_D = +18{,}7°$ (H_2O)

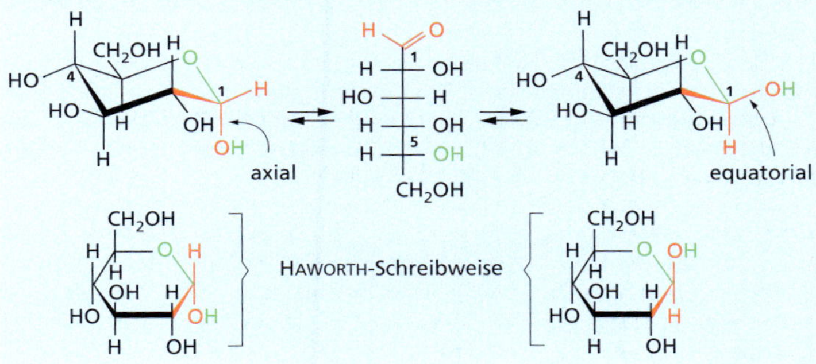

> Glucose ist eine Aldohexose und kann in einer offenkettigen sowie zwei ringförmigen Strukturen auftreten. Die ringförmigen Glucosen sind cyclische Halbacetale, die als Pyranose bezeichnet werden. Die α- und β-Glucose unterscheiden sich nur durch die Stellung der Hydroxy-Gruppe am anomeren Kohlenstoffatom. Den Vorgang der Umwandlung von α-Glucose über die offenkettige Form in β-Glucose nennt man **Mutarotation.**

Mit dem Namen Glucose ist die Stellung der OH-Gruppe am 2. bis 4. C-Atom festgeschrieben. Steht eine der OH-Gruppen auf der anderen Seite, hat der Zucker einen anderen Namen!

Der Name Pyranose kommt von der Ringstruktur, dem Pyran. Das Pyran ist ein Heterocyclus.

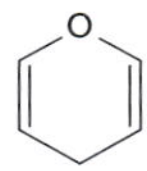

Pyran

Spricht man von α- oder β-D-Glucose, wird damit die cyclische Form bezeichnet. Der vollständige Name lautet α-D-Glucopyranose.

Die HAWORTH-Schreibweise ist ähnlich wie die FISCHER-Projektion die Einebnung einer räumlichen Struktur. Mit der HAWORTH-Formel wird die Ringform vereinfacht dargestellt. Am besten wird die Molekülstruktur durch die Sesselkonformation beschrieben.

Als zentraler Bestandteil des Kohlenhydratstoffwechsels ist D-Glucose in der Natur weit verbreitet. In freier Form findet man D-Glucose im Blut zu etwa 0,1 % (Blutzucker) und zusammen mit D-Fructose in vielen Früchten und im Honig.

Reduzierende Wirkung der Zucker

Zucker wirken immer dann reduzierend, wenn sich die offenkettige Form bilden kann und diese über eine Aldehyd-Gruppe verfügt. Demzufolge wirken die Aldosen wie Glucose reduzierend, die in der Redoxreaktion zur Zucker-Säure oxidiert werden.

Nachweis der reduzierenden Wirkung von Glucose mit Fehlingscher Lösung

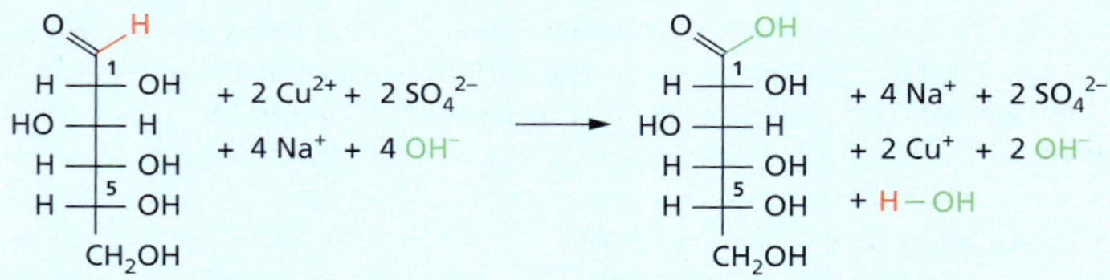

Folgereaktion: $2\,Cu^+ + 2\,OH^- \longrightarrow 2\,CuOH \longrightarrow Cu_2O\downarrow + H_2O$

ziegelroter Niederschlag

D-Fructose, Fruchtzucker (Fru)

Die Furanose-Form der Fructose kommt als Baustein im Disaccharid Saccharose (↗ S. 316) vor. Der Name der Furanosen leitet sich vom Heterocyclus Furan ab.

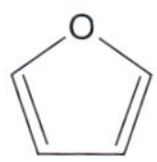

Furan

Fructose ist eine Ketohexose, die neben der offenkettigen Form zwei ringförmige Isomere mit unterschiedlicher Ringgröße bilden kann. D-Fructose ist die physiologisch wichtigste Ketose.

Wird Fructose in Wasser gelöst, stellt sich ein Gleichgewicht aus 0,8 % der offenkettigen Keto-Form, 67,5 % β-D-Fructopyranose und 31,7 % β-D-Fructofuranose ein. Das Gleichgewicht in Wasser hat einen Drehwert von $[\alpha]_D = -92{,}4°$.
Die Halbacetalbildung (Halbketalbildung) mit der OH-Gruppe am C_6-Atom führt zur **Pyranose**-Form. Die Ringbildung mit der OH-Gruppe am C_5-Atom ergibt die **Furanose**-Form. Als reine Substanz konnte bisher nur die β-D-Fructopyranose isoliert werden. Die OH-Gruppen am C_2- und C_5-Atom dieser isomeren Form stehen axial.

Die β-D-Fructopyranose bildet farblose Kristalle mit einem Schmelzpunkt von 103–105 °C und einem spezifischen Drehwert in Wasser von $[\alpha]_D = -132°$.

Bildung der β-D-Fructopyranose und der β-D-Fructofuranose

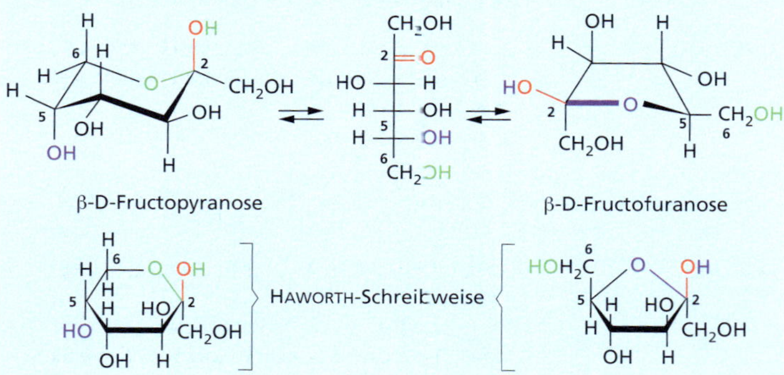

Isomerisierung der Fructose zur Glucose

Ketosen wirken normalerweise nicht reduzierend, da Ketone nicht zur Carbonsäure oxidiert werden können. Führt man den Nachweis mit fehlingscher Lösung und Fructose (Ketose) durch, erhält man überraschenderweise dennoch einen roten Niederschlag.
Ursache für diesen scheinbar falschen Nachweis ist die Isomerisierung der Fructose in Glucose. Die **Keto-Enol-Tautomerie** (↗ S. 304) der Fructose ist die Grundlage für diese Umwandlung. Den Transport der Wasserstoffatome als Protonen übernehmen Wassermoleküle. Sie wirken dabei sowohl als Protonenakzeptoren (Base) als auch als Protonendonatoren (Säure). Die Reaktion wird durch die in fehlingscher Lösung enthaltenen Hydroxid-Ionen katalysiert.

Isomerisierung der Fructose zu Glucose

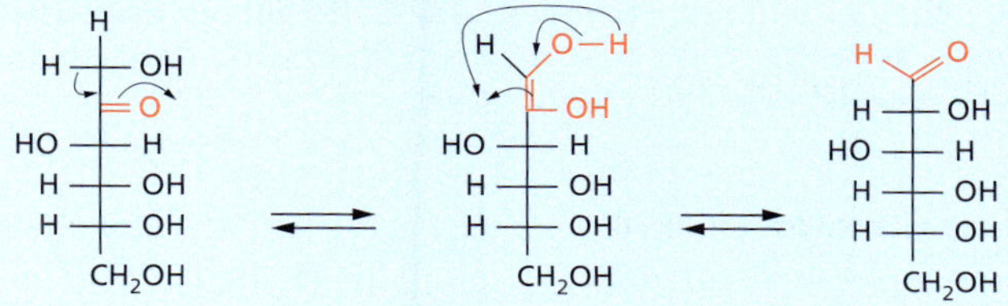

Fructose (Ketose) — Endiol — Glucose (Aldose)

D-Ribose und 2-Desoxy-D-ribose (Rib und d Rib)

D-Ribose und D-Desoxyribose sind Aldopentosen und die Zuckerbausteine der **Nucleinsäuren** RNA bzw. DNA. Beide Zucker liegen als Halbacetal in der Furanose-Form vor.

Bedeutung wichtiger Monosaccharide	
Monosaccharid	**Bedeutung**
Glycerinaldehyd	– wichtiges Stoffwechselprodukt bei der Glykolyse (↗ S. 342)
Ribose, Desoxyribose	– Zuckerkomponenten der Nucleinsäuren RNA und DNA sowie der Zellkern-Nucleoside
D-Glucose	– Baustein vieler Oligo- (z. B. Saccharose), Polysaccharide (z. B. Cellulose), spezieller Lipide und Proteine – Energielieferant im Kohlenhydratstoffwechsel (↗ S. 338 ff.) – Traubenzucker, Dextrose als Nahrungsmittel für Sportler oder Kleinkinder
D-Fructose	– Baustein höherer Kohlenhydrate (z. B. Saccharose) – Fruchtzucker als Nahrungsmittel, Süßstoff oder als Zuckeraustauschstoff für Diabetiker

Für die Desoxyribose $C_5H_{10}O_6$ ist die allgemeine Summenformel $C_n(H_2O)_m$ der Monosaccharide nicht mehr gültig. Man bezeichnet diese Stoffe als abgewandelte Zucker.

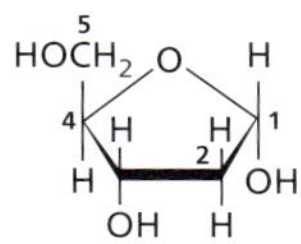

2-Desoxy-α-D-ribofuranose

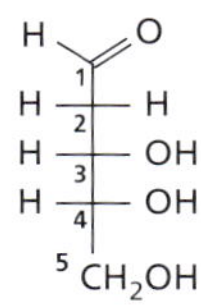

Die Desoxyribose ist formal das Reduktionsprodukt der Ribose am C_2-Atom.

Disaccharide

Auch Disaccharide können reduzierend wirken, wenn ein Monosaccharid-Baustein noch als Halbacetal vorliegt und im Gleichgewicht eine Aldehyd-Form bildet.

Die Verbindung von zwei Monosacchariden führt unter Abspaltung von Wasser (Kondensation) zu **Disacchariden.** Natürliche Disaccharide haben die Summenformel $C_{12}H_{22}O_{11}$ und können je nach Art der Monosaccharidbausteine und deren Verknüpfung eine Vielzahl von Isomeren mit unterschiedlichen Eigenschaften bilden.

Bei der Verknüpfung reagiert eine alkoholische OH-Gruppe des ersten Zuckers mit dem halbacetalischen Kohlenstoffatom des zweiten Zuckers. Dabei entsteht ein Acetal (↗ S. 301), das im Falle der Zucker den Namen Glykosid trägt. Die entsprechende Bindung wird als **glykosidische Bindung** bezeichnet. Steht das Sauerstoffatom der glykosidischen Bindung axial, liegt eine α-glykosidische Bindung vor, steht es equatorial, liegt eine β-glykosidische Bindung vor.

Bildung von Maltose

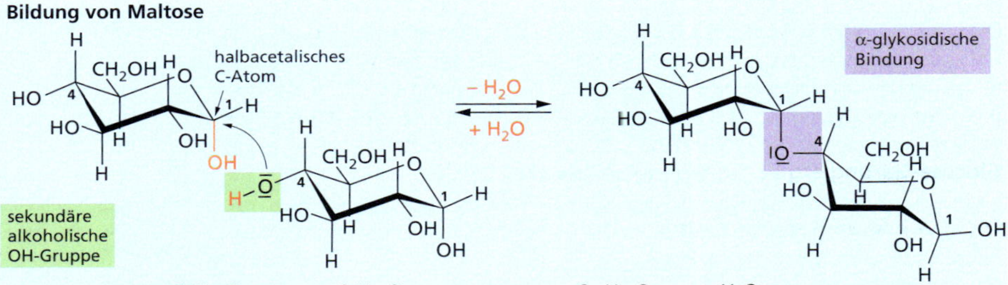

$C_6H_{12}O_6$ + $C_6H_{12}O_6$ ⟶ $C_{12}H_{22}O_{11}$ + H_2O

α-D-Glucose + α-D-Glucose ⟶ Maltose + Wasser

Die häufigsten Disaccharide im Überblick

reduzierend

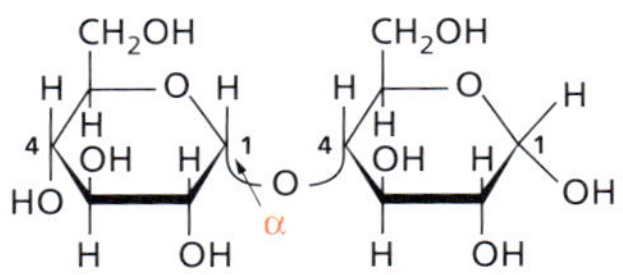

Maltose (Malzzucker)
[α-Glc(1→4)Glc]

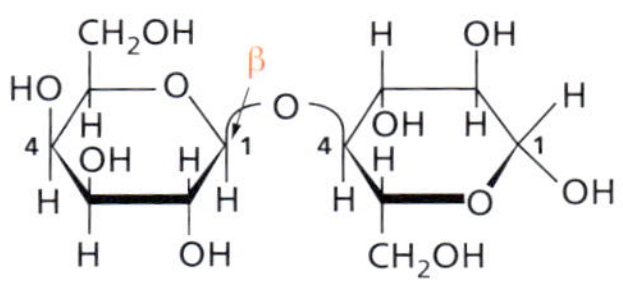

Lactose (Milchzucker)
[β-Gal(1→4)Glc]

nicht reduzierend

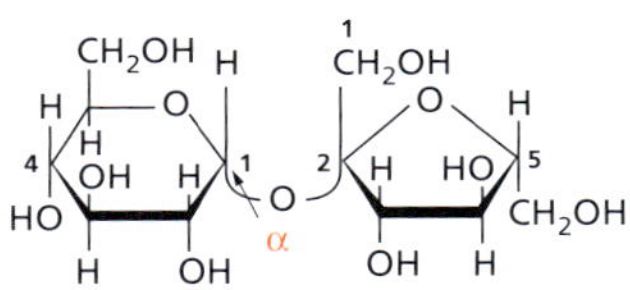

Saccharose (Rohrzucker)
[β-Glc(1→2)β-Fru]

Polysaccharide

Polysaccharide sind makromolekulare Naturstoffe, die durch die Kondensation vieler Moleküle eines Monosaccharides entstehen.

Die wichtigsten in der Natur vorkommenden Polysaccharide sind Stärke, Glykogen und Cellulose. Sie weisen die allgemeine Summenformel $(C_6H_{10}O_5)_n$ auf, haben jedoch aufgrund ihrer Struktur unterschiedliche Eigenschaften.

Stärke bildet sich aus α-glykosidisch verknüpften α-D-Glucose-Einheiten. Stärke ist ein Stoffgemisch, das ca. 25 % Amylose und 75 % Amylopektin enthält.
Amylose besteht aus α-(1→4) glykosidisch verknüpften α-D-Glucose-Einheiten. Die makromolekulare Kette wickelt sich zu einer Schraube mit einem Hohlraum auf, in dem andere Moleküle, z. B. Iod, eingeschlossen werden können. Die dabei zu beobachtende typisch blaue Färbung wird zum Stärke-Nachweis benutzt. Amylose ist wasserlöslich.

Amylopektin wird aus α-(1→4) und α-(1→6) glykosidisch verknüpften α-D-Glucose-Einheiten gebildet. Dieser Stärkebestandteil hat deshalb eine verzweigte Struktur. Amylopektin ist nur in heißem Wasser löslich.
Durch die Spaltung der glykosidischen Bindungen kann im Organismus die α-D-Glucose gebildet werden. Aus diesem Grund dient Stärke in vielen Pflanzen als Reservekohlenhydrat zur Speicherung chemischer Energie. Bei der Ethanol-Herstellung aus Getreide wird die enthaltene Stärke durch Enzyme in Maltose und dann in Glucose gespalten. Die Glucose-Gärung ergibt dann den Alkohol (↗ S. 343).

Strukturen der Stärkebestandteile

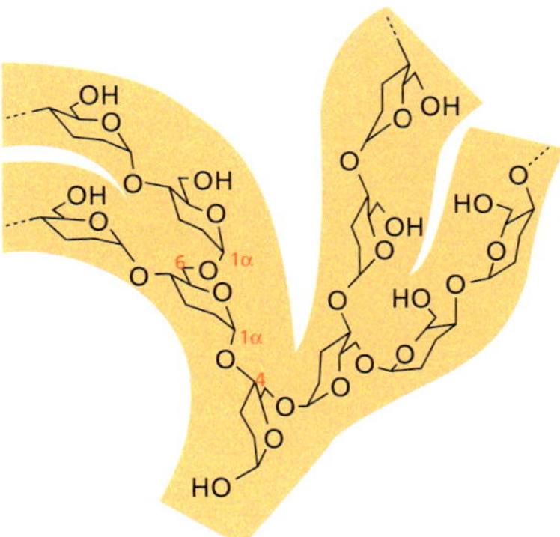

Amylopektin

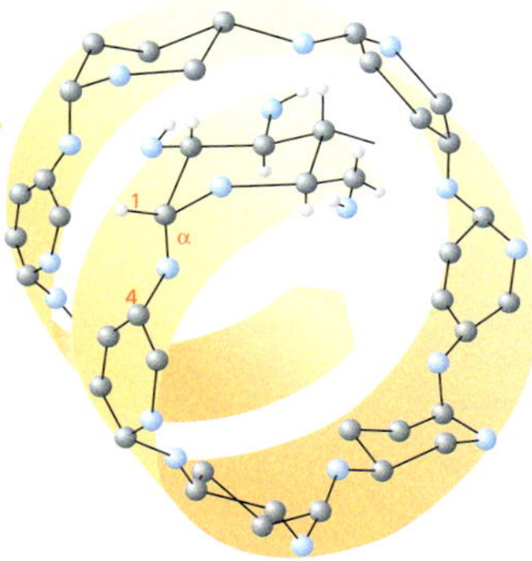

Amylose

Die schraubenförmige bzw. Helix-Struktur tritt bei vielen Naturstoffen, z. B. bei den Eiweißen (↗ S. 326) und den Nucleinsäuren auf (griech. *helix* = Windung, Gewinde).

Glykogen besteht aus α-(1→4) und α-(1→6) glykosidisch verknüpfte α-D-Glucose-Einheiten. Die Struktur ist dem Amylopektin ähnlich, aber der Verzweigungsgrad ist deutlich höher. Durch die hohe Verzweigung können auf relativ kleinem Raum viele „potenzielle" Glucose-Moleküle gespeichert werden. Glykogen ist das Reservekohlenhydrat der Säugetiere, bei kurzfristigem hohem Glucosebedarf werden die glykosidischen Bindungen enzymatisch gespalten.

Den Abbau von aus Glykogen oder Stärke gebildeter D-Glucose zu Pyruvat nennt man Glykolyse. Dabei wird chemische Energie in Form von ATP gewonnen (↗ S. 340).

Jährlich werden werden ca. $10 \cdot 10^{12}$ kg Cellulose durch Pflanzen synthetisiert.

Chemisch kann Cellulose durch Kochen mit wässriger Säure gespalten werden. Dabei entstehen auch Oligosaccharide, hauptsächlich das Disaccharid Cellobiose.

Cellulose ist der Gerüststoff der Pflanzen. Da dieses Polysaccharid eine völlig andere Funktion hat, unterscheidet sich die Struktur auch deutlich von der Stärke bzw. vom Glykogen.

Cellulose besteht aus β-(1→4) glykosidisch verknüpfte β-D-Glucose-Einheiten, die eine lang gestreckte Polysaccharidkette mit mehreren Tausend Glucose-Molekülen bilden. Durch **Wasserstoffbrücken** zu benachbarten Ketten entsteht ein unlösliches faseriges Material. Die Spaltung von Cellulose in Glucosemoleküle ist in der Natur nur durch das Enzym Cellulase möglich. Im Gegensatz zu den Säugetieren verfügen einige Bakterien und Pilze über Cellulase. Im Verdauungssystem der Wiederkäuer leben solche Cellulase produzierenden Bakterien, sodass diese Säugetiere Cellulose zu Glucose abbauen und auf diese Weise nutzen können.

Struktur der Cellulose

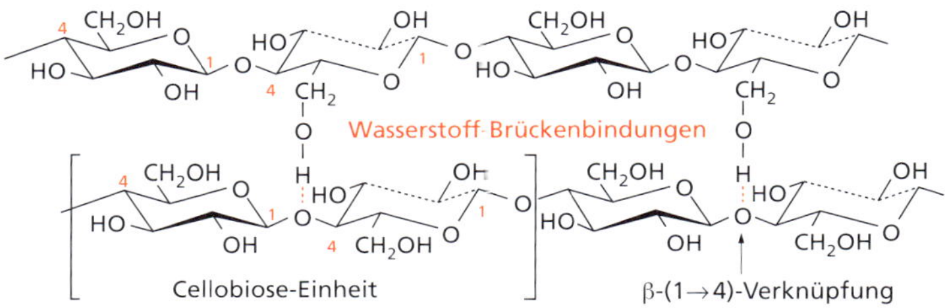

Cellulose ist der Ausgangsstoff für die Zellstoff und Papierherstellung. Ca. 50 % der Trockenmasse von Holz ist Cellulose.

Cellulose ist auch der Grundbaustein der Textilfasern Baumwolle (ca. 90 %) und Leinen (ca. 70 %). Durch das Verspinnen der Fasern und die zugrunde liegende kettenförmige Struktur der Makromoleküle erreicht man eine hohe Reißfestigkeit der Textilien.

Wichtige Polysaccharide im Überblick

Polysaccharid	Monomer	Glykosidbindung	Vorkommen	Struktur	Anzahl der Monomere
Amylose	α-D-Glucose	α-(1→4)	Stärkebestandteil (Getreide)	Helix	300–1 200
Amylopektin	α-D-Glucose	α-(1→4) α-(1→6)	Stärkebestandteil (Getreide)	verzweigt	1 500–12 000
Glykogen	α-D-Glucose	α-(1→4) α-(1→6)	im Muskelgewebe und in der Leber	stark verzweigt	6 000–100 000
Cellulose	β-D-Glucose	β-(1→4)	pflanzlicher Gerüststoff (Holz, Baumwolle)	linear	2 500–10 000

9.5.2 Fette

Fette sind Stoffgemische, die aus Estern des Propan-1,2,3-triols (Glycerin) mit drei langkettigen organischen Säuren bestehen. Diese unverzweigten **Fettsäuren** mit gerader Anzahl von Kohlenstoffatomen bestimmen maßgeblich die Eigenschaften der Fette.

Bei der Hydrolyse von Olivenöl entdeckte C. W. SCHEELE (1742 bis 1786) das Propan-1,2,3-triol. Es erhielt den Namen Glycerin, wird jedoch oft als Glycerol bezeichnet, um es als Alkohol zu identifizieren.

In der Natur findet man Fettmoleküle in vielen Zellen pflanzlicher, tierischer und menschlicher Gewebe. Im Gegensatz zu den Pflanzen nutzen tierische Organismen Fette als Energiespeicher. Die vollständige Verbrennung der Palmitinsäure setzt beispielsweise eine Energie von knapp 10 000 kJ · mol⁻¹ frei.

$$C_{15}H_{31}COOH + 23\ O_2 \longrightarrow 16\ CO_2 + 16\ H_2O \qquad \Delta_C H^0 \approx -10\ \text{MJ} \cdot \text{mol}^{-1}$$

Bedenkt man, dass in einem Fettmolekül drei Fettsäuren gebunden sind, ist diese Form der Energiegewinnung sehr effektiv. Der Auf- und Abbau der Fettsäuren erfolgt über C_2-Einheiten. Deshalb enthalten die Fettsäuren eine gerade Anzahl von Kohlenstoffatomen.

Fette und Öle mischen sich aufgrund ihrer unpolaren Molekülstruktur nicht mit Wasser, sind aber in vielen polaren Lösungsmitteln löslich.
Durch Natron- oder Kalilauge können die Fette in Glycerin und die Salze der Fettsäuren gespalten werden. Die Reaktion entspricht einer alkalischen Esterhydrolyse und wird **Verseifung** genannt. Die Ursache liegt darin, dass die Natriumsalze der Fettsäuren seit Jahrhunderten als Kernseife und die Kaliumsalze als Schmierseife genutzt werden.

Nach ihrer Löslichkeit in Fetten unterscheidet man *lipophile* (griech. = Fett liebend) und *lipophobe* (griech. = Fett meidend) Stoffe.

Verseifung eines Fettes

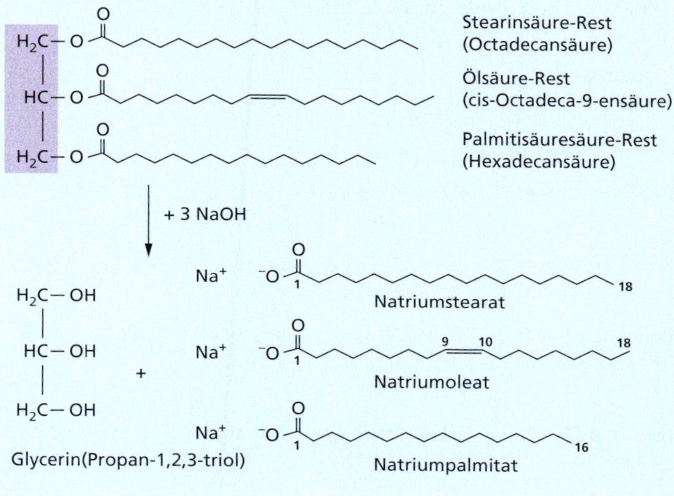

Durch den lipophoben Kopf und den lipophilen Schwanz bilden die Salze der Fettsäuren Micellen und können so Schmutz und Fettpartikel einschließen (↗ S. 389).

Ungesättigte Fette bzw. Öle sind Triglyceride von Fettsäuren, die eine oder mehrere Doppelbindungen enthalten. Diese ungesättigten Fettsäuren werden auch **Omega-Fettsäuren** genannt.

Ungesättigte Fette und Öle werden durch die Iodzahl (IZ) charakterisiert. Sie gibt an, wie viel Gramm Iod an 100 g Fett addiert werden können. Die chemische Grundlage der Reaktion ist die Addition eines Halogens an eine C=C-Doppelbindung (↗ S. 269).

Entsprechend der Benennung mit griechischen Buchstaben bedeutet ω endständig, die ω-Position befindet sich also immer am Ende der Kohlenstoffkette. Nach der Lage der Doppelbindung wird unterschieden in Omega-3-Fettsäuren (z. B. Linolensäure), in Omega-6-Fettsäuren (z. B. Linolsäure) und Omega-9-Fettsäuren (z. B. Ölsäure).

Die meisten ungesättigten Fettsäuren sind **essenziell,** d. h., sie müssen mit der Nahrung aufgenommen werden, da sie im Körper nicht produziert werden können. Natürliche Fette haben keinen definierten Schmelzpunkt, da es Gemische unterschiedlicher Triglyceride sind. Je nach der Kettenlänge und dem Hydrierungsgrad der Fettsäuren sind die Fette fest oder flüssig **(Öle)**. Je höher der Anteil ungesättigter Fettsäuren ist, um so niedriger ist der Schmelzbereich.

Fett	Erstarrungsbereich in °C	Fettsäurenanteil in %			Iodzahl IZ
		gesättigte	einfach ungesättigt	mehrfach ungesättigt	
Tierische Fette					
Schmalz	22 bis 32	43	49	8	52–58
Talg	20 bis 38	54	43	3	45–50
Milchfett		60	37	3	38–44
Pflanzliche Fette					
Kokosfett	14 bis 25	92	6	2	4–10
Olivenöl	0 bis –9	14	76	10	80–88
Rapsöl	0 bis –15	5	65	30	120–136
Sojaöl	–8 bis –18	15	21	64	90–103
Sonnenblumenöl	–16 bis –18	12	24	64	130–145
Leinöl	–16 bis –27	10	18	72	170–190

Die Zählweise nach IUPAC beginnt am C_1-Atom der Carboxy-Gruppe und damit genau entgegengesetzt vom endständigen ω-C-Atom.

Ungesättigte Fettsäuren (Omega-Fettsäuren)

Ölsäure, Octadeca-9-ensäure, $C_{18}H_{34}O_2$

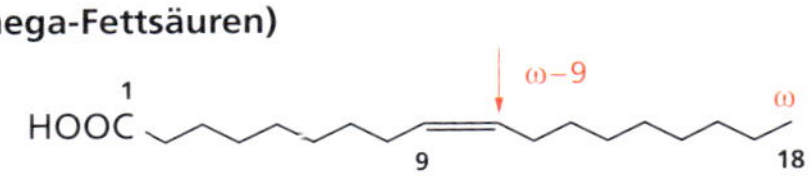

Linolsäure, Octadeca-9,12-diensäure, $C_{18}H_{32}O_2$

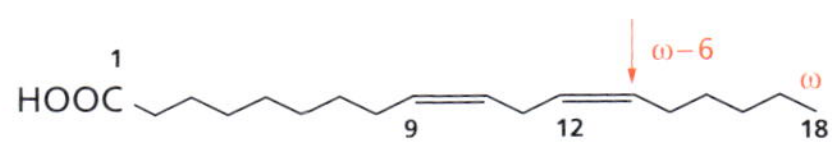

Linolensäure, Octadeca-9,12,15-triensäure, $C_{18}H_{30}O_2$

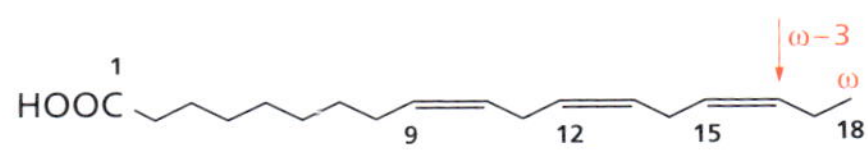

Fetthärtung

Bei der Fetthärtung werden flüssige pflanzliche Öle in feste Fette umgewandelt. Dies geschieht durch eine teilweise Hydrierung der in den pflanzlichen Fetten enthaltenen ungesättigten Fettsäuren.

Die Fetthärtung wird bei der Herstellung von Margarine industriell angewendet.

Die Grundreaktion der Fetthärtung ist die Hydrierung der C=C-Doppelbindungen, ähnlich der Hydrierung eines Alkens (↗ S. 278). Veranschaulichen kann man dies, wenn man die Schmelzpunkte der ungesättigten Carbonsäuren mit denen der gesättigten vergleicht.

Hydrierung einer Fettsäure

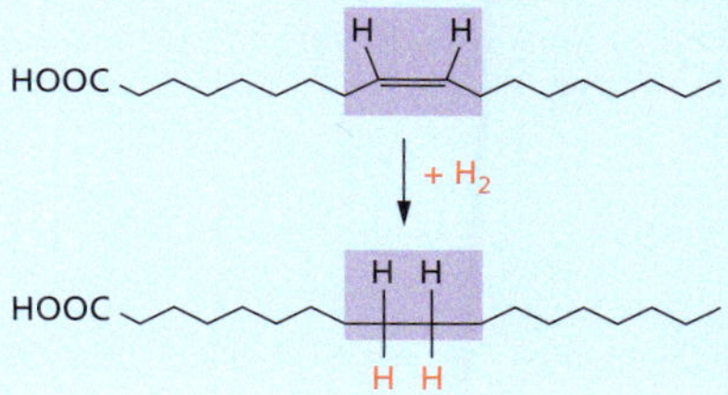

Ölsäure, $C_{17}H_{33}COOH$
Smp.: 4 °C, flüssig

Stearinsäure, $C_{17}H_{35}COOH$
Smp.: 33–35 °C, fest

Lipide

Lipide sind organische Stoffe, die in organischen Lösungsmitteln gut und in Wasser unlöslich sind. Sie werden in hydrolysierbare Lipide wie Ester, Fette, Wachse, Phosphorlipide und in nicht hydrolysierbare Lipide wie Alkane, langkettige Alkanole, Steroide, Fettsäuren unterteilt.

Der Begriff Lipide wird häufig mit Fetten gleichgesetzt. Das ist falsch. Mit den Lipiden wird eine übergeordnete Stoffklasse bezeichnet und die Fette sind nur eine Unterklasse der Lipide. Das im Eigelb enthaltene Lecithin ist ein Phospholipid.

Die **Phospholipide** sind den Fetten sehr ähnlich. Sie basieren ebenfalls auf Glycerin, doch im Gegensatz zu den Fetten sind nur zwei OH-Gruppen mit langkettigen Carbonsäuren verestert. Die dritte OH-Gruppe ist mit einem Phosphorsäureester verknüpft. Die Phospholipide haben somit einen lipophilen Schwanz und einen hydrophilen Kopf. Die Zellmembran wird zum größten Teil aus Phosphorlipid-Doppelschichten gebildet. Dadurch wird das wässrige Zellinnere, die cytoplasmatische Seite, vom wässrigen Zelläußeren, der extrazellulären Seite, getrennt. Verbindungen zu den beiden Systemen sind nur über Kanäle in der Zellmembran möglich. Kontakte mit der „Außenwelt" stellt die Zelle über Rezeptoren her, die sich auf der Zelloberfläche befinden.

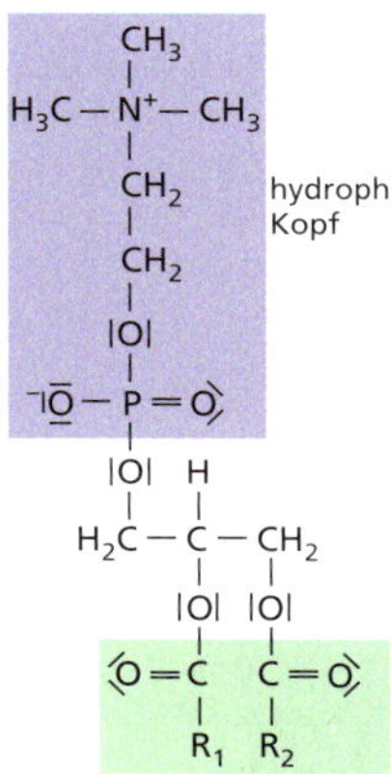

hydrophiler Kopf

lipophiler Schwanz

9.5.3 Aminosäuren, Peptide und Proteine

Aminosäuren

Aminosäuren sind organische Verbindungen mit zwei funktionellen Gruppen, der Amino- und der Carboxy-Gruppe. Damit besitzen sie zwei entgegengesetzte reaktive Zentren. Die Amino-Gruppe reagiert als Nucleophil, die Carboxy-Gruppe als Elektrophil.

Durch die Verknüpfung vieler Aminosäuren werden Peptide (↗ S. 325) gebildet. Im menschlichen Körper werden nur L-Aminosäuren in die Proteine eingebaut. Die häufigste Aminosäure in menschlichen Proteinen ist Alanin.

Die in den menschlichen Eiweißen vorkommenden Aminosäuren sind α-Aminosäuren (2-Aminocarbonsäuren). Wir benötigen aber auch β- und γ-Aminosäuren im Stoffwechsel, z. B. β-Alanin als Baustein des Coenzyms A (↗ S. 340) und γ-Aminobutansäure (GABA) für die Signalübertragung im Prozess der Reizleitung. In der DNA werden 22 α-Aminosäuren kodiert, die als **biogene Aminosäuren** bezeichnet werden. Von diesen sind 8 Aminosäuren essenziell.

α-Aminosäure

$CH_3-CH(NH_2)-COOH$

(α)

2-Aminopropansäure (Alanin)

β-Aminosäure

$NH_2-CH_2-CH_2-COOH$

(β α)

3-Aminopropansäure (β-Alanin)

γ-Aminosäure

$NH_2-CH_2-CH_2-CH_2-COOH$

(γ β α)

4-Aminobutansäure (γ-Aminobuttersäure)

Nomenklatur

Die α-Aminosäuren werden alle mit Trivialnamen benannt. Die Bezeichnung L- bzw. D-Aminosäure erfolgt nach den Regeln der FISCHER-Projektion. Im Unterschied zu den Zuckern wird bei den Aminosäuren die Stellung der Amino-Gruppe am asymmetrischen α-Kohlenstoffatom betrachtet. Für die biogenen Aminosäuren gibt es eine dreibuchstabige und eine einbuchstabige Abkürzung, z. B. Alanin = Ala = A.

Aufbau der α-Aminosäuren

Aminosäuren haben alle die gleiche Grundstruktur und unterscheiden sich nur im Rest R, der als Seitenkette bezeichnet wird. Nach den Strukturelementen in dieser Seitenkette unterteilt man die α-Aminosäuren in vier Gruppen:

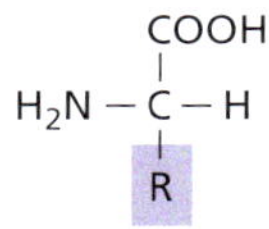

Die kleinste α-Aminosäure ist das Glycin (R = H). Alle anderen biogenen Aminosäuren haben mindestens ein chirales Kohlenstoffatom. Die D-, L-Nomenklatur (↗ S. 253) wird auf α-Aminosäuren übertragen und dabei die Stellung der NH_2-Gruppe betrachtet.

1. **unpolare Aminosäuren,** deren Seitenketten nur aus den Elementen Wasserstoff und Kohlenstoff besteht,
2. **polare Aminosäuren,** die in der Seitenkette ein Heteroatom (O, S, Se oder N) enthalten,
3. **saure Aminosäuren,** die in der Seitenkette eine zusätzliche Carboxy-Gruppe enthalten und
4. **basische Aminosäuren** mit einer zusätzlichen Amino-Gruppe in der Seitenkette.

Biogene Aminosäuren

Unpolare Aminosäuren

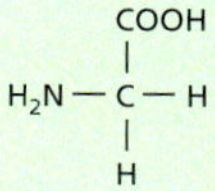

Glycin Gly

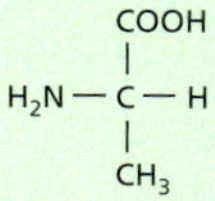

Alanin Ala

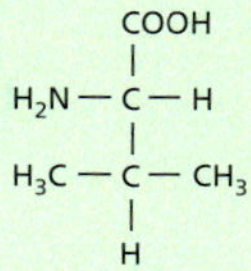

Valin Val

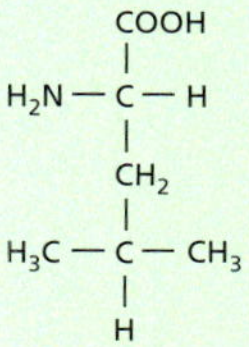

Leucin Leu

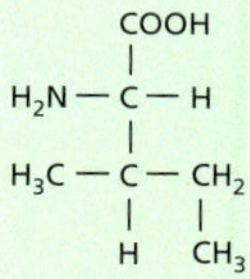

Isoleucin Ile

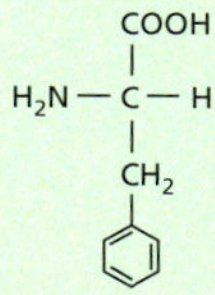

Phenylalanin Phe

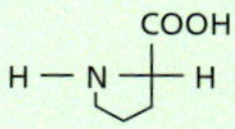

Prolin Pro

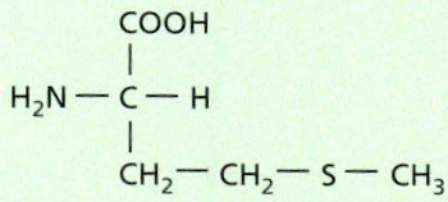

Methionin Met

Polare Aminosäuren

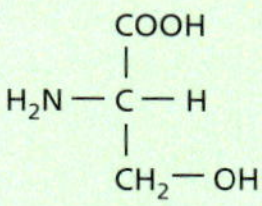

Serin Ser

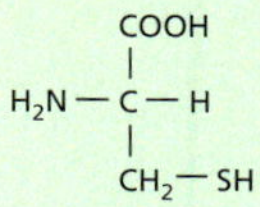

Cystein Cys

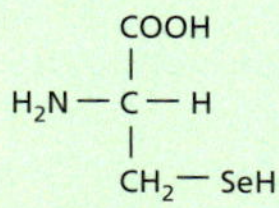

Selenocystein

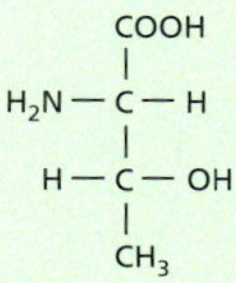

Threonin Thr

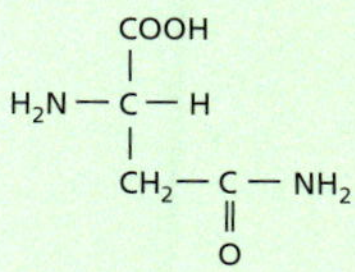

Asparagin Asn

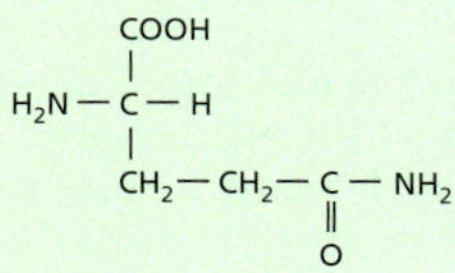

Glutamin Gln

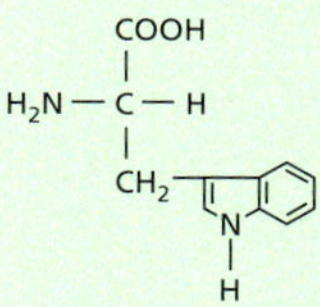

Tryptophan Trp

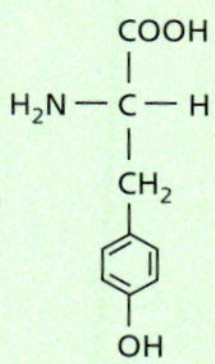

Tyrosin Tyr

essenzielle Aminosäuren

Saure Aminosäuren

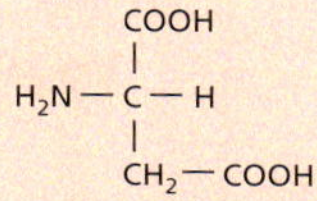

Asparaginsäure Asp

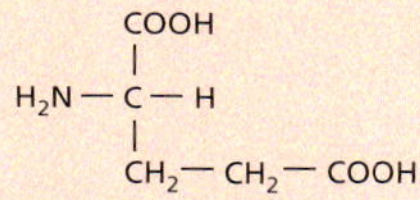

Glutaminsäure Glu

Basische Aminosäuren

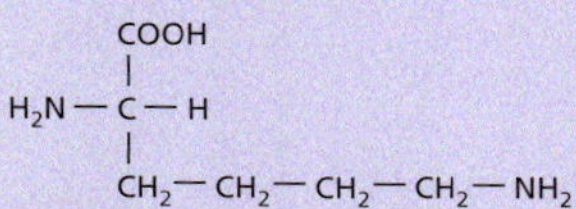

Lysin Lys

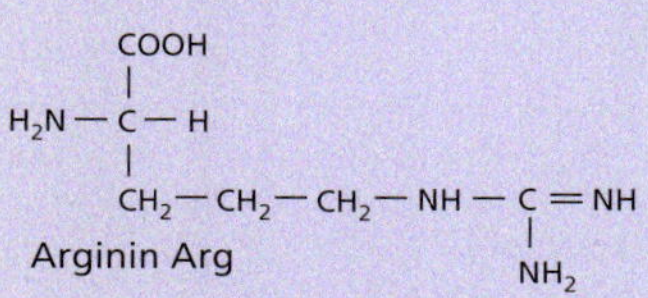

Arginin Arg

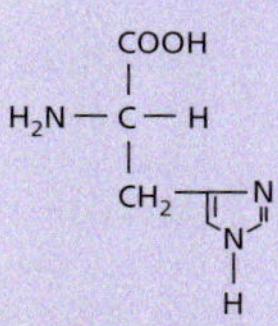

Histidin His

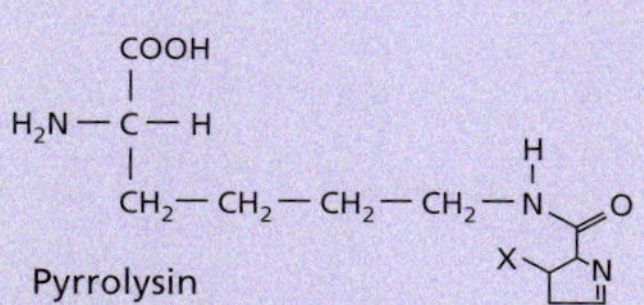

Pyrrolysin
X = CH_3, NH_2 oder OH

Mit Salzsäure bilden sich die Hydrochloride der Aminosäuren. Dies ist auch die übliche Handelsform, da die reinen Aminosäuren oxidationsempfindlich sind.

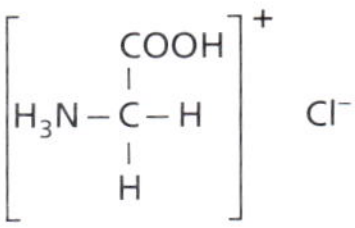

Glycinhydrochlorid

Teilweise werden die im Stoffwechsel aus den Eiweißen freigesetzten Aminosäuren zu D-Glucose oder körpereigenen Fetten umgesetzt. Der Abbau der Aminosäuren beginnt mit der Umwandlung der Amino-Gruppe in eine Keto-Gruppe. Diese Reaktion heißt Transaminierung.

Reaktionen der Aminosäuren

Aminosäuren reagieren an der Amino-Gruppe als Base und nehmen ein Proton auf. Die saure Carboxy-Gruppe kann dagegen ein Proton abgeben. Aufgrund dieses amphoteren Reaktionsverhaltens liegen Aminosäuren in wässriger Lösung und als Feststoffe in einer **zwitterionischen Struktur** vor, in der das Stickstoffatom eine positive und die Carboxylat-Gruppe eine negative Ladung trägt

Protolyse von Aminosäuren in Wasser

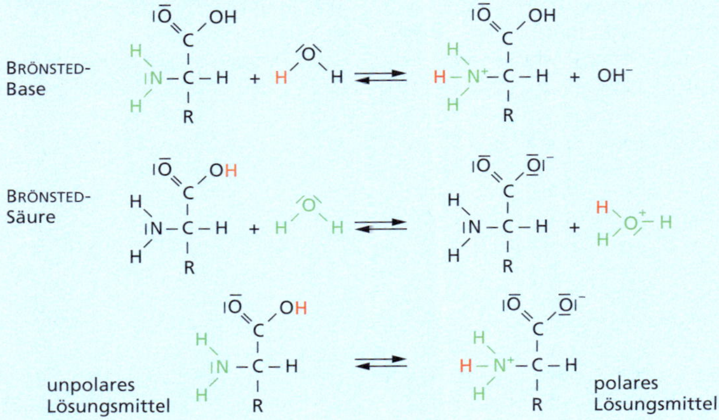

> Liegt eine Aminosäure zu 100 % in der zwitterionischen Struktur vor, ist das der **isoelektrische Punkt.** In einem elektrischen Feld bewegt sich die Aminosäure dann weder zur Anode noch zur Katode. Der *pH*-Wert der Lösung an diesem Punkt heißt pH_{iso}. Der pH_{iso}-Wert ist für alle Aminosäuren unterschiedlich.

Aminosäuren haben im Organismus viele Funktionen. So werden kleine Mengen bestimmter Aminosäuren durch Decarboxylierung abgebaut. Dabei entstehen **biogene Amine**, die Bestandteil von Biomolekülen sind oder selbst als Signalstoffe wirken. So werden aus der Aminosäure Tyrosin das Hormon Adrenalin und aus der Aminosäure Histidin das Histamin gebildet, ein Mediator (Überträger) im Immunsystem, der u. a. bei allergischen Reaktionen des Körpers eine wichtige Rolle spielt.

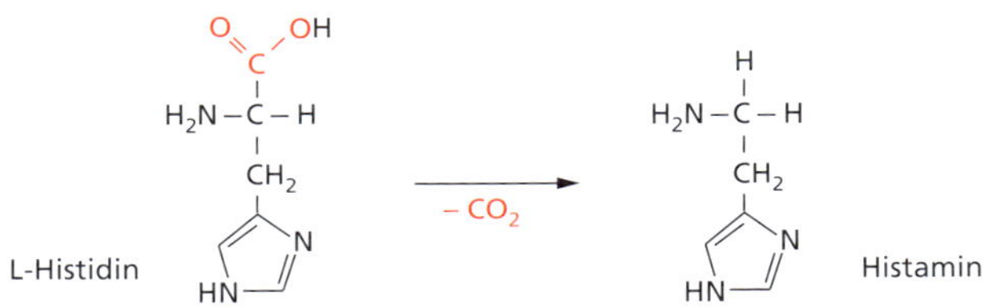

Peptide und Proteine

Die Verknüpfung von Aminosäuren führt zu **Peptiden.** Peptide sind Makromoleküle, die man nach der Anzahl der verknüpften Aminosäuren in Oligopeptide (2 bis 9), Polypeptide (10 bis 100) und **Proteine** bzw. **Eiweiße** (mehr als 100) unterscheidet.

Der Name **Proteine** (griech. *proteuein* = der Erste sein) geht auf **J. J. Berzelius** (1779–1848) zurück.

Formal erfolgt die Verknüpfung durch die Reaktion der Carboxy-Gruppe der Aminosäure 1 mit der Amino-Gruppe der Aminosäure 2 unter Abspaltung eines Wassermoleküls. Die entstehende Carbonsäureamid-Gruppe nennt man **Peptidbindung.**

Bildung eines Dipeptides

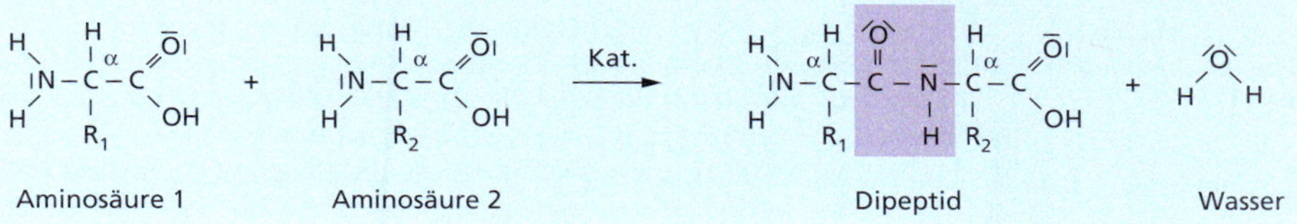

Der Begriff *Peptidbindung* ist etwas irritierend, da damit die *gesamte Gruppierung* gemeint ist. Durch die Analyse der Struktur hat man festgestellt, dass die Amid-Gruppe starr in einer Ebene liegt. Der Grund ist die Delokalisierung des π-Systems über die gesamte Gruppierung, da das Sauerstoff-, Kohlenstoff- und das Stickstoffatom jeweils sp^2-hybridisiert sind. Das Sauerstoffatom der ehemaligen Carboxy-Gruppe und das Wasserstoffatom der ehemaligen Amino-Gruppe stehen einander gegenüber, man sagt, sie sind *trans*-ständig. Eine freie Drehbarkeit beobachtet man nur bei den Bindungen zu den α-Kohlenstoffatomen.
Diese Struktur der Peptidbindung ist die Grundlage für die relative chemische Beständigkeit der Proteine und die Erfüllung ihrer vielfältigen Funktionen im Stoffwechsel.

Das delokalisierte π-System der Peptidbindung entsteht durch die Überlappung der p-Orbitale der drei sp^2-hybridisierten, in einer Ebene liegenden Atome (↗ S. 83).

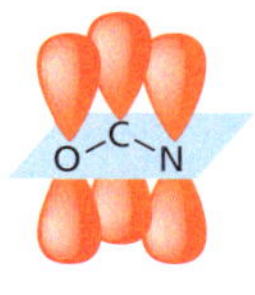

Grenzstrukturen und Geometrie der Peptidbindung

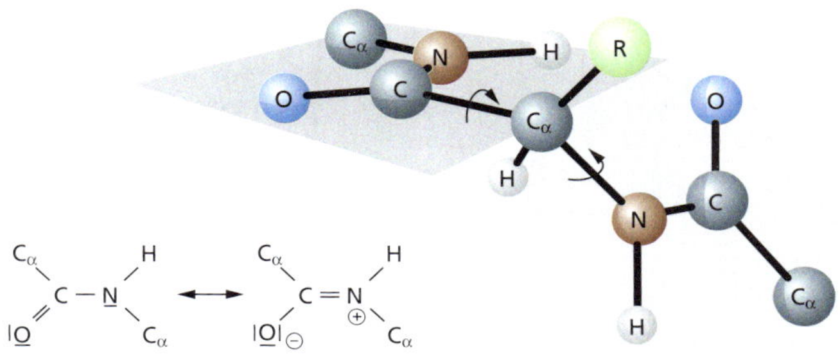

mesomere Grenzformeln

Die Struktur von Peptiden und Proteinen

Da die Gesamtstruktur von Peptiden sehr komplex ist, unterteilt man sie zur vereinfachten Betrachtung modellhaft in vier Ebenen, die Primär-, Sekundär-, Tertiär- und Quartärstruktur.

Die Struktur von Peptiden wird mithilfe der Röntgenstrukturanalyse bestimmt. Damit wurde z. B. nachgewiesen, dass die Sekundärstruktur auf Wasserstoffbrückenbindungen zwischen verschiedenen Peptidbindungen beruht.

Die **Primärstruktur** gibt die **Aminosäuresequenz,** also die Art, Anzahl und Reihenfolge der einzelnen Aminosäuren wieder. Die Verknüpfung der Aminosäuren erfolgt kovalent durch die Peptidbindung.
Die **Sekundärstruktur** erklärt die räumliche Anordnung einzelner Abschnitte eines Peptids. Diese können entweder die Form einer α-Helix- oder einer β-Faltblattstruktur annehmen.
Bei der ***α*-Helixstruktur** windet sich die Peptidkette zu einer rechtsgängigen Spirale auf. Dabei stehen die NH-Gruppe einer Windung und die CO-Gruppe der vierten darauf folgenden Aminosäure übereinander. Die unterschiedlichen Reste der Aminosäuren stehen wie Stacheln nach außen. Der Abstand zwischen zwei Windungen beträgt 540 ppm, auf eine Windung kommen genau 3,6 Aminosäurebausteine.
Die β-**Faltblattstruktur** kann mit einem Leporello oder einer Zick-Zack-Konformation verglichen werden. Durch die Geometrie der Peptidbindung knicken die einzelnen Ebenen (Seiten des Leporellos) immer an den α-Kohlenstoffatomen ab. Die Struktur wird durch gegenüberliegende Peptidketten stabilisiert. Die Reste der Aminosäuren stehen senkrecht oberhalb und unterhalb der Faltblattebene.

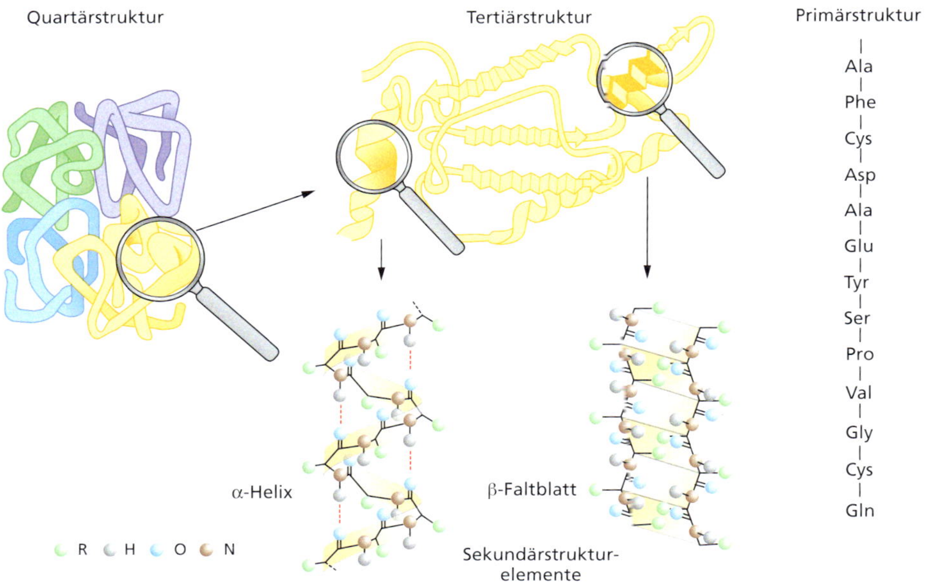

Die **Tertiärstruktur** beschreibt die räumliche Struktur einer ganzen Peptidkette. Die Struktur wird häufig mit einer Achterbahn verglichen, da einzelne Bereiche als α-Helix andere als Faltblatt oder auch ungeordnet vorliegen. Neben **Wasserstoffbrückenbindungen,** z. B. von der OH-Gruppe der Aminosäuren Serin oder Tyrosin, oder **Ionenbindungen,** die sich zwischen den Amino-Gruppen der basischen und den Carboxy-Gruppen der sauren Aminosäuren ausbilden, beobachtet man **VAN-DER-WAALS-Bindungen** zwischen unpolaren Seitenketten, die auch hydrophobe Wechselwirkungen genannt werden.

Eine weitere Bindungsart, die die Tertiärstruktur maßgeblich prägt, sind kovalente **Disulfidbrücken.** Die Disulfidbrücken werden durch zwei Moleküle Cystein gebildet. Die Cysteinmoleküle befinden sich an ganz unterschiedlichen Stellen in der Aminosäuresequenz und bilden so einen „Loop" in der Peptidkette. Die Tertiärstruktur orientiert sich so, dass polare Seitenketten nach außen ragen, unpolare Seitenketten befinden sich dagegen häufig im „Inneren" der räumlichen Struktur.

Die gezielte Synthese von Peptiden im Labor ist eine schwierige Aufgabe, da alle Aminosäuren über mindestens zwei Reaktionszentren verfügen. Ließe man z. B. 100 Aminosäuren ungesteuert miteinander reagieren, dann würde man ein Gemisch aus 10^{130} verschiedenen Peptiden erhalten.

Besteht ein Protein aus mehreren Peptidketten oder hat zusätzlich Bindungen zu Zuckern, Heterocyclen oder anderen Molekülen aufgebaut, spricht man von der **Quartärstruktur.** Diese Raumstruktur des gesamten Makromoleküls wird prinzipiell durch die gleichen Bindungsarten wie die Tertiärstruktur stabilisiert.

Die kovalente Verbindung zweier Ketten erfolgt ebenfalls über Disulfidbrücken. So besteht das Hormon Insulin aus zwei Peptidketten mit 21 bzw. 30 Aminosäureresten. Da sowohl die A-Kette als auch die B-Kette Cystein als Baustein enthalten, werden die beiden Ketten durch zwei Disulfidbrücken miteinander verknüpft.

Disulfidbrücken in Eiweißen werden nur zwischen den Aminosäureresten des Cysteins gebildet.

Bindungsarten bei Peptiden und Proteinen

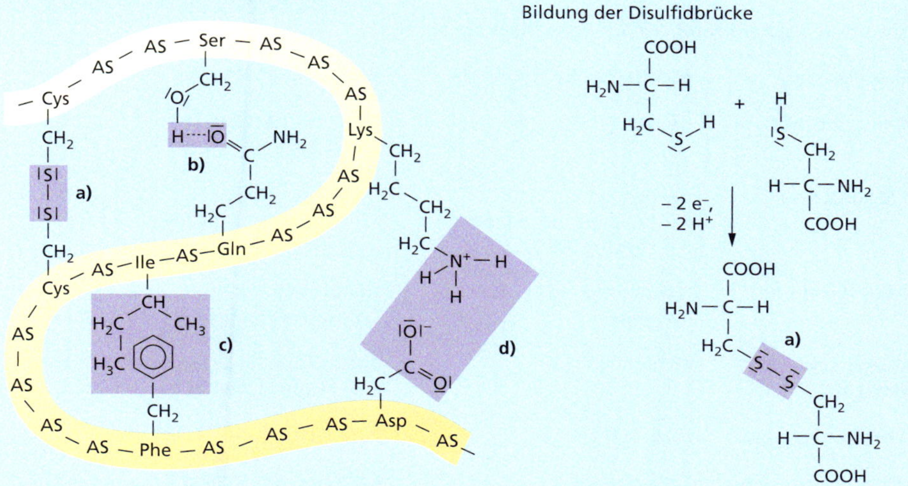

a) Disulfidbrücke
b) Wasserstoffbrückenbindung
c) Hydrophobe Wechselwirkung (VAN DER WAALS–Bindung)
d) Ionenbindung

Alle als Biokatalysatoren wirksamen **Enzyme** (↗ S. 333) sind **Proteine.** Der rote Blutfarbstoff der Wirbeltiere Hämoglobin (↗ S. 245) ist ein Transportprotein.

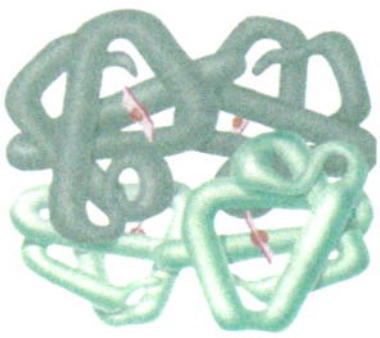

Einteilung und Bedeutung der Proteine

Eine Einteilung der Proteine ist unter zwei Gesichtspunkten möglich. Die erste Variante ist eine Unterteilung nach der Funktion, die das Protein im Stoffwechselprozess übernimmt. Danach werden die Proteine in sieben Hauptgruppen unterteilt.

Unterteilung der Proteine nach ihrer Funktion

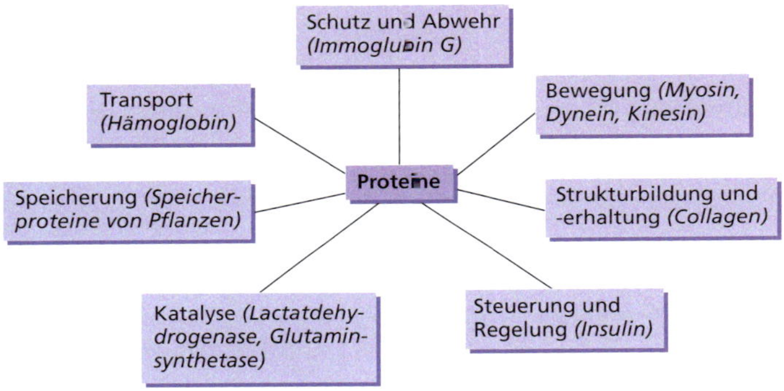

Eine zweite Variante stellt die Struktur des Proteins in den Vordergrund und unterteilt nach den Proteinbestandteilen. Neben den Proteinen, die nur aus Polypeptidketten bestehen, findet man auch häufig Proteine, die aus Polypeptiden und nichtpeptidischen Bestandteilen (z. B. Kohlenhydraten, Metall-Ionen oder Nucleinsäuren) zusammengesetzt sind. Diese werden auch als **Proteide** bezeichnet.

Unterteilung der Proteine nach ihrer Struktur

Bezeichnung	Nichtpeptidkomponente	Vorkommen, Beispiel
Reine Proteine	Keine	Enzyme z. B. Lysozym, Hormone z. B. Insulin
Lipoproteine	Lipide 1. kovalent gebunden 2. Aggregate	1. Membranproteine 2. Lipo-Protein-Komplexe
Metallproteine	Metall-Ionen oder Metallkomplexe	Hämoglobin im Blut, Chlorophyll in grünen Pflanzenzellen
Glyko- und Mucoproteine	Kohlenhydrate	Blutgruppenantigene, Zellmembran z. B. Magenschleimhaut, Knorpel
Chromoproteine	Farbstoffe	Rhodopsin (Sehpurpur) im Auge
Phosphorproteine	Phosphorsäure	Casein in der Milch
Nucleoproteine	Nucleinsäuren	im Zellkern

Struktur bildende Proteine

Collagen ist das häufigste **Faserprotein** in tierischen Organismen. Es kommt in den Sehnen, Knochen, der Haut und anderen Festigungsgeweben vor. Entsprechend seiner Funktion muss es über eine hohe Reißfestigkeit verfügen. Außerdem darf es nur wenig dehnbar sein. Die Primärstruktur ist eine Wiederholung der Dreiersequenz –Pro–AS–Gly–, also nur die mittlere Aminosäure variiert. Prolin ist die einzige biogene Aminosäure, bei der die Amino-Gruppe in einen Fünfring integriert ist. Dadurch wird die Drehbarkeit des α-Kohlenstoffatoms stark eingeschränkt. Konsequenzen hat dies auf die Sekundärstruktur; die Windungen der α-Helix sind enger, so dass nur ca. drei Aminosäuren auf eine Windung kommen. Drei dieser helikalen Polypeptidketten wickeln sich zu einer Tripelhelix, vergleichbar mit einem Seil, auf. So entsteht ein Collagenstäbchen. Viele dieser Stäbchen bilden feste, quer vernetzte Collagen-Fibrillen, die eine typische Bandstruktur zeigen.

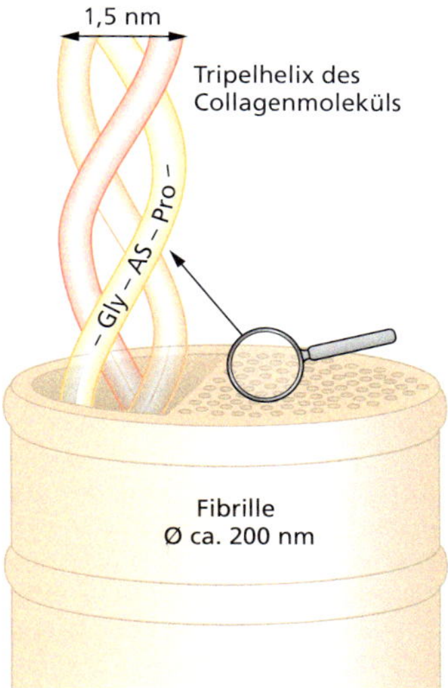

Für die bei jeder Bewegung erforderliche Muskelkontraktion ist das Myosin als Bewegungsprotein unabdingbar.

α-Keratin ist das **Strukturprotein** unserer Haare. Die Sekundärstruktur besteht aus einer α-Helix; zwei dieser helikalen Polypeptidketten bilden eine Doppelhelix. Die zwei Doppelhelices umwickeln sich zu einem so genannten Protofilament. Jeweils acht Protofilamente bilden eine Mikrofibrille, die wiederum die Basis der menschlichen Haare darstellt. Im Gegensatz zu Collagen ist Keratin stark schwefelhaltig. Es enthält also viel Cystein als Monomerbaustein. So können die einzelnen Helices durch die Bildung von Disulfidbrücken quer vernetzt werden.

Bei der Dauerwelle verändert der Frisör die Quartärstruktur des Keratins.

Bei der **Dauerwelle** wird die Quartärstruktur des Keratins verändert, indem die Disulfidbrücken mit einem Reduktionsmittel aufgebrochen werden. Die Reduktion ist die Rückreaktion der Bildung der Disulfidbrücken (↗ S. 327). Nach der Reduktion gibt man dem glatten Haar durch Lockenwickler eine Struktur vor. Dann werden die Haare mit einem Oxidationsmittel, z. B. Wasserstoffperoxid, behandelt und dadurch in der vorgegeben Struktur neue Disulfidbrücken gebildet. Nach dem Neutralisieren mit Citronensäure und Auswaschen der Chemikalien sind die Disulfidbrücken stabil.

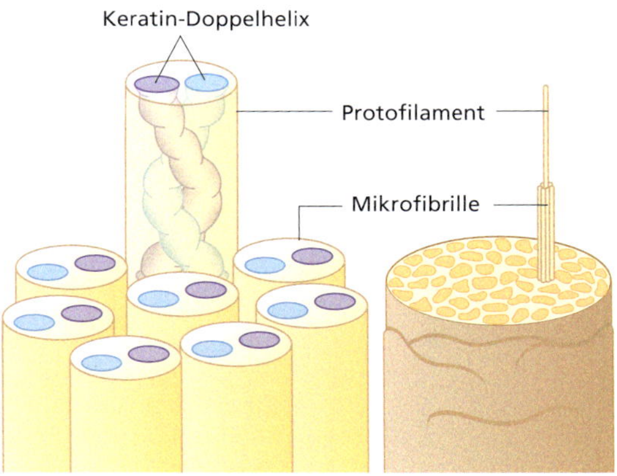

Die Synthese von Proteinen in biologischen Systemen erfolgt aus den 22 bekannten biogenen Aminosäuren (↗ S. 323). Dabei spielen die **Nucleinsäuren** eine herausragende Rolle beim Verschlüsseln und beim Transport der notwendigen Informationen.

Proteine im biologischen System

Die Tertiär- und die Quartärstruktur von Proteinen ist unter physiologischen Bedingungen stabil. Dies ist auch wichtig, ansonsten könnte das entsprechende Protein seine physiologische Funktion nicht mehr erfüllen. Empfindlich reagieren Eiweiße auf Erhitzen über 42 °C. Dabei werden Tertiär- und Quartärstruktur irreversibel zerstört, man nennt diesen Vorgang **Denaturierung.** Gewollt ist dieser Vorgang z. B. beim Eierkochen. Auch viele Chemikalien wie Säuren oder Schwermetallsalze können zu einer Denaturierung führen. Die Strukturveränderung von Eiweißen kann die Ursache schwerer Erkrankungen sein, z. B. für die **Rinderseuche BSE** oder das CREUTZFELD-JACOB-Syndrom beim Menschen. Der Ausgangspunkt bei beiden Erkrankungen ist eine Veränderung in der Sekundärstruktur eines Proteins. Im erkrankten Protein ist ein Segment, welches normalerweise als α-Helix vorliegt, in eine β-Faltblattstruktur umgewandelt worden. Die Folge ist eine Funktionsunfähigkeit dieses Proteins. Da das veränderte Protein auch nicht mehr durch körpereigene Enzyme abgebaut werden kann, führt es so zu den genannten Erkrankungen.

Bewusste Ernährung

Kohlenhydrate, Fette und Eiweiße sind die Grundlagen unserer **Ernährung.** Kohlenhydrate und Fette sind dabei die Hauptenergielieferanten, während Eiweiße die Aminosäuren zum Aufbau körpereigener Proteine und anderer Substanzen liefern.

Vitamine und die anderen **Ergänzungsstoffe** sind vor allem in Obst und Gemüse enthalten. Einzig Vitamin B12 muss der Mensch mit tierischen Produkten zu sich nehmen.

Bewusste Ernährung heißt die ausgewogene Aufnahme von Kohlenhydraten, Fetten, Eiweißen, Vitaminen, Mineral- und Ballaststoffen. Die täglich mit der Nahrung aufgenommene Gesamtenergiemenge sollte sich in Abhängigkeit von Geschlecht und Tätigkeit eines Menschen in einem Bereich von 8 800 bis 10 000 kJ bewegen. Auch Wasser muss dem Organismus täglich in ausreichender Menge zugeführt werden.

Einen Hinweis für eine gesunde Zusammenstellung der täglichen Nahrungsmittel gibt die **Ernährungspyramide,** die in den Jahren 2001/2002 von Wissenschaftlern an der amerikanischen Harvard-Universität grundlegend überarbeitet wurde. Im Gegensatz zur alten Ernährungspyramide unterscheidet sie zwischen gesunden und ungesunden Fetten und Kohlenhydraten. So wird der Verzehr pflanzlicher Öle mit einem hohem Anteil an ungesättigten Fettsäuren empfohlen. Die Aufnahme tierischer Fette, die gesättigte Fettsäuren enthalten, sollte eingeschränkt werden. Dabei muss jedoch auch der Gesamtfettgehalt der Nahrungsmittel beachtet werden. Dieser liegt z. B. bei Milch mit 1,5–3,5 % viel niedriger als bei Kartoffelchips mit 22–36 %. Die in Backwaren oder Pommes frites versteckten tierischen Fette sind weitaus gefährlicher als die natürlichen Fette in der Milch.

Ernährungspyramide 2002

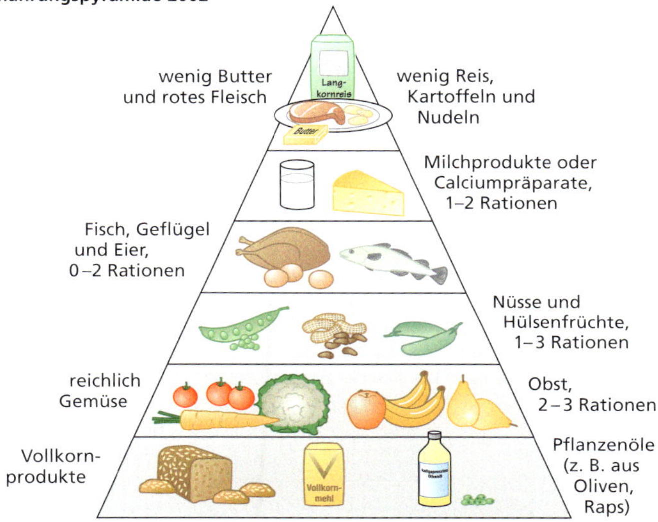

Eiweiße, Kohlenhydrate, Fette und die Ergänzungsstoffe (Vitamine, Ballaststoffe, Mineralstoffe und Spurenenelemente) bilden die Säulen der Ernährung. Besonders wichtig ist die *ausgewogene* Aufnahme der Nähr- und Ergänzungsstoffe, wie sie in der nebenstehenden 2002 neu entwickelten Ernährungspyramide aufgezeigt ist.

Ein weiterer essenzieller Bestandteil der Nahrung sind die Vitamine. **Vitamine** sind Stoffe, die für den physiologischen Prozess notwendig sind, vom Körper aber nicht selbst synthetisiert werden können.

Obwohl Vitamine nur in relativ geringen Mengen benötigt werden, erfüllen sie viele Funktionen im Organismus, z. B. bei der Steuerung des Stoffwechsels und beim Aufbau körpereigener Substanzen. Vitamine sind keine einheitliche Stoffklasse. Die Strukturen sind völlig unterschiedlich und mitunter sehr komplex. Die Vitamine werden mit Buchstaben bezeichnet und sind teilweise noch durch arabische Ziffern untergruppiert, z. B. Vitamin B12. Eine generelle Unterteilung kann man in wasserlösliche und fettlösliche Vitamine vornehmen.

Die fettlöslichen Vitamine können für eine bestimmte Zeit in den Fettzellen des Organismus gespeichert werden. Die wasserlöslichen Vitamine wie **Vitamin C** werden dagegen mit dem Urin ausgeschieden und müssen immer wieder mit der Nahrung zugeführt werden.

Nur die Menschen, die Primaten und die Meerschweine sind nicht in der Lage, selbst das Vitamin C zu produzieren.

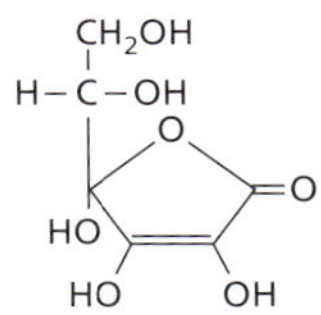

L-Ascorbinsäure (Vitamin C)

Vitamine

Fettlösliche Vitamine

Vitamin A (Retinol)
Vitamin E (Tocopherol)
Vitamin K
Vitamin D

Wasserlösliche Vitamine

Vitamin B1, B2, B6, B12
Vitamin B-komplex
Vitamin C (L-Ascorbinsäure)
Vitamin H (Biotin)

9.6 Chemie in Biosystemen

9.6.1 Stoffwechsel und Biokatalyse

Lebende Systeme befinden sich in einem ständigen Fließgleichgewicht. Ein normaler erwachsener Mensch nimmt im Verlauf von 40 Jahren ca. 100 Tonnen von Nährstoffen und mehr als 20 000 l Wasser zu sich. Trotzdem bleibt sein Gewicht nahezu konstant.

Der **Stoffwechsel** (Metabolismus) eines Organismus umfasst alle Prozesse der Stoff- und Energieaufnahme, -umwandlung und -abgabe im Austausch mit der Umwelt. Die Stoffwechselvorgänge gliedern sich in Assimilation und Dissimilation.

Bei der **Assimilation** werden aus der Umwelt aufgenommene Stoffe unter Energiezufuhr in körpereigene Stoffe umgewandelt (z. B. Fotosynthese). **Autotrophe Assimilation** ist die Aufnahme energiearmer, anorganischer Stoffe und deren Umwandlung in energiereiche organische körpereigene Stoffe. Als **heterotrophe Assimilation** bezeichnet man die Aufnahme körperfremder organischer Stoffe und deren Umwandlung in körpereigene Stoffe.

Durch **Dissimilation** werden körpereigene Stoffe unter Energiefreisetzung abgebaut (z. B. Atmung oder Gärung).

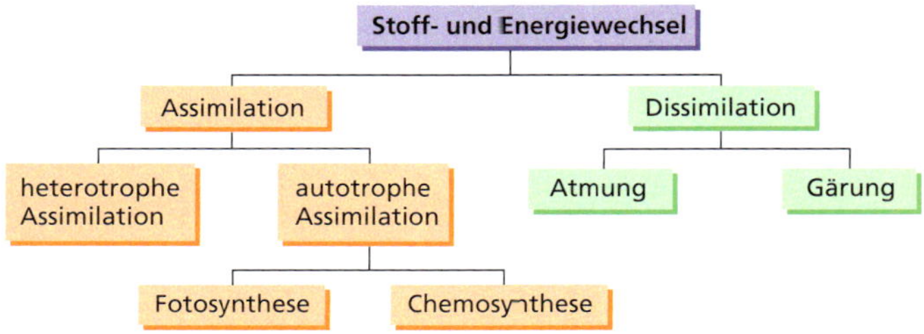

Assimilation und Dissimilation laufen bei allen Organismen gleichzeitig ab und sind durch zahlreiche Überschneidungen der Stoffwechselprodukte eng miteinander verbunden.

Durch die Stoffwechselreaktionen sind auch die autotrophen und heterotrophen Organismen verbunden. Die Fotosynthese (↗ S. 336) liefert die Grundlage für die Erhaltung des Lebens auf der Erde.

Der durch Atmung der Organismen verbrauchte Sauerstoff wird durch Fotosynthese der Pflanzen zurückgewonnen. Die im Stoffwechsel der Pflanzen produzierten Kohlenhydrate, Fette und Eiweiße sind Bestandteile der Nahrung von Tieren und Menschen. In unseren Zellen werden die Nährstoffe durch Oxidation (↗ S. 340 ff.) abgebaut und die chemisch gespeicherte Energie wird dadurch verfügbar. Die Endprodukte dieser Reaktionen sind wiederum Kohlenstoffdioxid und Wasser, die erneut von Pflanzen durch Fotosynthese umgesetzt werden können.

Biokatalyse durch Enzyme

Damit eine Zelle am Leben erhalten wird, müssen z. B. im Stoffwechsel oder bei der Reizleitung Tausende von chemischen Reaktionen mit hoher Geschwindigkeit ablaufen. Deshalb besitzt jede Zelle biologische Katalysatoren, so genannte Enzyme, die diese Reaktionen millionenfach, manchmal sogar milliardenfach, beschleunigen.

Enzyme sind Proteine, die eine spezifische dreidimensionale Struktur besitzen und als **Biokatalysatoren** wirken. Durch Absenken der Aktivierungsenergie E_A lassen sie biochemische Reaktionen schneller ablaufen. Als typische Katalysatoren werden Enzyme jedoch nicht bei der Reaktion verbraucht.

Die **Benennung der Enzyme** erfolgt nach einer Einteilung in die Reaktionstypen oder die Substrate.

Im Vergleich zu gewöhnlichen Katalysatoren, die man aus der Chemie kennt, sind Enzyme in der Lage, die Aktivierungsenergie E_A so weit zu senken, dass biochemische Reaktionen schon bei Körpertemperatur von ca. 37 °C sehr schnell ablaufen. Bei höheren Temperaturen (> 42 °C) verlieren sie ihre Aktivität aufgrund der für Eiweiße charakteristischen Zerstörung der Tertiärstruktur durch Denaturierung (↗ S. 330).

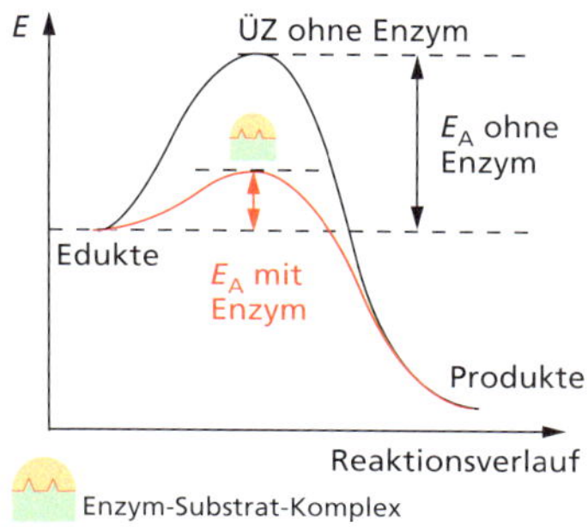

Aufgrund ihrer besonderen Struktur wirken Enzyme mit hoher Spezifität. Sie besitzen ein **aktives Zentrum**, das aus räumlich benachbarten Aminosäureresten der Proteinstruktur gebildet wird und die katalytisch wirksame Region des Enzyms darstellt. Dieses aktive Zentrum ist so vorgeformt, dass es ein Substrat nur in einer ganz bestimmten Orientierung binden kann, so wie ein Schlüssel zum Schloss passt. Die Passgenauigkeit zwischen Substrat und Enzym nach dem **Schlüssel-Schloss-Prinzip** ist die Ursache der **Substratspezifität** von Enzymen.

Das Schlüssel-Schloss-Prinzip geht auf EMIL FISCHER (1852–1919) zurück. Die modernere Theorie beschreibt die Wirkungsweise von Enzymen nach dem Induced-Fit-Modell.

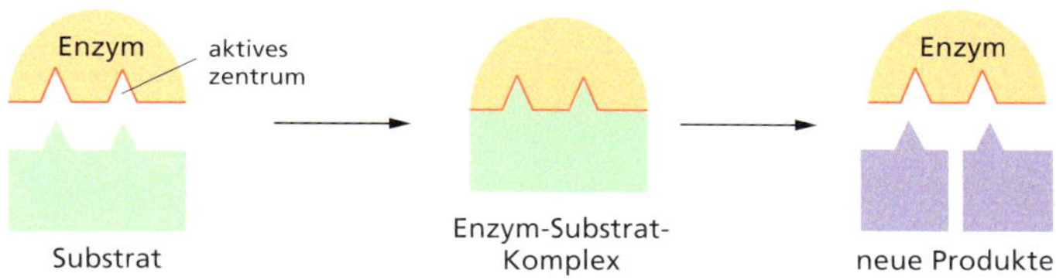

Außerdem katalysiert ein bestimmtes Enzym in Abhängigkeit von den Eigenschaften des aktiven Zentrums nicht jede beliebige Reaktion, sondern setzt das Substrat zu ganz bestimmten Produkten um. Diese Eigenschaft nennt man **Wirkungsspezifität**.

Viele Enzyme sind nur in Anwesenheit von **Coenzymen** aktiv. Coenzyme können komplexe organische Moleküle, z. B. Adenosintriphosphat (ATP) und Nicotinsäureamid-Dinucleotid (NAD^+) sein, aber auch Metall-Ionen (z. B. Fe^{3+}, Zn^{2+}, K^+) oder -atome (z. B. Mo, Se). Sie werden durch die Enzymreaktionen, an denen sie beteiligt sind, chemisch verändert. Oft dienen sie als Elektronendonator oder -akzeptor in Redoxreaktionen bzw. als Donator oder Akzeptor (↗ S. 342 ff.) in Gruppentransferprozessen. Weil sich die Coenzyme direkt an der Reaktion beteiligen, nennt man sie auch **Cosubstrate** oder **Cofaktoren.**

Neben NAD^+ reagiert auch Nicotinsäureamid-dinucleotid-phosphat ($NADP^+$) als Wasserstoff übertragendes **Coenzym.**

Neben den Enzymen kennt man heute auch Ribozyme als Biokatalysatoren.

NAD^+ ist an biochemischen Redoxreaktionen als Elektronenakzeptor beteiligt. Es übernimmt bei der Oxidation zwei Elektronen und zwei Protonen und wird dabei zu NADH + H^+ reduziert. An anderer Stelle können die Elektronen und Protonen wieder abgegeben werden. NADH + H^+ wird dabei oxidiert.

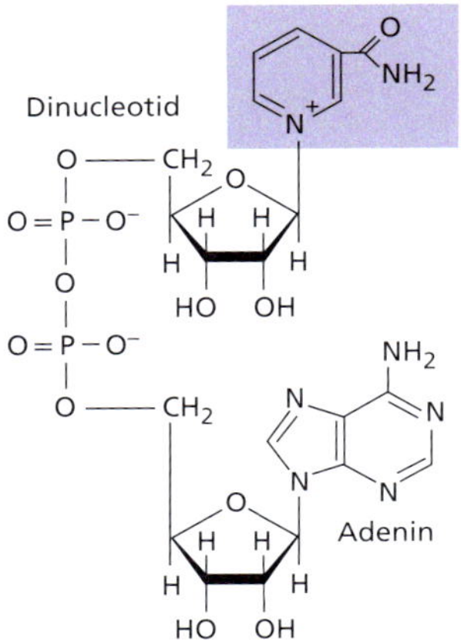

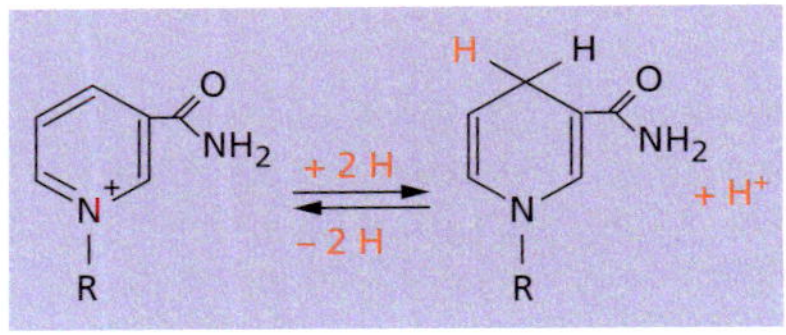

oxidierte Form des Nicotinamids (NAD^+)

reduzierte Form des Nicotinamids (NADH)

Bei der Umwandlung chemischer Energie im Organismus produziert und verbraucht ein Mensch täglich ca. 80 kg ATP!

ATP dient in den Zellen aller Lebewesen als universeller Transport- und Speicherstoff für Energie. Es wird täglich in großer Menge produziert und verbraucht. In den chemischen Bindungen der Triphosphateinheit ist Energie gespeichert, die bei der hydrolytischen Spaltung der Bindungen freigesetzt wird. Für die Hydrolyse von Adenosintriphosphat zu Adenosindiphosphat und Phosphat sind das ca. 30 kJ pro mol ATP.

Hydrolyse von ATP

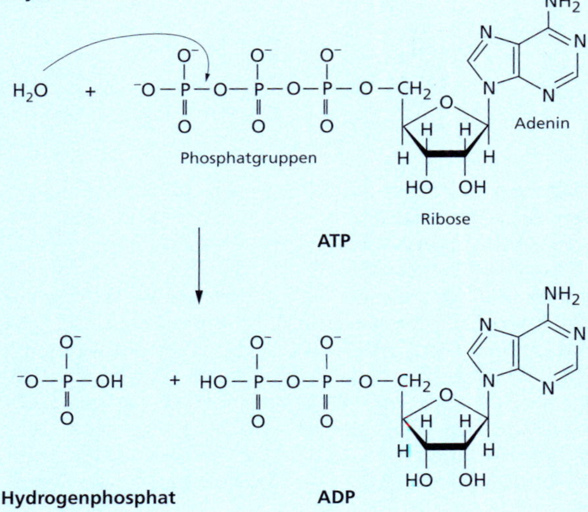

Die in Biomolekülen wie ATP enthaltenen-Phosphatreste werden in der Biochemie häufig vereinfacht mit dem Symbol (P) dargestellt.

PO_3^- = (P)

Enzymaktivität

Die **Aktivität eines Enzyms**, d. h. die Wirksamkeit als Katalysator, wird durch die konkreten Bedingungen der biochemischen Reaktion (Temperatur, *pH*-Wert und Konzentrationen der Reaktanten) entscheidend beeinflusst.

Enzyme dürfen nicht ständig aktiv sein, sondern nur wenn ihre Wirkung gebraucht wird. Hemmung und Steigerung der Enzymaktivität stellen einen wichtigen Kontrollmechanismus der Enzymregulation dar.

Einfluss der Temperatur

Einer der wichtigsten Faktoren ist die **Temperatur.** Steigende Temperaturen beeinflussen die Reaktionsgeschwindigkeit positiv, weil sich die Enzym- und Substratmoleküle schneller bewegen. Bei zu hoher Temperatur denaturieren die Enzyme jedoch wie alle Proteine (↗ S. 330), sodass jedes Enzym ein **Temperaturoptimum** besitzt.

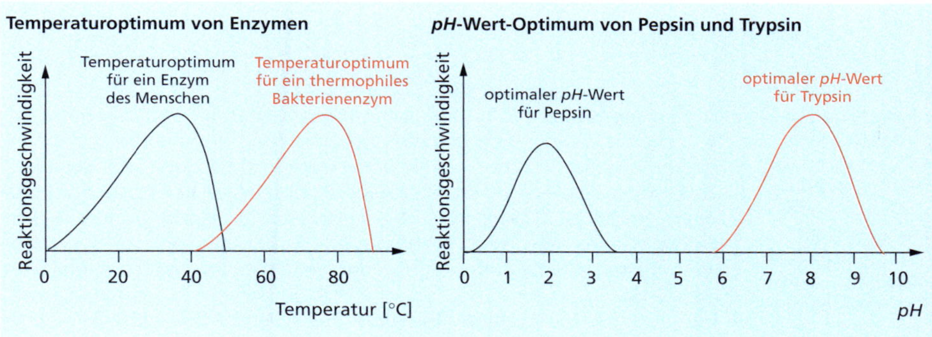

Einfluss des *pH*-Wertes

Jedes Enzym ist bei einem bestimmten *pH*-Wert am aktivsten. Bei den meisten Enzymen liegt der Optimalwert zwischen 6 und 8 (neutrales Milieu). Pepsin, das Eiweiß verdauende Enzym des Magens, benötigt ein saures Milieu. Es reagiert bereits bei einem *pH*-Wert von 2. Das Trypsin dagegen, das im Dünndarm wirkt, benötigt ein alkalisches Milieu.

Konzentration des Substrats

Jede Enzymreaktion kann durch Erhöhung der Konzentration des Substrates beschleunigt werden. Wenn mehr Moleküle des Substrates zur Verfügung stehen, stoßen sie auch öfter mit aktiven Zentren zusammen und reagieren. Bei gleichbleibender Menge des Enzyms erhöht sich die Reaktionsgeschwindigkeit aber nicht beliebig. Sobald alle Enzymmoleküle besetzt sind, steigt die Reaktionsgeschwindigkeit nicht weiter an.

Enzymaktivität

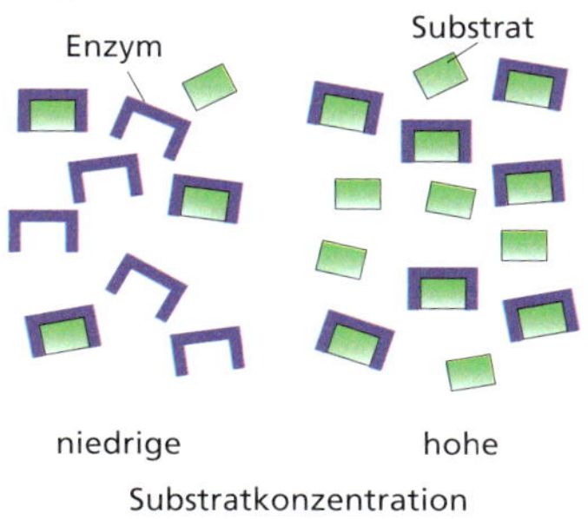

Die Kinetik enzymkatalysierter Reaktionen kann durch die MICHAELIS-MENTEN-Gleichung quantitativ beschrieben werden.

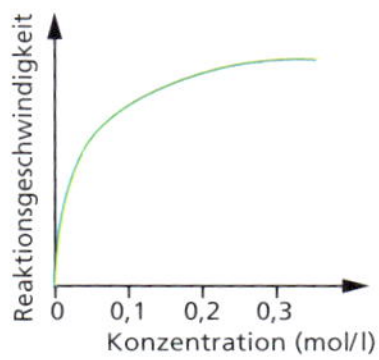

9.6.2 Autotrophe Assimilation – Fotosynthese

Die **Fotosynthese** ist eine Form der Assimilation, da unter Verbrauch von Energie aus körperfremden Stoffen körpereigene organische Stoffe aufgebaut werden.

Durch **Fotosynthese** wird in Pflanzenzellen mithilfe von Sonnenenergie Glucose aus Kohlenstoffdioxid und Wasser synthetisiert. Die Fotosynthese ist ein endothermer Prozess. Die Lichtenergie wird verbraucht und in Form von chemischer Energie gespeichert.

Die Kohlenstoffatome des Kohlenstoffdioxids werden reduziert und aus dem Wasser wird elementarer Sauerstoff freigesetzt. Im Stoffwechsel der Pflanze kann die gebildete Glucose weiter zu anderen Kohlenhydraten sowie zu Fetten und Proteinen umgebaut werden.
Der komplizierte Mechanismus der Fotosynthese ist noch nicht in allen Einzelheiten aufgeklärt. Der Gesamtprozess kann durch folgende Bruttoreaktionsgleichung beschrieben werden.

$$6\,CO_2 + 12\,H_2O \xrightarrow{h \cdot \upsilon} C_6H_{12}O_6 + 6\,O_2 + 6\,H_2O$$

Der deutsche Chemiker R. WILLSTÄTTER (1872–1942) erhielt 1915 den Nobelpreis für Chemie für seine Erforschung des Blattfarbstoffs Chlorophyll. Sein Kollege H. FISCHER (1881 bis 1945) war an diesen Arbeiten beteiligt und erkannte die Ähnlichkeit der Strukturen von Chlorophyll und Hämoglobin.

Die Fotosynthese verläuft in zwei eng miteinander verbundenen Abschnitten, den lichtabhängigen Primärprozessen und den lichtunabhängigen Sekundärprozessen. Die über viele Einzelschritte verlaufenden Teilprozesse finden in den Chloroplasten statt, die den Farbstoff **Chlorophyll** enthalten. Chlorophyll ist ein organischer Komplex mit π-Elektronensystem, bei dem Magnesium als Zentralatom ein aus vier verknüpften Pyrrolringen aufgebautes Porphyringerüst stabilisiert (↗ S. 245).
Bei der **lichtabhängigen Reaktion** absorbieren Chlorophyllmoleküle Licht und geben die so angeregten Elektronen ab. Diese energiereichen Elektronen durchlaufen eine Kette von Redoxreaktionen (Elektronentransportketten) und werden schließlich auf $NADP^+$ übertragen. Unter Beteiligung von Protonen, die aus der **Fotolyse des Wassers** stammen, entsteht $NADPH + H^+$. Der zweite Teilprozess beinhaltet die Bildung von ATP aus ADP und Phosphat durch den Enzymkomplex ATP-Synthase. Diese Reaktion wird **Fotophosphorylierung** genannt.
Die Bildung von $NADH + H^+$ und auch die sich anschließende Bildung von ATP sind endotherme Reaktionen, die Produkte sind energiereich. Die erforderliche Energie für beide Prozesse liefert das durch **Fotosynthesepigmente** absorbierte Sonnenlicht.

Neben Chlorophyll als wichtigstem Fotosynthesepigment gibt es noch weitere Hilfspigmente, die aufgrund ihrer Struktur Lichtenergie absorbieren und Elektronen auf andere Moleküle übertragen können.

Lichtabhängige Reaktionen	Lichtunabhängige Reaktionen
Lichtabsorption durch Fotosynthesepigmente im Chlorophyll und Bildung von $NADPH + H^+$	Anlagerung von CO_2 an einen Akzeptor und anschließende Reduktion von CO_2
Freisetzung von Sauerstoff aus Wasser und Synthese von ATP	Synthese energiereicher organischer Stoffe und Regeneration des CO_2-Akzeptors

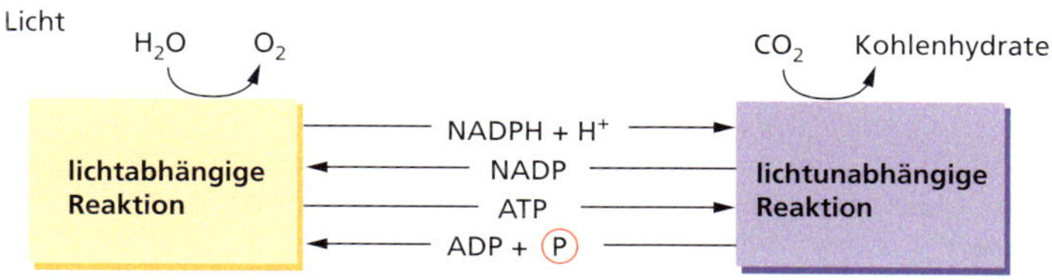

Das gebildete $NADPH + H^+$ und ATP werden in der lichtunabhängigen Reaktion wieder verbraucht. Durch Addition von CO_2 an Ribulose-1,5-diphosphat entsteht ein instabiles Zwischenprodukt, das spontan in zwei Moleküle Phosphoglycerinsäure zerfällt. Unter Verbrauch von $NADPH + H^+$ und ATP wird Glycerinsäurephosphat zu Glycerinaldehydphosphat reduziert. Aus zwei Molekülen Glycerinaldehydphosphat entsteht Fructose-1,6-bisphosphat, das dann weiter zu Glucosephosphat umgesetzt wird. Ribulosediphosphat dient als CO_2-Akzeptor und wird im **Calvin-Zyklus** laufend zurückgebildet.

Die einzelnen Schritte der lichtunabhängigen Reaktion wurden von **M. Calvin** (1911 bis 1997) aufgeklärt.

Calvin-Zyklus

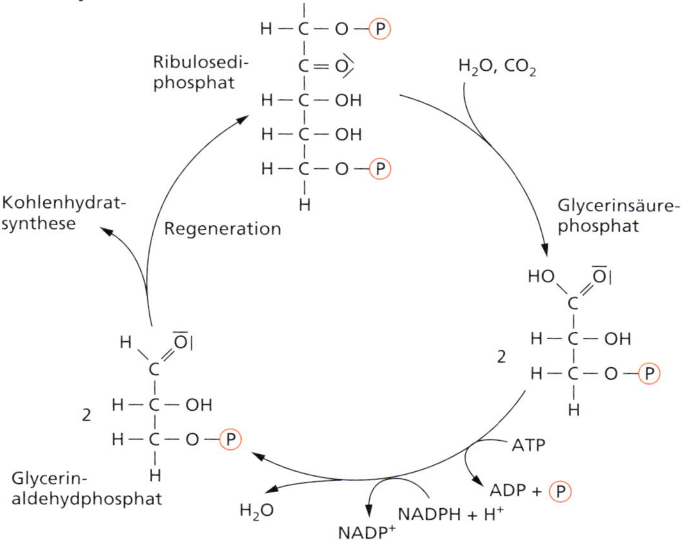

Einige Bakterien gewinnen, die Energie für den Calvin-Zyklus, nicht aus dem Sonnenlicht, sondern durch Oxidation anorganischer Verbindungen, die **Chemosynthese.**

Zur Neusynthese eines Glucosemoleküls sind 6 CO_2-Moleküle erforderlich. In der lichtabhängigen Reaktion werden 12 Moleküle ($NADPH + H^+$) und 18 ATP-Moleküle gebildet:

$$12\ NADP^+ + 12\ H_2O + 18\ ADP + 18\ (P) \longrightarrow 12\ (NADPH + H^+) + 6\ O_2 + 18\ ATP$$

Diese werden in der lichtunabhängigen Reaktion wieder verbraucht:

$$6\ CO_2 + 18\ ATP + 12\ (NADPH + H^+) \longrightarrow C_6H_{12}O_6 + 18\ ADP + 18\ (P) + 12\ NADP^+ + 6\ H_2O$$

9.6.3 Heterotrophe Assimilation

Wie fast alle chlorophylllosen Lebewesen gewinnt der Mensch die Energie für den Stoffwechsel aus der aufgenommenen Nahrung durch **heterotrophe Assimilation.** Dabei werden körperfremde organische Nährstoffe abgebaut und unter Nutzung der in ihnen enthaltenen chemischen Energie in körpereigene Stoffe umgewandelt.

Die Aufnahme von Stoffen aus dem Dünn- und Dickdarm in Blut, Lymphe oder Zellplasma nennt man Resorption.

Die Nahrung des Menschen (↗ S. 331) besteht aus Nährstoffen (Kohlenhydrate, Eiweiße, Fette), Vitaminen, Mineral- und Ballaststoffen und aus Wasser. Die aufgenommene Nahrung wird zunächst verdaut. Dabei werden die hochmolekularen, wasserunlöslichen Nahrungsbestandteile in niedermolekulare, wasserlösliche Bausteine aufgespalten, die vom Körper aufgenommen werden können.
Hierfür spielen Enzyme (↗ S. 333) eine wichtige Rolle. In den Zellen werden aus den über Blut und Lymphe transportierten niedermolekularen Bausteinen körpereigene Stoffe synthetisiert.

Etwa $\frac{2}{3}$ des Glykogens sind im Muskel gespeichert und $\frac{1}{3}$ in der Leber.
Die Speicherform der Glucose bei Pflanzen ist Stärke (↗ S. 317).

Kohlenhydrate
Die aufgenommenen Kohlenhydrate werden zunächst in Glucoseeinheiten zerlegt und dann in Form von **Glykogen** hauptsächlich in Leber- und Muskelzellen gespeichert. Bei Bedarf wird das körpereigene Glykogen wieder zu Glucose abgebaut und in der **Glykolyse** (↗ S. 340) unter Energiefreisetzung zu Acetyl-Coenzym A umgesetzt.

Fette
Die mit der Nahrung aufgenommenen Fette werden als wichtigstes Energiereservoir des Menschen in wasserfreiem Zustand gespeichert oder nach Spaltung in Glycerol und Fettsäuren durch β-Oxidation zu Acetyl-Coenzym A abgebaut. Der Fettaufbau erfolgt in umgekehrter Reihenfolge zu den Abbaureaktionen, ausgehend von Acetylresten und Dihydroxyaceton aus der Glykolyse.

Zusammenhang zwischen Kohlenhydrat- und Fettstoffwechsel
Der Fettstoffwechsel ist eng mit dem Kohlenhydratstoffwechsel verbunden. Das durch Spaltung von Fettsäuren gebildete Glycerin kann nach Phosphorylierung in den Glykolyseweg eingeschleust werden. Ebenso wird das durch β-Oxidation gebildete Acetyl-CoenzymA im Citronensäurezyklus (↗ S. 341) abgebaut.

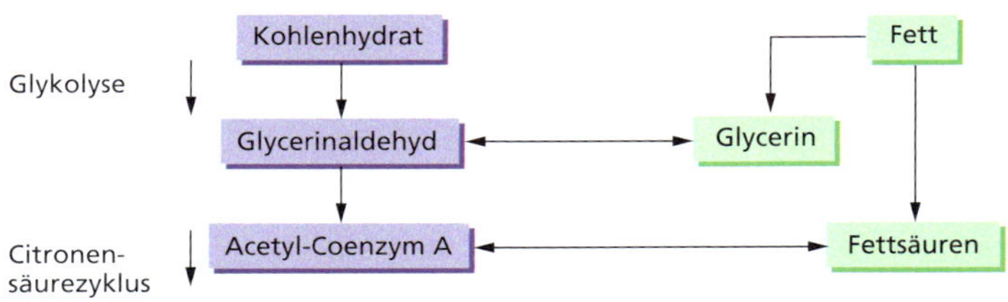

Eiweiße

Eiweiße werden durch Enzyme in ihre Grundbausteine, die **Aminosäuren,** zerlegt. Die Aminosäuren werden entweder zur Synthese körpereigener Proteine verwendet oder nach Abspaltung stickstoffhaltiger Molekülreste (NH_2-Gruppen, NH_3) über den Kohlenhydratstoffwechsel weiter abgebaut. Die Abspaltung der Amino-Gruppen aus den Aminosäuren bezeichnet man als **Desaminierung.**
Die zum Aufbau von Proteinen notwendigen Aminosäuren können auch im Körper neu synthetisiert werden (aus Kohlenstoffverbindungen, die aus der Glykolyse oder dem Citronensäurezyklus stammen) oder werden durch **Transaminierung** ineinander umgewandelt. Diese Reaktion entspricht einer Übertragung von Amino-Gruppen von einem Substrat, z. B. einer Aminosäure, auf ein anderes.

Der bei der Desaminierung frei werdende Ammoniak wird in den **Harnstoff-Zyklus** eingespeist.

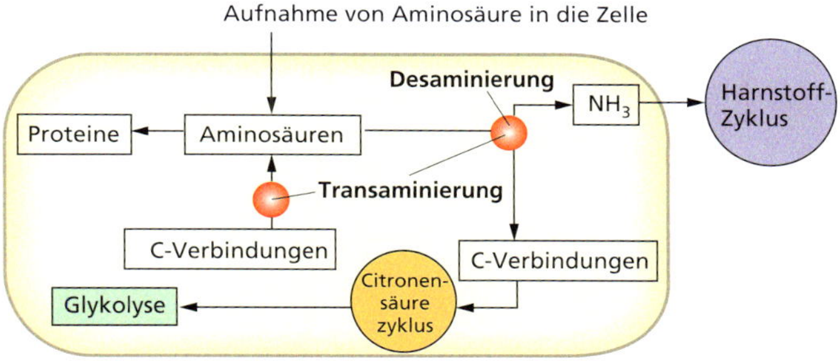

Biosynthese von Proteinen

Bei der Proteinsynthese werden die einzelnen Aminosäuren durch Peptidbindungen miteinander verknüpft. Die Aminosäuren sind durch Veresterung mit der endständigen OH-Gruppe einer Transfer-RNA (tRNA) aktiviert. Die Amino-Gruppe einer Aminosäure kann so nucleophil den aktivierten Carbonylkohlenstoff der anderen Aminosäure angreifen und eine Bindung knüpfen. Die tRNA wird als Abgangsgruppe entlassen.

Die Biosynthese von Proteinen erfolgt im Ribosom aus den 22 biogenen Aminosäuren (↗ S. 323).

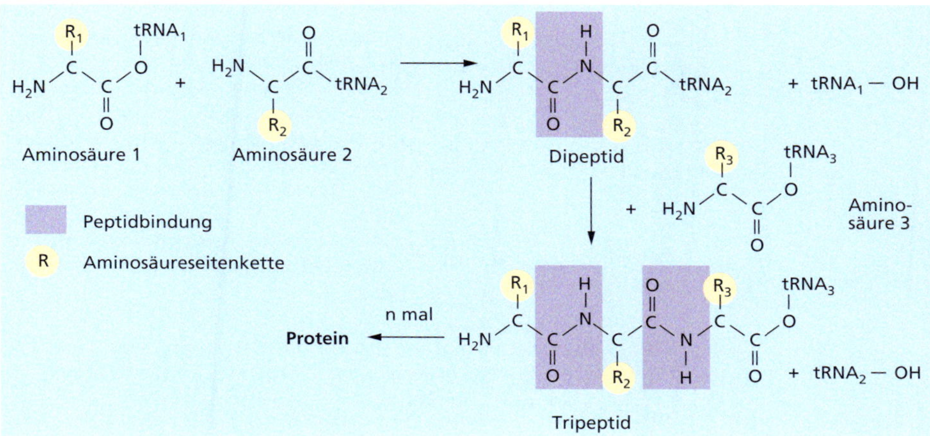

9.6.4 Dissimilation – Atmung

ATP wird in lebenden Zellen bei der Oxidation von Glucose und Fettsäuren zu CO_2 und H_2O gewonnen. Deshalb dienen vorrangig Kohlenhydrate und Fette als Atmungssubstrate.

Die **Atmung** ist die Hauptform der **Dissimilation** der Lebewesen. Dabei werden energiereiche körpereigene Stoffe durch Reaktion mit molekularem Sauerstoff zu Kohlenstoffdioxid und Wasser abgebaut und chemische Energie in Form von ATP gewonnen. Die **Zellatmung** vollzieht sich in drei Teilschritten, der Glykolyse, dem Citronensäurezyklus und der biologischen Oxidation.

Glykolyse

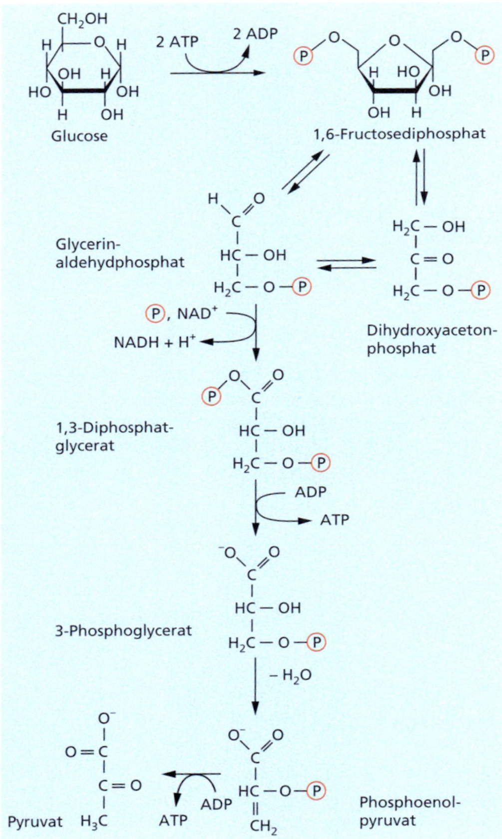

Die **Glykolyse** hat eine Schlüsselfunktion im Energiestoffwechsel. Sie steht am Anfang einer Kette verschiedener Prozesse, die den Organismen die benötigte Energie liefern.

Bei der Glykolyse wird Glucose enzymatisch über mehrere Zwischenstufen zum **Pyruvat,** dem Säurerest-Anion der Brenztraubensäure, abgebaut. Dabei entstehen pro Glucosemolekül 2 mol ATP.

Zunächst wird Glucose unter Bildung von Glucose-6-Phosphat phosphoryliert. Durch eine zweite Phosphorylierung und enzymatische Isomerisierung entsteht 1,6-Fructosediphosphat. Dieses wird in Dihydroxyacetonphosphat und Glycerinaldehydphosphat gespalten. Das gebildete Dihydroxyacetonphosphat lagert in einem Folgeschritt ebenfalls zu Glycerinaldehydphosphat um. Glycerinaldehydphosphat durchläuft nun eine Folge von Phosphorylierungs- und Dephosphorylierungsschritten. Dabei wird es zuerst unter Bildung von NADH + H^+ zu 1,3-Diphosphatglycerat oxidiert.

Durch Wasserabspaltung entsteht Phosphoenolpyruvat, das zum Endprodukt der Glykolyse, dem Pyruvat, umgesetzt wird. Das Pyruvat wandert in die Mitochondrien und reagiert dort mit Coenzym A zum Acetyl-Coenzym A, das im Citronensäurezyklus weiter umgesetzt wird.

Insgesamt betrachtet erfolgt der Prozess der Gewinnung von 2 mol ATP aus 1 mol Glucose bei der Glykolyse nach folgender Bruttogleichung:

$$C_6H_{12}O_6 + 2\,ADP + 2\,Ⓟ + 2\,NAD^+ \longrightarrow 2\,CH_3{-}CO{-}COO^- + 2\,ATP + 2\,NADH + 4\,H^+$$

Citronensäurezyklus

Der Citronensäurezyklus liefert wichtige Synthesebausteine für körpereigene Substanzen. Die wichtigste Funktion des Citronensäurezyklus ist die Produktion von chemisch gebundenem Wasserstoff für die Atmungskette.

Der 1937 von H. KREBS (1900–1981) postulierte **Citronensäurezyklus** ist die „Drehscheibe" des Stoffwechselsystems.

Im Verlauf des Prozesses wird die Acetylgruppe des aus dem Abbau von Kohlenhydraten, Fetten und Eiweißen entstandenen Acetyl-Coenzym A zu CO_2 oxidiert und Energie in Form von ATP erzeugt. Acetyl-CoA wird an Oxalessigsäure gebunden und unter Aufnahme von Wasser bzw. Abgabe von Kohlenstoffdioxid und Wasserstoff stufenweise in verschiedene organische Säuren umgewandelt.

Der Prozess verläuft zyklisch, Oxalessigsäure wird als Akzeptor für neues Acetyl-CoA immer wieder zurückgebildet. Im Verlauf dieser komplizierten, von Enzymen katalysierten Folge chemischer Reaktionen werden aus 2 mol Pyruvat 2 mol ATP nach folgender Bruttogleichung erhalten:

FAD, Flavinadenosindinucleotid, ist ähnlich wie NAD^+ ein **Coenzym,** das in biochemischen Redoxreaktionen als Wasserstoffakzeptor wirkt.

$$2\,CH_3-CO-CoA + 6\,NAD^+ + 2\,FAD + 2\,ADP + 2\,Ⓟ + 6\,H_2O$$
$$\longrightarrow 4\,CO_2 + 6\,(NADH + H^+) + 2\,FADH_2 + 2\,ATP + 2\,CoA$$

Citronensäurezyklus

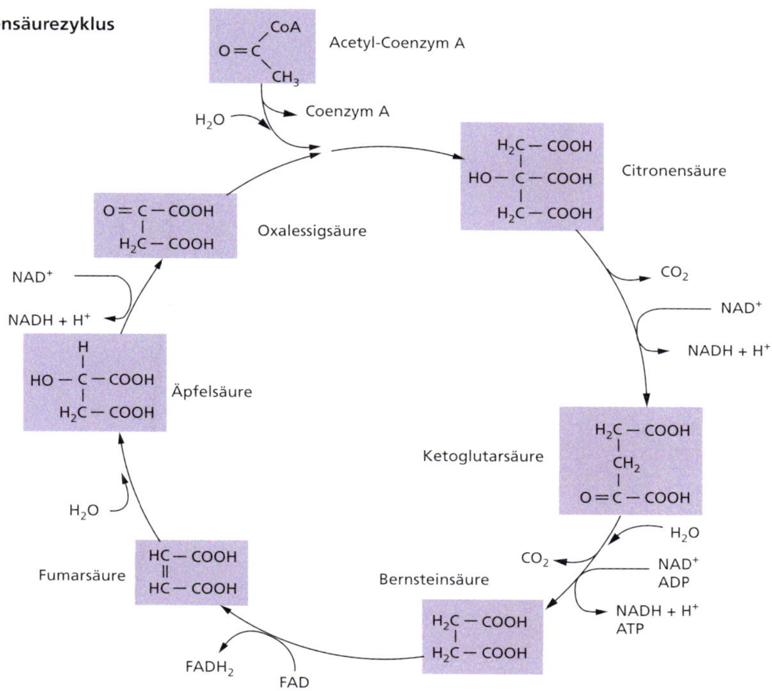

Biologische Oxidation

Bei der **biologischen Oxidation** wird der chemisch gebundene Wasserstoff in den Mitochondrien mit molekularem Sauerstoff zu Wasser oxidiert. Die dabei frei werdende Energie wird zur ATP-Synthese genutzt. Dieser auch als **oxidative Phosphorylierung** bezeichnete Vorgang ist der effizienteste ATP-produzierende Prozess.

Fette, insbesondere die darin enthaltenen Fettsäuren (↗ S. 319), sind hervorragende Energiespeicher. Der Abbau der Fettsäuren durch β-Oxidation erfolgt in den Mitochondrien und ist eine weitere, wichtige Form der biologischen Oxidation.

Bruttogleichung der biologischen Oxidation:

$$12\ (NADH + H^+) + 6\ O_2 + 34\ ADP + 34\ (P) \longrightarrow 12\ H_2O + 12\ NAD^+ + 34\ ATP$$

Bei der vollständigen Oxidation eines Moleküls Glucose entstehen insgesamt 38 Moleküle ATP, zwei in der Glykolyse, zwei im Citronensäurezyklus und 34 in der oxidativen Phosphorylierung.

Die Atmung bildet das Schlussglied einer Kette von Stoffwechselreaktionen, die alle miteinander verknüpft sind. Die während der Atmung freigesetzte Energie wird nur zum Teil in ATP gebunden. Der verbleibende Teil wird zur Aufrechterhaltung der Körpertemperatur benutzt oder in Form von Wärme an die Umwelt abgegeben. Dabei gilt der erste Hauptsatz der Thermodynamik (↗ S. 106) bzw. der Energieerhaltungssatz: Die in den umgesetzten Nährstoffen gespeicherte Energie ist gleich der Summe aus im ATP gebundener Energie, produzierter Wärmeenergie und der in den gebildeten Endprodukten gespeicherten Energie.

Die Aufnahme von O_2 aus der Umwelt und die Abgabe von CO_2 sowie der Transport der Atemgase bezeichnet man als äußere Atmung. Die biochemischen Vorgänge in der Zelle und in den Mitochondrien nennt man innere Atmung oder **Zellatmung.**

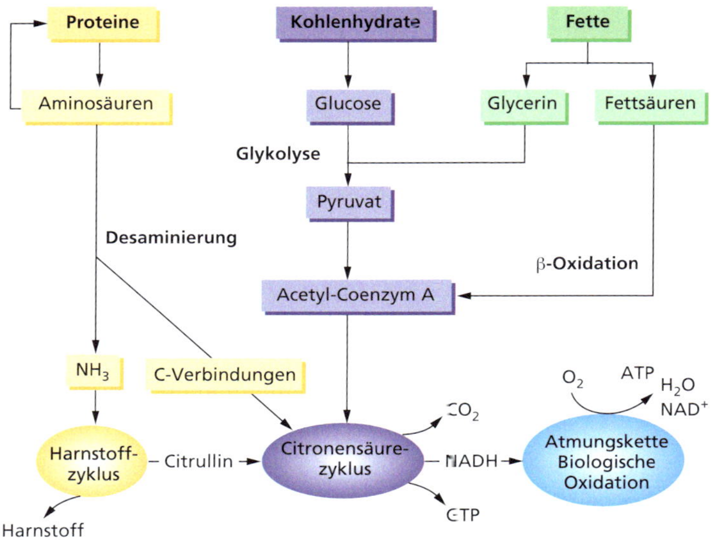

9.6.5 Dissimilation – Gärung

Gärung ist die Form der Dissimilation, die unter anaeroben Bedingungen abläuft. Energiereiche organische Stoffe werden zu energieärmeren organischen Stoffen abgebaut.

Anaerob bedeutet unter Sauerstoffausschluss und kommt aus dem Griechischen (*aer*: griech. = Luft, Vorsilbe *an*: griech. = ohne).

Die Gärung beginnt wie die Atmung mit dem Abbau organischer Substrate durch Glykolyse. Unter **anaeroben Bedingungen** ist jedoch kein molekularer Sauerstoff für die Oxidation verfügbar. Das in der Glykolyse gebildete Pyruvat kann daher nicht wie bei der Atmung weiterverabeitet werden. Es wird direkt zu energieärmeren Folgeprodukten reduziert. Nach der Art der Endprodukte werden verschiedene Gärungstypen unterschieden:

Gärungsart	Ausgangsstoff	Produkte	Nutzung
Alkoholische Gärung	Glucose	Ethanol, Kohlenstoffdioxid	Wein und Bier brauen, Backen
Milchsäuregärung	Glucose	Milchsäure (Lactat)	Käsereifung
Essigsäuregärung	Ethanol	Essigsäure	Speiseessigherstellung
Fäulnis	Eiweiß	Schwefelwasserstoff, Ammoniak	Zersetzung von Tier-und Pflanzenresten
Verwesung	Eiweiß	Kohlenstoffdioxid, Wasser, Ammoniak	Humusbildung

Alkoholische Gärung

Bei der **alkoholischen Gärung** wird das bei der Glykolyse gebildete Pyruvat unter anaeroben Bedingungen decarboxyliert. Es entsteht Ethanal, der enzymatisch weiter zu Ethanol reduziert wird. Dabei wird NADH + H^+ zu NAD^+ oxidiert.

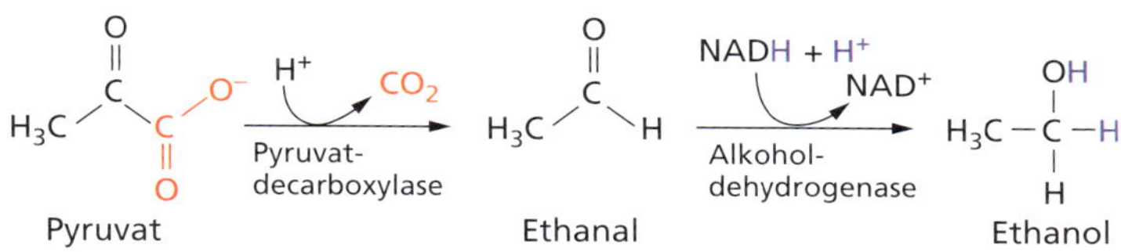

Durch die schnell ablaufende Gärungsreaktion wird das reaktive Pyruvat abgebaut und dabei das für die **Glykolyse** benötigte NAD^+ wieder regeneriert.

Der Energiegewinn bei der alkoholischen Gärung beschränkt sich auf die 2 mol ATP, die bei der Glykolyse der Kohlenhydrate anfallen. Die Gleichung für den Gesamtprozess lautet:

$$C_6H_{12}O_6 + 2\ ADP + 2\ \text{Ⓟ} \longrightarrow 2\ CO_2 + 2\ C_2H_5OH + 2\ ATP$$

Die **alkoholische Gärung** ist ein Stoffwechselprozess, der von Hefezellen zur Energiegewinnung genutzt wird. Hefe besitzt die dazu notwendigen Enzyme Pyruvatdecarboxylase und Alkoholdehydrogenase.

Der Stoffwechsel in der Hefe wird seit alters her durch den Menschen genutzt: Der bei der Gärung entstehende Alkohol ist für die berauschende Wirkung alkoholischer Getränke (Wein, Bier) verantwortlich. Das gebildete CO_2 führt zum „Aufgehen" von Hefeteig und wird beim Backen von Brot und Kuchen ausgenutzt. Tiere besitzen keine solche Pyruvat-Decarboxylase. Unter anaeroben Bedingungen erfolgt die Energiegewinnung bei Tieren und Menschen daher ausschließlich durch Milchsäuregärung.

Milchsäuregärung

Lactat ist das Säurerest-Anion der Milchsäure:

Milchsäure

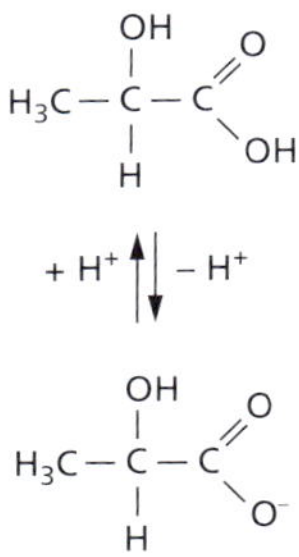

Lactat

Die **Milchsäuregärung** läuft unter anaeroben Bedingungen in der Muskelzelle ab. Dabei wird Pyruvat enzymatisch unter Verbrauch von NADH zu Milchsäure bzw. Lactat abgebaut.

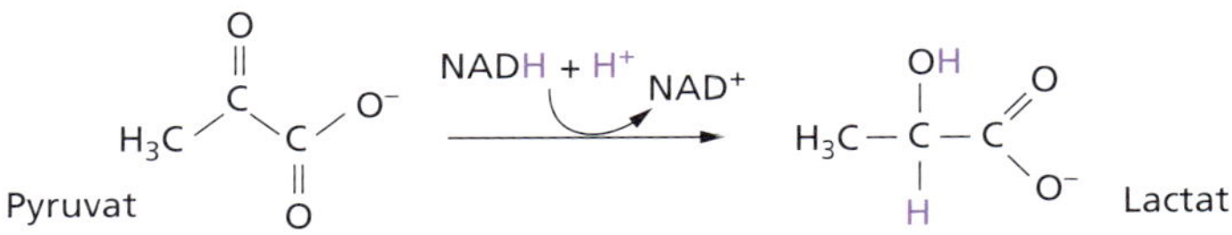

Auch bei der Milchsäuregärung ergibt sich der Energiegewinn der Bruttoreaktion aus den 2 mol ATP, die bei der Glykolyse gebildet werden:

$$C_6H_{12}O_6 + 2\ ADP + 2\ Ⓟ \longrightarrow 2\ CH_3{-}CHOH{-}COOH + 2\ ATP$$

Im Vergleich zur Atmung unter aeroben Bedingungen verbraucht die anaerobe Gärung Glucose sehr verschwenderisch: Sowohl bei der alkoholischen Gärung als auch bei der Milchsäuregärung werden pro Molekül Glucose nur insgesamt zwei Moleküle ATP produziert. Dagegen liefert der Gesamtprozess der oxidativen Phosphorylierung 38 Moleküle ATP pro Glucosemolekül. Allerdings läuft die anaerobe Umsetzung des Pyruvats und die damit verbundene Regeneration des NAD^+ bis zu 100-mal schneller ab als die entsprechenden Prozesse bei der Zellatmung. Daher wird ATP bei hohem Energiebedarf im Gewebe (z. B. im Muskel während des Sporttreibens) hauptsächlich durch anaerobe Oxidation des Pyruvats zu Lactat gewonnen.

Die Milchsäuregärung läuft im Muskel vor allem bei hoher Aktivität und damit verbundenem hohen ATP-Bedarf ab und wurde lange Zeit als Ursache des **„Muskelkaters"** angesehen. Nach neueren Erkenntnissen lässt sich der Muskelkater sehr viel wahrscheinlicher auf kleine Zerreißungen im Gewebe durch Überbelastung zurückführen.

Der finnische Chemiker ARTTURI ILMARI VIRTANEN (1895–1973) klärte die Abläufe bei der Milchsäuregärung auf und erhielt 1945 den Nobelpreis für Chemie.

AUSGEWÄHLTE ANWENDUNGEN IN DER CHEMIE

10

10.1 Werkstoffe

Werkstoffe sind feste Materialien wie Holz, Stein, Metalle oder Kunststoffe, die zur handwerklichen oder industriellen Herstellung von Gegenständen oder Bauwerken genutzt werden.

Zu rund 25 Massenprozent werden heute **Kunststoffe in modernen Kraftfahrzeugen** verbaut.

Die Orientierung wird durch Einteilung in Werkstoffklassen erleichtert.
Heute geht es vorrangig darum, Werkstoffe so fortzuentwickeln, dass sie den speziellen Anforderungen der Ingenieure und Verbraucher entsprechen und gleichzeitig möglichst umweltschonend in Produktion und Nutzung sind. Dabei spielt die chemische Modifikation synthetischer und natürlicher Werkstoffe eine zentrale Rolle.

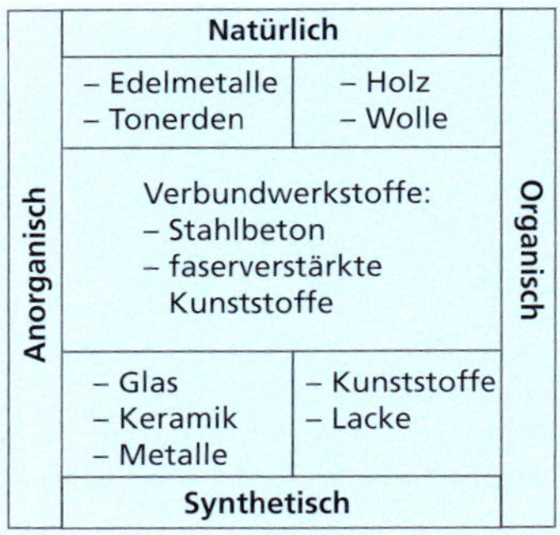

10.1.1 Aufbau und Bildung synthetischer organischer Polymere

Die synthetischen organischen makromolekularen Werkstoffe werden im weiteren Sinn auch als **Plaste, Kunstfasern und Elastomere** bezeichnet.

Synthetische und natürliche (↗ S. 317 ff.) Polymere bestehen aus Makromolekülen mit Molekülmassen von mehr als 10 000 $g \cdot mol^{-1}$. Sie werden aus kleinen Molekülen **(Monomeren)** synthetisiert, sodass in der Struktur eines Polymers immer wiederkehrende gleichartige Bausteine auftreten. Je nach Art der verwendeten Monomere können kettenförmige oder vernetzte Makromoleküle entstehen.
Als ein Ordnungsprinzip für die ungeheure Vielfalt der Makromoleküle bietet sich der **Reaktionstyp,** nach dem diese Bausteine chemisch miteinander verbunden sind, an.

Hermann Staudinger (1881–1965), der Begründer der makromolekularen Chemie, erkannte die Bindungsprinzipien der Polymere als erster.

Einteilung nach der Syntheseart		
Polymerisation	**Polykondensation**	**Polyaddition**
Ein einziger Ausgangsstoff, der mindestens eine Doppelbindung enthält.	Ausgangsstoffe, die zwei kondensationsfähige funktionelle Gruppen oder Atome enthalten.	Ausgangsstoffe, die beide zwei funktionelle Gruppen enthalten. Mindestens ein Monomer besitzt eine Doppelbindung.
	Die funktionellen Gruppen können auch in einem Ausgangsstoff auftreten.	
Polymer ohne Nebenprodukte	Polykondensat und Nebenprodukt (z. B. H_2O)	Polyaddukt ohne Nebenprodukte

Eine Ordnung hinsichtlich der **Werkstoffeigenschaften** unterscheidet
- die weichen **Thermoplaste,** die bei Erwärmung zähflüssig oder flüssig werden und so leicht formbar sind,
- die harten, mechanisch gut belastbaren **Duroplaste,** die sich bei Erwärmung zersetzen und
- die weichen, elastisch verformbaren **Elastomere.**

PET, ein Polyester der Terephthalsäure, wird zur Herstellung von Getränkeflaschen und als Faserrohstoff für Textilien genutzt.

Polykondensation

> Verbindendes Merkmal der **Polykondensation** ist die Verknüpfung von Monomeren, die mindestens zwei reaktionsfähige funktionelle Gruppen tragen, zu einem Makromolekül. Dabei werden einfache, niedermolekulare Nebenprodukte wie Wasser, Alkohole, Ammoniak oder Chlorwasserstoff abgespalten.

Werden bifunktionelle Monomere mit zwei funktionellen Gruppen eingesetzt, so entstehen lineare, unverzweigte Polymere (Thermoplaste). Bei der Verwendung von polyfunktionellen Monomeren mit mehr als zwei reaktiven Gruppen erhält man dagegen verzweigte oder gar dreidimensional vernetzte Polymere (Duroplaste, ↗ S. 357).

Polyester

Ausgangsstoffe sind im einfachsten Fall eine beliebige Dicarbonsäure und ein Diol. Daraus entsteht zunächst ein bifunktioneller Ester mit einer Hydroxy- und einer Carboxy-Gruppe. Durch vielfache Wiederholung der Veresterung (↗ S. 308) an diesen beiden funktionellen Gruppen bildet sich ein linearer **Polyester**, wobei Wasser als Nebenprodukt anfällt.

Aus Terephthalsäure (↗ S. 309) und Ethandiol erhält man den Polyterephthalsäureethylester bzw. **Polyethylenterephthalat (PET)**. Für die Synthese nutzt man den Methylester der Terephthalsäure und setzt diesen mit Ethandiol um. Als Nebenprodukt dieser Umesterung genannten Reaktion fällt Methanol an. Anstelle der Ester kann man auch die reaktiveren Carbonsäurechloride verwenden und diese mit einem Diol umsetzen. In diesem Fall entsteht Chlorwasserstoff als Nebenprodukt. Letztlich kommt es bei der Polyestersynthese nur darauf an, Monomere mit zwei reaktiven funktionellen Gruppen immer wieder miteinander durch eine Esterbindung zu verknüpfen.

Da es sich bei der Veresterung um eine Gleichgewichtsreaktion (↗ S. 167) handelt, kommt der Entfernung des (flüchtigen) Nebenprodukts aus dem System große Bedeutung zu, um hohe Umsatzraten zu erzielen.

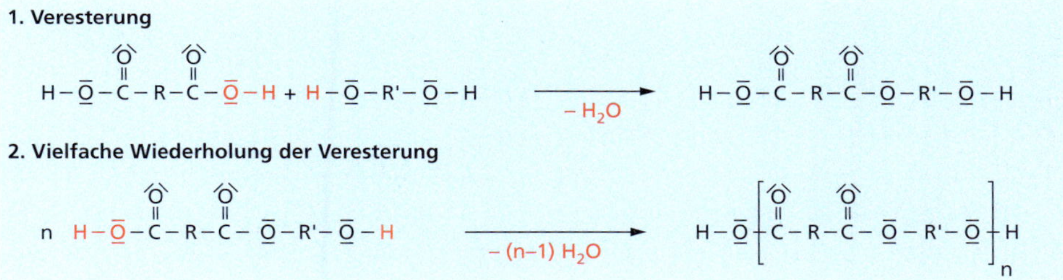

Reaktive Polymere werden oft aus cis-Butendisäure (Maleinsäure)

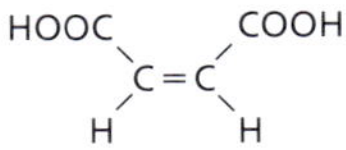

oder 1,2-Benzendicarbonsäure (Phthalsäure)

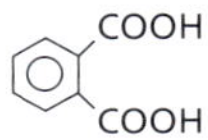

bzw. deren Anhydriden synthetisiert.

Große Bedeutung haben auch lineare Polyester aus Kohlensäureestern wie Diphenylcarbonat und aromatischen Diolen wie dem 2,2-Di-(4-hydroxyphenyl)propan, die z. B. unter dem Handelsnamen **Makrolon®** bekannt sind. Aus Makrolon® können praktisch unzerbrechliche transparente Platten hergestellt werden, die sich als Werkstoff für Dachkonstruktionen ebenso eignen wie für die Datenspeicherung auf einer CD.

Makrolon®

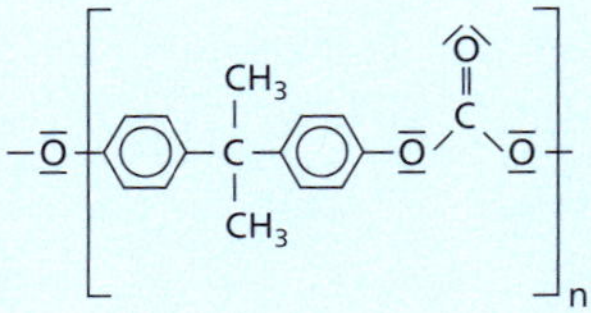

Verwendet man ungesättigte Monomere, so bilden sich bei der Kondensation ungesättigte Polyester, die als Rohstoffe für Lack- und Gießharze oder in faserverstärkter Form als Werkstoffe dienen können. Entscheidend ist das Vorliegen von Doppelbindungen im Polymer, sodass eine Polymerisation (↗ S. 350) als Folgereaktion ablaufen kann.

Die Synthese von Perlon® erfolgt aus einem einzigen Monomer, dem cyclischen ε-Caprolactam, das beide funktionelle Gruppen enthält.

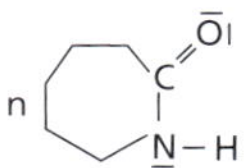

ε-Caprolactam

Polyamide

Polyamide wie **Nylon** und **Perlon®** werden in vielfältiger Weise als Synthesefasern und als technische Thermoplaste genutzt. Aus den Fasern stellt man Freizeitbekleidung, Bodenbeläge oder Taue her. Aber auch Maschinenbauteile, Folien oder Heizöltanks werden aus Polyamiden mit thermoplastischen Eigenschaften gefertigt.
Analog zu den Polyestern werden die Polyamide durch Polykondensation von Dicarbonsäuren mit Diaminen gewonnen. Genau wie bei den Proteinen (↗ S. 325) sind die Monomere hier über Amidbindungen (–CO–NH–) miteinander verknüpft.
Das älteste synthetische Polyamid, Nylon, wird aus 1,6-Diaminohexan und Hexandisäure – oder auch dem reaktiveren Hexandisäurechlorid – hergestellt. Da das Produkt auf beiden Seiten der Stickstoffatome der Amidbindung je sechs Kohlenstoffatome aufweist, spricht man von einem Polyamid 6,6.

1. Bildung des Carbonsäureamides bei der Nylon-Synthese

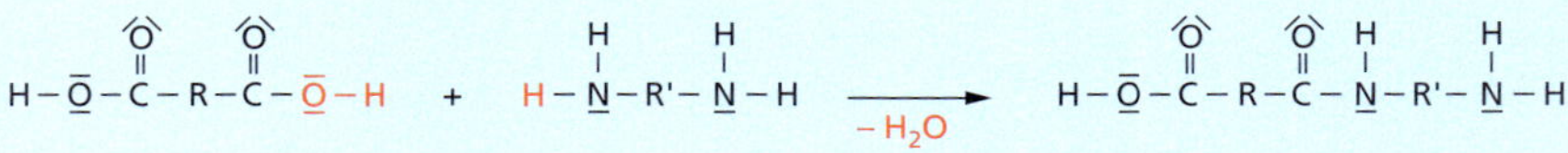

2. Vielfache Wiederholung der Carbonsäureamidbildung

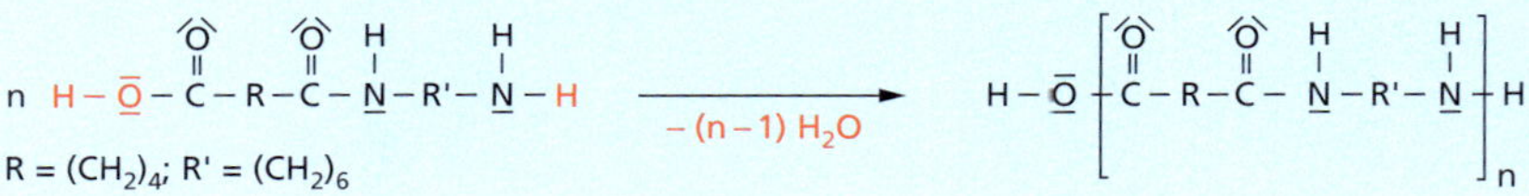

$R = (CH_2)_4$; $R' = (CH_2)_6$

Da die Diamine und Dicarbonsäuren oft nicht mischbar sind, nutzt man die **Grenzflächenkondensation,** wobei die Polykondensation an der Kontaktfläche der beiden Monomere abläuft und direkt das Produkt ausgezogen wird. Eine alternative Methode stellt das **Schmelzspinnen** dar.

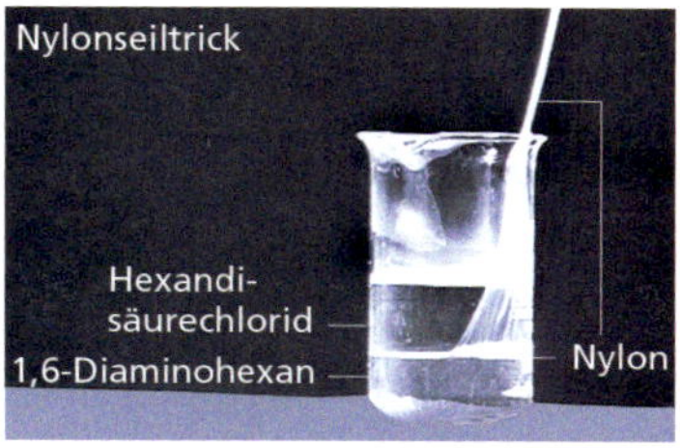

Nylonseiltrick: Durch Überschichten einer alkalischen Lösung von 1,6-Diaminohexan mit einer Lösung von Hexandisäurechlorid in Heptan entsteht an der Grenzfläche Nylon.

Zwischen den Amidbindungen der einzelnen Makromoleküle bilden sich leicht Wasserstoffbrückenbindungen (↗ S. 99).
Daher sind Nylonfäden bedingt elastisch, da sich die Wasserstoffbrückenbindungen nach Dehnbelastungen zurückbilden. Die Länge der Kohlenstoffkette zwischen den Amidbindungen beeinflusst die Elastizität stark.

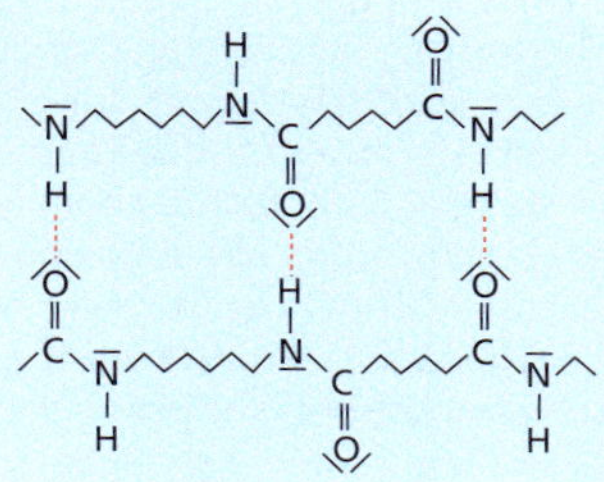

Phenoplaste

Die Kondensationsprodukte aus Phenolen (Hydroxybenzen oder 1,3-Dihydroxybenzen) und Methanal (Formaldehyd) waren die ersten vollsynthetischen Kunststoffe **(Bakelite®)** überhaupt. Ihre Bildung kann man sich als elektrophile Addition (↗ S. 269) des Methanals an das Phenol vorstellen. Dabei entsteht zunächst ein Benzylalkohol, der dann selbst wieder ein Phenolmolekül elektrophil angreifen kann.
Bei dieser Reaktion entsteht unter Abspaltung von Wasser das über eine CH_2-Brücke verbundene Dimer. Da diese Kondensation an der *para-* und beiden *ortho-*Positionen des Phenols erfolgen kann, sind die **Phenoplaste** dreidimensional vernetzte, temperatur- und chemikalienbeständige Duroplaste. Mit Harnstoff anstelle von Phenol erhält man **Aminoplaste.**

1909 synthetisierte L. H. BAEKELAND (1863–1944) das nach ihm benannte Bakelit®. Man fertigte daraus Radiogehäuse und Steckdoseneinsätze.

Reaktionsverlauf bei der Synthese von Phenoplasten

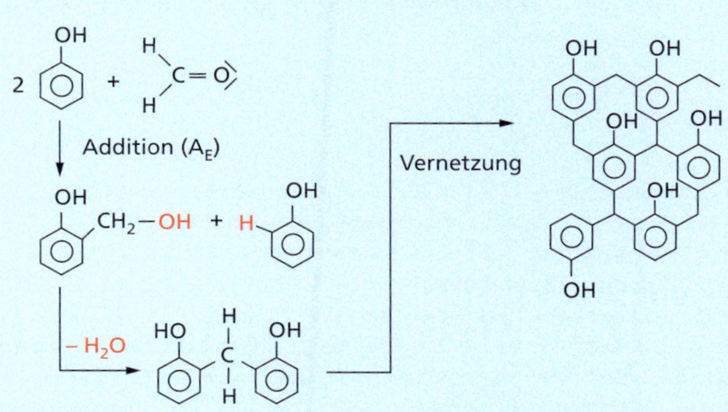

Die Karosserie des Trabants besteht aus gepressten faserverstärkten Phenoplastschichten.

Polymerisation

Polymerisationen sind immer exotherm. Um die thermische Zersetzung des Polymers zu vermeiden, muss die Reaktionswärme abgeführt werden. Meist polymerisiert man deshalb in Lösungen oder Emulsionen.

> Unter einer **Polymerisation** versteht man eine sich vielfach wiederholende gleichschrittige Reaktionsfolge – **Kettenreaktion** genannt, bei der sich einfache Ausgangsstoffe (Monomere) über reaktive Doppelbindungen miteinander verbinden. In der stark exothermen Reaktion werden keine Nebenprodukte abgespalten.

Die Aktivierung der Doppelbindung kann auf verschiedenen Wegen erreicht werden, so z. B. durch Energiezufuhr (Wärme, Bestrahlung, Ultraschall) oder durch Verwendung stofflicher **Initiatoren,** die sich leicht zu Radikalen oder reaktiven Ionen umsetzen lassen und so die Polymerisation starten. Von technischem Interesse sind insbesondere radikalbildende Initiatoren, wie Peroxide und Azoverbindungen sowie ionische Initiatoren. Zunehmend gewinnen Metall-Komplex-Initiatoren an Bedeutung, da sich mit ihrer Hilfe eine ausreichende Kontrolle der stereochemischen Abläufe erreichen lässt (↗ S. 359).

In Abhängigkeit von den Bedingungen der Synthese ist **Polyethylen ein vielseitiger Werkstoff.**

Radikalische Polymerisation

Radikale, also reaktive Teilchen, die ein freies, ungepaartes Elektron besitzen, sind die Initiatoren der radikalischen Polymerisationen. Solche Radikale werden in der Regel in einem der eigentlichen Reaktion vorgelagerten Schritt durch Einwirkung von sichtbarem Licht oder anderer energiereicher Strahlung bzw. Wärme auf leicht spaltbare Peroxide oder Azoverbindungen gewonnen. Im Labor greift man dafür häufig auf Dibenzoylperoxid (DBO) oder Azobisisobutyronitril (AIBN) zurück, während im industriellen Maßstab aus wirtschaftlichen Gründen preiswertere Verbindungen verwendet werden.

Bildung von Startradikalen

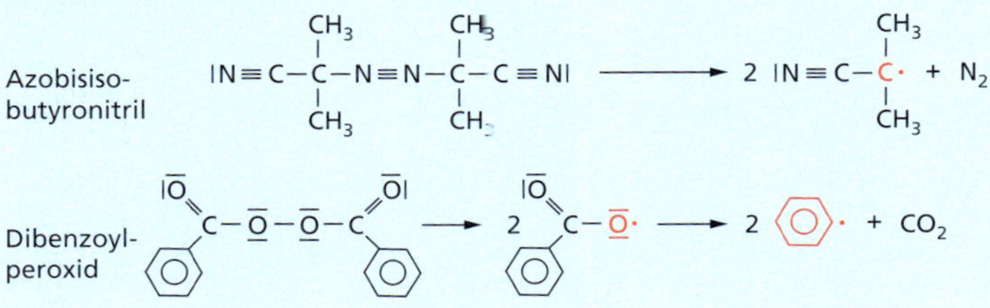

Monomere mit reaktiven Doppelbindungen neigen zur Autopolymerisation und werden daher für Transport und Lagerhaltung durch Zusatz geeigneter Stabilisatoren (Radikalfänger) geschützt.

Das gebildete Startradikal löst in der Folge eine Kettenreaktion aus, die im Wesentlichen durch drei Schritte gekennzeichnet ist:

1. In der **Startreaktion** (auch als **Kettenstart** bezeichnet) spaltet das Startradikal die Doppelbindung des Monomers, indem es sich an dieselbe addiert und so ein neues Radikal bildet.
2. Dieses neue Radikal reagiert in der folgenden **Kettenwachstumsreaktion** mit einem weiteren Monomer, wobei wieder ein Radikal entsteht, das erneut mit einem Monomer reagiert. Der Wachstumsprozess endet erst, wenn

3. in der **Abbruchreaktion** entweder zwei Radikale miteinander kombinieren oder aber durch **Disproportionierung** (d. h., Bildung eines Alkans und eines Alkens durch Übergang eines Wasserstoffatoms) ihre Radikaleigenschaft verlieren und so keine weitere Wachstumsreaktion mehr möglich ist. Da die Abbruchreaktionen rein statistisch erfolgen, bilden sich Makromoleküle unterschiedlicher Kettenlänge.

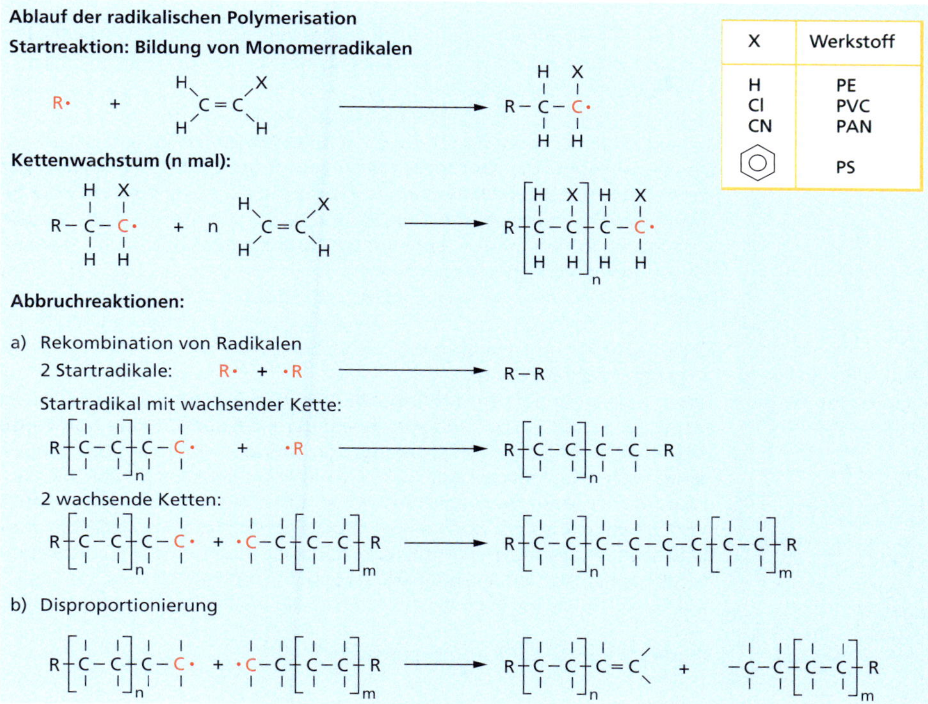

X	Werkstoff
H	PE
Cl	PVC
CN	PAN
⌬	PS

Mit X = H erhält man als Produkt das **Polyethylen** (PE), mit X = Cl das **Polyvinylchlorid** (PVC), mit X = CN das **Polyacrylnitril** (PAN) und X = C_6H_5) liefert das **Polystyrol** (PS). Der Ablauf bleibt prinzipiell gleich, sodass eine Vielzahl von Ethenderivaten polymerisierbar ist. Man kann auch verschiedene Monomere miteinander umsetzen, woraus dann Copolymere oder Mischpolymere (↗ S. 357) entstehen.

Bei der Polymerisation erfolgt die Kettenwachstumsreaktion in der Regel so, dass sich das stabilere Kettenradikal bildet, d. h. die Addition von Monomeren, wie Monochlorethen oder Propen (mit unsymmetrisch substituierten Doppelbindungen) erfolgt normalerweise in der so genannten Kopf-Schwanz-Stellung (1,3-Stellung der Substituenten X im Produkt), da das substituierte C-Atom im Kettenwachstumsschritt immer das freie Elektron trägt (s. o. und ↗ S. 358). Der Verlauf der Polymerisation wird in hohem Maße durch den Einsatz spezieller Katalysatoren beeinflusst, aber auch die Temperatur der exothermen Reaktion steuert die Eigenschaften des Polymers.

Die unterschiedliche Zusammensetzung und Struktur (↗ S. 353) der Polymere eröffnet vielfältige Anwendungsmöglichkeiten.

Insbesondere bei höheren Reaktionstemperaturen sind **Kettenübertragungsreaktionen** häufig. Das wachsende Radikal spaltet aus einer anderen Kette ein Wasserstoffatom ab, sodass ein neues tertiäres Radikal entsteht, das die Kettenreaktion fortführen kann. Dadurch entstehen unerwünschte Verzweigungen im Polymer.

Die gewellte Linie ~ bzw. ≀ in den Strukturformeln symbolisiert die wachsende Polymerkette.

Kettenverzweigung durch Bildung eines tertiären Radikals

Regelung der Kettenlänge bei der Polymerisation

Die Kettenlänge der gebildeten Polymere kann durch die Menge der verwendeten Startersubstanz ebenso wie durch die Temperatur beeinflusst werden. Je höher die Temperatur bzw. je mehr Startradikale zur Verfügung stehen, um so schneller verläuft die Reaktion, entsprechend kürzer werden die gebildeten Ketten.

Werden die Ketten zu lang, besteht die Gefahr eines explosiven Verlaufs der Polymerisation, da die Reaktionswärme in dem mit wachsender Kettenlänge zunehmend viskosen Polymerisat nur schlecht abgeführt werden kann.

Regler sind Stoffe, die als Ladungsüberträger wirken. So können Thiole ein Wasserstoffatom auf eine wachsende Kette übertragen und das Wachstum stoppen. Dabei entsteht ein neues Radikal, das wiederum eine Kette starten kann.

Durch Zusatz geeigneter **Inhibitoren** oder **Regler** kann die Kettenlänge ebenfalls gezielt beeinflusst werden. Generell eignen sich ungesättigte Substanzen mit hoher Elektronendichte (insbesondere aromatische Systeme) als Inhibitoren, da der Elektronenmangel eines entstehenden Radikals durch mesomere oder induktive Effekte (↗ S. 250 f.) stabilisiert wird. Inhibitoren sind Stoffe wie Amine, Phenole und Chinone, die relativ stabile und damit reaktionsträge Radikale bilden, die die wachsende Kette nicht fortpflanzen können. Durch Disproportionierung (↗ S. 351) oder Rekombination werden die Inhibitoren weiter stabilisiert.

Thiole als Regler des Kettenwachstums

Bei der Hydrolyse der LEWIS-Säuren Bortrifluorid und Aluminiumtrichlorid werden Oxoniumionen, H_3O^+, gebildet (↗ S. 218).

Ionische Polymerisation

Eine Polymerisation kann auch durch Ionen initiiert werden. Man unterscheidet zwischen **kationischer** und **anionischer Polymerisation.**

Für die kationische Polymerisation werden als Initiatoren starke BRÖNSTED-Säuren wie Schwefelsäure oder **LEWIS-Säuren** wie Bortrifluorid (BF_3) bzw. Aluminiumtrichlorid ($AlCl_3$) eingesetzt. Die Reaktion wird durch die Addition eines Protons an eine Doppelbindung des Monomers gestartet, wobei ein Carbo-Kation entsteht, das mit einem weiteren Alkenmolekül reagiert und so das Kettenwachstum sichert. Durch Abspaltung eines Protons oder durch Anlagern eines Anions (aus dem Startkatalysator) wird das Kettenwachstum abgebrochen. Man setzt dazu auch Basen oder geeignete Anionen zu. Ein wichtiges Produkt der kationischen Polymerisation ist **Butylkautschuk,** ein Copolymer (↗ S. 357) aus 2-Methylpropen und 2-Methylbuta-1,3-dien (Isopren).

Kationische Polymerisation:

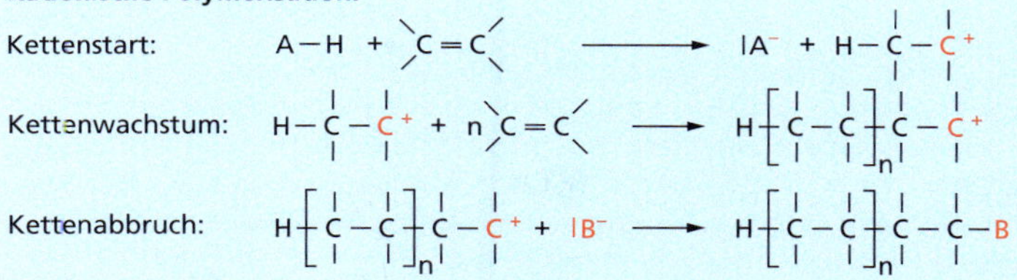

Anionische Polymerisation:

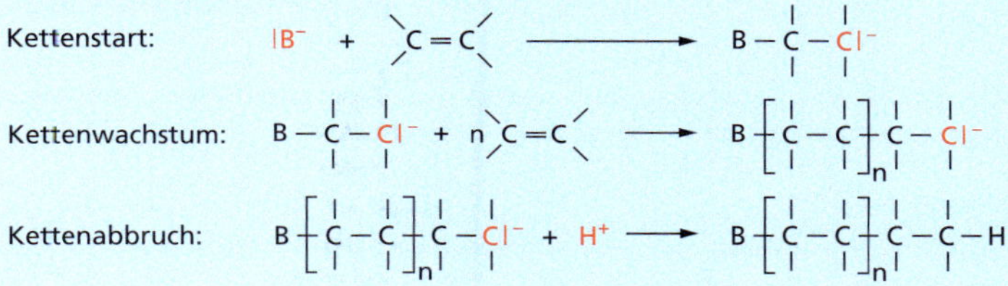

Die Brönsted-Säure A–H überträgt ihr Proton an das Monomer unter Bildung eines Kations.
Die starke Base B^- reagiert mit dem Monomer zu einem Carb-Anion.

Die anionische Polymerisation wird durch Addition einer starken Base oder eines reaktionsfähigen Metalls wie Natrium ausgelöst, wobei ein Carb-Anion entsteht, welches die Kettenreaktion fortsetzt. Man muss folglich mit extrem reinen Substanzen arbeiten, da schon kleinste Verunreinigungen (z. B. Wasser oder Alkanol) ein Proton freisetzen können, das zum Kettenabbruch führt.

Weitere **technisch wichtige Kunststoffe** sind z. B. Silicone (↗ S. 370), Kautschuk (↗ S. 358) oder Harze mit vielfältigen Anwendungen.

Wichtige Polymere

Monomer (Syntheseart)	Polymerkette (Ausschnitt)	Verwendung
Ethen (R' = H) Propen (R' = CH_3) (R, Z) 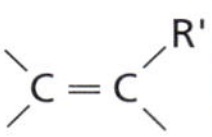	Polyethylen (PE) Polypropylen (PP) 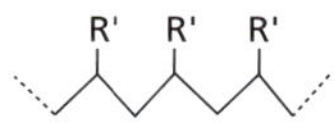	Rohre, Flaschen, Folien, Kfz-Teile
Chlorethen (R) 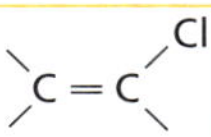	Polyvinylchlorid (PVC) 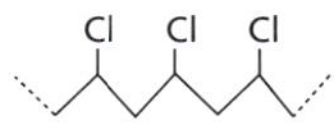	Fußböden, Rohre, Kunstleder, Fasern
Tetrafluorethen (R) 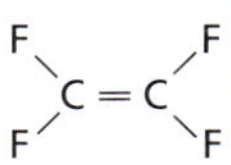	Polytetrafluorethen (PTFE) 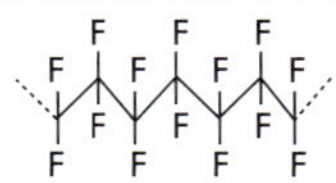	chem. Apparate, Dichtungen, Isolierungen
Acrylnitril (R, A) 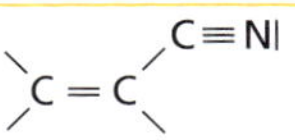	Polyacrylnitril (PAN) 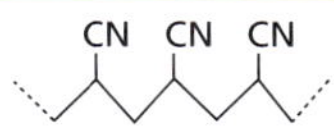	Textilfasern
Styren (R) 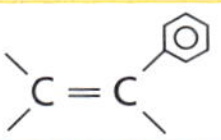	Polystyren/Polystyrol (PS) 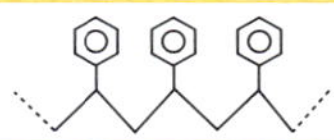	Haushaltsgeräte, Verpackungen
Methacrylsäuremethylester (R) 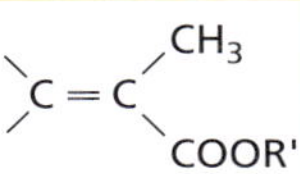	Polymethacrylsäuremethylester (PMMA) 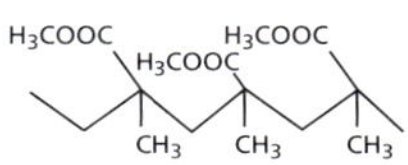	Gebrauchsgegenstände, Glasersatz (Plexiglas)
R = Radikalisch; A = Anionisch; Z = Metallkomplexkatalysator (↗ S. 244)		

Polyaddition

Isocyanate sind hochgiftige Monomere.

Die **Polyaddition** ist gekennzeichnet durch die Addition einer bi- oder polyfunktionellen Verbindung an ein anderes Molekül, das als reaktives Strukturelement Doppelbindungen oder cyclische Gruppen aufweist. Dabei kommt es immer zur **Wanderung eines Wasserstoffatoms** von der funktionellen Gruppe der addierten Verbindung zu einem Atom des ungesättigten bzw. cyclischen Monomers. Bei der Polyaddition entstehen keine Reaktionsnebenprodukte.

Zwei große Kunststoffgruppen werden heute nach diesem Verfahren hergestellt, die Polyurethane und die Epoxidharze.

Polyurethane

Polyurethanschaumstoffe kann man in verschiedenen Härtegraden gewinnen.

Urethane sind Amide der Kohlensäure. Bei der Polyaddition werden Urethan-Brücken (–NH–CO–O–) während der Reaktion zwischen Diisocyanaten und Diolen gebildet. Dabei wird die Hydroxy-Gruppe an die Isocyanat (–N=C=O)-Gruppe addiert, und zwar ausschließlich an die Kohlenstoff-Stickstoff-Bindung.
Das Wasserstoffatom wandert anschließend vom Sauerstoffatom der Hydroxy-Gruppe zum Stickstoffatom der Isocyanatgruppe. Da Isocyanate mit Wasser zu Kohlenstoffdioxid reagieren, kann man durch Wasserzugabe ein Aufschäumen der **Polyurethane** erreichen.

Bildung eines Polyurethans durch Polyaddition

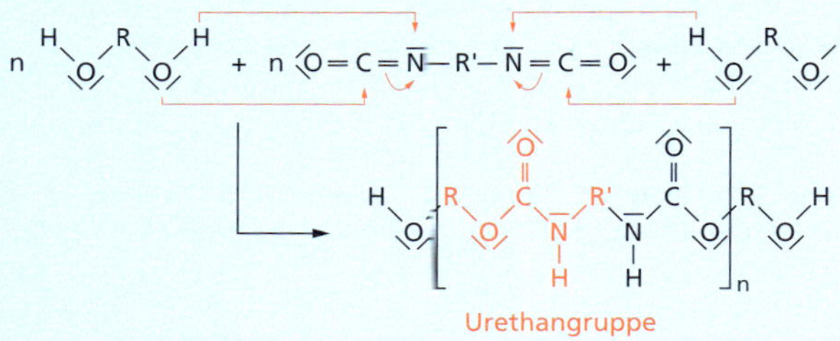

Hydrolyse führt zur CO_2-Bildung (Aufschäumen)

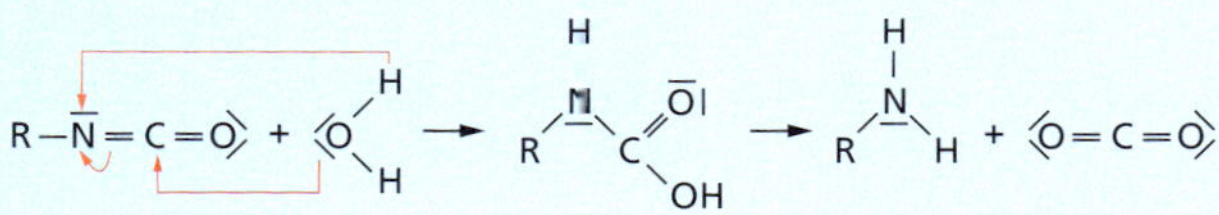

Die „elastische" Stoßstange eines Autos kann ebenso aus Polyurethan gefertigt werden, wie eine dünne Kabelummantelung.

Genau wie die Hydroxy-Gruppe der Alkohole kann auch die Amino-Gruppe von Aminen an das Isocyanat addiert werden. Dabei entstehen als Reaktionsprodukte Kohlensäurediamide (R–NH–CO–NH–R'). Diese Reaktion wird für die gezielte Vernetzung der Polyurethane genutzt, indem man bei der Synthese einen Überschuss Diisocyanat zufügt, das mit der reaktiven Amino-Gruppe eines linearen, kettenförmigen Polyurethans reagiert.

Vernetzung eines Polyurethans durch überschüssiges Diisocyanat

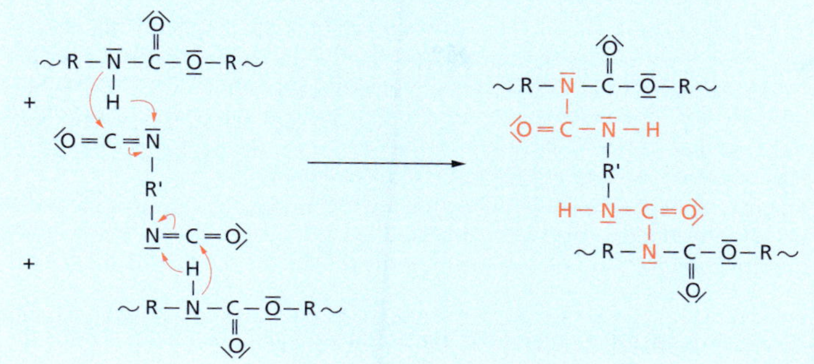

Kaum eine andere Kunststoffgruppe eröffnet so vielfältige Einsatzgebiete. Je nach verwendetem Ausgangsstoff kann man lineare (Diol und Diisocyanat) oder vernetzte (mindestens eine Komponente ist trifunktionell) Polyurethane erhalten, die für viele Anwendungen in Schaumstoffen, Elastomeren, Lacken, Klebstoffen, Fasern etc. eingesetzt werden.

Ob weich, hart, offen- oder geschlossenporig, sogar mit einer Porengröße nach Wunsch können sie gefertigt werden, abhängig von der Beschaffenheit und dem Mengenverhältnis der eingesetzten Monomere.

Für Armaturenabdeckungen oder Armlehnen in PKWs werden schäumungsfähige Reaktionsgemische (Diisocyanat und Diol unter Wasserzusatz) in temperierten Formwerkzeugen unter Druck ausgehärtet. Dabei entsteht ein Werkstück aus Polyurethan, dessen Dichte infolge des Schäumdrucks von innen nach außen stetig zunimmt. Diese Integralschaum-Formstücke besitzen sofort eine feste, schützende Außenhaut und haben gleichzeitig einen energieabsorbierenden, elastischen Kern.

Hautnah spürt jeder von uns die Vorteile dieser Werkstoffe, etwa wenn man an die hochabriebsfeste Schuhsohle denkt, die direkt an den Schaft des Sportschuhs geschäumt wurde. Überhaupt sind die Polyurethane aus der Welt des Sports nicht mehr wegzudenken, sei es für die Konstruktion eines Bootsrumpfes, den Kern eines Skis, dem der PU-Schaumstoff erst die erforderliche Dämpfungseigenschaft bei geringem Gewicht verleiht, oder den Hightech-Fußball, dessen präzise Flugbahn erst durch eine Oberfläche aus Millionen von elastischen, gasgefüllten Mikrokügelchen auf Polyurethan-Basis sichergestellt wird.

Früher setzte man für die Produktion von Hartschäumen Fluorchlorkohlenwasserstoffe (FCKWs) ein, die aufgrund ihres Ozon schädigenden Potenzials weitgehend durch niedrig siedende Kohlenwasserstoffe ersetzt wurden.

Ein weiteres Produkt der Polyaddition sind die Epoxidharze. Diese haben sich bei der Herstellung glasfaserverstärkter Formteile ebenso bewährt wie für **Klebstoffe** oder Anstrichstoffe.

10.1.2 Struktur und Eigenschaften von Kunststoffen

Die Auswirkung der zwischenmolekularen Kräfte auf die Sekundär- und Tertiärstruktur ist am eingehendsten bei den Eiweißen (↗ S. 325) untersucht.

Die Feststellung, aus welchen Atomen ein Makromolekül aufgebaut ist, sagt noch nichts über seinen wirklichen Aufbau aus. Polyethylen, Polypropylen, Kautschuk, Polystyren und andere bestehen alle nur aus Kohlenstoff- und Wasserstoffatomen, haben jedoch durchaus unterschiedliche Eigenschaften. Entscheidend ist, wie und in welchem Verhältnis die verschiedenen Atome miteinander verbunden sind.
Zur besseren Veranschaulichung des Zusammenhangs zwischen **Struktur und Eigenschaften der Makromoleküle** betrachtet man verschiedene Strukturebenen, indem man das komplexe Polymer gedanklich zerlegt.

Die **Primärstruktur** erfasst die elementaren atomaren Bausteine und deren chemische Verknüpfung. Die **Sekundärstruktur** beschreibt die regelmäßige, räumliche Anordnung der Makromoleküle, die durch zwischenmolekulare Kräfte bewirkt wird. Wie sich mehrere Makromoleküle zu mikroskopisch oder gar mit bloßem Auge sichtbaren Aggregaten zusammenfinden, stellt die **Tertiärstruktur** dar.

Primärstruktur

Monomere im Makromolekül

Sperrige Seitengruppen in den Monomermolekülen beeinträchtigen den Zusammenhalt der Polymerketten. So ist z. B. Polyisobutylen

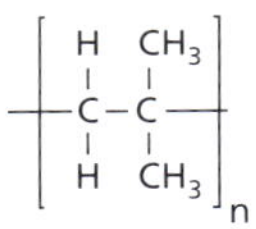

wesentlich weicher als Polyethylen.

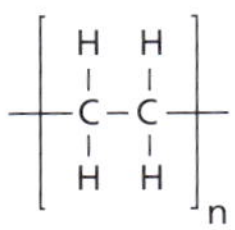

Die Anzahl, Art und Anordnung der **Monomere** beeinflussen die Werkstoffeigenschaften wesentlich. Die Anzahl der Monomere bestimmt die Größe der Makromoleküle und ermöglicht enorme Variationsmöglichkeiten ihrer Gestalt und Ordnung.
Unterschiedliche Substituenten an gleichartigen Monomeren beeinflussen maßgeblich das chemische Verhalten und damit die Materialeigenschaften. So hängt die chemische Beständigkeit von Kunststoffen davon ab, ob nur relativ stabile C–C-Bindungen im Makromolekül vorliegen oder z. B. hydrolyseanfällige Ester- bzw. Amidbindungen.
Auch die Polarität der funktionellen Gruppen der Monomere beeinflusst die Eigenschaften. So weist z. B. Polyvinylchlorid infolge der zwischen dem negativ polarisierten Chlor- und dem positiv polarisierten Kohlenstoffatom wirkenden Dipolkräfte eine deutlich höhere **Erweichungstemperatur** auf als Polyethylen und ist zudem auch spröder.

Beim Polyacrylnitril ist die C–CN Bindung noch stärker polarisiert, sodass hier besonders starke Dipolwechselwirkungen (↗ S. 98) auftreten. Daraus resultiert die Ausbildung einer Leiterstruktur, die für die große Festigkeit verantwortlich ist. Der Kunststoff ist daher nicht schmelzbar, die Zersetzungstemperatur liegt mit 350 °C knapp über der Glasübergangs- bzw. Glastemperatur (↗ S. 372)

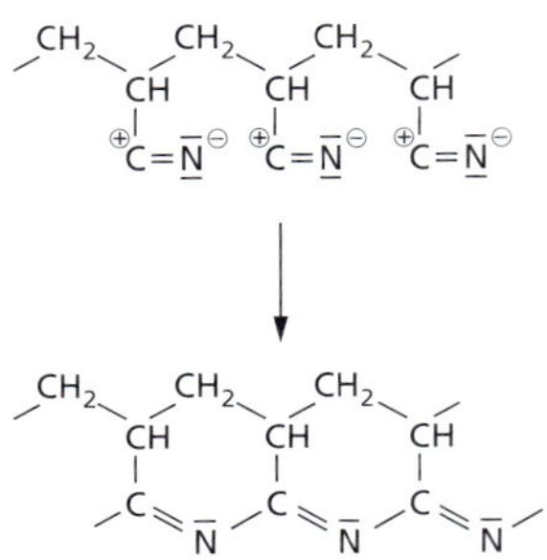

Fasern, Thermoplaste	**Elastomere**	**Duroplaste**
– lineare oder wenig verzweigte Moleküle	– weitmaschig, zweidimensional, vernetzte Moleküle	– dreidimensional vernetzte Moleküle
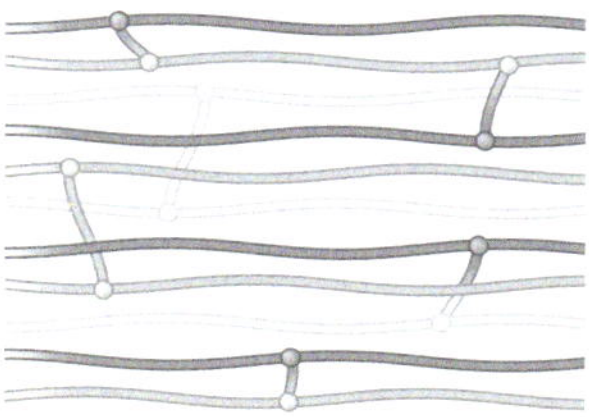	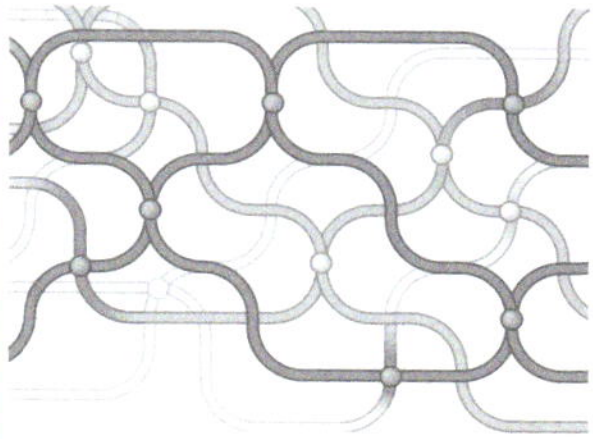	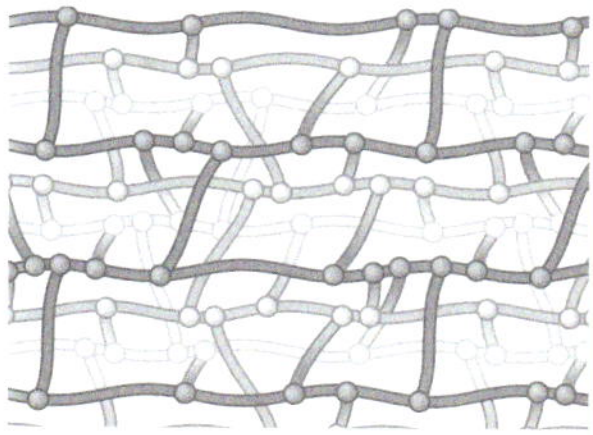

Der Grad der Verzweigung in der Polymerstruktur hängt sowohl von der Art der verwendeten Monomere als auch von den Bedingungen der Synthese ab. Aus Monomeren mit zwei reaktiven Gruppen erhält man **lineare** oder **verzweigte Makromoleküle.** Tri- oder höherfunktionelle Monomere, die auch als Vernetzer bezeichnet werden, führen zu dreidimensional **vernetzten Makromolekülen.** Vernetzte Polymere quellen bei Lösungsmittelkontakt nur an, sind jedoch immer unlöslich.

i

Der Grad der Verzweigung und die zwischenmolekularen Wechselwirkungen (↗ S. 98) bestimmen die thermischen und mechanischen Eigenschaften der **Plaste, Kunstfasern und Elastomere.**

Copolymere

Copolymere oder Mischpolymere entstehen, wenn zwei oder mehr unterschiedliche Monomere in eine Polymerkette eingebaut sind.

Meist werden Monomere mit ganz unterschiedlichen Strukturen verknüpft. Auf diese Weise lassen sich die günstigen Eigenschaften von Polymeren, die nur aus einem Monomer aufgebaut sind, kombinieren. Abhängig von der Abfolge (Sequenz) der im Makromolekül enthaltenen Monomere A und B unterscheidet man zwischen verschiedenen Arten von Copolymeren.

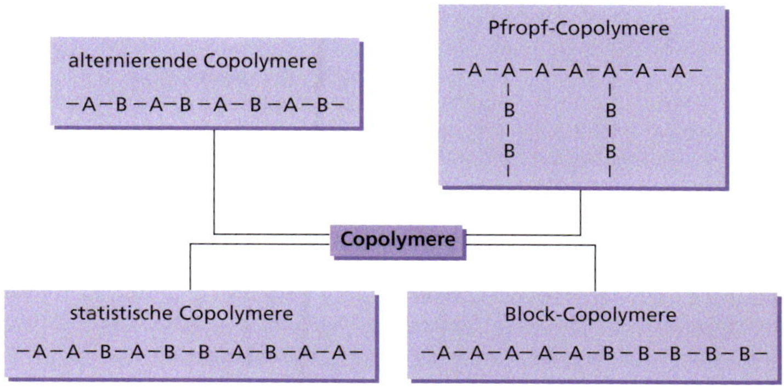

i

Die bekannten Lego®-steine werden aus ABS, einem Copolymer aus Acrylnitril, Buta-1,3-dien und Styren hergestellt. ABS ist formstabil, extrem hart und dauerhaft einfärbbar.

Isomerie und Werkstoffeigenschaften

Die Primärstruktur und damit die Werkstoffeigenschaften der Kunststoffe werden auch durch die Konstitution und Konfiguration der Moleküle (↗ S. 252) wesentlich geprägt.

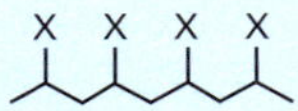

Kopf-Schwanz-Struktur
1,3-Stellung der Substituenten X

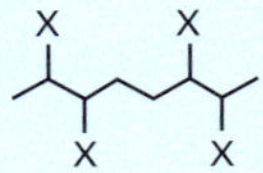

Kopf-Kopf-Struktur
1,2-Stellung der Substituenten X

Ein Beispiel ist die infolge der symmetrischen Anordnung energetisch stabilere 1,3 Stellung der Substituenten in einem Ethenpolymer. Noch offensichtlicher wird die Auswirkung der **Isomerie** für die Bildung von kristallinen Strukturen im Feststoff am Beispiel von 1,3-Dienen.

Isomerie in Polybutadienderivaten

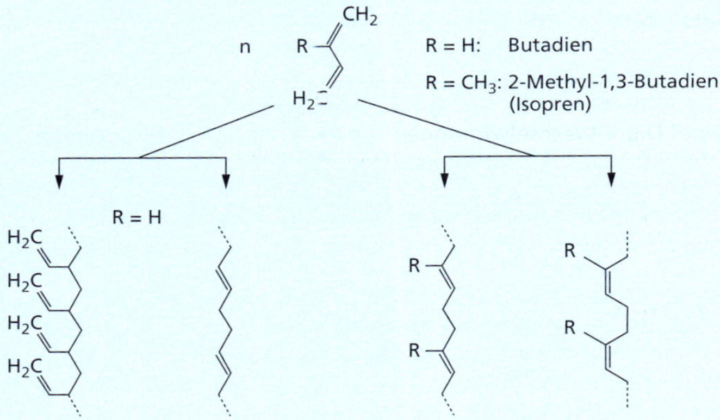

1,2-Polybutadien | *trans*-1,4-Polybutadien | *trans*-1,4-Polybutadien bzw. -isopren | *cis*-1,4-Polybutadien bzw. -isopren

Als Kautschuk wird heute oft Synthesekautschuk anstelle von Naturkautschuk eingesetzt. Durch Vulkanisation wird das Produkt gummielastisch und vielseitig einsetzbar.

Das Verhältnis von *cis*- zu *trans*-konfigurierten Doppelbindungen hat genau wie das von 1,2- und 1,4-Polymerisaten entscheidenden Einfluss auf die Materialeigenschaften. **Naturkautschuk** entspricht dem ausschließlich *cis*-konfigurierten Polyisopren, daher rühren auch dessen elastische Eigenschaften. Demgegenüber findet man im kristallinen unelastischen **Guttapercha** ausschließlich das *trans*-1,4-Polyisopren.

Guttapercha dient zur Isolierung von Unterseekabeln und zur Herstellung chemikalienbeständiger Kitte.

Auch die unterschiedliche Anordnung der Seitengruppen an tertiären, asymmetrischen Kohlenstoffatomen (↗ S. 253) führt zu anderen Eigenschaften der Kunststoffe. Diese Form der **Stereoisomerie** von Makromolekülen bezeichnet man als **Taktizität.**

Normalerweise entstehen bei einer Polymerisation (↗ S. 351 ff.) bei hohen Temperaturen und Drücken **ataktische** Produkte ohne regelmäßige sterische Anordnung. Diese Hochdruckpolymere haben geringe Dichten, sind weich, elastisch oder gummiartig.

Die katalytisch bei geringen Temperaturen und Drücken erzeugten **iso-** und **syndiotaktischen** Polypropylene und -ethylene weisen ein hohes Maß an Kristallinität und damit auch eine höhere Dichte auf. Erst dadurch wird eine Verarbeitung zu Rohren, Folien oder Fasern möglich.

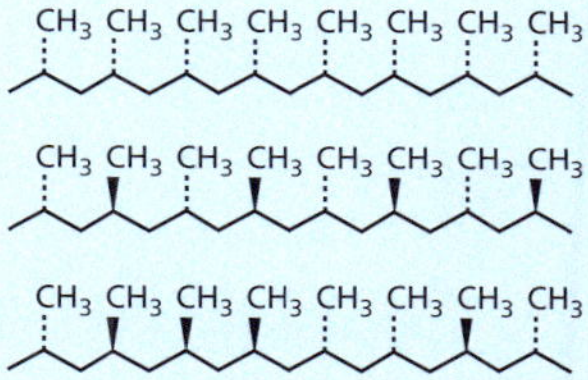

Isotaktisch: alle Seitenketten zeigen in die gleiche Richtung

syndiotaktisch: alternierende Anordnung der Seitenketten

ataktisch: unregelmäßige Anordnung der Seitenketten

Die stereospezifische Niederdrucksynthese wurde erst durch die Entdeckung spezieller metallorganischer Katalysatoren durch K. W. ZIEGLER (1898 bis 1973) und G. NATTA (1903–1979) möglich.

Sekundärstruktur

Zwischen den Molekülen der Makromoleküle bilden sich je nach Art der in den Monomeren vorliegenden Atomgruppen VAN-DER-WAALS-Kräfte, Dipol-Dipol-Wechselwirkungen oder Wasserstoffbrückenbindungen (↗ S. 99) aus. Die zwischenmolekularen Kräfte wachsen mit der Größe (Oberflächeneffekt) und dem **Ordnungsgrad der Moleküle.** Allerdings schwanken die Molekülgrößen und Ordnungsgrade und damit auch die zwischenmolekularen Kräfte stark.

Ein Maß für die Molekülgröße ist der **Polymerisationsgrad,** der die Anzahl der Monomere in einem Makromolekül angibt.

Die Stärke der Sekundärbindungen und damit die Bedeutung der **Sekundärstruktur** für die Eigenschaften der Werkstoffe hängt von der Größe der Moleküle, dem Ordnungsgrad, der Molekülart sowie den äußeren Bedingungen ab.

Die **Tertiärstruktur** der Kunststoffe beschreibt den Zusammenhang zwischen der Kristallinität und den Eigenschaften der Kunststoffe.

Dies führt beim Erwärmen dazu, dass die Anziehungskräfte in einem mehr oder weniger breiten Temperaturfenster überwunden werden und Kunststoffe daher keinen definierten Schmelzpunkt aufweisen. Die Temperatur, bei der ein Kunststoff in den weichen plastischen Zustand übergeht, bezeichnet man als **Glasübergangs-** bzw. **Glastemperatur.**

Sekundärstruktur verzweigter und unverzweigter Moleküle

gestreckte Kette | ungeordnetes Knäuel | gefaltete Kette | Helix

Gefaltete Ketten und die Helix erfordern starke Dipol-Wechselwirkungen bzw. Wasserstoffbrückenbindungen zwischen den Seitengruppen.

10.1.3 Verarbeitung von Kunststoffen

Thermoplaste, die meist als Pulver oder Granulat vorliegen, werden zur Verarbeitung über den Erweichungspunkt hinaus erwärmt und dann in Formen gegossen, wo sie zu Festkörpern erstarren. **Duroplaste** müssen schon bei der Synthese in Form gebracht werden.

Thermoplaste erinnern sich beim Erwärmen an ihre ursprüngliche Form.

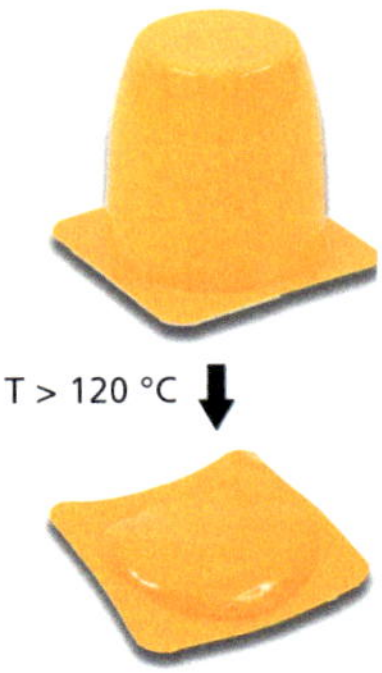

Verarbeitung thermoplastischer Kunststoffe

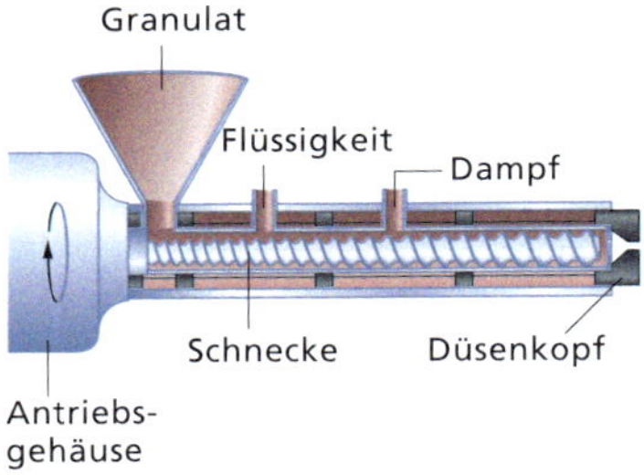

Um einen kontinuierlichen Nachschub an Plast sicherzustellen, wird ein **Extruder** eingesetzt, der im Prinzip wie ein Fleischwolf arbeitet. Eine sich drehende beheizte Schnecke schmilzt den Kunststoff auf, homogenisiert und verdichtet ihn. An der Spitze tritt er in ein angeschlossenes Werkzeug (Form) aus, dessen Konstruktion typisch für das jeweilige Verfahren ist. Das Werkstück behält durch Kühlung die gewünschte Form. Beim **Extrudieren** wird das geschmolzene Material durch Düsen gepresst. Mit ringförmigen Düsen entstehen Rohre bzw. Schläuche. Aus schlitzförmigen Düsen werden Platten extrudiert. Man kann auch direkt Fertigprodukte wie Elektrokabel oder Fensterprofile mit Hohlräumen in einem einzigen Arbeitsgang herstellen.

Kalandrieren, Schäumen, Kleben etc. sind weitere Verfahren der Kunststoffverarbeitung. Umfangreiche Informationen zur Kunststoffverarbeitung findet man z. B. unter *www.rwth-aachen.de/ikv*

Das **Spritzgießen** erlaubt die Herstellung auch komplizierter Formteile mit hoher Qualität. Die Maschine besteht aus einer Spritzeinheit (Extruder mit beweglicher Schnecke), die die Polymerschmelze durch die Vorwärtsbewegung der Schnecke in das Werkzeug ausstößt und einer Schließeinheit. Letztere öffnet und schließt das Werkzeug, in dessen Hohlraum das Polymermaterial eingespritzt wird. Während die Schnecke zurückfährt, öffnet sich das Werkzeug und das Formteil wird entnommen.

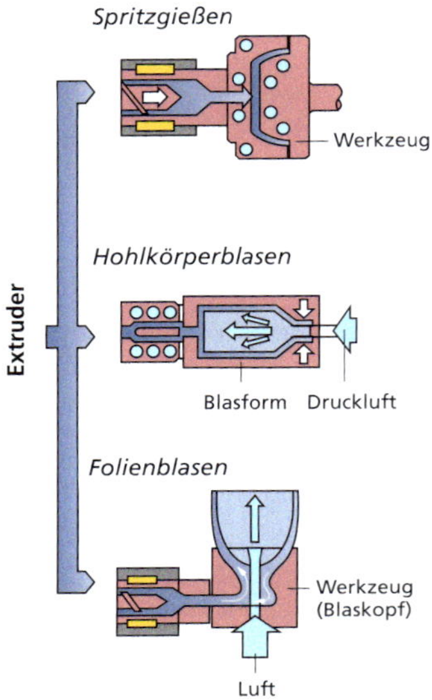

Beim **Blasformen** wird zunächst ein Schlauchstück in ein Werkzeug extrudiert, in welches dann Druckluft eingeblasen wird. So können Hohlkörper wie Flaschen, Kanister, Folien etc. hergestellt werden.

Duroplaste sind nach der Synthese nicht mehr formbar. Sie werden daher aus Vorprodukten unmittelbar zum Werkstück synthetisiert.

10.1.4 Maßgeschneiderte synthetische Polymere

Hilfsstoffe zur Optimierung der Werkstoffeigenschaften

Hilfsstoffe sind Stoffe, die den reinen Polymermaterialien zugesetzt werden, um deren technische Eigenschaften zu optimieren. Man unterscheidet zwischen Weichmachern, Stabilisatoren, Füllstoffen und anderen Zusatzstoffen.

Weichmacher
Reines PVC ist ein hartes und sprödes Material. Erst die Tatsache, dass es durch Zusatz von **Weichmachern** zu Werkstoffen unterschiedlichster Eigenschaften modifiziert werden kann, macht es so vielseitig. Setzt man dem harten und trüben PVC beispielsweise Dioctylphthalat zu, so kann es zu einer geschmeidigen, klaren Folie verarbeitet werden.
Dies beruht darauf, dass sich die Moleküle des Weichmachers mit ihren polaren Gruppen (meist Estergruppen) zwischen die Polymerketten lagern, mit diesen in Wechselwirkung treten und so deren Abstand vergrößern. Dadurch werden die durch die stark polaren Chloratome bewirkten zwischenmolekularen Kräfte zwischen den PVC-Molekülen geschwächt, da diese mit dem Abstand der Ketten kleiner werden.

Typische Weichmacher sind Adipinsäureester (Hexandisäureester), Sulfonsäure- bzw. Phthalsäureester oder auch Copolymerisate wie Polybutadienacrylnitril oder Ethylenvinylacetat.

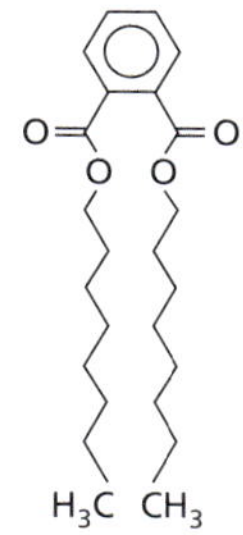

Dioctylphthalat

Weichmacher verringern die Erweichungs- und die Einfriertemperatur von Polymeren.

Stabilisatoren
Viele Kunststoffe sind trotz ihrer makromolekularen Struktur nicht sehr beständig gegen Umwelteinflüsse. Durch die UV-Strahlung der Sonne werden kovalente Bindungen in Polymeren gespalten, sodass UV-Stabilisatoren zugesetzt werden müssen.

Außerdem zersetzt sich z. B. PVC leicht bei Temperaturen oberhalb 100 °C. Die thermische Zersetzung wird durch Eisenspuren katalysiert und kann durch Phenylindol, das die Eisen-Ionen bindet, verhindert werden. Durch den Zusatz verschiedener **Stabilisatoren** bleiben die mechanische Festigkeit und die ursprüngliche Farbe der Kunststoffteile dauerhaft erhalten.

Füllstoffe sind feste Zusätze (z. B. Silicate, Glasfasern), die vor allem die Zugfestigkeit verbessern. Andere Hilfsstoffe dienen dem Flammschutz, der antistatischen Ausrüstung (Fußbodenbeläge), der Schimmelresistenz (Fungizide) oder der Färbung von Kunststoffen.

Stabilisatoren sind Alterungsschutzmittel, die strukturelle Veränderungen der Makromoleküle durch Umwelteinflüsse oder Überbeanspruchung im täglichen Gebrauch verhindern.

Anwendungen von Kunststoffen

Zur Müllreduzierung werden auch **biologisch abbaubare Polymere,** die z. B. aus Stärke hergestellt werden, für Verpackungen genutzt.

Verpackungen

Verpackungen nehmen neben dem Baubereich mit 27 % der Gesamtmenge aller in Deutschland verbrauchten Kunststoffe den größten Anteil ein. Sie müssen bei geringem Gewicht optimalen Schutz der verpackten Ware sichern. Im Lebensmittelbereich werden heute keine weichmacherhaltigen PVC-Folien mehr verwendet, da fettlösliche Stoffe während der Lagerung in das Lebensmittel gelangen können. Als Ersatz stehen z. B. Polyethylenfolien, Becher aus Polystyren oder das expandierte Polystyren (EPS) mit seiner offenporigen Struktur (Fleischschalen u. a.) zur Verfügung. EPS entsteht durch Aufschäumen, wenn man Styren in Gegenwart von Pentan und Wasser polymerisiert. Da das leicht flüchtige Pentan bereits durch die Reaktionswärme verdampft, wird es im Polymergranulat eingeschlossen. Solche Schaumstoffe werden auch zum Transportschutz (Styropor®) von Verpackungsgütern eingesetzt, ebenso in großer Menge reißfeste Folien und Bänder aus den Massenkunststoffen PE, PP und PVC. Ein Problem stellt die Entsorgung der „Einwegverpackungen" dar (↗ S. 364).

Einsatzgebiete von Kunststoffen (Deutschland 2002)

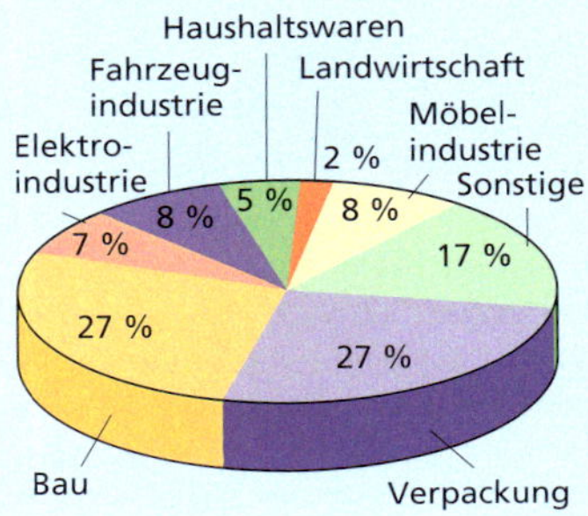

Kunststoffe in der Medizin, die z. B. für Implantate genutzt werden, müssen besonders bioverträglich sein und dürfen nicht vom Körper abgestoßen werden.

Kunststoffe in der Medizin

Die Anwendungspalette ist ungeheuer vielseitig und reicht von künstlichen Gliedmaßen, Herzklappen, Blutgefäßen, Geweben über Kontaktlinsen oder Hornhautimplantate bis hin zu Hilfsmitteln wie Spritzen, Kanülen und Arzneimittelverpackungen.

Hand-Prothese

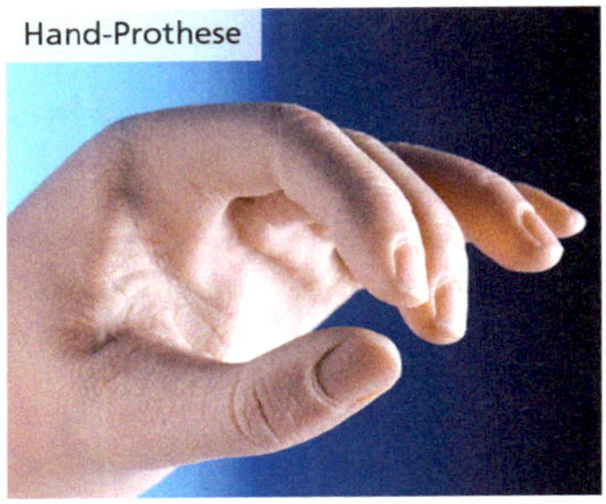

Bahnbrechend sind die Anpassung von Kunststoffoberflächen für Implantate zur Überlistung der Immunabwehr. Knochengewebe wird beispielsweise von knochenauf- und abbauenden Zellen, „Osteoblasten" und „Osteoklasten" genannt, ständig umgeformt. Diese Zellen kann man heute an die Oberfläche eines Werkstoffes locken, indem man spezielle Proteine, die eine „Andockstelle" für Knochenbildungszellen besitzen, über kurze Kettenmoleküle an der Oberfläche von Implantaten aus dem Kunststoff PMMA (Polymethylmethacrylat) befestigt. So wird das Implantat fest in der Knochenstruktur verankert.

Biologisch abbaubare Kunststoffe sind ein anderes Beispiel. Dabei handelt es sich z. B. um Polyesterfäden aus Polymilchsäure, Polyglykolsäure oder Polydioxan. Diese Stoffe werden im Organismus hydrolytisch abgebaut, eine erneute Operation zum Entfernen der Fäden entfällt.

Polymere in der Elektroindustrie werden als Isolatoren eingesetzt. Neuerdings verwendet man auch elektrisch leitende Polymere für elektronische Bauelemente.

Lacke

Lacke bestehen in der Hauptsache aus Bindemitteln (Kunstharzen), die das Trägermaterial für den Oberflächenfilm darstellen, Pigmenten zur Farbgebung, Additiven und Lösungsmitteln. Die kunststoffbasierten Bindemittel sind meist Harze, also dreidimensional vernetzte Duroplaste. Sie müssen bei einer hohen Anforderung an Elastizität und Härte gleichzeitig eine gute Haftung auf verschiedenen Untergründen haben. Wichtig sind die Acrylharze, die durch Polymerisation von Estern der Propensäure (Acrylsäure) gewonnen werden, Alkydharze (vernetzte Polyester), die Phenol-Formaldehydharze (↗ S. 349) und Polyurethanharze. Die Harze werden in Rührwerken extrem fein vermahlen, die Pigmente und Additive zugemischt und mit den Lösungsmitteln in Suspension gerührt. Nach dem Streichen verdampft das Lösungsmittel und es bleibt eine schützende Harzschicht, in die die farbgebenden Pigmente eingelagert sind, zurück.
Zunehmend werden organische Lösungsmittel durch Wasser ersetzt. Dies erfordert eine Gratwanderung in der Kunstharzentwicklung, da die fertige Lackschicht wasserabweisend (hydrophob), die Bindemittel aber gleichzeitig in der Lösung mit Wasser mischbar sein müssen. Daher setzt man Wasserlacken Emulgatoren und Tenside (↗ S. 388) zu.

Klebstoffe werden ähnlich wie Lacke fein auf Oberflächen verteilt und verbinden diese durch Adhäsionskräfte.

Wasserlacke enthalten bis zu 65 % Wasser und nur 12 % organische Lösungsmittel, während konventionelle **Lacke** bis zu 87 % organische Lösungsmittel enthalten. Umweltfreundliche Pulverlacke sind völlig Lösungsmittelfrei.

Fasern

Die wichtigsten **Chemiefasern** sind die Polyester (↗ S. 347), Polyamide und Polyacrylnitrile. Sie bestehen alle aus unverzweigten Ketten, die häufig kristalline Bereiche enthalten.

Fasern aus synthetischen Polymeren werden vorwiegend durch Schmelzspinnverfahren aus thermoplastischen Polyestern, Polyamiden (↗ S. 348) und Polypropylen gewonnen und haben besonders glatte Oberflächen. Durch Nachbehandlung werden die Eigenschaften für die Herstellung von Textilien, Teppichen, Polsterbezügen usw. modifiziert.
Neben den vollsynthetischen Fasern und den natürlichen Fasern (Baumwolle, Wolle, Seide) gibt es auch halbsynthetische Fasern. Ein Beispiel ist die durch Veresterung von Cellulose mit Ethansäure erzeugte Acetatseide.

Es gibt noch viele weitere Anwendungen von Kunststoffen, von Superabsorbern in Babywindeln über Dämmmaterialien in der Bauindustrie bis hin zu den Verbundwerkstoffen.

10.1.5 Kunststoffverwertung

2001 wurden in Deutschland 15,6 Mio. Tonnen Kunststoffe produziert. Fehlender Deponieraum aber auch ökologische und ökonomische Vernunft gebieten die Verwertung der Abfälle.

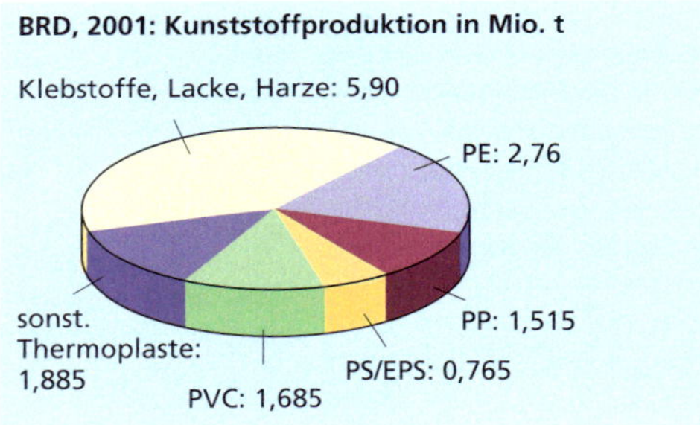

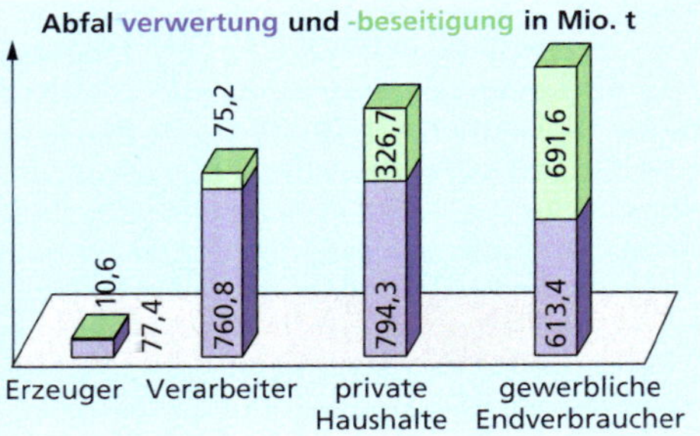

Werkstoffliche Verwertung

In der Praxis werden die gesammelten Abfälle sortiert und zu Granulat verarbeitet. Die daraus hergestellten Kunststoffe werden meist für „Low-Tech-Anwendungen“, z. B. als Dämmplatten oder Rohre, eingesetzt.

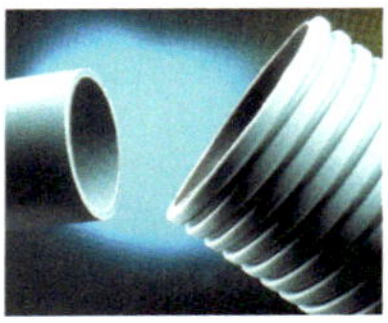

Werkstoffliche Verwertung ist die Aufbereitung von Altkunststoffen zu neuen Rohstoffen oder direkt zu neuen Formteilen. Der chemische Aufbau der Makromoleküle bleibt dabei erhalten.

Das Verfahren liefert bei sortenreinen Abfällen aus Produktion oder Verarbeitung vollwertige Rohstoffe. Problematischer ist es, Kunststoffe aus gebrauchten Produkten werkstofflich wiederzugewinnen. Einerseits fallen sie nicht sauber und sortenrein an, andererseits sind die chemischen Strukturen möglicherweise durch Oxidation mit Luftsauerstoff, UV-Strahlung oder Wärmebelastung geschädigt. Dies schränkt die Qualität des gewonnenen Rohstoffs und damit der daraus gefertigten Produkte erheblich ein und macht sie aufgrund des hohen Aufwands bei der Wiederverwertung auch noch teuer.
Grundbedingung für die werkstoffliche Wiederverwertung ist ein funktionierendes System für Erfassung und Sortierung der Altkunststoffe. Im industriellen Maßstab ist dies oft sortenrein (etwa bei PVC-Fensterprofilen) oder sortenähnlich (gleichartige Stoffgruppe z. B. PE) möglich. Die Verbraucher finanzieren in Deutschland das Sammelsystem für Verpackungen im Haushaltsbereich über den **Grünen Punkt.**

Rohstoffliche Verwertung

Rohstoffliche Verwertung ist die Umwandlung von Kunststoffen in niedermolekulare Produkte (Monomere oder hochwertige Öle und Flüssiggas), die als Ersatz für fossile Rohstoffe (Erdöl, Kohle oder Erdgas) zum Einsatz kommen.

Die offene Deponie ist keine brauchbare Lösung des Abfallproblems.

Dort, wo die werkstoffliche Verwertung nicht möglich ist, insbesondere wenn es sich um Produkte unterschiedlicher Zusammensetzung handelt, versucht man, die niedermolekularen Bestandteile der Kunststoffe als Rohstoffe zurückzugewinnen.
Thermische Verfahren (Pyrolyse und Hydrolyse – auch Hydrocracken, ↗ S. 406, bzw. spaltendes Hydrieren genannt) liefern Kohlenwasserstoffgemische. *Solvolytische Verfahren,* bei denen Polykondensate oder Polyurethane durch ein geeignetes Lösungsmittel gespalten werden, führen zu Monomeren. Beim Einsatz im Hochofenprozess (↗ S. 222) liefert der Kunststoffabfall anstelle von Schweröl Kohlenstoffmonooxid zur Reduktion von Eisenoxiden.

Energetische Verwertung

Energetische Verwertung ist die Verbrennung, mit dem Ziel der energetischen Nutzung bei gleichzeitiger Zerstörung umweltschädlicher Stoffe und Abscheidung problematischer Substanzen im Verbrennungsrückstand.

Ein Kilogramm Altkunststoff kann als Brennstoff bis zu 0,5 Liter Heizöl ersetzen. Weitere Informationen zur Verwendeung und **Verwertung von Kunststoffen** findet man unter *www.vke.de*

Bei der Entsorgung von Altkunststoffen bleibt trotz aller Anstrengungen ein erheblicher Anteil übrig, der aus technischen, wirtschaftlichen oder auch ökologischen Gründen weder werk- noch rohstofflich verwertbar ist. Polymere sind jedoch sehr energiereiche Verbindungen, da die bei ihrer Produktion aufgewandte Energie in erheblichem Umfang in Form von chemischer Energie gespeichert ist.
Für duroplastische Kunststoffe und Elastomere ist die energetische Verwertung praktisch die einzige Methode. Ein Problem stellen jedoch die bei der **Verbrennung** der Kunststoffabfälle entstehenden umweltschädlichen Stoffe dar.

Die beste Methode zur Vermeidung von Abfällen besteht darin, schon bei der Konstruktion von Werkstücken auf deren Wiederverwertbarkeit zu achten.

Moderne Filteranlagen absorbieren die bei der Verbrennung von halogenhaltigen Kunststoffen entstehenden sauren Gase (Fluor-, Chlor- bzw. Bromwasserstoff). Thermisch stabile Metallsalze verbleiben in der Schlacke, andere werden durch nachgeschaltete Wäscher weitgehend absorbiert. Die Konzentration organischer Gifte wie Dioxine (↗ S. 287) und Furane wird in modernen Anlagen auf $< 0{,}1$ ng pro m^3 Abgas reduziert.
Die Verbrennung erfolgt im Wesentlichen in Industriefeuerungen, in Öfen der Zementindustrie, wo ein Teil der Schadstoffe dauerhaft in die Zementmatrix eingebunden wird, und ist in Hausmüllverbrennungsanlagen zur Brennwertverbesserung erforderlich.

10.1.6 Metallische Werkstoffe

Trotz der Vielfalt und mitunter spektakulären Eigenschaften der modernen Kunststoffe gehören die seit Jahrtausenden bekannten **Metalle** immer noch zu den unentbehrlichen Werkstoffen unserer Zeit. Sie weisen glänzende Oberflächen, gute mechanische Eigenschaften (Formbarkeit, Festigkeit usw.) sowie eine hohe Wärme- und elektrische Leitfähigkeit auf. Metalle besitzen die Fähigkeit zur Bildung von **Legierungen.** Legierungen sind Stoffgemische aus zwei oder mehr Elementen, die die günstigen Eigenschaften der einzelnen Komponenten kombinieren können.

Eisen und Stahl

Die meisten der technisch bedeutsamen Gebrauchsmetalle findet man in der Natur nur in Form ihrer Erze. So wird z. B. Roheisen aus Eisenerz im **Hochofenprozess** gewonnen und dann zu Rohstahl weiter verarbeitet.

Eisen und Stahl sind mit rund 95 Gewichtsprozent die mit Abstand bedeutendsten vom Menschen verwendeten metallischen Werkstoffe. Ursachen sind die breite Verfügbarkeit, die es zu einem preiswerten Rohstoff machen sowie die Zähigkeit und Festigkeit von Eisenlegierungen. Daher können Eisen und Stahl im Auto-, Schiff-, Maschinen- oder Hochbau ebenso eingesetzt werden wie im Alltag für einen Kochtopf oder Besteck.

Eisen ist eines der drei ferromagnetischen Metalle (neben Kobalt und Nickel). Diese Eigenschaft ermöglicht den großtechnischen Einsatz des Elektromagnetismus (Elektromotoren, Transformatoren und Generatoren).

Für Werkstücke aus **Gusseisen** wird das geschmolzene Eisen direkt in eine Form gegossen.

Weltweit werden ca. 500 Mio. Tonnen **Roheisen** pro Jahr erzeugt, von denen etwa 10 % unmittelbar zu Gusseisen weiterverarbeitet werden. Typische Produkte aus Gusseisen sind Rohre, Heizkörper, Maschinenteile oder maßgenaue Formteile. Der überwiegende restliche Anteil des Roheisens (90 %) wird zu Stahl weiterverarbeitet, das Roheisen selbst ist nur ein Zwischenprodukt, ohne bedeutende Anwendungen.

Gusseisen besteht zu 96–98 % aus Eisen. Es hat einen Kohlenstoffgehalt von 2–4 %, ist hart, spröde, gießbar, aber nicht schmiedbar. **Stahl** enthält dagegen nur 0,2 % bis zu 2 % Kohlenstoff. Er ist schmiedbar, lässt sich walzen, pressen und ziehen. Stahl kann durch Wärmebehandlung gehärtet werden und ist zäh.

Man kennt heute nahezu 2 000 verschiedene Stahlsorten. Diese werden in die unlegierten und die legierten Stähle unterteilt.

Unlegierte Stähle enthalten neben Eisen und Kohlenstoff nur geringste Restmengen der bei der Produktion gebildeten Begleitmetalle wie Nickel, Cobalt, Kupfer, Mangan, Silicium, usw. Sie werden für den Bau von Brücken- oder Fahrzeugrahmenkonstruktionen, aber auch für Fahrzeugbleche oder im Stahlbau eingesetzt.

Legierte Stähle enthalten neben Eisen und Kohlenstoff noch weitere Elemente. Die wichtigsten Legierungsbestandteile sind Cobalt, Chrom, Mangan, Molybdän, Nickel, Silicium, Aluminium, Titan, Vanadium und Wolfram. Die Legierungsbestandteile haben großen Einfluss auf die Eigenschaften des Stahls, da sie im Eisen-Kohlenstoff-Kristallgefüge eingelagert werden.

Umfangreiche Informationen zur **Stahlerzeugung,** den Eigenschaften von Stählen und deren Einsatzgebieten findet man unter:
www.stahl-online.de

Einfluss von Legierungselementen auf die Stahl-Eigenschaften

Element	Härte	Elastizität	Festigkeit	Verschleißfestigkeit	Warmfestigkeit	Korrosionsbeständigkeit
Chrom	++	+	++	+	+	+++
Nickel	+	/	+	–	+	++
Vanadium	+	+	+	++	++	+
Mangan	+	+	+	–	/	/
Molybdän	+	/	+	++	++	+
Kobalt	+	/	+	+++	++	+
Wolfram	+	/	+	+++	+++	+

Chrom macht den Stahl rostfrei, Nickel macht ihn widerstandsfähig gegenüber Säuren und erhöht die Zähigkeit. Vanadium verfeinert die Legierung und erhöht ihre Verarbeitungsfähigkeit (etwa die Schmiedbarkeit), Wolfram oder Molybdän steigern die Härte und Widerstandsfähigkeit. Molybdän verstärkt zudem die Wirkung von Chrom. Mit zunehmender Härte werden die **Edelstähle** meist spröder.

Je nach Anforderungen können die mechanischen Eigenschaften des Stahls durch Kombination von Wärmebehandlung, plastischer Umformung oder spezieller Einstellung der Legierungsbestandteile in weiten Grenzen variiert werden. Im Bereich der Werkzeugstähle nutzt man niedrig legierte Stähle für wenig belastete Handwerkzeuge, hoch legierte Stähle (> 5 % Fremdmetall) für handgeführte Elektrowerkzeuge, höher belastbare Schnellarbeitsstähle (bis 12 % Fremdmetall) und hoch legierte, sehr harte Schnellarbeitsstähle (> 12 % Fremdmetall) zur industriellen Metall- oder Kunststoffbearbeitung.

Hoch legierte Stähle mit mehr als 12 % Fremdmetall werden auch als Edelstähle bezeichnet. V2A Stahl ist ein Chrom-Nickel-Stahl mit 18 % Cr, 8 % Ni und je 0,2 % Zusatz an Si und Mn.

Aluminium

Aluminium weist ein geringes spezifisches Gewicht auf, ist sehr fest und dennoch leicht formbar. Es besitzt eine hohe Leitfähigkeit für Wärme und elektrischen Strom. An der Luft überzieht sich das unedle Metall mit einer dünnen, durchsichtigen Oxidschicht, die das darunter liegende Metall vor weiterer Korrosion schützt.

Der Werkstoff Aluminium wird unter hohem Energieaufwand gewonnen (↗ S. 402), daher kommt dem Recycling besondere Bedeutung zu.

Anwendungsbereiche

Aluminium ist nach Eisen das wichtigste Gebrauchsmetall. Große Bedeutung haben Profile, Rohre und Bleche aus Aluminium bzw. dessen Legierungen im Hochbau und im Fahrzeugbau.
Gewichtseinsparung trotz hoher Beanspruchbarkeit reduziert die Energiekosten und erhöht die Beschleunigungszeiten. Der Airbus oder der ICE sind Beispiele dafür. Im Baubereich dienen dünne Folien als Dampfsperre, Profile für Fenster- oder Metallkonstruktionen (z. B. Wintergarten). In der Elektroindustrie findet man Aluminium in Motoren, Schaltschränken, Kabeln oder Stromschienen. Aluminium ist ein weit verbreitetes **Verpackungsmaterial** (leicht, korrosionsbeständig, gas- und wasserundurchlässig sowie hygienisch unbedenklich). Das Spektrum reicht von der Getränkedose bis zur Medikamentenverpackung, vom Flaschenverschluss bis zur Folie.

Duraluminium ist eine leichte, besonders harte Legierung aus 93,5 % Al, 4,5 % Cu, 1 % Mg, 1 % Si und Mn, die besonders im Flugzeugbau Anwendung findet.

Eloxal-Verfahren

Das **Eloxal-Verfahren** ist eine elektrolytische Oxidation des Aluminiums zur Verstärkung der natürlichen Oxidschicht.

Das Werkstück aus Aluminium wird dazu in einer Elektrolyseapparatur als Anode geschaltet, die Katode besteht aus Blei oder ebenfalls Aluminium. An der Oberfläche des Aluminiums werden dabei Al^{3+}-Ionen gebildet, die durch feine Poren in der natürlichen Oxidschicht in Kontakt mit der Elektrolytlösung (z. B. Oxalsäure) gelangen. Dort bilden sie mit Wasser zunächst Aluminiumhydroxid und reagieren dann über mehrere Stufen weiter zu Aluminiumoxid, wodurch sich die Dicke der Oxidschicht um den Faktor 10 auf ca. 0,03 mm erhöht:

Die eloxierte Oberfläche besteht aus dicht nebeneinander liegenden Poren und hat eine wabenartige Struktur. Sie ist leicht einfärbbar.

$$Al \longrightarrow Al^{3+} + 3\,e^-$$

$$2\,Al^{3+} + 3\,H_2O \longrightarrow Al_2O_3 + 6\,H^+$$

Weitere metallische Werkstoffe

Kupfer ist ein weiches, rötliches, sehr dehnbares, gut schmiedbares Schwermetall. Es lässt sich zu hauchdünnen Folien und zu Draht formen und besitzt eine hohe elektrische Leitfähigkeit.

Mit Zn, Sn, Ag, Ni, Fe, Al, Mn, Si, Pt u. a. erhält man Kupfer-Legierungen. Bronze besteht aus Kupfer und Zinn (10–20 %); Messing ist eine Legierung von Kupfer mit bis zu 50 % Zink.

Reines, elektrolytisch erzeugtes (↗ S. 223) Kupfer wird als elektrischer Leiter für die Herstellung von Kabeln ebenso eingesetzt wie für die Produktion von Leiterplatten. Ungefähr 50 % des weltweit produzierten Kupfers verbraucht die Elektroindustrie. Wegen seiner chemischen Beständigkeit, Wärmeleitfähigleit und guten Verarbeitungseigenschaften findet Kupfer noch viele weitere Anwendungen.

An feuchter Luft oxidiert Kupfer langsam und bildet eine Patinaschicht (↗ S. 229), die das darunter liegende Metall vor weiterer Korrosion schützt.

Aus Kupfer werden Trinkwasserleitungen, Kühlschlangen, Braukessel, und Maschinenteile hergestellt. Auch als Baustoff z. B. für Dachrinnen oder im Schiffbau ist das korrosionsbeständige Metall verbreitet.

Werkstoff/ Eigenschaften	Anwendungen
Zink – bläulich glänzendes, bei Raumtemperatur recht sprödes Schwermetall mit relativ niedriger Schmelztemperatur – Oberhalb von 120 °C weich und dehnbar, also zu Blechen und Drähten walzbar – bildet an feuchter, CO_2-haltiger Luft $Zn_5(OH)_6(CO_3)_2$, daher Korrosionsschutz	– Verzinken von Eisenblechen für den Fahrzeug- bzw. Maschinenbau, für Dachrinnen, Eimer, Drähte und Rohre meist durch Feuerverzinken oder Galvanissierung (↗ S. 139) – Zinkmantel in Trockenbatterie (LECLANCHÉ-Element, ↗ S. 131)
Zinn – silberweiß glänzendes und relativ weiches Schwermetall – zu hauchdünnen Folien walzbar (Stanniol)	– Verzinnen von Eisenblech ⇒ Weißblech (Konservendosen) – Lötzinn (64 % Sn, 36 % Pb) – Gebrauchsgegenstände
Nickel – silberweiß glänzendes Schwermetall, lässt sich wie Eisen relativ gut schmieden, zu Blechen walzen oder zu Draht ausziehen – schwach ferromagnetisch	– überwiegend zur Stahlveredelung, z. B. zum Korrosionsschutz – Legierungen zur Münzherstellung – Alpaka oder Neusilber (58–67 % Cu, 10–26 % Ni, 12–26 % Zn,)
Silber – weiß glänzendes, weiches, meistgebrauchtes Edelmetall – beste elektrische und thermische Leitfähigkeit, sehr gut dehnbar	– Herstellung von elektrischen Kontakten, Elektroden oder elektronischen Bauteilen – Zahnfüllungen (Hg-Legierung) – Münzen und Schmuck

10.1.7 Silicone, Silicate und Glas

Silicone

Silicone sind siliciumorganische Kunststoffe, in denen die Siliciumatome noch organische Reste tragen. Sie ähneln in ihrer Struktur organisch modifiziertem Quarz (↗ S. 372), weisen eine ähnliche Beständigkeit auf und haben zudem die Flexibilität von Kunststoffen.

Die Anwendung von Siliciumverbindungen blieb lange Zeit auf die oxidischen Verbindungen (Keramiken, Gläser, Baustoffe) beschränkt. Erst die Entdeckung der Methylchlorsilane während des 2. Weltkrieges bereitete den Weg der Silicone.

Silicone werden auch als **Polysiloxane** bezeichnet. Dabei steht *„Sil"* für Silicium, *„ox"* für Sauerstoff und *„an"* um die gesättigte Struktur der Verbindung zu kennzeichnen.

Herstellung von Siliconen

Die **Herstellung der Silicone** erfolgt in zwei Schritten:
1. der Synthese der Organochlorsilane
2. der Hydrolyse bzw. Methanolyse der Organochlorsilane mit anschließender Polykondensation (↗ S. 347).

Durch Einsatz anderer Chloralkane anstelle von Chlormethan können andere Organochlorsilane erhalten werden.

Die technisch wichtigsten Organochlorsilane sind die Methylchlorsilane. Zur Synthese wird ein fein vermahlenes Silicium/Kupfergemisch mit gasförmigem Chlormethan (CH_3Cl) bei ca. 280 °C umgesetzt. Unter katalytischer Wirkung von Kupfer entsteht ein Gemisch von Silanen.

$$Si + n\,CH_3Cl \longrightarrow \begin{cases} CH_3SiCl_3 \\ (CH_3)_2SiCl_2 \\ (CH_3)_3SiCl \\ \text{weitere Silane} \end{cases}$$

Maßgeblich für die Wirtschaftlichkeit der Synthese ist eine möglichst hohe Ausbeute des bifunktionellen Dimethyldichlorsilans, da es Ausgangsstoff für alle Siliconöle, -emulsionen und -kautschuke ist. Aufgrund der geringen Siedepunktsunterschiede der Silane, erfordert ihre Trennung einen hohen destillativen Aufwand.

Die Reaktion mit Methanol führt zur Bildung von CH_3Cl, das zu Chlormethylsilan umgesetzt und so im Kreislauf gefahren werden kann.

Im zweiten Schritt werden zunächst die Organochlorsilane mit Wasser oder Methanol umgesetzt. Bei der **Hydrolyse** von 1 kg Dimethyldichlorsilan entstehen 350 Liter HCl, daher ist beim Umgang größte Vorsicht geboten. Die entstehenden Silanole reagieren anschließend in einer **Polykondensation** zu den Polysiloxanen bzw. Siliconen.

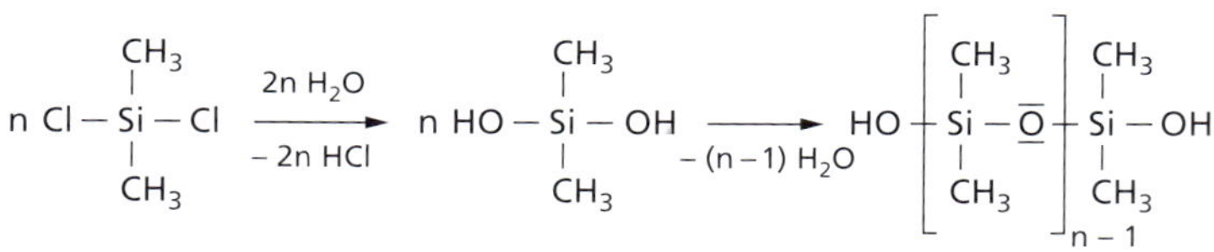

Die Zahl der Chloratome im Silanmolekül bestimmt die Produkteigenschaften des Polymers, da mono-, di-, tri- oder gar tetrafunktionelle Siloxane mit Si–O-Bindungen und damit unterschiedlichen Vernetzungsmöglichkeiten der Siloxaneinheiten entstehen können:

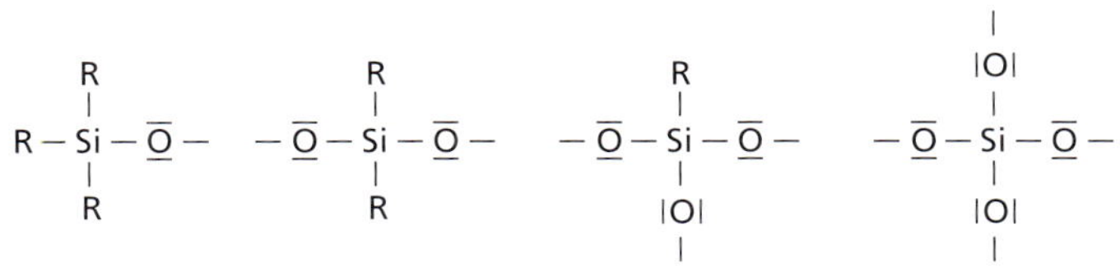

Von der gesamten Siliconproduktion (weltweit mehr als 2 Mio. t) sind etwa 46 % Siliconöle, 26 % Silicondichtstoffe, 26 % sonstige Silicon-Elastomere und etwa 6 % Siliconharze.

Siliconöle sind lineare Polysiloxane, deren Kettenlänge die Viskosität bestimmt. Der Abbruch des Kettenwachstums erfolgt in der Regel durch Zugabe von monofunktionellem Trimethylchlorsilan. Vernetzte **Siliconharze** entstehen aus trifunktionellem Methyltrichlorsilan. **Siliconkautschuke** erhält man durch Vulkanisation linearer Silicone, d. h. durch Vernetzung mit geeigneten Reaktionspartnern.

Vernetzung zum Siliconkautschuk mit Kieselsäureester

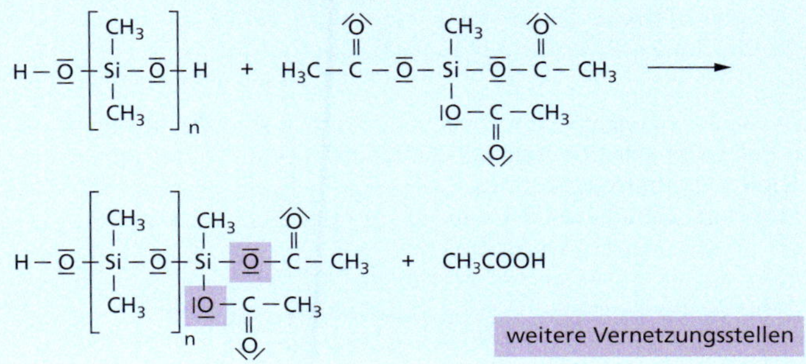

Es gibt unterschiedliche Methoden zur Bildung von Siliconkautschuk.

Eigenschaften und Anwendungen der Silicone

Silicone weisen eine für Kunststoffe hohe Thermostabilität bis ca. 250 °C und tiefe Glasübergangstemperaturen (↗ S. 359) von –120 °C auf. Ursache ist die sehr feste Si–O-Bindung. Sie sind zudem chemikalienbeständig, unempfindlich gegen oxidierende Stoffe und Strahlung sowie hervorragende Isolatoren und wegen der unpolaren organischen Seitengruppen stark hydrophob (↗ S. 275).

Silicone finden sich heute in allen Bereichen der Industrie und des täglichen Lebens. Unmittelbar begegnen sie uns wegen ihrer Wasser abweisenden und dauerelastischen Gebrauchseigenschaften als Dichtungsmittel im Sanitärbereich und als Imprägnierungsmittel für Textilien. Im Baubereich dienen sie zum Fassadenschutz, in der Elektroindustrie nutzt man sie für Kabelummantelungen oder den Bau von Freiluftisolatoren.

In Haarshampoos stabilisieren Silicone den Schaum. Auch Sonnenschutzmittel enthalten Silicone.
Das Spektrum der Anwendungen von Siliconen ist nahezu unbegrenzt.

Siliciumdioxid und Silicate

Siliciumdioxid und Gläser

Im Quarz finden wir ein Atomgitter, in dem jedes Siliciumatom tetraedrisch von vier Sauerstoffatomen umgeben ist, die wieder mit einem anderen Siliciumatom verbunden sind.

Siliciumdioxid ist ein kristalliner Feststoff mit einer starren, regelmäßigen Kristallstruktur, der in seiner reinsten Form als Quarz, meist jedoch etwas verunreinigt als Sand, vorkommt.

Als Werkstoff wird Siliciumdioxid hauptsächlich als Zuschlagstoff in Form von Sand in der Bauindustrie oder als Schleifmittel eingesetzt. Beim Schmelzen (1 705 °C) von Quarz verändert sich jedoch die starre, wenig variable Struktur: Einige Si – O – Si-Bindungen brechen auf und beim raschen Abkühlen bildet sich dann eine unterkühlte Schmelze von amorphem Siliciumdioxid, das **Quarzglas.**

Gläser sind amorphe (nichtkristalline) Festkörper, die einen Glasübergang aufweisen. Sie sind meist oxidischer, nichtmetallischer, anorganischer Natur. Unter dem **Glasübergang** versteht man das Temperaturintervall, in dem eine unterkühlte Schmelze in den amorphen Festkörperzustand (Glas) übergeht.

Die Glasherstellung ist sehr energieaufwändig, daher kommt dem Recycling von Glas große Bedeutung zu.

Glas kann aus reinen Oxiden bestehen wie Quarzglas (SiO_2) oder auch aus mehreren Komponenten gebildet werden wie Silicatgläser. Diese sind keine Metallsilicate, sondern „feste Lösungen" unterschiedlicher Metalloxide.

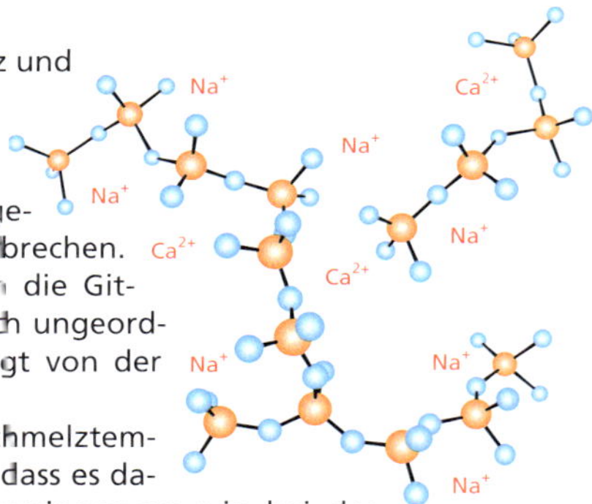

Schmilzt man ein Gemisch aus Quarz und anderen Metalloxiden (z. B. CaO), entstehen Silicatgläser. Bei den hohen Temperaturen werden Oxid-Ionen aus den Metalloxiden freigesetzt, die die Si – O-Si-Bindung aufbrechen. Die Metall-Kationen ordnen sich in die Gitterlücken ein. Es bilden sich räumlich ungeordnete Netzwerke, deren Größe hängt von der Art der verwendeten Zusätze ab.
Eine Glasschmelze kann unter die Schmelztemperatur T_S abgekühlt werden, ohne dass es dabei zu einer deutlichen Volumenverringerung wie bei der Kristallisation kommt. Bei weiterer Abkühlung weisen die meisten technischen Gläser eine typische Veränderung des Volumen-Temperatur-Verhaltens auf, den Glasübergang. Die Glasübergangstemperatur T_G charakterisiert den Übergang. Sie ist von der Abkühlgeschwindigkeit abhängig. Das bedeutet, dass die Glasbildung aus der Schmelze ein kinetischer Prozess ist und daher **Eigenschaften und Struktur des Glases** von seiner thermischen Vergangenheit mitbestimmt werden. Glas zeichnet sich durch sehr gute Beständigkeit gegenüber Wasser, Salzlösungen, Säuren und organischen Substanzen aus, ist jedoch anfällig gegenüber starken Laugen. Glas ist zudem spröde, ein schlechter Wärmeleiter, guter Isolator und lichtdurchlässig. Die Eigenschaften lassen sich durch die Zusammensetzung und die Abkühlung der Glasschmelze steuern, sodass sich ein großes Anwendungsfeld erschließt.

Beispiele für einige wichtige Glasarten		
Natron-Kalk-Gläser (Normalglas)	70–75 % SiO_2; 10,8–16 % Na_2O (oder K_2O); 8–17 % CaO	– gewöhnliches Bruchglas, Fensterglas
Borosilicatgläser	75–80 % SiO_2; 4–6 % Na_2O; 8–25 % B_2O_3	– chemisch-technische Apparate und Laborgeräte – Rohrleitungen
Bleigläser	55–57 % SiO_2; 10–13 % K_2O; 5–25 % PbO_2	– Gläser – Kronleuchter und Linsen mit starker Lichtbrechung
Quarzgläser	100 % SiO_2	– Mikrochips, Nachrichten- und Lasertechnik – optische Geräte

Glas ist ein vielseitiger Werkstoff. Das Spektrum reicht vom einfachen Bauglas oder Flaschenglas bis hin zu optischen Gläsern z. B. für Ferngläser, Mikroskope oder Laser und Anwendungen in der Medizin- oder Vermessungstechnik.

Silicate

Silicate sind Salze der Kieselsäure. Formal kann man sie aus Quarz ableiten, indem man Siliciumatome durch andere Metalle ersetzt.

Da sowohl die Art und Mengenverhältnisse der enthaltenen Metall-Kationen sehr unterschiedlich sein kann als auch die Struktur der Kieselsäurereste, gibt es eine Vielzahl unterschiedlicher Silicate. Aufgrund der Vielfältigkeit der Strukturen sind die Eigenschaften und damit die Einsatzgebiete der Silicate außerordentlich variabel.

Ton entsteht bei der Verwitterung von Schichtsilicaten. Er wird seit langem für die Herstellung von Gebrauchsgefäßen eingesetzt, da er leicht Wasser aufnimmt, gut formbar und nach dem Brennen sehr hart ist.

Zement ist eine hochbasische Verbindung aus Kalkstein ($CaCO_3$) sowie aluminium- und eisenhaltigen Silicaten. Er entsteht beim Brennen von Ton (unter Zusatz von Aluminium und Eisen(III)oxid) in Gegenwart von Kalkstein. Das Produkt härtet an Luft, aber auch unter Wasser aus. Die Verfestigung beruht auf der Bildung von $3\,CaO \cdot Al_2O_3 \cdot 6\,H_2O$ und $3\,CaO \cdot Fe_2O_3 \cdot 6\,H_2O$. Diese gelartigen Minerale weisen faserige fein verästelte semikristalline Strukturen auf, die wie ein Leim wirken und so die Zuschlagsstoffe verkitten, was zu einem steinharten Produkt führt.

Viele keramische Werkstoffe sind Silicate. Eine der ältesten Keramiken ist Porzellan. Schon im Jahre 600 konnten die Chinesen es durch Brennen eines Gemisches aus Kaolin (farblose Tonart), Quarzsand und Feldspat (Aluminiumsilicat) herstellen.

10.2 Farbstoffe

10.2.1 Grundlagen der Farbigkeit

Scheint weißes Sonnenlicht durch ein Prisma, wird es in die Spektralfarben aufgespalten.

Das menschliche Auge ist in der Lage, einen bestimmten Bereich elektromagnetischer Wellen – den VIS-Bereich von 390 bis 780 nm – wahrzunehmen. Das **sichtbare Licht** setzt sich aus vielen Farben, den Spektralfarben unterschiedlicher Wellenlänge zusammen.
Dass uns Stoffe farbig erscheinen, liegt an der Fähigkeit dieser Verbindungen, einzelne Spektralfarben im VIS-Bereich zu absorbieren. Der nicht absorbierte Teil des Lichts bildet die so genannte **Komplementärfarbe,** in der wir den betrachteten Stoff sehen.

Absorbiertes Licht		Farbe der Verbindung	Absorbiertes Licht		Farbe der Verbindung
λ in nm	Farbe		λ in nm	Farbe	
390 – 430	violett	gelbgrün	560 – 580	gelbgrün	violett
430 – 480	blau	gelb	580 – 595	gelb	blau
480 – 490	grünblau	orange	595 – 605	orange	grünblau
490 – 500	blaugrün	rot	605 – 750	rot	blaugrün
500 – 560	grün	purpur	750 – 780	purpur	grün

Einige Moleküle geben die aufgenommene Energie auch wieder ab.
Die Lichtemission erfolgt in Form von Fluoreszenz, Phosphoreszenz oder Chemoluminiszenz.

Dieses Phänomen lässt sich mithilfe der Molekülorbital-Theorie (↗ S. 78) erklären. Die kovalenten Bindungen in einem Molekül entstehen jeweils durch die Bildung energiearmer bindender Molekülorbitale (MOs) und dazugehöriger antibindender MOs höherer Energie.
Da die antibindenden MOs nicht voll besetzt sind, können Elektronen aus den tiefer liegenden Orbitalen in antibindende MOs übergehen, indem sie genau das dafür nötige Energiequantum absorbieren.
Die für die Anregung von diesen **Elektronenübergängen** benötigte Energie und damit die Wellenlänge der absorbierten Strahlung werden von der Struktur der chemischen Verbindungen bestimmt.
So ist für den $\sigma \rightarrow \sigma^*$ Übergang einer Einfachbindung erheblich mehr Energie nötig als für einen $\pi \rightarrow \pi^*$ Übergang (Doppel- bzw. Dreifachbindung) oder einen $n \rightarrow \pi^*$ Übergang (freies Elektronenpaar).

Elektronenübergänge durch Lichtabsorption

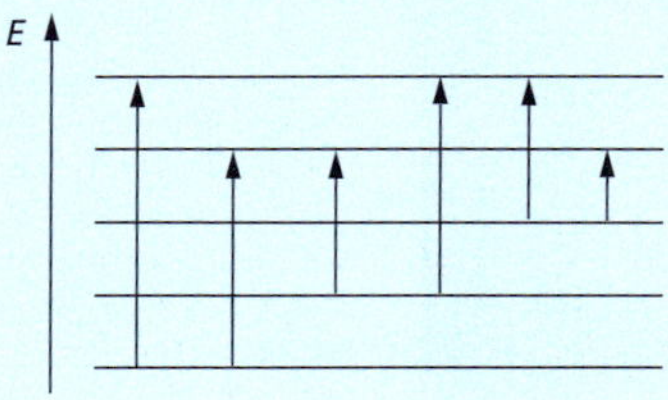

$\Delta E = h \cdot \nu = h \cdot c \cdot \lambda^{-1}$

h – PLANCKsches Wirkungsquantum
ν – Frequenz der absorbierten Strahlung
c – Lichtgeschwindigkeit
λ – Wellenlänge der absorbierten Strahlung

Struktur und Farbigkeit organischer Farbstoffe

Farbige Verbindungen, mit denen man andere Materialien wie Textilien, Leder oder Papier färben kann, werden **Farbmittel** genannt. Man unterteilt sie in lösliche **Farbstoffe** und unlösliche **Pigmente.**

Die löslichen Farbstoffe sind überwiegend organische Stoffe, deren Farbigkeit von der Struktur der Moleküle abhängt. Gesättigte organische Verbindungen sind farblos, da sich der Absorptionsbereich der energiereichen $\sigma \rightarrow \sigma^*$ Übergänge außerhalb des sichtbaren Bereiches im Ultraviolett (200–390 nm) befindet. Verbindungen, die über Mehrfachbindungen verfügen, absorbieren elektromagnetische Strahlung durch π-Übergänge im längerwelligen Bereich.

Pigmente werden vor allem zur Herstellung von Lacken und Dispersionsfarben verwendet.

In Molekülen, die **konjugierte Doppelbindungen** enthalten, sind die π-Elektronen delokalisiert und verteilen sich gleichmäßig über den gesamten konjugierten Bereich (↗ S. 84). Die „beweglichen" **delokalisierten Elektronen** lassen sich besonders leicht anregen und absorbieren relativ energiearme Strahlung. Je ausgedehnter das konjugierte π-System der **Polyene** ist, um so weiter liegt die Absorption im sichtbaren Bereich. So sind Polyene mit mehr als 7 Doppelbindungen farbig wie das im blau/violetten Spektralbereich absorbierende ***β*-Carotin**.

Cyanine sind Polyene, die zwei stickstoffhaltige funktionelle Gruppen enthalten. Die freien Elektronenpaare des Stickstoffatoms sind am konjugierten Elektronensystem beteiligt, sodass Cyanine schon farbig erscheinen, wenn sie mehr als zwei Doppelbindungen aufweisen. Die Ursache dafür ist die stärkere Delokalisierung der π-Elektronen.

Farbige Stoffe, wie anorganische Komplexverbindungen (↗ S. 242) zählt man nicht zu den Farbstoffen, da sie nicht über die Fähigkeit verfügen, andere Materialien zu färben.

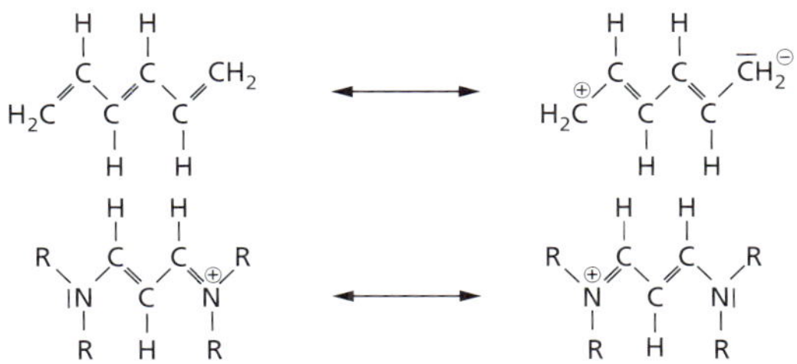

Polyen

Cyanin

Bei den nicht substituierten Polyenen weist eine mesomere Grenzstruktur (↗ S. 251) eine positive und eine negative Ladung auf. Diese Grenzstruktur ist im Vergleich zur ungeladenen energiereicher. Es sind also nicht alle Grenzstrukturen gleichrangig und dadurch die π-Elektronen auch nicht vollkommen frei beweglich bzw. delokalisiert.
Die mesomeren Strukturen der Cyanine sind dagegen energetisch völlig gleichwertig und werden in gleicher Häufigkeit durchlaufen. Dadurch bedingt sind die π-Elektronen beweglicher und lassen sich leichter zu Elektronenübergängen anregen als bei den Polyenen.

Die Amino-Gruppen verlängern nicht nur das π-System der Cyanine, sondern stabilisieren es zusätzlich. Durch die freien Elektronenpaare werden die Ladungen gleichmäßig über das gesamte mesomere System verteilt.

Funktionelle Gruppen, die Heteroatome mit freien Elektronenpaaren oder selbst Mehrfachbindungen besitzen, nennt man **chromophore Gruppen** (griech. *chroma* = Farbe, *phoros* = Träger).

Durch die Einführung chromophorer Gruppen – wie der Amino-Gruppen bei den Cyaninen – verringert sich die Energiedifferenz zwischen den bindenden und antibindenden Molekülorbitalen. Daraus resultiert eine Verschiebung des Absorptionsbereiches zu höheren Wellenlängen, die man als **bathochrome Verschiebung** bezeichnet.

Eine Verschiebung zu kürzeren Wellenlängen nennt man hypsochrome Verschiebung.

Elektronen liefernde Gruppen (Elektronendonatoren, + M-Effekt) heißen **Auxochrome**, Elektronen ziehende Gruppen (Elektronenakzeptoren, – M-Effekt, ↗ S. 253) dagegen **Antiauxochrome.**

Die Ladungsstabilisierung und damit die bathochrome Verschiebung ist am höchsten, wenn ein mesomeres System sowohl Donator- als auch Akzeptorgruppen enthält.

Die Farbe eines Moleküls wird durch die Art der chromophoren Gruppen stärker beeinflusst als durch die Anzahl der konjugierten Doppelbindungen.

Chromophore Gruppen	
Elektronendonatoren (+ M-Effekt)	$-NH_2$, $-NR_2$, $-OH$, $-OR$, $-O^-$
Elektronenakzeptoren (– M-Effekt)	$-NO_2$, $-COOR$, $-N=N-$, Keto- und Aldehyd-Gruppen

Wenn Farbstoffe in Lösungen vorliegen, wird die Verteilung der π-Elektronen im Molekül auch vom *pH*-Wert der Lösung beeinflusst. An die freien Elektronenpaare der Heteroatome lagern sich leicht Protonen an, sodass diese nicht mehr am mesomeren System beteiligt sind. Phenolphthalein ist bei *pH* < 8,5 ein farbloses Polyen, bei dem nur wenige π-Elektronenpaare miteinander konjugiert sind. Durch die Deprotonierung entsteht in alkalischer Lösung ein wesentlich längeres mesomeres System, an dem insgesamt 8 π-Elektronenpaare beteiligt sind.

Wegen ihrer *pH*-abhängigen Farbigkeit werden viele Farbstoffe als Indikatoren z. B. für Säure-Base-Titrationen eingesetzt.

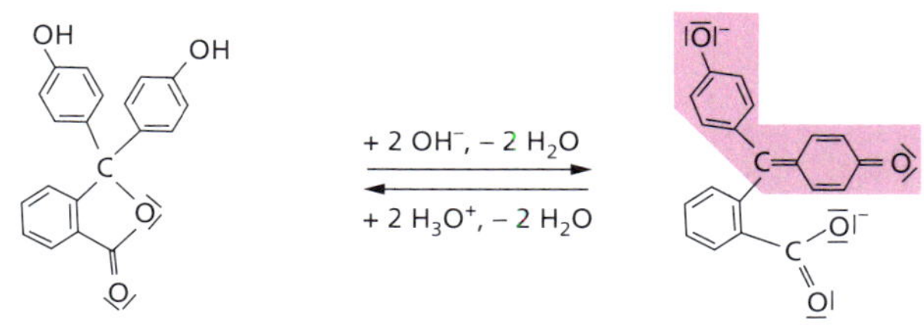

Phenolphthalein, farblos, *pH* < 8,5

deprotoniertes Anion rot, *pH* > 8,5

Die Farbigkeit organischer Verbindungen wird bestimmt von der Verteilung der Elektronen im Molekül und ist somit abhängig von

1. der Länge des konjugierten π-Systems
2. der Substitution durch chromophore Gruppen
3. dem *pH*-Wert der Lösungen des Farbstoffes
4. der Art des Lösungsmittels (Solvatochromie).

10.2.2 Natürliche Farbstoffe

Der wohl bekannteste natürliche Farbstoff **Indigo** (Jeansfarbstoff) wird schon seit über 6 000 Jahren verwendet. Indigo kann aus der Indigopflanze *(Indifofera anil L.)* oder dem europäischen Färberwaid *(Isatis tinctoria L.)* gewonnen werden. Die Blätter werden zuerst gewässert und anschließend einem Gärprozess unterworfen.
Bei dieser Gärung spaltet sich das Zuckermolekül von der farblosen Vorstufe Indican ab und es entsteht das immer noch farblose Indoxyl. Durch den Sauerstoff in der Luft werden zwei Moleküle Indoxyl unter Wasserabspaltung zu einem Molekül Indigo oxidiert.

Viele natürliche Farbstoffe finden heute als Lebensmittelfarbstoffe Verwendung.

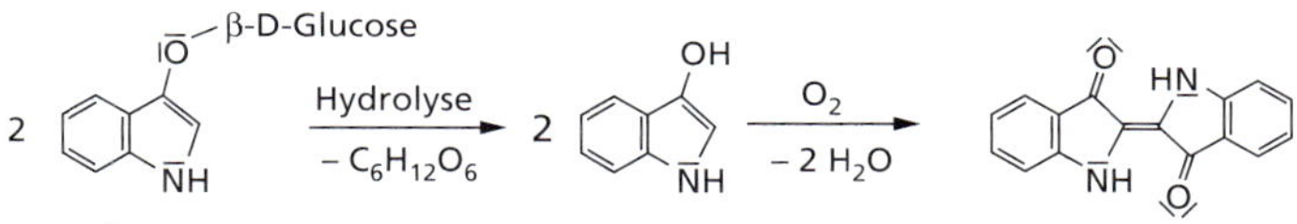

Heutzutage wird der Naturstoff Indigo auf synthetischem Wege billiger hergestellt. Bei einem von mehreren genutzten Verfahren setzt man Anilin und Chloressigsäure zu N-Phenylglycin um. Dieses wird anschließend in einer alkalischen Schmelze mit Natriumamid zu Indoxyl cyclisiert. Aus Indoxyl erhält man mit Luftsauerstoff wie oben beschrieben vollsynthetisches Indigo.

Die erste komplette Indigosynthese ließ sich A. VON BAEYER (1835–1917) patentieren. Da diese Synthese nicht wirtschaftlich war, wurden in der Folgezeit weitere Verfahren entwickelt.

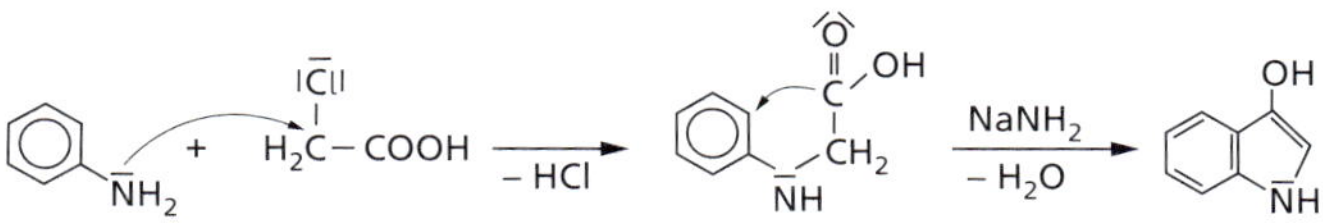

Indigo zeichnet sich durch eine hohe Lichtechtheit aus, verblasst aber leicht bei stärkerer Beanspruchung. Daher kommt das typische Aussehen von „Jeans".
Ein weiterer natürlicher Farbstoff ist **Purpur.** Es wird aus der Purpurschnecke, die im Mittelmeerraum heimisch ist, gewonnen. Chemisch ist es ein Derivat des Indigo.
„Normale" Rottöne wie Krapp wurden z. B. aus der Wurzel der Färberröte erhalten. Um einen gelben Farbstoff zu erlangen, wurde aus der Pflanze Färberwau **Luteolin** extrahiert. Vermengt man Luteolin mit einer Zinnchlorid-Lösung, erhält man einen gelben Metallkomplex als Farbstoff.

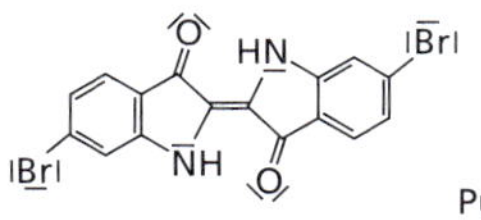

Purpur

Luteolin

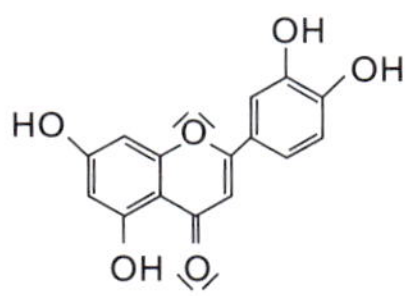

Purpur ist der kostbarste Farbstoff der Welt. Um 1 g Purpur zu erhalten, musste man 12 000 Purpurschnecken verwenden.

10.2.3 Synthetische Farbstoffe

Die Kupplungsreaktion ist eine elektrophile Zweitsubstitution am Aromaten. Um die *para*-Position ausreichend zu aktivieren, muss die Kupplungskomponente einen Substituenten mit +M-Effekt (↗ S. 266) tragen.

Die größte Farbstoffgruppe sind die **Azofarbstoffe.** Ihr gemeinsames Strukturmerkmal ist die Azogruppe – N ≡ N –. Sie wurden bereits im 19 Jh. hergestellt. Damals verwendete man das aus Steinkohlenteer gewonnene **Anilin** als Ausgangskomponente. Dieses wurde zuerst der Diazotierung und anschließend der **Azokupplung** unterworfen.

1. Diazotierung

Anilin Diazoniumion

2. Azokupplung

Kupplungskomponente Azofarbstoff

Durch weitere Substituenten (chromophore Gruppen) an den beiden Aromaten lassen sich eine Vielzahl von verschiedenen Azofarbstoffen herstellen. Durch Protonierung eines Azostickstoffs bei saurem *pH*-Wert, verändert sich das mesomere System und damit die Farbigkeit, sodass sich viele Azofarbstoffe als **Indikatoren** eignen. Das wichtigste Anwendungsgebiet dieser Farbstoffe ist aber die Textilfärbung.

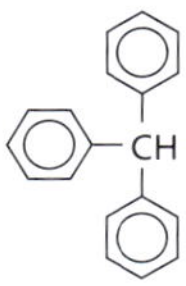

Triphenylmethan

Eine weitere Farbstoffgruppe sind die **Triphenylmethanfarbstoffe.** Als gemeinsames Strukturelement besitzen sie den Triphenylmethan-Grundkörper. In *para*- oder *ortho*-Stellung tragen die Phenylringe mindestens einen aktivierenden Substituenten, z. B. Amino-Gruppen. Die bekanntesten Vertreter dieser Farbstoffklasse sind **Phenolphthalein** (↗ S. 376), Kristallviolett und Malachitgrün. Da die Verbindungen nicht waschecht sind, haben sie in der Textilfärbung keine Bedeutung. Sie werden als Lebensmittelfarben, in der Kosmetik, in der Papier- und Druckindustrie eingesetzt.

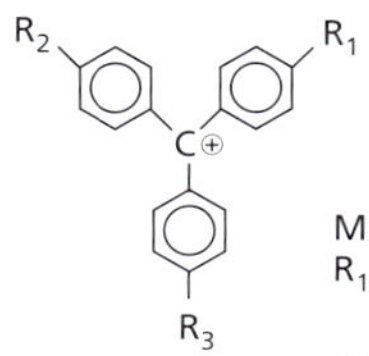

Malachitgrün
R_1, R_2: $N(CH_3)_2$; R_3: H

Kristallviolett
R_1, R_2, R_3: $N(CH_3)_2$

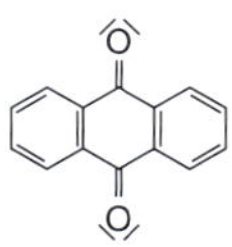

Anthrachinon

Ausgehend von Anthrachinon als Grundkörper bilden die **Anthrachinonfarbstoffe** die dritte wichtige Gruppe der Farbstoffe.

Durch Einführung von Hydroxy- und Amino-Gruppen als chromophore Gruppen am Aromaten lässt sich fast jede beliebige Farbe erzeugen.

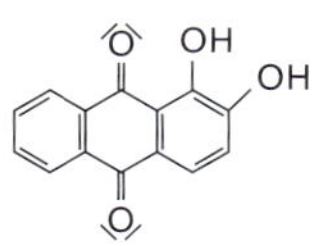

Alizarin

10.2.4 Färbeverfahren

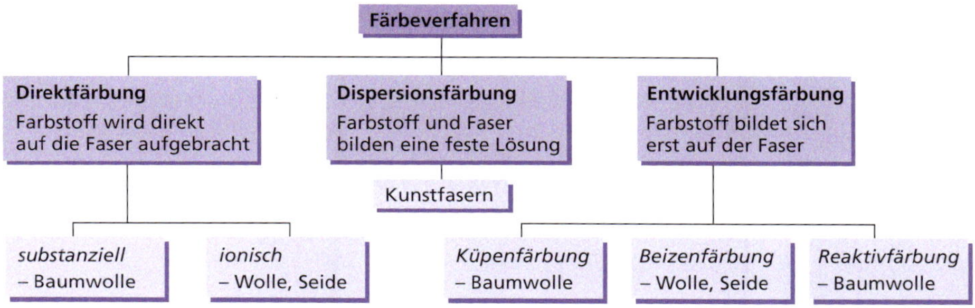

In der Textilindustrie wendet man verschiedene Färbetechniken an. Bei der **Direktfärbung** unterscheidet man zwischen der substanziellen Direktfärbung und der ionischen Direktfärbung. Gemeinsam ist beiden Verfahren, dass der wasserlösliche Farbstoff direkt aus dem Färbebad auf die Faser aufzieht. Es ist keine Vorbehandlung der Textilien nötig.
Bei der **substanziellen Direktfärbung,** die bei Baumwolle und Cellulosefasern angewendet werden kann, haftet der Farbstoff nur durch VAN-DER-WAALS- und Wasserstoffbrückenbindungen (↗ S. 98) an der Faser. Daher ist diese Färbemethode nicht sehr waschecht. Zu den substanziellen Farbstoffen zählen vor allem Azo- und Anthrachinonfarbstoffe.
Tragen die Farbstoffmoleküle eine Ladung, wie z. B. Kristallviolett (positiv geladen) oder Methylorange (negativ geladen), können sie mit entgegengesetzt geladenen Atomgruppen der Fasern Ionenbindungen eingehen. Proteinfasern wie Wolle oder Seide können mit dieser **ionischen Direktfärbung** gefärbt werden.

Welches Färbeverfahren man nutzt, hängt von den Eigenschaften der Farbstoffe und der Textilfasern ab.

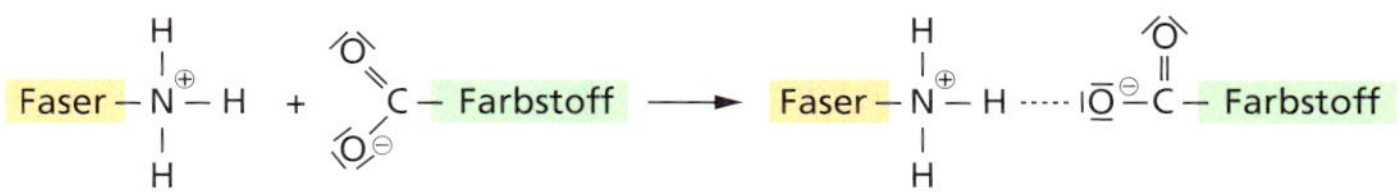

Die **Küpenfärbung** ist eine besondere Art der **Entwicklungsfärbung.** Küpenfarbstoffe wie **Indigo** sind wasserunlöslich und können daher nicht direkt auf die Fasern aufgebracht werden. Man überführt sie zunächst mit einem Reduktionsmittel (z. B. Natriumdithionit $Na_2S_2O_4$) in eine wasserlösliche Form. Da die reduzierte Form meist nicht mehr farbig ist, wird sie Leukoform (griech.: *leukos* = weiß) genannt.
Die Lösung wird auf die Faser aufgebracht und dort der Farbstoff „entwickelt": Während der Trocknung des Färbeguts wird die Leukoform des Farbstoffes durch den Luftsauerstoff wieder oxidiert und erhält seine Farbigkeit zurück. Dieser Vorgang lässt sich natürlich durch die Behandlung mit Oxidationsmitteln beschleunigen.

Die hohe Farbechtheit der Küpenfarbstoffe ergibt sich u. a. aus der Wasserunlöslichkeit der Farbstoffmoleküle.

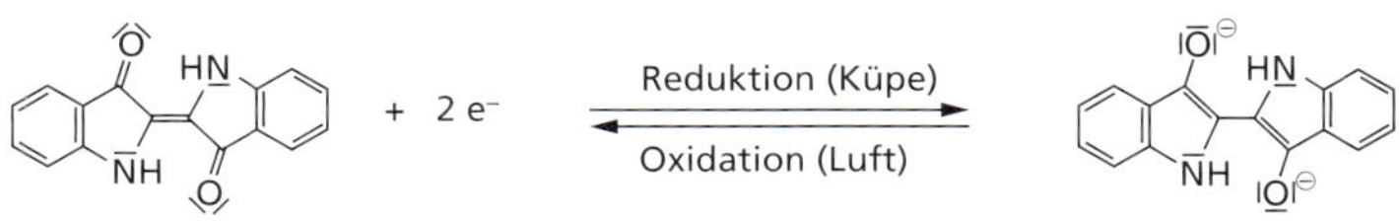

Indigo, blau

Leukoindigo, farblos

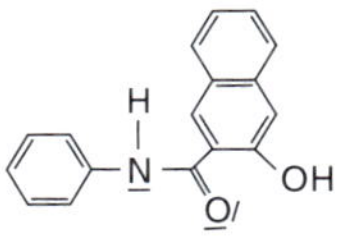

Naphtol AS

Auch Azofarbstoffe werden häufig direkt auf der Faser entwickelt, indem man dort die Kupplungsreaktion ablaufen läßt. Die Kupplungskomponente wird im basischen, wässrigen Medium gelöst. Die Fasern, meistens handelt es sich um Cellulosefasern, werden damit durchtränkt und dann getrocknet. Anschließend werden sie mit der Lösung des Diazoniumsalzes behandelt. Die Kupplungsreaktion findet somit auf der Faser statt.

Als Kupplungskomponente wird häufig Napthol AS verwendet, weswegen man auch von Naphtol-AS-Farbstoffen spricht. Wie auch die Küpenfarbstoffe sind die Azofarbstoffe nicht wasserlöslich und daher waschecht. Die verwendeten Diazoniumsalze werden deshalb als Echtfärbesalze bezeichnet.

Beim Färben werden die vorgebeizten Wollbahnen in den heißen Farbstoffextrakt getaucht. Am Boden des Färbetroges sorgen Rührwerke für eine gleichmäßige Durchmischung. Auf diese Weise können mehrere Zentner Wolle in einem Arbeitsgang z. B. mit Krapp gefärbt werden.

Eine besondere Art der Entwicklungsfärbung ist die **Beizenfärbung.** Hierbei werden die Fasern vor der Behandlung mit dem Farbstoff „gebeizt", d. h. mit metallsalzhaltigen Lösungen vorbehandelt. Die Metallsalze lagern sich in die Fasern ein und bilden mit den Farbstoffmolekülen stabile Chelatkomplexe (↗ S. 237). Die Beizenfärbung findet vor allem bei Wolle Anwendung, weil Amino-Gruppen der Proteinfaser Wolle als Liganden in den Farbkomplex eingebunden werden.

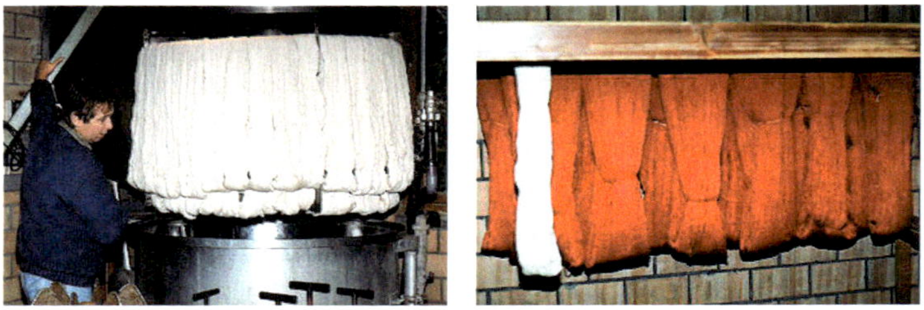

Eine relativ neue Färbemethode ist die **Reaktivfärbung.** Der Farbstoff besitzt eine reaktive Gruppe, die mit der Farbigkeit selbst nichts zu tun hat. Diese reaktive Gruppe ist in der Lage, mit den Hydroxy-Gruppen von Cellulosefasern eine Atombindung einzugehen. Eine wichtige reaktive Gruppe ist der Dichlortriazin-Rest. Er reagiert unter Abspaltung von Chlorwasserstoff mit der Cellulosefaser. Durch die Ausbildung der kovalenten Bindung ist der Farbstoff besonders fest mit der Faser verknüpft, sodass eine sehr haltbare Färbung entsteht.

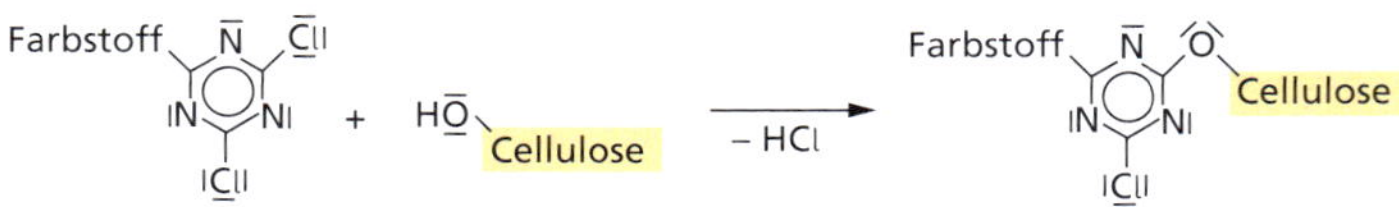

Vielfache Anwendungen finden Farbstoffe in der **Kosmetik,** z. B. in Lippenstiften oder Haartönungen.

Die **Dispersionsfärbung** wird bei unpolaren Fasern, z. B. der Polyesterfaser, angewandt. Die wasserunlöslichen Farbstoffe (Azofarbstoffe) werden mit Hilfsstoffen zu einer Suspension verarbeitet. Die Fasern „extrahieren" die Farbstoffmoleküle sozusagen aus der Suspension. Sie diffundieren in die Faser hinein, wodurch ebenfalls eine sehr waschechte Färbung entsteht.

10.3 Arzneimittel

Seit Urzeiten versuchen Menschen Krankheiten mithilfe von **Arzneimitteln** zu behandeln. Ursprünglich verwendete man Tier- und Pflanzenteile als Ganzes. Im Laufe der Zeit entwickelte man aus diesen Materialien Zubereitungen, die einerseits die Einnahme erleichtern und andererseits die Wirksamkeit verbessern sollten. Dazu gehören z. B. Tees, Extrakte, Pillen und Pflaster.

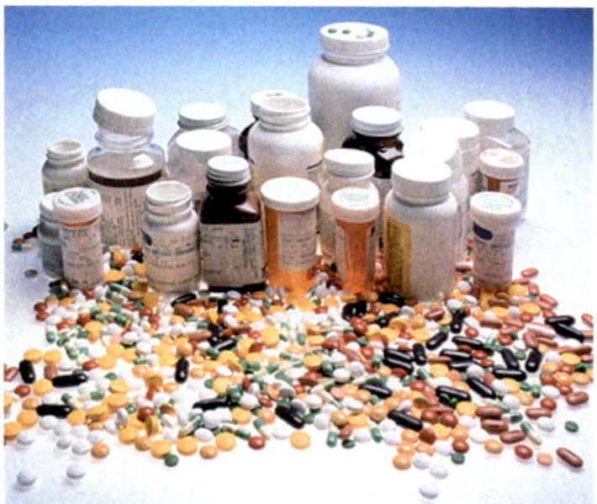

Hilfreiche Arzneistoffe oder Nahrungsmittel können bei zu hoher Dosierung giftige Wirkung zeigen. Der berühmte Arzt THEOPHRASTUS PARACELSUS (1493–1541) erkannte schon im 16. Jh.: „Die Dosis macht das Gift".

Begriff	Definition	Beispiele
Wirkstoff	Substanz, die in einem Organismus eine Wirkung hervorruft.	Coffein
Arzneistoff	Wirkstoff, der zur Vorbeugung, Linderung, Heilung oder Erkennung einer Krankheit dient.	Acetylsalicylsäure, Penicillin G, Morphinhydrochlorid
Gift	Wirkstoff, der im Organismus eine schädliche Wirkung auslöst.	Kaliumcyanid, Strychnin, Dioxin
Arzneiform	Bestimmte Zubereitungsform eines Arzneistoffes.	Tabletten, Kapseln, Zäpfchen, Tropfen, Cremes, Ampullen
Arzneimittel	Arzneistoff in einer bestimmten Zubereitung.	Aspirintablette, Penicillinampulle, Morphinzäpfchen

10.3.1 Entwicklung von Arzneimitteln

Im 19. Jh. setzte sich immer mehr die Idee durch, die wirksamen Bestandteile aus den pflanzlichen und tierischen Materialien zu isolieren und so besser wirksame Arzneimittel zu erhalten.
Durch die Entfernung von unwirksamen bzw. nebenwirkungsträchtigen Begleitstoffen verbesserte sich oft die Verträglichkeit der Arzneimittel. Zudem schwankt der Wirkstoffgehalt von Arzneipflanzen und daher ist beim Einsatz eines reinen Arzneistoffs eine präzisere Dosierung möglich. Die Gefahr der Über- bzw. Unterdosierung sinkt.
Heute werden Arzneistoffe meist gezielt entwickelt, indem man versucht,s einen Zusammenhang zwischen der chemischen Struktur und der erwünschten Wirkung herzustellen. Anschließend werden Stoffe synthetisiert, welche die passenden Strukturmerkmale **(Leitstruktur)** besitzen.

Im Jahre 1804 entdeckte der Apotheker FRIEDRICH SERTÜRNER (1783–1841) den Wirkstoff Morphin im Opium und konnte ihn isolieren.

Um einen neuen Wirkstoff zu finden und zur Marktreife zu bringen, müssen mehrere tausend Substanzen getestet werden.

Eine zweite häufig angewandte Methode zur Arzneistoffentwicklung ist das so genannte **Screening.** Dazu entwickelt man einen einfachen und preiswerten Test, der automatisiert durchzuführen ist, um die gewünschte Wirksamkeit zu überprüfen. Diejenigen Wirkstoffe, die in diesem Test die beste Wirkung zeigen, werden weiter untersucht und weiterentwickelt. Bevor ein Wirkstoff als Arzneimittel in den Handel kommt, muss er zunächst die präklinischen Prüfungen bestehen. Dabei wird in Tierversuchen getestet, inwieweit der Wirkstoff giftig (toxisch), Erbgut schädigend (mutagen) oder Krebs erregend (canzerogen) ist oder Missbildungen bei Embryonen (teratogen) hervorruft. Hat der Stoff bei den genannten Prüfungen gute Ergebnisse erzielt, wird eine geeignete Darreichungsform entwickelt. Nun beginnen die klinischen Prüfungen, die in verschiedene Phasen eingeteilt werden.

Phase 1	Verträglichkeitsprüfung an gesunden Testpersonen
Phase 2	Testung an ausgesuchten Krankenhauspatienten
Phase 3	Erforschung der Wirkungen und Nebenwirkungen am großen Kollektiv stationärer und ambulanter Patienten
Markteinführung	Das Arzneimittel ist unter einem Handelsnamen (z. B. Aspirin®) in Apotheken auf Rezept erhältlich
Phase 4	Überwachung des Arzneimittels bezüglich des Auftretens von bisher nicht erkannten Wirkungen und Nebenwirkungen

10.3.2 Wirkungsweise von Arzneistoffen

Agonisten imitieren die Wirkung natürlicher Überträgerstoffe und stimulieren so die Rezeptoren. Antagonisten dagegen blockieren die Wirkung oder verkehren sie ins Gegenteil.

Damit ein Wirkstoff eine Wirkung auf Körperfunktionen ausüben kann, muss er erst in Wechselwirkung mit körpereigenen Strukturen treten. Dafür gibt es verschiedene Möglichkeiten.

1. An der Oberfläche der Körperzellen befinden sich Proteine **(Rezeptoren),** an die bestimmte körpereigene Wirkstoffe (Hormone oder Überträgerstoffe des Nervensystems) nach dem Schlüssel-Schloss-Prinzip (↗ S. 333) binden können. Durch diese Bindung wird ein Effekt, z. B. die Weiterleitung eines Nervenreizes, ausgelöst. Einige Arzneistoffe können ebenfalls an solche Rezeptoren binden. Dadurch kann der gleiche Effekt ausgelöst werden wie durch den natürlichen Überträgerstoff, d. h., es erfolgt eine **Stimulation des Rezeptors** durch den Arzneistoff. Im anderen Fall der **Blockade des Rezeptors** durch den Arzneistoff bleibt der natürliche Effekt, z. B. Fieber, aus.
2. An vielen Funktionen im Organismus sind **Enzyme** beteiligt. Arzneistoffe, die in der Lage sind Enzyme zu hemmen oder zu aktivieren, können die entsprechenden Funktionen beeinflussen. So hemmt **Acetylsalicylsäure** ein Enzym, das an der Prostaglandinsynthese beteiligt ist. Prostaglandine sind für die Schmerzweiterleitung und die Entzündungsbildung im Körper mit verantwortlich.

Durch Hemmung des Enzyms werden weniger Prostaglandine produziert und somit die Schmerzen und die Entzündung gelindert.

3. Eine weitere Gruppe von Arzneimitteln, z. B. die **Antibiotika** und **Chemotherapeutika,** greift in die Biosynthese von Mikroorganismen ein. So hemmen β-Lactam-Antibiotika (z. B. Penicilline und Cephalosporine) die Synthese der Zellwand wachsender Bakterien, sodass neu entstehende Keime nicht mehr lebensfähig sind. Andere Antibiotika behindern die Proteinbiosynthese (Tetracycline) oder den Aufbau oder die Funktion der Nukleinsäuren (Sulfonamide, Gyrasehemmer) der Bakterien.
Das erste verfügbare Penicillin „Penicillin G" kann nur intravenös gespritzt werden, da sonst die Amid-Gruppe durch die Magensäure gespalten und das Antibiotikum unwirksam wird. Es gibt mittlerweile zahlreiche Weiterentwicklungen von Penicillin G mit verbesserter Wirkung, die oral eingenommen werden können.

Penicillin G

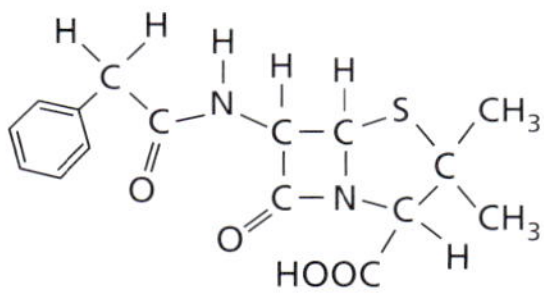

4. Schließlich gibt es Arzneistoffe, die fehlende Hormone, Elektrolyte oder Substrate ersetzen **(Substitution)** sollen. So haben z. B. Menschen, die an Diabetes leiden, einen Mangel an **Insulin,** welches zur Glucoseverwertung im Körper notwendig ist. Diese Menschen erhalten biotechnologisch hergestelltes Insulin als Injektion.

Die Entwicklung der **Penicilline** beruht auf der Entdeckung ALEXANDER FLEMINGS (1881–1955), der erkannte, dass bestimmte Bakterien durch Schimmelpilze in ihrem Wachstum gehemmt werden.

Art des Mechanismus	**Beispiele**
Rezeptor-stimulation	Morphin aktiviert die Opioidrezeptoren, dadurch werden Schmerzen gestillt.
Rezeptor-blockade	Atropin (Wirkstoff der Tollkirsche) blockiert Rezeptoren im Nevensystem, das erzeugt Herzrasen, Fieber und Halluzinationen.
Enzym-aktivierung	Stcikstoffmonooxid (Wirkform von Glyceroltrinitrat) aktiviert ein Enzym, das an der Gefäßerweiterung beteiligt ist, dadurch lässt sich ein *Angina-pectoris*-Anfall (Herzinfarkt) beenden.
Enzymhemmung	Allopurinol hemmt das Enzym Xanthinoxidase. Es senkt so den Harnsäurespiegel und wird deshalb bei Gichterkrankungen eingesetzt.
Beeinflussung der Biosynthese von Mikroorganismen	Penicillin G hemmt die Zellwandsynthese und damit das Wachstum von bestimmten (grampositiven) Bakterien.
Substitution	Das Schilddrüsenhormon Levothyroxin gibt man Patienten mit Schilddrüsenunterfunktion z. B. in Form von Tabletten.

Die Wirkungen eines Arzneistoffs auf den Körper werden auch als **Pharmakodynamik** des Arzneistoffs bezeichnet. Im Gegensatz dazu versteht man unter der **Pharmakokinetik** eines Arzneistoffs, welchen Einflüssen der Wirkstoff im Körper ausgesetzt ist.

Die Resorption (*resorbere*: lat. = aufsaugen) ist die pharmakologische Bezeichnung für die Aufnahme von Stoffen in die Blut- und Lymphbahnen.

Diese Einflüsse müssen bei der Entwicklung eines Arzneimittels beachtet werden, damit der Arzneistoff seine Wirkung entfalten kann. Bevor der Arzneistoff vom Körper aufgenommen werden kann, muss er z. B. im Magen- bzw. Darmsaft gelöst sein. Daher werden in der Regel leicht lösliche Salze des eigentlichen Wirkstoffs eingesetzt.

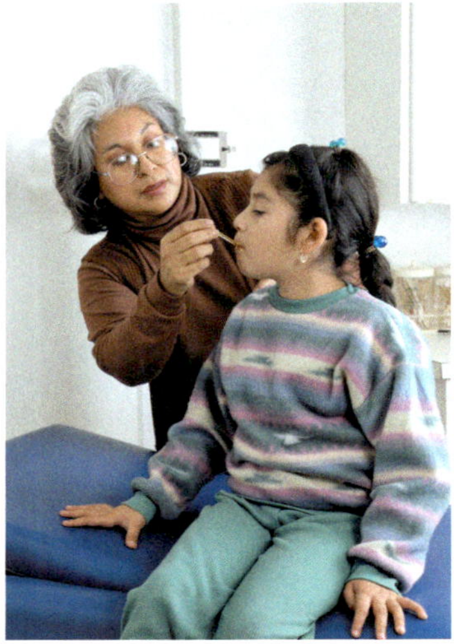

In welchem Ausmaß der gelöste Wirkstoff vom Körper aufgenommen wird, hängt von verschiedenen Eigenschaften ab. Lipophile Stoffe werden besser resorbiert als hydrophile (↗ S. 386), kleine Moleküle besser als große.

Nach der **Resorption** wird der Wirkstoff mit dem Blut im Körper verteilt und gelangt wegen des Konzentrationsgefälles ins Gewebe, also auch zum Wirkort. Einige Gewebe besitzen allerdings eine „Schranke", z. B. die Bluthirnschranke oder die Plazentaschranke, die nur sehr lipophile Stoffe überwinden können.

Metabolisierung umfasst die chemischen Veränderungen von Substanzen im biologischen Stoffwechsel.

In der Leber findet die **Metabolisierung**, das heißt, der Abbau der Wirkstoffe, statt. Dabei werden die Stoffe durch verschiedene chemische Reaktionen, z. B. Oxidation, Reduktion, Hydrolyse etc. in besser wasserlösliche und damit besser ausscheidbare Produkte überführt.

Die meisten Arzneistoffe werden nach dem Abbau renal über die Niere ausgeschieden. Es gibt aber auch andere Ausscheidungswege: biliär (über die Galle mit dem Stuhl), renal (über die Niere), pulmonal (über die Lunge mit dem Atem), transdermal (über die Haut mit dem Schweiß), bei stillenden Frauen über die Muttermilch. Auf welchem Weg ein Arzneistoff aus dem Körper eliminiert wird, hängt von seinen chemischen und physikalischen Eigenschaften ab.

Arzneistoffe müssen besondere Qualitätsanforderungen erfüllen. Diese sind im Europäischen Arzneibuch (EuPharm) als Vorschriften gesetzlich festgelegt und werden durch spezielle Verfahren der Arzneistoffanalyse kontrolliert.

	Das Schicksal des Wirkstoffs im Körper
Lösen	im Speichel, Magensaft, Darmsaft
Absorption	im Magen-Darmtrakt
Distribution	durch Blut oder Lymphflüssigkeit
Metabolismus	in der Leber
Elimination	renal, biliär, pulmonal, transdermal

10.3.3 Arzneistoffsynthese

Bei der **Synthese von Arzneistoffen** wird besonderes Augenmerk auf die bei den Reaktionen entstehenden Nebenprodukte gelegt. Diese müssen entweder vollständig abtrennbar sein oder, falls dies nicht möglich ist, dürfen sie keinen Einfluß auf die Wirksamkeit und Verträglichkeit des Arzneimittels haben.

Wie bei vielen heute gebräuchlichen Arzneistoffen leitet sich auch die **Acetylsalicylsäure** (ASS, Aspirin®) von einem Naturstoff her. Schon griechische und römische Ärzte empfahlen Abkochungen aus Weidenrinde gegen rheumatische Schmerzen. Der wirksame Bestandteil dieser Extrakte sind Salze der Salicylsäure (↗ S. 309).
Salicylsäure wird seit 1874 fast ausschließlich industriell durch Carboxylierung von Phenol gewonnen. In einer elektrophilen Substitutionsreaktion setzt man Kohlenstoffdioxid bei 130 °C und 5–6 bar mit Natriumphenolat um. Dabei entsteht Natriumsalicylat, das durch Zugabe von Säure in sehr reine Salicylsäure überführt wird.
Salicylsäure wird heute kaum noch innerlich verwendet. An ihre Stelle ist wegen der besseren Schleimhautverträglichkeit die Acetylsalicylsäure getreten. Diese erhält man durch Veresterung der phenolischen Hydroxy-Gruppe der Salicylsäure mit Essigsäureanhydrid unter katalytischer Wirkung von Wasserstoff-Ionen.

Die schmerzstillende Wirkung von **Aspirin®** wird nicht durch die Acetylsalicylsäure selbst ausgelöst, sondern die wirksame Form wird erst im Körper gebildet. Im Magen wird der Ester wieder gespalten und Salicylsäure, der eigentliche Wirkstoff, freigesetzt.

Synthese von Salicyl- und Acetylsalicylsäure

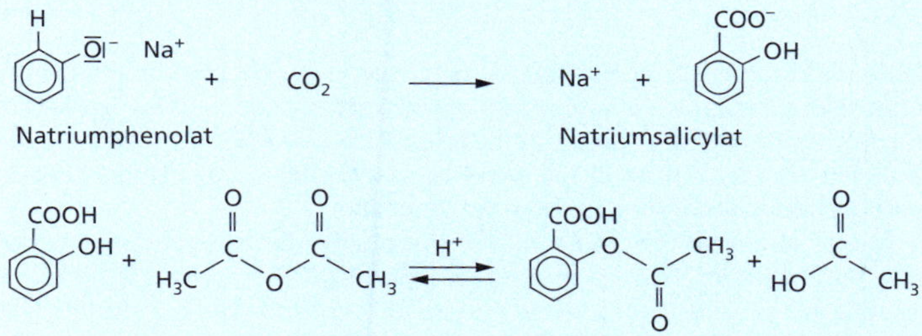

Häufig werden Arzneistoffe nicht vollkommen synthetisch hergestellt, sondern ausgehend von einem Naturstoff aufgebaut. So ist z. B. das gegen Husten wirksame **Codein** ein Methylether des Morphins.
Da die Synthese von **Morphin** sehr aufwändig ist, extrahiert man es aus Opium, in dem zwischen 0,3 und 6,5 % Morphin enthalten sind. Anschließend erfolgt eine selektive Methylierung, z. B. mit Benzensulfonsäuremethylester.
Morphin ist ein starkes Schmerzmittel und kann bei unsachgemäßer Anwendung zur Abhängigkeit führen. Codein wirkt schwächer Schmerz lindernd, ist jedoch ein wirksames Mittel gegen Reizhusten und hat ein viel geringeres Suchtpotenzial als Morphin.

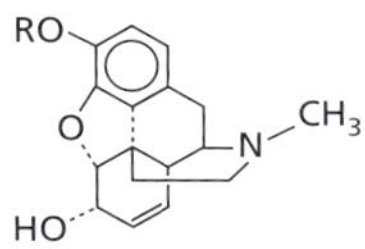

R = H Morphin
R = CH_3 Codein

10.4 Tenside und Waschmittel

10.4.1 Tenside als grenzflächenaktive Stoffe

Gießt man Speiseöl auf Wasser, bilden sich zwei durch eine Berührungsfläche bzw. **Grenzfläche** getrennte Schichten aus, die man **Phasen** nennt. Durch Schütteln entstehen vorübergehend Öltröpfchen in Wasser. Das trübe Gemisch ist eine aus zwei Phasen bestehende Öl-in-Wasser-(O/W)-**Emulsion,** die sich rasch wieder trennt. Triebkraft für die Trennung der Phasen ist ihre Grenzflächenspannung.

Im Fall der Phasengrenze zwischen Flüssigkeit bzw. Festkörper einerseits und Gas andererseits nennt man die Kraft Oberflächenspannung.

Die **Grenzflächenspannung** ist die Kraft, die an der Berührungsfläche zwischen zwei Phasen dahingehend wirkt, dass die ausgebildete Grenzfläche so klein wie möglich ist.

Um eine Emulsion zu stabilisieren, d.h., die Entmischung zu verzögern, muss die Grenzflächenspannung erniedrigt werden. Dies geschieht durch Zugabe von Verbindungen, die mit beiden Phasen mischbar sind und sich an der Grenzfläche anreichern. Solche Verbindungen nennt man **grenzflächenaktive Stoffe** oder **Tenside.**

Tensidmoleküle bestehen aus einem **lipophilen** (Fett liebenden) und einem **hydrophilen** (Wasser liebenden) Teil. In der Regel ist der lipophile Teil ein langkettiger unpolarer Alkylrest, während der hydrophile Teil eine polare Endgruppe, z.B. eine Carboxy-Gruppe sein kann.

Aufgrund dieser Struktur sind Tenside bifunktionelle (amphiphile) Verbindungen, die Gegensätze Lipophilie und Hydrophilie sind nebeneinander im selben Molekül ausgeprägt. Sie können sich daher mit Wasser und Öl mischen und an der Grenzfläche anreichern.

Lipophile Substanzen sind hydrophob (Wasser meidend) und hydrophile Substanzen lipophob (Fett meidend). Die chemische Struktur des hydrophilen Anteils in Tensiden ist sehr variabel.

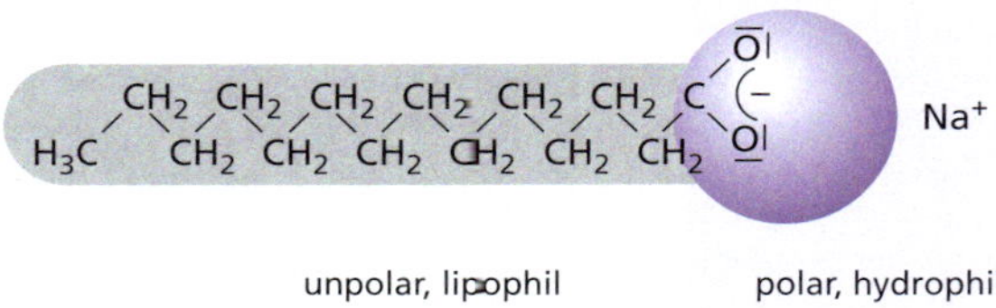

Durch Kochen von Fetten mit Holzasche wird schon seit Jahrtausenden eine Klasse von grenzflächenaktiven Verbindungen mit der dargestellten typischen Struktur gewonnen: die **Seifen.** Sie entstehen durch Hydrolyse von Fetten z. B. mit Natronlauge (↗ S. 319). Dabei bilden sich die Natriumsalze geradkettiger Monocarbonsäuren wie das als Kernseife bekannte Natriumstearat.

Als Waschmittel und zur Hautreinigung ist das klassische Tensid Seife nur bedingt geeignet. Seifen sind Salze schwacher Säuren und starker Basen. Sie reagieren daher alkalisch und und greifen die Haut ebenso an wie das zu reinigende Gewebe.

Durch Bildung schwer löslicher Salze mit im Waschwasser gelösten Ca^{2+}- und Mg^{2+}-Ionen werden zudem Kalk- bzw. Magnesiumseifen gebildet. Diese schlagen sich auf der Wäsche nieder und führen zu Wäschestarre, Vergrauung und einem unangenehmen Geruch. Schon nach kurzer Zeit müssen Textilien ersetzt werden.

Aufgrund dieser Nachteile wurden nach dem Strukturprinzip der Seifen eine Reihe von synthetischen Tensiden mit unpolarem Alkylrest und polarer Endgruppe entwickelt. Neben den klassischen, **anionischen** Tensiden kennt man heute **kationische**, **nichtionische** und **zwitterionische Tenside.** Diese haben gegenüber den klassischen Seifen den Vorteil, dass sie mit Ca^{2+} und Mg^{2+}-Ionen keine schwer löslichen Salze bilden.

Die historische Verknüpfung **Seifen und Waschmittel** ist überholt. In modernen Waschmitteln werden Seifen nicht mehr eingesetzt.

Einteilung und typischer Aufbau von Tensidmolekülen

Tensid-Typ	lipophiler Anteil	hydrophiler Anteil
Anionisch, anionenaktiv 	Alkylketten $CH_3-(CH_2)_n-O-SO_3^-$ Alkylarylketten 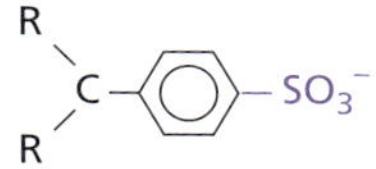	Sulfat-Anion Sulfonat-Anion
Kationisch, kationenaktiv 	Alkylketten $CH_3-(CH_2)_n-N^+(CH_3)_3$	Ammonium-Kation
nichtionisch 	Alkylketten $CH_3-(CH_2)_n-O-(CH_2-CH_2-O)_n-H$	Polyether (Zucker)
ampholytisch, zwitterionisch, z. B. Betaine 	Alkylketten $CH_3-(CH_2)_n-N^+(CH_3)_2-CH_2-COO^-$ n = 10...20	Ammonium-Kation neben Carboxylat-Anion

10.4.2 Anwendungen von Tensiden

Tenside als waschaktive Substanzen

Textilgewebe, insbesondere aus Kunstfasern (↗ S. 363), haben oft einen stark hydrophoben Charakter. Fetthaltiger Schmutz haftet fest auf den lipophilen Fasern und kann mit Wasser allein nicht entfernt werden.

Durch die Verringerung der Grenzflächen- bzw. Oberflächenspannung des Wassers erleichtern Tenside das Eindringen der Waschlauge ins Gewebe und somit die **Benetzung** der Fasern. Der lipophile Teil lagert sich an fettige Verunreinigungen und unpolare Fasern an und vermindert so die Schmutzhaftung.

Benetzung und Anlagerung von Tensiden

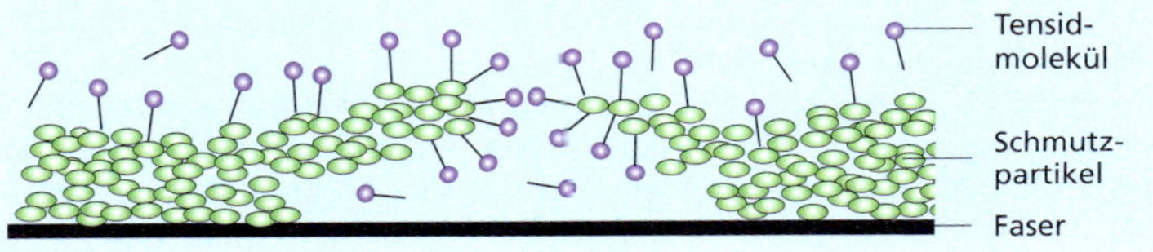

Da der hydrophile Anteil in die Wasserphase ragt, befinden sich außen an den Schmutzpartikeln hydrophile Tensidanteile, die sich gegenseitig abstoßen. Dadurch wird das Zusammenfließen fettiger Verunreinigungen zurückgedrängt und der Schmutz in kleinere Partikel zerlegt.
Anionische Tenside führen nun zu einer negativen Aufladung von Schmutz und Faser und stoßen die Schmutzpartikel effektiv ab. Bei Textilfasern mit polaren Gruppen, wie die Hydroxy-Gruppe bei **Baumwolle,** muss diese Abstoßung durch Einstellen eines alkalischen *pH*-Werts der Waschmittel erzielt werden, bei dem sich Hydroxid-Ionen an die polaren Fasern anlagern können.

Schmutzablösung

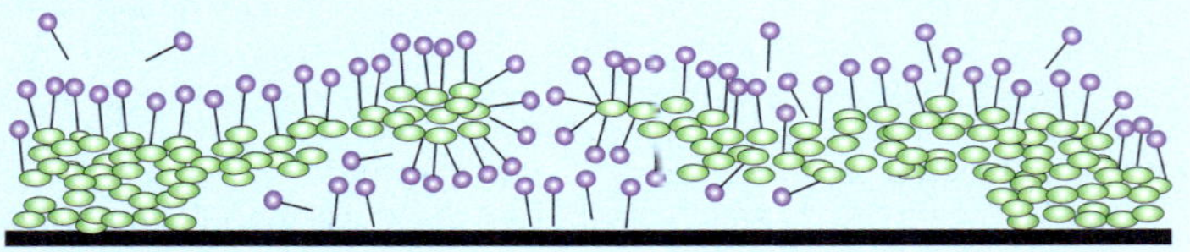

Zur Stabilisierung dispergierter Systeme dienen Tenside als Emulgatoren. Die Dispersion einer Flüssigkeit in einer anderen Flüssigkeit heißt Emulsion. Werden Feststoffe in einer Flüssigkeit verteilt, nennt man dieses Zweiphasensystem Suspension.

Tenside fördern aber nicht nur die Benetzbarkeit von Schmutz und seine Ablösung. Unter Aufwendung von mechanischer Energie und Wärme in der Waschmaschine lassen sich abgelöste Feststoffe in wässriger Lösung **dispergieren**, d. h., fein verteilen.

Micellbildung und Dispersion

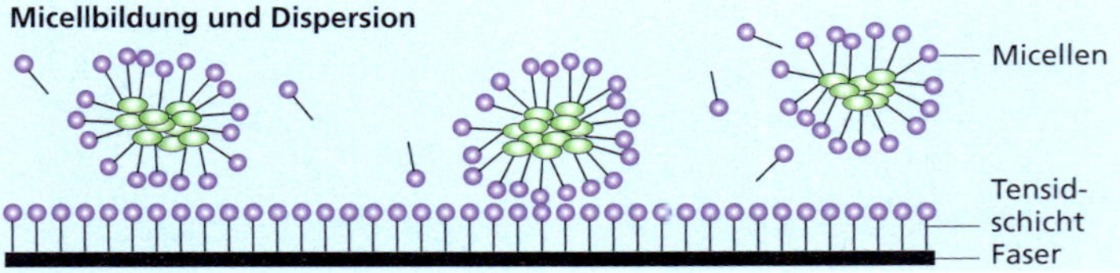

Eine wichtige Rolle spielt dabei das **Emulgiervermögen** der Tenside. Werden mehr Tensidmoleküle in Wasser gelöst, als sich an die Grenzfläche anlagern können, dann lagern sich die hydrophoben Alkylreste zusammen. Es entstehen spezielle Assoziate, die **Micellen,** die nach außen hin hydrophil sind und deshalb in der Waschlösung fein verteilt vorliegen. Die Micellen führen nicht mehr zu einer weiteren Abnahme der Grenzflächenspannung. Sie können jedoch Schmutzteilchen (z. B. Öl, Fett) in ihrem Inneren aufnehmen.

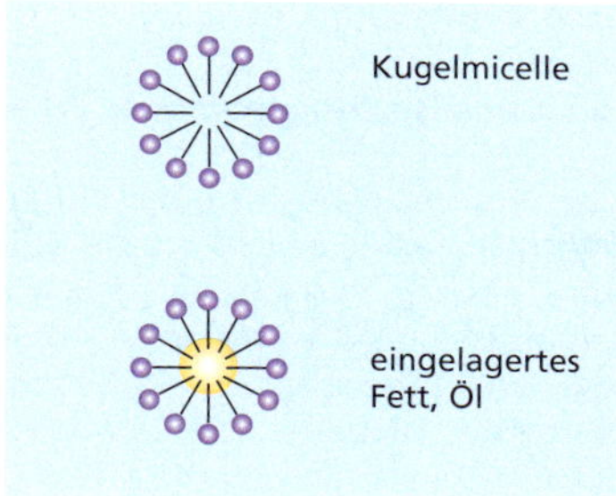

Micellen (*mica*: lat. = Körnchen) können unterschiedliche Formen (z. B. Kugel- oder Stabmicellen) annehmen und erreichen eine Partikelgröße von 1–1000 nm. Lösungen, die solche kolloiden Teilchen enthalten, weisen den so genannten TYNDALL-Effekt auf.

Die Schmutzpartikel werden dadurch in der Waschlösung gehalten und können sich nicht mehr an die Fasern anlagern. Verstärkt wird das Ablösen der Schmutzteilchen durch die mechanische Bewegung und die erhöhte Temperatur in der Waschmaschine. Der in den Micellen eingelagerte Schmutz wird letztendlich mit der Waschlauge abtransportiert.

Die überragende wirtschaftliche Bedeutung von Tensiden liegt heute in der Verwendung in Wasch- und Reinigungsmitteln. Die **Waschwirkung der Tenside** beruht auf mehreren Effekten:

1. der Verringerung der Grenzflächenspannung und der damit verbundenen Erhöhung der Benetzbarkeit der Fasern,
2. dem Dispergier- und dem Emulgiervermögen der Tenside.

Tensidlösungen neigen zur Schaumbildung. Für die Waschwirkung ist der Schaum aber fast ohne Bedeutung. Er ist bei Badezusätzen nur aus ästhetischen Gründen erwünscht.

Weitere Anwendungen von Tensiden

Als **Emulgatoren** finden Tenside vielfältige Anwendungen im Alltag. Sie sind nicht nur Bestandteile von Waschmitteln, sondern auch von Haarshampoos, Körperlotionen und vielen **Kosmetika.**

Eine jedermann bekannte Bedeutung haben Emulgatoren schon seit alters her bei der Zubereitung von **Speisen.** Die berühmte Sauce Mayonnaise ist eine durch den in Eigelb enthaltenen Emulgator Lecithin stabilisierte Öl-Wasser-Mischung. Komplexere Systeme werden erhalten, wenn eine gasförmige Phase in eine Emulsion eingearbeitet wird, wie beim Schlagen von Schlagsahne.

Besonders gut untersucht sind Emulsionen, die als **Salben** auf der menschlichen Haut angewendet werden sollen, um Arzneistoffe (↗ S. 381 ff.) auf erkrankte Haut aufzubringen oder durch die Haut zu transportieren. Auch Salben ohne Wirkstoffe können durch physikalische Effekte der Tenside zur Wundheilung oder zum Schutz und zur Regeneration der Haut beitragen.

Mit neuen Emulsionstypen können Rezepte planmäßig entwickelt werden. Die **molekulare Gastronomie** untersucht dabei u. a. die Funktion der Tenside.

10.4.3 Waschmittel

Zusammensetzung moderner Waschmittel

Auch ökologische Gesichtspunkte (↗ S. 392) müssen bei der Zusammensetzung von Waschmitteln berücksichtigt werden.

Der Waschvorgang ist ein komplizierter Prozess. Die Verschmutzungen der Wäsche können sehr unterschiedlicher Natur sein und wie Eiweiße von Tensiden nur schlecht gelöst werden. Auch die Textilfasern **Wolle, Cellulose** und **Kunstfasern** (↗ S. 363) haben unterschiedliche Strukturen und Eigenschaften. Daneben hängt das Waschergebnis von der **Härte des Wassers** (↗ S. 246) und einigen optischen Effekten wie der Stabilität des Wäschefarbstoffes oder der Weißtönung der Wäsche ab.
Waschmittel sind daher ein komplexes Stoffgemisch, wobei sich die Zusammensetzung von Universal- und Spezialwaschmitteln unterscheidet. Als waschaktive Substanzen sind 15–25 % **anionische** und **nichtionische Tenside** enthalten.

Kationische und ampholytische Tenside haben in Waschmitteln praktisch keine Bedeutung.

Klassische anionische Tenside sind z. B. **Schwefelsäuremonoalkylester**, die sich wie die Seifen (↗ S. 319) ebenfalls aus Fettsäuren gewinnen lassen. Durch Reduktion entstehen zunächst Fettalkohole, die sich unter Einwirkung von Schwefelsäure verestern lassen. Mit Natronlauge erhält man daraus neutrale **Monoalkylsulfate** mit hoher Waschkraft, die mit Ca^{2+}- und Mg^{2+}-Ionen kaum schwer lösliche Salze bilden.

Natriumdodecylsulfat

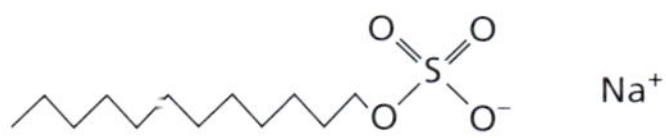

Nichtionische Tenside sind noch weniger härteempfindlich und hautfreundlicher. Moderne Vertreter wie **Alkylpolyglucoside** (Plantaren®) sind die waschaktiven Verbindungen der nächsten Generation: Sie werden aus nachwachsenden Rohstoffen (Fettalkoholen und Kohlenhydraten) hergestellt, sind nicht toxisch und vollständig biologisch abbaubar.

Alkylpolyglucosid

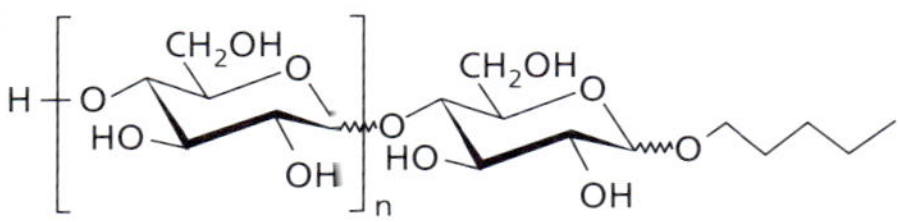

Zeolithe sind Silicate (↗ S. 373) und lagern die Ca^{2+}- und Mg^{2+}-Ionen in die in ihrer Struktur vorhandenen Hohlräume ein.

Der zweite Hauptbestandteil der Waschmittel mit einem Anteil von bis zu 30 % sind **Wasserenthärter** bzw. Builder. Ein multifunktioneller Enthärter ist **Pentanatriumtriphosphat**. Es bildet mit Mg^{2+}- und Ca^{2+}-Ionen stabile Chelatkomplexe (↗ S. 237), stellt einen günstigen *pH*-Wert von 9,5 in der Waschlauge ein, unterstützt die Schmutzablösung bei polarem Schmutz stärker als Tenside das tun und erleichtert das Ausspülen der Wäsche. Leider musste dieser sehr vielseitige Waschmittelbestandteil wegen seines Umwelt schädigenden Potenzials (↗ S. 419) weitgehend ersetzt werden.
In modernen Waschmitteln werden anstelle von Phosphaten **Zeolithe** (Sasil®: $Na_{12}(AlO_2)_{12}(SiO)_{12} \cdot 27\ H_2O$) zur Wasserenthärtung verwendet. Diese sind ökologisch unbedenklich, unterstützen aber, anders als das Triphosphat, nicht die Schmutzablösung.

Bleichmittel wie Natriumperborat entwickeln bei erhöhter Temperatur Wasserstoffperoxid. Dieses oxidiert Verschmutzungen wie Obstflecken oder Tinte und wirkt der Vergrauung der Fasern entgegen. **Tetraacetylethylendiamin (TAED)** ist ein **Bleichmittelaktivator,** der schon bei niedriger Temperatur das wirksame Bleichmittel Peressigsäure bildet. Die Wäsche wird dadurch schon bei unter 60 °C sauber.

Darüber hinaus enthalten Waschmittel eine Vielzahl weiterer Bestandteile, um neben hygienischer Sauberkeit auch für Farbbrillianz, Langlebigkeit und angenehme Griffigkeit der Wäsche zu sorgen.

Wäscheschmutz besteht aus vielen verschiedenen Bestandteilen. Die Tenside in Waschmitteln können daher keine ausreichende Reinigung gewährleisten.

Typische Zusammensetzung eines Vollwaschmittels

Bestandteil	**Funktion**
Anionische/nichtionische Tenside	Ablösen des Schmutzes vom Gewebe, Verhinderung der Wiederanlagerung an die saubere Faser
Enzyme (↗ S. 335)	Spaltung von Eiweißen, Fetten und Kohlenhydraten aus Nahrungsresten, Hautfett, -schuppen und Blut
Bleichmittel	Oxidative Zerstörung von im Schmutz enthaltenen Farb- und Geruchsstoffen, Abtöten von Mikroorganismen
Bleichaktivatoren	Herabsetzung der notwendigen Temperatur der Waschlauge für eine gute Aktivität des Bleichmittels
Enthärter (Builder)	Herabsetzung der Wasserhärte (↗ S. 248) durch Bindung der Mg^{2+}- und Ca^{2+}-Ionen
Stabilisatoren	Komplexbildner für Schwermetall-Kationen
Vergrauungsinhibitoren	Verhinderung der Verschmutzung der gesäuberten Faser während der Wäsche
Schauminhibitoren	Begrenzung der Schaumbildung (Schaum ist für den Waschvorgang ohne Bedeutung)
Verfärbungsinhibitoren	Verhinderung der Anlagerung von gelösten Wäschefarbstoffen auf andere Wäschestücke
Optische Aufheller (Weißtöner)	Kompensation des natürlichen Gelbstichs durch teilweise Umwandlung von UV-Strahlung in sichtbares blaues Licht
Verschmutzungsinhibitoren	Beschichtung der Faser zur Verzögerung der erneuten Verschmutzung der Wäsche beim Tragen
Trägerstoffe (Stellmittel)	Verbesserung der Handhabung durch feste Füllstoffe für Pulver bzw. Wasser und Alkohole für Flüssigwaschmittel
Duftstoffe	Verbesserung des Geruchs der Wäsche
Farbstoffe	Verbesserung des Aussehens des Waschmittels an sich

Ökologie der Waschmittel

Die Inhaltsstoffe der Waschmittel gelangen mit der Waschlauge ins Abwasser und von da ins Oberflächenwasser. Sie besitzen größtenteils noch ihre Funktion als grenzflächenaktive Stoffe oder als Komplexbildner und belasten die Umwelt hauptsächlich aufgrund:
1. der **biologischen Aktivität der Tenside** und
2. der **Eutrophierung** der Gewässer durch Phosphate.

Auch die Eutrophierung führt zum Sterben der Fische und Pflanzen.

Tenside haben antibakterielle Eigenschaften. Dies wird Verbrauchern von Geschirrspülmitteln heute als Vorteil angepriesen, ist aber weder notwendig noch sinnvoll. Gelangen Tenside in Gewässer, kann dies zum Absterben der Fische und Wasserpflanzen führen. Bei den Fischen wird z. B. die Kiemenatmung gestört, da Zellmembranen durch die Tenside zerstört werden. Es kommt zur Hämolyse, d. h., Hämoglobin (↗ S. 245) tritt aus den Erythrozyten aus.

Gelangt zu viel Phosphat in Seen und Flüsse, kommt es zu einem Überangebot von Nährstoffen (↗ S. 419), weil Phosphate das Wachstum von Pflanzen und Mikroorganismen fördern. Das damit verbundene Massenwachstum der Wasserpflanzen führt zu einer starken Sauerstoffzehrung und zur Störung des ökologischen Gleichgewichts.

Komplexbildner mobilisieren z. B. giftige Schwermetalle aus dem Sediment.

Auch der zu hohe *pH*-Wert basischer Waschlaugen oder der Eintrag von Komplexbildnern in die Gewässer kann Umweltschäden verursachen. Entscheidend für die Folgen des Schadstoffeintrags sind immer folgende Dinge: erstens die Menge bzw. *Konzentration der Schadstoffe* und zweitens ihre *biologische Abbaubarkeit*.

Im Wasch- und Reinigungsmittelgesetz von 1987 wird der Minimierung des Chemikalieneinsatzes der Vorrang eingeräumt. Anstatt die Abwässer aufwändig chemisch zu reinigen (↗ S. 421) ist es viel sinnvoller, die Waschmittel effektiv und dosiert einzusetzen. Im Alltag bedeutet das, **Spezialwaschmittel** oder **Baukastensysteme** zu verwenden, und so – je nach Anwendung für Wolle, Seide oder Buntwäsche – auf nicht benötigte Waschmittelbestandteile wie Bleichmittel zu verzichten oder nur so viel Wasserenthärter einzusetzen wie nötig.

Ein weiterer positiver Effekt bei der Verwendung von Spezialwaschmitteln besteht darin, dass der Energieverbrauch minimiert wird, weil bei tieferen Temperaturen gewaschen werden kann.

Weiterhin wird im Waschmittelgesetz festgelegt, dass die waschaktiven Substanzen in der Natur innerhalb von drei Wochen zu 80 % biologisch abgebaut sein müssen. Die modernen Tenside wie die Alkylpolyglucoside sind inzwischen vollständig biologisch abbaubar.

10.5 Ausgewählte chemisch-technische Verfahren

10.5.1 Besonderheiten chemisch-technischer Prozesse

Bei der industriellen Herstellung chemischer Produkte spielen *wirtschaftliche und ökologische Aspekte* eine weitaus größere Rolle als bei Synthesen im Labor.
Deshalb müssen großtechnische Verfahren einen möglichst *vollständigen Stoffumsatz bei minimalem Energieverbrauch* realisieren. Die Industrie hat zur Lösung der sich daraus ergebenden Probleme spezielle **technische Syntheseprinzipien und Anlagen** entwickelt, die weit über den Umfang eines einfachen Synthesereaktors hinausgehen.

In der chemischen Industrie werden hohe Anforderungen an den technischen Umweltschutz gestellt.

Problem	technisches Arbeitsprinzip	Beispiel
Qualität und Verfügbarkeit von Rohstoffen	– Aufbereitung der Rohstoffe, Abtrennung störender Begleitstoffe – Verwendung von Nebenprodukten anderer Verfahren (Kopplung großtechnischer Verfahren)	– Gewinnung von reinem Al_2O_3 aus Bauxiterz für die Elektrolyse von Aluminium – Erdölentschwefelung und Schwefelsäureherstellung
Lage des thermodynamischen Gleichgewichts	– Temperatur- und Druckoptimierung nach dem **Prinzip von Le Chatelier** – Trennung der Reaktionsprodukte von nicht umgesetzten Ausgangsstoffen und Rückführung in den Reaktor **(Kreislaufprinzip)**	– Synthese von Ammoniak bei niedrigen Temperaturen und hohen Drücken – vollständiger Umsatz von Stickstoff und Wasserstoff durch Kreislaufprinzip
Reaktionsgeschwindigkeit und Konkurrenzreaktionen	– **technische Katalyse** zur Beschleunigung der gewünschten Reaktion – Trennung von Haupt- und Nebenprodukten, Reinigungsverfahren – Temperatur entspricht mindestens der Arbeitstemperatur des Katalysators	– Unterdrückung von unerwünschten Nebenreaktionen bei der Herstellung von Salpetersäure – destillative Trennung von petrochemischen Produkten
Umweltschutz	– geschlossene Stoffkreisläufe – schadlose Entsorgung von Nebenprodukten oder nicht umgesetzten Ausgangsstoffen	– Abgasreinigung bei der Herstellung von Schwefel- oder Salpetersäure (z. B. Denox-Verfahren)
hoher Aufwand beim Anfahren großtechnischer Anlagen	– **kontinuierliche Arbeitsweise** – konstante Reaktionsbedingungen – hohe Zuverlässigkeit und geringer Wartungsaufwand der Anlagen	– Elektrolysen, z. B. die Chloralkali-Elektrolyse oder die Kupferraffination – Destillation von Erdöl
hohe Reaktortemperaturen und Abwärme exothermer Reaktionen	– Vorheizen der Ausgangsstoffe und Kühlen der Produkte im **Gegenstromprinzip** – Kopplung endothermer und exothermer Prozesse	– Wärmetauscher in fast allen technischen Anlagen – Kohlevergasung und Hochofenprozess

10.5.2 Technische Herstellung von Ammoniak

Moderner Reaktor für die Ammoniaksynthese (Gewicht 400 t, Länge 22 m, Durchmesser 2 m, Tagesleistung 1 000 bis 1 500 t NH_3).

Ammoniak ist die technisch wichtigste Stickstoffverbindung. Die Herstellung von anderen Stickstoffverbindungen erfolgt nur über Ammoniak. Weltweit werden jährlich über 100 Mio. Tonnen produziert. Ein Großteil davon wird zu **Stickstoffdüngemitteln** weiterverarbeitet, wichtige **Verwendungsgebiete von Ammoniak** sind u. a. die Herstellung von Salpetersäure, Fasern und Kunststoffen.

Die technische Synthese von Ammoniak aus den Elementen Stickstoff und Wasserstoff beruht auf der **Gleichgewichtsreaktion:**

$$3\,H_2(g) \quad + \quad N_2(g) \rightleftharpoons 2\,NH_3(g) \qquad \Delta_R H^0 = -92\ kJ$$

Nach dem Prinzip des kleinsten Zwanges (↗ S. 164) begünstigen niedrige Temperaturen und hohe Drücke die exotherme Bildung von Ammoniak. Untersuchungen des Gleichgewichts ergaben, dass es erst bei Temperaturen unter 200 °C und Drücken von weit über 10 MPa auf Seiten des Ammoniaks liegt. Bei diesen Temperaturen ist aber die Reaktionsgeschwindigkeit sehr klein. Durch Einsatz eines Katalysators lässt sich die Gleichgewichtseinstellung zwar beschleunigen, die technisch geeigneten Katalysatoren sind aber erst über 400 °C ausreichend wirksam.

Ammoniakanteile im Gleichgewicht

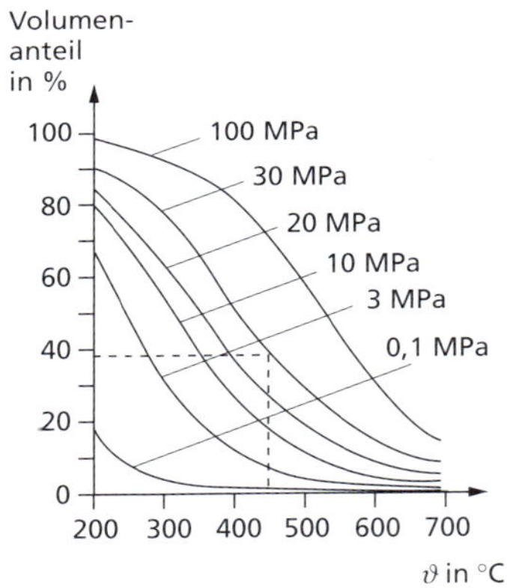

Ein Gemisch aus Wasserstoff und Stickstoff im Verhältnis 3 : 1 benötigt man als Synthesegas für die Ammoniakherstellung. Es wird durch die Umsetzung von Methan mit Wasserdampf und Luft erhalten.

Man arbeitet daher in der Technik bei Temperaturen von 400 – 520 °C und Drücken von 25 – 30 MPa. Unter diesen Bedingungen könnte man theoretisch einen Anteil von 35 – 40 % Ammoniak erzielen. Da bei einmaligem Durchgang durch den Reaktor die Zeit zur vollständigen Gleichgewichtseinstellung nicht ausreicht, beträgt der Ammoniakanteil jedoch nur 15 – 20 %. Zum vollständigen Umsatz der Ausgangsstoffe nutzt man daher das **Kreislaufprinzip,** indem man Ammoniak aus dem erhaltenen Gasgemisch (H_2, N_2, NH_3) abtrennt und die nicht umgesetzten Ausgangsstoffe dem Reaktor wieder zuführt.
Wichtig für den Erfolg des Verfahrens war die Entwicklung eines preiswerten Katalysators hoher Lebensdauer durch **ALWIN MITTASCH**. Als besonders gut erwies sich ein Kontakt aus metallischem Eisen, der durch Reduktion von Magnetit (Fe_3O_4) entsteht und Zusätze von Al_2O_3, CaO und K_2O zur Aktivierung und Temperaturstabilisierung enthält. Die Grundlagen zur technischen Ammoniaksynthese schuf **FRITZ HABER** von 1905 bis 1910 im Labor. Die industrielle Umsetzung ist das Verdienst von **CARL BOSCH**.

Ablauf der technischen Ammoniaksynthese	
Abschnitt	**Vorgänge**
Kompressor (1)	– Verdichtung des Synthesegases auf den technisch optimalen Druck von 25–30 MPa
Wärmetauscher (2)	– Vorheizen auf Arbeitstemperatur des Katalysators von ca. 400 °C
Kontaktofen (3)	– die günstigste Arbeitstemperatur des Kontaktes liegt bei 400–520 °C – die Ammoniakbildung ist exotherm, daher heizt sich das Gasgemisch ständig auf – hohe Temperaturen sind ungünstig für den Katalysator und den Umsatz; daher erfolgt die Anordnung des Kontakts in Schichten, zwischen denen mit kaltem Synthesegas gekühlt wird – am Ausgang des Reaktors liegen 15–20 % Ammoniak im Gleichgewicht vor
Wärmetauscher (2) und Tiefkühler (4)	– das Reaktionsgemisch (NH_3, N_2 und H_2) wird in mehreren Stufen auf etwa –10 °C abgekühlt
Abscheider (5)	– das bei dieser Temperatur flüssige Ammoniak wird von den nicht umgesetzten gasförmigen Ausgangsstoffen abgetrennt
Kreislaufgebläse (6)	– nicht umgesetzte Ausgangsstoffe werden zusammen mit eingespeistem Frischgas über den Wärmetauscher zum Kontaktofen zurückgeführt

Ammoniaksynthese

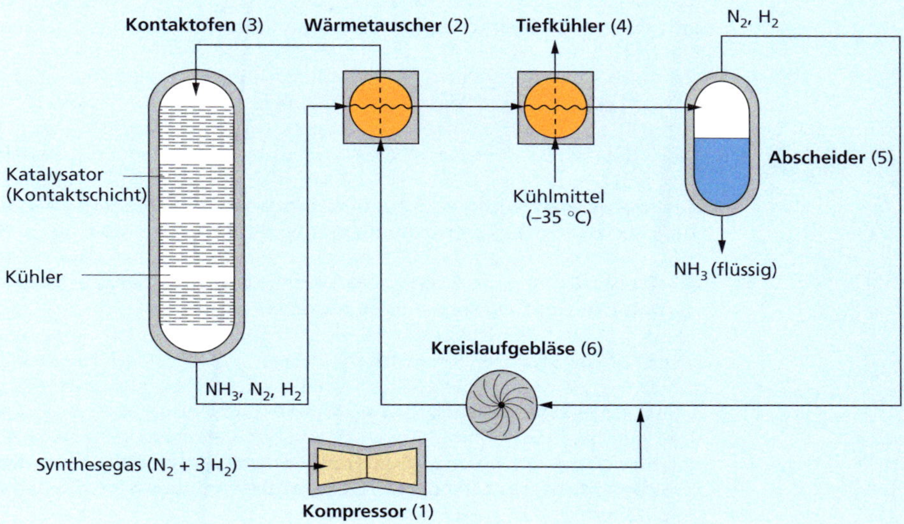

10.5.3 Technische Herstellung von Salpetersäure

Der deutsche Chemiker WILHELM FRIEDRICH OSTWALD (1853–1932) untersuchte 1901 erstmals diese Reaktion systematisch.

Salpetersäure ist eine der drei wichtigsten Säuren in der chemischen Industrie. Sie wird hauptsächlich zur Herstellung von **Stickstoffdüngemitteln** verwendet.
Etwa 10–15 % nutzt man zur Herstellung von organischen Verbindungen, die zur Produktion von Fasern und Kunststoffen dienen. Weitere Anwendungen sind die Herstellung von **Sprengstoffen** und der Einsatz als Ätzmittel für Metalle.

Salpetersäure wird nach dem sogenannten **OSTWALD-Verfahren** kontinuierlich in drei Teilschritten hergestellt:
1. Oxidation von Ammoniak mit Luft zu Stickstoffmonooxid
2. Umsetzung des Stickstoffmonooxids mit Luft zu Stickstoffdioxid
3. Umsetzung des Stickstoffdioxids mit Wasser zu Salpetersäure.

1. Die Oxidation von Ammoniak liefert verschiedene Produkte, aber nur die Bildung von Stickstoffmonooxid ist erwünscht.

$$4\,NH_3 + 5\,O_2 \longrightarrow 4\,NO + 6\,H_2O \qquad \Delta_R H^0 = -904\ kJ$$
$$4\,NH_3 + 4\,O_2 \longrightarrow 2\,N_2O + 6\,H_2O \qquad \Delta_R H^0 = -1\,105\ kJ$$
$$4\,NH_3 + 3\,O_2 \longrightarrow 2\,N_2 + 6\,H_2O \qquad \Delta_R H^0 = -1\,268\ kJ$$

Die beiden Konkurrenzreaktionen sind sogar aus thermodynamischer Sicht bevorzugt. Darum verwendet man Platinnetze als **Katalysator**, an denen die Bildung von Stickstoffmonooxid schneller abläuft als die unerwünschten Nebenreaktionen.
Bei Temperaturen von 820–950 °C und sehr kurzen Reaktionszeiten von 0,001 s erhält man so ein Reaktionsgemisch aus 94–98 % Stickstoffmonooxid, 2–6 % Stickstoff und weniger als 0,1 % Distickstoffmonooxid.

2. Nach Abkühlung der Gase auf Raumtemperatur wird Stickstoffmonooxid zu Stickstoffdioxid weiteroxidiert.

$$2\,NO + O_2 \longrightarrow 2\,NO_2 \qquad \Delta_R H^0 = -114\ kJ$$

Die mit dem OSTWALD-Verfahren hergestellte Salpetersäure hat eine Konzentration von 50–70 %, was für die meisten Anwendungen ausreichend ist.
Für die Herstellung von Sprengstoffen braucht man aber eine 98–99%ige Säure.

Die exotherme Reaktion erfolgt unter Volumenabnahme und wird deshalb durch niedrige Temperaturen und höhere Drücke begünstigt.

3. Die Umsetzung des Stickstoffdioxids mit Wasser zu Salpetersäure erfolgt im **Gegenstrom** in einem Absorptionsturm.

$$3\,NO_2 + H_2O \longrightarrow 2\,HNO_3 + NO \qquad \Delta_R H^0 = -73\ kJ$$

Das bei der Reaktion wieder gebildete Stickstoffmonooxid reagiert sofort mit überschüssigem Sauerstoff zu Stickstoffdioxid (Schritt 2), das dann wieder mit Wasser zu Salpetersäure umgesetzt wird. Auch diese Reaktion wird durch niedrige Temperaturen (Kühlung des Reaktors) und höhere Drücke begünstigt.

Infolge der ständigen Neubildung von Stickstoffmonooxid bei der Reaktion zu Salpetersäure ist kein 100%iger Umsatz der Stickoxide erreichbar. Das Abgas enthält am Ende des Absorptionsturms noch Reste von 0,02 – 0,05 % Stickstoffoxide. Durch **Reinigung des Abgases** wird der Gehalt an diesen umweltschädlichen Stickoxiden weiter vermindert.

Ablauf der Salpetersäureherstellung

Abschnitt	Vorgänge
Rohstoffzufuhr (1)	– Mischen von Ammoniak und Luft im Verhältnis 1 : 10 und Einleiten in den Verbrennungsofen (Kontaktofen)
Kontaktofen (2)	– Oxidation von Ammoniak mit Luft am Katalysator (Platinnetz) zu Stickstoffmonooxid (NO) – kurze Verweilzeiten am Katalysator (0,001 s) verhindern die unerwünschte Ammoniak-Oxidation zu N_2 und N_2O
Abhitzekessel (3)	– Nutzung der entstehenden Wärme im nachgeschalteten Abhitzekessel zur Erzeugung von Wasserdampf
Oxidationsturm (4)	– Reaktion des gebildeten Stickstoffmonooxids mit dem Sauerstoff der zugeführten Luft zu Stickstoffdioxid
Absorptionskolonne (5)	– Umsetzung des Stickstoffdioxids mit Wasser unter Disproportionierung (↗ S. 203) im Gegenstrom zu Salpetersäure – gleichzeitige Oxidation des parallel gebildeten Stickstoffmonooxids mit überschüssigem Sauerstoff zu Stickstoffdioxid, das wieder mit Wasser zu Salpetersäure reagiert
Austritt des Restgases (6)	– das Restgas enthält 95 – 97 % Stickstoff, 2 – 4 % Sauerstoff, 1 % Edelgase und bis zu 0,05 % nicht umgesetzte Stickstoffoxide

Salpetersäureherstellung

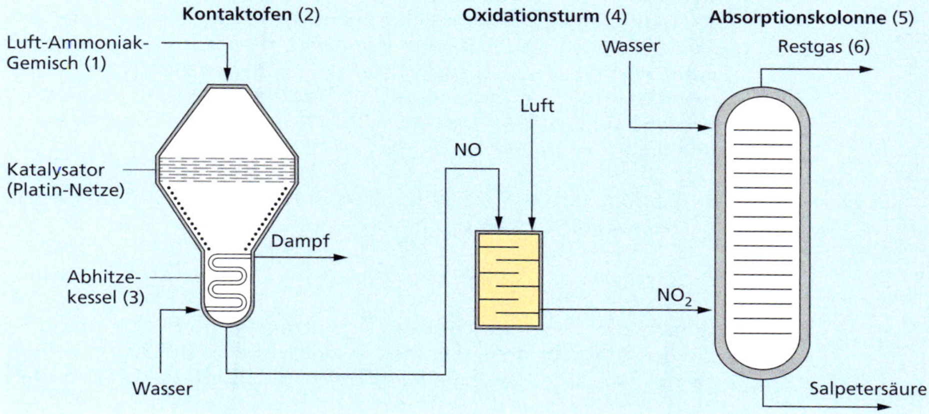

10.5.4 Technische Herstellung von Schwefelsäure

Moderne Schwefelsäureanlagen produzieren bis zu 3000 Tonnen Säure am Tag.

Schwefelsäure ist mit einer Menge von etwa 150 Mio. Tonnen pro Jahr die am meisten produzierte Chemikalie auf der Welt. Die **Verwendung von Schwefelsäure** ist äußerst vielfältig, der Hauptanteil von etwa 65 % dient der Herstellung von Phosphatdüngemitteln, der Rest verteilt sich auf viele Zweige der chemischen und nicht-chemischen Industrie. Als Rohstoffe für die Herstellung von Schwefelsäure dienen hauptsächlich der natürlich vorkommende Elementarschwefel und Schwefel, der bei der Verarbeitung von Erdöl und Erdgas anfällt. Das Rösten sulfidischer Erze (↗ S. 206) hat heute nur noch geringe Bedeutung.

Die Herstellung von Schwefelsäure erfolgt im kontinuierlichen Prozess und umfasst drei Teilschritte:
1. Gewinnung von Schwefeldioxid (z. B. durch Verbrennung von Schwefel mit Luft)
2. Katalytische Oxidation von Schwefeldioxid zu Schwefeltrioxid
3. Absorption des Schwefeltrioxids zu Schwefelsäure

Da der zweite Reaktionsschritt in der Regel an einem Feststoff-Katalysator (Kontakt) abläuft, wird es als **Kontaktverfahren** bezeichnet.

1. Schwefel wird in einer sehr stark exothermen Reaktion mit Luft verbrannt.

$$S + O_2 \longrightarrow SO_2 \qquad \Delta_R H^0 = -297\ \text{kJ}$$

2. Die Weiteroxidation von SO_2 zu SO_3 ist eine exotherme Gleichgewichtsreaktion, die an Vanadium(V)-oxid als Katalysator abläuft.

$$SO_2 + \tfrac{1}{2} O_2 \rightleftharpoons SO_3 \qquad \Delta_R H^0 = -99\ \text{kJ}$$

Bei der unteren Arbeitstemperatur des Kontaktes von ca. 400 °C liegt das Gleichgewicht fast vollständig beim SO_3. Durch die exotherme Reaktion erhöht sich die Temperatur und damit verschiebt sich das Gleichgewicht wieder zu den Ausgangsstoffen, sodass man den Katalysator in mehreren Schichten anordnet und die Reaktionsgase nach jeder Schicht wieder auf etwa 450 °C zwischenkühlt. Man erzielt auf diese Weise einen Umsatz von 97–98 % des SO_2 zum SO_3.

Schwefelsäure mit gelöstem SO_3 wird als Oleum bezeichnet. Fügt man dem Oleum wieder Wasser zu, reagiert das SO_3 damit zu Schwefelsäure.

3. Gasförmiges SO_3 kann nicht direkt in Wasser absorbiert werden, die Reaktion ist zu stark exotherm.

$$SO_3\,(g) + H_2O\,(l) \longrightarrow H_2SO_4\,(l) \qquad \Delta_R H^0 = -130\ \text{kJ}$$

Unter diesen Bedingungen bilden sich kleinste Schwefelsäuretröpfchen, die den Absorber passieren. Man absorbiert daher das SO_3 in konzentrierter (96–98 %) Schwefelsäure, worin es sich löst (Oleum) und gibt anschließend Wasser dazu, um die Konzentration aufrecht zu erhalten.

Ablauf der technischen Herstellung von Schwefelsäure	
Abschnitt	**Vorgänge**
Verbrennungsofen (1)	– Schwefel wird mit Luftüberschuß verbrannt. Es entsteht ein Gemisch mit ca. 10 % SO_2, 11 % O_2, 79 % N_2
Kühler (2)	– Reaktionswärme aus dem Verbrennungsofen (1) wird zur Erzeugung von Dampf und Elektroenergie genutzt
Wärmetauscher (3)	– Reaktionswärme aus dem Kontaktofen (4) heizt das Gasgemisch auf untere Arbeitstemperatur des Kontakts von ca. 420 °C auf
Kontaktofen (4)	– katalytische Oxidation von SO_2 zu SO_3 an einem Vanadium(V)-oxid-Kontakt mit Zusätzen – durch die exotherme Reaktion erhitzt sich das Gas, bei höherer Temperatur liegt aber weniger SO_3 im Gleichgewicht vor – der Kontakt ist daher in mehreren Schichten angeordnet, nach jeder Schicht wird im außen liegenden Wärmetauscher auf ca. 450 °C wieder abgekühlt – nach der 4. Kontaktschicht erhält man Umsätze von ca. 98 % des SO_2 zu SO_3
Absorber (5)	– SO_3 wird im **Gegenstrom** in ca. 96 %iger Schwefelsäure absorbiert und Oleum gebildet, das dann durch Wasserzugabe (5a) wieder auf die Ausgangskonzentration gebracht wird
Restgase (6) zur Abgasreinigung	– im Abgas sind noch 0,05 bis 0,2 % nicht umgesetztes SO_2, welches über die **Abgasreinigung** zurückgewonnen wird

Schwefelsäuresynthese

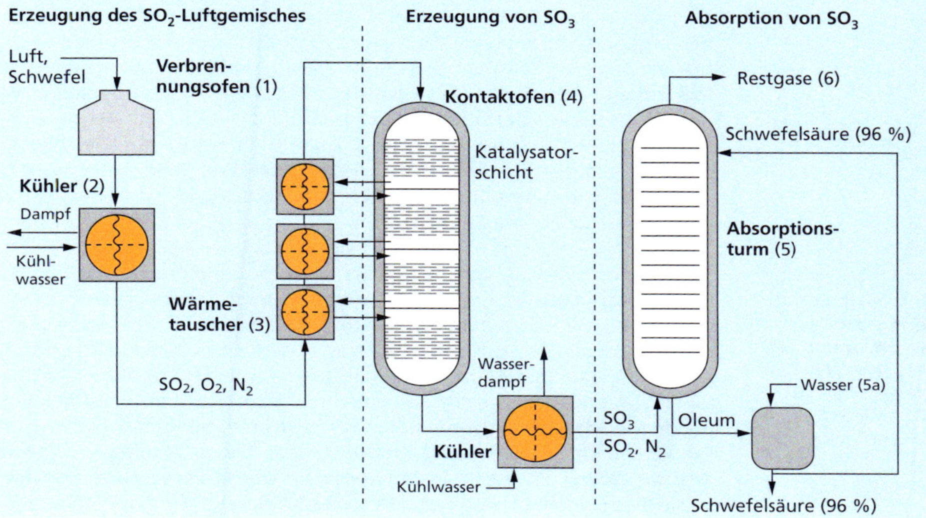

10.5.5 Technische Herstellung von Chlor und Natronlauge – Chloralkali-Elektrolyse nach dem Membranverfahren

Als Rohstoff für die Elektrolyse wird hauptsächlich Natriumchlorid aus Salzlagerstätten oder aus der Meerwasserentsalzung verwendet.

Chlor und Natronlauge (Natriumhydroxid) entstehen zusammen mit Wasserstoff als Koppelprodukte bei der Elektrolyse einer wässrigen Natrium-Chlorid-Lösung.

Chlor und Natriumhydroxid werden fast ausschließlich nach elektrolytischen Verfahren hergestellt. Die **Verwendung von Chlor und Natronlauge** als Grundstoffe der chemischen Industrie ist sehr vielseitig.
75–80 % des Chlors dienen der Herstellung organischer Verbindungen (z. B. Chloralkane, PVC, Insektizide), der Rest verteilt sich auf viele Anwendungen in der chemischen und nicht-chemischen Industrie. Chlor ist zu 50–60 % direkt oder indirekt am Umsatz der Chemieindustrie beteiligt. Natronlauge wird u. a. als Neutralisationsmittel, bei der Aluminiumherstellung aus Bauxit (↗ S. 402), für Waschmittel und Seifen (↗ S. 387) sowie in der Zellstoff- und Papierindustrie gebraucht.

Die in der Praxis ablaufenden Hauptreaktionen an den Elektroden bei der **Elektrolyse** einer wässrigen Lösung von Natriumchlorid nach dem hier beschriebenen Verfahren sind:

Anode: $2\,Cl^- \longrightarrow Cl_2 + 2\,e^- \qquad E^0 = 1{,}35\ V$

Katode: $2\,H_2O + 2e^- \longrightarrow H_2 + 2\,OH^- \qquad E^0 = -0{,}83\ V$

Die gleichzeitige Bildung von Chlor und Wasserstoff erfordert eine strikte Trennung von Anoden- und Katodenraum, um die Bildung von Chlor-Knallgas zu vermeiden. Die in den Katodenraum gelangenden Natriumionen aus dem NaCl und die hier elektrolytisch gebildeten OH^--Ionen ergeben Natronlauge, die aus dem Katodenraum entnommen wird.
Die anzulegende Zellspannung ergibt sich aus den Redoxpotenzialen der Elektrodenprozesse (↗ S. 121) und den aufzuwendenden **Überspannungen** (↗ S. 136); man arbeitet mit Zellspannungen von 3,2 bis 4,2 V.
Daraus ergibt sich ein erheblicher Energieaufwand für die Elektrolyse, man braucht je nach Verfahren 2 500–3 500 kWh Elektroenergie pro Tonne Chlor. In Deutschland werden allein dafür 2–3 % der gesamten Elektroenergie aufgewendet.

Industriell werden drei Varianten der Chlor-Alkali-Elektrolyse betrieben: das Amalgam-, das Diaphragma- und das Membranverfahren.

Es gibt verschiedene technische Varianten für die Durchführung des Elektrolyseprozesses und zur Trennung der Elektrodenräume.
Alle arbeiten im **kontinuierlichen Durchflussbetrieb.** Dabei wird jeweils eine konzentrierte, von störenden Fremd-Ionen gereinigte NaCl-Lösung ständig in den Anodenraum gepumpt. Hier wird ein Teil der Chlorid-Ionen zu Chlor oxidiert, die äquivalente Menge Natrium-Ionen gelangt in den Katodenraum, aus dem die Natronlauge entnommen wird.
Die verbrauchte NaCl-Lösung fließt aus dem Anodenraum ab. Sie wird durch Zugabe von festem NaCl wieder auf die Ausgangskonzentration gebracht und erneut eingesetzt **(Kreislaufprinzip)**.

Ablauf des Membranverfahrens der Chloralkali-Elektrolyse

Von den drei technisch genutzten Verfahren der Elektrolyse ist das Membranverfahren das modernste Verfahren mit zugleich den niedrigsten Baukosten und dem niedrigsten Energieverbrauch.

Abschnitt	Vorgänge
Soleaufbereitung (1)	– Sättigung der Sole durch Lösen von festem NaCl – Entfernung störender Fremdionen (Ca, Mg, Fe) aus dieser Sole
Anodenraum (2) mit Anode aus Titan (3)	– kontinuierlicher Zufluss einer konzentrierten NaCl-Lösung (ca. 300 g/l) in den Anodenraum – an der Anode wird ein Teil der Chloridionen zu Chlor oxidiert $2\,Cl^- \longrightarrow Cl_2 + 2\,e^-$ – aus dem Anodenraum fließt NaCl-Lösung geringerer Konzentration (ca. 200 g/l) ab – sie wird mit festem Salz auf die Ursprungskonzentration gebracht und im Kreislauf geführt
Membran (4)	– Anoden- und Katodenraum sind durch eine Membran getrennt, die nur für Wasser und Na^+-Ionen durchlässig ist – Na^+-Ionen gelangen durch die Membran in den Katodenraum und bilden dort NaOH
Katodenraum (5) mit Katode (6) aus Eisen	– es wird kontinuierlich verdünnte Natronlauge eingeleitet – Wasser wird an der Katode zu Wasserstoff reduziert $2\,H_2O + 2\,e^- \longrightarrow H_2 + 2\,OH^-$ – durch den Katodenprozess konzentriert sich die Lauge auf und fließt als 32–35 % NaOH ab – bei Bedarf wird die Lauge auf ω(NaOH) = 50 % eingedampft

Membranverfahren

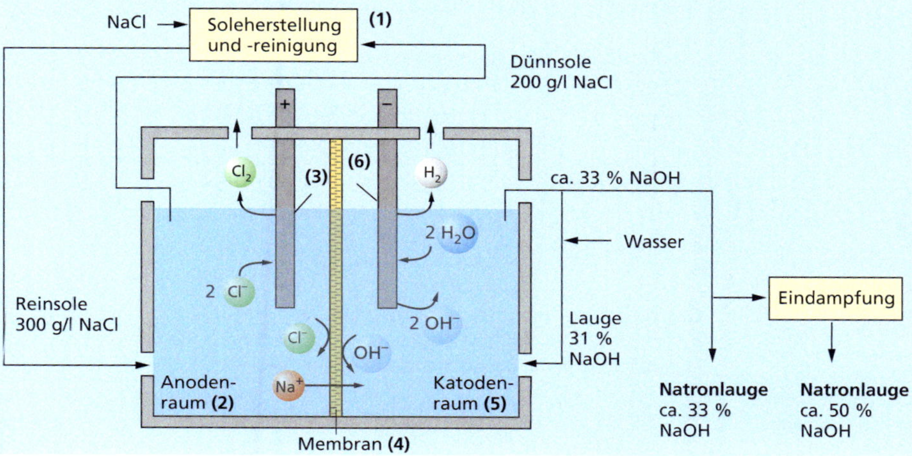

10.5.6 Herstellung von Aluminium durch Schmelzflusselektrolyse

Der wichtigste Rohstoff für die Gewinnung von Aluminium ist Bauxit, er enthält etwa 60 % Aluminiumhydroxid, und außerdem noch Eisen-, Silicium- und Titanverbindungen.

Nach Eisen ist **Aluminium** das zweitwichtigste technische Metall mit vielseitiger Anwendung (↗ S. 368). In Deutschland kommen etwa 40 % dieses Leichtmetalls im Fahrzeug- und Flugzeugbau zum Einsatz, 20–25 % im Bauwesen, der Rest verteilt sich auf den Einsatz im Maschinenbau, in der Elektro- und Verpackungsindustrie.

Die Herstellung von Aluminium erfolgt in zwei Prozess-Stufen:
1. Gewinnung von reinem Aluminiumoxid aus Bauxit
2. Gewinnung von Aluminium aus dem Oxid durch Elektrolyse in einer Schmelze

Gewinnung von Aluminiumoxid durch den Bayer-Prozess

Da Aluminium sehr unedel ist, kann man das Oxid nicht chemisch mit Kohle oder Wasserstoff, sondern nur elektrochemisch zum Metall reduzieren.

Zur Abtrennung der Begleitstoffe aus dem **Bauxit** nutzt man die Eigenschaft aus, dass Aluminiumhydroxid im Gegensatz zu den Begleitstoffen in heißer konzentrierter Natronlauge als Hydroxokomplex löslich ist.

$$Al(OH)_3 \quad + \quad OH^- \longrightarrow [Al(OH)_4]^-$$

Die unlöslichen Oxide des Eisens, Siliciums und Titans werden aus der heißen Lösung abfiltriert. Nach Abkühlung der Lauge fällt reines Aluminiumhydroxid aus und kann ebenfalls abfiltriert werden. Das Hydroxid wird dann bei ca. 1 200 °C zum Oxid, Al_2O_3, entwässert. Die Natronlauge wird erneut zum Bauxit-Aufschluss verwendet.

Gewinnung von Aluminium durch Schmelzflusselektrolyse

Die **Reduktion** von **Aluminiumoxid** zum Metall erfolgt elektrolytisch in einer Schmelze. Da der Schmelzpunkt des reinen Oxids über 2 000 °C liegt, löst man 5–10 % Al_2O_3 in einer Schmelze aus **Kryolith** (Na_3AlF_6) mit Zusätzen. Dadurch kann man bei 940–980 °C arbeiten.
Die Elektrolysezelle ist eine feuerfest ausgemauerte Stahlblechwanne. Das Oxid liegt in der Schmelze in Form seiner Ionen als Al^{3+} und O^{2-} vor. An der Katode aus Kohle werden Al^{3+}-Ionen zum Metall reduziert.

$$Al^{3+} \quad + \quad 3\,e^- \longrightarrow Al$$

Aus wässriger Lösung ist die elektrolytische Abscheidung nicht möglich, da wegen der Redoxpotenziale (↗ S. 125) zuerst Wasserstoff aus Wasser katodisch abgeschieden wird.

Das flüssige Aluminium sammelt sich unter der Schmelze und wird periodisch durch Vakuum abgesaugt. An der Kohleanode werden die Oxid-Ionen zu Sauerstoff oxidiert, der mit der Anode zu CO und CO_2 reagiert.

$$2\,O^{2-} \longrightarrow O_2 \quad + \quad 4\,e^-$$
$$2\,C \quad + \quad 1\tfrac{1}{2}\,O_2 \longrightarrow CO \quad + \quad CO_2$$

Da die Kohleanode durch die Reaktion mit Sauerstoff verbraucht wird, muss sie ständig nachgeschoben werden. Durch die Abscheidung von Aluminium und Sauerstoff verarmt die Schmelze an Al_2O_3, daher wird in regelmäßigen Abständen Oxid zugesetzt, um die gewünschte Konzentration zu halten. Der Energiebedarf für die Schmelzflusselektrolyse von Aluminium ist ebenfalls sehr hoch. Beim **Aluminium-Recycling** wird nur etwa 5–10 % der Energie benötigt.

Ablauf der Aluminium-Schmelzflusselektrolyse

Abschnitt	Vorgänge
Rohstoffzufuhr (1)	– der Schmelzpunkt des reinen Al_2O_3 liegt bei über 2 000 °C, daher löst man 5–10 % Oxid in einer Schmelze aus Kryolith (Na_3AlF_6) und Zusätzen – Aluminiumoxid wird periodisch zugegeben
Schmelze (2)	– Elektrolyse bei 940–980 °C und einer Zellspannung von etwa 5 V – formal liegt Aluminiumoxid in der Schmelze in Form von Al^{3+}-Ionen und Oxid-Ionen (O^{2-}) vor
Katode (3)	– Katode besteht aus Kohlenstoff (Grafit) – Reduktion von Aluminium-Ionen zum Metall
Anode (4)	– Anoden aus Grafit tauchen in die Schmelze ein – Oxidation der O^{2-}-Ionen an der Anode zu Sauerstoff – sofortige Reaktion des Sauerstoffs mit dem Anodenmaterial zu CO und CO_2 (Anodengas) – Anodengas wird abgeleitet und gereinigt – da die Anode verbraucht wird, muss man sie periodisch erneuern
Abstich (5)	– das schwerere Aluminium sammelt sich flüssig (Smp. 660 °C) unter der Schmelze und wird von dort in bestimmten Abständen abgesaugt

Schmelzflusselektrolyse

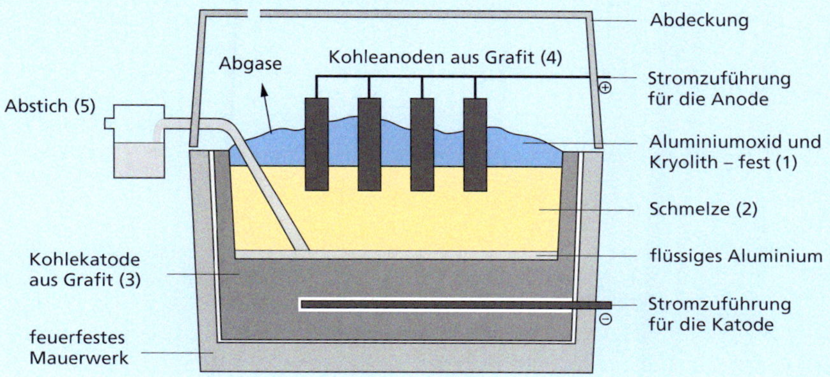

10.5.7 Erdölverarbeitung – Gewinnung von Treibstoffen und Rohstoffen für die chemische Industrie

Erdöl, Erdgas und **Kohle** sind fossile Rohstoffe. Die Erdölvorräte sind begrenzt und reichen nur noch für einige Jahrzehnte.
Die **Zusammensetzung von Erdöl** variiert von Lagerstätte zu Lagerstätte.

Das aus Meeresorganismen hervorgegangene Erdöl ist ein komplexes Stoffgemisch, das hauptsächlich aus verschiedenen kettenförmigen, ringförmigen und aromatischen **Kohlenwasserstoffen** besteht.
Erdölprodukte werden in erster Linie zur Energieerzeugung, z. B. als Heiz- und Kraftstoffe, genutzt. Weniger als 10 % dienen als Rohstoffe für die chemische Industrie, z. B. als Ausgangsverbindungen für die Synthese von Kunststoffen.
Aufgabe der Erdölraffinerie ist es, die unterschiedlichen Produkte diesem Bedarf entsprechend herzustellen und so den kostbaren Rohstoff Erdöl effektiv zu nutzen.

Die **Erdölverarbeitung** erfolgt stufenweise in großen **Raffinerien:**
1. Rohöldestillation
2. Weiterverarbeitung bzw. Veredelung
3. Petrochemie

Siedefraktionen sind Kohlenwasserstoffgemische aus der Destillation mit vorgegebenen Siedegrenzen.

Bei der **Rohöldestillation** (↗ S. 405) wird das Vielstoffgemisch Erdöl in verschiedene Siedefraktionen aufgetrennt. Dabei erhält man jedoch einen hohen Anteil hoch siedender Kohlenwasserstoffgemische, für die nur ein geringer Bedarf besteht.
In der **Weiterverarbeitung** werden die höher siedenden Fraktionen durch Cracken (↗ S. 406) in die benötigten Treibstoffe umgewandelt. Die Qualität der Kraftstoffe wird durch Reformieren (↗ S. 407) und Entschwefelung verbessert.
Die **Petrochemie** (↗ S. 408) stellt anschließend aus verschiedenen Siedefraktionen Verbindungen wie Aromaten und Alkene her und isoliert sie. Diese Stoffe dienen als Rohstoffe für viele chemische Produkte.

Schema der Erdölverarbeitung

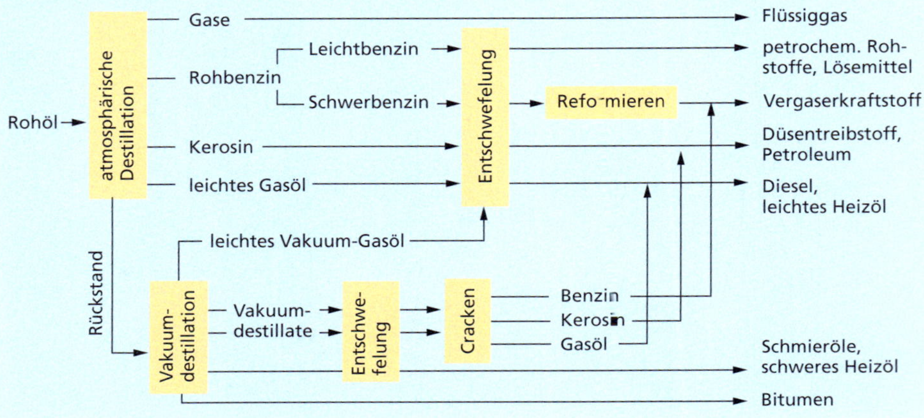

Rohöldestillation

Ziel der Rohöldestillation ist es, das Rohöl, ein sehr komplexes Gemisch verschiedener Kohlenwasserstoffe, in einer **Rektifikationskolonne** in Fraktionen mit definierten Siedebereichen zu zerlegen

Die mehrfache Wiederholung der Destillation wird als Rektifikation bezeichnet.

Abschnitt	Vorgänge
Röhrenofen (1)	– Erhitzen des Rohöls auf ca. 360 °C
Fraktionierkolonne (2) bei Normaldruck (atmosphärische Destillation)	– Verdampfen der unter 360 °C siedenden Anteile unter Normaldruck am Fuß der Kolonne – Abkühlung des Dampfes bis zur Kondensation beim Aufsteigen – kontinuierliche Entnahme der einzelnen flüssigen Fraktionen in verschiedenen Höhen der Kolonne
atmosphärischer Rückstand (3)	– die über 360 °C siedenden Anteile werden flüssig als atmosphärischer Rückstand entnommen
Vakuum-Fraktionierkolonne (4a)	– Zerlegung des atmosphärischen Rückstands im Vakuum (schonende Bedingungen) in weitere Fraktionen (verschiedene Öle) – Vakuumrückstände (5) sind > 500 °C siedende Bestandteile (Bitumen)
thermisches Cracken (4b)	– alternativ zur Vakuumfraktionierung kann der Rückstand der atmosphärischen Destilation gecrackt werden – dabei werden wertvolle niedrigsiedende Fraktionen gewonnen

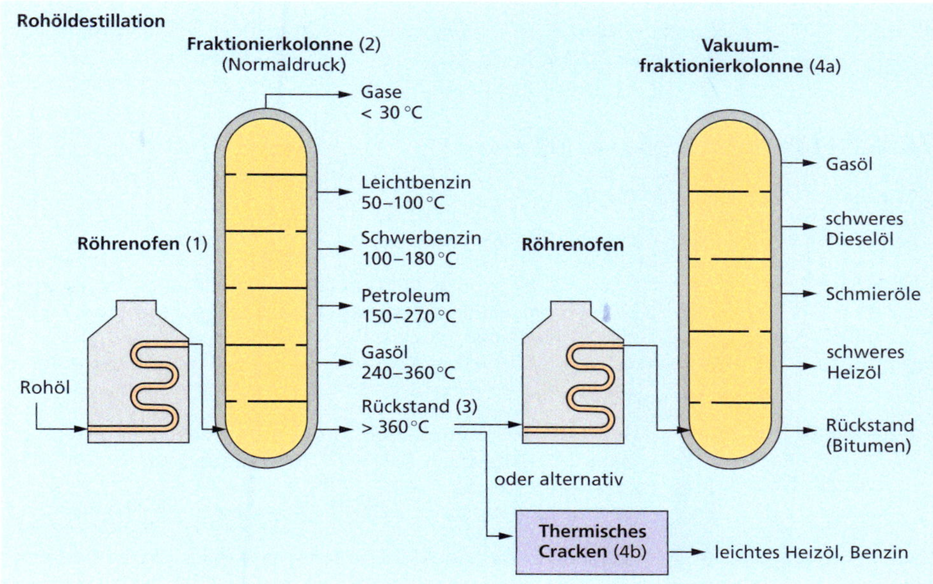

Unter Cracken versteht man die Spaltung langkettiger Kohlenwasserstoffe in kürzerkettige mit oder ohne Einsatz von Katalysatoren

Mehr Benzin durch Cracken

Die Rohöldestillation liefert oft nur etwa 20 % Benzine und weitere 30 % Produkte im Siedebereich unter 360 °C, aber große Mengen hochsiedender **Schweröle.** Der Bedarf an **Benzin** und **Dieselöl** ist aber höher.

> Die **Konversion** der weniger benötigten über 360 °C siedenden Anteile des Erdöls in niedrig siedende Fraktionen erfolgt durch **Cracken.**

Das Fluid Catalytic Cracking (FCC) ist ein Crackprozess mit bewegtem Katalysator. Es ist das wichtigste katalytische Crackverfahren.

Werden langkettige Kohlenwasserstoffe auf Temperaturen über 400 °C erhitzt, spalten die C–C-Bindungen und es entstehen kürzerkettige Verbindungen. Diese Konversion der Vakuumdestillate kann unterschiedlich erfolgen: rein thermisch ohne Katalysator, unter Zusatz von Wasserstoff (Hydrocracken) oder mittels Katalysatoren (z. B. FCC).
Beim **katalytischen Cracken** gewinnt man hochwertige Benzine.

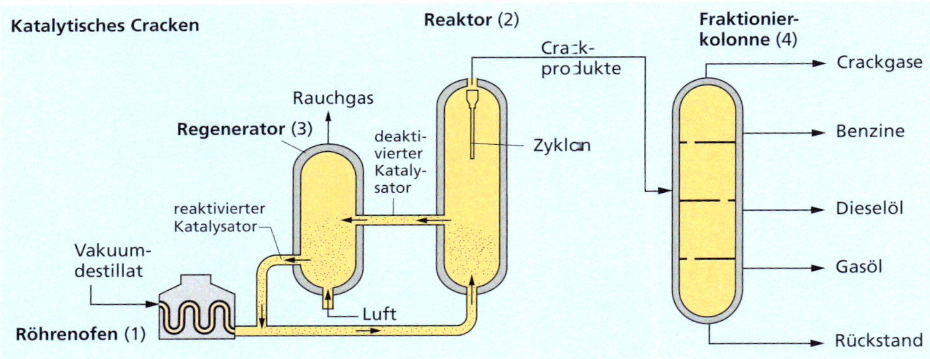

Ablauf des katalytischen Crackens (FCC-Prozess)	
Abschnitt	**Vorgänge**
Röhrenofen (1)	– Verdampfen des Vakuumdestillats bei 500 – 600 °C
Reaktor (2)	– Spaltung der großen Moleküle am aufgewirbelten Katalysator (Aluminiumoxid/Siliciumdioxid) in ein Gemisch kleinerer Moleküle (Gase, Benzin, Petroleum) – dabei entsteht etwas Koks, der sich auf dem Katalysator ablagert und ihn so innerhalb von Minuten unwirksam macht
Regenerator (3)	– Einleiten des koksbeladenen Katalysators in einen Regenerator – durch Überleiten von Luft wird der Koks abgebrannt und der Katalysator so reaktiviert – Rückführung des reaktivierten Katalysators in den Reaktor
Fraktionierkolonne (4)	– destillative Trennung der Crackprodukte in die Siedefraktionen

Besseres Benzin durch Reformieren

Die Benzine aus der Rohöldestillation haben eine schlechte Qualität als **Vergaserkraftstoff** (VK), sie neigen zum „Klopfen". Das Klopfen entsteht im Motor durch vorzeitige Entzündung des Benzin-Luft-Gemisches beim Verdichten. Dabei spielt die Struktur der im Benzin enthaltenen Kohlenwasserstoffe eine entscheidende Rolle.

Zur Erhöhung der Klopffestigkeit eines Benzins werden Antiklopfmittel zugemischt, früher nutzte man dazu organische Bleiverbindungen.

Oktanzahlen von Kohlenwasserstoffen

n-Hexan: 25	n-Octan: 0	Cycloalkane: 70 – 90	Benzen: 106
n-Heptan: 0	iso-Octan: 100	iso-Alkane: 70 – >100	Toluen: 115

Die unverzweigten n-Alkane entzünden sich schneller als die verzweigten Isoalkane, ringförmige Cycloalkane und die Aromaten. Der Anteil der n-Alkane im Rohbenzin ist oftmals zu hoch, sodass diese in die anderen Kohlenwasserstoffe umgewandelt werden müssen. Eine Maßzahl für die **Klopffestigkeit** ist die **Oktanzahl** (ROZ – Research Oktanzahl)

Erdöl enthält organisch gebundenen Schwefel, der die Katalysatoren beim Reformieren und Cracken vergiftet. Außerdem entsteht beim Verbrennen schwefelhaltiger Kraftstoffe umweltschädliches Schwefeldioxid. Deshalb ist eine Entschwefelung der Erdöldestillate nötig.

Das **Reformieren** ist ein katalytischer Prozess, bei dem Kohlenwasserstoffe geringerer Klopffestigkeit (Oktanzahl) in solche mit höherer umgewandelt werden.

Beim Reformieren wird die Struktur der Kohlenwasserstoffe umgewandelt, ohne dass sich die Molekülgröße ändert. Dabei laufen verschiedene Reaktionen neben- und nacheinander ab, die wichtigsten sind:
- Isomerisierung von n-Alkanen zu iso-Alkanen
- Cyclisierung von kettenförmigen zu ringförmigen Alkanen
- Dehydrierung von Cycloalkanen zu Aromaten.

Der Prozess wird bei 450 – 550 °C und ca. 1 MPa Druck unter Zusatz von Wasserstoff an einem **Katalysator** aus fein verteiltem Platin auf Aluminiumoxid durchgeführt, wobei das Platin die Dehydrierung und das Aluminiumoxid die Isomerisierung und Cyclisierung katalysiert.

Schema der Reaktionen beim Reformieren

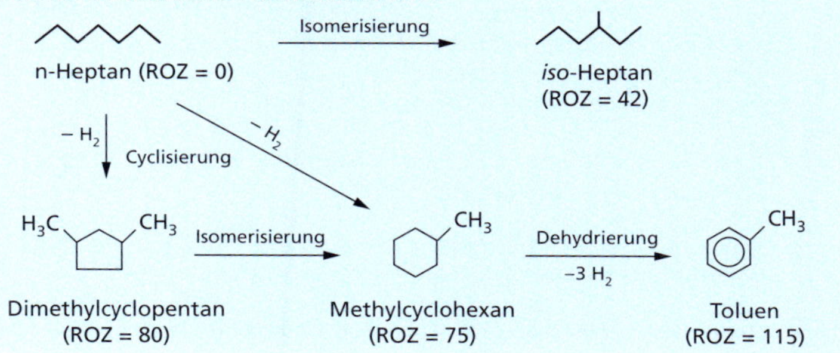

Der Zusatz von Wasserstoff beim Reformieren unterdrückt die Bildung von Koks aus unerwünschten Crack-Reaktionen.

Die Pyrolyse ist ein Crackprozess, der bei 700 – 950 °C abläuft. Dabei werden in den Ausgangsmolekülen sowohl C–C- als auch C–H-Bindungen gespalten. Sie erfolgt in langen Rohren, die mit Brennern von außen beheizt werden.

Petrochemie – Gewinnung von Alkenen und Aromaten

Zur Herstellung von organischen Kunststoffen und Synthesefasern (↗ S. 351) werden große Mengen an **Alkenen** (Ethen, Propen, Butadien) und **Aromaten** als Rohstoffe benötigt. Die **Petrochemie** gewinnt diese Rohstoffe aus verschiedenen Raffinerieprodukten.

Gewinnung von Alkenen durch Pyrolyse

Alkene werden meist aus Benzinkohlenwasserstoffen durch **Pyrolyse** (thermische Spaltung) bei 700 – 950 °C hergestellt.

Die Pyrolyse läuft unter Zusatz von Wasserdampf ab, daher rührt auch die Bezeichnung **Steamcracken** für diesen Prozess.
Das dabei entstehende Produktgemisch ist reich an Alkenen und Aromaten. In einer anschließenden mehrstufigen destillativen Trennanlage erhält man daraus das Pyrolysebenzin (Kohlenwasserstoffe mit 5 und mehr Kohlenstoffatomen) sowie die reinen Alkene.

Bei der Pyrolyse fällt ein Produktgemisch an, das 12–15 % Methan, 28–35 % Ethen, 14–17 % Propen, 3 bis 5 % Butadien und ca. 25 % Pyrolysebenzin enthält. Das Pyrolysebenzin ist reich an Aromaten.

Pyrolyse

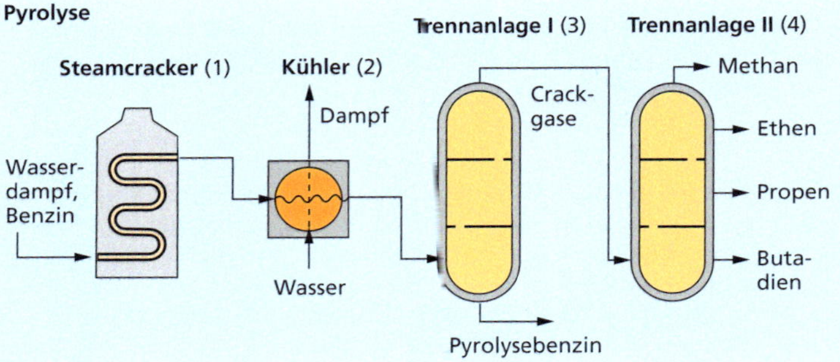

Ablauf der Pyrolyse	
Abschnitt	**Vorgänge**
Steamcracker (1)	– Benzin wird unter Zusatz von Wasserdampf ganz kurz (0,1 – 1 s) auf 700 – 950 °C erhitzt – Spaltung der Kohlenwasserstoffketten in kurze Bruchstücke und Abspaltung von Wasserstoff (Dehydrierung) – Bildung verschiedener Alkene und Aromaten
Kühler (2)	– schnelle Abkühlung der Reaktionsprodukte unter 350 °C zur Verhinderung ihres Zerfalls
Trennanlage I (3)	– Trennung des Produktgemisches in seine flüssigen (Pyrolysebenzin) und gasförmigen (Alkene) Bestandteile
Trennanlage II (4)	– Gewinnung reiner Alkene durch Tieftemperaturdestillation

Gewinnung von Aromaten durch Extraktion

In der Erdölverarbeitung fallen Gemische an, die reich an Aromaten sind. So enthält Reformat-Benzin 40–60 % der so genannten **BTX-Aromaten,** im Pyrolysebenzin sind 65–85 % Aromaten enthalten.
Aus diesen Gemischen lassen sich die Aromaten destillativ durch Rektifikation aber nicht gewinnen, da die Siedepunktsdifferenz zu nichtaromatischen Verbindungen im Gemisch zu gering ist.

Das Gemisch aus Benzen, Toluen und den Xylenen wird als BTX-Aromaten-Gemisch bezeichnet und wurde früher ausschließlich durch Kohleveredlung hergestellt.

Die Aromaten werden aus diesen Gemischen durch Extraktion abgetrennt und dann destillativ in die reinen Komponenten zerlegt.

Bei der **Flüssig-Flüssig-Extraktion** wird ein selektives Lösungsmittel zugesetzt, in dem sich nur die Aromaten lösen, das sich aber mit den Nichtaromaten nicht mischt. Es bilden sich zwei flüssige Schichten. Die schwere Schicht aus Extraktionsmittel mit Aromaten wird unten entnommen. Daraus gewinnt man die Aromaten durch zweifache Rektifikation.

Als Selektivlösungsmittel (Extraktionsmittel) wird z. B. ein Gemisch aus Ethandiol/Wasser verwendet.

Aromatengewinnung aus Pyrolysebenzin

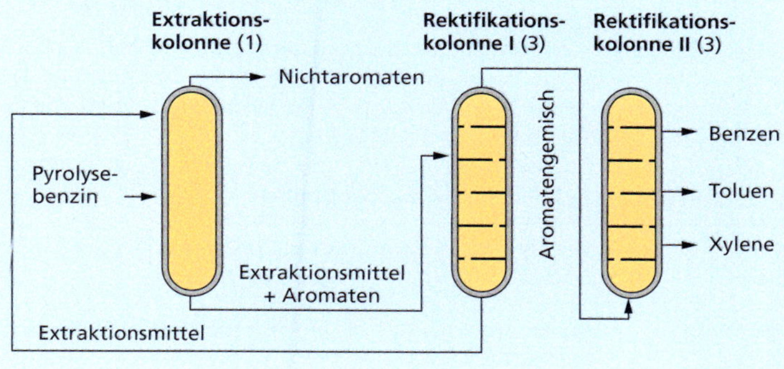

Ablauf der Extraktion von z. B. Pyrolysebenzin	
Abschnitt	**Vorgänge**
Extraktions-kolonne (1)	– Kontinuierliche Zugabe des Lösungsmittels oben in der Extraktionskolonne – ständige Zugabe des Pyrolysebenzins in der Mitte der Kolonne – Lösungsmittel ist spezifisch schwerer, sinkt nach unten und nimmt dabei nur die Aromaten auf **(Gegenstromprinzip)** – Aromatenhaltiges Lösungsmittel wird unten aus der Kolonne entnommen – Nichtaromaten des Benzins werden aus der Kolonne entnommen
Rektifikations kolonne I (2)	– destillative Abtrennung des Aromatengemisches vom Lösungsmittel – Rückführung des aromatenfreien Lösungsmittels in die Extraktionskolonne
Kolonne II (3)	– destillative Trennung des Aromatengemisches

10.6 Umweltbezogene Chemie

10.6.1 Chemikalieneintrag in die Umwelt

Der vom Menschen verursachte Chemikalieneintrag in die Umwelt wird anthropogener Eintrag genannt. Die sich daraus ergebenden Veränderungen der Umwelt hängen von vielen Faktoren, z. B. der Menge und der Abbaubarkeit der Stoffe ab.

Auch ohne menschliche Aktivität laufen in unserer Umwelt ständig eine Vielzahl natürlicher chemischer Reaktionen und physikochemischer Prozesse ab. Dabei werden in der Atmosphäre, Hydrosphäre, Geosphäre und Biosphäre Stoffe, also Chemikalien, gebildet oder verbraucht. Die stoffliche Zusammensetzung dieser **Umweltbereiche** unterliegt dabei ständigen z. T. kurzfristigen, aber auch sehr langfristigen Änderungen.

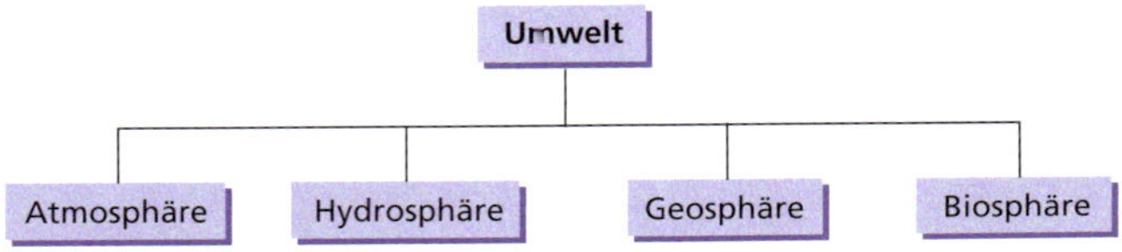

Durch menschliches Handeln gelangen nun zusätzlich sowohl „natürliche“ Stoffe, wie Kohlenstoffdioxid oder Stickstoffoxide, als auch „nicht-natürliche“ Stoffe, wie FCKW oder Biozide, in die Umwelt und führen zu Veränderungen der Zusammensetzung dieser Umweltbereiche.

Dabei überlagern sich zum Teil **anthropogenene Einträge** und natürlich verursachte Prozesse, z. B. der Eintrag von CH_4 in die Atmosphäre. Die Angabe einfacher Ursache – Wirkungs – Beziehungen ist bei solchen komplexen Zusammenhängen sehr schwierig.

Stoffe und anthropogene Quelle	**Auswirkungen auf die Umwelt**
CO_2 aus Verbrennung, CH_4 aus diversen Quellen	Verstärkung des natürlichen Treibhauseffektes (↗ S. 413)
SO_2 und NO_x aus Verbrennungsprozessen	saurer Regen, Versauerung von Gewässern, mitverantwortlich für Waldsterben (↗ S. 414)
NO_x, CO und Kohlenwasserstoffe aus Autoabgasen	Bildung von bodennahem Ozon und Fotosmog im Sommer (↗ S.417)
Fluorchlorkohlenwasserstoffe (FCKW)	Ozonzerstörung in der Stratosphäre (↗ S. 416)
Phosphat aus Waschmitteln und Fäkalien	Eutrophierung der Gewässer (↗ S. 419)
Schwermetalle (z. B. Blei) aus Industrieprozessen	Gesundheitsschäden durch Aufnahme mit der Nahrung
Nitrat aus Düngemitteln	Auswaschen ins Grundwasser, Gesundheitsrisiken
PCB aus verschiedenen Quellen (↗ S. 288)	Bioakkumulation, Störung des Immunsystems und der Fortpflanzungsfähigkeit bei Lebewesen

10.6.2 Stoffkreisläufe

Einige natürliche Stoffe treten in mehreren Umweltbereichen auf und werden zwischen diesen ausgetauscht. Die dynamischen Austauschgleichgewichte eines Stoffes und die Umwandlung von Elementen in verschiedene Verbindungen werden durch **Stoffkreisläufe** beschrieben.

Durch langfristige Untersuchungen der **Stoffkreisläufe** können Störungen der natürlichen Prozesse durch anthropogene Einflüsse nachgewiesen werden.

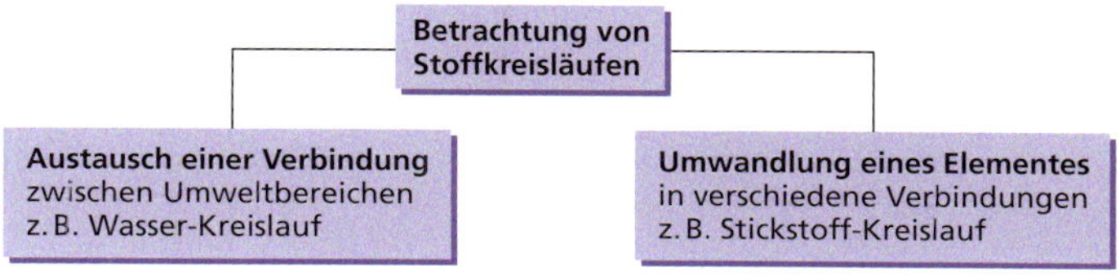

Der Kreislauf des Kohlenstoffs

Der **Kohlenstoffkreislauf** beschreibt den globalen Haushalt des Elementes Kohlenstoff in den vier Umweltbereichen.

Kohlenstoff ist auf alle vier Umweltbereiche verteilt. Die Atmosphäre enthält CO_2, dazu vergleichsweise geringe Mengen CO und CH_4. Im Wasser sind Carbonate und Hydrogencarbonate gelöst, dazu kommt biologischer Kohlenstoff der im Wasser lebenden Organismen. Die Geosphäre enthält Kohlenstoff in Carbonaten, dazu fossile Lagerstätten von Kohle, Erdöl und Erdgas. Die Biosphäre enthält Kohlenstoff in lebender und abgestorbener Biomasse. Der Austausch zwischen den Bereichen erfolgt hauptsächlich über CO_2.

Der natürliche Kohlenstoffkreislauf wird anthropogen beeinflusst. Durch **Verbrennung** gelangt zusätzlich CO_2 in die Atmosphäre. Das führt zum Anstieg des CO_2 Gehaltes in der Luft und zur Verstärkung des natürlichen Treibhauseffektes.

Stoff-Fluss pro Jahr und Reservoir in Mrd. Tonnen Kohlenstoff

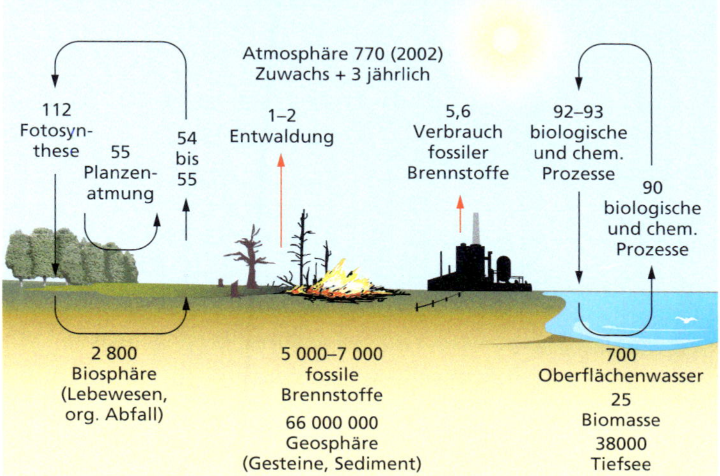

10.6.3 Belastungen der Atmosphäre

Die Zusammensetzung der Atmosphäre hat sich in der Erdgeschichte stark geändert. Sauerstoff wurde erst durch Fotosynthese gebildet.

Aufbau der Atmosphäre

Luft ist ein Stoffgemisch, sie enthält 78,1 % Stickstoff, 21,0 % Sauerstoff, 0,9 % Argon und zahlreiche **Spurengase,** wie Kohlenstoffdioxid und Ozon. Verschiedene Spurengase haben aber große Bedeutung für bestimmte Eigenschaften der Atmosphäre.

Die **Atmosphäre** ist die Lufthülle der Erde. Sie besitzt eine ausgeprägte vertikale Temperaturverteilung und wird dadurch in verschiedene Schichten gegliedert.

Diese Schichtung ergibt sich durch verschiedene physikalische und chemische Prozesse in der Atmosphäre und ist von großer Bedeutung für die Verteilung der Stoffe in der Atmosphäre.
Die bis etwa 10 km reichende unterste Schicht ist die **Troposphäre,** in der sich fast das gesamte Wettergeschehen abspielt. In dieser Schicht sinkt die Temperatur mit zunehmender Höhe. In der darüberliegenden **Stratosphäre** steigt die Temperatur wieder an.

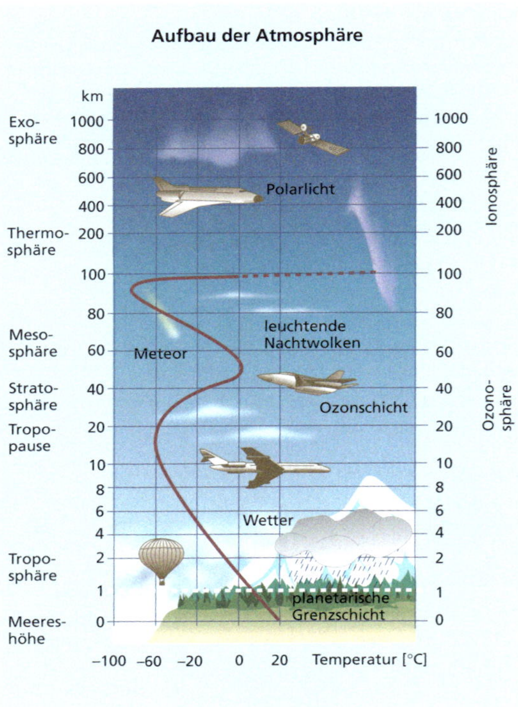

Das wird durch das dort gebildete Ozon verursacht, welches das kurzwellige Sonnenlicht im UV absorbiert (↗ S. 416). Der Bereich des Temperaturminimums zwischen beiden Schichten, die **Tropopause,** hat große Bedeutung. Sie erschwert den ungehinderten Stoffaustausch zwischen diesen beiden Schichten. Durch menschliche Aktivitäten gelangen natürliche Gase wie CO_2, aber auch naturfremde wie die FCKW, in großen Mengen in die Atmosphäre. Dadurch werden die Eigenschaften der Lufthülle und natürliche Gleichgewichte beeinflusst.

Als Folge des Chemikalieneintrags in die Atmosphäre können sich regional und global schwer wiegende Veränderungen der Umwelt ergeben, weil:
- Schadstoffe als Gase, Dämpfe und Stäube weit transportiert werden,
- die Masse der Atmosphäre vergleichsweise klein ist und sie daher empfindlich bereits auf kleine Schadstoffmengen reagiert,
- nachhaltige Veränderungen schon in kurzen Zeiträumen stattfinden.

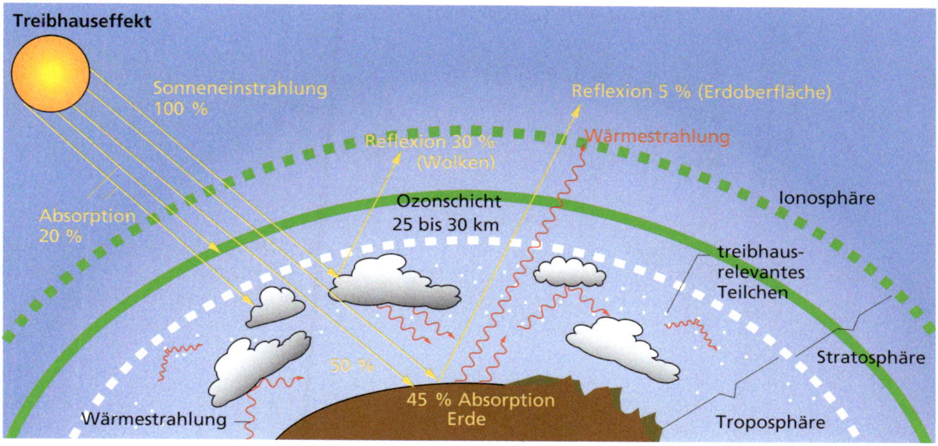

Die Sonnenstrahlung umfasst den Wellenlängenbereich von 200 bis 3 000 nm. Das UV-Licht (200–400 nm) wird in der Stratosphäre fast vollständig absorbiert. Sichtbares Licht (400–750 nm) kann die Atmosphäre dagegen passieren. Es erwärmt die Erdoberfläche und wird dann hauptsächlich als Wärmestrahlung im Infrarotbereich ($\lambda > 750$ nm) wieder reflektiert. Die IR-Strahlung wird in der Atmosphäre von einigen Spurengasen, z. B. Wasserdampf, Kohlenstoffdioxid, Methan teilweise absorbiert. Daraus resultiert eine Erwärmung der Erde um ca. 33 K, die als **natürlicher Treibhauseffekt** bezeichnet wird.

Gase, die infrarote Strahlung absorbieren und so die Luft erwärmen, nennt man Treibhausgase. Ohne die natürlichen Treibhausgase in der Atmosphäre würde die mittlere Oberflächentemperatur der Erde nur –18 °C betragen.

Die Erwärmung der unteren Atmosphäre infolge Energieabsorption durch klimarelevante Spurengase nennt man **Treibhauseffekt.**

Durch die Verbrennung fossiler Brennstoffe ist jedoch der Kohlenstoffkreislauf (↗ S. 411) gestört. Die Konzentration an CO_2 in der Atmosphäre hat sich in den letzten 100 Jahren um ca. 25 % erhöht. Die Konzentration anderer **Treibhausgase** in der Luft hat sich durch den Menschen verursachte Einflüsse ebenfalls erhöht, z. B. hat sich die CH_4-Konzentration im gleichen Zeitraum etwa verdoppelt. Dadurch wird mehr IR-Strahlung in der Atmosphäre absorbiert und der natürliche Treibhauseffekt anthropogen verstärkt.
Da sich die Emissionen von Treibhausgasen fortsetzen, steigen damit auch ihre atmosphärischen Konzentrationen künftig weiter an. Zudem haben einige anthropogene Treibhausgase wie die Halogenkohlenwasserstoffe eine viel stärkere Wirkung als z. B. CO_2. Somit ist eine weitere globale Erwärmung in den nächsten Jahrzehnten vorprogrammiert.

Der Name **Treibhauseffekt** ist abgeleitet vom Treibhaus, in diesem ist das Glas durchlässig für eingestrahltes sichtbares Licht, aber undurchlässig für reflektierte IR-Strahlung.

Der Anstieg der globalen Jahresdurchschnittstemperatur um ca. 0,7 °C in den letzten 100 Jahren wird als anthropogene Verstärkung des Treibhauseffektes angesehen.

Emissionen der säurebildenden Gase SO_2 und NO_x

Die Summe aus den Stickstoffoxiden NO und NO_2 bezeichnet man als Stickoxide bzw. NO_x.

Bei der Verbrennung **fossiler Brennstoffe** werden u.a. Schwefeloxide und Stickstoffoxide emittiert, die selbst schädlich sind. Da sie zudem in der Atmosphäre Säuren bilden, nennt man sie **saure Gase.**

Brennstoffe enthalten organisch gebundenen Schwefel und Stickstoff. Diese werden bei der Verbrennung zu SO_2 bzw. NO und NO_2 oxidiert. Zusätzlich bilden sich oberhalb 1000 °C Stickstoffoxide aus Stickstoff und Sauerstoff der Verbrennungsluft. Verursacher sind zu unterschiedlichen Anteilen Industrie, Verkehr, Gewerbe und Haushalte.

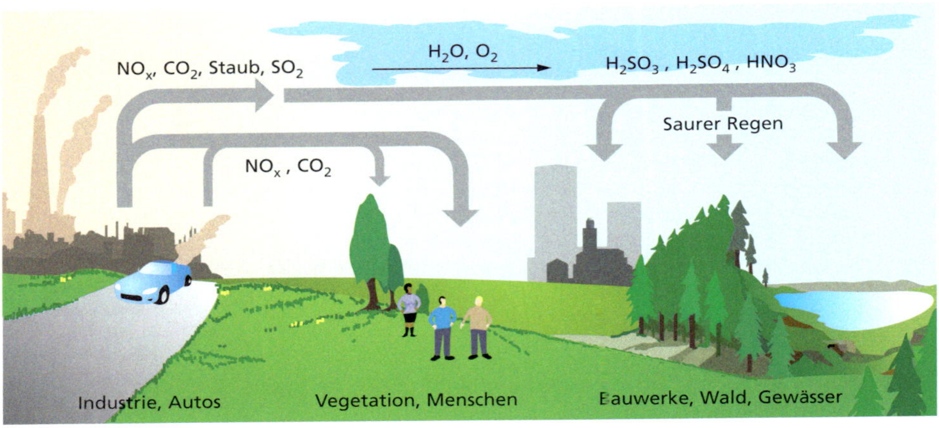

Die Gase SO_2 und NO_2 wirken direkt schädigend auf Organismen. Außerdem bilden sie mit der Luftfeuchtigkeit **Säuren** (H_2SO_3, H_2SO_4 bzw. HNO_3). Diese Säuren lösen sich im Niederschlag und führen so zu einer Erhöhung dessen Acidität (↗ S. 180), dem **sauren Regen.** „Sauberer" Regen weist infolge des CO_2-Gehaltes der Luft *pH*-Werte um 5,6 auf. In Deutschland wurden in den 80iger und 90iger Jahren *pH*-Werte des Regens zwischen 4,0 und 4,5 gemessen.

Saurer Regen führt zur Versauerung der Gewässer und Böden, zur Korrosion von Bauwerken und zu Schädigungen des Ökosystems Wald.

Das entspricht der 10- bis 40-fachen Säurekonzentration des Normalwertes. In Schottland traten sogar Spitzenwerte bis zu einem *pH*-Wert von 2,4 (mehr als das 1000-fache der natürlichen Säurekonzentration) auf. Um Schäden an der Umwelt möglichst gering zu halten, müssen Abgase von diesen Schadstoffen weitgehend befreit werden, bei Kraftwerken mittels Rauchgasreinigungsanlagen, beim PKW mittels **Abgaskatalysator.**

Rauchgasreinigung in Kraftwerken

Die Hauptschadstoffe im Rauchgas eines Kraftwerkes sind CO_2, SO_2, Stickstoffoxide und Staub. Diese Schadstoffe müssen durch **Rauchgasreinigung** weitgehend entfernt werden.

Typische Rauchgaszusammensetzung eines Kohlekraftwerkes: 78 % N_2, 16 % CO_2, 6 % O_2, 0,1 % SO_2 (2 g/m^3), 0,05–0,1 % NO_X (0,8–1,5 g/m^3), 6–50 g Staub/m^3.

Es gibt in vielen Ländern gesetzliche Vorgaben über zulässige Höchstmengen an Schadstoffen im Rauchgas. In Deutschland gelten für große Kraftwerke mit über 300 MW Leistung u. a. folgende Abgasgrenzwerte: Staub unter 50 mg/m^3; SO_2 unter 400 mg/m^3, NO_x unter 200 mg/m^3. Vergleicht man diese Vorgaben mit den Ausgangswerten so erfordert das Mindest-Abscheidungsgrade von ca. 99,9 % bei Staub, 80 % bei SO_2 und 80 % bei den Stickoxiden.

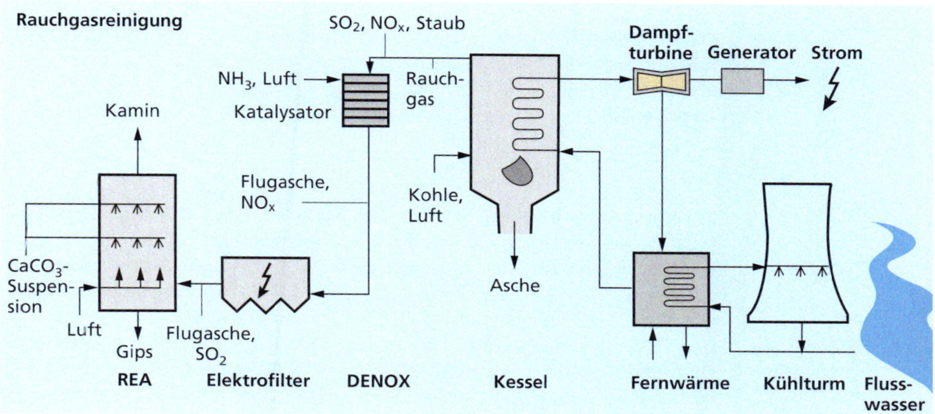

Meist werden zuerst die Stickstoffoxide in der **DENOX-Anlage** entfernt. Sie werden an einem Katalysator bei 300–400 °C mit zudosiertem Ammoniak zu 80–90 % in Stickstoff und Wasserdampf umgesetzt.

$$6\,NO + 4\,NH_3 \longrightarrow 5\,N_2 + 6\,H_2O$$
$$6\,NO_2 + 8\,NH_3 \longrightarrow 7\,N_2 + 12\,H_2O$$

Dann wird das Gas in einem Elektrofilter, das mit 50–80 kV arbeitet, entstaubt. Dabei werden die Staubteilchen negativ aufgeladen und scheiden sich an der positiv geladenen Filterwand ab.

In der **Rauchgasentschwefelungsanlage** (REA) wird anschließend das SO_2 weitgehend entfernt. Dafür gibt es verschiedene Varianten. In den meisten Fällen sprüht man eine wässrige Suspension von fein gemahlenem Kalkstein $CaCO_3$ in das Rauchgas ein. Dabei entsteht aus SO_2, $CaCO_3$ und Sauerstoff der eingeblasenen Luft Gips (Calciumsulfat-Dihydrat), der in der Baustoffindustrie verwendet werden kann.

$$SO_2 + CaCO_3 + \tfrac{1}{2}\,O_2 + 2\,H_2O \longrightarrow CaSO_4 \cdot 2\,H_2O + CO_2$$

Bei der Rauchgasreinigung in Kraftwerken werden die Schadstoffe nacheinander entfernt. Der Bau eines Steinkohle-Kraftwerks mit einer Leistung von 700 MW kostet insgesamt ca. 750 Mio. €, davon die Rauchgasreinigung allein ca. 25 %.

Abbau von Ozon in der Stratosphäre

In der Stratosphäre wird durch **Fotolyse** von molekularem Sauerstoff **Ozon** gebildet. Dieses absorbiert UV–Strahlung und verhindert so, dass biologisch schädliche Strahlung zur Erdoberfläche gelangt.

Die **energiereiche UV-Strahlung** der Sonne spaltet in der **Stratosphäre** Sauerstoffmoleküle in Atome, die mit weiteren Sauerstoffmolekülen Ozon bilden. Da die Spaltung durch Einwirkung von Strahlung angeregt wird, spricht man von einer **fotochemischen Reaktion** oder **Fotolyse.**

Die Überschussenergie bei der Ozonbildung wird von einem Stoßpartner M aufgenommen.

Ozonbildung:

$$O_2 \xrightarrow{h \cdot \nu} 2\,O \qquad \lambda < 242\text{ nm}$$
$$O + O_2 + M \longrightarrow O_3 + M$$

Das fotochemisch gebildete Ozon wird ebenfalls durch Strahlung unter Rückbildung von molekularem Sauerstoff wieder gespalten.

Ozonzerfall:

$$O_3 \xrightarrow{h \cdot \nu} O + O_2 \qquad \lambda < 310\text{ nm}$$
$$O + O_3 \longrightarrow 2\,O_2$$

Zwischen **Ozonbildung** und **-zerfall** stellt sich ein Gleichgewicht und folglich eine ständige **Ozonschicht** in der Stratosphäre ein. Diese Ozonschicht absorbiert UV–Strahlung und verhindert, dass der biologisch schädliche Teil dieser Strahlung $\lambda < 300$ nm auf die Erdoberfläche gelangt, es ist damit notwendig für das Leben auf der Erde.
Das stratosphärische Ozon kann aber durch verschiedene Stoffe auch chemisch abgebaut werden. Dabei läuft eine Reaktionskette ab, in der diese Stoffe wieder zurückgebildet werden und somit katalytisch weitere Ozonmoleküle spalten können.

Die Reaktionspartner X sind Radikale, diese werden auch fotolytisch aus verschiedenen Spurengasen in der Stratosphäre, z. B. H_2O, NO_x oder FCKW gebildet.

Chemischer Ozonabbau:

$$O_3 + X \longrightarrow XO + O_2$$
$$XO + O \longrightarrow O_2 + X \qquad (X = OH, NO, Cl)$$
$$\overline{O_3 + O \longrightarrow 2\,O_2}$$

Das Ozonloch über der Antarktis ist eine besondere regionale und zeitlich begrenzte Erscheinung. Sie sollte nicht mit der allgemeinen Reduktion des stratosphärischen Ozons gleichgesetzt werden.

Die Ozon zerstörenden Stoffe, z. B. H_2O, sind teilweise natürlichen Ursprungs. Der chemische Ozonabbau wird aber anthropogen besonders durch die Emission von **Fluorchlorkohlenwasserstoffen** verstärkt.
Die FCKW, z. B. CF_2Cl_2, werden in der Troposphäre nicht abgebaut und wandern langsam in die Stratosphäre. Dort werden sie durch UV-Strahlung fotolytisch gespalten, die dabei gebildeten Chloratome (Radikale) spalten nun zusätzlich Ozon. Die stratosphärische Ozonschicht wurde dadurch in den letzten 30 Jahren zwischen 60° Süd und 60° Nord um etwa 10 % reduziert, sodass entsprechend mehr biologisch schädliche UV-Strahlung auf die Erdoberfläche gelangt.

Die Bildung von bodennahem Ozon (Fotosmog)

Im Gegensatz zum stratosphärischen Ozon ist **bodennahes Ozon** schädlich. Es bildet sich zusammen mit anderen Reizgasen durch fotochemische Reaktionen aus Vorläufermolekülen speziell im Sommer. Das Gemisch dieser Reizgase nennt man **Fotosmog.**

Ozon ist natürlicher Bestandteil der bodennahen Atmosphäre, es gelangt z. B. aus der Stratosphäre in die Troposphäre. Der natürliche Gehalt von 10–30 µg/m³ in Bodennähe ist viel kleiner als in der Stratosphäre. Durch anthropogene Aktivitäten wird die Ozonkonzentration besonders im Sommer jedoch stark erhöht.
Ozon wird nicht direkt freigesetzt, sondern bildet sich unter Einfluss der Sonnenstrahlung fotochemisch aus Vorläufersubstanzen wie Stickstoffoxiden, Kohlenstoffmonooxid und Kohlenwasserstoffen. Neben Ozon entstehen dabei auch andere Schadstoffe, die zusammen den gesundheitsschädlichen Fotosmog bilden.
Die Reaktionswege bei der Umwandlung der Vorläufersubstanzen zum Fotosmog sind sehr komplex und vielfältig. Auf einem dieser Wege wird NO unter Beteiligung von CO zu NO_2 oxidiert. Das Sonnenlicht spaltet entstandenes NO_2 wieder in NO und atomaren Sauerstoff. Dieser bildet dann mit molekularem Sauerstoff Ozon.

$$CO + NO + O_2 \longrightarrow CO_2 + NO_2$$
$$NO_2 \xrightarrow{h \cdot \nu} NO + O \qquad \lambda < 430\ \text{nm}$$
$$O + O_2 \longrightarrow O_3$$

In einem zweiten Weg werden aus Kohlenwasserstoffen und Sauerstoff unter Beteiligung von NO_2 **Aldehyde** und Ozon gebildet. Die Aldehyde unterliegen z. T. noch weiteren Folgereaktionen.
Der Fotosmog tritt besonders an warmen Sommertagen auf. Dabei durchläuft die Konzentration der Schadstoffe charakteristische Tageszyklen. Durch Reaktion z. B. mit NO und Kohlenwasserstoffen wird Ozon nachts wieder abgebaut.
Der Wind transportiert NO_2 und Ozon aber auch vom Bildungsort in so genannte Reinluftgebiete. Da dort wenig Autoverkehr ist, und deshalb weniger Stickstoffoxide und Kohlenwasserstoffe in der Luft vorhanden sind, ist nachts der Ozonabbau geringer. Die Ozonkonzentration ist dann in den Reinluftgebieten höher als in den Ballungsgebieten.

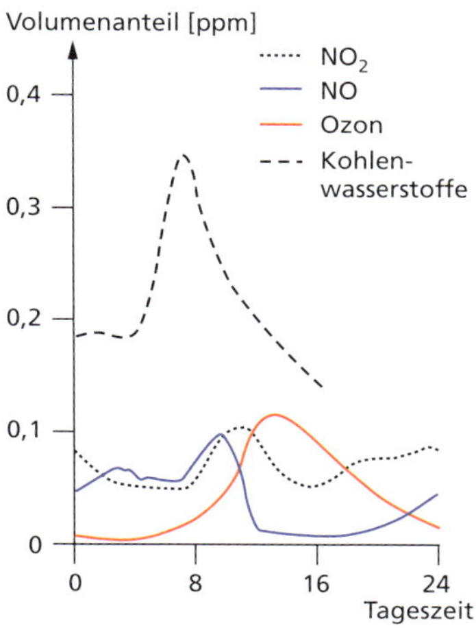

Autoabgase sind Quelle von Vorläufermolekülen des Ozons. Sie enthalten bis 10 000 ppm CO, 100–8 000 ppm NO_x, 200 ppm CH_4 und C_2H_6, bis 500 ppm Olefine, 20–50 ppm Aromaten, bis 400 ppm Aldehyde (10 000 ppm = 1 %).

Aldehyde und ihre Folgeprodukte sind ebenfalls Reizgase im **Fotosmog.**

Zum Schutz von menschlicher Gesundheit und der Vegetation gibt es gesetzliche Schwellenwerte für Ozon. In letzter Zeit wurde der für Menschen kritische Schwellenwert von 180 µg/m³ weniger häufig überschritten, die für Pflanzen kritische Konzentration von 80 µg/m³ aber öfter.

10.6.4 Belastungen der Gewässer

Der Kreislauf des Wassers

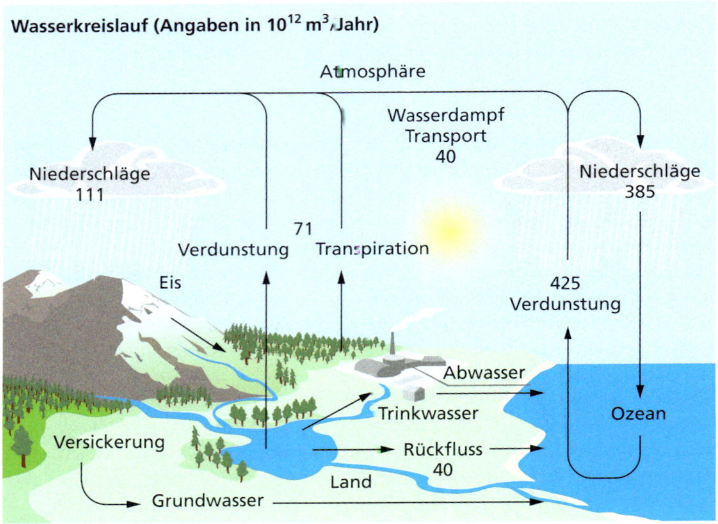

Wasser mit einem Gesamtsalzgehalt unter 1 g/l nennt man Süßwasser. Dieses ist als Trinkwasser geeignet. Die Trinkwasseraufbereitung ist ein aufwändiger Prozess.

Die Gesamtwassermenge der Erde wird auf 1,4 Mrd. km³ geschätzt, davon sind 97,5 % Salzwasser und nur 2,5 % **Süßwasser.** Der größte Teil davon ist im Polareis gebunden, sodass nur etwa 0,5 % des Gesamtwassers als **Grundwasser** und Wasser in Seen und Flüssen zur Gewinnung von Trink- und Brauchwasser zur Verfügung stehen.

Der Erhalt des Süßwasserbestandes auf der Erde ist durch den globalen **Wasserkreislauf** gegeben. Der Wasserkreislauf beschreibt die Zustands- und Ortsveränderung des Wassers.

Aus Gewässern, vom Boden und durch Transpiration der Pflanzen verdunstet Wasser und kommt in verschiedenen Niederschlagsformen zur Erde zurück. Es fließt oberirdisch in Flüssen und unterirdisch im Grundwasser ins Meer zurück. Im Meer, in den Seen, in Polareis und Gletschern sowie im Grundwasser ist das Wasser zeitweise gespeichert.

Ein Problem neben der Verunreinigung ist auch die Erwärmung der Flüsse durch Kühlwasser von Kraftwerken.

Trinkwasser ist das wichtigste Lebensmittel. Es wird durch Aufbereitung aus Grundwasser, aus Seen und Talsperren sowie aus dem Uferfiltrat von Flüssen gewonnen.
Die Wasserqualität der Trink- und Brauchwasserquellen kann durch anthropogene Chemikalieneinträge beeinträchtigt werden, sodass damit eine Wassernutzung unmöglich oder die Aufbereitung erschwert wird. Außerdem können durch Chemikalieneinträge die Lebensbedingungen der im Wasser lebenden Organismen beeinträchtigt werden.

Eutrophierung von Gewässern

Als **Eutrophierung** wird der Übergang eines Gewässers vom nährstoffarmen in den nährstoffreichen Zustand bezeichnet. Zur Verhinderung der Eutrophierung muss man die Nährstoffzufuhr insbesondere von Phosphat und Nitrat reduzieren.

Die Makronährstoffe der Wasserpflanzen und Algen sind **Stickstoff** und **Phosphor.**

In Gewässern sind Algen und Wasserpflanzen die Nährstoffe verarbeitenden Primärproduzenten. In den meisten Fällen ist das Angebot an Phosphat der begrenzende Faktor für das Wachstum.
Zusätzlich zugeführte Nährstoffe, wie Phosphat aus Exkrementen und Waschmitteln in unzureichend gereinigten Abwässern oder aus abgeschwemmtem Dünger der Landwirtschaft, verursachen somit ein Massenwachstum an Algen. Abgestorbene Algen sinken zum Boden des Gewässers, wo zu ihrer Zersetzung große Mengen an Sauerstoff verbraucht werden, es herrscht eine starke **Sauerstoffzehrung.**

Die Algen lassen wenig Licht ins Wasser eindringen, wodurch die **Fotosynthese** der Wasserpflanzen behindert wird.

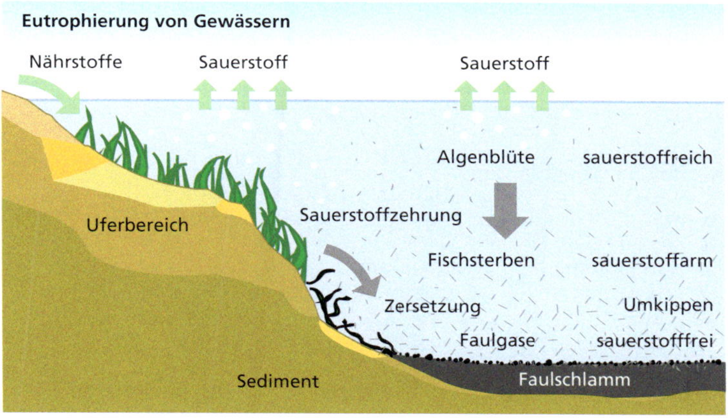

In Seen und langsam fließenden Gewässern kann der erforderliche Sauerstoff aber wegen fehlender Durchmischung nicht in ausreichender Menge von der Oberfläche in die Tiefe gelangen.
In sauerstoffarmem Wasser können auch keine Fische mehr leben. Wenn der Sauerstoff im Tiefenwasser ganz verbraucht ist, läuft der Abbau der Biomasse durch anaerobe Bakterien ab, man nennt das Umkippen des Sees. Unter diesen Bedingungen bilden sich Methan sowie die toxischen Stoffe **Schwefelwasserstoff** und **Ammoniak.**
Der schädliche Phosphateintrag kann durch eine zusätzliche Phosphatreinigungsstufe bei der Abwasserbehandlung (↗ S. 421) sowie durch die Verwendung von Phosphatersatzstoffen in Wasch- und Reinigungsmitteln (↗ S. 390) vermindert werden. Es ist auch möglich, eutrophierte Gewässer wieder zu sanieren. Dazu muss man die Nährstoffe wieder aus dem See entfernen oder den Nährstoffkreislauf unterbinden. Die **Sanierung von Gewässern** ist ein sehr aufwändiger Prozess.

Grund für die fehlende Durchmischung ist die Temperaturschichtung im Sommer, da kaltes Tiefenwasser schwerer ist als warmes. Durch den Temperaturausgleich des Wassers im Herbst und im Frühjahr wird der See wieder durchmischt und Nährstoffe gelangen wieder ins Oberflächenwasser und in den Kreislauf.

Gefährdungen von Oberflächengewässern und Trinkwasser

Anthropogen freigesetzte Stoffe werden durch direkte Einleitung mit Abwässern, durch Abschwemmungen von Böden oder auf dem Luftweg in Flüsse, Seen und Meere eingetragen.

Persistenz (lat.: *persistere* = verharren) ist die Stabilität eines Stoffes gegenüber Umwelteinflüssen.

Die Schwermetalle Blei und Kupfer können aus Wasserleitungsrohren ins Trinkwasser gelangen.

Viele dieser Stoffe können durch direkte Giftwirkung die Lebensbedingungen der Wasserorganismen beeinträchtigen. Weiterhin unterscheiden sich zahlreiche anthropogene Chemikalien, z. B. polychlorierte Insektizide wie DDT (↗ S. 287), in der Struktur stark von jeglichen natürlichen Verbindungen. Sie können daher in der Umwelt, z. B. von Mikroorganismen, oft nur langsam abgebaut werden und besitzen deshalb eine hohe **Persistenz.**

Wenn derartige Schadstoffe zudem noch gut fettlöslich sind, kommt es zur **Bioakkumulation:** Die Stoffe werden im Fettgewebe gespeichert und damit in der Nahrungskette angereichert. So können sie bei den Gipfelgliedern der Nahrungspyramide gefährlich hohe Konzentrationen im Körper erreichen.

Durch Versickerung des Oberflächenwassers können leicht lösliche Substanzen auch ins Grundwasser gelangen. Dadurch können Schadstoffe ins Trink- und Brauchwasser gelangen oder zumindest die **Trinkwasseraufbereitung** erheblich erschwert werden.

Weitere Wasserschadstoffe und deren Wirkung

Stoffe	Herkunft	Wirkung	Abhilfe
Nitrate	– Überdüngung in der Landwirtschaft – saurer Regen	– Umwandlung in giftiges Nitrit im Körper	– Vermeidung von Überdüngung – Reduktion der NO_x-Emission
Schwermetalle (speziell Pb, Cd und Hg)	– Industrieprozesse – Abfallbeseitigung – Deponieabwässer – Landwirtschaft	– chronische Vergiftung durch Blockierung von Enzymen	– Vermeidung der Nutzung – Emissionsminderung – gesicherte Deponien
Biozide	– Landwirtschaft (Eintrag ins Grundwasser und Lufttransport)	– toxisch für andere Organismen – Gefahr der Bioakkumulation	– Minderung der Einsatzmenge – alternative Schädlingsbekämpfung
Öle	– illegales Ablassen – Tankerunfälle	– direkte Schädigung von Organismen	– verstärkte Kontrollen und verbesserte Sicherheit
Salze	– Rohstoffgewinnung – Streusalz	– direkte Schädigung von Organismen	– alternative Technik

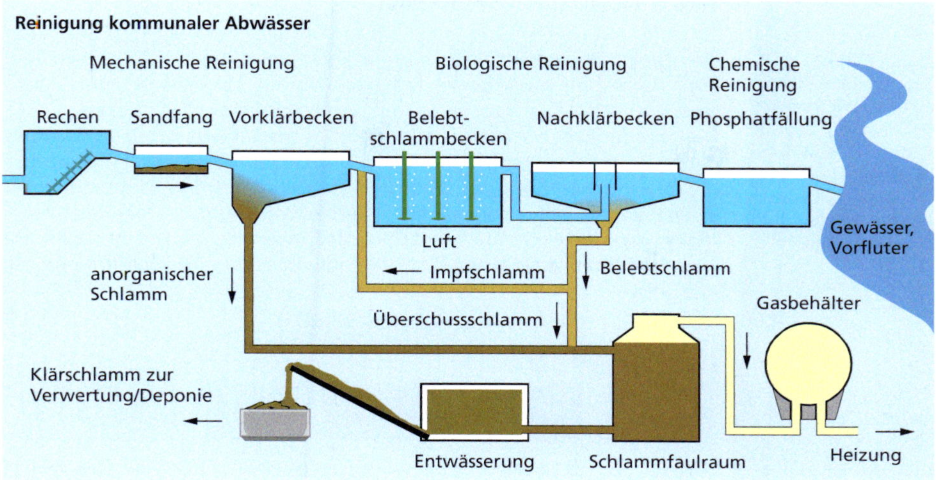

Kommunale Abwässer sind häusliche und gewerbliche Abwässer, die häufig auch mit Regenwasser vermischt sind. Wenn sie unbehandelt in die Flüsse gelangen, gefährden sie die Trinkwasserversorgung und die im Wasser lebenden Organismen.

Hauptbelastungen kommunaler Abwässer:
- suspendierte Feststoffe (Sand, biologisches Material)
- Nährstoffe (Stickstoffverbindungen und Phosphate)
- abbaubare organische Verbindungen (z. B. Eiweiße, Tenside)
- teilweise kritische Schwermetallgehalte
- teilweise biologisch wirksame Stoffe (z. B. Pharmaka)

Industrielle Abwässer müssen in besonderen **Kläranlagen** gereinigt werden.

Das Hauptziel **kommunaler Kläranlagen** besteht in der Abtrennung der Feststoffe, der organischen Inhaltsstoffe sowie der Nährstoffe. Diese erfolgt in mehreren Stufen:
In der **mechanischen Reinigungsstufe** werden die Feststoffe abgetrennt.
In der **biologischen Reinigungsstufe** bauen Mikroorganismen unter Belüftung die organischen Verbindungen größtenteils ab. Dabei werden auch die Nährstoffe weitgehend umgesetzt.
Die Mikroorganismen fallen als Klärschlamm aus, der Überschuss wird abgetrennt. Am Klärschlamm können aber z. B. Schwermetalle oder giftige organische Schadstoffe adsorbiert werden.
In die Kläranlage kann noch eine Phosphatfällung als **chemische Reinigungsstufe** integriert sein, um das Risiko der Gewässereutrophierung durch Phosphate (↗ S. 419) zu reduzieren.
Verschiedene Stoffe werden aber in Kläranlagen kaum abgebaut, z. B. bestimmte Pharmaka bzw. **Antibiotika.** Daraus kann ein Risiko werden, da sie negativ auf Lebewesen in Gewässern wirken oder über das Grundwasser wieder in das Trinkwasser gelangen können.

Klärschlamm ist ein wertvoller Dünger in der Landwirtschaft, allerdings nur, wenn er nicht mit Schadstoffen belastet ist.

10.6.5 Belastungen des Bodens

Die wichtigsten Pflanzennährstoffe sind die Kationen K^+, Ca^{2+} und Mg^{2+} sowie Nitrat und Phosphat. Sie werden dem Boden in der Landwirtschaft durch **Düngemittel** zugeführt.

Der **Boden** ist ein komplexes Gemisch aus anorganischen Bestandteilen, abgestorbenem organischen Material (Humus), Bodenluft und Bodenwasser mit gelösten anorganischen und organischen Substanzen.
Die anorganischen Anteile sind hauptsächlich **Silicate,** große Bedeutung haben Tonmineralien als Speicher für Pflanzennährstoffe. Abgestorbenes organisches Material wird von Bodenorganismen in **Huminstoffe** umgewandelt, die dann weiter abgebaut werden. Sie sind die wichtigste natürliche Quelle für Stickstoffdünger, außerdem besitzen sie viele **funktionelle Gruppen** (↗ S. 289), die Kationen binden können.

Funktionen des Bodens

- Pflanzenstandort
- Nährstoffspeicher
- Nahrung und Lebensraum
- Filter für Wasser
- Lagerstätte von Rohstoffen

Außerdem sind lokale **Belastungen des Bodens** z. B. durch Eintrag von Öl möglich.

Belastungen des Bodens erfolgen hauptsächlich durch den sauren Regen (↗ S. 414), Schwermetalle, Düngemittel und Biozide. Diese Schadstoffeinträge in den Boden können in mehrfacher Weise wirken.

Mögliche negative Wirkungen von **Bodenbelastungen:**
- schädliche Wirkungen für Pflanzen und Bodenorganismen
- Auswirkungen für Tier und Mensch über die Nahrungskette
- Auswaschen der Schadstoffe ins Grundwasser und damit Gefährdung des Trinkwassers

Stoff	Herkunft	Wirkung im Boden	Folgen
Saurer Regen	– Emission saurer Gase aus der Verbrennung von Kohle und Öl	– Bodenversauerung – Auswaschen von Nährstoffen – Freisetzung giftiger Metalle	– Zerstörung des Bodengefüges – Wuchsstörung und Tod von Pflanzen – Störung des biologischen Gleichgewichts
Schwermetalle (besonders Pb, Cd, Hg)	– Industrieprozesse – Abfallbeseitigung – Deponieabwässer – Landwirtschaft	– Anlagerung an Bodenbestandteile – Schädigung von Bodenorganismen	– Eintrag in die Nahrungskette, Gesundheitsgefährdung für Tiere und Menschen
Nitratdünger	– Landwirtschaft	– Auswaschen ins Grundwasser	– Gesundheitsgefährdung für Menschen
Biozide	– Landwirtschaft – Bauwesen	– Anlagerung an Bodenbestandteile – Auswaschen ins Grundwasser	– Gesundheitsgefährdung durch Eintrag in die Nahrungskette – Bioakkumulation

ANALYSEVERFAHREN 11

11.1 Klassische Analyseverfahren

11.1.1 Qualitative anorganische Analyse

Die analytische Chemie befasst sich mit der Identifizierung der Bestandteile und der Ermittlung der Zusammensetzung von Stoffen oder Stoffgemischen. Durch die Anwendung geeigneter Analysemethoden sind folgende grundsätzliche Fragestellungen zu beantworten:

1. Welcher Stoff liegt vor?
2. Welche Zusammensetzung hat der Stoff oder das Gemisch?
3. Wie ist die Substanz aufgebaut?

qualitas: lat. = Beschaffenheit, Eigenschaft
quantitas: lat. = Größe, Anzahl

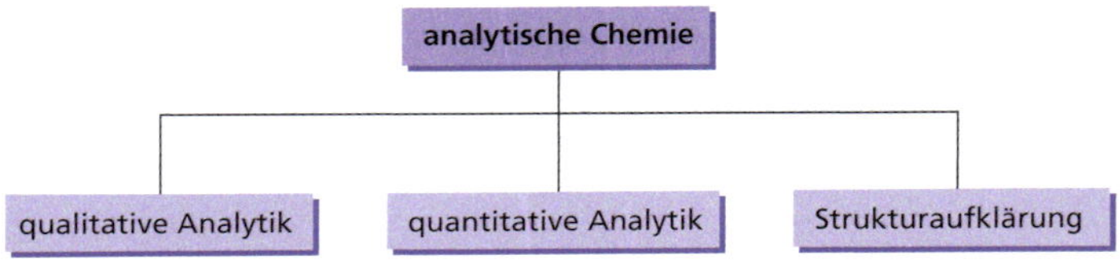

Bei der **qualitativen Analyse** werden die Bestandteile eines reinen Stoffes oder eines Stoffgemisches mithilfe chemischer, chromatografischer oder spektroskopischer Methoden bestimmt.

Vorproben

Bei der Trennung von Stoffgemischen nutzt man die unterschiedlichen physikalischen oder chemischen Eigenschaften der Komponenten, z. B. unterschiedliche Löslichkeiten in Wasser oder Säuren.

Analytische Fragestellungen ergeben sich in allen Teildisziplinen der Chemie, von der Kernchemie über die organische Chemie bis hin zur Umweltchemie. Das Ziel der anorganischen qualitativen Analyse besteht in der Identifizierung anorganischer Substanzen, d. h. Elementen, Ionenverbindungen oder Molekülverbindungen.
Im einfacheren Fall liegen die Substanzen als reine Stoffe vor. Stoffgemische müssen für die qualitative Analyse oft getrennt werden. Aber auch die Identifizierung reiner Stoffe ist eine schwierige Aufgabe, wenn man bedenkt, dass heute mehr als 500 000 verschiedene anorganische Verbindungen bekannt sind.
Bevor man die unendliche Palette spezieller Nachweisreaktionen durchführt, betrachtet man die Stoffprobe zunächst genauer und analysiert die ohne Hilfsmittel sichtbaren Stoffeigenschaften, wie Aggregatzustand, Farbe oder andere auffällige Eigenschaften.

Eine Stoffprobe liegt als festes, rötliches Pulver vor. Bei näherem Hinsehen stellt man fest, dass die einzelnen Partikel relativ groß sind und metallisch glänzen. Es handelt sich also wahrscheinlich um ein Metall oder um eine metallartige Verbindung.

Vorprobe	Information
Löslichkeit in Wasser und *pH*-Wert	– lösliche Ionenverbindung z. B. KBr, $CuSO_4$ oder schwer löslicher Stoff, z. B. S_8, I_2, AgCl, Fe_2O_3 – saure oder basische Verbindung, z. B. HNO_3 oder $Ca(OH)_2$
Löslichkeit in Säuren oder Basen	– schwer lösliche saure oder basische Salze, Oxide oder Hydroxide, z. B. $CaCO_3$, Cr_2O_3, PbO_2, $Mg(OH)_2$
Flammenfärbung	– Gruppe von Metall-Ionen mit spezieller Flammenfärbung, z. B. Alkali- und Erdalkalimetalle

Der nächste Schritt besteht darin, durch Vorproben weitere Informationen über die Stoffprobe zu sammeln. Durch Untersuchungen der **Löslichkeit** kann man die Stoffklasse, der die Analysensubstanz angehört, weiter eingrenzen. In Wasser lösliche Substanzen, die eine deutliche Farbreaktion mit Säure-Base-Indikatoren (z. B. Unitest) geben, sind Säuren bzw. Basen, können aber auch Oxide oder Salze sein (↗ S. 175).

H_3O^+- und OH^--Ionen werden mit **Säure-Base-Indikatoren** nachgewiesen.

Die **Flammenfärbung** ist eine Vorprobe, mit der man Hinweise auf bestimmte Metalle bzw. Metall-Ionen erhält. In gasförmigem Zustand senden alle Elemente und Ionen elektromagnetische Strahlung einer bestimmten Wellenlänge aus, wenn sie elektrisch oder thermisch angeregt werden. Bei Alkali- und Erdalkalimetall-Ionen reicht schon die Wärme der Bunsenbrennerflamme aus, um eine Emission von sichtbarem Licht zu erzeugen.

Der Feststoff löst sich nicht in Wasser, aber dafür unter Bildung rotbrauner nitroser Gase (NO_x) in verdünnter Salpetersäure. Taucht man ein Magnesia-Stäbchen in diese Lösung und hält es in die Bunsenbrennerflamme, beobachtet man eine grüne Flammenfärbung.

Besonders intensiv ist die Flammenfärbung durch Natrium. Da die Elemente der I. Hauptgruppe nur schwer durch Fällungsreaktionen nachweisbar sind, nutzt man die Flammenfärbung auch als Nachweis für die **Alkalimetalle.**

Metall	Elementsymbol	Flammenfarbe	λ in nm (emittiertes Licht)
Barium	Ba	gelbgrün	524,2 / 513,7
Calcium	Ca	ziegelrot	622,0 / 553,5
Kalium	K	hellviolett	769,9 / 766,5 / 404,5
Kupfer	Cu	grün	515,3 / 510,5
Lithium	Li	karminrot	670,8
Natrium	Na	gelb	589,3
Strontium	Sr	rot	605,0 / 460,8

Viele Nachweisreaktionen werden durch andere Ionen gestört. Zur Trennung der nachzuweisenden Ionen von störenden Begleitstoffen entwickelte C. R. FRESENIUS (1818–1897) im 19. Jh. den Kationentrennungsgang.

Nachweisreaktionen anorganischer Ionen

Nachweisreaktionen sind chemische Reaktionen, die durch Farbänderungen, Fällung schwer löslicher Salze oder Bildung von Gasen die Gegenwart von Ionen in Stoffen anzeigen.

Wenn die Farbänderung, Gasbildung oder Fällung nur mit einer ganz bestimmten Ionensorte zu beobachten ist, spricht man von spezifischen Nachweisreaktionen. Um den Nachweis eindeutig durchzuführen, müssen die jeweiligen Reaktionsbedingungen (z. B. *pH*-Wert, Temperatur) genau eingehalten werden.

Die salpetersaure hellblaue Lösung unserer Metallprobe wird vorsichtig tropfenweise mit konzentrierter Ammoniaklösung versetzt. Dabei beobachtet man die charakteristische tiefblaue Färbung des $[Cu(NH_3)_4]^{2+}$-Komplexes (↗ S. 427). Die Stoffprobe ist dadurch eindeutig als Kupfer identifiziert.

Man unterscheidet zwischen Anionen- und Kationennachweisen. Die Anionen weist man meist durch Fällungs- und seltener durch Farbreaktionen in wässriger Lösung nach.

Anion	Nachweis	Bemerkung
Cl^- Br^- I^-	$X^- + Ag^+ \longrightarrow AgX\downarrow$ Ausfällung eines Niederschlages, der je nach Halogenid-Ion in NH_3-Lösung unterschiedlich löslich ist.	AgCl: weißer Niederschlag; löslich in verdünnter NH_3-Lösung AgBr: gelblicher Niederschlag; löslich in konzentrierter NH_3-Lösung AgI: gelber Niederschlag; löst sich nicht in konzentrierter NH_3-Lösung
CO_3^{2-}	$CO_3^{2-} + 2\,H_3O^+ \longrightarrow 3\,H_2O + CO_2\uparrow$ $CO_2 + Ba(OH)_2 \longrightarrow BaCO_3\downarrow + H_2O$	Bei der Behandlung von Carbonaten mit verdünnter Salzsäure entwickelt sich CO_2. Dieses leitet man in Barytwasser, $Ba(OH)_2$, ein. Dabei entsteht ein weißer, in Säuren löslicher Niederschlag.
SO_4^{2-}	$SO_4^{2-} + Ba^{2+} \longrightarrow BaSO_4\downarrow$ Der weiße Niederschlag ist in Säuren praktisch unlöslich.	Die Reaktion wird zum Nachweis von SO_4^{2-}- und von Ba^{2+}-Ionen genutzt. Störungen, z. B. durch CO_3^{2-}-Ionen, werden durch Ansäuern mit verdünnter Salzsäure verhindert.
NO_3^-	$2\,NO_3^- + 6\,Fe^{2+} + 8\,H_3O^+ \longrightarrow 2\,NO + 6\,Fe^{3+} + 12\,H_2O$ $NO + [Fe(H_2O)_6]^{2+} \longrightarrow [Fe(H_2O)_5(NO)]^{2+} + H_2O$	Die Probelösung wird erst mit $FeSO_4$-Lösung versetzt und danach mit konz. H_2SO_4 unterschichtet. In Gegenwart von NO_3^--Ionen erfolgt die Bildung eines braunen Nitroso-Komplexes (Ringprobe).

Wichtige Nachweisreaktionen anorganischer Kationen		
Kation	**Nachweis, Bemerkung**	**Beobachtung**
NH_4^+	$NH_4^+ + NaOH \longrightarrow NH_3\uparrow + Na^+ + H_2O$ Durch Zugabe einer starken Base wird gasförmiges NH_3 ausgetrieben, das mit Wasser OH^--Ionen bildet. Diese können mit Indikatorpapier nachgewiesen werden.	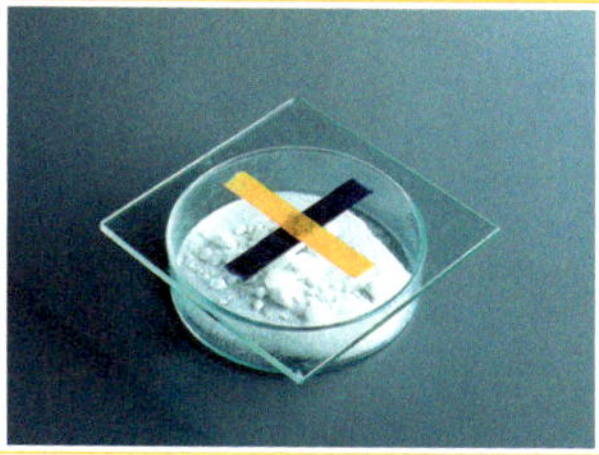
Pb^{2+}	$Pb^{2+} + CrO_4^{2-} \longrightarrow PbCrO_4\downarrow$ Der gelbe Niederschlag ist in Essigsäure und NH_3-Lösung schwer, in Salzsäure dagegen gut löslich. Für Pb^{2+}-Ionen gibt es noch weitere Nachweisreaktionen, z. B. die Fällung von schwarzem PbS oder von weißem $PbSO_4$.	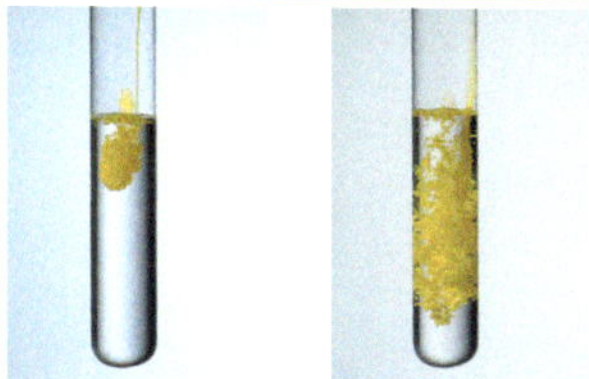
Ag^+	$Ag^+ + Cl^- \longrightarrow AgCl\downarrow$ Der weiße Niederschlag lässt sich in verdünnter NH_3-Lösung einfach auflösen. Ag^+-Ionen können auch als schwarzes Ag_2S oder als rotbraunes Ag_2CrO_4 ausgefällt werden. Dagegen wird mit SO_4^{2-}-Ionen kein Niederschlag erhalten.	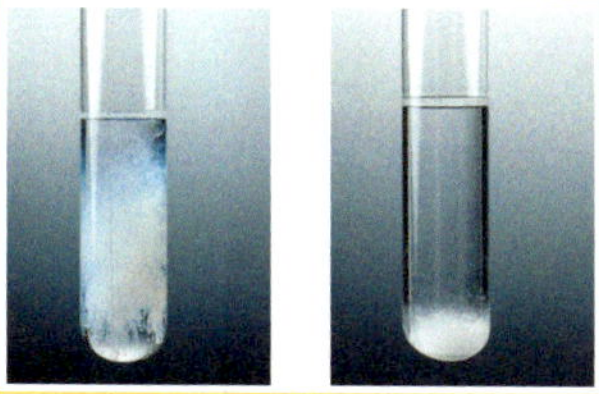
Cu^{2+}	$[Cu(H_2O)_4]^{2+} + 4\ NH_3 \longrightarrow [Cu(NH_3)_4]^{2+} + 4\ H_2O$ Durch Ligandenaustausch entsteht ein chrarakteristisch gefärbter tiefblauer Komplex. Der Nachweis ist für Cu^{2+}-Ionen spezifisch, da kein anderer Komplex diese typische Färbung aufweist. Auch Cu^{2+}-Ionen bilden mit H_2S in saurer Lösung ein schwer lösliches, schwarzes Sulfid.	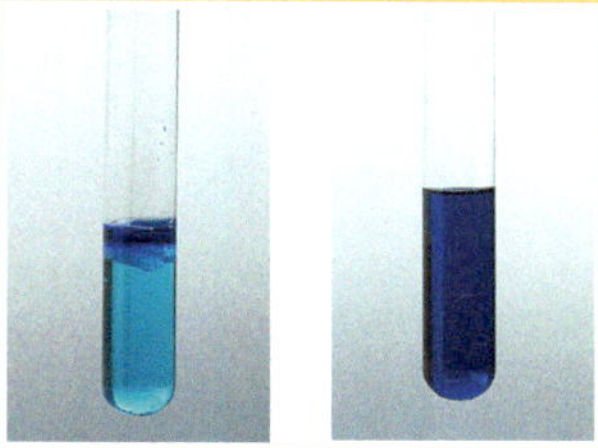
Zn^{2+}	$Zn^{2+} + H_2S + 2\ H_2O \longrightarrow ZnS\downarrow + 2\ H_3O^+$ Der Nachweis ist für Zn^{2+} spezifisch, da ZnS das einzige *weiße* von vielen schwer löslichen Sulfiden ist.	Die Fällung des weißen Niederschlages erfolgt im neutralen *pH*-Bereich, da ZnS in Säuren löslich ist.
Fe^{3+}	$Fe^{3+} + SCN^- \longrightarrow Fe(SCN)_3$ Es bildet sich ein tiefroter, stabiler Komplex von Eisen(III)-thiocyanat. Der Nachweis ist außerordentlich empfindlich, sodass sehr kleine Fe^{3+}-Mengen nachgewiesen werden können. Auch für Eisen gib es eine Vielzahl weiterer Nachweisreaktionen.	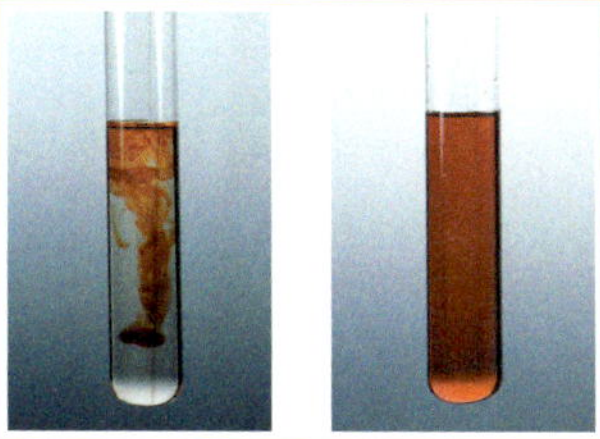

11.1.2 Analyse organischer Verbindungen

Nachweisreaktionen ausgewählter funktioneller Gruppen

Das Reaktionsverhalten organischer Verbindungen wird maßgeblich durch die in den Molekülen enthaltenen funktionellen Gruppen (↗ S. 2889) bestimmt. Um die zu identifizierenden reinen Verbindungen einer Stoffklasse zuordnen zu können, führt man einfache Nachweisreaktionen durch, die ebenfalls auf Fällungs- oder Farbreaktionen beruhen.

In der modernen Chemie weist man funktionelle Gruppen schneller und zuverlässiger mittels spektroskopischer Methoden (↗ S. 446) nach, die außerdem noch weitere Informationen zur Struktur der untersuchten Verbindung liefern.

Der Nachteil der meisten einfachen Nachweisreaktionen funktioneller Gruppen besteht darin, dass diese meist wenig stoffspezifisch sind, sondern nur Hinweise auf die entsprechenden Stoffklasse geben.

Nachweis von Halogenverbindungen
Eine Möglichkeit besteht darin, die kovalent gebundenen Halogenatome in Halogenid-Ionen zu überführen und als Silbersalze auszufällen. Dazu erhitzt man die Analysensubstanz vorsichtig mit wenig KNO_3 in der Bunsenbrennerflamme. Nach dem Abkühlen wird der Rückstand in verdünnter Salpetersäure aufgenommen und mit einigen Tropfen $AgNO_3$-Lösung versetzt. Die Fällung schwer löslicher Silberhalogenide zeigt die Gegenwart der Halogenide an, die durch ihre Löslichkeit in Ammoniak voneinander unterschieden werden können (↗ S. 172).

$$Ag^+ + X^- \longrightarrow AgX\downarrow \qquad (X = Cl, Br, I)$$

Halogenverbindungen können auch mittels Flammenfärbung identifiziert werden. Dazu wird ein sauberer Kupferdraht in die Substanz getaucht und anschließend in die Bunsenbrennerflamme gehalten. Durch Bildung von Kupfer(II)-halogeniden färbt sich die Flamme grün.

Nachweis ungesättigter Verbindungen
Die Doppel- und Dreifachbindungen ungesättigter Kohlenwasserstoffe oder Fettsäuren können durch elektrophile Addition von Halogenen nachgewiesen werden. Für den qualitativen Nachweis gibt man einige Tropfen Bromwasser (3 % Brom in Wasser gelöst) zur Analysenlösung, die sich bei Anwesenheit ungesättigter Verbindungen entfärbt.

$$H_2C{=}CH_2 + Br_2 \longrightarrow Br{-}CH_2{-}CH_2{-}Br$$

Alkene reagieren außerdem noch mit 2 %iger alkalischer $KMnO_4$-Lösung (BAEYER-Reagenz) zu Diolen. Permanganat wird dabei zu Braunstein (MnO_2) reduziert, sodass sich die violette Lösung braun färbt. Diese Redoxreaktion wird von vielen anderen reduzierenden Substanzen, z. B. Aldehyden, gestört.

$$3\,C_2H_4 + 2\,MnO_4^- + 4\,H_2O \longrightarrow 3\,C_2H_4(OH)_2 + 2\,MnO_2 + 2\,OH^-$$

Aromatische Verbindungen zeigen diese Reaktionen nicht. Zur Prüfung, auf aromatische Strukturen, versetzt man die Probe mit trockenem Chloroform und frischem, wasserfreiem Aluminiumtrichlorid. Das Auftreten verschiedener Farbtönungen, z. B. tiefrot bei Benzen und Toluen, weist auf die Anwesenheit von Aromaten hin.

Nachweis von Aldehyden

Zum Nachweis der Aldehyd-Gruppe nutzt man in erster Linie ihre reduzierende Wirkung. Die klassische Reaktion ist die Fällung von ziegelrotem Kupfer(I)-oxid mit fehlingscher Lösung, die auch die Aldehyd-Gruppe der Zucker anzeigt (↗ S. 314). Bei der Zugabe ammoniakalischer Silbernitratlösung (Tollens-Reagenz) zu einem Aldehyd wird die Fällung von schwarzem, elementarem Silber oder die Abscheidung eines metallischen Silberspiegels beobachtet.

$$2\,[Ag(NH_3)_2]^+ + R{-}CHO + 3\,OH^- \longrightarrow 2\,Ag\downarrow + R{-}COO^- + 2H_2O + 4\,NH_3$$

Beide Reaktionen werden auch von vielen Zuckern, z. B. den Aldosen, und anderen reduzierend wirkenden Substanzen, eingegangen.
Mit fuchsinschwefliger Säure (Schiffs-Reagenz) wird schon in Gegenwart kleinster Mengen Aldehyde eine rotviolette Färbung beobachtet, die durch die Anlagerung der Aldehyde an das chromophore System (↗ S. 376) des Fuchsins entsteht. Reduzierende Zucker gehen diese Reaktion nicht ein.

Die chemischen **Nachweise funktioneller Gruppen organischer Verbindungen** sind oft nur wenig spezifisch. Man bestimmt deshalb zur Identifizierung häufig noch physikalische Eigenschaften wie den Schmelzpunkt oder den Siedepunkt.

Nachweis von Alkoholen, Phenolen und Carbonsäuren

Der chemische Nachweis der Hydroxy-Gruppe und der Carboxy-Gruppe ist besonders schwierig, da es kaum einfache Farb- oder Fällungsreaktionen gibt, die charakteristisch für diese funktionellen Gruppen sind. Farbreaktionen geben vor allem Phenole mit 1%iger $FeCl_3$-Lösung durch die Bildung farbiger Eisen(III)-Komplexe (↗ S. 299).
Hinweise auf Alkohole oder Säuren erhält man z. B. durch den Geruch der Proben (z. B. bei Essigsäure oder Ethanol) sowie ihre Löslichkeit in Wasser und den *pH*-Wert der wässrigen Lösungen. Alkohole reagieren neutral (*pH* = 7), Phenole sind schwach sauer (*pH* = 3–7), während Carbonsäuren je nach Säurestärke und Konzentration *pH*-Werte von 0 bis 6 aufweisen können.

Die Nachweise von Naturstoffen wie Eiweißen und Kohlenhydraten sind meist weitaus spezifischer als die typischen Reaktionen der funktionellen Gruppen.

Als typische Reaktion kann eine Veresterung durchgeführt werden und die Änderung des *pH*-Werts während der Umsetzung, z. B. mit Methanol oder mit Benzoesäure, verfolgt werden. Da der gebildete Ester neutral ist, kann man aus der Änderung des *pH*-Werts gut erkennen, zu welcher der drei Stoffklassen die Analysensubstanz gehört. Außerdem sind Ester in der Regel schlecht wasserlöslich, d. h. man beobachtet die Abscheidung einer zweiten, mit Wasser nicht mischbaren Phase, wenn eine Veresterung mit der Analysensubstanz erfolgt ist.

	Alkohol	**Phenol**	**Carbonsäuren**
***pH*-Wert wässriger Lösungen**	*pH* ≈ 6–7	*pH* ≈ 3–7	*pH* ≈ 0–6
Umsetzung mit Methanol	keine Reaktion *pH* ≈ konstant	keine Reaktion *pH* ≈ konstant	Esterbildung *pH* steigt an
Umsetzung mit Benzoesäure	Esterbildung *pH* steigt an	Esterbildung *pH* steigt an	keine Reaktion *pH* ≈ konstant

Die organische Elementaranalyse

Das Prinzip der organischen Elementaranalyse wurde bereits 1831 von J. VON LIEBIG (1803–1873) entwickelt.

Da die Identifizierung organischer Verbindungen mit einfachen Nachweisreaktionen nicht besonders eindeutig ist, analysiert man in der Organik die Zusammensetzung der Substanzen. Dies ist wesentlich einfacher als in der Anorganik, da die meisten organischen Moleküle aus den Elementen Kohlenstoff, Wasserstoff, Sauerstoff und Stickstoff bestehen und die Verbindung dann eine Molekülformel $C_wH_xO_yN_z$ besitzt.

Bei der **Elementaranalyse** oder **CHN-Analyse** werden die Massenanteile der chemischen Elemente in organischen Verbindungen bestimmt und daraus die Verhältnisformel berechnet. Obwohl es sich um eine quantitative Analysemethode handelt, wird sie zur Identifizierung organischer Substanzen ebenso genutzt wie zur Reinheitsprüfung von Stoffen.

Unabdingbar für richtige Ergebnisse ist die sehr genaue Massebestimmung, die mit Analysenwaagen bis auf 0,001 mg genau erfolgen kann.

Zur CHN-Analyse verbrennt man eine genau abgewogene Menge Substanz im Sauerstoffstrom an glühendem Kupfer(II)-oxid als Katalysator. Dabei geht Kohlenstoff in Kohlenstoffdioxid und Wasserstoff in Wasser über. Wasser wird zuerst an Calciumchlorid und Kohlenstoffdioxid in einem zweiten Absorptionsgefäß an Natronkalk, einem Gemisch aus Natrium und Calciumhydroxid, gebunden. Die Absorption der Gase führt zu einer experimentell leicht bestimmbaren Massezunahme, aus der man die Stoffmengen der gebildeten Oxide ermittelt.
Der Stickstoffanteil wird mit der gleichen Methode bestimmt. Bei der Verbrennung bilden sich molekularer Stickstoff (N_2) und unterschiedliche Mengen an Stickstoffoxiden (NO_x). Um auch diese zu molekularen Stickstoff zu reduzieren, werden sie an glühendem Kupfer reduziert, das gleichzeitig den Sauerstoff aus dem Gasgemisch absorbiert. Die Stoffmenge an entstandenem Stickstoff kann nun volumetrisch ermittelt werden. Bei der Verbrennung im Sauerstoffüberschuss (a >> b) läuft formal folgende Bruttoreaktion ab:

$$C_wH_xO_yN_z + a\,O_2 \longrightarrow w\,CO_2 + \frac{x}{2}\,H_2O + \frac{z}{2}\,N_2 + b\,O_2$$

Schematischer Aufbau der CHN-Analyse

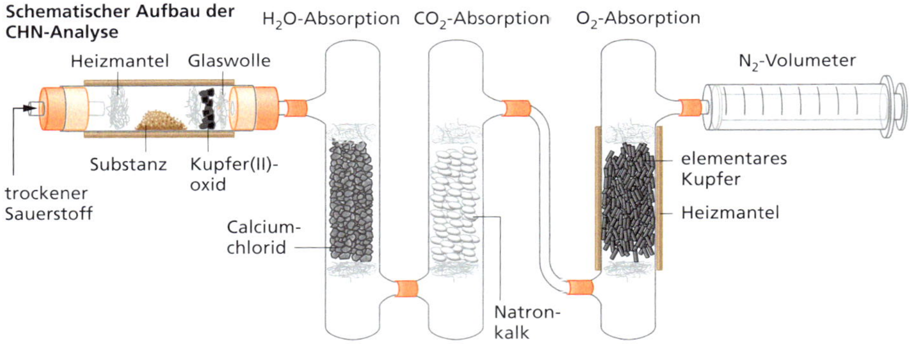

Bei der vollständigen Verbrennung von 0,8526 g einer unbekannten organischen Substanz wurden 1,0005 g CO_2, 0,5116 g H_2O und 139 ml N_2 (p = 103 kPa, T = 30 °C) gebildet.
Welche Verhältnisformel hat die Verbindung? Um welchen Stoff könnte es sich handeln?

Analyse:
Zur Berechnung der Verhältnisformel $C_wH_xO_yN_z$ müssen die Stoffmengen der Elemente aus den Massen der Oxide bzw. dem Volumen Stickstoff berechnet werden. Den Sauerstoffanteil kann man nur aus der Differenz der Probenmasse und der Massen aller anderen Elemente bestimmen. Aus dem Verhältnis der Stoffmengen wird eine Verhältnisformel mit ganzzahligen Koeffizienten w, x, y und z ermittelt. Daraus erhält man Hinweise darauf, welche funktionellen Gruppen das Molekül enthalten kann.

Gesucht: Verhältnisformel $C_wH_xO_yN_z$

Gegeben: $m(CO_2) = 1{,}0005$ g $\quad m(H_2O) = 0{,}5116$ g
$V(N_2) = 139$ ml $\quad m(\text{Probe}) = 0{,}8526$ g

Lösung:

$$n(C) = n(CO_2) = \frac{m(CO_2)}{M(CO_2)} = \frac{1{,}005\ g}{44\ g \cdot mol^{-1}}$$

$n(C) = 0{,}02274$ mol
$m(C) = 0{,}2729$ g

$$n(H) = 2 \cdot n(H_2O) = \frac{2 \cdot m(H_2O)}{M(H_2O)} = \frac{2 \cdot 0{,}5116\ g}{18\ g \cdot mol^{-1}}$$

$n(H) = 0{,}05684$ mol
$m(H) = 0{,}05684$ g

$$n(N) = 2 \cdot n(N_2) = \frac{2 \cdot p \cdot V(N_2)}{R \cdot T} = 0{,}01137\ mol$$
$m(N) = 0{,}1591$ g

$m(O) = m(\text{Probe}) - m(C) - m(H) - m(N)$
$m(O) = 0{,}3623$ g
$n(O) = 0{,}02273$ mol

$n(C) : n(H) : n(O) : n(N) = 0{,}02274 : 0{,}05684 : 0{,}02273 : 0{,}01137$
$n(C) : n(H) : n(O) : n(N) = 2 : 5 : 2 : 1$

Ergebnis:
Die analysierte Probe hat eine Verhältnisformel von $C_2H_5O_2N$. Es kann sich um eine Aminosäure oder eine Nitroverbindung handeln.

Die bei der Elementaranalyse erhaltene Verhältnisformel muss nicht identisch sein mit der Summenformel, die Substanz kann auch die Summenformel $C_4H_{10}O_4N_2$ oder andere ganzzahlige Vielfache der Verhältnisformel haben. Zur Identifizierung der Substanz muss daher die molare Masse bestimmt und die funktionellen Gruppen nachgewiesen werden.

Die Probemengen in modernen Apparaturen, in denen die Produkte gaschromatografisch (↗ S. 442) bestimmt werden, liegen nur bei ca. 2 mg.

Die Stoffmenge Stickstoff berechnet man mit der Zustandsgleichung idealer Gase

$$p \cdot V = n \cdot R \cdot T$$

Die molaren Massen und die Gaskonstante sind tabelliert.

Zur Berechnung der ganzzahligen Koeffizienten w, x, y und z dividiert man durch den kleinsten Wert, im Beispiel ist das $n(N) = 0{,}01137$ mol.

Zur Bestimmung der molaren Masse nutzt man in der modernen Analytik die Massenspektrometrie.

11.2 Instrumentelle Analyseverfahren

11.2.1 Elektrochemische Analysemethoden

Bei der instrumentellen Analyse werden Stoffe anhand bestimmter, meist physikalischer Eigenschaften mit relativ hohem gerätetechnischem Aufwand untersucht.

Elektrochemische Analysemethoden beruhen auf physikalischen oder chemischen Vorgängen, die in elektrochemischen Zellen unter Ladungsaustausch an den Elektroden ablaufen. Sie werden meist zur quantitativen Analyse wässriger Lösungen genutzt.

Bei allen Verfahren werden elektrische Größen, z. B. die Zellspannung, Leitfähigkeit oder die Wanderungsgeschwindigkeit von Teilchen, gemessen. Diese stehen in Zusammenhang mit der Art und der Konzentration der zu bestimmenden Substanz, die **Analyt** genannt wird. Die elektrische Messgröße kann entweder direkt oder im Rahmen einer Titration zur Äquivalenzpunktbestimmung herangezogen werden.

Potenziometrie

Die **Potenziometrie** beruht auf der Messung der Zellspannung und damit der Potentialdifferenz zwischen zwei Elektroden, von denen eine die Indikatorelektrode und die andere die Bezugselektrode darstellt.

Die Messung der Zellspannung muss bei der Potenziometrie stromlos erfolgen.

Die zu bestimmende Substanz ist bei der Potenziometrie an der Elektrodenreaktion der Indikatorelektrode beteiligt. Nach der nernstschen Gleichung (↗ S. 121) hängt die Größe des Elektrodenpotentials von der Konzentration des Analyten ab.

$$E = E^0 + \frac{0{,}0592\ \text{V}}{z} \cdot \lg \frac{c(\text{Ox})}{c(\text{Red})}$$

konzentrationsabhängiger Teil

Das Vorzeichen des konzentrationsabhängigen Terms ergibt sich aus der Art des Analyten. Handelt es sich um ein Oxidationsmittel (z. B. Ag^+), dann ist das Vorzeichen positiv. Bei Reduktionsmitteln (z. B. Cl^-) ergibt sich ein negatives Vorzeichen.

Als Indikatorelektrode verwendet man hauptsächlich **ionenselektive Elektroden,** deren Potenzial bei konstanter Temperatur nur von der Konzentration einer einzigen Ionensorte abhängt. Da das Potenzial der Bezugselektrode unter den Messbedingungen konstant ist, ergibt sich die gemessene Zellspannung nach folgender Gleichung, in der K die Summe aller konstanten Größen darstellt:

$$U_Z = K \pm \frac{0{,}0592\ \text{V}}{z} \cdot \lg c(\text{Analyt})$$

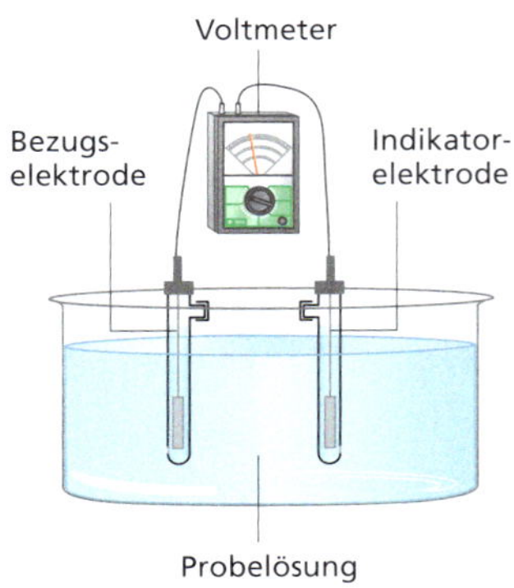

Direktpotenziometrie

> Bei der **Direktpotenziometrie** wird die Konzentration einer Ionensorte direkt aus dem Wert des Elektrodenpotentials der Indikatorelektrode bestimmt. Jede Ionensorte erfordert spezielle ionenselektive Elektroden.

Heute sind ionenselektive Elektroden für eine Vielzahl von Ionen erhältlich (H_3O^+, F^-, S^{2-}, Cl^-, Ag^+, Cu^{2+}, Pb^{2+} usw.).

Bei direktpotenziometrischen Messungen genügt es, für jede Probe nur einen Wert für die Zellspannung aufzunehmen. Da die Zellspannung proportional zum Logarithmus der Analytkonzentration ist, könnte man diese theoretisch direkt mithilfe der tabellierten Standardpotenziale berechnen. Die Messbedingungen (Temperatur, Lösungsmittel) sind jedoch nicht immer gleich, sodass man zur Erhöhung der Genauigkeit eine Eichung bzw. **Kalibrierung** der Indikatorelektrode durchführt. Dazu nimmt man mit Standardlösungen bekannter Analytkonzentration eine Kalibriergerade auf, indem die Zellspannung gegen den Logarithmus der Konzentration aufgetragen wird. Auf der Basis dieser Kalibriergeraden kann die genaue Probenkonzentration aus dem Messwert sehr einfach grafisch bestimmt werden.

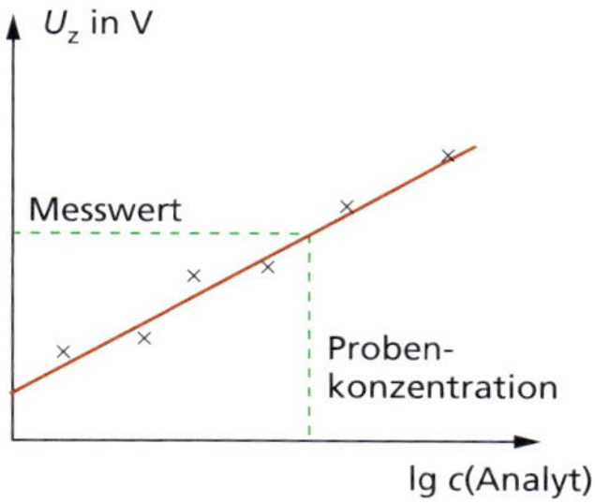

Die wichtigste Anwendung ist die Messung des *pH*-Wertes mit einem ***pH*-Meter.** Als ionenselektive Indikatorelektrode verwendet man dazu fast ausschließlich die Glaselektrode.

Die **Glaselektrode** enthält eine spezielle Glasmembran, deren Potenzial proportional zum negativen dekadischem Logarithmus der Konzentration von H_3O^+-Ionen – und damit dem *pH*-Wert – ist. In der Praxis wird diese *pH*-sensitive Elektrode gleich mit einer Bezugselektrode in einer „Einstabmesskette" kombiniert. Dazu verbindet man einen Silberdraht, der in eine gepufferte KCl-Lösung konstanter Konzentration eintaucht, elektrisch leitend mit der Glasmembran. Die Zellspannung dieser eigentlich aus zwei Elektroden bestehenden „Einstabmesskette" hängt bei konstanter Temperatur nur vom *pH*-Wert ab.

Glaselektrode (Einstabmesskette)

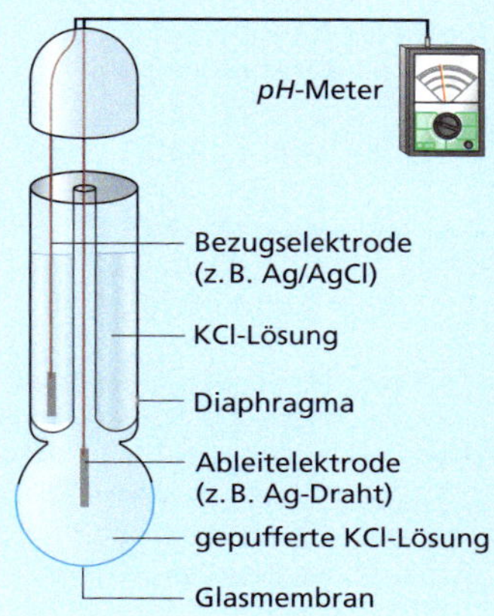

Mit der Glaselektrode als Einstabmesskette können *pH*-Werte zwischen 2 und 12 direkt bestimmt werden, da nur in diesem Bereich die Glasmembran stabil ist.

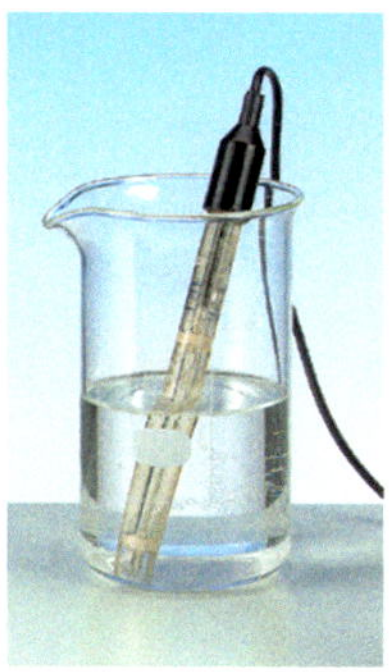

Potenziometrische Titration

Der Äquivalenzpunkt ist der Wendepunkt der Titrationskurve (↗ S. 189).

Bei der **potenziometrischen Titration** wird die Analysenlösung über den Äquivalenzpunkt hinaus titriert, und die sich verändernde Zellspannung als Funktion des Volumens der zugegeben Maßlösung zur Aufstellung einer Titrationskurve gemessen.

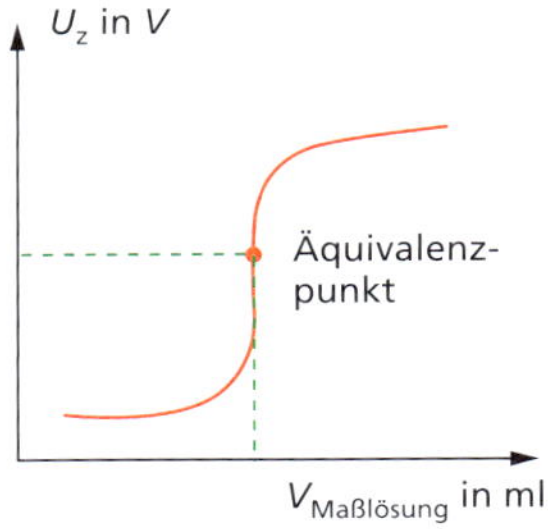

Aus der Titrationskurve wird grafisch der Äquivalenzpunkt ermittelt und daraus das Voluemen an Maßlösung bis zum Äquivalenzpunkt sowie die Konzentration des Analyten berechnet. Aus diesem Grund ist es nicht erforderlich, eine Kalibrierung durchzuführen. Ein Vorteil gegenüber klassischen Titrationen (↗ S. 190) besteht darin, dass kein Farbindikator verwendet werden muss, sodass gefärbte oder trübe Lösungen titriert werden können. Durch die mathematische Differenzierung der Titrationskurve und sehr kleine Volumenzugabe an Maßlösung in der Nähe des Äquivalenzpunktes wird eine größere Genauigkeit als bei klassischen Titrationen erreicht. Moderne Titrierautomaten arbeiten fast ausschließlich nach dem Prinzip der potenziometrischen Titration. Sie wird häufig bei Säure/Base-, Redox- und Fällungstitrationen angewendet.

Beim Kurvenverlauf potenziometrischer Titrationen besteht über die nernstsche Gleichung (↗ S. 121) ein logarithmischer Zusammenhang.

Eine der klassischen Anwendungen der potenziometrischen Titration ist die gleichzeitige Bestimmung von Iodid- und Chlorid-Ionen in wässrigen Lösungen, z. B. bei der Bestimmung des Iodgehaltes in Speisesalz. Als Indikatorelektrode verwendet man eine Silberelektrode, deren Potenzial unter den Messbedingungen ausschließlich von der Konzentration der Ag^+-Ionen abhängt. Man titriert die Analysenlösung mit $AgNO_3$-Lösung ($c = 0{,}1\ \text{mol} \cdot \text{l}^{-1}$) und misst dabei die Zellspannung U_Z.

$$Ag^+(aq) + I^-(aq) \longrightarrow AgI(s) \qquad K_L = 8 \cdot 10^{-17}\ \text{mol}^2 \cdot \text{l}^{-2}$$

$$Ag^+(aq) + Cl^-(aq) \longrightarrow AgCl(s) \qquad K_L = 2 \cdot 10^{-10}\ \text{mol}^2 \cdot \text{l}^{-2}$$

$$U_Z = \text{konst.} - 0{,}0592\ V \cdot \text{g}\ c(X^-)$$

Die **Potenziometrie** eignet sich besonders gut für die gleichzeitige Bestimmung mehrerer Ionenkonzentrationen durch Simultantitration.

Durch die großen Unterschiede im Löslichkeitsprodukt fällt zuerst AgI aus. Die Ag^+-Ionenkonzentration und damit die Zellspannung steigen zum Ende der Iodidfällung deutlich an. Danach beginnt die Fällung von AgCl. Wenn diese beendet ist, steigt die Konzentration an Ag^+-Ionen durch Zugabe der $AgNO_3$-Lösung erneut an, sodass man zwei deutliche Stufen in der Titrationskurve beobachtet, aus denen man die Äquivalenzpunkte ermitteln kann.

Konduktometrie

Die **Konduktometrie** ist eine quantitative Analysemethode, bei der man den elektrischen Leitwert L bzw. den ohmschen Widerstand R als Maß für die Konzentrationsänderung der Probelösung verfolgt.

Der elektrische Leitwert (Einheit: Siemens) ist dem elektrischen Widerstand (Einheit: Ohm) umgekehrt proportional:

$$L = \frac{1}{R}$$

Die elektrische Leitfähigkeit einer Elektrolytlösung hängt sowohl von der Konzentration als auch von der Art der gelösten Ionen ab. So hat z. B. eine Lösung zweifach positiv geladener Ca^{2+}-Ionen einen höheren Leitwert als eine Natriumsalzlösung gleicher Konzentration. Besonders hoch ist der Leitwert saurer und basischer Lösungen, da Oxonium- und Hydroxid-Ionen eine drei- bis fünffach höhere Leitfähigkeit aufweisen als andere hydratisierte Ionen.

Durch diesen Effekt kann man bei der konduktometrischen Säure-Base-Titration den Äquivalenzpunkt besonders gut ermitteln. Der Leitwert wird bei der Konduktometrie gemessen, indem man zwei gleiche inerte Elektroden in die Analysenlösung taucht und eine Wechselspannung anlegt. Dadurch wird die elektrolytische Abscheidung des Analyten verhindert. Durch Auftragen des Leitwertes gegen das Volumen an verbrauchter Maßlösung erhält man die Titrationskurve.

Da sich die Leitfähigkeit von Elektrolyten im Verlauf fast jeder Titration ändert, können Säure/Base-, Komplex-und Fällungstitrationen, jedoch keine Redoxtitrationen, konduktometrisch verfolgt werden.

a) konduktometrische Titration einer starken Säure mit einer starken Base: $H_3O^+ + Cl^- + Na^+ + OH^- \longrightarrow Na^+ + Cl^- + 2\,H_2O$

Bis zum Äquivalenzpunkt werden H_3O^+-Ionen verbraucht und durch Na^+-Ionen ersetzt. Da Na^+-Ionen viel langsamer wandern als H_3O^+-Ionen, sinkt der Leitwert des Elektrolyten insgesamt. Nach dem Äquivalenzpunkt läuft keine chemische Reaktion mehr ab. Die weitere Zugabe von NaOH lässt die Leitfähigkeit steigen

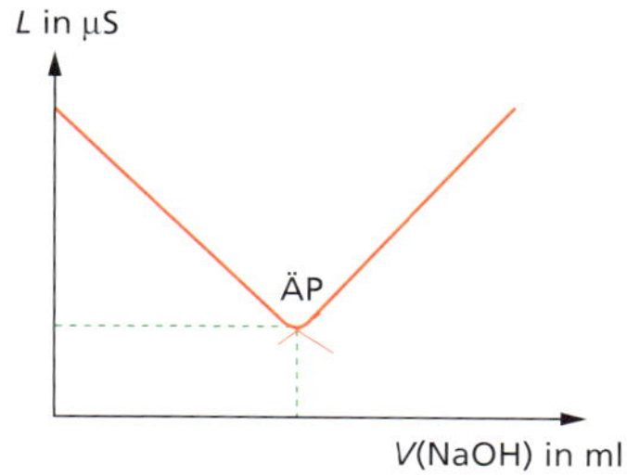

b) konduktometrische Titration einer schwachen Säure mit einer starken Base: $H_3O^+ + CH_3COO^- + Na^+ + OH^- \longrightarrow Na^+ + CH_3COO^- + 2\,H_2O$

Essigsäure und die bei der Titration gebildeten Acetat-Ionen bilden eine Pufferlösung, sodass bis zum Äquivalenzpunkt die H_3O^+-Konzentration und damit der Leitwert nahezu konstant bleiben. Nach dem Äquivalenzpunkt erhöht sich der Leitwert durch die weitere Zugabe der OH^--Ionen.

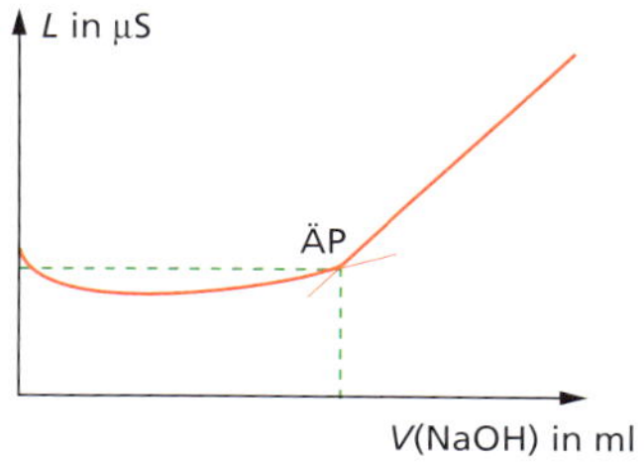

Im Gegensatz zur Potenziometrie haben direktkonduktometrische Messungen kaum praktische Bedeutung. Das Hauptanwendungsgebiet ist die **konduktometrische Titration.**

Elektrophoretische Verfahren

Die **Elektrophorese** ist ein analytisches Trennverfahren, das auf der Wanderung geladener Teilchen (Migration) in einer Elektrolytlösung unter Einwirkung eines elektrischen Feldes beruht. Die geladenen Teilchen können in gelöster oder in disperser Form vorliegen.

Die Viskosität charakterisiert die Zähigkeit einer Lösung. Öl oder Sirup sind z. B. sehr viskos.

Durch den unterschiedlichen Aufbau der Teilchen (Ladung, Größe, Solvatation) ist die Kraftwirkung des elektrischen Feldes verschieden. Die Beweglichkeit bzw. Wanderungsgeschwindigkeit des Teilchens hängt daher hauptsächlich von seiner Ladung, der auf sie einwirkenden Feldstärke und der Viskosität des Elektrolyten ab. Je höher die Ladung und je kleiner ein Teilchen ist, desto größer ist die Wanderungsgeschwindigkeit im elektrischen Feld.

$$v = \frac{E \cdot z \cdot e}{6\,\pi \cdot r \cdot \eta}$$

v = Wanderungsgeschwindigkeit der Teilchen
E = elektrische Feldstärke
e = Elementarladung
z = Ladung
r = Teilchenradius
η = Viskosität der Lösung

Neben den Parametern aus der Gleichung haben u. a. der *pH*-Wert des Elektrolyten, die Temperatur sowie die Oberflächeneigenschaften des Trägermaterials Einfluss auf die Trennung.

Aufgrund ihrer unterschiedlichen Beweglichkeiten lassen sich in Lösungen ionisch vorliegende bzw. ionisierbare Stoffe trennen. In der Praxis nutzt man dazu bevorzugt das Prinzip der **Trägerelektrophorese.** Das Trägermaterial, z. B. Papier, Celluloseacetat oder ein gelartiges Material, wird mit einer Pufferlösung getränkt und zwischen zwei Elektroden gebracht. Die Analysenlösung wird an einer Startlinie aufgetragen und eine Gleichspannung angelegt, sodass die Ionen in der Lösung mit unterschiedlicher Geschwindigkeit zur entgegengesetzt geladenen Elektrode wandern. Nach Auftrennung des Gemisches kann man auf dem Trägermaterial die einzelnen Komponenten des Stoffgemisches mithilfe geeigneter Reagenzien sichtbar machen. Aus diesem Elektropherogramm kann man die Anzahl der Komponenten und – nach vorheriger Kalibrierung – auch ihre Art bestimmen.

Farblose Proteine werden z. B. durch Anfärben mit dem Reagenz Coomassie Brillant Blau sichtbar gemacht.

Prinzip der Trägerelektrophorese **Elektropherogramm**

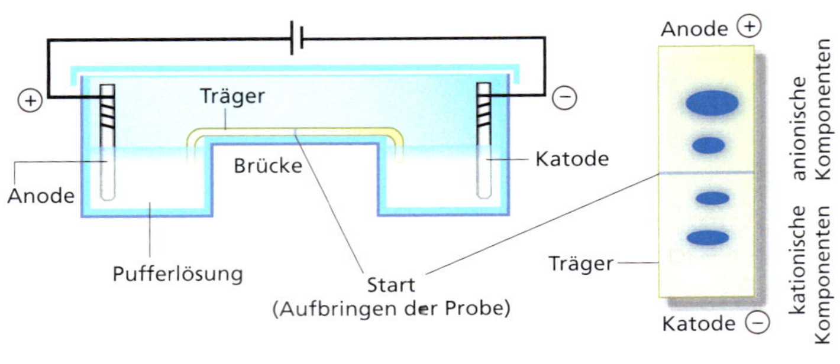

Als Trägermaterialien werden heute hauptsächlich gelartige Stoffe, z. B. Polyacrylamidgele oder Stärkegele, eingesetzt. Gele haben eine sehr hohe Viskosität, sodass sich hier die Größe und Gestalt der zu trennenden Teilchen viel stärker auswirkt als bei der klassischen Trägerelektrolyse. Das Stoffgemisch, z. B. Proteine, wird direkt auf das Gel aufgetragen. Nach Anlegen der Spannung wirkt das Gel wie ein molekulares Sieb, das die größeren Moleküle bzw. Ionen zurückhält und die kleineren passieren lässt. Auf diese Weise erfolgt die Trennung chemisch sehr ähnlicher Substanzen anhand ihrer Größe, also letztlich nach ihrer molaren Masse. Die Maschenweite des „molekularen Siebes" kann man durch die Änderung der Konzentration des Polyacrylamids variieren. Mit einem 30 %igen Gel trennt man Peptide mit bis zu 100 Aminosäureresten, mit einem 10 %igen Gel dagegen Proteine, die aus bis zu 1 000 Aminosäureresten aufgebaut sind.

Die Gelelektrophorese ist eine sehr häufig angewendete Trennmethode zur Trennung von Proteinen, Peptiden, Enzymen und Nukleinsäuren in der biochemischen Analytik.

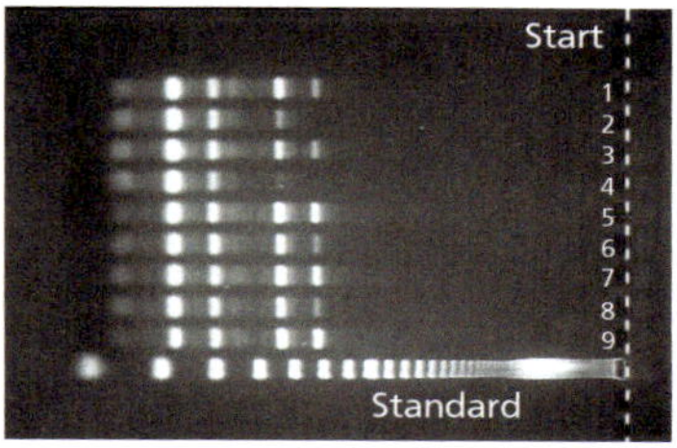

Unter den gleichen Analysebedingungen erhält man von einer bestimmten Probe immer wieder das gleiche charakteristische Elektropherogramm, den so genannten „Fingerabdruck" der Probe. So beruht der in der Kriminaltechnik durchgeführte „genetische Fingerabdruck" zur Überführung von Straftätern auf der gelelektrophoretischen Trennung von Nucleinsäuren. Für die DNA-Analyse, Identitäts- und Reinheitsprüfungen von Arzneistoffen sowie umweltanalytische und medizinische Anwendungen ist die trägergebundene Elektrophorese von überragender Bedeutung.

Im nebenstehenden Gelektropherogramm wurden neun Proben mit einem Standard verglichen und kaum Übereinstimmungen festgestellt. Die Ionenwanderung erfolgt von rechts nach links.

Besonders geeignet sind elektrophoretische Verfahren zur Trennung von Aminosäuren und Eiweißgemischen. Aminosäuren haben in wässrigen Lösungen eine zwitterionische Struktur. In Abhängigkeit von ihrem isoelektrischen Punkt liegen sie bei niedrigen *pH*-Werten ($pH < pH_{iso}$) hauptsächlich in kationischer und bei höheren *pH*-Werten ($pH > pH_{iso}$) hauptsächlich in anionischer Form vor. Wenn man ein Aminosäuregemisch bei einem bestimmten *pH*-Wert der Pufferlösung auf die Mitte des Trägers aufbringt, wandern die anionisch vorliegenden Aminosäuren mit $pH_{iso} < pH$ zur Anode und die kationisch vorliegenden Aminosäuren mit $pH_{iso} > pH$ wandern zur Katode.

Die Kapillarelektrophorese ist eine Weiterentwicklung der klassischen Trägerelektrophorese. Hier erfolgt die Trennung von kleinsten Substanzmengen in einer dünnen Quarzglaskapillare. Das hochmoderne Verfahren kann computergestützt und vollautomatisch geführt werden.

Elektrophoretische Trennung eines Aminosäuregemisches

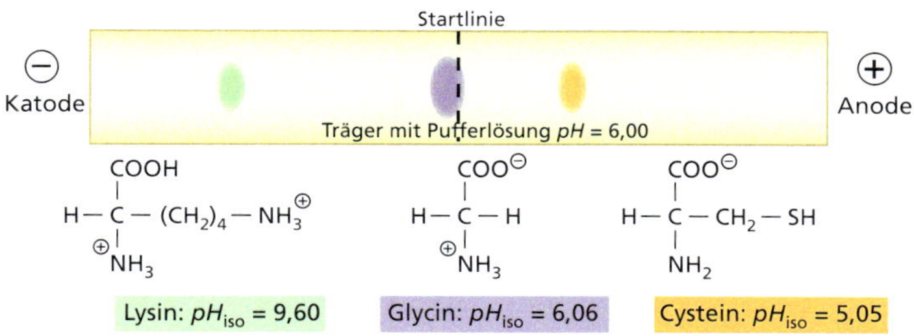

11.2.2 Chromatografische Analysemethoden

Grundprinzip der Chromatografie

Die **Chromatografie** bezeichnet physikalische Trennverfahren, bei denen die Stofftrennung auf der unterschiedlichen Verteilung zwischen einer **stationären** und einer **mobilen Phase,** die nicht miteinander mischbar sind, beruht. Chromatografische Verfahren dienen zur qualitativen und quantitativen Analyse.

Teilchen werden als polar bezeichnet, wenn sie ein Dipolmoment besitzen. Polare Phasen enthalten besondere Strukturelemente, wie OH-Gruppen, an denen sich polare Teilchen anlagern.

Allen Arten der Chromatografie ist gemeinsam, dass das zu analysierende Stoffgemisch von einer beweglichen (mobilen) Phase, z. B. einem Lösungsmittel, aufgenommen und zu einer ruhenden (stationären) Phase transportiert wird. Aufgrund ihrer unterschiedlichen Wechselwirkungen mit der mobilen und der stationären Phase gehen die Komponenten entweder an die stationäre Phase über oder verbleiben in der mobilen Phase. Die Trennwirkung beruht auf Adsorptions-, Austausch- und Verteilungsvorgängen, die sich gegenseitig beeinflussen. Von Bedeutung ist dabei besonders die **Polarität** der einzelnen Phasen und der zu analysierenden Stoffe. Ein polarer Analyt wird an einer polaren stationären Phase weitaus stärker gebunden als ein unpolarer Analyt.

HPLC ist die Abkürzung für die Hochleistungsflüssigkeitschromatografie (engl. *High Performance Liquid Chromatography*).

mobile Phase	stationäre Phase	Verfahren
gasförmig	flüssig oder fest	Gaschromatografie
flüssig	fest	Dünnschichtchromatografie (DC) Säulenchromatografie (HPLC)
flüssig	flüssig	Papierchromatografie

Die Verteilung des Analyten zwischen der stationären und der mobilen Phase wird durch das Verteilungsgleichgewicht beschrieben. Je größer der Verteilungskoeffizient K_V zwischen der stationären und der mobilen Phase ist, um so besser ist die Trennleistung. Bei konstanter Temperatur und Druck hängt K_V von den Eigenschaften der drei Stoffe (Analyt, stationäre und mobile Phase) und der sich daraus ergebenden Wechselwirkungen ab.

Der Verteilungskoeffizient K_V bzw. der Verteilungssatz

$$K_V = \frac{c_1}{c_2}$$

wurde von W. NERNST (1864–1941) formuliert. Er gilt streng genommen nur für ideal verdünnte Lösungen.

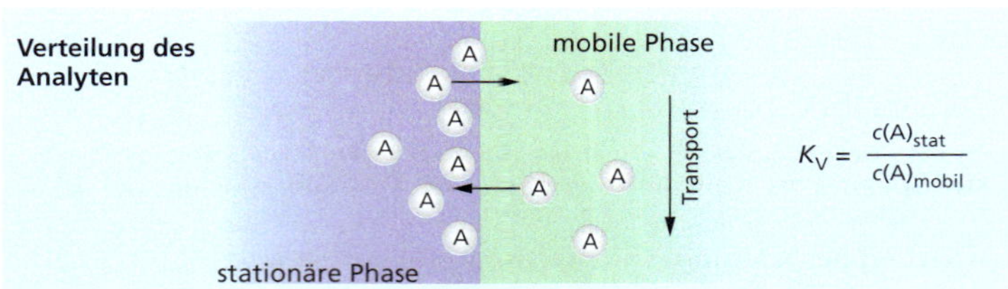

Dünnschichtchromatografie (DC)

Bei der **Dünnschichtchromatografie** erfolgt die Trennung durch mehrstufige Verteilungsprozesse zwischen einer festen stationären Phase und einer mobilen flüssigen Phase hauptsächlich aufgrund von Adsorptions-Desorptions-Wechselwirkungen.

Die Desorption ist die Rückreaktion der Adsorption. Bei der DC spielen aber auch Verteilungsgleichgewichte durch Absorption im Volumen der festen Phase eine Rolle.

Adsorption (lat. *adsorbere* = ansaugen) ist die Anreicherung von Stoffen an den Grenzflächen fester Phasen. Sie unterscheidet sich von der **Absorption** (lat. *absorbere* = verschlucken), bei der der Stoff nicht an der Phasengrenzfläche angereichert, sondern in der gesamten stationären Phase verteilt wird.
Die stationäre Phase, das Adsorptionsmittel bzw. Sorbens, wird auf einen Träger (Aluminium-, Kunststoff- oder Glasplatte) aufgebracht und in die mobile Phase, die hier auch Fließmittel genannt wird, eingetaucht. Als Sorbentien verwendet man am häufigsten Kieselgel, Aluminiumoxid, Cellulose oder Polyamid. Das Fließmittel wird durch Kapillarkräfte entlang der Sorbentienschicht transportiert. Dabei wird die Wanderungsgeschwindigkeit des Analyten um so langsamer, je stärker die Adsorption an der stationären Phase ist.

Die mobile Phase kann ähnlich wie bei der Elektrophorese auch punktförmig an einer Startlinie aufgetragen werden.

DC-Apparatur

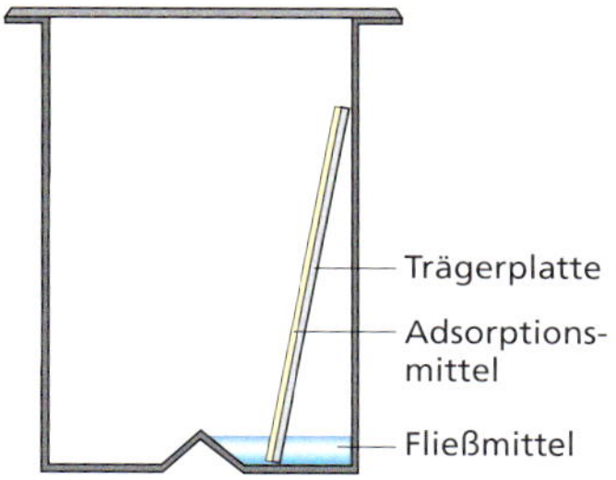

Dünnschichtchromatogramm

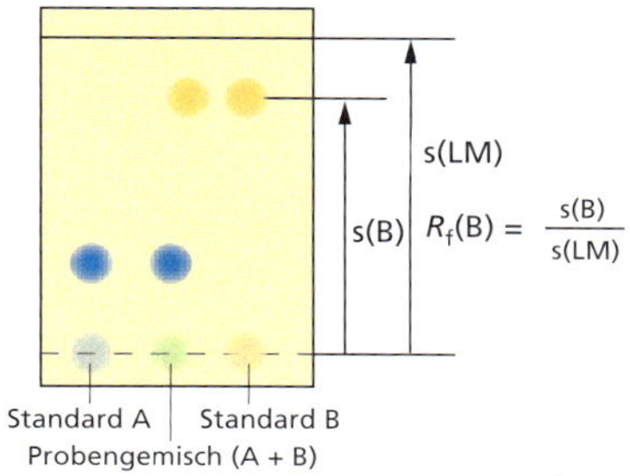

s(LM) entspricht der maximal möglichen Wanderungsstrecke des Fließmittels.

Im Ergebnis der Trennung erhält man auf der Dünnschichtplatte ein Chromatogramm mit mehreren Substanzflecken. Im abgebildeten Chromatogramm hat die Substanz A eine stärkere Wechselwirkung mit der stationären Phase als Substanz B. Sie befindet sich folglich nicht so lange in der mobilen Phase wie Substanz B und wird nicht so weit von ihr transportiert, wandert also nicht so weit wie B.

Die einzelnen Substanzen A und B lassen sich über den R_f-Wert identifizieren, wenn dieser mit einer Vergleichssubstanz übereinstimmt.

Das Verhältnis der Wanderungsstrecke der Substanz zur Wanderungsstrecke des Fließmittels wird Rückhaltefaktor oder **Retentionsfaktor R_f** genannt. Er kann nur Werte zwischen 0 und 1 annehmen. Da der R_f-Wert von über 20 Parametern beeinflusst wird, ist er als stoffspezifische Konstante ungeeignet. Deshalb müssen bei der Dünnschichtchromatografie immer Vergleichssubstanzen zur Identifizierung der Komponenten mit aufgetragen werden.

Mit der **Dünnschichtchromatografie** trennt man schnell und einfach Gemische von Farbstoffen, unterschiedliche aromatische Kohlenwasserstoffe oder anorganische Anionen, die in einem Stoffgemisch vorliegen.

Die Trennung ist jedoch nur erfolgreich, wenn die R_f-Werte der zu trennenden Stoffe weit genug auseinander liegen. Da die Anzahl der stationären Phasen für die DC begrenzt ist, wird in der Regel die Polarität des Fließmittels variiert, um die Auflösung zu verbessern. Zu diesem Zweck setzt man Gemische verschiedener Lösungsmittel als mobile Phase ein.

Die Dünnschichtchromatografie erlaubt die Trennung vieler Substanzgemische innerhalb kurzer Zeit mit einem geringen apparativen Aufwand. Mithilfe von UV-Licht oder geeigneten Fluoreszenz- und Sprühreagenzien lassen sich der größte Teil organischer Verbindungen nicht nur trennen, sondern auch sichtbar machen. Sie wird jedoch selten zur quantitativen Analyse eingesetzt, weil die Bestimmung des Anteils der Komponenten A und B aus der Größe der Substanzflecken schwierig ist.

Säulenchromatografie (SC, HPLC)

In der **Säulenchromatografie** ist die feste stationäre Phase in einem langen, meist senkrecht stehenden Rohr als Säule angeordnet. Das zu trennende Gemisch wird oben auf die Säule gegeben und fließt mit der flüssigen mobilen Phase infolge der Schwerkraft oder angetrieben durch eine Pumpe durch die Säule.

Anhand der verschiedenen Trennprinzipien kann man die chromatografischen Verfahren weiter unterteilen in Verteilungs-, Adsorptions- oder Ionenaustausch-Chromatografie.

In Abhängigkeit von der Art der zu analysierenden Stoffe und der dazu benutzten stationären Phase erfolgt die Trennung durch Adsorptions-, Verteilungs- oder Austauschprozesse, die auch durchaus gleichzeitig in einem System ablaufen können.
Je nach Säulendurchmesser, Teilchengröße der stationären Phase und Arbeitsdruck unterscheidet man zwischen der klassischen Säulenchromatografie (SC) und der modernen **Hochleistungs-Flüssigkeits-Chromatografie** (HPLC).
Bei der **HPLC** ist die Teilchengröße der stationären Phase deutlich kleiner als bei der klassischen SC. Dadurch wird die zur Verfügung stehende Oberfläche der stationären Phase vergrößert und die Trennleistung der Säule entscheidend verbessert, sodass man mit der HPLC Stoffgemische trennen kann, bei denen die einfache SC versagt. Die kleineren Teilchen sind jedoch so dicht gepackt, dass die mobile Phase mit einer speziellen Pumpe durch die HPLC-Säule gepumpt werden muss. Die Pumpe muss einen kontinuierlichen, gleichmäßigen Stofffluss gewährleisten, um reproduzierbare Analysenergebnisse zu erhalten.

	SC	**HPLC**
Säulendurchmesser	> 1 cm	2–6 mm
Teilchengröße	100–200 mm	5–10 mm
Säulenmaterial	Glas	Stahl
Arbeitsdruck	< 5 bar	5–200 bar

Aufbau einer HPCL-Anlage

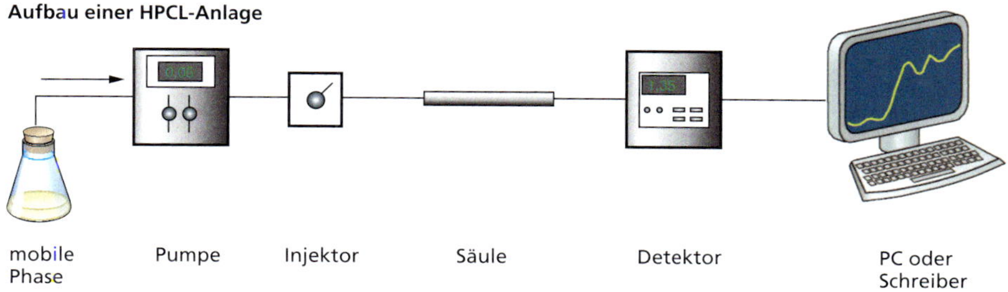

Die Aufgabe der flüssigen Probe erfolgt mit einer Spritze in den Injektor, wo sie von der mobilen Phase aufgenommen wird. Nach der Trennung in der Säule erreichen die einzelnen Substanzen nacheinander den Detektor, der die Zusammensetzung der mobilen Phase misst und so anzeigt, zu welchem Zeitpunkt ein Stoff die Säule verlassen hat. Für jede Komponente erhält man einen „Peak". Das Chromatogramm besteht aus mehreren Peaks, aus denen man die Art und die Konzentration der getrennten Stoffe bestimmen kann.

Detektoren bei der Säulenchromatografie können UV/VIS-Photometer (↗ S. 444), Konduktometer (↗ S. 435) und noch viele weitere Geräte sein, mit denen die Zusammensetzung der mobilen Phase gemessen werden kann.

Der qualitative Nachweis wird über die **Retentionszeit** geführt, die sich aus der Verzögerung ergibt, mit der ein Analyt die Trennstrecke zwischen Injektor und Detektor passiert. Wie bei der Dünnschichtchromatografie arbeitet man mit Standards, um die Retentionszeiten für alle Komponenten zu ermitteln. Die Konzentration der Analyten wird aus der Fläche unter dem Peak berechnet. Je größer der Anteil der Komponente in der Probe, desto größer wird der Peak. Um die quantitative Bestimmung so genau wie möglich zu führen, kalibriert man die Methode mit Standards bekannter Zusammensetzung.

Auswertung des Chromatogramms

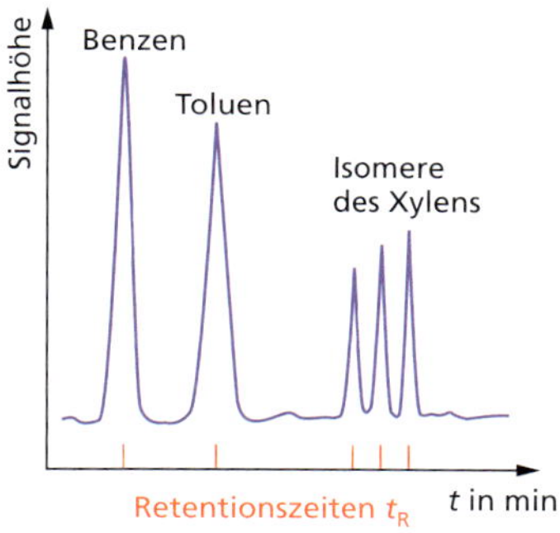

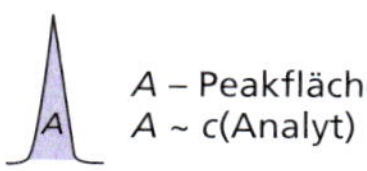

Auf diese Weise kann man speziell mit der HPLC eine sehr genaue und zuverlässige qualitative und quantitative Analyse durchführen, die automatisierbar und für viele analytische Zwecke einsetzbar ist.

Mithilfe der HPLC können Spuren von Dioxinen in Bodenproben oder sogar in Lebensmitteln nachgewiesen werden. Die Konzentration von Dopingmitteln, wie Erythropoietin (Epo) im Blut von Sportlern, wird ebenfalls mittels HPLC bestimmt. Die Methode findet auch in der Arzneistoffanalytik viele Anwendungen. So kann z. B. die Alterung von Aspirin® untersucht werden, indem man das Verhältnis von Acetylsalicylsäure (↗ S. 385) und der Salicylsäure chromatografisch analysiert. Auch andere Verunreinigungen und Abbauprodukte des Präparats werden auf diese Weise zuverlässig nachgewiesen.

Gaschromatografie (GC)

Die **Gaschromatografie** ist ein Trennverfahren für Stoffgemische, die gasförmig sind oder sich unzersetzt in die Gasphase als mobile Phase überführen lassen. Als stationäre Phase dient ein Feststoff oder eine flüssige Phase.

Als mobile Phase (Trägergas) eignen sich He, N_2, Ar, H_2 und CO_2.

Die gaschromatografische Trennung beginnt mit dem Einspritzen der Probe in den Injektor. Flüssige Proben werden dort verdampft und vom Trägergasstrom durch die Trennsäule transportiert. Die Trennung der Komponenten erfolgt hauptsächlich aufgrund ihrer unterschiedlichen Siedepunkte und gegebenenfalls ihrer Polarität.
Auf diese Weise getrennt, erreichen die einzelnen Substanzen nacheinander das Säulenende. Dort befindet sich ein Detektor, der z. B. durch Messung der Wärmeleitfähigkeit Änderungen der Zusammensetzung der mobilen Phase anzeigt und diese an eine Auswerteeinheit, in der Regel einen Computer, weitergibt. Aus der unterschiedlichen Retentionszeit der Komponenten ergibt sich ein Gaschromatogramm. Anhand der Fläche unterhalb der Peaks kann man die Anteile der einzelnen Komponenten im Probengemisch ermitteln.

Die Siedepunkte der analysierten Stoffe sollten zwischen 40 und 300 °C liegen. Viele schwerer flüchtige Verbindungen wandelt man in leichter flüchtige Derivate um, um sie gaschromatografisch zu untersuchen.

Aufbau eines Gaschromatographen

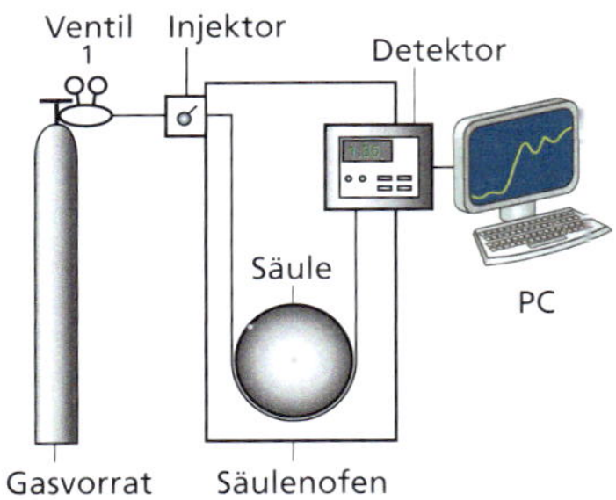

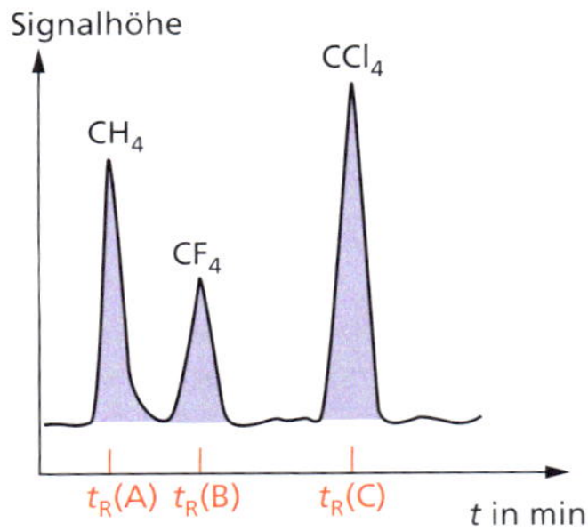

Man verwendet heute hauptsächlich leistungsfähige Kapillarsäulen für die Trennung der Gase. Kapillarsäulen sind 15–300 m lang und haben einen Innendurchmesser von nur 0,1–1 mm. Sie sind innen mit einem sehr dünnen Film (0,1–5 µm) einer Trennflüssigkeit, z. B. Siliconöle oder Parrafine, als stationärer Phase beschichtet. An solchen Säulen können sogar Isomere (↗ S. 252) getrennt werden, deren Siedepunkte sehr dicht beieinander liegen.
Mithilfe der Kapillar-GC können in der Umweltanalytik Gemische aus mehr als 20 verschiedenen aliphatischen oder aromatischen Kohlenwasserstoffen (z. B. PCBs, PAKs, ↗ S. 283) getrennt werden. Die Anwendungsbreite der Gaschromatografie reicht von der organischen Elementaranalyse (↗ S. 430), wo die Anteile an CO_2, H_2O und N_2 in der Gasphase chromatografisch bestimmt werden, bis zur Analyse des Blutalkoholgehalts. Auch Drogen wie Cannabis oder Kokain lassen sich noch lange Zeit nach ihrer Konsumierung gaschromatographisch nachweisen.

Gepackte Säulen enthalten einen Feststoff als stationäre Phase. Sie sind 0,5–10 m lang und haben einen Durchmesser von 1–5 mm. Die Trennleistung ist deutlich schlechter als bei Kapillarsäulen.

11.2.3 Spektroskopische Analysemethoden

Bei **spektroskopischen Analysemethoden** wird die Wechselwirkung von elektromagnetischer Strahlung mit Materie, d. h. den Teilchen (Atomen, Molekülen oder Ionen) der Analysenprobe, gemessen.

Prinzipiell sind folgende Wechselwirkungen zwischen Materie und Strahlung möglich:

- Durch **Absorption** von Strahlung einer bestimmten Wellenlänge wird ein Übergang in ein höheres Energieniveau angeregt (↗ S. 51), z. B. UV/VIS- oder Atomabsorptionsspektroskopie.
- Bei der **Emission** sendet eine angeregte Probe beim Übergang in ein tieferes Energieniveau selbst elektromagnetische Strahlung aus, z. B. Flammenfotometrie, Fluoreszenz.
- Streuung der Strahlung geeigneter Wellenlänge
- Reflexion, Brechung oder Änderung der Polarisation (Polarimetrie)

Die auf der Ablenkung der Strahlung (Beugung, Reflexion) beruhenden Verfahren wie die Röntgenstrukturanalyse sind keine spektroskopischen Analysemethoden.

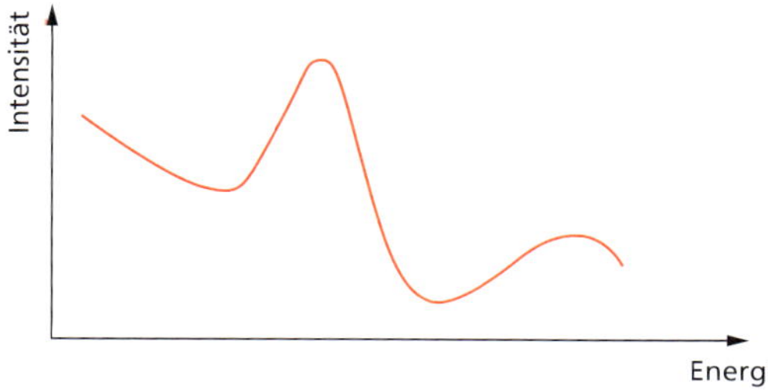

allgemeine Form eines Spektrums

Absorptions- und Emissionsmessungen über einen bestimmten Energiebereich haben gemeinsam, dass durch Wechselwirkung von Materie mit elektromagnetischer Strahlung ein Spektrum erhalten wird. Durch Absorption wird die Intensität der Strahlung bei einer oder mehreren Wellenlängen verringert. Dagegen wird Strahlung emittiert, wenn Elektronen von einem energetisch höheren in einen energetisch tieferen Zustand übergehen. Aus der Intensität und der Wellenlänge der absorbierten bzw. emittierten Strahlung kann man Schlussfolgerungen zur quantitativen Zusammensetzung und Struktur der Probe ziehen.

Die Energie E der elektromagnetischen Strahlung hängt von ihrer Wellenlänge λ bzw. Frequenz ν ab.

$$E = h \cdot \nu$$
$$c = \lambda \cdot \nu$$

Spektrum der elektromagnetischen Strahlung

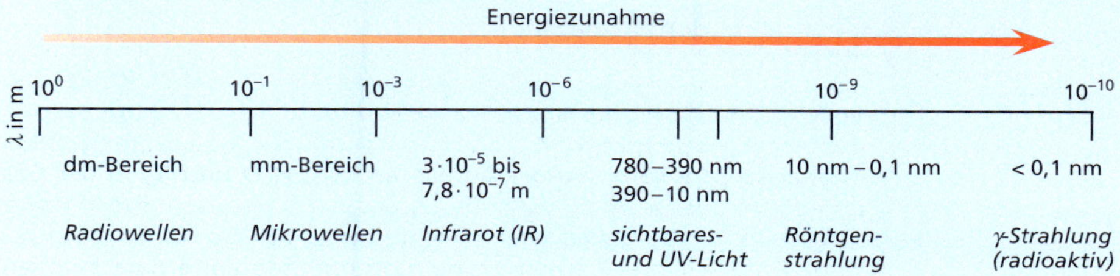

UV-VIS-Spektroskopie

In UV-VIS-Spektren sind nur Übergänge aus den π- in die π*- oder aus den n- in die π*-MOs (↗ S. 374) zu sehen.

Ein kleiner Ausschnitt der elektromagnetischen Strahlung ist das ultraviolette Licht (UV: $\lambda = 10-390$ nm) und der sichtbare Bereich (VIS: $\lambda = 380-790$ nm). Strahlung dieser Wellenlänge kann durch viele organische Moleküle absorbiert werden, u. a. durch alle farbigen Verbindungen. Im UV/VIS-Bereich werden nur die Bindungselektronen von Molekülen zu Übergängen angeregt, da sie am weitesten vom Atomkern entfernt sind. Dadurch wird Licht einer bestimmten Wellenlänge absorbiert und im Spektrum ein Absorptionsmaximum bzw. eine Absorptionsbande erhalten. Den für die Absorption verantwortlichen Teil eines Moleküls nennt man Chromophor (↗ S. 376). Je mehr Chromophore ein Molekül enthält, desto langwelliger wird das Absorptionsmaximum der Verbindung. Wird das chromophore System eines Moleküls durch äußere Einflusse verändert, so verschieben sich die Absorptionsbanden. Einflüsse haben beispielsweise der *pH*-Wert und das verwendete Lösungsmittel. Man spricht dann von bathochromer (längerwellig, Richtung rot) bzw. hypsochromer Verschiebung (kurzwellig, Richtung blau).

Die **UV-VIS-Spektroskopie** ist eine elektronenspektroskopische Methode, bei der die Absorption von sichtbarem und UV-Licht hauptsächlich durch organische Moleküle gemessen wird. Sie wird in der Regel zur quantitativen Analyse eingesetzt.

Licht einer einzigen definierten Wellenlänge nennt man monochromatisches Licht. Strahlt man Licht über einen Wellenlängenbereich ein, so spricht man von polychromatischem Licht.

Es werden zwei unterschiedliche Gerätetypen benutzt:
- Mit einem Spektrometer wird Licht über einen Wellenlängenbereich von 200–850 nm eingestrahlt und Absorptionsspektren aufgenommen. Man unterscheidet Ein- und Zweistrahlgeräte. Bei letzteren wird geichzeitig ein Strahl durch die Probe und ein zweiter durch ein Gefäß, das nur das Lösungsmittel enthält, gestrahlt. Der so erhaltene Blindwert wird vom Messwert abgezogen, sodass auch Elektronenübergänge geringer Intensität detektiert werden.
- Mit einem Fotometer vermisst man nur ganz bestimmte Wellenlängen, bei denen man eine Absorption vermutet. Da keine Spektren aufgenommen werden können, wird dieses Gerät hauptsächlich zur quantitativen Analyse eingesetzt. Prinzipiell sind auch hier Messungen im gesamten UV-VIS Bereich möglich.

Aufbau eines UV-VIS-Spektrometers

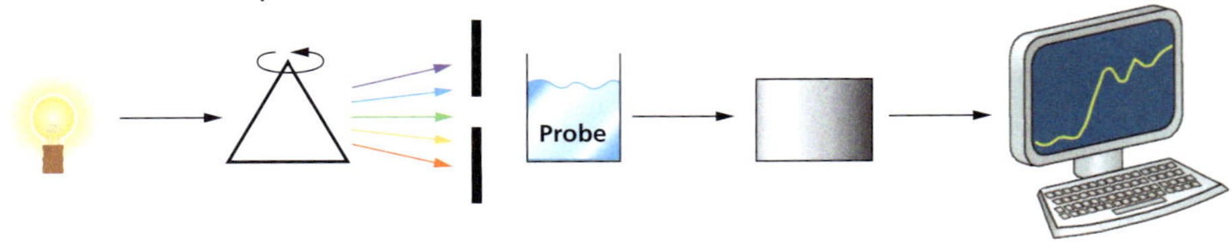

UV-VIS-Lichtquelle | Monochromator (drehbar) | Spalt | Quarz- oder Glasküvette | Empfänger (Fotozelle) | Datenaufnahme, Auswertung und Anzeige

Da die Spektren im UV-Bereich in der Regel nur wenige Banden aufweisen und eine Spektroskopie im sichtbaren Bereich nur bei farbigen Substanzen möglich ist, wird die UV-VIS-Spektroskopie nur selten für qualitative Nachweise genutzt. Sehr genau und zuverlässig sind aber quantitative Bestimmungen durch **Fotometrie,** insbesondere von farbigen Substanzen, durchführbar.

Durchdringt ein Lichtstrahl eine homogene Probelösung, so verliert er infolge Absorption A an Intensität. Die Intensitätsabnahme ist nach dem LAMBERT-BEER-Gesetz proportional zur Konzentration der Lösung und der Schichtdicke der Probe, die das Licht durchdringen muss.

Als Probengefäße werden Küvetten eingesetzt. Die Schichtdicke *d* ergibt sich aus der Breite der inneren Küvette.

LAMBERT-BEER-Gesetz

$$E = \lg \frac{I_0}{I} = \varepsilon \cdot c \cdot d$$

E = Extinktion
I_0 = Intensität des eingestrahlten Lichtes
I = Intensität des Lichtes nach Durchstrahlung der Probe
c = Konzentration der Probelösung
ε = molarer Extinktionskoeffizient
d = Schichtdicke der Küvette

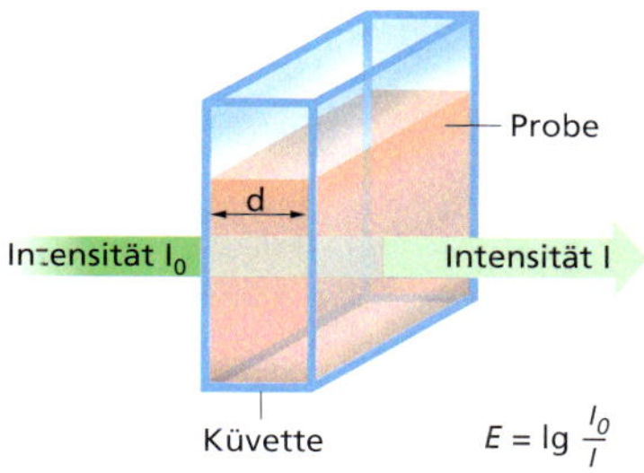

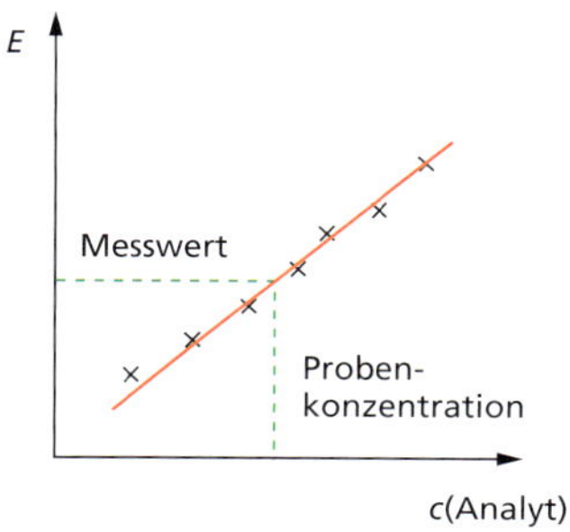

Bei Messungen im UV-Bereich müssen Küvetten aus Quarz benutzt werden, da normales Glas selbst UV-Licht absorbiert.

Das LAMBERT-BEER-Gesetz gilt bei Verwendung monochromatischen Lichts und für klare verdünnte Lösungen (E = 0,2 bis 0,8). Durch Aufnahme einer Kalibriergeraden ermittelt man grafisch die zu jeder Konzentration gehörende Extinktion. Der Anstieg der Geraden entspricht dem Extinktionskoeffizienten ε und ist bei einer bestimmten Temperatur, Lösungsmittel und Wellenlänge des eingestrahlten Lichts eine stoffspezifische Konstante.

Die fotometrisch analysierten Stoffe müssen gar nicht selbst farbig sein, sondern können auch mit einem Reagenz zum Farbstoff umgesetzt werden, dessen Konzentration dann bestimmt wird.

Die Fotometrie kann zur Analyse aller farbigen, löslichen Substanzen, z. B. Farbstoffe, anorganische und organische Komplexverbindungen eingesetzt werden. Aufgrund ihrer hohen Genauigkeit und Reproduzierbarkeit nutzt man sie vielfach in der Lebensmittel-, Arzneistoff- und Umweltanalytik, z. B. zur quantitativen Bestimmung von Riboflavin (Vitamin B2) in Multivitamingetränken.
Mithilfe eines UV-Fotometers kann man auch farblose Molekülverbindungen, die Absorptionen zwischen 200 und 400 nm aufweisen, quantitativ bestimmen. So wird z. B. der Benzoesäuregehalt (Konservierungsstoff E210) in einem Fischsalat mit dieser Methode analysiert.

Überblick über wichtige strukturanalytische Methoden

Im Gegensatz zur IR-Spektroskopie und NMR-Spektroskopie ist die Massenspektrometrie kein spektroskopisches Analyseverfahren.

Bei der **Strukturanalyse** untersucht man die räumliche Anordnung von Atomen und Ionen in chemischen Verbindungen mithilfe spektroskopischer, röntgenografischer oder anderer physikalischer Analysemethoden.

Auf diese Weise erhält man Informationen zur geometrischen Form von Molekülen sowie den darin vorliegenden Bindungsverhältnissen bzw. zur Struktur unbekannter fester Verbindungen. Die Ergebnisse strukturanalytischer Messungen werden in großen Datenbanken zusammengefasst und gespeichert, sodass man z. B. eine organische Verbindung anhand ihrer charakteristischen IR-Spektren bzw. Röntgenstrukturdaten eindeutig identifizieren kann.

Wichtige strukturanalytische Methoden

Verfahren	Prinzip	Information
Infrarot-Spektroskopie	– Anregung von Molekülschwingungen durch Absorption von IR-Strahlung (700 nm < λ < 500 mm) – Hinweise zur Molekülstruktur aus der Wellenlänge und Intensität der absorbierten Strahlung (Absorptionsbanden)	– Nachweis funktioneller Gruppen und charakteristischer Strukturelemente in Molekülen – Hinweise zur Strukturformel und Identifizierung hauptsächlich organischer Verbindungen – Reinheitsprüfung und quantitative Gasanalyse, z. B. von SO_2 in der Umweltanalytik
Massen-spektrometrie	– Verdampfung und Ionisierung von Molekülverbindungen im Hochvakuum – Erzeugung von Bruchstücken der Molekül-Ionen (Fragmente) und Auftrennung im Magnetfeld – Rückschlüsse zur Struktur aus dem Fragmentierungsmuster	– Bestimmung der molaren Masse von Molekülverbindungen – Berechnung der Anzahl der Kohlenstoffatome pro Molekül – Hinweise auf charakteristische Strukturelemente, z. B. Aromaten oder Halogenatome besonders in organischen Molekülen
Röntgenstrukturanalyse	– Beugung von Röntgenstrahlen ($\lambda \approx$ 20 pm) am Gitter kristalliner Festkörper – Analyse des Beugungsmusters und Berechnung der Gitterstruktur von pulverförmigen Feststoffen und Einkristallen	– Größe, Abstand und Anordnung von Atomen bzw. Ionen in kristallinen Festkörpern – Identifizierung meist anorganischer Salze, zunehmend auch fester organischer Molekülverbindungen – Aufklärung unbekannter Strukturen, z. B. von makromolekularen Stoffen wie Eiweißen oder Nucleinsäuren

ANHANG 12

Periodensystem der Elemente

- H [1)] : Gas
- Br [1)] : Flüssigkeit
- Mg [1)] : Feststoff
- (rosa) : Nichtmetall
- (grün) : Halbmetall
- (blau) : Metall
- * : Alle Isotope dieses Elements sind radioaktiv.

Aufbau eines Feldes: Protonenzahl (Ordnungszahl) – Atommasse in u ($u = 1{,}66 \cdot 10^{-27}$ kg) – Elektronegativität – Elementsymbol – Elementname (Beispiel: 5, 10,81, 2,0, B, Bor)

Hauptgruppe I–II und III–VIII; Nebengruppe III–VIII, I, II

Periode	Hauptgruppe I	Hauptgruppe II	Nebengruppe III	Nebengruppe IV	Nebengruppe V	Nebengruppe VI	Nebengruppe VII	Nebengruppe VIII	Nebengruppe VIII	Nebengruppe VIII	Nebengruppe I	Nebengruppe II	Hauptgruppe III	Hauptgruppe IV	Hauptgruppe V	Hauptgruppe VI	Hauptgruppe VII	Hauptgruppe VIII
1	1 1,008 2,1 H Wasserstoff																	2 4,00 He Helium
2	3 6,94 1,0 Li Lithium	4 9,01 1,5 Be Beryllium											5 10,81 2,0 B Bor	6 12,01 2,5 C Kohlenstoff	7 14,007 3,0 N Stickstoff	8 15,999 3,5 O Sauerstoff	9 18,998 4,0 F Fluor	10 20,18 Ne Neon
3	11 22,99 0,9 Na Natrium	12 24,31 1,2 Mg Magnesium											13 26,98 1,5 Al Aluminium	14 28,09 1,8 Si Silicium	15 30,97 2,1 P Phosphor	16 32,06 2,5 S Schwefel	17 35,45 3,0 Cl Chlor	18 39,95 Ar Argon
4	19 39,10 0,8 K Kalium	20 40,08 1,0 Ca Calcium	21 44,96 1,3 Sc Scandium	22 47,90 1,5 Ti Titanium	23 50,94 1,6 V Vanadium	24 51,996 1,6 Cr Chromium	25 54,94 1,5 Mn Mangan	26 55,85 1,8 Fe Eisen	27 58,93 1,8 Co Cobalt	28 58,70 1,8 Ni Nickel	29 63,55 1,9 Cu Kupfer	30 65,38 1,6 Zn Zink	31 69,72 1,6 Ga Gallium	32 72,59 1,8 Ge Germanium	33 74,92 2,0 As Arsen	34 78,96 2,4 Se Selen	35 79,90 2,8 Br Brom	36 83,80 Kr Krypton
5	37 85,47 0,8 Rb Rubidium	38 87,62 1,0 Sr Strontium	39 88,91 1,3 Y Yttrium	40 91,22 1,4 Zr Zirconium	41 92,91 1,6 Nb Niobium	42 95,94 1,8 Mo Molybdän	43 [97] 1,9 Tc* Technetium	44 101,07 2,2 Ru Ruthenium	45 102,91 2,2 Rh Rhodium	46 106,4 2,2 Pd Palladium	47 107,87 1,9 Ag Silber	48 112,41 1,7 Cd Cadmium	49 114,82 1,7 In Indium	50 118,69 1,8 Sn Zinn	51 121,75 1,9 Sb Antimon	52 127,60 2,1 Te Tellur	53 126,90 2,5 I Iod	54 131,30 Xe Xenon
6	55 132,91 0,7 Cs Caesium	56 137,33 0,9 Ba Barium	57–71 Lanthanoide	72 178,49 1,3 Hf Hafnium	73 180,95 1,5 Ta Tantal	74 183,85 1,7 W Wolfram	75 186,21 1,9 Re Rhenium	76 190,2 2,2 Os Osmium	77 192,22 2,2 Ir Iridium	78 195,09 2,2 Pt Platin	79 196,97 2,4 Au Gold	80 200,59 1,9 Hg Quecksilber	81 204,37 1,8 Tl Thallium	82 207,2 1,8 Pb Blei	83 208,98 1,9 Bi Bismut	84 [209] 2,0 Po* Polonium	85 [210] 2,2 At* Astat	86 [222] Rn* Radon
7	87 [223] 0,7 Fr* Francium	88 [226] 0,9 Ra* Radium	89–103 Actinoide	104 [261] Rf* Rutherfordium	105 [262] Db* Dubnium	106 [262] Sg* Seaborgium	107 [262] Bh* Bohrium	108 [262] Hs* Hassium	109 [266] Mt* Meitnerium	110 [281] Ds* Darmstadtium								

Lanthanoide	57 138,91 1,1 La Lanthan	58 140,12 1,1 Ce Cerium	59 140,91 1,1 Pr Praseodymium	60 144,24 1,1 Nd Neodymium	61 [145] 1,1 Pm* Promethium	62 150,35 1,2 Sm Samarium	63 151,96 1,2 Eu Europium	64 157,25 1,2 Gd Gadolinium	65 158,92 1,2 Tb Terbium	66 162,50 1,2 Dy Dysprosium	67 164,93 1,2 Ho Holmium	68 167,26 1,2 Er Erbium	69 168,93 1,2 Tm Thulium	70 173,04 1,2 Yb Ytterbium	71 174,97 1,2 Lu Lutetium
Actinoide	89 [227] 1,1 Ac* Actinium	90 232,04 1,3 Th* Thorium	91 231,04 1,5 Pa* Protactinium	92 238,03 1,4 U* Uranium	93 237,05 1,3 Np* Neptunium	94 [244] 1,3 Pu* Plutonium	95 [243] 1,3 Am* Americium	96 [247] 1,3 Cm* Curium	97 [247] 1,3 Bk* Berkelium	98 [251] 1,3 Cf* Californium	99 [254] 1,3 Es* Einsteinium	100 [257] 1,3 Fm* Fermium	101 [258] 1,3 Md* Mendelevium	102 [259] 1,3 No* Nobelium	103 [260] 1,3 Lr* Lawrencium

[ ] Die umklammerten Werte für die Atommasse geben die Massenzahl des Isotops mit der größten Halbwertszeit an.

1) Aggregatzustand bei 25 °C (298 K) und 1013,25 hPa

Gefahrstoffhinweise

Gefahrstoffsymbole

T
giftig

giftige Stoffe (T, T+)
Krebs erzeugende Stoffe (T, Xn)

erhebliche Gesundheitsschäden durch Einatmen, Verschlucken oder Aufnahme durch die Haut
Keine Schülerexperimente!

Xn
gesundheitsschädlich

gesundheitsschädliche Stoffe (Xn, Xi)

Gesundheitsschäden durch Einatmen, Verschlucken oder Aufnahme durch die Haut

T
giftig

Xn
gesundheitsschädlich

Erbgut verändernde Stoffe

Erbgut verändernde Wirkung oder Verdacht auf Erbgut verändernde Wirkung

T
giftig

Xn
gesundheitsschädlich

fortpflanzungsgefährdende Stoffe

Stoffe können die Fortpflanzungsfähigkeit schädigen oder fruchtschädigend wirken

T
giftig

Xn
gesundheitsschädlich

Krebs erzeugende Stoffe

Krebs erzeugende Wirkung oder Verdacht auf Krebs erzeugende Wirkung

F
entzündlich

leicht- u. hoch entzündliche Stoffe (F bzw F+)

entzünden sich selbst an heißen Gegenständen, mit Wasser entstehen leicht entzündliche Gase

0
Brand fördernd

Brand fördernde Stoffe

andere brennbare Stoffe werden entzündet, ausgebrochene Brände werden gefördert

E
explosionsgefährlich

explosionsgefährliche Stoffe

Explosion unter bestimmten Bedingungen möglich
Keine Schülerexperimente!

Xi
reizend

reizende Stoffe (Xn, Xi)

Reizwirkung auf die Haut, die Atmungsorgane und die Augen

N
umweltgefährlich

umweltgefährliche Stoffe

sehr giftig, giftig oder schädlich für Wasserorganismen, Pflanzen, Tiere und Bodenorganismen, schädliche Wirkung auf die Umwelt

C
ätzend

ätzende Stoffe

Hautgewebe und Geräte werden nach Kontakt zerstört

Gefahrenhinweise (R-Sätze)

R-Sätze weisen auf besondere Gefahren hin.

R 1 In trockenem Zustand explosionsgefährlich.
R 2 Durch Schlag, Reibung, Feuer oder andere Zündquellen explosionsgefährlich.
R 3 Durch Schlag, Reibung, Feuer oder andere Zündquellen besonders explosionsgefährlich.
R 4 Bildet hochempfindliche explosionsgefährliche Metallverbindungen.
R 5 Beim Erwärmen explosionsfähig.
R 6 Mit und ohne Luft explosionsfähig.
R 7 Kann Brand verursachen.
R 8 Feuergefahr bei Berührung mit brennbaren Stoffen.
R 9 Explosionsgefahr bei Mischung mit brennbaren Stoffen.
R 10 Entzündlich.
R 11 Leicht entzündlich.
R 12 Hoch entzündlich.
R 14 Reagiert heftig mit Wasser.
R 15 Reagiert mit Wasser unter Bildung leicht entzündlicher Gase.
R 16 Explosionsgefährlich in Mischung mit brandfördernden Stoffen.
R 17 Selbstentzündlich an der Luft.
R 18 Bei Gebrauch Bildung explosionsfähiger/leicht entzündlicher Dampf-Luftgemische möglich.
R 19 Kann explosionsfähige Peroxide bilden.
R 20 Gesundheitsschädlich beim Einatmen.
R 21 Gesundheitsschädlich bei Berührung mit der Haut.
R 22 Gesundheitsschädlich beim Verschlucken.
R 23 Giftig beim Einatmen.
R 24 Giftig bei Berührung mit der Haut.
R 25 Giftig beim Verschlucken.
R 26 Sehr giftig beim Einatmen.
R 27 Sehr giftig bei Berührung mit der Haut.
R 28 Sehr giftig beim Verschlucken.
R 29 Entwickelt bei Berührung mit Wasser giftige Gase.
R 30 Kann bei Gebrauch leicht entzündlich werden.
R 31 Entwickelt bei Berührung mit Säure giftige Gase.
R 32 Entwickelt bei Berührung mit Säure sehr giftige Gase.
R 33 Gefahr kumulativer Wirkungen.
R 34 Verursacht Verätzungen.
R 35 Verursacht schwere Verätzungen.
R 36 Reizt die Augen.
R 37 Reizt die Atmungsorgane.
R 38 Reizt die Haut.
R 39 Ernste Gefahr irreversiblen Schadens.
R 40 Irreversibler Schaden möglich.
R 41 Gefahr ernster Augenschäden.
R 42 Sensibilisierung durch Einatmen möglich.
R 43 Sensibilisierung durch Hautkontakt möglich.
R 44 Explosionsgefahr bei Erhitzen unter Einschluss.
R 45 Kann Krebs erzeugen.
R 46 Kann vererbbare Schäden verursachen.
R 48 Gefahr ernster Gesundheitsschäden bei längerer Exposition.
R 49 Kann Krebs erzeugen beim Einatmen.
R 50 Sehr giftig für Wasserorganismen.
R 51 Giftig für Wasserorganismen.
R 52 Schädlich für Wasserorganismen.
R 53 Kann in Gewässern längerfristig schädliche Wirkungen haben.
R 54 Giftig für Pflanzen.
R 55 Giftig für Tiere.
R 56 Giftig für Bodenorganismen.
R 57 Giftig für Bienen.
R 58 Kann längerfristig schädliche Wirkungen auf die Umwelt haben.
R 59 Gefährlich für die Ozonschicht.
R 60 Kann die Fortpflanzungsfähigkeit beeinträchtigen.
R 61 Kann das Kind im Mutterleib schädigen.
R 62 Kann möglicherweise die Fortpflanzungsfähigkeit beeinträchtigen.
R 63 Kann das Kind im Mutterleib möglicherweise schädigen.
R 64 Kann Säuglinge über die Muttermilch schädigen.

Sicherheitsratschläge (S-Sätze)

S-Sätze geben Ratschläge für den sachgemäßen Umgang mit gefährlichen Stoffen.

S 1 Unter Verschluss aufbewahren.
S 2 Darf nicht in die Hände von Kindern gelangen.
S 3 Kühl aufbewahren.
S 4 Von Wohnplätzen fernhalten.
S 5 Unter … aufbewahren (geeignete Flüssigkeit vom Hersteller anzugeben).
S 6 Unter … aufbewahren (inertes Gas vom Hersteller anzugeben).
S 7 Behälter dicht geschlossen halten.
S 8 Behälter trocken halten.
S 9 Behälter an einem gut gelüfteten Ort aufbewahren.
S 12 Behälter nicht gasdicht verschließen.
S 13 Von Nahrungsmitteln, Getränken und Futtermitteln fernhalten.
S 14 Von … fernhalten (inkompatible Substanzen vom Hersteller anzugeben).
S 15 Vor Hitze schützen.
S 16 Von Zündquellen fernhalten – Nicht rauchen.
S 17 Von brennbaren Stoffen fernhalten.
S 17 Von brennbaren Stoffen fernhalten.
S 18 Behälter mit Vorsicht öffnen und handhaben.
S 20 Bei der Arbeit nicht essen und trinken.
S 21 Bei der Arbeit nicht rauchen.
S 22 Staub nicht einatmen.
S 23 Gas/Rauch/Dampf/Aerosol nicht einatmen (geeignete Bezeichnung vom Hersteller anzugeben).
S 24 Berührung mit der Haut vermeiden.
S 25 Berührung mit den Augen vermeiden.
S 26 Bei Berührung mit den Augen gründlich mit Wasser abspülen und Arzt konsultieren.
S 27 Beschmutzte, getränkte Kleidung sofort ausziehen.
S 28 Bei Berührung mit der Haut sofort abwaschen mit viel … (vom Hersteller anzugeben).
S 29 Nicht in die Kanalisation gelangen lassen.
S 30 Niemals Wasser hinzugießen.
S 33 Maßnahmen gegen elektrostatische Aufladungen treffen.
S 34 Schlag und Reibung vermeiden.
S 35 Abfälle und Behälter müssen in gesicherter Weise beseitigt werden.
S 36 Bei der Arbeit geeignete Schutzkleidung tragen.
S 37 Geeignete Schutzhandschuhe tragen.
S 38 Bei unzureichender Belüftung Atemschutzgerät anlegen.
S 39 Schutzbrille/Gesichtsschutz tragen.
S 40 Fußboden und verunreinigte Gegenstände mit … reinigen (vom Hersteller anzugeben).
S 41 Explosions- und Brandgase nicht einatmen.
S 42 Beim Räuchern/Versprühen geeignetes Atemschutzgerät anlegen (Bezeichnung vom Hersteller anzugeben).
S 43 Zum Löschen … (vom Hersteller anzugeben) verwenden (wenn Wasser die Gefahr erhöht, anfügen: Kein Wasser verwenden).
S 44 Bei Unfall oder Unwohlsein sofort Arzt zuziehen (wenn möglich, dieses Etikett vorzeigen).
S 46 Bei Verschlucken sofort ärztlichen Rat einholen und Verpackung oder Etikett vorzeigen.
S 47 Nicht bei Temperaturen über … °C aufbewahren (vom Hersteller anzugeben).
S 48 Feucht halten mit … (geeignetes Mittel vom Hersteller anzugeben).
S 49 Nur im Originalbehälter aufbewahren.
S 50 Nicht mischen mit … (vom Hersteller anzugeben).
S 51 Nur in gut gelüfteten Bereichen verwenden.
S 52 Nicht großflächig für Wohn- und Aufenthaltsräume zu verwenden.
S 53 Expositionen vermeiden. Vor Gebrauch besondere Anweisung einholen.
S 56 Diesen Stoff und seinen Behälter der Problemabfallentsorgung zuführen.
S 57 Zur Vermeidung einer Kontamination der Umwelt geeigneten Behälter verwenden.
S 59 Information zur Wiederverwendung/Wiederverwertung beim Hersteller/Lieferanten erfragen.
S 60 Dieser Stoff und sein Behälter sind als gefährlicher Abfall zu entsorgen.
S 61 Freisetzung in die Umwelt vermeiden. Besondere Anweisungen einholen/Sicherheitsdatenblatt zu Rate ziehen.
S 62 Bei Verschlucken kein Erbrechen herbeiführen. Sofort ärztlichen Rat einholen und Verpackung oder dieses Etikett vorzeigen.

Kombinationen der R-Sätze (Auszug)

R 14/15	Reagiert mit Wasser unter Bildung leicht entzündlicher Gase.
R 15/29	Reagiert mit Wasser unter Bildung giftiger und leicht entzündlicher Gase.
R 20/21	Gesundheitsschädlich beim Einatmen und bei Berührung mit der Haut.
R 21/22	Gesundheitsschädlich bei Berührung mit der Haut und beim Verschlucken.
R 20/22	Gesundheitsschädlich beim Einatmen und Verschlucken.
R 20/21/22	Gesundheitsschädlich beim Einatmen, Verschlucken und bei Berührung mit der Haut.
R 23/24	Giftig beim Einatmen und bei Berührung mit der Haut.
R 24/25	Giftig bei Berührung mit der Haut und beim Verschlucken.
R 23/25	Giftig beim Einatmen und Verschlucken.
R 23/24/25	Giftig beim Einatmen, Verschlucken und bei Berührung mit der Haut.
R 26/27	Sehr giftig beim Einatmen und bei Berührung mit der Haut.
R 27/28	Sehr giftig bei Berührung mit der Haut und beim Verschlucken.
R 26/28	Sehr giftig beim Einatmen und Verschlucken.
R 26/27/28	Sehr giftig beim Einatmen, Verschlucken und bei Berührung mit der Haut.
R 36/37	Reizt die Augen und die Atmungsorgane.
R 36/38	Reizt die Augen und die Haut.
R 36/37/38	Reizt die Augen, Atmungsorgane und die Haut.
R 42/43	Sensibilisierung durch Einatmen und Hautkontakt möglich.

Kombination der S-Sätze (Auszug)

S 1/2	Unter Verschluss und für Kinder unzugänglich aufbewahren.
S 3/7	Behälter dicht geschlossen halten und an einem kühlen Ort aufbewahren.
S 3/9	Behälter an einem kühlen, gut belüfteten Ort aufbewahren.
S 3/14	An einem kühlen Ort, entfernt von … aufbewahren.
S 3/9/49	Nur im Originalbehälter an einem kühlen, gut gelüfteten Ort aufbewahren.
S 3/9/14/49	Nur im Originalbehälter an einem kühlen, gut gelüfteten Ort, entfernt von … aufbewahren.
S 7/8	Behälter trocken und dicht geschlossen halten.
S 7/9	Behälter dicht geschlossen an einem gut gelüfteten Ort aufbewahren.
S 20/21	Bei der Arbeit nicht essen, trinken, rauchen.
S 24/25	Berührung mit den Augen und der Haut vermeiden.
S 36/37	Bei der Arbeit geeignete Schutzhandschuhe und Schutzkleidung tragen.
S 36/39	Bei der Arbeit geeignete Schutzkleidung und Schutzbrille/Gesichtsschutz tragen.
S 37/39	Bei der Arbeit geeignete Schutzhandschuhe und Schutzbrille/Gesichtsschutz tragen.
S 36/37/39	Bei der Arbeit geeignete Schutzkleidung, Schutzhandschuhe und Schutzbrille/Gesichtsschutz tragen.
S 47/49	Nur im Originalbehälter bei einer Temperatur von nicht über … °C aufbewahren.

Entsorgungsratschläge (E-Sätze)

E 1	Verdünnen, in den Ausguss geben (WGK 0 bzw. 1).
E 2	Neutralisieren, in den Ausguss geben.
E 3	In den Hausmüll geben, gegebenenfalls in PE-Beutel (Stäube).
E 4	Als Sulfid fällen.
E 5	Mit Calcium-Ionen fällen, dann E 1 oder E 3.
E 6	Nicht in den Hausmüll geben.
E 7	Im Abzug entsorgen; wenn möglich verbrennen.
E 8	Der Sondermüllbeseitigung zuführen (Adresse zu erfragen bei der Kreis- oder Stadtverwaltung) Abfallschlüssel beachten.
E 9	Unter größter Vorsicht in kleinsten Portionen reagieren lassen (z. B. offen im Freien verbrennen).
E 10	In gekennzeichneten Glasbehältern sammeln: 1. „Organische Abfälle – halogenhaltig“ 2. „Organische Abfälle – halogenfrei“ dann E 8.
E 11	Als Hydroxid fällen (*pH* 8), den Niederschlag zu E 8.
E 12	Nicht in die Kanalisation gelangen lassen (S-Satz S 29).
E 13	Aus der Lösung mit unedlerem Metall (z. B. Eisen) als Metall abscheiden (E 14, E 3).
E 14	Recycling-geeignet (Redestillation oder einem Recyclingunternehmen zuführen).
E 15	Mit Wasser vorsichtig umsetzen, evtl. frei werdende Gase verbrennen oder absorbieren oder stark verdünnt ableiten.
E 16	Entsprechend den Ratschlägen in Anlage 5.1 der „Richtlinien zur Sicherheit im naturwissenschaftlichen Unterricht“ beseitigen.

Register

L

Bildquellenverzeichnis

AEG Haushaltsgeräte GmbH: 354/3; BackArts GmbH: 206/2; Bahro K., Berlin: 9/1; BASF AG, Ludwigshafen: 344, 394; BAYER AG, Leverkusen: 385; Beko GmbH, Monheim: 354/1; Berkeley Laboratories: 337; Biedermann A., Berlin: 244/1, 245, 347, 360, 368/1, 371, 375, 391, Bibliografisches Institut & F. A. Brockhaus AG, Mannheim: 132, 137, 147, 197, 346, 360/1, 360/2, 396, 412; Bildarchiv Preußischer Kulturbesitz: 381/2; BSR, Berlin: 365; Corbis Royalty Free: 318; Corel Photos Inc.: 8/1, 247, 355, 392/1; Deutsche Gesellschaft für Kunststoff-Recycling, Köln: 364; dpa: 54, 222, 231/1, 288; Ernst D., Berlin: 24; ETH Zürich: 349/1; Fischer R., Berlin, 373/1; Frank J., Hohenheim: 437; Fulda Reifen GmbH & Co. KG, 358; Grohe Water Technology AG, Hemer: 139; Hecker F., Panten-Hammer 377/2; Henkel KGaA, Düsseldorf: 390; H-TEC Wasserstoff-Energie, Lübeck: 17; Humboldt-Universität, Berlin: 61, 194; IMA, Hannover: 205/1; John Foxx Images 134; Karl-Sudhoff-Institut, Leipzig: 40; Keystone Pressedienst, Hamburg: 115; Liesenberg G., Berlin: 357, 366/3; Lurgi AG, Frankfurt: 398; Mahler H., Berlin: 11/2, 18/1, 69, 101, 111, 173, 195, 196, 217, 229/1, 229/3, 234, 235/1, 235/2, 246, 278, 284, 311, 316/1, 316/2, 316/3, 330/1, 350, 351, 372, 377/1, 386, 424, 425/1, 425/2, 427/1, 427/2, 427/3, 427/4, 427/5, 428; Makrolon GmbH, Darmstadt: 348; Mannesmann Dematic AG, Wetter: 366/1; Mauritius Bildagentur: 231/2, Mentzel J., Radewege: 373/2: Mercedes-Benz AG, Stuttgart: 133, 368/2; Meyer L., Potsdam: 132, 225/1, 366/2; NASA: 8/3, 46; Neuls Z., Berlin: 392/2; Nobelstiftelsen, Stockholm: 81; OSRAM GmbH, Berlin: 225/2; PAETEC Verlag für Bildungsmedien (Bildarchiv): 20, 38, 42, 48, 50, 230, 414/1; Photo Disc Inc.: 54, 205/2, 206/1, 207, 224, 229/2, 330/2, 362, 363/2, 369, 373, 374, 381/1, 382; Photo Disk Royalty Free: 7, 47, 354/2, 384; PHYWE Systeme GmbH, Göttingen: 18/2, 19, 54, 155, 423, 433; Raum B., Neuenhagen: 414/2; rebbelpeddler chocolate cards: 14, 75; Reckitt Benckiser GmbH, Mannheim: 244/2; Seilnacht T., Tuttlingen: 379, 380/1, 380/2; SIEMENS AG, München: 8/2, 10/2, 10/3, 33, 41, 345, 361, 402; St. Jude Medical, Nürnberg: 131; Stöcker K., Riemerling: 349/2; Südwestdeutsche Salzwerke, Heilbronn: 219; Volkswagen AG, Wolfsburg: 346/1, 363/1; Universität Tübingen: 10/1; Wacker Siltronic AG, Burghausen: 209

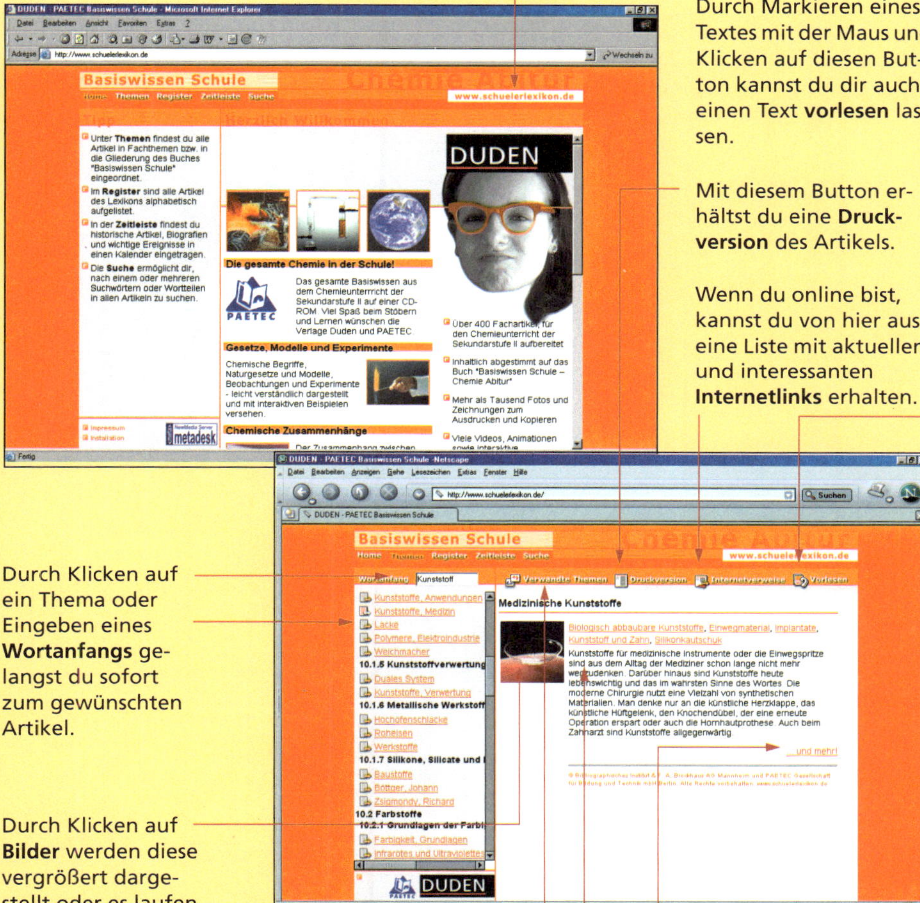

Durch Markieren eines Textes mit der Maus und Klicken auf diesen Button kannst du dir auch einen Text **vorlesen** lassen.

Mit diesem Button erhältst du eine **Druckversion** des Artikels.

Wenn du online bist, kannst du von hier aus eine Liste mit aktuellen und interessanten **Internetlinks** erhalten.

Durch Klicken auf ein Thema oder Eingeben eines **Wortanfangs** gelangst du sofort zum gewünschten Artikel.

Durch Klicken auf **Bilder** werden diese vergrößert dargestellt oder es laufen **Animationen** und **Videos** ab.

Die **verwandten Themen** listen alle Artikel auf, die einen inhaltlichen Bezug zu dem Artikel haben, den du gerade gelesen hast.

Von hier aus gelangst du zum **ausführlichen Artikel** mit Abbildungen, z.T. Animationen, Videos und interaktiven Berechnungsbeispielen.

Durch Klicken auf eines dieser **Suchwörter** springst du sofort an die entsprechende Stelle des ausführlichen Artikels.

Die CD enthält mehrere hundert Fachartikel. Diese Artikel bestehen aus einer kurzen Annotation ❶ und einem dazu gehörigen Langtext. In der Annotation sind wichtige Begriffe ❷ aufgeführt, die direkt ❸ mit den entsprechenden Textabschnitten im Langtext verknüpft sind.

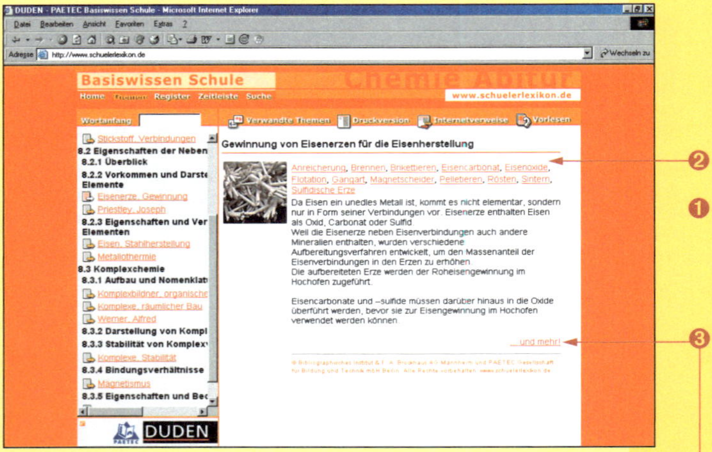

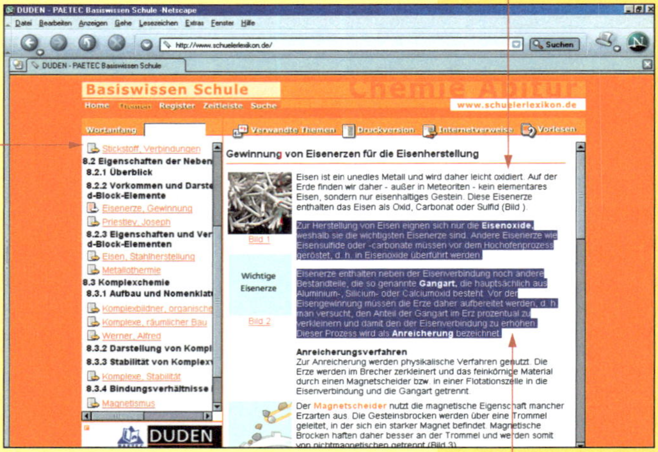

Liste der Artikel, geordnet nach dem Inhaltsverzeichnis des Buches

Alle Texte und Bilder von der CD können ausgedruckt oder über „Kopieren" und „Einfügen" in anderen Programmen (z.B. Textverarbeitungsprogrammen) weiter verwendet werden.

…e im Buch

Jeder Artikel verfügt neben dem Text über verschiedene Medien, die in einer separaten Leiste links neben dem Text aufgelistet sind. Dabei handelt es sich um:

- **Bilder** und **Grafiken** ④, die vergrößert und ausgedruckt werden können,
- **Berechnungsbeispiele** ⑤ (auf der Grundlage von Mathcad oder Java), die interaktiv verändert und mit eigenen Zahlenwerten versehen werden können ⑥,
- **Videos** und **Audios** ⑦, die mittels Quicktime ⑧ (auf der CD enthalten) abgespielt werden können,
- **3D-Animationen**, d. h. Darstellungen von Strukturen ⑨, die mittels Chime ⑩ (auf der CD enthalten) mit der Maus bewegt werden können. Durch Klicken der rechten Maustaste öffnet sich ein Menü mit Optionen zur Änderung des 3D-Modells.

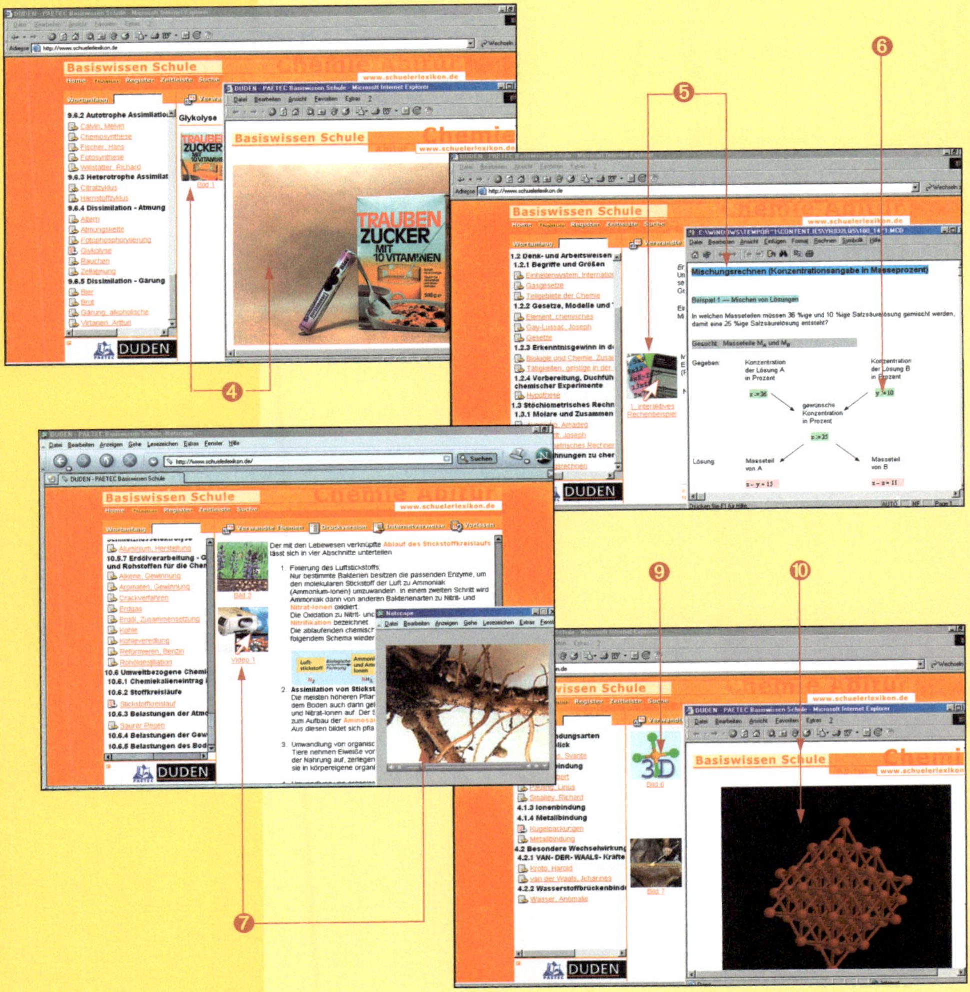